石油化工通用设备管理与检修

陈 庆 高 路 胡忆沩 等编著

SHIYOU HUAGONG TONGYONG SHEBEI
GUANLI YU JIANXIU

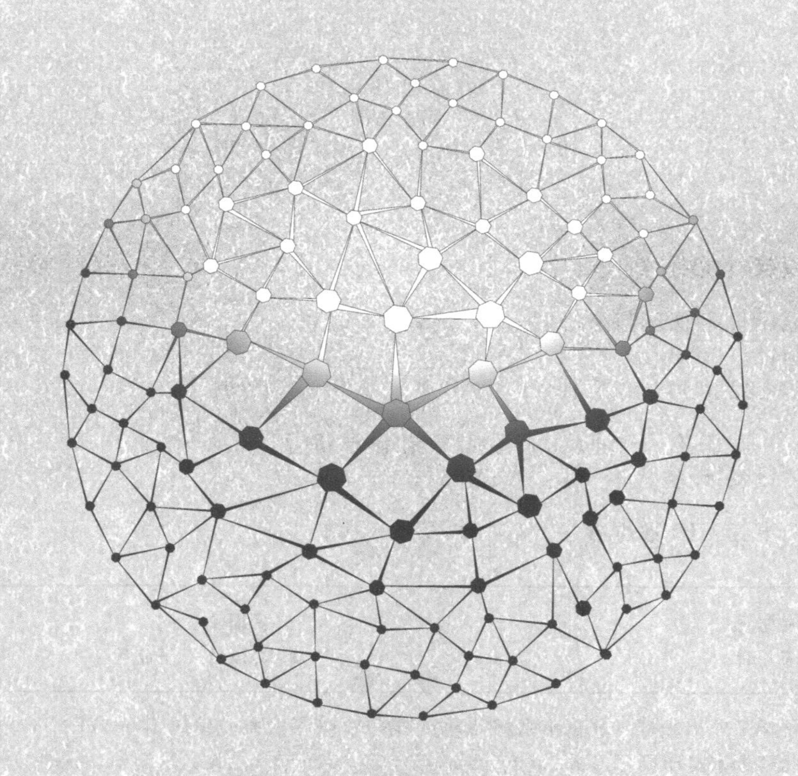

化学工业出版社
·北京·

《石油化工通用设备管理与检修》是从事石油化工设备管理及检维修工程技术人员的专业培训教材。全书共十二章，主要包括石油化工设备管理及检修两大部分内容。石油化工设备管理主要内容有：石油化工通用设备管理的作用与意义、石油化工设备单元操作、设备管理与维修术语、国内外设备管理简介、设备的前期管理、设备资产管理、设备的润滑管理、设备的状态管理、石油化工容器、换热器、塔类设备、反应釜、干燥设备、石油化工管道、压缩机、风机、离心机、回转圆筒、粉碎机械、制冷机、石油化工通用设备完好标准、石油化工设备事故分析与对策、石油化工设备安全停车与检修安全管理制度等。石油化工设备检修新技术主要有：石油化工通用设备带压密封技术、石油化工通用设备在线机械加工修复技术、石油化工通用设备带压开孔及封堵技术、石油化工通用设备不动火现场液压快速配管技术、石油化工通用设备碳纤维复合材料修复技术、石油化工通用设备带压补焊技术、石油化工安全阀在线检测技术、机械零件装配技术、机械零件的修复技术、高分子合金修补技术、断丝取出技术、设备的更新改造、设备的技术改造及现代化管理方法在设备管理中的应用及案例。书中增写了多项设备检修方面的新技术和新工艺，内容简明易懂，侧重通用性和实践性。

本书可为石油化工设备设计、制造、安装、改造、更新、维护、修理、抢修、在线服务等工程技术人员、维修人员使用，对提高设备管理水平，解决石油化工、炼油及油田等企业类似技术难题提供学习、交流、参考和借鉴作用，对石油化工企业相关领导在进行设备管理及检修工作决策方面，也有重要的指导意义。本书也可作为高等院校、高职高专设备使用、过程装备、管理与维修专业的教学参考书。

图书在版编目（CIP）数据

石油化工通用设备管理与检修/陈庆等编著. —北京：化学工业出版社，2019.1
ISBN 978-7-122-33174-8

Ⅰ.①石… Ⅱ.①陈… Ⅲ.①石油化工设备-设备管理②石油化工设备-设备检修 Ⅳ.①TE65

中国版本图书馆CIP数据核字（2018）第236463号

责任编辑：袁海燕　　文字编辑：向　东
责任校对：宋　玮　　装帧设计：王晓宇

出版发行：化学工业出版社（北京市东城区青年湖南街13号　邮政编码100011）
印　　装：北京天宇星印刷厂
787mm×1092mm　1/16　印张28　字数744千字　2019年2月北京第1版第1次印刷

购书咨询：010-64518888　　售后服务：010-64518899
网　　址：http://www.cip.com.cn
凡购买本书，如有缺损质量问题，本社销售中心负责调换。

定　　价：128.00元

前言

FOREWORD

当今的时代是一个速变的时代，随着企业装备的飞快技术进步，国内外设备管理与维修工程的发展也十分迅猛。特别是近年来，我国设备管理方面的法律、法规、部门规章制度、安全技术规范和标准相继颁布、实施，对企业设备工作提出了更高的要求。设备管理作为企业管理的重要内容，不仅直接影响企业的生产经营，而且关系着企业的长远发展和兴衰。

充分发挥石化设备效益，把设备看成企业生命线；推行点检制度，推广全员维修和预防维修；利用诊断技术预防停机故障；不断引进新技术、新工艺、新材料；企业自修、检修与社会化检修相结合；采用最经济的维修体制和方法；开展岗位培训和继续教育工程等项工作已经在我国石油化工行业普遍展开。针对这一形势，本书在编写过程中，均参考国家现行法规和标准，从选材到内容结构的安排上力求简明、实用，系统和全面。在内容编排上，除了介绍传统设备管理方面的内容外，还介绍了现代管理方法在设备管理中的应用，特别是在设备维修新技术方面，增加了许多全新的内容，突出了工程性与实践性，特色突出，便于读者阅读、理解和实践。

全书共十二章，内容包括：

① 石油化工通用设备管理概述，介绍了石油化工设备管理与检修常用术语、石油化工设备管理标准概述、设备管理的作用与意义、我国设备管理的沿革、国外设备管理简介等。

② 石油化工通用（静）设备，介绍了石油化工容器、换热器、塔类设备、反应釜、干燥设备、石油化工管道、阀门等静设备的结构及检修方法，包括石油化工通用设备完好标准。

③ 石油化工通用（动）设备，介绍了机械传动、轴与轴承、泵、压缩机、风机、离心机、回转圆筒、粉碎机械、输送机械、制冷机、压（过）滤机等静设备的结构及检修方法，包括石油化工通用动设备完好标准。

④ 石油化工通用设备的前期管理，介绍了设备前期管理的重要性、工作程序与分工，设备规划的制订，外购设备的选型与购置，自制设备管理，国外设备的订货管理，设备的借用与租赁和设备的验收、安装调试与使用初期管理等。

⑤ 石油化工通用设备资产管理，介绍了固定资产、设备的分类、设备资产的变动管理、设备资产管理的基础资料、机器设备评估、设备折旧等。

⑥ 石油化工通用设备的润滑管理，介绍了摩擦与磨损、设备润滑管理的目的和任务、设备润滑管理的组织和制度、设备润滑图表、润滑装置的要求和防漏治漏等。

⑦ 石油化工通用设备的状态管理，介绍了设备状态管理的目的和内容、设备的检查、设备的状态监测、故障诊断技术、设备事故等。

⑧ 石油化工通用备件管理，介绍了备件管理概述，备件的技术管理、计划管理、库存管理、经济管理和备件管理的现代化等。

⑨ 石油化工设备安全停车与检修安全管理制度，介绍了石油化工企业检修安全管理制度、石油化工装置安全停车与处理制度、石油化工检修安全作业规程等。

⑩ 石油化工通用设备检修技术，介绍了设备维修技术概念、石油化工机械零件的修复技术（高分子合金修补技术、断丝取出技术、缺陷内螺纹再造技术等）、承压设备带压密封技术、设备在线机械加工修复技术、石油化工设备带压开孔及封堵技术、不动火现场液压快

速配管技术、碳纤维复合材料修复技术、带压补焊技术、安全阀在线检测技术等，提供了“镜法兰带压密封施工方案”工程应用实例。

⑪ 石油化工机械零件装配技术与设备更新改造，介绍了机械装配的概念、过盈配合的装配、联轴器的装配、轴承的装配、齿轮的装配、螺纹联接的装配、密封装置的装配、设备的磨损及其补偿、设备的更新改造、设备的技术改造等。

⑫ 现代化管理方法在石油化工通用设备管理中的应用及案例，介绍了网络计划技术、线性规划、价值工程、设备完整性管理概述及两家国内企业设备管理模式的创新实例。

全书由吉林化工学院机电工程学院教师编著。第 1 章、第 3 章由陈庆撰写，第 2 章由高路撰写，第 4 章、第 5 章、第 9 章、第 11 章由张玉撰写，第 6 章、第 7 章、第 8 章、第 12 章由李欣疏撰写，第 10 章由胡忆沩撰写，全书由胡忆沩统稿。

由于作者水平所限，书中不足和疏漏之处在所难免，敬请各位专家和读者批评指正，以便在修订再版时进一步完善。

作　者

2018 年 6 月于吉林化工学院

目录
CONTENTS

第三章 石油化工通用（动）设备 / 103

第四章 石油化工设备的前期管理 / 193

第五章 石油化工通用设备资产管理 / 210

第九章　石油化工设备安全停车与检修安全管理制度 / 283

第十章　石油化工通用设备维修技术 / 300

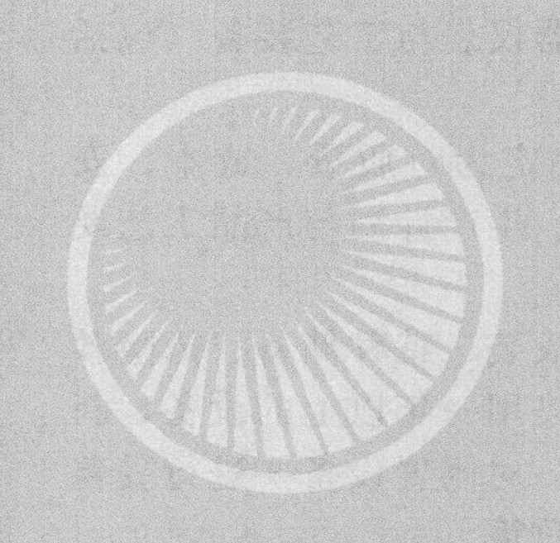

第一章 石油化工通用设备管理概述

石油化工通用设备是指石油化工各行各业都普遍使用的设备的总称。本书所称的石油化工通用设备包括静设备和动设备两大类。静设备包括石油化工容器、换热器、塔类设备、反应釜、干燥设备、石油化工管道、阀门等；动设备包括压缩机、风机、离心机、回转圆筒、粉碎机械、制冷机、压（过）滤机等。

而专用设备是指石油化工行业为完成某个特定的生产环节、特定的产品而专门设计、制造的静设备和动设备的总称。

石油化工设备管理是指对设备从选择评价、正确使用、维护修理、更新改造和报废处理全过程管理工作的总称。其中石油化工通用设备中的锅炉、压力容器和压力管道还应当严格遵守《中华人民共和国特种设备安全法》的相关规定。

设备检修是指石油化工设备技术状态劣化或发生故障后，为恢复其功能而进行的技术活动，包括各类计划修理和计划外的故障修理及事故修理，又称设备修理。设备检修的基本内容包括设备维护保养、设备检查和设备修理。

设备检修包含的范围较广，包括：为防止设备劣化，维持设备性能而进行的清扫、检查、润滑、紧固以及调整等日常维护保养工作；为测定设备劣化程度或性能降低程度而进行的必要检查；为修复劣化，恢复设备性能而进行的修理活动等。在设备管理与检修中会涉及一些专业术语。

第一节　石油化工设备管理与检修常用术语

（1）设备　凡是经过加工制造由多种材料和部件按各自用途组成生产加工、动力、传送、储存、运输、科研等功能的机器、容器和其他机械等统称为设备，包括动设备和静设备。

（2）石油化工设备　石油化工设备是石油化工生产过程中所使用的机器和设备的总称，包括静设备和动设备。

（3）动设备　动设备是指有驱动机带动的转动设备，如泵、压缩机、风机等，其能源可以是电动力、气动力、蒸汽动力等。

（4）静设备　静设备是指没有驱动机带动的非转动或移动的设备，如炉类、塔类、反应设备类、储罐类、换热设备类等。

（5）生产设备　生产设备是指在工业企业中直接参加生产过程或直接为生产服务的机器设备，主要包括机械、动力及传导设备等。

(6) 生产技术装备　生产技术装备是生产设备、试验设备、仪器仪表与工艺装备（包括刀具、夹具、量具、辅具、模具和工位器具等）的总称。

(7) 重点设备　重点设备是企业根据自身的生产经营需要，确定为对质量、成本、安全、环保以及检修方面有重大影响的设备。它将随企业的生产结构、生产计划与产品工艺要求的改变而定期调整，是设备检修与管理的重点。

(8) 闲置设备　闲置设备是指企业中除了在用、备用、检修、改装、特种储备、抢险救灾、军工经核定封存的和动员生产等所必需的设备以外，其他连续停用一年以上的设备，新购进厂两年以上不能投产或变更计划后不用但仍有使用价值的设备。对闲置设备要进行妥善保管封存，防止丢失和损坏，闲置设备调剂要遵守国家有关规定和政策。

(9) 设备管理　设备管理是以企业生产经营目标为依据，通过一系列的技术、经济、组织措施，对设备的规划、设计、制造、选型、购置、安装、使用、维护、修理、改造、更新直至报废的全过程进行科学的管理的过程。它包括设备的物质运动和价值运动两个方面的管理工作。

(10) 设备综合管理　设备综合管理是在总结1949年以来设备管理实践经验的基础上，吸收了国外设备综合工程学等观点而提出的设备管理模式。其具体内容是：坚持依靠技术进步、促进生产发展和以预防为主的方针；在设备全过程管理工作中，坚持设计、制造与使用相结合，维护与计划检修相结合，修理、改造与更新相结合，专业管理与群众管理相结合，技术管理与经济管理相结合的原则；运用技术、经济、法律的手段管好、用好、修好、改造好设备，不断改善和提高企业技术装备素质，充分发挥设备效能，以达到良好的设备投资效益，为提高企业经济效益和社会效益服务。

(11) 设备管理现代化　这是一个动态的概念，其目标是把当前国内外适合我国国情的、体现现代化设备客观要求的先进管理经验，以及现代自然科学（主要是技术科学）和社会科学的主要成就，系统地、综合地应用于设备管理，使我国设备管理水平达到或接近世界先进水平，以充分发挥现代化设备的技术、经济和社会效益。设备管理现代化是一个完整的体系，它包含管理理论（或思想）、管理组织、管理方法、管理手段和管理人才等方面的现代化。

(12) 设备的生产率　它是指设备的效率，一般表现为功效、行程、速率等一系列参数。某些设备也以单位时间（小时、班、天、年）内的产品产量来表示。对成组设备来说，如流水生产线、自动化生产线，则以整个机组的生产节拍来表示该设备的统一生产率。

(13) 设备的可靠性与可靠度　可靠性：设备或系统在规定条件下和规定的时间内完成规定功能的能力。或指其在规定的时间内，完成规定任务的无故障工作的可能性。产品的可靠性是质量的一个综合指标。可靠度：系统（产品、设备、部件）在规定条件下和规定时间内保持工作能力的概率，是可靠性的量化指标。

(14) 设备的节能性　设备的节能性指设备利用能源的性能。节能性好的设备，表现为热效率高、能源利用率高、能源消耗量少。一般以机器设备单位开动时间的能源消耗量来表示，如小时耗电量、耗气量。也有以单位产品的能源量来评价设备的。

(15) 设备的耐用性　设备的耐用性是衡量设备在使用过程中所经历的自然寿命期长短的指标。随着科学技术的发展，新工艺、新材料的出现，机器产品质量的提高，以及摩擦学和防腐技术的进展，机器设备的使用寿命也趋延长。

(16) 设备的成套性　设备的成套性是指设备要配套。①设备工艺性配套：生产流水线上设备数量很多，多种设备在工艺性能、能力等方面相互配套；②单机配套：指一台机器中各种随机工具、附件、部件要配套；③机组配套：指一套机器的主机、辅机、控制设备及其他设备的配套。

（17）设备的环保性　设备的环保性是指设备的噪声和设备排放出有害物质（废气、废水、废渣）以及设备的各种泄漏对环境的污染程度。选择设备时，要把噪声控制在保护人体健康的卫生标准范围之内。如果设备排放出的废气、废水、废渣污染环境，应配有治理“三废”的附属设备。

（18）设备工作能力　设备工作能力是评价设备技术水平的一种尺度，包括输出参数和保持完成输出参数的能力。输出参数是根据设备用途和对设备的要求所制订的各种特性指标，如工作精度、机械或强度特性、运动参数、动力参数和经济指标等。

（19）设备技术性能　设备技术性能是技术规格、精度等级、结构特性、运行参数、工艺规范、生产能力等的总称。设备技术性能的先进与落后，主要表现在下列各方面：①设备精度的高低及其保持性，对产品质量要求的满足程度及其稳定性；②设备生产效率的高低，即在单位时间内生产合格品数量的多少；③设备的工作能力（出力）与能耗水平比率的高低；④设备可靠性和检修性的优劣，即平均故障间隔期和平均修理时间的长短；⑤设备的机械化、自动化程度，它反映劳动强度和劳动效率的高低。

（20）设备效能　设备效能指设备的生产效率和功能。衡量设备效能的指标随设备种类不同而异。衡量一般通用设备的效能指标是：①设备生产单位生产合格产品所需的时间，即生产节拍；节拍越快，效率越高。②设备在单位时间（如每班、每月、每年等）内生产合格产品的数量。生产的数量越多，设备的生产能力越大。③设备适应品种生产的能力，适应性越强，越能发挥其作用。

（21）设备技术状况　设备技术状况是指设备所具有的工作能力，包括性能、精度、效率、运动参数，安全、环保、能源消耗等所处的状态及变化状况。

（22）设备分级管理　对企业的设备管理工作实行分级负责，归口管理的原则。对涉及全行业的设备管理规划、规定、制度、设备分级管理办法和设备分级管理目录等，由国务院行业主管部门制订；对地区性的设备管理规划、规定和办法等，由地方各级企业设备管理部门制订和实施。

（23）设备岗位责任　设备岗位责任指企业对设备的操作、使用、维护、修理和保管等管理工作建立的岗位责任制。设备岗位责任制应和经济责任制紧密结合，以利于设备岗位责任制长期坚持。

（24）设备检修　设备检修是维护和修理的泛称。“维护”是为维持产品完好技术状况或工作能力而进行的作业；“修理”是为恢复产品完好技术状况或工作能力和寿命而进行的作业。

（25）集中检修　集中检修是企业内部所有的检修工作，包括计划安排、修理、管理以及全部检修人员，都由一个机构统一领导的方式。

（26）分散检修　分散检修是检修人员及其资源配置在各生产部门，由各生产部门负责安排检修工作并予以实施的方式。

（27）混合检修　混合检修是分散和集中相结合的组织检修形式。这种形式可兼有分散和集中两种检修方式的优点，故已被我国大、中企业普遍采用。例如，企业内各车间的大修理由机修车间负责，而其余各类检修工作则由各使用车间负责。

（28）设备检修计划　设备检修计划是消除设备技术状况劣化的一项设备管理工作计划。制订检修计划时，应根据设备的实际负荷、开动时间、技术状况、检测数据、零部件失效规律、在生产过程中所处地位及其复杂程度等，采取与实际需要相适应的修理类别；并综合考虑生产、技术、物资、劳动力与费用等各方面的条件，来安排检修日期和确定检修时间。设备检修计划是企业生产经营计划的重要部分，其目标是保证设备经常处于完好状态。它应与企业的生产技术、财务计划密切协调，并与企业的生产经营计划同时下达、执行和考核。

（29）设备检修质量　设备检修质量是检修后达到预期技术效果的程度，通常从以下两方面衡量：①达到检修技术标准所规定的技术参数、技术条件和允许偏差的程度；②设备检修验收后在保修期内的返修率，可用下式计算：返修工时率＝100％×（返修工时/实际检修总工时）；返修停机时间率＝100％×（时间/计划检修停机时间）；返工率＝100％×（返修台数/修理总台数）。返修率是间接反映检修质量的指标。考察返修率有利于促进检修部门提高检修工作质量、检修技术和管理水平。

（30）设备改造　设备改造运用新技术对原有设备进行技术改造，以改善或提高设备的性能、精度及生产率，减少消耗及污染。设备改造时必须考虑生产上的必要性、技术上的可能性和经济上的合理性。设备改造的主要作用是补偿无形磨损，某些情况下也补偿有形磨损。通过改造可以实现企业生产手段现代化。

（31）设备更换　设备更换是在同样用途、规格的新型号设备尚未出现时，以同一型号规格的设备去替换磨损严重而无法或不值得再修理的设备。

（32）设备老化　一个拟人化的概念，是对设备陈旧程度的形象化表述。当某设备的使用达到经济寿命年限、技术上已被先进的新型设备所代替、社会上已不再生产原型号设备时，该设备可视为已严重老化。企业解决设备老化的途径有：①进行设备技术改造，即用新技术、新器件改造老设备，使其局部更新，延长技术寿命；②适时更新经济上、技术上已不宜于修复和改造的老旧设备。

（33）设备报废　企业生产设备中，凡因严重磨损、腐蚀、老化，致使精度、性能、出力达不到工艺要求者；能耗高或污染严重超过国家规定者；发生事故严重损坏者；专用设备无法修复、改造或虽能修复、改造但经济上不合算的，按规定手续提出申请，经鉴定、批准后予以报废。

（34）设备技术档案　设备技术档案是设备从规划、设计、制造（购置）、安装、调试、使用、检修、改造、更新直至报废等全过程活动中形成并经整理应归档保存的图纸、图表、文字说明、计算资料、照片、录像、录音带等科技文件资料。它是企业技术档案的一部分。

（35）设备台账　设备台账是掌握企业设备资产状况，反映企业设备拥有量及其分布变动情况的主要依据。设备台账分三类，设备序号账、设备分类账、分车间（使用单位）账。对精、大、稀、重设备，进口设备，自制设备等可另行分别编制专用台账。对不够条件列为固定资产的简易设备，应建立“简易设备台账”。

（36）检修信息管理　检修信息包括各种记录、图纸、报表、指令、报告、数据、凭证和代码等资料，它反映设备检修工作过程在时间和空间上的分布状况和变化程度。检修信息管理是指对上述信息进行收集、加工、传输、存储、检索和输出的组织管理工作。检修信息是设备检修、改造、更新决策的依据，是对设备全过程管理进行有效控制的手段。

（37）设备故障　设备故障指设备（系统）或零部件丧失其规定的功能。故障按其发展情况可分为突发性和渐发性两大类。

（38）设备事故　设备事故指设备因非正常损坏造成停产或效能降低，停机时间和经济损失超过规定限额者。设备事故分为一般、重大和特大三类。其分类标准由国务院有关主管部门确定。对重大、特大设备事故的发生和处理，必须及时上报地方各级企业主管部门和国务院行业主管部门，并定期统计上报。

（39）设备操作规程　设备操作规程是操作人员正确掌握操作技能的技术性规范。其内容是根据设备的结构运行特点以及安全运行等要求，对操作人员在全部操作过程中必须遵守的事项、程序及动作等做出规定。其内容包括：操作前现场清理及设备状态检查的要求；设备运行工艺参数；操作程序要求；点检、维护、润滑等要求。操作人员认真执行设备操作规程，可保证设备正常运转，减少故障，防止事故发生。

(40) 设备维护规程　设备维护规程是对设备日常维护保养方面的要求和规定。其主要内容包括：设备要达到整齐、清洁、润滑、紧固、防腐、安全；保持文明的区域环境；定期检查或评比操作人员的维护活动等。坚决执行设备维护规程，可以延长设备使用寿命，保持安全舒适的工作环境。

(41) 设备检修规程　设备检修规程是对设备检修工艺、修理方法、质量标准、竣工验收等做出规定的技术性文件。其内容有：检修前设备技术状态的调查，包括缺陷、故障、事故、隐患及功能失常等情况；检修前预检测试记录，包括各项性能、精度参数和噪声、振动、泄漏、磨损、灵活、老化、失效等的程度；设备修理所需的修复件、更换件及工、检、研具明细表；设备修复件及设备修理的程序和工艺；设备的修理质量标准和有关要求；设备修理后的试运行、试加工等的规定。对复杂的关键设备，还应绘制设备修理工程网络图。

(42) 设备更新　用新设备替换技术上或经济上不宜大修、改造和继续使用的旧设备，它可以对设备的有形和无形磨损做综合性补偿，通过设备更新，可促进技术进步和提高经济效益。因此，应根据需要尽可能以技术先进、效益好的设备替换技术落后、效益差的设备。

(43) 设备寿命　广义的设备寿命，又称设备全寿命或设备寿命周期，是指设备产生费用的整个时期，从规划设备阶段、使用阶段至报废为止。狭义的设备寿命又称自然寿命、物质寿命或物理寿命，即设备实体存在的期间，指设备制造完成，经使用检修直至报废为止的期间。

(44) 设备使用与维护管理制度　设备使用与维护管理制度是对设备的使用、维护、润滑、点检、检修、故障（事故）、状态监测和完好率考核等实行科学管理的规定。

(45) 设备完好标准　设备完好标准是评定设备是否处于完好的技术状态和维护保养状况而制订的定性和定量考核要求的基本依据。

(46) 设备事故频率　设备事故频率也称事故发生率，指报告期内发生的设备事故次数与实际开动的设备台数之比，计算公式为：事故频率（次/台）＝报告期内发生的设备事故次数/报告期内实际开动设备台数。事故频率还可以用单位时间内发生的设备事故次数来计算。

(47) 设备返修率　设备返修率是考核设备修理总体质量的一个指标。可以用两种方法计算，公式如下：①用复杂系数计算：设备返修率＝(返修设备复杂系数总和/考核期内完成设备修理复杂系数总和)×100%；②用修理工时计算：设备返修率＝(设备返修耗用工时总和/考核期内完成设备修理实耗工时总和)×100%。

(48) 设备完好率　根据各类设备完好标准，对企业设备进行逐台检查所确定的完好台数与设备总台数之比。设备完好率＝(完好设备台数/设备总台数)×100%。设备总台数应包括企业在用的、备用的、停用的以及正在检修的全部生产设备，不包括尚未安装、使用以及由基建部门或物资部门代管的设备，考核设备时必须按完好标准逐台衡量，不能采取抽查推算的办法。设备完好率一般考核主要生产设备。

(49) 设备闲置率　设备闲置率指闲置不用的设备数量与全部设备数量的比值，也是反映设备利用程度的指标，同时可从侧面反映设备资产投资的回报和利用程度。设备闲置率＝(闲置设备台数/全部设备台数)×100%。

(50) 网络计划　网络计划是应用网络技术编制的计划，可应用于设备大修计划的编制，以大修理任务所需的时间为基础，用网络图形来表示大修理过程中各工序之间的相互关系、时间和整个修理计划，通过数学计算找出影响大修任务的关键工序和关键路线，以便确保关键路线作业、缩短大修停歇时间。

(51) 设备大修计划　设备大修计划是根据设备大修理标准编制的修理计划。设备大修计划主要包括修理项目、修理开工、完工时间、修理工时、修理费用等。必要时，大修计划列出需用的备件及材料规格、品种和数量。

（52）预防检修　预防检修是为了防止设备性能、精度劣化或设备故障和事故停机，从“预防为主”的观点出发，根据事前的计划和相应的技术要求所进行的预防性维护和修理。预防检修力争对运行中的设备异常进行早期发现，早期排除，通常应参考设备实际开动台时和状态监测的结果。

（53）预知检修　预知检修是一种以设备状态为依据的预防检修方式。它是根据设备的日常点检、定检、状态监测和诊断提供的信息，经过统计分析来判断设备的劣化程度、故障部位和原因，并在故障发生前能进行适时和必要的检修。由于这种检修方式对设备有针对性地进行检修，修复时只需修理或更换快要或已损坏的零件，从而有效地避免意外故障和防止事故发生并减少检修费用。采用“状态监测检修”方式，进行设备技术状态监测时，需要使用昂贵的监测仪器，因此主要适用于利用率高的重点设备和连续运转的设备。预知检修是当今世界上新兴的先进检修方式，是设备检修发展的方向。

（54）计划修理　计划修理指根据设备的实际技术状况和精度指数的测算制订修理计划，有针对性地对各类设备采用不同类别的修理，防止设备意外磨损及突发故障。它是设备预防检修的一种手段，在实施时，为增加设备生产时间，提高设备利用率，可采用分步修理法和同步修理法。

（55）抢修　为避免发生严重后果而需要立即着手对设备进行检修；或为了减少严重事故损失，对事故设备进行24h昼夜修理均称抢修。

（56）大修　大修是工作量最大的一种计划修理，以全面恢复设备工作能力为目标，将设备的全部或大部分部件解体，修复基准件，更换或修复全部不合格的零件、附件，翻新外观，彻底消除修前存在的缺陷，恢复设备的规定精度和性能。

（57）中修　中修是计划预修制度的修理周期结构中介于大修与小修之间的一种修理。其修理内容为：部分解体，更换或修复部分不能用到下次计划修理的磨损零件，部分刮研导轨，调整坐标，使规定修理部分恢复出厂精度或满足工艺要求。修后应保证设备在一个中修间隔期内能正常使用。

（58）小修　小修是工作量最小的计划修理，是指调整、修复或更换修理间隔期内失效的或即将近失效的零件或元器件的局部修理工作。

（59）事后修理　事后修理是设备发生故障或损坏之后，性能已不合格才进行修理，这是一种非计划的修理。

（60）设备维护　设备维护是为防止设备性能劣化（退化）或降低设备失效的概率，按事先规定的计划或相应技术条件的规定进行的技术管理措施。其作用在于延缓设备工作能力的降低，保持设备经常处于良好技术状态。

（61）设备检修　设备检修是维护和修理的泛称。“维护”是为维持产品完好技术状况或工作能力而进行的作业；“修理”是为了恢复产品完好技术状况或工作能力和寿命而进行的作业。

（62）预防为主　预防为主是设备工程的理论基础，即设备工程应自始至终贯彻“预先防止”和“防重于治”的指导思想。在其规划工程阶段，应重视无检修设计、可靠性、检修性的科研与实施；在其检修工程阶段，应做好运行过程的状态监测和技术诊断，加强设备的预防性检查和试验，以及建立健全有关规程制度和各项基础工作，防止设备非正常劣化，减少故障、事故，延长使用寿命，充分发挥设备一生效能，从而达到设备寿命周期费用最经济。

（63）试车　试车是机器设备的试运转。对制造、安装或修理完毕的设备，在投产前为保证正式运转达到规定的工作能力而进行的调整和运转。一般先进行空运转（无负荷）试车，然后再进行负荷试验。空运转试车：设备按规定的输出参数在无负荷状态下运转，并进行动作试验。负荷试验：使设备处于正常工作状态下（或模拟与正常工作状态相同的条件），按设备说明书（或修理技术文件）中规定的转速、精度、运行参数等技术要求进行切削试验、出力试验或加载试验。

（64）完好设备　完好设备主要指达到以下要求的设备。①设备性能良好，如性能、出力达到设计标准，精度满足工艺要求，运转无超温、超压现象。②设备运转正常，零部件齐全，无较大缺陷，磨损腐蚀在规定限度内，主要计量仪表和润滑系统正常。③原材料、燃料、油料等消耗正常，无漏油、漏气、漏电现象，外表清洁、整齐。

（65）日常保养　日常保养是操作者对所操作设备每日（班）必须进行的保养。其内容为班前加油、擦拭、调整，班中的检查、调节，班后的清扫、归位等工作。日常保养可以防止故障发生，推迟劣化，延长设备寿命，减少事故发生。

（66）润滑管理制度　润滑管理制度包括：①润滑材料供应管理制度；②润滑总站与分站管理制度；③设备清洗换油及其工艺流程的规定；④切削液等工艺用油液的管理制度；⑤废油回收及再生管理办法；⑥润滑工安全技术操作规程；⑦润滑油库安全防火制度。

（67）设备隐患　设备隐患是指在设备使用阶段，往往由于设计、制造、装配以及材质等缺陷因素使设备初始参数劣化、衰减的过程。它是在工作中逐渐形成的，与设备的使用时间无关，一般无明显的先兆。

（68）故障机理　故障机理指引起故障的物理的、化学的、机械的、电气的、人为的因素及其因果关系、原理等。以人的疾病作为比喻，故障机理相当于病理，故障模式相当于基本的症状，即使机理不明，但模式总可观测。不同的应力分别或同时产生某些不同的故障机理。同样，由某一机理也可产生出另一机理。并随着时间的变化，最后可以显示出若干故障模式。

（69）设备故障频率　设备故障频率是设备故障的次数与设备总开动时间之比，即设备在单位开动时间内发生故障的次数，在实际工作中被单位设备台数发生的故障次数取代，即在报告期内的设备故障次数与实际开动的设备台数之比。

（70）日常检查　日常检查是操作人员每天（班）对设备进行使用维护的一项重要工作，其目的是及时发现设备运行前及其运行过程中的不正常情况并予以排除。

（71）设备诊断　设备诊断是在设备运行中，定量地把握设备的性能、强度和劣化状态等，以此为基础，对设备的可靠性、安全性和寿命进行预测。在设备诊断中，为发现设备异常现象，要检测的项目有振动、声音、传热、温度、压力、电压和排油等。

（72）状态监测　状态监测是对设备整体或局部在运行过程中物理现象的变化进行的检测（包括点检和检查），目的是随时监视设备的运行状况，防止突发故障，掌握劣化规律，合理安排检修计划，确保设备的正常运行。

（73）配件　配件是由专业化工厂按一定规模（数量）生产，使用单位可按工作条件、连接尺寸随时选用、更换的零部件。

（74）备件　备件是检修中经常使用而需保持一定储备量的零件。如易损件、消耗量大的标准件及关键设备的保险储备件等。

（75）备件管理技术工作　备件管理技术工作为备件管理所进行的必要的技术准备工作，其中包括备件图纸的收集、备件实物测绘、技术资料整理以及备件图册的编制。

（76）备件自然失效　备件自然失效是指备件储备中因备件品质或保管不善而导致变质、变形、锈蚀、老化等使备件丧失使用价值。

（77）备件库　备件库是存放设备备件的仓库，根据各企业的具体情况，一般分为中心备件库、机械备件库、动力备件库、机电备件库及毛坯库等。备件库应符合一般仓库的技术要求，如防潮、防火、防腐蚀、明亮、通风、无灰尘和具有防火设施等。备件库占地面积的大小应根据各企业对备件范围的划分和管理形式的不同具体决定。

(78) 备件ABC管理法 企业为了保证检修需要，储备品种繁多的大量备件，每种备件的重要程度、供货难易和库存时间各不相同。为了分清重点与一般，区别对待，控制备件库存，将备件划分为A、B、C三类进行管理。

(79) 备件汇总 以备件类别为主的表格，从表上可以看出此类备件总的品种数、拥有量和储备量。为适应订货要求，汇总表应按照国家物资供应目录分类汇总。

第二节 石油化工设备管理标准概述

一、设备标准的定义

设备标准是以生产过程中所用设备为对象而制定的标准。设备标准的内容主要包括：设备的品种、规格、技术性能、试验方法、检验规则、加工精度、检修管理及包装、储运等。如液压气动标准、检验检测标准、管道阀门标准、压力容器标准、刀具类标准、船舶标准、机械设备标准、轴承标准、紧固件标准、弹簧标准、传动标准、润滑密封标准、法兰接头标准等。国家标准有如GB 15579.1—2013《弧焊设备》、GB/T 7920.12—2013《道路施工与养护机械设备 沥青混凝土摊铺机术语和商业规格》、GB 50403—2007《炼钢机械设备工程安装验收规范》、GB 50231—2009《机械设备安装工程施工及验收通用规范》、GB/T 50670—2011《机械设备安装工程术语标准》等；行业标准有：

JB/T 4730.1～4730.6—2005《承压设备无损检测》

SH/T 3538—2017《石油化工机器设备安装工程施工及验收通用规范》

SH/T 3532—2015《石油化工换热设备施工及验收规范》

SH/T 3022—2011《石油化工设备和管道涂料防腐蚀设计规范》

SH/T 3030—2009《石油化工塔型设备基础设计规范》

SH/T 3010—2013《石油化工设备和管道绝热工程设计规范》

SY/T 0403—2014《输油泵组安装技术规范》

SY/T 4102—2013《阀门检验与安装规范》

SY/T 4109—2013《石油天然气钢质管道无损检测》

SY/T 4125—2013《钢制管道焊接规程》

SY/T 6696—2014《储罐机械清洗作业规范》

SY/T 0609—2016《优质钢制对焊管件规范》

SH/T 3144—2012《石油化工离心压缩机工程技术规定》

SH/T 3143—2012《石油化工往复压缩机工程技术规定》

HG 20203—2017《化工机器安装工程施工及验收规范（通用规定）》

GB 50128—2014《立式圆筒形钢制焊接储罐施工及验收规范》

SH/T 3074—2007《石油化工钢制压力容器》

二、设备管理标准

以设备的选择、评价、使用、检修和更新等管理事项为对象而制定的标准，称为设备管理标准。设备管理标准主要包括：

① 设备选择与评价标准 包括设备寿命标准、设备经济使用标准、设备投资回收期标准、设备租赁标准等。

② 设备分类及编号标准　包括设备分类标准、设备代号标准、设备编码标准及设备技术档案标准等。

③ 设备使用、保养与检修标准　包括设备利用指标、设备保养规程、设备检查规程、设备检修规程等。

三、设备管理标准化

设备管理标准化的对象可分为“物”与“事”两大方面，所谓“物”，是指设备、材料、零部件、工具量具、备用配件、润滑油等，所谓“事”，事指对事物的处理方法、使用方法、检修方法、工作程序、管理及服务等。实行设备管理标准化，就是按照科学的规律，运用标准化的方法，将企业在设备管理和检修中经常重复出现的“物”和“事”，用标准的形式确定下来，作为指导设备使用、检修和管理的准则，并加以贯彻实施，使企业生产、技术活动合理化，达到高质量、高效率、低成本的目的。设备管理标准化工作制定贯彻技术标准、管理标准和工作标准是实现技术标准的重要保证。

1. 设备购置的标准化

企业的设备购置标准化工作，主要是要建立购置设备的审批制度，严格执行审批程序，防止订购错误。

设备购置的审批程序：由有关部门提出设备购置计划，内容包括购置原因、设备投资概算、技术经济论证等。技术经济论证的关键是依据相关资料，按照相关技术标准、设备标准和经济指标来进行评价。然后在经营副厂长或总工程师主持下，由计划、生产、工艺、设备、财务、标准化、物资等部门参加，对设备的技术经济论证方案进行标准化审查和分析。主要评审设备的先进性、可靠性、安全性、耐用性、节能性、检修性、环保性、成套性和经济性。经过评审，根据资金情况，确定是否可以购置，何时购置。

对国外技术和设备的引进，更需要进行标准化审查和分析。要在引进国外技术和设备的同时，引进国外先进的技术标准、设备标准和技术文件，因为技术和设备的先进性、可靠性和经济学，在标准中大多有所体现，是管理和技术的综合反映。基础技术、试验方法、检查方法、材料选用、加工工艺、质量控制、设备性能规格、通用零部件标准等，都在标准中体现出来。在设备验收时，既要重视硬件设备的验收，也要重视软件（技术资料和标准文件）的验收，要确保技术资料的成套性和完整性。

2. 设备安装调试标准化

设备购置进厂后，要严格执行安装工程的施工工艺和技术操作要求，按照标准和规范进行安装、调试，经过验收后才能使用，企业要制定设备安装施工和验收技术检验标准和规范，包括设备的布置、设备基础土建施工规范、设备检验与调整、设备的试运转等。

要对安装的设备做严格的检验与调整，要通过试运转检验前道安装调整工序的施工质量，发现设备设计和制造的问题，最后由单位验收。

3. 设备使用的标准化

设备使用标准化，就是要制定一套科学的使用管理标准和规章制度，并付诸实施，主要包括各种设备的使用说明、各种设备的安全技术操作规程、对操作工人进行技术培训、凭操作证使用设备的制度（对精密、复杂、稀有和关键设备还应实行定人定机使用设备制度）。根据设备的技术条件，规定相应的加工任务和合理的工作负荷标准，禁止精机粗用，大机小用和超负荷运转。针对各种设备所处的工作环境，应配置的监控仪器、仪表的相应标准和规定；设备定点、定质、定量、定期、定人润滑的规定；设备的能源、油料、器材消耗定额和费用的标准等。企业还应制订相应的奖惩制度，对严格遵守标准和规章制度、爱护机器设备的职工，给予表扬和奖励。对不执行管理标准和制度的人员，给予批评、处分直至追究经济或刑事责任。

在实际工作中，设备使用中的所有问题不可能全部制定成标准，可以采用指导书的形式规范，如安全防御指导书、电气防爆指导书、检查机器使用情况的指导书、技术评价指导书、危险物容器储罐的设置与检查指导书等。

4. 设备检查的标准化

设备检查的标准化工作是对企业设备的日常检查和定期检查做出标准规定。

日常检查标准要明确规定各种设备的检查部位、检查项目、检查方法、合格的判定内容、检查记录要求等。如果发现问题或隐患应加以消除和及时汇报。

定期检查标准应规定定期检查的时间、检查的设备、检查内容和方法、参加检查人员、检查记录要求，对设备的技术状态做出定性和定量的评估。

5. 设备维护保养标准化

根据各种设备的特点和工厂生产的实际情况，对各种设备的整齐、清洁、润滑、安全、完整等制定出各级保养的标准，并贯彻实行。

日常保养：要规定出保养项目、部位、保养内容和标准。

一级保养：规定出保养部位和内容、操作顺序、检查内容、验收标准、定期保养时间等。有此设备还要求测定易损件，提出备用配件。

6. 设备修理的标准化

应通过标准化工作，建立和健全预防检修制度，要制定和执行磨损零件修换标准、设备故障检查手册、设备检修规程、修理用工具和检验工具标准、安装调试方法和试验验收方法、设备完好标准、备用配件图册和标准、设备修理验收标准等。

有条件的企业还应制订和执行设备检修作业标准。由于设备检修作业与生厂操作作业相比，准备和停工等料的时间较长，作业效率较低，实际作业时间常常不满50%，但随着生产机械化、自动化的发展，检修费用上升，检修时间增多，若作业效率仍低于50%，则会降低设备的运转率。使设备的停机损失过大，从而严重影响整个企业的经济效益。而检修作业标准的制定和执行，有利于提高对企业拥有量较大的典型设备和典型部件。优先制定典型检修作业标准和通用检修作业标准。

检修作业标准的主要内容是作业方法、作业程序和时间标准等，也包括作业用语、机器设备、修理工艺、作业质量、质量验收等标准。

7. 设备改造标准化

在利用新技术、新材料、新工艺、新部件、新附件改造老设备时，从设计、制造到鉴定验收，都要提出标准化综合要求和进行标准化审查。要对现有不同规格型号的老设备进行简化优选，合理地压缩和简化零部件。易损件的品种规格，要提高通用化、标准化程度。

8. 设备管理标准

设备管理标准是对设备管理事项所制定的标准，主要有：设备预算标准，油类、工具、备用配件管理规程和标准，设备生产能力标准，设备折旧及材料物资消耗标准，检修费用管理标准，设备管理考核标准，设备经济评价方法，设备大修理验收移交制度，设备大修理工作流程，技术准备工作流程，设备管理全过程流程等。

第三节　设备管理的作用与意义

设备管理是指以设备为研究对象，追求设备综合效率与寿命周期费用的经济性，应用一系列理论、方法，通过一系列技术、经济、组织措施，对设备的物质运动和价值运动进行全过程（从规划、设计、制造、选型、购置、安装、使用、检修、改造、报废直至更新）的科学管理。这是一个宏观的设备管理概念，涉及政府经济管理部门、设备设计研究单位、制造工厂、使用部门和有关的社会经济团体，包括了设备全过程中的计划、组织、协调、控制、决策等工作。

一、设备管理的作用

（1）设备管理是企业生产经营管理的基础工作。现代企业依靠机器和机器体系进行生产，生产中各个环节和工序要求严格地衔接、配合。生产过程的连续性和均衡性主要靠机器设备的正常运转来保持。设备在长期使用中的技术性能逐渐劣化（比如运转速度降低）就会影响生产定额的完成，一旦出现故障停机，便会造成某些环节中断，甚至引起生产线停顿。因此，只有加强设备管理、正确地操作使用、精心地维护保养、进行设备的状态监测、科学地修理改造、保持设备处于良好的技术状态，才能保证生产连续、稳定地运行。反之，如果忽视设备管理，放松维护、检查、修理、改造，导致设备技术状态严重劣化、带病运转，必然故障频繁，无法按时完成生产计划，无法如期交货。

（2）设备管理是企业产品质量的保证，产品质量是企业的生命，竞争的支柱。产品是通过机器生产出来的，如果生产设备特别是关键设备的技术状态不良，严重失修，必然造成产品质量下降甚至废品成堆。加强企业质量管理，就必须同时加强设备管理。

（3）设备管理是提高企业经济效益的重要途径。企业要想获得良好的经济效益，必须适应市场需要，产品物美价廉。不仅产品的高产优质有赖于设备，而且产品原材料、能源的消耗、检修费用的摊销都和设备直接相关。这就是说，设备管理既影响企业的产出（产量、质量），又影响企业的投入（产品成本），因而是影响企业经济效益的重要因素。一些有识的企业家提出“向设备要产量、要质量、要效益”，确实是很有见地的，因为加强设备管理是挖掘企业生产潜力、提高经济效益的重要途径。

（4）设备管理是搞好安全生产和环境保护的前提。设备技术落后和管理不善，是发生设备事故和人身伤害的重要原因，也是排放有毒、有害的气体、液体、粉尘，污染环境的重要原因。消除事故、净化环境，是人类生存、社会发展的长远利益所在。加强发展经济，必须重视设备管理，为安全生产和环境保护创造良好的前提。

（5）设备管理是企业长远发展的重要条件。科学技术进步是推动经济发展的主要动力。企业的科技进步主要表现在产品的开发、生产工艺的革新和生产装备技术水平的提高上。我国加入 WTO 以后，竞争更加激烈，企业要在激烈的市场竞争中求得生存和发展，需要不断采用新技术，开发新产品。一方面，“生产一代，试制一代，预研一代”；另一方面，要抓住时机迅速投产，形成批量，占领市场。这些都要求加强设备管理，推动生产装备的技术进步，以先进的试验研究装置和检测设备来保证新产品的开发和生产，实现企业的长远发展目标。

由此可知，设备管理不仅直接影响企业当前的生产经营，而且关系着企业的长远发展和成败兴衰。作为一个致力于改革开放潮流、面向 21 世纪的企业家，必须摆正现代设备及其管理在企业中的地位，善于通过不断改善人员素质，充分发挥设备效能，来为企业创造最好的经济效益和社会效益。

二、设备管理的主要目的

设备管理的主要目的是用技术上先进、经济上合理的装备，采取有效措施，保证设备高效率、长周期、安全、经济地运行，来保证企业获得最好的经济效益。

设备管理是企业管理的一个重要部分。在企业中，设备管理搞好了，才能使企业的生产秩序正常，做到优质、高产、低消耗、低成本，预防各类事故，提高劳动生产率，保证安全生产。

加强设备管理，有利于企业取得良好的经济效果。如年产30万吨合成氨厂，一台压缩机出故障，会导致全系统中断生产，其生产损失很大。

加强设备管理，还可对老、旧设备不断进行技术革新和技术改造，合理地做好设备更新工作，加速实现工业现代化。

总之，随着科学技术的发展，企业规模日趋大型化、现代化，机器设备的结构、技术更加复杂，设备管理工作也就越来越重要，许多发达国家对此十分重视。

三、设备管理的重要意义

设备管理是保证企业进行生产和再生产的物质基础，也是现代化生产的基础。它标志着国家现代化程度和科学技术水平。它对保证企业增加生产、确保产品质量、发展品种、产品更新换代和降低成本等，都具有十分重要的意义。

设备是工人为国家创造物质财富的重要劳动手段，是国家的宝贵财富，是进行现代化建设的物质技术基础。由此可见，搞好设备管理工作非常重要。搞好设备管理对一个企业来说，不仅是保证简单再生产必不可少的一个条件，而且对提高企业生产技术水平和产品质量，降低消耗，保护环境，保证安全生产，提高经济效益，推动国民经济持续、稳定、协调发展有极为重要的意义。

（1）加强设备管理　为企业建立正常的生产秩序机械设备是企业现代化生产的物质技术基础，生产的正常进行、生产率的提高、加工精度的保证，在很大程度上都依赖于机械设备。为保证生产的正常秩序，防止发生设备和人身事故，减少或避免环境污染，设备管理应做到：正确地操作、使用设备，精心地维护、保养设备，严格设备运行状态检查，及时正确地进行设备修理，使设备处于良好的技术状态。

（2）加强设备管理　使企业取得良好的经济效益，使设备寿命周期的费用最低；使设备故障降低到最低程度，减少或避免因设备故障造成企业的经济损失；提高产品的质量和数量，为企业创造经济效益。

（3）加强设备管理　有利于企业技术进步，随着科学技术的发展和生产现代化水平的提高，大型、精密、高速、连续、结构复杂的设备不断增多，自动化水平较高的设备也在不断增多，工业企业设备管理的重要性必将更加突出。

第四节　我国的设备管理制度

我国现行的设备管理制度，其要点汇集在1987年7月28日国务院发布的《全民所有制工业交通企业设备管理条例》（简称《设备管理条例》）中。《设备管理条例》明确规定了我国设备管理工作的基本方针、政策，主要任务和要求。它是我国设备管理工作的第一个法规性文件，是指导企业开展设备管理工作的纲领，也是搞好企业设备管理工作的根本措施。《设备管理条例》的内容有总则（第一章）、设备的管理机构与职责（第二章）、设备的规划、选购及安装调试（第三章）、设备的使用、维护和检修（第四章）、设备的改造与更新（第五章）、设备管理的基础工作（第六章）、教育与培训（第七章）、奖励与惩罚（第八章）、附则（第九章），共计五十条，但该《设备管理条例》已在修订中。

一、《设备管理条例》的特点

（1）《设备管理条例》是适应我国企业管理现代化的要求，把现代设备管理的理论和方法与本国具体实践相结合的产物。它既借鉴了外国的先进理论和实践，又总结和提高了新中国成立以来我国设备管理的成功经验，体现了“以我为主，博采众长，融合提炼，自成一家”的方针，符合我国实际，并具有一定中国特色。

(2)《设备管理条例》针对我国设备管理的共性问题，做了原则性的规定，而具体的管理办法则由各行业、省市自治区主管部门根据本行业、地区的特点分别制订（如《设备管理条例》的实施细则等），并由企业按照实际情况自行决定。这样，既坚持了原则上的宏观指导，又尊重了企业自主经营管理的权力，体现了我国经济体制改革的精神。

二、设备管理的方针

《设备管理条例》规定，“企业设备管理，应当依靠技术进步、促进生产发展和以预防为主”。这是我国设备管理的三条方针。

1. 设备管理要坚持“依靠技术进步”的方针

设备是技术的载体，只有不断用先进的科学技术成果注入设备，提高设备的技术水平，才能保证企业生产经营目标的实现，保持企业持久发展的能力。

2. 设备管理要贯彻“促进生产发展”的方针

设备管理工作的根本目的在于保护和发展社会生产力，为发展生产、繁荣社会主义经济服务。因此，《设备管理条例》把“促进生产发展”规定为设备管理工作的基本方针之一。

坚持这个方针，就要正确处理企业生产与设备管理之间的辨证关系。它们之间基本上是统一的，但有时会发生矛盾。例如，安排设备的检修要占用生产时间，暂时减少产量与产值。这时，生产与设备检修之间出现了矛盾。但如果不及时进行必要的设备检修，甚至采用“驴不死不下磨”的做法，必将酿成设备事故，使生产陷于瘫痪，甚至造成不可弥补的损失，这是两者矛盾的激化。

3. 设备管理要执行“预防为主”的方针

“预防为主”的早期含义，是指在设备维护和检修并重中以预防为主。在当今推行设备综合管理的条件下，“预防为主”已被赋予了新的含义，发展成为贯穿设备一生的指导方针。

三、设备管理的基本原则

《设备管理条例》规定，我国设备管理要“坚持设计、制造与使用相结合，维护与计划检修相结合，修理、改造与更新相结合，技术管理与经济管理相结合的原则”。

1. 设计、制造与使用相结合

设计、制造与使用相结合的原则，是为克服设计制造与使用脱节的弊端而提出来的。这也是应用系统论对设备进行全过程管理的基本要求。

2. 维护与计划检修相结合

维护与计划检修相结合是贯彻“预防为主”、保持设备良好技术状态的主要手段。加强日常维护，定期进行检查、润滑、调整、防腐，可以有效地保持设备功能，保证设备安全运行，延长使用寿命，减少修理工作量。但是维护只能延缓磨损、减少故障，不能消除磨损、根除故障。因此，还需要合理安排计划检修（预防性修理），这样不仅可以及时恢复设备功能，而且还可为日常维护保养创造良好条件，减少维护工作量。

3. 修理、改造与更新相结合

修理、改造与更新相结合是提高企业装备素质的有效途径，也是依靠技术进步方针的体现。

在一定条件下，修理能够恢复设备在使用中局部丧失的功能，补偿设备的有形磨损，它具有时间短、费用省、比较经济合理的优点。但是如果长期原样恢复，将会阻碍设备的技术进步，而且使修理费用大量增加。设备技术改造是采用新技术来提高现有设备的技术水平。

设备更新则是用技术先进的新设备替换原有的陈旧设备。通过设备更新和技术改造，能够补偿设备的无形磨损，提高技术装备的素质，推进企业的技术进步。因此，企业设备管理工作不能只搞修理，而应坚持修理、改造与更新相结合。

4. 专业管理与群众管理相结合

专业管理与群众管理相结合，这是我国设备管理的成功经验，应予继承和发扬。首先，专业管理与群众管理相结合有利于调动企业全体职工当家作主，提高参与企业设备管理的积极性。其次，只有广大职工都能自觉地爱护设备、关心设备，才能真正把设备管理搞好，充分发挥设备效能，创造更多的财富。

5. 技术管理与经济管理相结合

设备存在物质形态与价值形态两种形态。针对这两种形态而进行的技术管理和经济管理是设备管理不可分割的两个侧面，也是提高设备综合效益的重要途径。

技术管理的目的在于保持设备技术状态完好，不断提高它的技术素质，从而获得最好的设备输出（产量、质量、成本、交货期等）；经济管理的目的在于追求寿命周期费用的经济性。技术管理与经济管理相结合，就能保证设备取得最佳的综合效益。

四、设备管理的主要任务

《设备管理条例》规定："企业设备管理的主要任务是对设备进行综合管理，保持设备完好，不断改善和提高企业装备素质，充分发挥设备效能，取得良好的投资效益。"综合管理是企业设备管理的指导思想和基本制度，也是完成上述主要任务的基本保证。下面分别叙述四项主要任务：

（1）保持设备完好　要通过正确使用、精心维护、适时检修使设备保持完好状态，随时可以适应企业经营的需要而投入正常运行，完成生产任务。设备完好一般包括：设备零部件、附件齐全，运转正常；设备性能良好，加工精度、动力输出符合标准；原材料、燃料、能源、润滑油消耗正常等三个方面的内容。

（2）改善和提高技术装备素质　技术装备素质是指在技术进步的条件下，技术装备适合企业生产和技术发展的内在品质、通常可以用以下几项标准来衡量：①工艺适用性；②质量稳定性；③运行可靠性；④技术先进性（包括生产效率、物料与能源消耗、环境保护等）；⑤机械化、自动化程度。

（3）充分发挥设备效能　设备效能是指设备的生产效率和功能。设备效能的含义不仅包括单位时间内生产能力的大小、也包含适应多品种生产的能力。

（4）取得良好的设备投资效益　是指设备一生的产出与其投入之比。取得良好的设备投资效益，是提高经济效益为中心的方针在设备管理工作上的体现，也是设备管理的出发点和落脚点。

提高设备投资效益的根本途径在于推行设备的综合管理。首先要有正确的投资决策，采用优化的设备购置方案。其次在寿命周期的各个阶段，一方面加强技术管理，保证设备在使用阶段充分发挥效能，创造最佳的产出；另一方面加强经济管理，实现最经济的寿命周期费用。

五、设备综合管理

设备综合管理既是一种现代设备管理思想，也是一种现代设备管理模式。这种管理思想自英国人丹尼斯·帕克斯在《设备综合工程学》的论文中提出后，引起了国际设备管理界的普遍关注，并得到了广泛传播。

1982 年，国家经委负责人在全国第一次设备管理检修座谈会上明确提出："我们认为，打破设备管理的传统观念，参照《设备综合工程学》的观点，作为改革我国设备管理制度的方向是可行的。”几十年来，我国设备管理改革的实践正是沿着这个方向前进的。

但是，我国倡导的设备综合管理并不是英国综合工程学的简单翻版，而是在参照以综合工程学为主的现代设备管理理论的基础上，融汇了我国设备管理长期积累的成功经验以及10年设备管理改革的实践成果所形成的设备管理体制（模式）。这个体制是学习国外先进经验与我国管理实际相结合的产物，具有鲜明的中国特色。这个体制的基本内容，就是《设备管理条例》中重点阐述的“三条方针，五个结合，四项任务”。

六、设备管理现代化

不断改善经营管理，努力提高管理的现代化水平是企业求得生存、发展，提高经济效益的根本途径。设备管理现代化是企业管理现代化的主要组成部分。

所谓设备管理现代化就是把当今国内外先进的科学技术成就与管理理论、方法，综合地应用于设备管理，形成适应企业现代化的设备管理保障体系，以促进企业设备现代化和取得良好的设备资产效益。

《设备管理条例》全篇贯穿着设备管理现代化的基本思路，倡导不断提高设备管理和检修技术的现代化水平。比如，坚持“三条方针，五个结合，四项任务”，突出了设备管理思想观念的三大转变：由单纯抓设备检修到对设备的买、用、修、改、造实行综合管理的转变；由只重视技术管理到实行技术管理与经济管理相结合，追求设备投资效益的转变；由专业检修人员管理向全员管理方向的转变。

七、《设备管理条例(征求意见稿)》

2008年3月27日，国家发展改革委办公厅向国务院有关部门办公厅和省（市）发展改革委印发了《关于征求对＜设备管理条例＞（征求意见稿）意见的函》，征求意见稿由总则（第一章）、设备使用管理（第二章）、设备资产管理（第三章）、设备安全运行（第四章）、设备节约能源（第五章）、设备环境保护（第六章）、设备资源市场（第七章）、注册设备工程师（第八章）、奖励（第九章）、法律责任（第十章）、附则（第十一章）组成，共计六十六条。

制订《设备管理条例》的目的是规范设备管理活动，提高设备管理现代化水平，保证设备安全经济运行，促进国民经济持续发展。

《设备管理条例》适用于中华人民共和国境内的企业、事业单位和机关、团体所从事的设备规划、设计、制造、销售、购置、安装、使用、检测、检修、改造、处置等活动。

第五节　国外设备管理简介

一、苏联的计划预修制

苏联是以计划预修制为主导的设备管理体制。这一制度是从1923～1955年经过三十几年的不断实践和完善才逐渐形成的。计划预修制的全称是“设备的统一计划预修和使用制度”。

1. 计划预修制的含义

所谓计划预修就是在设备运行一定台时后，按照既定的计划进行检查、维护和修理（包括大修、中修及小修）。检查、维护和修理的次序与期限是根据设备的功能、特点、规格与工作条件确定的。

计划预修制规定，设备在经过规定的开动时间以后，要进行预防性的定期检查、调整和各类计划修理。在计划预修制中，各种不同设备的保养、修理周期、周期结构和间隔期是确定的。在这个规定的基础上，组织实施预防性的定期检查、保养和修理。

计划预修制是按照设备磨损规律而制订的，是在研究了设备磨损规律后逐渐形成的。设备磨损一般存在三个顺序阶段。第一阶段为磨合阶段（*AB* 段），这是设备的初期使用阶段，这时设备零部件接触面磨损较为激烈，较快地消除了表面加工原有的粗糙部分，形成最佳表面粗糙度。第二阶段为渐进磨损阶段（*BC* 段），此段即是在一定的工作条件下，以相对恒定的速度磨损。第三阶段为加剧磨损阶段（*CD* 段），设备磨损到一定程度，磨损加剧，以致影响设备正常运行。

按照以上显示的规律，设备检修的最佳选择点，应该是设备由渐进磨损转化为加剧磨损之前，即应选择在 *C* 点附近。从磨损规律上分析，计划预修制有其科学、合理的内容。按照计划预修制执行，显然可以减少或避免设备故障的偶然性、意外性和自发性。计划预修制还可以大大减少意外故障停机造成的损失，减少因故障停机而增加的劳动量和检修费用。

2. 不同类型的计划预修制度

苏联早期建立了三种不同的检修制度，都属于计划预防检修制度。

（1）检查后修理制度　这是以检查获得的状态资料或统计资料为基础的计划检修制。它建立于 20 世纪 30 年代中期，检查后修理制度曾在原苏联得到相当广泛的推行。这个制度是通过定期的设备检查，确定设备的状态，根据设备状态拟定修理时间周期和修理类别（级别），然后再编制设备修理计划。

（2）标准修理制度　这是一种以经验为根据的计划修理制度。它建立于 1932～1933 年，直至 1945 年之前曾做过多次修订。这个制度是根据经验制订的修理计划，计划一旦制订则按规定时间周期对设备进行强制性修理，即在规定的期限强制更换零件；按事先编制的检修内容、工作量和工艺路线及检修标准进行强制性修理。

（3）定期修理制度　这是以磨损规律为依据，以时间周期为基础的计划预防检修体制。这个制度要求根据不同的设备特点、工作条件，研究其磨损规律，分析其开动台时和修理工作量之间的关系，然后对设备使用周期、检修工作量和内容做出明确的规定，以此保证设备处于经常性的正常状态。苏联后来的计划预修制就是在这个制度的基础上逐渐发展完善起来的。

计划预修制有两大支柱：修理周期结构和修理复杂系数。

所谓修理周期是指两次大修理之间的间隔时间，而修理周期结构是指在一个修理周期中，按规定的顺序进行的不同规模的计划检修或保养维护的次序，如定期检查、小修、中修、大修等。

修理复杂系数是表示设备复杂程度的一个基本单位，用它计算劳动量和物资消耗量，即确定检修工时定额、材料定额等。

3. 计划预修制的优劣

计划预修制是以磨损规律为依据，也是长期实践经验的总结，这一体制与传统的事后检修相比是一大进步。因为它可以把故障隐患消灭在萌芽状态，避免大量严重故障或事故的发生，也减少了因事后检修造成的停机损失。

这一体制也存在着明显的缺点。①由于强调预防检修，按规定时间安排检修，往往出现设备的劣化尚未达到该修理的程度或远远超过该修理的程度的情况，也就是出现检修过剩或检修不足的情况。检修过剩增加了生产成本，影响企业的经济效益；检修不足则可能造成故障停机和事后检修，仍会影响经济效益。②这一体制强调操作工和检修人员的明确分工，只注重专业检修人员的修理，忽视广大操作工人的参与，忽视设备的日常维护保养，设备使用部门与检修部门常常互不协调，甚至矛盾、对立，形成用设备的人不管设备，管设备的人不用设备的脱节现象。③因为设备管理和修理计划的制订等一切都按预先的规定进行，不能确切地反映客观实际，经济和技术效果都不十分理想。④按管理顺序加工，职责呆板，检修组织形式上缺乏经济性，管理层次也过于繁复等。

4. 计划预修制的新发展

随着对原计划预修制的不断实践和认识，这一体制已有了不少改进。例如引进了系统论的思想，改变了片面依赖数理统计资料的做法；发展到采用“产品产量的综合管理系统”，注重运用信息反馈概念处理问题；在组织和技术管理上也引进了欧美的先进思想，如价值工程、网络技术等；在设备管理与检修的组织形式上也进行了不断的改革，使传统的计划预修制朝着更科学化的方向发展。

二、美国的后勤工程学

美国是两次世界大战中逐渐发展起来的工业国家。随着生产的发展，必然带来对设备管理认识的升华。

后勤工程学是美国 20 世纪 60 年代新兴的一门学科，它起源于军事工程，是研究武器装备存储、供给、运输、修理、维护的新兴学科，它是在经典的后勤学吸取了寿命周期费用和可靠性、检修性工程等现代理论而形成的。

（一）后勤工程学的定义和产生背景

后勤工程学在军事上和工、商业有不同的定义，在军事上的定义为计划和执行军事力量移动和检修的学科，在工业、商业上的定义为材料流通，产品分配、运输、采购、存储及技术服务的学科。后勤工程学的内容包括：后勤学导言（范围、系统寿命周期、语言），评价指标（可靠系、检修性、供应保障、有效度、经济效果指标等），后勤保障分析（费用效果、修理等级、最优系统、设备组合设计、设备构型方案的选择、可靠性和检修性评价），系统设计的后勤保障，试验与评价、生产与构筑（生产与构筑要求、工业工程和运行分析、质量管理、生产运行等），系统运行与保障，后勤保障管理等。后勤工程学的内容及应用范围比较广泛，它的目标是追求设备寿命周期费用最经济。

在军事上，后勤工程主要指系统和装备的保障，涉及装备的检修计划、保养、物资供应、运输、装卸、技术资料管理及人员培训等。

后勤工程学最早提出寿命周期费用的概念，它还吸取了可靠性的理论，成为军事和工商业全系统综合管理和保障比较彻底的科学。

近年来受当代世界上科学技术、社会及经济发展的影响，人们已在更广阔的规模上认识“后勤”这个概念。后勤学正在以迅猛的步伐发展着，美国后勤工程师学会把后勤工程学的定义补充为：“对于保障目标、计划、设计和实施的各项要求，以及资源的供应与维持等有关的管理、工程与技术业务的艺术与科学。”

（二）后勤工程学主要内容

1. 系统工程

它将科学上和工程上的成果应用在以下几方面。

(1) 通过反复运用功能分析、综合、优化、定义、设计、试验和评价的方法把一项运行的要求转变为一套系统性能参数和较优的系统构型和描述；

(2) 将有关各项技术参数综合起来，并保证所有的物质、功能和程序等方面协调一致，优化整个系统的定义和设计；

(3) 将可靠性、检修性、后勤保障、人身安全、可制造性、稳固耐久性、结构完整性、人员因素和其他有关特性结合到总的成果之中。

在功能细节和设计要求演化中，系统工程研制过程是把运行经济和后勤因素达到适当的平衡作为奋斗的目标的。工程过程采用循序和反复进行的方法来解决费用效率的问题。通过这个方法引出的信息用于规划和把工程成果与系统结合为一体。

2. 后勤保障

后勤保障是指为了使系统在计划的寿命周期内，具有有效和经济的保障所需要考虑的全部内容，具体如下。

（1）检修规划　检修规划应贯穿在系统设计、制造、使用的各个阶段。以检修规划为中心，把相关的后勤保障统筹起来。

（2）供应保障　主要指备件、配件、消耗品的管理，软件试验，保障设施、运输装卸设备、培训设备、技术文件的筹集，仓储业务，原材料及零配件的采购和分配，检修人员的提供。

（3）试验和保障设备　各种工具、监测设备、诊断检验设备、计量校准设备、检修工作台等。

（4）运输和装卸　全部运输和装卸设备、容器、包装材料和设备、存储运输设备及运输工作本身。

（5）人员和培训　安装、检查、运行、装卸和检修的全部人员的培训。对作业人员工作量和水平，对检修工作量和难度都要进行量化。

（6）设施　工厂、房地产、房屋、车间、实验室、修理设施、基础设施、活动建筑及公共设施（如热、电、水、能、环境、通信等）。

3. 检修等级

检修等级是根据作业复杂程度对人员技术水平的要求及所需设施来划分的，共分三级：

（1）使用部门检修　即用户的现场检修，如定期检查、清扫、维护、调整、局部更换零件和部件等，这是初级的基本的检修、维护。

（2）中间检修　由固定的专职的部门和设施，以流动或半流动方式对装备进行专业化检修，一般配备测试仪器、检修工具及备品、配件的专用车到现场进行检修服务，能较快排除故障，恢复设备功能。中间检修对检修人员的技术水平要求较高。

（3）基地检修　这是最高级的检修，由基地固定的专业修理厂进行设备的检修。这些厂一般配备先进、复杂的设备和备件，修理工作效率高，甚至可以流水作业。检修人员的专业素质一般比较高，检修质量和效率均比较好。

三、英国的设备综合工程学

（一）设备综合工程学产生的背景

设备综合工程学是英国人丹尼斯·巴克斯提出的。1970 年，在国际设备工程年会上，英国检修保养技术杂志社主编丹尼斯·巴克斯发表了一篇论文，题目为《设备综合工程学——设备工程的改革》，第一次提出“设备工程学”这个概念。

（二）设备综合工程学的主要内容

1. 寻求设备寿命周期费用最经济

所谓设备寿命周期费用是指设备一生所花费的总费用。

设备寿命周期费用＝设备设置费＋设备维持费。

设备设置费：包括研究费（规划费、调研费）、设计费、制造费、设备购置费、运输费、安装调试费等。

设备维持费：包括能源费、检修费、操作工人工资、报废费及设备有关的各种杂费，如保管、安全、保险、环保费等。

2. 设备综合管理的三个方面

设备综合管理包括工程技术管理、组织管理和财务经济管理这三方面的内容。

常规设备管理工作包括下述内容：设备规划、选型和购置；设备安装和调试；设备验收和移交生产；设备分类和档案管理：设备封存和调拨；设备报废和更新；设备管理机构设置；检修体系的建立；目标管理；人员管理；各种责任制；使用维护管理；检修管理；故障管理；事故管理；备品、配件管理；润滑管理；动力、容器管理；设备技术和精度管理；材料管理；文件资料管理。

以上的管理工作无不关系着工程技术、财务经济和管理方法这三个方面的内容，其中技术是基础，管理是手段，经济是目的。企业的经营目标是提高经济效益，设备管理也应为这个目标服务。设备综合工程就是以最经济的设备寿命周期费用，创造最好的经济效益。一方面，要抓设备整个寿命周期综合管理，降低费用；另一方面，要努力提高设备利用率和工作效率。

3. 把可靠性和检修性设计放到重要位置

设备工程包括设备的设计、制造、管理与检修。设备综合工程学把研究重点放在可靠性和检修性设计上，即在设计、制造阶段就争取赋予设备较高的可靠性和检修性，使设备在后期使用中，长期可靠地发挥其功能，不出故障，少出故障，即使出了故障也便于检修。设备综合工程学把可靠性和检修性设计作为设备一生的重点环节，它把设备先天素质的提高放在首位，把设备管理工作立足于最根本的预防。这一思想无疑是对传统设备管理思想的变革。

4. 以系统论研究设备一生管理

20 世纪 60 年代末萌发的设备综合工程思想，也是从系统整体优化的角度考虑设备检修与管理问题。也就是说，要用系统工程的思想来看待设备系统，从设备一生管理这个角度出发，对技术、经济、组织进行整体规划和优化，以达到花费少，效率高的最佳效果。

5. 注重设计、 使用、 费用的信息反馈

信息反馈是信息论的术语，也是闭环系统控制中不可缺少的环节。为了提高设备可靠性、检修性设计，为了搞好设备综合管理，一定要有信息反馈。设计制造厂家一方面要注意听取使用厂家的意见，甚至回收报废的零件，同时，还应随时收集本地区以至跨国同类设备的信息；另一方面，使用厂家内部车间、科室间也应有信息反馈，以便做好设备综合管理与决策。随着计算机系统的发展，这一信息反馈工作已越来越多地在计算机网络上进行。

（三）设备综合工程学的发展和影响

设备综合工程学的思想是产业技术进步的必然结果。与此同时，美国的后勤工程学、日本的全员生产检修的思想，都相继出现或成熟。所有这些理论，虽然随国情不同而各有差异，但其精髓部分是相同的，人们对这些思想学习和借鉴，使其相互促进和发展。

由于英国工商部的大力支持和推行，在短短十几年里，设备综合工程学在英国发展很快。一方面，各种机构的设立、刊物的出版、大学专业的设置，使设备综合工程学思想得到迅速的传播；另一方面，广大企业经过实践，针对设备周期中的薄弱环节采取措施，取得了经济成效，这一观点被更多的厂长、经理和工程师所接受，于是在企业得到越来越广泛的推行。

四、日本的全员生产检修

（一）全员生产检修的基本概念和特点

全员生产检修又称全员生产检修体制，是日本前设备管理协会（中岛清一等人）在美国生产检修体制之后，在日本的电器公司试点的基础上，于 1971 年正式指出的，因此，全员生产检修可以称为“全员参加的生产检修”或“带有日本特色的美式生产检修”。全员生产

检修以丰富的理论作为基础，它也是各种理论在企业生产中的综合运用。

1. 全员生产检修（TPM 的定义）

按照日本工程师学会（JIPE），TPM 有如下的定义：以最高的设备综合效率为目标，确立以设备一生为目标的全系统的预防检修，设备的计划、使用、检修等所有部门都要参加，从企业的最高管理层到第一线职工全体参加，实行动机管理，即通过开展小组的自主活动来推进生产检修。

2. 全员生产检修的特点

日本的全员生产检修与原来的生产检修相比，主要突出一个“全”字，“全”有三个含义，即全效率、全系统和全员参加。三个“全”之间的关系是：全员是基础；全系统是载体；全效率是目标。还可以用一个顺口溜来概括：“TPM 大行动，空间、时间、全系统，设备管理靠全员，提高效率才成功。”

所谓的全效率是指设备寿命周期费用评价和设备综合效率。全系统即指生产检修的各个侧面均包括在内，如预防检修，必要的事后检修和改善检修。全员参加即指这一检修体制的群众性特征，从公司经理到相关科室，直到全体操作工人都要参加，尤其是操作工人的自主小组活动。

TPM 的主要目标就落在“全效率”上，“全效率”在于限制和降低六大损失：

① 设备停机时间损失（停机时间损失）；

② 设置与调整停机损失；

③ 闲置、空转与短暂停机损失；

④ 速度降低损失（速度损失）；

⑤ 残、次、废品损失，边角料损失（缺陷损失）；

⑥ 产量损失（由安装到稳定生产间隔）。

有了这三个“全”字，使生产检修更加得到彻底的执行，使生产检修的目标得到更有力的保障。这也是日本全员生产检修的独特之处。

随着全员生产检修的不断发展，日本把这一从上到下全员参加的设备管理系统的目标提到更高水平，又提出：“停机为零！废品为零！事故为零！”的奋斗目标。

3. 全员生产检修的“5S”

“5S”也是全员生产检修的特征之一，所谓的“5S”是五个日语词汇的拼音字头，这五个词是：整理、整顿、清洁、清扫、素养。这些看起来有些重复、烦琐的单词，恰恰是 TPM 的基础和精华。

4. TPM 的三圈闭环循环

TPM 活动通过对现行业状态的评估，找出问题不足，制订改善措施，建立标准化体系，从而使设备状态不断改进，形成状态循环圈。TPM 通过设备综合效率的计算，度量管理的进步，形成度量循环圈。TPM 分析六大损失的程序和专题技术攻关，以求减少六大损失，达到设备最佳运行状态，形成改善措施循环圈。

以上三个循环形成一个闭环，使 TPM 进入一个良性发展、循序渐进的阶段。

（二）TPM 的最新发展

日本人在 1971 年提出全员生产检修。这一整套理论和规则，其实是日本的企业在吸取了国际上的先进检修策略及自身的实践之后产生的新体会和新发展。全员生产检修在国际检修界已不仅仅是某种做法，而且逐渐变成了一种检修文化。日本在原有 TPM 的原则基础上，又提出了更高的目标。日本近年提出的 TPM 基本原则是：

① 建立盈利的公司文化；

② 推进预防哲学；

③ 全体员工参加；

④ 现场与实物的检查方式。

任何管理都以一定的文化内涵为背景，全员生产检修的文化内涵就是由不断地调动人的资源和潜力开始，达到团队的合作精神。团队的合作是一种氛围，也是企业的文化，是人们追求的公司愿景，广义来说，也是人类的一种生存环境。

五、德国的设备管理与检修概述

德国设备管理的基本理论，是建立在寿命周期费用基础上的。20 世纪 60～70 年代在德国逐渐形成用“设备管理”这一说法。其代表人物是经济学家曼纳尔和奥伯霍夫。他们主张从整体性的角度研究设备直接检修费用和故障后果费用（间接检修费），以及寿命周期不同阶段的资本成本（折旧）及生产成本（人工、能源、材料等）。

（一）设备检修管理体系

德国是一个讲求精确化的国家。德国的工业标准对设备管理有明确的定义。德国工业标准 DIN31051 是设备维护理论的核心，反过来，设备维护理论的标准化，使得设备维护行业有法可依、有章可循，便于企业间的信息交流和协作，给设备维护工作带来了极大的便利。这个标准给检修下的定义是：维持和恢复系统中技术手段的规定状态及确定和评估其实际状态的措施。按照这个标准，设备维护被分为以下三部分。

1. 维护保养

维护保养是最经常、最主要的工作，占日常工作量的 75%左右，占设备维护总成本的 25%。

因为设备维护保养占检修总成本的比例较小，引起企业的日益重视。德国的企业把设备的日常维护，看得与质量管理同等重要。设备维护保养的主要工作是：清洁、润滑、紧固、调整等。其中润滑最重要，因而每个企业和部门都严格执行设备的润滑计划。

2. 检查

设备的检查占总工作量的 5%左右，占检修总成本的 10%左右。

设备检查以设备技术状态监测为主，在这个基础上再执行计划检修体制。这就避免了传统的计划检修体制的检修不足、检修过剩等的盲目性和浪费。

3. 检修

检修的主要内容包括设备故障排除、设备技术改造和坏损件的修复。其工作量占总工作量的 20%左右，而成本占总成本的 65%左右。

在德国的企业，检修是受到普遍重视的。设备多、自动化程度高的企业，检修人员的比例可达 20%以上，费用占总支出的 6%～12%。人们将检修视为再投资而予以重视。

德国企业的设备检修人员，一般技术都比较全面，几乎每个检修工人都掌握车、铣、磨、钻、焊技能。

值得指出的是，德国的设备检修注重恢复设备技术性能，而不拘泥于保持原设计图纸不变。例如，在不影响整体性能的情况下，可以在某些不太重要的部位重新钻孔、加工螺纹、安装定位、固定螺钉、选用类似配件，不一定非选择原尺寸、形状、规格的配件。

另外，从检修工时费用日益提高的大趋势出发，德国的检修把节约检修作业工时、降低检修成本放到重要位置。例如在检修液压缸时，锈死的液压缸端盖经氧气加热也难以拆下，为了节约工时，他们用电锯锯开，再加工一个新的端盖。

从另外的角度划分，德国的检修体系又可分为集约型和粗放型。集约型检修的目标是充分发挥设备潜力，延长使用寿命，尽可能采用预防检修。这种检修体系主要用于价值昂贵、自动化程度高、流程设备及工艺和技术进步缓慢的关键设备。粗放型检修不追求设备潜力的充分利用和使用寿命的延长，多采用事后检修方式，它主要用于设计使用寿命较短、故障后果费用较小及经济磨损快于其技术磨损的设备。

（二）检修计划和计算机管理

检修计划是在检查基础上制订的，首先要制订检查和保养计划。德国人的计划性是世界闻名的。

计算机管理也十分普遍。每天早晨，计算机打印出当天的工作任务：润滑、检查的设备。计算机管理主要应用在检修计划及费用预算的编制、辅助设计、故障统计、生成报表等。正在发展的趋势是利用故障特性分析决策预防检修和改善检修、状态监测和自动诊断系统、研究设备及其部件的可达性、可置换性、安全性和标准化。

（三）成本和备件管理

德国每年用于设备维护的资金高达2000多亿马克，占其国民生产总值（总产值）的10%以上。其中，工业行业略高，其检修费占总产值的11%～12%。住房和私人汽车的检修费用更高，要占总费用的15%～20%。随着设备的复杂系数增加，检修、维护费用占总资金的比例不断提高，降低检修成本已成为企业提高效益的不可忽略因素。20世纪80年代，检修领域的人们常说“是买还是做？是自己干还是请人来干？”设备前期管理策略和检修策略都是首当其冲遇到的问题。

现代设备的设置就有三种方式：租赁、购置和自制。20世纪90年代末期，美国企业的租赁设备已达到设备总数的32%，新加坡和香港分别高达50%和41%。据20世纪80年代末的统计，德国年租赁业务额已达160亿美元，通过租赁完成的新设备投资，已占全国新设备投资的15%，是20世纪70年代的5倍。租赁已成为德国企业设备设置的重要手段。企业的设备到底是买、是租、还是自制，主要看使用期的成本哪个更低。一个企业到底维持什么样的自制、外购和租赁设备比例，这也要看总成本的最优值平衡点落在哪里。

检修策略也有三种方式：①操作工人自己检修；②企业专门检修人员检修；③企业外承包者检修。这三种策略到底采用哪一种，或以什么样的比例搭配，也有一个优化和平衡的问题。检修策略的选择应以降低成本为出发点，但是，无论采取何种检修策略，企业发展的大趋势是操作工人越来越少，检修工人越来越多。在德国，尤其是在自动化程度较高的汽车行业，整个车间看不到生产工人，只看到两三个检修工。曼彻斯特钢铁公司有检修工人1200人，占总职工人数的1/3。在布莱梅港，检修工人也占工人总数的30%左右。还有一些企业实行检修人员半固定方式管理，即熟练的检修技术人员部分时间在本企业从事检修工作，其余时间可受雇于其他企业。如西门子公司的检修人员，仅在周末两天工作，其收入为5天工作的操作人员的80%，其余时间受聘在其他公司工作。只有在紧急情况下才被招回原厂。可以预料，今后的社会只有检修人员才不会失业。

专业化、社会化检修在德国也比较普及。德国的工业检修公司能够提供的服务包括：检修咨询、检修计划及实施、设备安装及现代化改装、事故分析处理、旧设备拆卸等。

仓库和检修备件管理也是降低成本的重要环节。欧美流行的“恰到好处，及时做完”就是以零库存为目标的管理。这一管理思想是力图把生产车间、铁路、汽车、供货厂家作为自己的仓库，以求提高运转效率，减少库存费用。比较典型的例子是德国奔驰汽车公司，根据客户提货日期安排生产计划。如果客户在某日的中午提货，则计划安排在前一天完工，提货日上午调试，中午交货，时间之准确令人嗟叹不已。

目前德国企业都在尽可能压缩备件仓库，降低生产成本。当然如果因为缺少备件而影响设备运行，造成停机损失，也是得不偿失的。这就要求企业对合理库存做出规划和决策，以最低成本为目标，以不影响生产的最佳库存为备件管理模式。

第二章
石油化工通用（静）设备

石油化工通用静设备包括：石油化工容器、换热器、塔设备、反应釜、干燥设备、石油化工管道、阀门等。

第一节　石油化工容器

石油化工容器主体通常由筒体、封头、法兰、密封元件、开孔和接管、支座等六大部分构成，此外，还配有安全装置、计量仪表及完成不同生产工艺要求的内部构件，广泛应用于石油化学工业、能源工业、科研和军工等国民经济的各个部门。石油化工容器按所承受的压力大小分为常压容器和压力容器两大类。压力容器和常压容器相比，不仅在结构上有较大的差别，而且在设计原理方面也不相同。

一、压力容器的定义

压力容器是用于盛装气体或者液体，承载一定压力的密闭设备，其范围规定为最高工作压力大于或者等于0.1MPa（表压）的气体、液化气体，最高工作温度高于或者等于标准沸点的液体，容积大于或者等于30L且内直径（非圆形截面指截面内边界最大几何尺寸）大于或者等于150mm的固定式容器和移动式容器；盛装公称工作压力大于或者等于0.2MPa（表压）且压力与容积的乘积大于或者等于1.0MPa·L的气体、液化气体和标准沸点等于或者低于60℃液体的气瓶、氧舱。其中固定式压力容器指安装在固定位置使用的压力容器。对于为了某一特定用途仅在装置或者场区内部搬动、使用的压力容器，以及移动式空气压缩机的储气罐按照固定式压力容器进行监督管理。

二、压力容器的分类

压力容器的分类方法有多种，归结起来，常用的分类方法有如下几种。

1. 按制造方法分

根据制造方法的不同，压力容器可分为焊接容器、铆接容器、铸造容器、锻造容器、热套容器、多层包扎容器和绕带容器等。

2. 按承压方式分

按承压方式分，压力容器可分为内压容器和外压容器。

3. 按设计压力（p）分

（1）低压容器（代号L）：0.1MPa≤p<1.6MPa。

（2）中压容器（代号M）：1.6MPa≤p<10MPa。

（3）高压容器（代号H）：10MPa≤p<100MPa。

(4) 超高压容器（代号 U)：$p \geqslant 100\text{MPa}$。

4. 按容器的设计温度（$T_{设}$）分

(1) 低温容器：$T_{设} \leqslant -20℃$。

(2) 常温容器：$-20℃ < T_{设} < 150℃$。

(3) 中温容器：$150℃ \leqslant T_{设} < 400℃$。

(4) 高温容器：$T_{设} \geqslant 400℃$。

5. 按容器的制造材料分

按容器的制造材料分，压力容器分为钢制容器、铸铁容器、有色金属容器和非金属容器等。

6. 按容器外形分

按容器外形分，压力容器分为圆筒形（或称圆柱形）容器、球形容器、矩（方）形容器和组合式容器等。

7. 按容器在生产工艺过程中的作用原理分

(1) 反应容器（代号 R)：用于完成介质的物理、化学反应。

(2) 换热容器（代号 E)：用于完成介质的热量交换。

(3) 分离容器（代号 S)：用于完成介质的流体压力平衡缓冲和气体净化分离。

(4) 储存容器（代号 C，其中球罐代号 B)：用于储存、盛装气体、液体、液化气体等介质。

8. 按特种设备安全技术规范分

我国特种设备安全技术规范将压力容器分为：

(1) 固定式压力容器。

(2) 移动式压力容器。

(3) 非金属压力容器。

(4) 气瓶。

9. 按危险程度分

在我国最新颁布的 TSG 21—2016《固定式压力容器安全技术监察规程》中，根据国内压力容器设计、制造和检验检测的现状，确定了新的Ⅰ、Ⅱ、Ⅲ类压力容器的划分原则。

(1) Ⅰ、Ⅱ、Ⅲ类压力容器的划分原则　根据危险程度的不同，《固定式压力容器安全技术监察规程》仍将压力容器划分为三类。考虑到第Ⅲ类压力容器设计、制造及监管与第Ⅰ类、第Ⅱ类压力容器的差别较大，为降低因分类方法改变而增加管理成本，新旧《固定式压力容器安全技术监察规程》两者分类方法得到的第Ⅲ类容器比例不应有太大的差距。

《固定式压力容器安全技术监察规程》采用Ⅰ类、Ⅱ类和Ⅲ类罗马数字的写法，具有不易与其他词汇意义混淆的优点（如一类、三类等词还有其他许多含义)，含义清楚；同时，也方便外文翻译（Ⅰ、Ⅱ、Ⅲ属于罗马数字，不需翻译，国际通用。而一、二、三是中文，外文无法直接引用，若翻译，又会出现歧义)，便于国际交流。

由设计压力、容积和介质危害性三个因素决定压力容器类别，不再考虑容器在生产过程中的作用、材料强度等级、结构形式等因素，简化分类方法，强化危险性原则，从单一理念上对压力容器进行分类监管，突出本质安全思想。根据危险程度的不同，利用设计压力和容积在不同介质分组坐标图上查取相应的类别，简单易行、科学合理、准确唯一。

(2) 压力容器分类时应考虑的因素

① 设计压力　设定的容器顶部的最高压力，与相应的设计温度一起作为设计载荷条件，其值不低于工作压力。

② 容积　指压力容器的几何容积，即由设计图样标注的尺寸计算（不考虑制造公差)

及圆整，应当扣除永久连接在容器内部的内件的体积。永久连接是指需要通过破坏方式分开的连接。

③ 介质分组 压力容器的介质包括气体、液化气体或者介质最高工作温度高于或者等于其标准沸点的液体，分为两组：

a. 第一组介质：毒性危害程度为极度、高度危害的化学介质，如易爆介质、液化气体。

b. 第二组介质：除第一组以外的介质，如毒性程度为中度危害以下的化学介质，包括水蒸气、氮气等。

④ 介质危害性 介质危害性指压力容器在生产过程中因事故致使介质与人体大量接触，发生爆炸或者因经常泄漏引起职业性慢性危害的严重程度，用介质毒性危害程度和爆炸危险程度表示。

a. 毒性介质 综合考虑急性毒性、最高容许浓度和职业性慢性危害等因素，极度危害介质最高容许浓度小于 0.1mg/m^3，高度危害介质最高容许浓度为 0.1～1.0mg/m^3，中度危害介质最高容许浓度为 1.0～10.0mg/m^3，轻度危害介质最高容许浓度大于或者等于 10.0mg/m^3。

b. 易爆介质 易爆介质是指气体或者液体的蒸气、薄雾与空气混合形成的爆炸混合物，并且其爆炸下限小于10%，或者爆炸上限和爆炸下限的差值大于或者等于20%的介质。

c. 介质毒性危害程度和爆炸危险程度的确定 介质毒性危害程度和爆炸危险程度按照 HG/T 20660—2017《压力容器中化学介质毒性危害和爆炸危险程度分类标准》确定。HG/T 20660 没有规定的，由压力容器设计单位参照 GBZ 230—2010《职业性接触毒物危害程度分级》的原则，确定介质组别。

对于有色金属、石油化工等行业，第Ⅲ类压力容器所占比例有所提高，特别是石油化工行业的大规模装置中第Ⅲ类压力容器所占比例有较大提高。其主要原因在于《固定式压力容器安全技术监察规程》中的分类方法将易爆介质归为第一组介质，提高了对于易爆介质的安全管理要求，因而 1999 版《压力容器安全技术监察规程》分类方法中相应的第一类、第二类容器按《固定式压力容器安全技术监察规程》分类后类别普遍提高，其中高 PV 值的中压易爆介质容器普遍由原第Ⅱ类提高为第Ⅲ类。

三、石油化工容器的基本结构和特点

石油化工容器因工艺要求的不同，其结构形状也各有差异。图 2-1 给出了四种常用容器的基本结构情况。分析这些典型容器的结构形状，可归纳出以下几个共同的结构特点。

1. 基本形体以回转体为主

容器多为壳体容器，要求承压性能好，制作方便、省料。因此其主体结构如筒体、封头等，以及一些零部件（人孔、手孔、接管等）多由圆柱、圆锥、圆球和椭球等构成。

2. 各部结构尺寸大小相差悬殊

容器的总高（长）与直径、容器的总体尺寸（长、高及直径）与壳体壁厚或其他细部结构尺寸大小相差悬殊，大尺寸大至几十米，小的只有几毫米。

3. 壳体上开孔和管口多

容器壳体上，根据化工工艺的需要，有众多的开孔和管口，如进（出）料口、放空口、清理孔、观察孔、人（手）孔以及液面、温度、压力、取样等检测口。

4. 广泛采用标准化零部件

容器中较多的通用零部件都已标准化、系列化，如封头、支座、管法兰、容器法兰、人（手）孔、视镜、液面计、补强圈等。一些典型容器中部分常用零部件如填料箱、搅拌器、波形膨胀节、浮阀及泡罩等也有相应的标准，在设计时可根据需要直接选用。

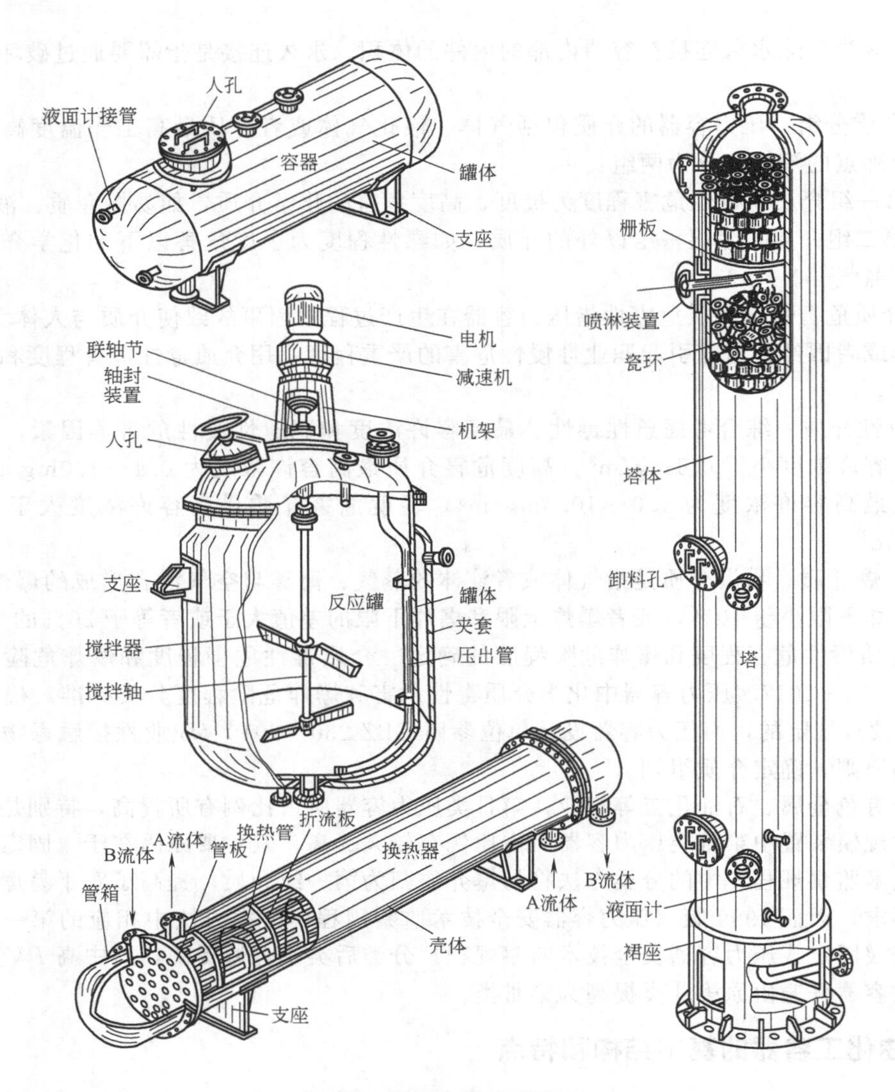

图 2-1 常见容器的直观图

5. 采用焊接结构多

设备中较多的零部件如筒体、支座、人（手）孔等都是焊接成型的。零部件间连接，如筒体与封头，筒体、封头与容器法兰，壳体与支座、人（手）孔、接管等大都采用焊接结构。焊接结构多是容器一个突出的特点。

6. 对材料有特殊要求

容器的材料除考虑强度、刚度外，还应当考虑耐腐蚀性、耐高温性（最高达 1500℃）、耐深冷性（最低为－269℃）、耐高压性（最高达 300MPa）、高真空性。因此，常使用碳钢、合金钢、有色金属、稀有金属（钛、钽、锆等）及非金属材料（陶瓷、玻璃、石墨、塑料等）作为结构材料或衬里材料，以满足各种容器的特殊要求。

7. 防泄漏安全结构要求高

在处理有毒、易燃、易爆的介质时，要求密封结构好，安全装置可靠，以免发生“跑、冒、滴、漏”及爆炸。因此，除对焊缝进行严格的检验外，对于各连接面的密封结构提出了较高要求。

四、内压薄壁容器

在石油化工生产中应用最多的容器设备是薄壁容器，其中大多数为内压容器，外压容器较少。

内压薄壁容器分为球形、圆筒形和锥形几种。球形容器由于受力情况较好，一般主要用于储存具有一定压力的液体，如石油液化气储罐。圆筒形容器应用最多，它由圆筒和封头两部分组成，如图 2-2（a）所示，其受力情况如图 2-2（b）所示。在圆筒形器壁中，环向应力［如图 2-2（d）所示］是轴向拉应力［如图 2-2（c）所示］的 2 倍，因此，在制造圆筒形容器时，纵向焊缝的质量要求比环向焊缝的质量高。为保证安全，最好不要在纵向焊缝上开孔。当在圆筒上开设人孔或手孔时，应使其短轴与筒体的纵向一致。

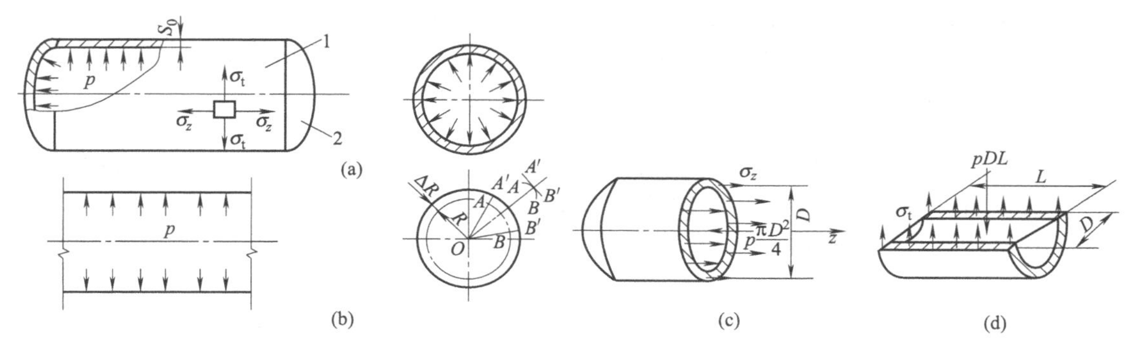

图 2-2 内压圆筒形容器的结构和受力分析

1—筒体；2—封头

五、外压容器

外压容器是指容器的外部压力大于其内部压力的容器。在化工行业中使用的压力容器，大多数承受的是内压力，但也有一些承受的是外压力。例如化工原料过滤用的抽滤器、石油分馏用的减压精馏塔、多效蒸发中的真空冷凝器、真空输送设备等。还有一些容器同时承受外压力和内压力，例如带夹套的反应釜。

当容器承受外压时，其强度计算与内压情况下的强度计算没有区别，但应力方向相反，承受内部操作压力时，器壁中产生的是拉伸应力，承受外部操作压力时，器壁中产生的是压缩应力。从强度方面考虑，当外压容器产生的压缩应力达到材料的屈服极限时，外压容器才会破坏。但是人们发现，有许多外压容器特别是外压薄壁容器，在压缩应力远远低于材料的屈服极限时，壳体就失去了自身原有形状而被压扁或出现褶皱现象，这种现象称为外压容器的失稳。例如，圆筒容器失稳时，其壳体瞬间变为曲波形，其波数（n）可能为 2、3、4、5 等，如图 2-3 所示。

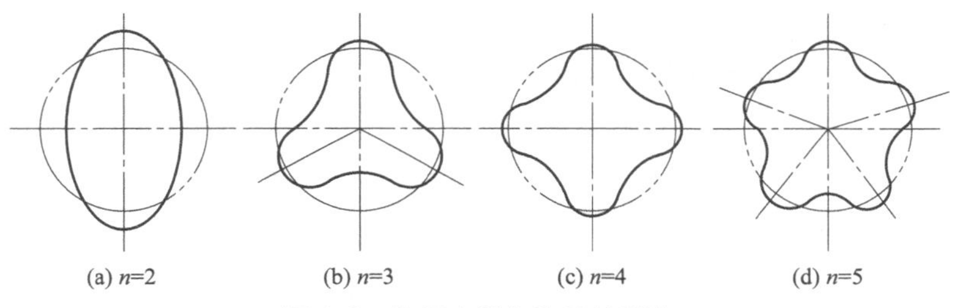

图 2-3 外压容器失稳后的形状

外压容器的失效主要有两种形式，一是刚度不够引起的失稳，二是强度不够造成的破裂。对于常用的外压薄壁容器，刚度不够引起失稳是主要的失效形式。

外压容器失稳前，器壁内只有单纯的压缩应力，在失稳后，容器变形使器壁内产生了以弯曲应力为主的附加应力。外压容器的失稳需要一定条件，对于特定的壳体，当外压小于某一临界值时，器壁在压缩应力作用下处于平衡的稳定状态，即使增加外压，也不会引起壳体形状和应力状态的改变，外压卸除后，壳体能恢复原来形状。但是，外压一旦达到临界值，壳体的形状和应力状态就会发生突变，壳体产生永久变形，即使外压卸除后也不能恢复其原来形状。

六、高压容器

随着石油化学工业的迅速发展，高压技术越来越重要，高压容器也得到了越来越广泛的应用。如氨合成塔、尿素合成塔、甲醇合成塔、石油加氢裂化反应器等的压力一般在 15～30MPa 之间，高压聚乙烯反应器的压力在 200MPa 左右。同时，高压技术也大量用于其他领域，如水压机的蓄压器、压缩机的汽缸、核反应堆及深海探测等。

1. 高压容器的总体结构

高压容器和中低压容器一样，也是由筒体、筒体端部、平盖或封头、密封结构以及一些附件组成，如图 2-4 所示，但因其工作压力较高，一旦发生事故危害极大，因此，高压容器的强度及密封等就显得特别重要。

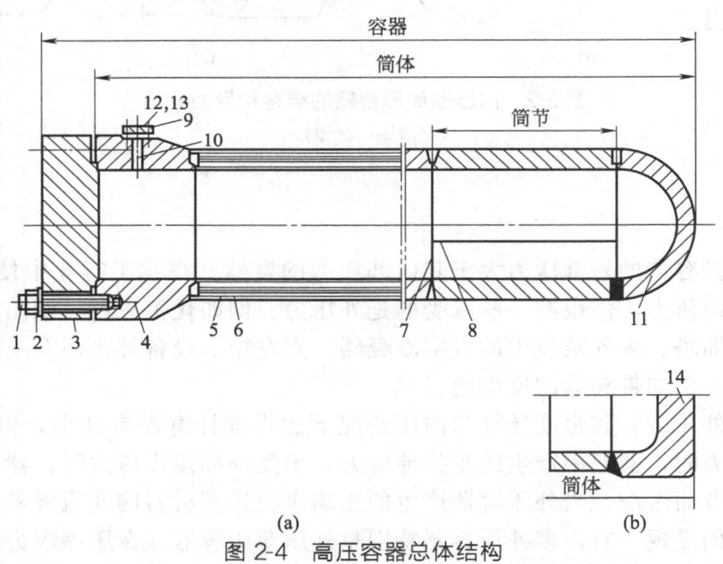

图 2-4　高压容器总体结构

1—主螺栓；2—主螺母；3—平盖（顶盖或底盖）；4—筒体端部（筒体顶部或筒体底部）；5—内筒；6—层板层（或扁平钢带层）；7—环焊接接头；8—纵焊接接头；9—管法兰；10—孔口；11—球形封头；12—管道螺栓；13—管道螺母；14—平封头

2. 高压容器的筒体结构

高压容器筒体的结构形式可分为整体（单层）式和组合式两大类：

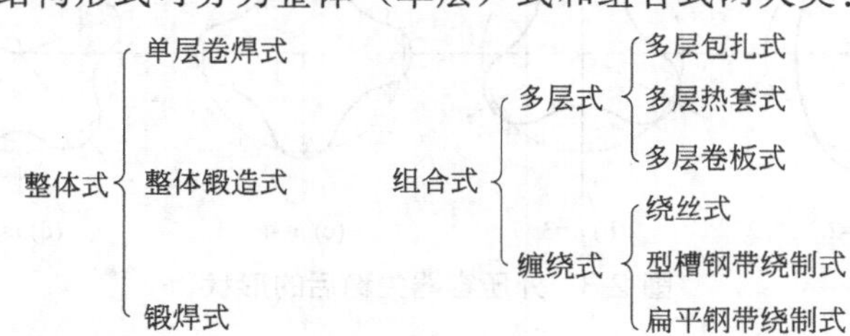

七、压力容器的操作与维护

为了用好、管好和修好压力容器，容器操作人员须经过安全技术培训，熟悉生产工艺流程，懂得压力容器的结构原理，严格遵守安全操作规程，明确操作要点，能及时分析和处理异常现象，这是保证压力容器安全使用的基本环节。这里简要介绍压力容器的维护与检查的一般知识。

1. 压力容器的正确使用

正确和合理地使用压力容器主要包括以下几方面。

(1) 启用压力容器，一定要检查各阀门的开关状态、压力表的数值、安全阀和报警装置的灵敏性。

(2) 在开关进、出口阀门时，要核实无误后才能操作。操作要平稳，阀门的开启与关闭应缓慢进行，使容器有一个预热过程和平稳升降压过程，严防容器骤冷骤热而产生较大的温差应力。

(3) 压力容器不得超压、超温、超负荷运行，定时查看压力表、流量表、温度表的读数，注意设备内的工艺参数变化，发现异常应及时调整至工艺控制指标范围以内。

(4) 当容器的主要受压元件发生裂纹、鼓包、变形，容器近处发生火灾或相邻设备管道发生故障，安全附件失效，接管管件断裂，紧固件损坏等情况时，应立即采取安全保护措施并及时向有关领导报告。

2. 压力容器的科学管理

化工生产是连续性生产，为使设备长周期运转，关键要对压力容器做好科学管理，管理内容主要有两大方面。

(1) 建立、健全压力容器技术档案，如原始技术资料，使用检修记录，技术改造、拆迁和事故记录及操作条件变化时应记录下变更日期及变更后的实际操作条件下的运行情况。

(2) 技术管理制度有厂、车间、班组人员的岗位责任制、安全操作规程、事故报告制度、定期检验制度等。

八、压力容器的检修和压力试验

压力容器修理是指对受压元件（含与受压元件连接的焊缝）产生危及安全使用的缺陷进行妥善修复，改善其安全状况，确保压力容器在规定的操作条件下和法规规定的检验周期内安全可靠地使用。

进行受压元件施焊修理的单位，必须同时具备以下条件：具有与修理容器类别相适应的技术力量、工装设备和检测手段；具有健全的质量保证体系；有修理或制造该类容器的经验。

从事压力容器施焊、无损检测和检验工作的人员，必须经劳动部门考试合格并取得资格认可，且在有效期内，方可从事资格规定项目范围内的工作。

（一）修理周期

根据以下原则确定压力容器修理周期。

(1) 压力容器的修理周期一般与检验周期一致。

(2) 属于大型机组附属设备的压力容器，一般应结合机组大修进行修理。

(3) 属于工艺主线路中的独立容器，根据内外部检验结果及实际运行状况决定是否修理。

(4) 装有催化剂的反应容器，当其安全状况等级在 3 级以上，运行中未发现异常时，可结合催化剂更换期确定修理周期。

(5) 压力容器在运行中发现有危及安全的缺陷或异常现象时，应立即进行检验，查明原因，组织修理。

(二)缺陷修复程序和方案

1. 缺陷修复程序

在用压力容器在进行定期检验，或运行过程因发现影响安全使用的异常现象时，经确定需对容器进行修复。

2. 修理方案

修理方案是压力容器修理的技术文件。修理方案由修理单位提出，征求使用单位意见后报修理单位技术负责人审批。对于较重大的缺陷处理，应呈报主管部门和劳动部门备案，必要时，当地的锅炉压力容器监察部门应对压力容器的修复进行监督。修理方案的主要内容包括如下几方面。

(1) 压力容器名称、主要技术参数和类别及历史简况。

(2) 修理原因及缺陷状况分析。

(3) 修理部位和修理方法。

(4) 焊接试验和焊接工艺评定。

(5) 修复工艺（包括焊工资格、焊接方法、缺陷去除、焊接材料、焊接工艺以及质量控制要求等）。

(6) 修理质量检验标准。

(7) 修理的安全注意事项及防护措施。

(三)修理的一般要求

(1) 修理前应仔细检查，查明缺陷的性质、特征、范围和缺陷发生的原因，制订修理方案，并经技术负责人批准。

(2) 压力容器受压元件的修理必须保证其结构、强度和质量符合有关规范和标准，满足安全使用要求。

(3) 修理所用材料（钢材、焊材）应与压力容器原有材料相匹配，符合相应技术标准，具有质量证明书或复验证明，并满足设计和使用要求。

(4) 补焊、挖补、更换筒节和封头以及热处理等技术要求，应参照相应制造技术规范或进行工艺评定和试验认证，制订施工方案和修理工艺及符合使用的质量要求，并在修理过程中严格按批准的方案实施。

(5) 压力容器内部有压力时，不得进行任何修理或紧固工作。

(6) 缺陷清除后，一般应进行表面探伤，确认缺陷已完全消除方可进行焊接工作。完成焊接工作后，应再做无损探伤，确认修理部位符合质量要求。

(7) 容器补焊、堆焊或组装焊接，同一部位返修次数一般不得超过两次，若两次返修仍不合格者，应重新研究制订施焊返修方案，必要时做工艺评定，新的施焊返修方案应经修理单位技术负责人批准。

(8) 容器修理工作完成后，应按有关规定进行容器检验、鉴定及安全状况等级评定工作。

(四)石油化工容器压力试验

石油化工容器经制成或检修后，在交付使用前，必须进行检验。这是因为容器在制造过程中，从材料选取、加工焊接、组装，直到热处理，对原材料和各工序虽然都有工序检查和检验，但因检查方法及范围的局限性，可能存在材料缺陷和制造工艺缺陷。

检验技术包括焊缝缺陷的检验、设备结构的检验、压力试验和致密性试验等，这里仅介绍压力试验和致密性试验。

1. 压力试验

(1) 压力试验的目的 压力试验的目的是：验证超过工作压力条件下密封结构的严密性、焊缝的致密性以及容器的宏观强度。容器经过压力试验合格以后才能交付使用。

(2) 压力试验的方法及要求 压力试验有两种，液压试验和气压试验，一般采用液压试验。对不允许有微量残留液体及由于结构原因不能充满液体等不适宜做液压试验的容器须进行气压试验。对需要进行热处理的容器，必须将所有的焊接工作全部完成并经过热处理以后，才能进行压力试验。

① 试验装置及过程 压力试验前容器各连接部位的紧固螺栓必须装配齐全、紧固妥当，必须用两个经校正的量程相同的压力表，并装在试验装置上便于观察的部位。压力表的量程在试验压力的 2 倍左右，但不应低于 1.5 倍或高于 4 倍的试验压力。液压试验的装置如图 2-5 所示。

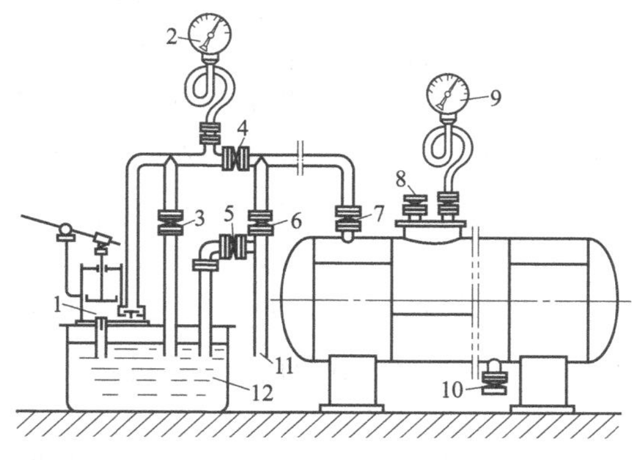

图 2-5 液压试验装置示意图

1—水压泵；2,9—压力表；3～6—阀门；7—进水阀门；8—出气阀门；10—排水阀门；11—自来水管；12—水槽

液压试验时应先打开放空口，充液至放空口有液体溢出时，表明容器内空气已排尽，再关闭放空口的排气阀，待容器壁温与液体温度接近时缓慢升压至设计压力，确认无泄漏后继续升压至规定的试验压力，保压不少于 30min，然后将压力降至规定试验压力的 80%，并保持足够长的时间（一般不少于 30min，但不得采用连续加压以维持试验压力不变的做法，也不得带压紧固螺栓），检查所有焊接接头及连接部位，如发现有渗漏则需修补后重新试验。

压力容器液压试验时无渗漏、无可见的异常变形，试验过程中无异常的响声即认为合格。

气压试验经肥皂液或其他检漏液检查无漏气、无可见异常变形即为合格。

② 试验介质及要求

a. 液压试验 凡是在压力试验时不会导致发生危险的液体，在低于其沸点温度下都可作为液压试验的介质，液压试验的介质一般是水，水的可压缩性很小，若容器一旦因缺陷扩展而发生泄漏时，水压立即下降，因而用水作试压介质既安全又节省成本，且操作也较为方便，故得到了广泛使用。液压试验时应注意以下几点。

ⅰ. 一般采用清洁水进行试验，对奥氏体不锈钢制造的容器用水进行试验后，应采取措施除去水渍，防止氯离子腐蚀。无法达到这一要求时，应控制水中氯离子的含量不超过 25mg/L。

ⅱ. 若采用不会导致发生危险的其他液体作试验介质时，液体的温度应低于其闪点或沸点。

ⅲ. 碳素钢、正火 15MnVR 和 16MnR 钢制容器做液压试验时，液体温度不得低于 5℃；其他低合金钢容器，液体温度不得低于 15℃，其他钢种的容器按图样规定。

ⅳ. 液压试验后，应及时将试验介质排净，必要时可用压缩空气或其他惰性气体将容器内表面吹干。

b. 气压试验 气压试验所用气体应为干燥、洁净的空气、氮气或其他惰性气体。对高压及超高压容器不宜采用气压试验。气压试验应注意以下几点。

ⅰ. 有可靠的安全措施，该措施需经试验单位技术总负责人批准，并经本单位安全部门现场检查监督；

ⅱ. 碳素钢和低合金钢制容器，试验用气体温度不得低于15℃，其他钢种的容器按图样规定；

ⅲ. 试验时若发现有不正常情况，应立即停止试验，待查明原因采取相应措施后，方能继续进行试验。

2. 试验压力的确定及试验应力的校核

压力试验是在高于工作压力的情况下进行的，所以在进行试验前应对容器在规定的试验压力下的强度进行理论校核，满足要求时才能进行压力试验的实际操作。

(1) 试验压力　试验压力是进行压力试验时规定容器应达到的压力，其值反映在容器顶部的压力表上。试验压力按如下方法确定：

液压试验时试验压力为：
$$p_T=1.25p\frac{[\sigma]}{[\sigma]^t} \tag{2-1}$$

气压试验时试验压力为：
$$p_T=1.15p\frac{[\sigma]}{[\sigma]^t} \tag{2-2}$$

式中　p_T——容器的试验压力，MPa；

p——容器的设计压力，MPa；

$[\sigma]$——容器元件材料在试验温度下的许用应力，MPa；

$[\sigma]^t$——容器元件材料在设计温度下的许用应力，MPa；

t——容器的设计温度。

在确定试验压力时应注意以下几点：

① 容器铭牌上规定有最大允许工作压力时，公式中应以最大允许工作压力代替设计压力；

② 容器各元件（圆筒、封头、接管、法兰及紧固件等）所用材料不同时，应取各元件材料的 $[\sigma]/[\sigma]^t$ 比值中最小者；

③ 立式容器卧置进行液压试验时，其试验压力应为按式（2-1）确定的值再加上容器立置时圆筒所承受的最大液柱静压力，容器的试验压力（液压试验时为立置和卧置两个压力值）应标在设计图样上。

(2) 应力校核　液压试验时圆筒的应力应满足的条件为：
$$\sigma_T=\frac{p_T(D_i+\delta_e)}{2\delta_e}\leqslant 0.9\phi\sigma_s(\sigma_{0.2}) \tag{2-3}$$

气压试验时圆筒的应力应满足的条件为：
$$\sigma_T=\frac{p_T(D_i+\delta_e)}{2\delta_e}\leqslant 0.8\phi\sigma_s(\sigma_{0.2}) \tag{2-4}$$

式中　σ_T——试验压力下圆筒的应力，MPa；

p_T——按式（2-1）或式（2-2）确定的试验压力（不包括液柱静压力），MPa；

D_i——圆筒内径，mm；

δ_e——圆筒的有效厚度，mm；

ϕ——焊接接头系数；

$\sigma_s(\sigma_{0.2})$——圆筒材料在试验温度下的屈服强度（或0.2%屈服强度），MPa。

3. 致密性试验

致密性试验的目的是检查容器可拆部位的密封性能及焊缝可能发生的渗漏，包括气密性试验和煤油渗漏试验。

对剧毒介质和设计要求不允许有微量介质泄漏的容器，在液压试验合格后还要做气密性试验（气压试验合格的容器不必再做气密性试验），气密性试验的试验压力可取设计压力的1.05倍。试验时缓慢升压至规定的试验压力后保压10min，然后降至设计压力，对所有焊接接头和连接部位进行泄漏检查，小型容器也可浸入水中检查，如有泄漏则需修补后重新进行液压试验和气密性试验。

对常压容器或不便采用其他方法检查的容器可采用煤油渗漏试验来检验其密封性，煤油渗漏试验有时也可作为大型设备的密封性初检手段。

煤油渗漏试验时，先将待检面的焊缝清理干净，并涂刷白垩粉浆，待充分晾干后在另一侧面涂刷2～3次煤油，使表面得到足够的浸润，经过30min后在白垩粉侧的表面如果没有油渍出现，即为试验合格。若出现油渍则说明有缺陷，待修补后重新试验。修补缺陷时，要注意防止煤油受热起火。

九、石油化工容器的调试与验收

（一）试车前的准备

(1) 容器修理工作完成后检验人员应按相应标准进行质量检验，并根据容器的修理情况和检验结果先出书面通知书，当使用单位接到容器安全状况等级符合使用的通知书后方可进行试车。

(2) 使用单位应指定专人对修理、检验质量进行抽检或复验，确认合格后，进行内外部清扫、拆除盲板、封闭人孔、清理排污及放空阀等。

(3) 检查系统检修项目是否完成、质量是否符合要求。

(4) 检查系统的仪器、仪表及安全附件等是否齐全、准确、灵敏、可靠。

(5) 检查容器连接管道是否正确、质量是否符合要求。

(6) 使用单位、修理单位应分别按有关要求准备试车必需的工具、器具和物品。

（二）试车

(1) 企业应组织修理单位、检验单位、使用单位和机动部门对修理、检验合格的压力容器进行试车验收工作。

(2) 压力容器的试车、验收可针对容器运行的特点进行单体试车或系统联动试车。

(3) 使用单位应根据工艺操作规程和操作方法制订试车方案，试车方案一般应包括试车程序和方法、检查项目、质量标准、安全注意事项和防护措施。

(4) 容器的试车结合系统试车进行时，在系统检修工作完成后进行必要的清洗、吹扫和置换。

(5) 试车工作应明确专人统一指挥，操作人员应服从指挥，严格按工艺操作规程和操作方法，并根据试车方案进行试车。试车中应定时、定点、定线、定项巡回检查压力容器运行情况，并认真做好试车记录，对试车中发现的异常现象和缺陷部位详细记录，以便进行分析和修复。

(6) 试车不合格的压力容器应进行返修处理，直至合格。

（三）验收

(1) Ⅰ、Ⅱ类压力容器连续正常运行24h，Ⅲ类压力容器连续正常运行48h，方可办理验收手续。

(2) 修理单位应在容器正常运行后的一周内向使用单位和机动部门交付以下竣工文件和资料。

① 检修前的安全交接证明资料，检修施工方案和修理及质量验收记录。

② 修理所用材料、备品、配件清单及质量证明文件，材料代用应有审批资料。

③ 所有检测、检验记录及报告。

④ 存在问题及改进意见。

⑤ 试车及验收证明。

(3) 检验单位应在压力容器正常运行后的一周内向使用单位和机动部门交付有效的检验报告。

第二节 换 热 器

换热设备是化工生产中应用最普遍的单元设备之一。它在生产中用来实现热量的传递，使热量由高温流体传给低温流体。在化工厂中，用于换热设备的费用大约占总投资费用的10%～20%，在化工厂设备总重量中约占40%以上。近年来，随着化工装置的大型化，换热设备朝着换热量大、结构高效紧凑、阻力减小、防结垢、防止流体诱导振动等方面发展，并随着炼油、化学工业等的迅速发展，新技术、新工艺、新材料的采用，换热设备的种类也逐渐增多，新结构换热设备不断出现。

一、换热器分类

换热器作为传热设备随处可见，在工业中应用非常普遍，特别是耗能用量十分大的领域，随着节能技术的飞速发展，换热器的种类开发越来越多。适用于不同介质、不同工况、不同温度、不同压力的换热器，结构和形式也不同，换热器种类随新型、高效换热器的开发不断更新，具体分类如下。

1. 按传热原理分类

(1) 直接接触式换热器　这类换热器的主要工作原理是两种介质经接触而相互传递热量，实现传热，接触面积直接影响到传热量。这类换热器的介质通常是一种是气体，另一种为液体，主要是以塔设备为主体的传热设备，但通常又涉及传质，故很难区分与塔器的关系，通常归为塔式设备，电厂用凉水塔为最典型的直接接触式换热器。

(2) 蓄能式换热器（简称蓄能器）　这类换热器用量极少，原理是通过一种固体物质，热介质先通过加热固体物质达到一定温度后，冷介质再通过固体物质被加热，使之达到传递热量的目的。

(3) 板、管式换热器　这类换热器用量非常大，占总量的99%以上，原理是热介质通过金属或非金属将热量传递给冷介质。这类换热器通常称为管壳式、板式、板翅式或板壳式换热器。

2. 按传热种类分类

(1) 无相变传热　一般分为加热器和冷却器。

(2) 有相变传热　一般分为冷凝器和重沸器。重沸器又分为釜式重沸器、虹吸式重沸器、再沸器、蒸发器、蒸汽发生器、废热锅炉。

3. 按结构分类

换热器按结构分为浮头式换热器、固定管板式换热器、填料函式换热器、U形管式换热器、蛇管式换热器、双壳程换热器、单套管换热器、多套管换热器、外导流筒换热器、折流杆式换热器、热管式换热器、插管式换热器、滑动管板式换热器。

4. 按折流板分布分类

换热器按折流板分布分为单弓形换热器、双弓形换热器、三弓形换热器、螺旋弓形换热器。

5. 按板状分类

换热器按板状分为螺旋板换热器、板式换热器、板翅式换热器、板壳式换热器、板式蒸发器、板式冷凝器、印刷电路板换热器、穿孔板换热器。

6. 按密封形式分类

按密封形式分类的换热器多用于高温、高压装置中，具体分为：螺旋锁紧环换热器、Ω环换热器、薄膜密封换热器、钢垫圈换热器、密封盖板式换热器。

7. 按非金属材料分类

换热器按非金属材料分为石墨换热器、氟塑料换热器、陶瓷纤维复合材料换热器、玻璃钢换热器。

8. 空冷式换热器分类

空冷式换热器分为干式空冷器、湿式空冷器、干湿联合空冷器、电站空冷器、表面蒸发式空冷器、板式空冷器、能量回收空冷器、自然对流空冷器、高压空冷器。

9. 按材料分类

换热器按材料主要为金属和非金属两大类。金属类又可分为低合金钢类、高合金钢类、低温钢类、稀有金属类等。

10. 按强化传热元件分类

换热器按强化传热元件分为螺纹管换热器、波纹管换热器、异型管换热器、表面多孔管换热器、螺旋扁管换热器、螺旋槽管换热器、环槽管换热器、纵槽管换热器、翅管换热器、螺旋绕管式换热器、T形翅片管换热器、新结构高效换热器、内插物换热器、锯齿管换热器。

换热器的种类繁多，还有按管箱分类等，各种换热器各自适用于某一种工况。为此，应根据介质、温度、压力的不同选择不同种类的换热器，扬长避短，使之带来更大的经济效益。

二、管壳式换热器

管壳式换热器是目前应用最广的换热设备，它具有结构坚固、可靠性高、适用性强、选材广泛等优点，在石化领域的换热设备中占主导地位。随着工艺过程的深化和发展，换热设备正朝着高温、高压、大型化的方向发展，而管壳式换热器的结构能够很好地完成这一工艺过程。管壳式换热器按其壳体和管束的安装方式分为：固定管板式、浮头式、U形管式、填料函式和釜式重沸器等。

（一）固定管板式换热器

固定管板式换热器是由管箱、壳体、管板、管子等零部件组成。其结构较紧凑，排管较多，在相同直径情况下面积较大，制造较简单，但最后一道壳体与管板的焊缝无法进行无损检测，如图2-6所示。

1. 固定管板式换热器的优点

（1）传热面积比浮头式换热器大20%～30%；

（2）旁路漏流较小；

（3）锻件使用较少，成本比一般低20%以上；

（4）没有内漏。

2. 固定管板式换热器的不足

（1）壳体和管子壁温差一般小于等于50℃，大于50℃时应在壳体上设置膨胀节；

（2）管板与管头之间易产生温差应力而损坏；

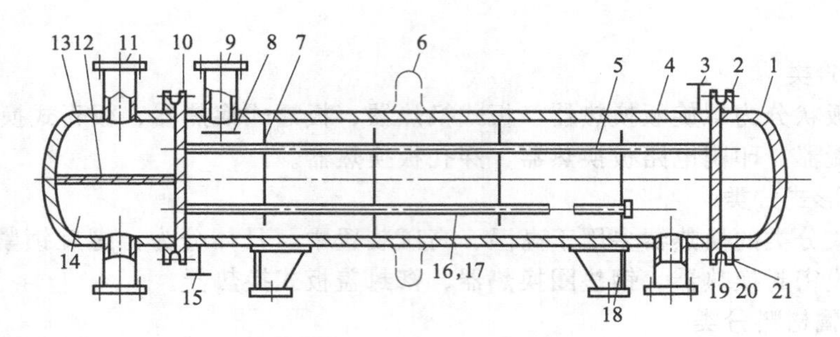

图 2-6 固定管板式换热器

1—封头；2—法兰；3—排气口；4—壳体；5—换热管；6—波形膨胀节；7—折流板（或支持板）；8—防冲板；9—壳程接管；10—管板；11—管程接管；12—隔板；13—封头；14—管箱；15—排液口；16—定距管；17—拉杆；18—支座；19—垫片；20—螺栓；21—螺母

(3) 壳程无法进行机械清洗；

(4) 管子腐蚀后造成连同壳体报废，壳体部件寿命取决于管子寿命，故设备寿命相对较低；

(5) 不适用于壳程易结垢场合。

(二)浮头式换热器

浮头式换热器是由管箱、壳体、管束、浮头盖、外头盖等零部件组成，最大的特点是管束可以抽出来，管束在使用过程中由于温差膨胀而不受壳体约束，不会产生温差应力，如图 2-7 所示。

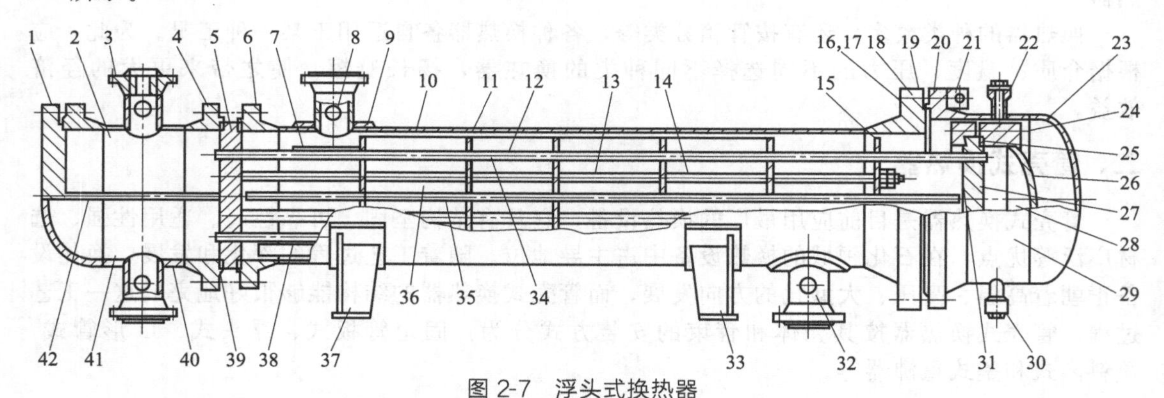

图 2-7 浮头式换热器

1—平盖；2—平盖管箱（部件）；3—接管法兰；4—管箱法兰；5—固定管板；6—壳体法兰；7—防冲板；8—仪表接口；9—补强圈；10—壳体（部件）；11—折流板；12—旁路挡板；13—拉杆；14—定距管；15—支持板；16—双头螺柱或螺栓；17—螺母；18—外头盖垫片；19—外头盖侧法兰；20—外头盖法兰；21—吊耳；22—放气口；23—凸形封头；24—浮头法兰；25—浮头垫片；26—球冠形封头；27—浮动管板；28—浮头盖（部件）；29—外头盖（部件）；30—排液口；31—钩圈；32—接管；33—活动鞍座（部件）；34—换热管；35—挡管；36—管束（部件）；37—固定鞍座（部件）；38—滑道；39—管箱垫片；40—管箱圆筒（短节）；41—封头管箱（部件）；42—分程隔板

(三)U 形管式换热器

U 形管式换热器是由管箱、壳体、管束等零部件组成，只需一块管板，重量较轻，同样直径情况下，换热面积最大，结构较简单、紧凑，在高温、高压下金属耗量最小，如图 2-8 所示。

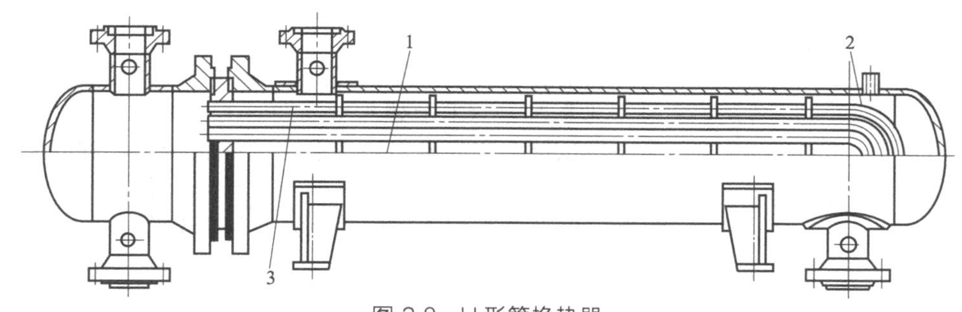

图 2-8 U 形管换热器

1—中间挡板；2—U 形换热管；3—内导流筒

（四）双壳程换热器

双壳程换热器的结构与浮头式换热器、U 形管式换热器、固定管板式换热器相同，所不同的是在管束中心放置一块纵向隔板，折流板被上下隔开，用密封片将壳程一分为二，改变了壳程介质的流动方式，增加了流体的湍流程度，管壳程介质呈纯逆流流动，无温度交叉。其结构如图 2-9 所示。

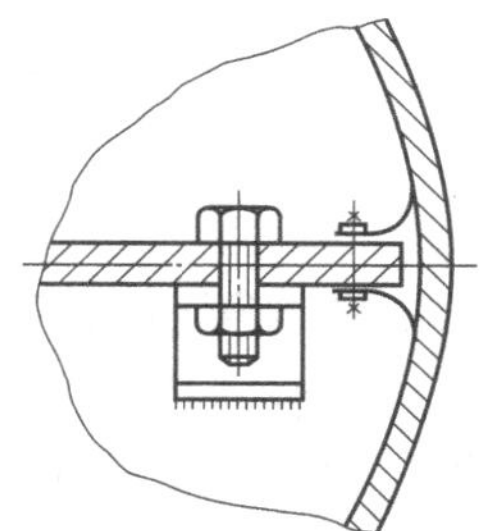

图 2-9 双壳程换热器壳程隔板

（五）外导流筒换热器

外导流筒换热器的结构与浮头式换热器基本相同，所不同的是壳程进出口接管与导流筒不同，在进出口处增大壳体直径，使流体流动改变，并使传热管可排满整个壳体，从而使旁路泄漏和进出口死区减少，效率增加，压降减小。其结构如图 2-10 所示。

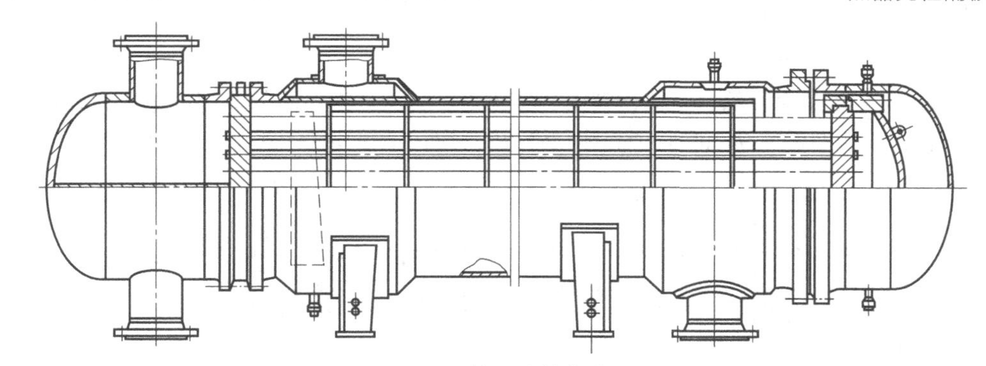

图 2-10 外导流筒换热器

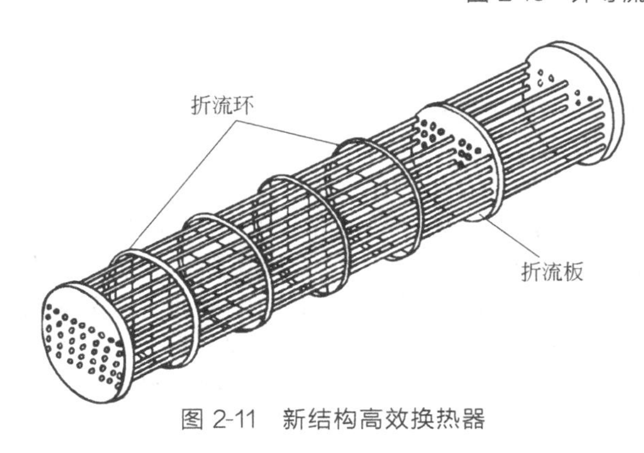

图 2-11 新结构高效换热器

（六）新结构高效换热器

新结构高效换热器的结构与浮头式换热器和固定管板式换热器基本相同，所不同之处是管束壳程在折流杆基础上进行了改进，用数块喷射板与折流环组成，其特点是流体在低雷诺数区流体流过喷射板时形成环向喷射流而使流体达到湍流状态，实现强化传热，流体流动为沿管子方向顺流，压降较小，流动死区小。其结构如图 2-11 所示。

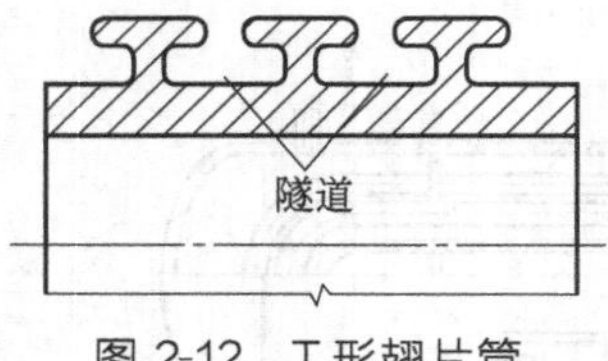

图 2-12 T形翅片管

（七）高效重沸器

高效重沸器的结构与釜式重沸器相同，其差别是：换热管采用T形翅片管（T形翅片管如图2-12所示），结构上机械加工形成汽化核心的汽室，从而强化了沸腾传热，这种管子被第六届世界传热学会誉为四种最佳强化传热元件之一，具有抗垢性能好，低温差推动力大的特点。其结构如图2-13所示。

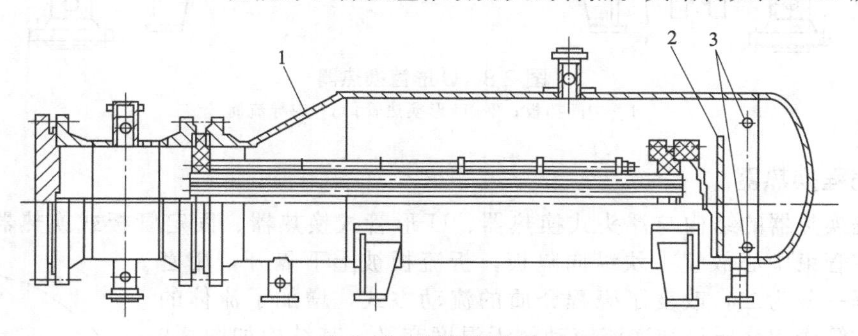

图 2-13 高效重沸器

1—偏心锥壳；2—堰板；3—液面计接口

（八）螺纹管换热器

螺纹管换热器作为一种强化传热高效换热器，其结构与浮头式换热器、固定管板式换热器和U形管式换热器基本相同，所不同的是管束中的光管用扩展表面强化传热的螺纹管所替代，可与折流杆、外导流筒、新结构高效换热器组合。是目前强化传热管用量最大、推广较好、使用场合多的强化传热元件，属成熟技术。其结构如图2-14所示。

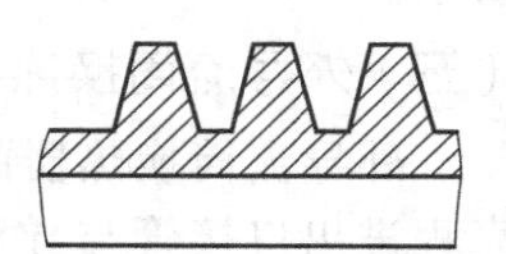
图 2-14 螺纹管截面

（九）填料函式换热器

填料函式换热器是由管箱、壳体、管束、浮头盖、压盖、密封圈等零部件组成，管束可抽出，壳体与管束间可自由滑动，从而吸收了壳体与管束壁温而引起的热膨胀。其结构如图2-15所示。

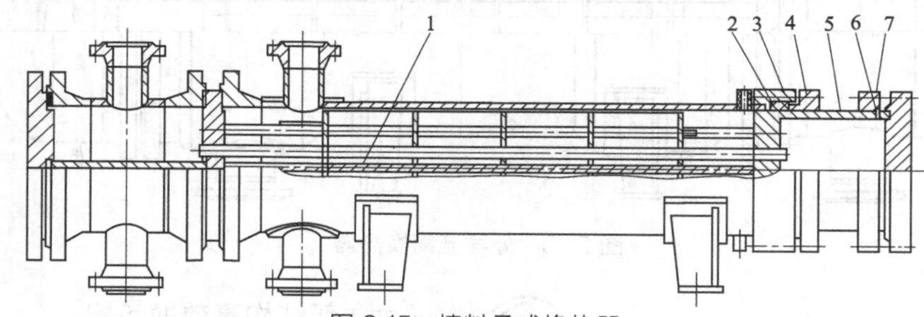

图 2-15 填料函式换热器

1—纵向隔板；2—填料；3—填料函；4—填料压盖；5—浮动管板裙；6—剖分剪切环；7—活套法兰

（十）管壳式换热器的分程及流体流程

管壳式换热器工作时，一种流体走管内，称为管程；另一种流体走管外（壳体内），称为壳程。管内流体从换热管一端流向另一端一次称为一程；对U形管式换热器，管内流体从换热管一端经过U形弯曲段流向另一端一次称为两程。两管程以上（包括两管程）就需要在管板上设置分程隔板来实现分程，较常用的是单管程、两管程和四管程，分程布置如表2-1所示。壳程有单壳程和双壳程两种，常用单壳程，壳程分程可通过在壳体中设置纵向挡板来实现。

表 2-1 管壳式换热器分程

程数	1	2	4	4	6	8	8
流动程序	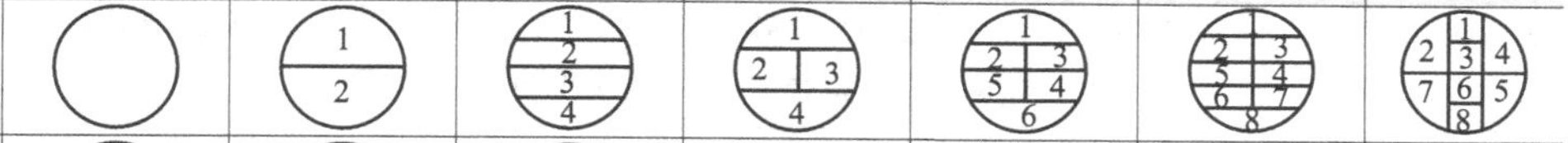	1 2	1 2 3 4	1 2 3 4	1 2 3 5 4 6	1 2 3 5 4 6 7 8	1 2 3 4 7 6 5 8
上（前）管板	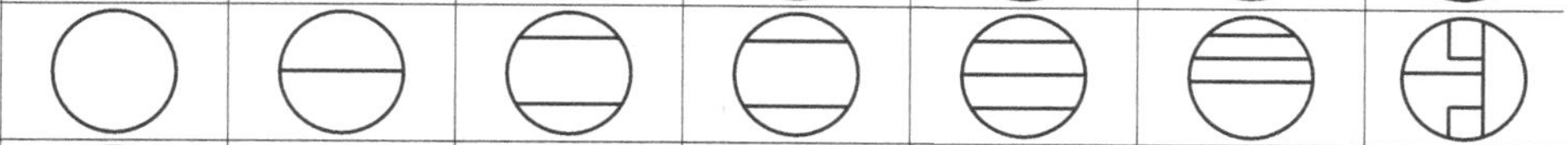						
下（后）管板	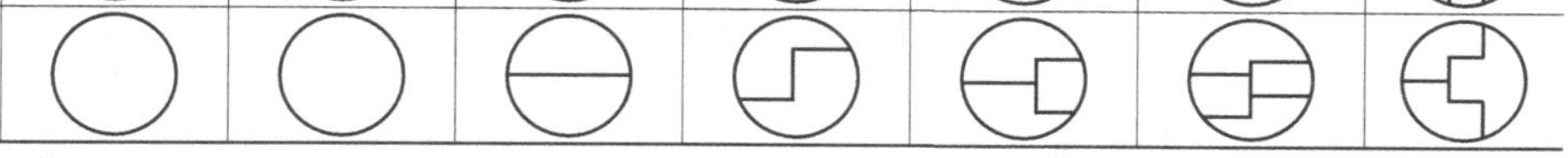						

冷热流体哪一个走管程，哪一个走壳程，需要考虑的因素很多，难以有统一的定则，但总的要求是首先要有利于传热和防腐，其次是要减少流体流动阻力和结垢，便于清洗等。一般可参考如下原则并结合具体工艺要求确定。

（1）腐蚀性介质走管程，以免使管程和壳程材质都遭到腐蚀。

（2）有毒介质走管程，这样泄漏的机会少一些。

（3）流量小的流体走管程，以便选择理想的流速，流量大的流体宜走壳程。

（4）高温、高压流体走管程，因管子直径较小可承受较高的压力。

（5）容易结垢的流体在固定管板式换热器和浮头式换热器中走管程，在 U 形管式换热器中走壳程，这样便于清洗和除垢；若是在冷却器中，一般是冷却水走管程，被冷却流体走壳程。

（6）黏度大的流体走壳程，因为壳程流通截面和流向在不断变化，在低雷诺数下利于传热。

（7）流体的流向对传热也有较大的影响，为充分利用同一介质冷热对流的原理，以提高传热效率和减少动力消耗，无论是管程还是壳程，当流体被加热或蒸发时，流向应由下向上；当流体被冷却或冷凝时流向应由上向下。

（十一）管壳式换热器的主要零部件

1. 管壳式换热器零部件名称

管壳式换热器的零部件名称如表 2-2 所示。

表 2-2 管壳式换热器的零部件名称

序号	名称	序号	名称	序号	名称
1	平盖	21	吊耳	41	封头管箱（部件）
2	平盖管箱（部件）	22	排气口	42	分程隔板
3	接管法兰	23	封头	43	悬挂式支座（部件）
4	管箱法兰	24	浮头法兰	44	膨胀节
5	固定管板	25	浮头垫片	45	中间挡板
6	壳体法兰	26	无折边球面封头	46	U 形换热器
7	防冲板	27	浮头管板	47	内导流筒
8	仪表接口	28	浮头盖（部件）	48	纵向隔板
9	补强圈	29	外头盖（部件）	49	填料
10	圆筒（壳体）	30	排液口	50	填料函
11	折流板	31	钩圈	51	填料函盖
12	旁路挡板	32	接管	52	浮动管板裙
13	拉杆	33	活动鞍座（部件）	53	剖分剪切环（钩圈）
14	定距管	34	换热管	54	活套法兰
15	支持板	35	假管	55	偏心锥壳
16	双头螺柱或螺栓	36	管束	56	堰板
17	螺母	37	固定鞍座（部件）	57	液面计
18	外头盖垫片	38	滑道	58	套环
19	外头盖侧法兰	39	管箱垫片	59	分流隔板
20	外头盖法兰	40	管箱短节		

2. 管壳式换热器分类及代号

在 GB 151—2014《热交换器》中，将管壳式换热器的主要组合部件分为管箱、壳体和后端结构（包括管束）三部分，详细分类及代号如表 2-3 所示，图中序号名称如表 2-2 所示。

表 2-3　管壳式换热器主要部件分类及代号

代号	前端管箱形式
A	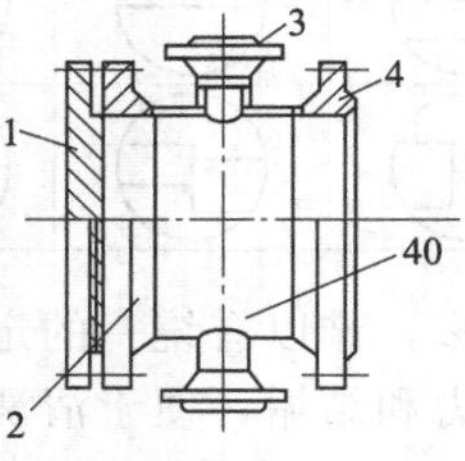平盖管箱
B	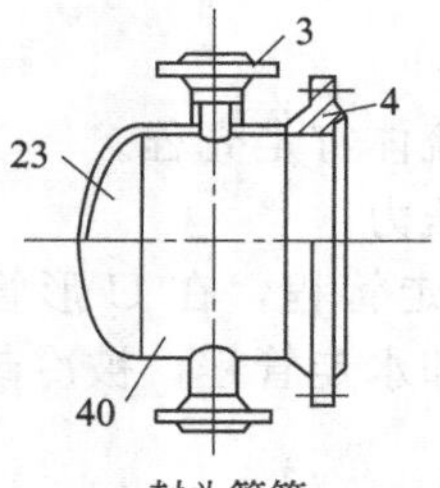封头管箱
C	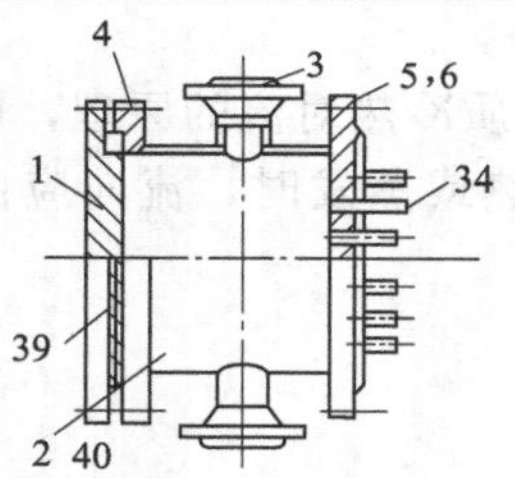用于可拆管束与管板制成一体的管箱
N	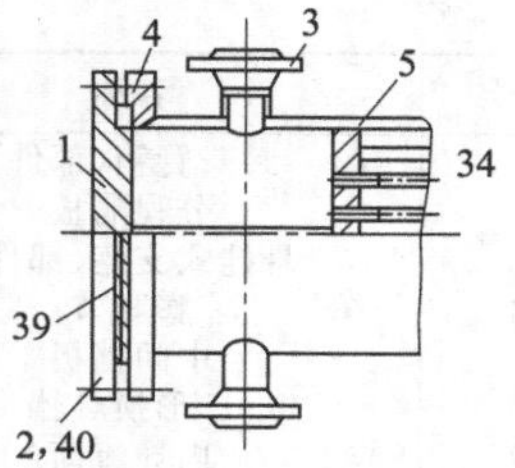与管板制成一体的固定管板管箱
D	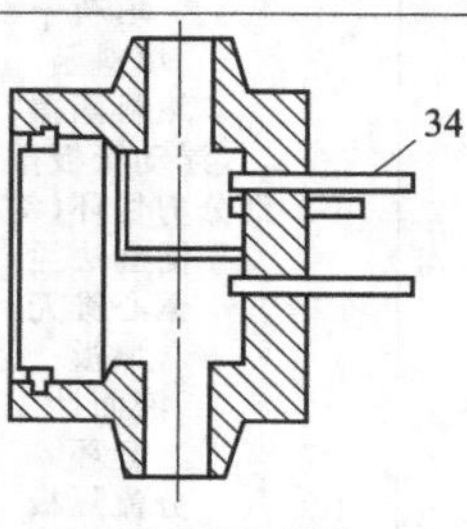特殊高压管箱

代号	壳体形式
E	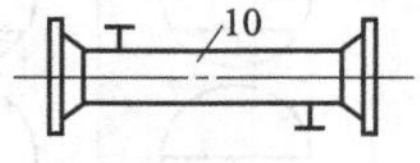单程壳体
Q	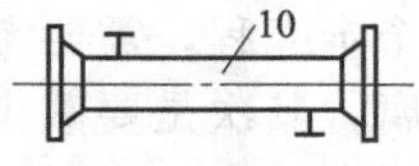单进单出冷凝器壳体
F	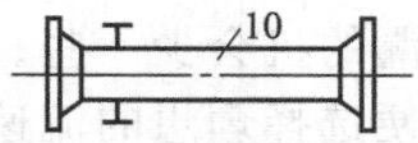具有纵向隔板的双程壳体
G	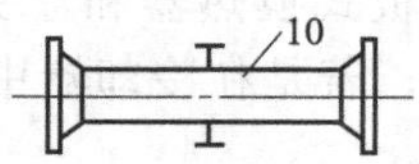分流
H	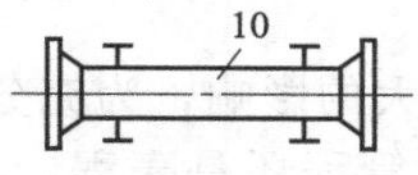双分流
I	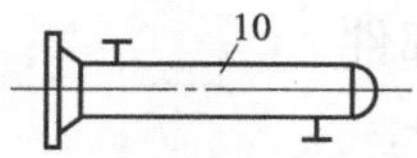U形管式换热器
J	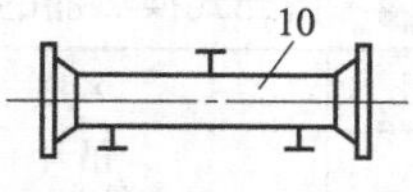无隔板分流（或冷凝器壳体）
K	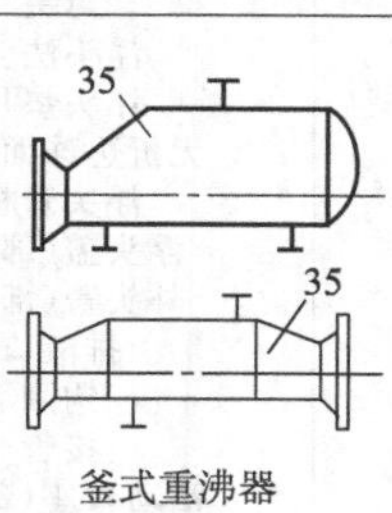釜式重沸器
O	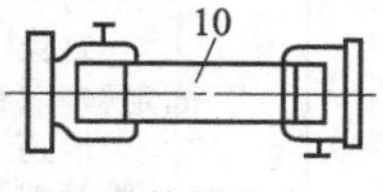外导流

代号	后端结构形式
L	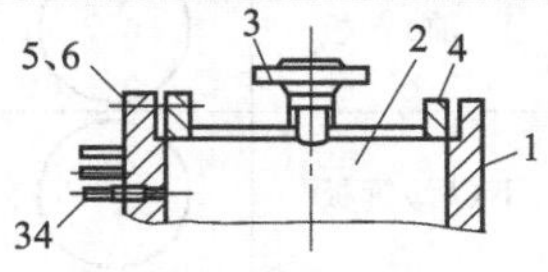与A相似的固定管板结构
M	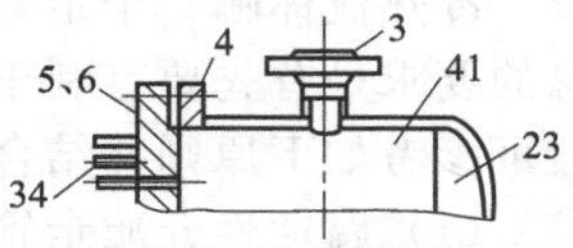与B相似的固定管板结构
N	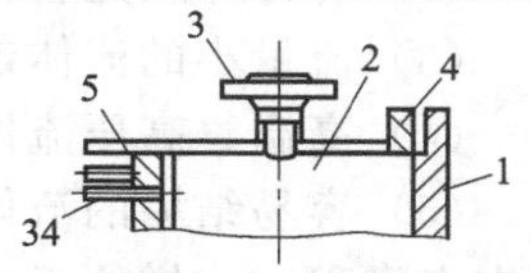与C相似的固定管板结构
P	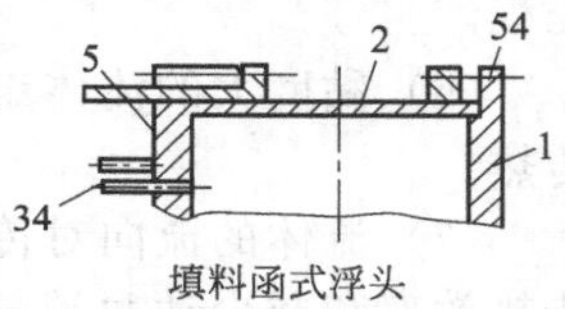填料函式浮头
S	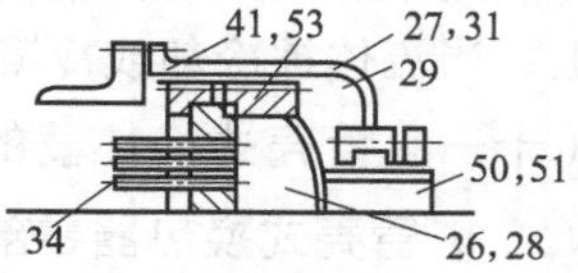钩圈式浮头
T	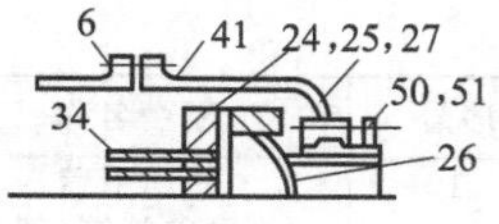可抽式浮头
U	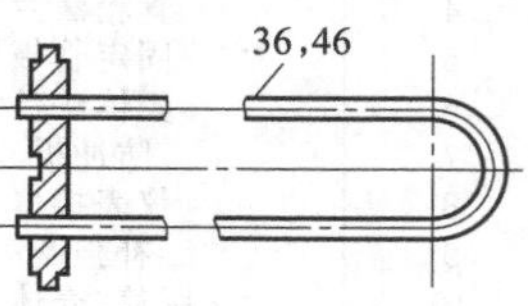U形管束
W	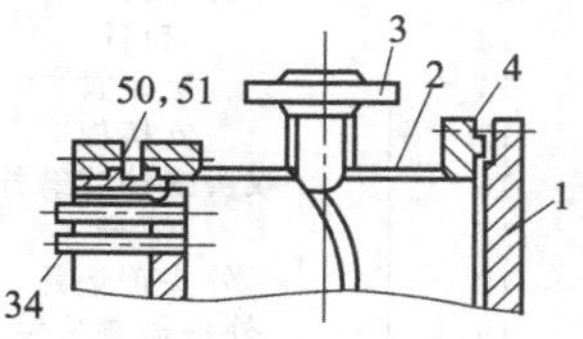带套环填料函式浮头

3. 换热管及在管板上的排列形式

换热管是管壳式换热器的传热元件，它直接与两种介质接触，所以换热管的形状和尺寸对传热有很大的影响。小管径利于承受压力，因而管壁较薄且在相同壳径内可排列较多的管子，使换热器单位体积的传热面积增大、结构紧凑，单位传热面积的金属耗量少，传热效率也稍高一些；但制造较麻烦，且小直径管子易结垢，不易清洗。所以一般对清洁流体用小直径的管子，黏性较大或污浊的流体采用大直径的管子。我国管壳式换热器常用换热管为：碳钢钢管、低合金钢管（规格有 ϕ19mm×2mm、ϕ25mm×2.5mm、ϕ38mm×3mm、ϕ57mm×3.5mm）；不锈钢管（规格有 ϕ25mm×2mm、ϕ38mm×2.5mm）。

在相同传热面积的情况下，换热管越长则壳体、封头的直径和壁厚就越小，经济性越好；但换热管过长，经济效果不再显著，且清洗、运输、安装都不太方便。换热管的长度规格有 1.5m、2.0m、3.0m、4.5m、6.0m、7.5m、9.0m、12.0m，在化工厂所用的换热器中最常用的是 6m 的换热管。换热管一般都用光管，为了强化传热，也可用螺纹管、带钉管及翅片管。

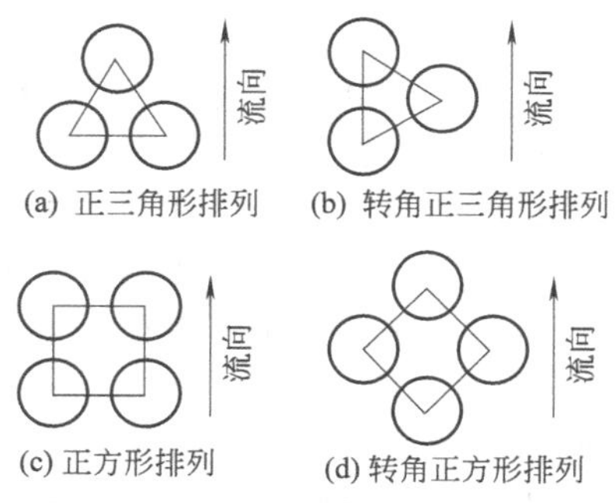

图 2-16 换热管的排列形式

换热管在管板上的排列形式有正三角形、转角正三角形、正方形和转角正方形等，如图 2-16 所示。三角形排列布管多，结构紧凑，但管外清洗不便；正方形排列便于管外清洗，但布管较少、结构不够紧凑。一般固定管板式换热器多用三角形排列，浮头式换热器多用正方形排列。

4. 管板及与换热管的连接

管板一般采用圆形平板，在板上开孔并装设换热管，在多管程换热器中管板上还设置分程隔板。管板还起分隔管程和壳程空间，避免冷热流体混合的作用。管板与换热管间可采用胀接、焊接或二者并用的连接方式。

5. 折流板

折流板是设置在壳体内与管束垂直的弓形或圆盘-圈环形平板，如图 2-17、图 2-18 所示。安装折流板迫使壳程流体按规定的路径多次横向穿过管束，既提高了流速又增加了湍流程度，改善了传热效果。在卧式换热器中折流板还可起到支持管束的作用。但在冷凝器中，由于冷凝传热系数与蒸汽在设备中的流动状态无关，因此不需要设置折流板。

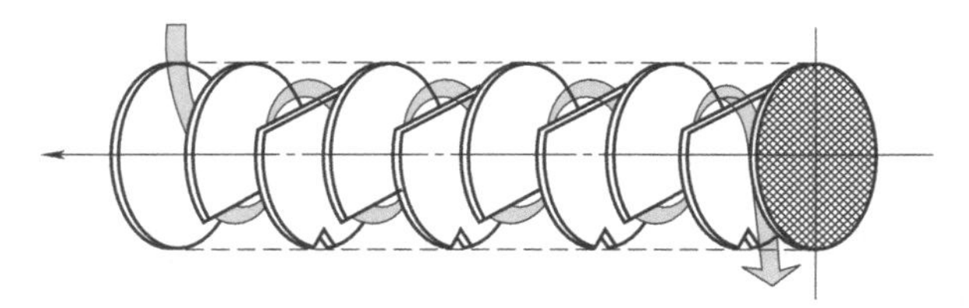
图 2-17 弓形折流板介质流动图

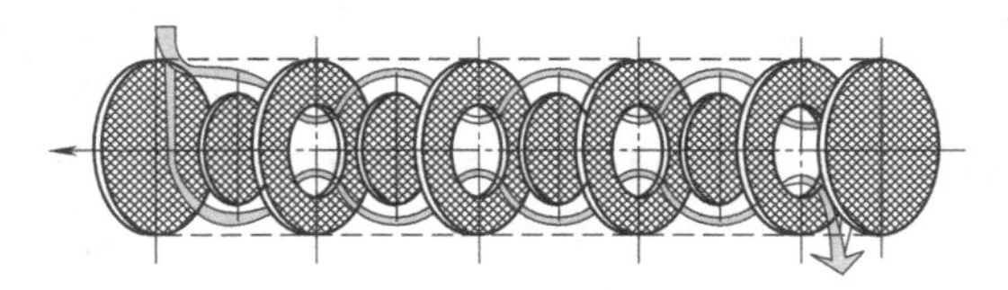
图 2-18 圆盘-圆环形折流板介质流动图

三、非列管式换热器

（一）水浸式、喷淋式冷却器

1. 水浸式冷却器

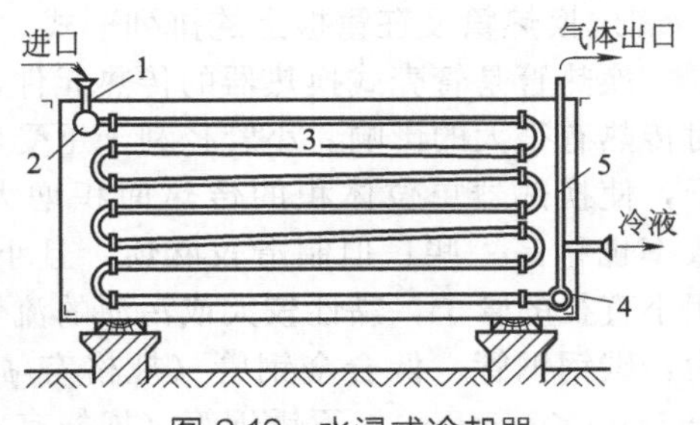

图 2-19 水浸式冷却器

1—进口；2,4—集合管；3—蛇管；5—气体出口

水浸式冷却器也称箱式冷却器，其结构如图2-19所示，在长方形水箱中放入一组或几组由回弯头和直管连接而成的蛇形盘管，管径一般为75～150mm，材料多为铸铁或普通碳钢。蛇管全部浸没在冷却水面以下，管内走高温油蒸气，冷却水由箱底进入，从上方溢出。这种冷却器由于储水量大，当临时停水时水箱内仍有一定量的冷却水，不致使管内高温引起火灾，使用较为安全。这种冷却器结构简单，便于清洗和维护；采用铸铁管时有较强的耐腐蚀性，但基本属于自然对流传热，且管外易积垢，故传热效率不高。水浸式冷却器水箱体积庞大、占地面积多、紧凑性差，所以近年来炼油生产中很少采用，在冷冻和制氧业中用得较多。

2. 喷淋式冷却器

喷淋式冷却器是将蛇管成排固定在钢架上，如图2-20所示。被冷却的流体在管内流动，冷却水由管排上方喷淋装置均匀淋下，水在管壁上形成薄膜易蒸发且水的汽化潜热较大，冷却效果好。这种冷却器一般都安装在露天的地方，除了水的冷却作用外，还有空气对流传热，所以与水浸式冷却器相比传热效率高，水的用量也少，检修和清洗也较方便，但体积较大，紧凑性差，而且管壁长期受风吹水淋，易于腐蚀。

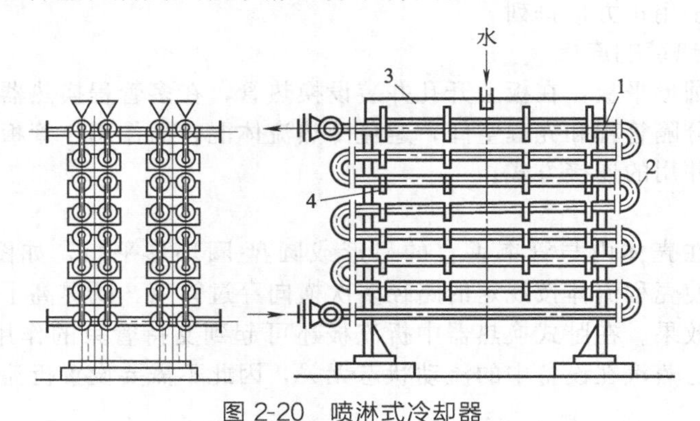

图 2-20 喷淋式冷却器

1—直管；2—U形肘管；3—水槽；4—齿形檐板

（二）空气冷却器

空气冷却器简称空冷器，出现于20世纪20年代末，20世纪中叶得以广泛应用，是炼油生产中水冷设备的替代产品，具有传热效率高、建造及操作费用低、能节约工业用水等优点，在缺水地区其优越性更为明显。

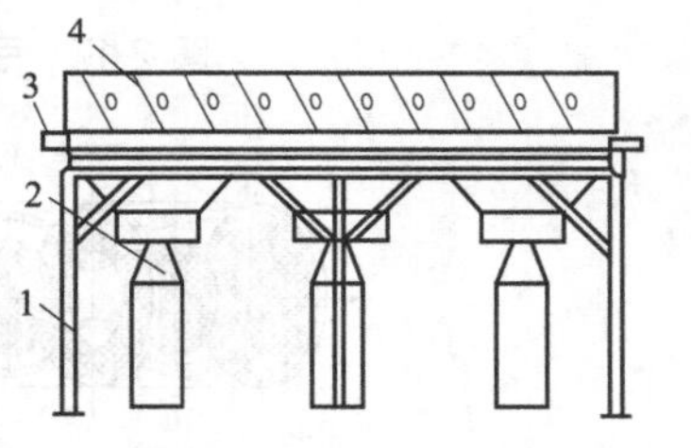

图 2-21 卧式空冷器

1—构架；2—风机；3—管束；4—百叶窗

1. 空冷器的结构

空冷器由带有铝制翅片的管束、风机、构架等组成，如图2-21、图2-22所示。依靠风机连续向管束通风，使管束内流体得以冷却，由于空气传热系数低，故采用翅片管增加管子外壁的传热

面积，提高传热效率。管子材料大都用低碳钢，对抗腐蚀性要求较高时用耐酸不锈钢及铝管；管子规格有 ϕ24mm 和 ϕ25mm 两种。翅片为 0.2～4.0mm 厚的铝带，翅片高为 16mm，翅片有缠绕式和镶嵌式两种，如图 2-23 所示，当温度小于 250℃时采用缠绕式，温度为 250～350℃时用镶嵌式。

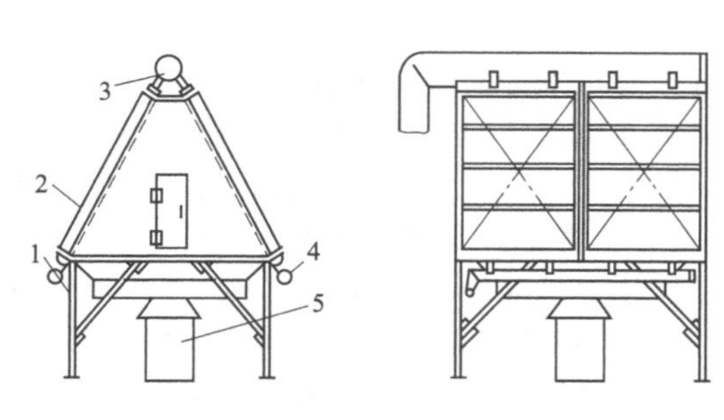

图 2-22　斜顶式空冷器

1—构架；2—管束；3—介质入口；4—介质出口；5—风机

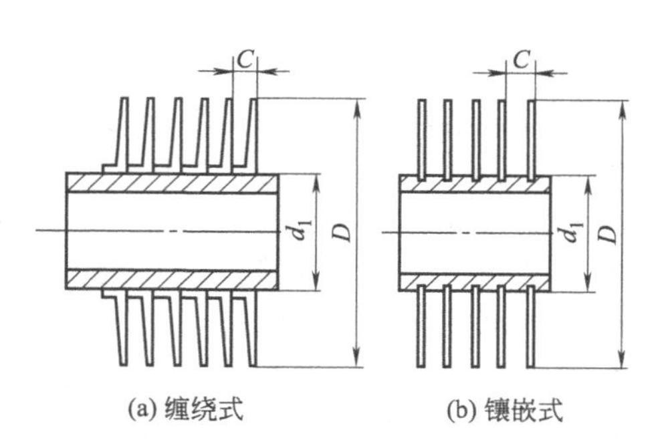

图 2-23　翅片管

2. 湿式空冷器

空冷器虽有很多优点，但其冷却能力受大气温度影响较大，被冷却介质的出口温度一般高于大气温度 15～20℃，出口温度在 70℃以下的场合，仍需进一步采用水来冷却。若将空冷器构造稍加改进，在翅片表面喷洒少量的水，水蒸发可起到强化传热的作用，从而提高传热效率，这种空冷器称为湿式空冷器。它具有传热系数大、冷却能力强、冷后温度低等优点，普遍用于 70～80℃油品的冷却，冷却后温度基本上接近环境温度，大大扩大了空冷器的使用范围。

湿式空冷器按其工作情况可分为增湿型、喷淋型及联合型三种，如图 2-24～图 2-26 所示。这三种类型的湿式空冷器各有其优点：喷淋型的作用原理是喷水蒸发冷却，将雾状水直接喷到翅片表面，水在翅片表面蒸发；增湿型是在空气入口处喷水（水不喷在翅片上），使水在增湿室中蒸发；联合型是二者兼而有之。喷淋型集中了蒸发冷却和空气冷却的优点，不论从强化传热或对环境温度的适应性上都较增湿型优越，但水在翅片上蒸发有可能引起结垢，所以通常将管内介质温度限制在 80℃以内。

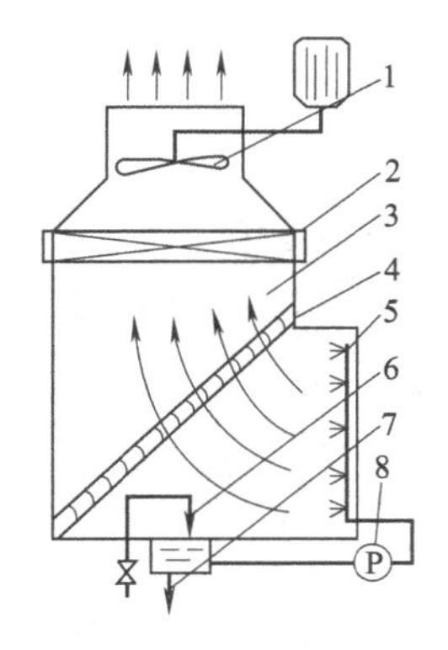

图 2-24　增湿型湿式空冷器

1—风机；2—管束；3—增湿室；4—水分离挡板；5—水喷嘴；6—补水管；7—排水管；8—水泵

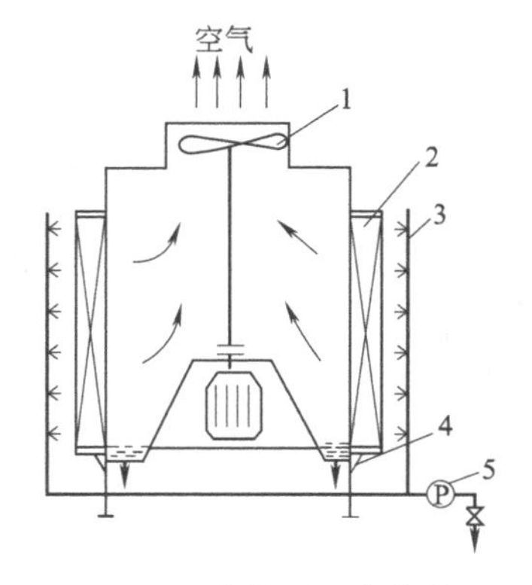

图 2-25　喷淋型湿式空冷器

1—风机；2—管束；3—水喷嘴；4—排水管；5—水泵

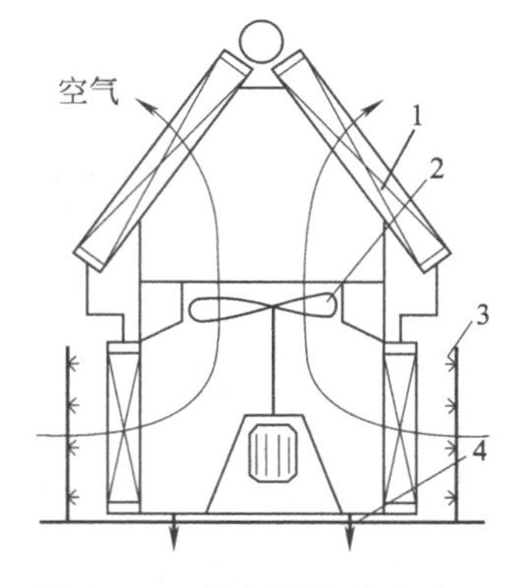

图 2-26　联合型湿式空冷器

1—管束；2—风机；3—水喷嘴；4—排水管

（三）板面式换热器

板面式换热器热量的传递是通过不同形状的板面来实现的，其传热性能比管式换热器优越，由于结构上的特点，使流体在较低的流速下能达到湍流状态，从而强化了传热作用。该类换热器由于采用板材制作，故在大批量生产时可降低设备成本，但其耐压能力比管式换热器差。

1. 螺旋板式换热器

螺旋板式换热器是由两张平行的钢板卷制成具有两个螺旋通道的螺旋体，然后在其端部安装圆形盖板并配制流体进、出口接管而组成。螺旋通道的间距靠焊在钢板上的定距撑来保证。两种流体分别在两个螺旋通道内逆向流动，一种由中心螺旋流动到周边，另一种由外周边螺旋流动到中心。这种换热器在结构上对热膨胀可不考虑，通道中流体流动均匀、压降小、两流体可完全呈逆流状态，允许较高的流速，流体中悬浮物不易沉淀、不易出现堵塞现象，传热效率比管壳式换热器高40%左右。这种换热器结构紧凑、制造简单、材料利用率高、造价低，定距撑对螺旋板起到增加刚度的作用，但耐压能力差且不易清洗和修理。这种换热器适用于处理温度在450℃以下，压力不超过2.5MPa，含固体颗粒或纤维的悬浮液以及其他高黏性流体。

2. 板片式换热器

板片式换热器是以波纹板作为换热元件，其传热系数比管壳式换热器高2～4倍，结构紧凑、体积小、重量轻、节省材料、操作灵活性大、适用范围广，一般使用压力在1.6MPa以下，使用温度不超过150℃，可用于加热、冷却、冷凝、蒸发等过程，但密封周边较长、泄漏的可能性大，不宜处理易堵塞的物料。

板片式换热器主要由波纹板片、密封垫片及压紧装置等组成。其一般结构如图2-27所示。波纹板片可用各种材料冲压而成，常用的有不锈钢，碳钢，铜、钛、铝及其合金。由于使用要求不同，波纹板片的形式已有很多种，最常用的是水平直波纹板片和人字形板片。很多板片按一定间隔通过压紧装置叠在一起。板片之间装有垫片，一方面起密封作用，防止介质漏出；另一方面在板片之间造成一定间隙，形成流道。根据操作温度和介质性质不同，垫片可用天然橡胶、丁腈橡胶、聚四氟乙烯、压制石棉纤维等材料制作。压紧装置的作用是压紧密封垫片，以保证板片之间的密封，一般是用螺栓来压紧，当操作压力在0.4MPa以下时，压紧板上下设两个大螺栓，当操作压力在0.4～1.0MPa时，用14～16个螺栓拉紧。在紧固螺栓时必须对称均匀地进行，才能保证有效的密封。板片式换热器的工作原理如图2-28所示。

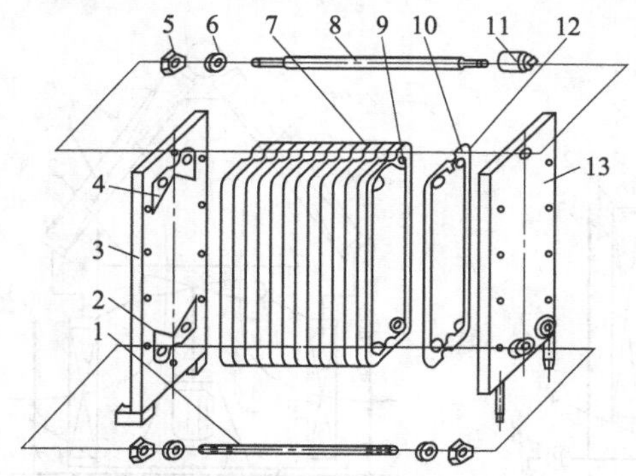

图2-27 板片式换热器的一般结构

1—压紧螺杆；2,4—固定端板垫片（对称）；3—固定端板；5—六角螺母；6—小垫圈；7—传热板片；8—定位螺杆；9—中间垫片；10—活动端板垫片；11—定位螺母；12—换向垫片；13—活动端板

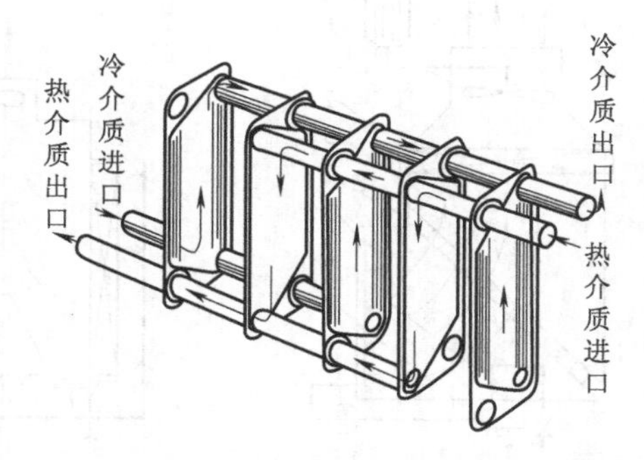

图2-28 板片式换热器工作原理示意图

3. 板翅式换热器

板翅式换热器的基本结构是由翅片、隔板及封条三部分组成，如图 2-29 所示。在相邻两隔板之间放置翅片及封条组成一夹层，称为通道，也就是板翅式换热器的一个基本单元，将若干个基本单元按流体的不同流向（图 2-30），叠置起来钎焊成整体，即构成板束。一般情况下，板束两侧还各有 1～2 层不走流体的强度层（或称为假通道），再在板束上配置流体进出口分配段和集流箱就组成了一台完整的板翅式换热器。

板翅式换热器由于翅片对流体造成扰动，从而使热边界层不断破裂更新，所以传热系数较高，其与管壳式换热器传热系数比较如表 2-4 所示。这种换热器还具有结构紧凑、重量轻等优点，对铝制板翅式换热器，其单位体积的传热面积可达 1500～2500m^2/m^3，相当于管壳式换热器的 8～20 倍，重量仅为具有相同换热面积的管壳式换热器的 1/10，可广泛用于气-气、气-液、液-液之间各种不同流体的换热。这种换热器的缺点是制造工艺复杂，要求严格，容易堵塞，清洗和检修比较困难。

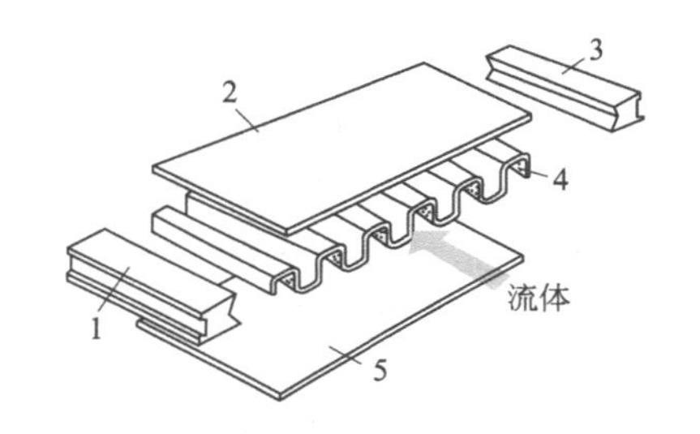

图 2-29 板翅式换热器板束单元结构

1,3—封条；2,5—隔板；4—翅片

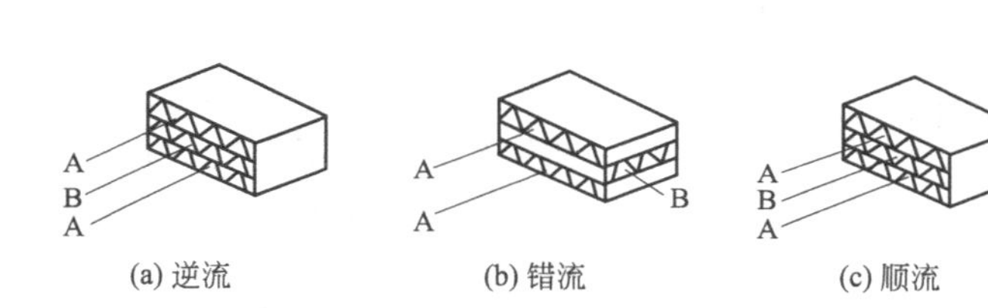

图 2-30 板翅式换热器流体流向

表 2-4 板翅式换热器与管壳式换热器传热系数 单位：W/(m^2·K)

传热情况	板翅式	管壳式
强制对流空气	35～350	12～35
强制对流水	580～5800	226～1745
水蒸气冷凝	4650～17450	290～4650

（四）热管

1. 热管的基本结构及工作原理

热管是一种新型高效的传热元件，其热导率是金属良导体（银、铜、铝等）的 10^3～10^4 倍，有超导热体或亚超导热体之称，适用温度范围为 −200～2000℃。热管的基本结构如图 2-31 所示，在一根密闭的高度真空的金属管中，靠管内壁贴装以某种毛细结构，通常称其为吸液芯，再装入某种工作物质（简称为工质），即构成一完整的热管。工作时，管的一端从热源吸收热量，使工质蒸发、汽化，蒸气经过输送段沿温度降的方向流动，在冷凝段遇冷表面冷凝并放出潜热，凝液（工质）通过其在毛细结构中表面张力的作用，返

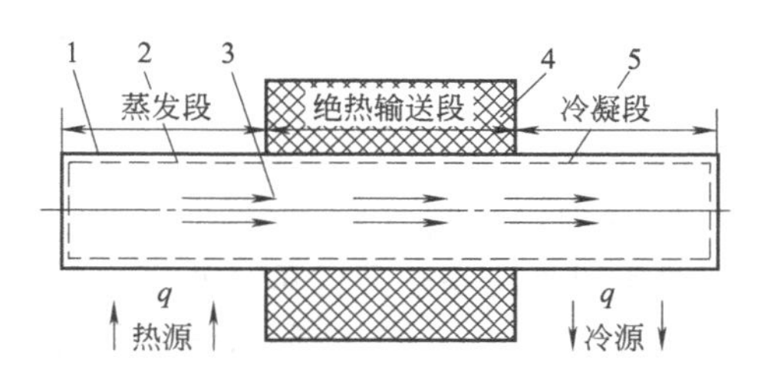

蒸发汽化（吸收潜热） —蒸气流动→ 冷凝液化（放出潜热）
←液体流动—

图 2-31 热管构造及工作循环

1—热管壳体；2—吸液芯；3—蒸气流；4—绝热层；5—液流

回蒸发段，如此往复循环使热量连续不断地从热端被传送到冷端。由于热量是靠工质的饱和蒸气流来传输的，从热管一端到另一端蒸气压降很小，因此温差也很小，所以热管是近似于等温过程工作的，在极小的温差下具有极高的输热能力。

热管除具有高的导热性和等温性外，还具有结构简单、工作可靠、无噪声、不需特别维护、效率高（可达90%以上）、寿命长、适用温度范围宽等优点。

从热管的结构和工作原理看，其核心是管壳、吸液芯及工质。这三者之间，必须化学相容，不允许有任何化学反应、彼此腐蚀或相互溶解的问题存在。管壳的材料应具有耐温、耐压，良好的导热性和化学稳定性等特点，一般都采用金属材料，特殊需要时可采用如玻璃、陶瓷等非金属材料。吸液芯的作用是作为毛细“泵”，将冷凝段液体泵送回蒸发段，要求其与液体间的毛细压力足以克服管内的全部黏滞压降和其他压降，而能维持工质的自动循环；要有一定的机械强度、化学稳定性好，便于加工装配等。吸液芯的基本结构是由金属丝网卷制成多层圆筒形，紧贴于管子内壁，形成多孔性毛细结构。关于热管的工质根据研究和使用经验，当工作温度较高时用液态金属，工作温度为中低温时用水、酒精等。

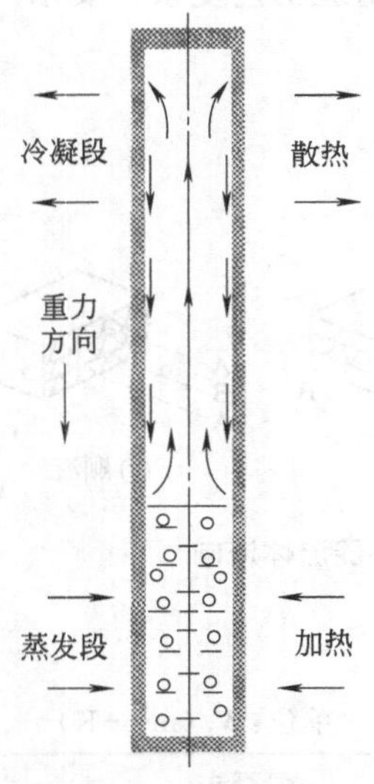

图 2-32 重力式热管

按冷凝液的回流方式可将热管分为吸液芯式、重力式和离心式。图 2-31 所示就是吸液芯式热管，以上对热管的结构和工作原理的叙述也就是针对这种热管而言的。它是热管的基本形式，通常所说的热管也是指这类热管，由于冷凝液的回流是靠吸液芯的毛细作用而不依赖重力，故在失重情况下也能工作，这也是这类热管的一大特点。

重力式热管没有吸液芯，冷凝液靠重力回流到蒸发段，所以必须竖直安放且冷凝段处于蒸发段之上，如图 2-32 所示。离心式热管是利用离心力使冷凝液回流到蒸发段，也不需要吸液芯，如图 2-33 所示。蒸发段和冷凝段内径不同，直径较大部分为蒸发段，液体在此处受到的离心力最大，因而可使冷凝液沿管壁回流，完成工质的自动循环。这种热管往往是用一根空心轴或回转体的内腔作为其工作空间，将其抽真空加入工质密封即成，既方便又紧凑。

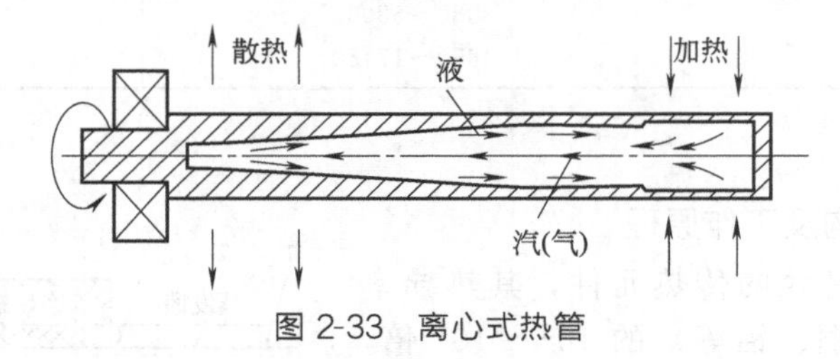

图 2-33 离心式热管

2. 热管换热器

热管可作为换热元件单独使用，也可将很多根热管组装在一箱体中构成热管换热器，可用于液-液、液-气、气-气间换热，常用在工业生产上的废热回收、空气调节等方面。

四、换热器耐压试验和气密性试验

制造完工的换热器应对换热管与管板的连接接头、管程和壳程进行耐压试验或增加气密性试验，耐压试验包括水压试验和气压试验。换热器一般进行水压试验，但由于结构或支撑原因，不能充灌液体，或运行条件不允许残留试验液体时，可采用气压试验。如果介质毒性为极度、高度危害或管、壳程之间不允许有微量泄漏时，必须增加气密性试验。

换热器耐压试验和气密性试验的试验压力和要求、顺序分别按 GB 150.1～150.4—2011 和 GB 151—2014 中的规定。一般情况，水压试验压力取设计压力的 1.25 倍，稳压 30min，降到设计压力进行检查。气密性试验压力为设计压力的 1.1 倍，稳压 10min，降到设计压力，进行检查。

（一）固定管板式换热器压力试验试压顺序和目的

（1）壳程试压　检查换热管与管板连接接头，检查壳体强度。

（2）管程试压　检查管箱强度和管箱密封面。

（二）U 形管式换热器、釜式重沸器（U 形管束）及填料函式换热器压力试验试压顺序和目的

（1）加试验压环进行壳程试验，检查管板连接接头、壳体强度。

（2）管程试压　检查管箱强度和管箱密封面。

（三）浮头式换热器、釜式重沸器（浮头式管束）压力试验试压顺序和目的

（1）用试验压环和浮头专用试压工具进行管头试压，对釜式重沸器尚应配合管头试压专用壳体，检验管头和壳体强度。

（2）管程试压　检验管箱强度、管箱密封面和浮头密封面。

（3）壳程试压　检验凸形封头密封面。

（四）气密性试验

换热器需经液压试验合格后方可进行气密性试验，试验压力按图样的规定进行，一般为设计压力的 1.1 倍。试验时压力应缓慢上升，达到规定试验压力后保压 10min，然后降至设计压力，对所有的焊接接头和连接部位进行泄漏检查。如有泄漏，修补后重新进行液压试验和气密性试验。

当换热器介质要求进行气密性试验时，仅在相关管程或壳程进行，不必每程都进行气密性试验。

气压试验介质一般用压缩空气或氮气，刷肥皂水检验。

五、换热器使用与检修

换热器不得在超过铭牌规定的条件下运行。应经常对管、壳程介质的温度及压降进行监督，分析换热器的泄漏和结垢情况。管壳式换热器就是利用管子使其内外的物料进行热交换、冷却、冷凝、加热及蒸发等过程。与其他设备相比较，管壳式换热器与腐蚀介质接触的表面积就显得非常大，发生腐蚀穿孔及接合处松弛泄漏的危险性很高，因此对换热器的防腐蚀和防漏的方法也比其他设备要多加考虑。当换热器用蒸汽来加热或用冷水来冷却时，水中的溶解物在加热后，大部分溶解度都会有所提高，而硫酸钙类的物质则几乎没有变化。冷却水经常循环使用，由于水的蒸发，使盐类浓缩，产生沉积或污垢，又因水中含有腐蚀性溶解气体及氯离子等引起设备腐蚀，腐蚀与结垢交替进行，激化了钢材的腐蚀。因此，必须通过清洗来改善换热器的性能。由于清洗的困难程度是随着垢层厚度或沉积物的增加而迅速增大的，所以清洗间隔时间不宜过长，应根据生产装置的特点、换热介质的性质、腐蚀速度及运行周期等情况定期进行检查、修理及清洗。

（一）换热器的清洗

换热器的清洗可用机械法或化学法，应根据清洗的场所、范围、除垢难易程度、污垢的性质来决定。凡不溶于酸碱和溶剂的污垢宜采用机械法。化学法适用于形状复杂的换热器的清洗，缺点是对金属多少有些腐蚀作用。

（二）换热器的维护和检修

为了保证换热器长久正常运行，提高其生产率，必须对设备进行维护与检修。应以预防性维修摆在首位，强调安全预防，以保证换热器连续稳定运转，减少任何可能发生的事故。检修时应注意合理施工，检修之前需进行检查和清洗管子，并应拆开管子与管箱的连接处，再将整个管箱全部拆开来进行清洗或检修。应把换热器内的介质，特别是带有腐蚀性或形成聚合物的液体排出。在直立的固定管板式换热器中，排液管接头应安装在管板底部，否则不能把壳程的流体全部排出。依据应排出流体的性质，流体可排向大气或低压系统。换热器的排水应单独接出而不应用支管排放。水平式换热器排污或放空应在折流板和管板底部开口，换热器上应安装阀门以提供反向冲洗。

检修换热器时常常需要把换热管从壳体中抽出。但由于腐蚀、结垢等原因，换热管抽出比较困难。这就要求管束抽出装置有足够的抽出力或推进力，能适应不同高度的位置变化，并能自动对中，能适应不同的换热器直径变化，有机体轻、灵活方便、操作安全等特点。其驱动方式有液压式和机械式。液压式机构体积小，拉力或推力大，适用于管束开始抽出或推进时的高负荷。而机械式驱动速度快，适用于在管束抽出或推进一段距离后的快速操作，所以以液压和机械联合驱动为好。换热器由于腐蚀、冲击、振动、应力等原因会造成损坏，主要发生在换热管上，基本上有以下两种情况：

(1) 换热管由于外界因素而减薄或穿孔，当出现泄漏时就必须更换管子。

把损坏的换热管从管板上拆下来，一般可采用钻削或铣削的方法进行，注意不能损坏管板孔，否则，可能产生泄漏。因此，要采用比管孔直径略小的钻头。如用铣削的方法，则不能将管壁铣穿，留下很薄的一层管子外壁，不仅保护了管孔免受损伤，而且也便于将整根管子抽出。如果是胀接则应先钻孔，除掉胀管头，拔出坏管，然后插上新管再进行胀接。操作中要注意不能让异物嵌入管孔槽中，以免影响随后的胀接。在胀接管时，对周围不需更换的管子的胀管处会有影响，所以对周围的管子可轻胀一下。如果是焊接则需先用专用刀具将焊缝刮下，然后拔出坏管。

新管的两端应事先退火、打磨，管子两端连接部位的内外表面均应清洗干净，管板孔的表面上也应保持干净，换上新管后即可进行胀接或焊接。

更换管子的工作是较麻烦的，尤其是开槽的胀管在更换管子时更麻烦，因此当泄漏的管子不多，而且堵住这些管子对换热器的操作影响不大时，可以采用堵管的方法。最简单的堵管方法是将堵头焊接在泄漏的管子端部。堵管材料的硬度应低于或等于管子的硬度。堵管的锥度在3°～5°之间，堵死的管子数量不得超过换热器管程管数的10%。除此之外还有一些更有效的堵管方法。

(2) 由于温度变化产生膨胀、收缩，换热管入口端介质的涡流磨损及由于管束振动等原因使管子与管板连接处松弛而泄漏。如果是胀接可用胀管器对管子进行补胀，由于胀管应力可能影响周围管子，故对其附近的管子也要轻胀一下。如果是焊接则需对泄漏处进行补焊。

第三节 塔 设 备

一、塔设备概述

进行传质、传热的设备称为塔设备。塔设备是石油化工生产中必不可少的大型设备。在塔设备内气-液或液-液两相充分接触，进行相间的传质和传热，因此在生产过程中常用塔设备进行精馏、吸收、解吸、气体的增湿及冷却等单元操作过程。

塔设备在生产过程中维持一定的压力、温度和规定的气、液流量等工艺条件，为单元操作提供了外部条件。塔设备的性能对产品质量、产量、生产能力和原材料消耗以及三废处理与环境保护等方面，都有重要的影响。

（一）石油化工生产对塔设备的基本要求

（1）生产能力大，在较大的气、液负荷或波动时，仍能维持较高的传质速率。

（2）流体阻力小，运转费用低。

（3）能提供足够大的相间接触面积，使气、液两相在充分接触的情况下进行传质，达到高分离效率。

（4）结构合理，安全可靠，金属消耗量少，制造费用低。

（5）不易堵塞，容易操作，便于安装、调节与检修。

（二）塔设备的分类及一般构造

塔设备的分类方法很多，如根据单元操作的功能可把塔设备分为吸收塔、解吸塔、精馏塔和萃取塔等，根据操作压力可把塔设备分为减压塔、常压塔和加压塔等。

1. 按用途分类

（1）精馏塔　利用液体混合物中各组分挥发度的不同来分离各液体组分的操作称为蒸馏，反复多次蒸馏的过程称为精馏，实现精馏操作的塔设备称为精馏塔。如常减压装置中的常压塔、减压塔，可将原油分离为汽油、煤油、柴油及润滑油等；铂重整装置中的各种精馏塔，可以分离出苯、甲苯、二甲苯等。

（2）吸收塔、解吸塔　利用混合气体中各组分在溶液中溶解度的不同，通过吸收液体来分离气体的工艺操作称为吸收；将吸收液通过加热等方法使溶解于其中的气体释放出来的过程称为解吸。实现吸收和解吸操作过程的塔设备称为吸收塔、解吸塔。如催化裂化装置中的吸收塔、解吸塔，从炼厂气中回收汽油、从裂解气中回收乙烯和丙烯，以及气体净化等都需要吸收塔、解吸塔。

（3）萃取塔　对于各组分间沸点相差很小的液体混合物，利用一般的分馏方法难以分离，这时可在液体混合物中加入某种沸点较高的溶剂（称为萃取剂），利用混合液中各组分在萃取剂中溶解度的不同，将它们分离，这种方法称为萃取（也称为抽提）。实现萃取操作的塔设备称为萃取塔，如丙烷脱沥青装置中的抽提塔等。

（4）洗涤塔　用水除去气体中无用的成分或固体尘粒的过程称为水洗，所用的塔设备称为洗涤塔。

这里需要说明一点，有些设备就其外形而言属塔设备，但其工作实质不是分离而是换热或反应。如凉水塔属冷却器，合成氨装置中的合成塔属反应器。这些不是本章讨论的内容。

2. 按操作压力分类

塔设备根据其完成的工艺操作不同，其压力和温度也不相同。但当达到相平衡时，压力、温度、气相组成和液相组成之间存在着一定的函数关系。在实际生产中，原料和产品的成分和要求是工艺确定的，不能随意改变，压力和温度有选择的余地，但二者之间是相互关联的，如一项先确定了，另一项则只能由相平衡关系求出。从操作方便和设备简单的角度来说，选常压操作最好，从冷却剂的来源角度看，一般宜将塔顶冷凝温度控制在30～40℃，以便采用廉价的水或空气作为冷却剂。所以塔设备根据具体工艺要求、设备及操作成本综合考虑，有时可在常压下操作，有时则需要在加压下操作，有时还需要在减压下操作，相应的塔设备分别称为常压塔、加压塔和减压塔。

3. 按结构形式分类

塔设备尽管其用途各异，操作条件也各不相同，但就其构造而言都大同小异，主要由塔体、支座、内部构件及附件组成。根据塔内部构件的结构可将塔设备分为板式塔和填料塔两大类，具体结构如图 2-34 所示。塔体是塔设备的外壳，由圆筒和两封头组成，封头可是半球形、椭圆形、碟形等。支座是将塔体安装在基础上的连接部分，一般采用裙式支座，有圆筒形和圆锥形两种，常用的是圆筒形，在高径比较大的塔中用圆锥形。裙座与塔体采用对接焊接或搭接焊接连接，裙座的高度由工艺要求的附属设备（如再沸器、泵）及管线的布置情况而定。

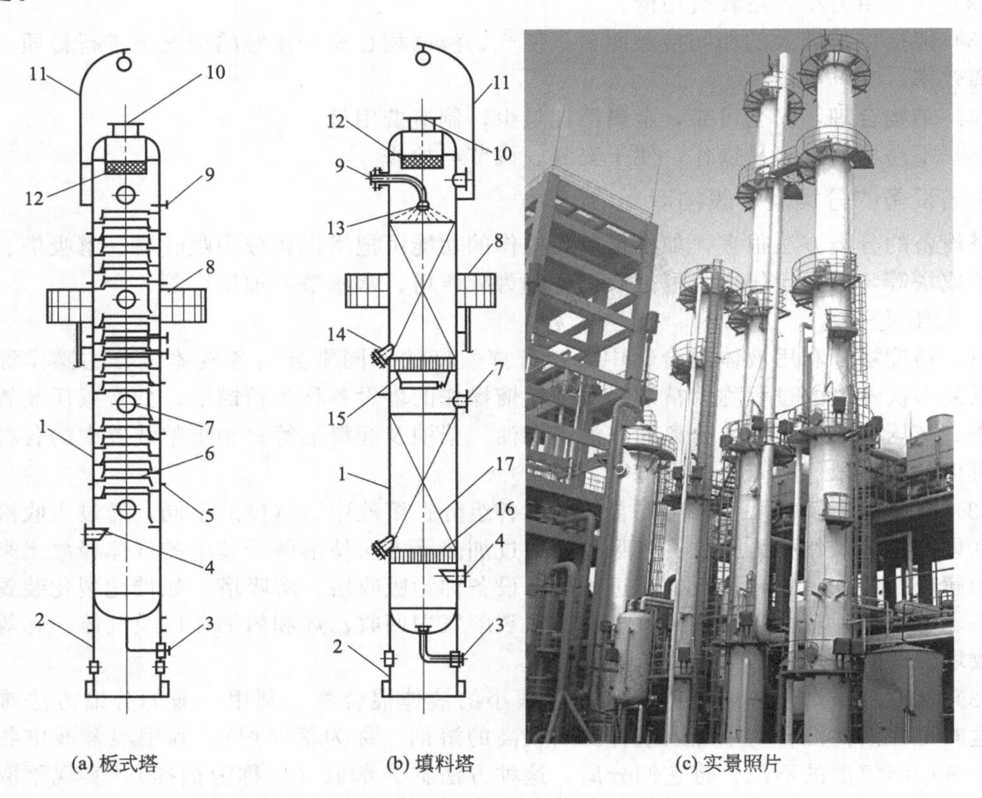

图 2-34　塔设备的总体结构简图和实景照片

1—塔体；2—裙座；3—液体出口；4—气体进口；5—保温层支持圈；6—塔板；7—人孔；8—平台；9—液体进口；10—气体出口；11—塔顶吊柱；12—除沫器；13—液体分布装置；4—卸料口；15—液体再分布装置；16—栅板；17—填料

从图 2-34（a）可知，在板式塔中装有一定数量的塔盘，液体借自身的重量自上而下流向塔底（在塔盘板上沿塔径横向流动），气体靠压差自下而上以鼓泡的形式穿过塔盘上的液层升向塔顶。在每层塔盘上气、液两相密切接触，进行传质，使两相组分的浓度沿塔高呈阶梯式变化。填料塔中则装填一定高度的填料，液体自塔顶沿填料表面向下流动，作为连续相的气体自塔底向上流动，与液体进行逆流传质，两相组分的浓度沿塔高呈连续变化。

（三）塔设备工艺术语

（1）溶液的沸腾　不同性质的液体在同一压力下其沸点是不同的，所以由两种以上相互溶解的液体组成的溶液，在同一压力下各组分的沸点自然也是不相同的。沸点低的组分由于其挥发度高，因此同一压力和温度下，其在溶液所形成的蒸气中的分子比例大于它在溶液中的分子比例，而沸点高的组分由于挥发度低，故在溶液蒸气中的分子比例小于其在溶液中的分子比例。利用溶液的这一特性，通过在一定压力下加热的方式，可将溶液中各组分相互分离。

（2）溶液的相平衡　在气、液系统中，单位时间内液相汽化的分子数与气相冷凝的分子数相等时，气、液两相达到一种动态平衡，这种状态称为气、液的相平衡状态。这时系统内各状态参数，如温度、压力及组成等都是一定的，不随时间的改变而改变。液相中各组分的蒸气压等于气相中同组分的分压，液相的温度等于气相的温度，当任一相的温度变化时，势必引起其他组分量的变化。

（3）传质　在炼油、化工生产中，将物质借助于分子扩散的作用从一相转移到另一相的过程称为传质过程。液体混合物的蒸馏分离，利用液体溶剂的选择作用吸收气体混合物中的某一组分，利用萃取方法分离液体混合物的过程等，都属于传质过程。

（4）蒸馏　通过加热、汽化、冷凝、冷却的过程使液体混合物中不同沸点的组分相互分离的方法称为蒸馏。若液体混合物中各组分沸点相差较大，加热时低沸点的组分优先于高沸点的组分而大量汽化，因此易于分离。但若液体混合物中各组分沸点相差不大或分馏精度要求较高，采用一般的蒸馏方法效果不好，这时应采用精馏的方法。精馏就是多次汽化与冷凝的一种复杂的蒸馏过程，也可以看作是蒸馏的串联使用。因为通过蒸馏（精馏）可以将不同组分相互分离，所以这种方法也叫作分馏。

（5）原油的馏程　原油是烃类和非烃类组成的复杂混合物，每一种成分都有其自身的特性，但许多成分其沸点、密度等物理特性都很相近，若要将其逐一分离出来是很困难的，也是没有必要的。在实际生产中是将原油分为几个不同的沸点范围，加以利用。如原油中沸点在40～205℃之间的组分称为汽油；沸点在180～300℃之间的组分称为煤油；沸点在250～350℃之间的组分称为柴油；沸点在350～520℃之间的组分称为润滑油；沸点在520℃以上的组分为重质燃料油。这样一些温度范围称为馏程，在同一馏程内的馏出物称为馏分。

二、板式塔

板式塔发展至今已有百余年的历史，最早出现的形式是泡罩塔（1813年），而后是筛板塔（1832年），当时主要用于食品与医药工业。20世纪20～40年代，在炼油工业中，泡罩塔占主导地位。当时筛板塔则因严重漏液、操作难以稳定而未能广泛使用。20世纪50年代开始，炼油与石油化学工业有较大发展，需要大量的塔设备。筛板塔的设计方法与操作技术经改进后更趋合理，应用便日益增多。相较之下，原有的泡罩塔则显得较为落后，但也迫使其在形式上进行了翻新。除此之外，还出现了如浮阀塔、舌形塔等新的塔型。20世纪60年代以后，塔设备向大型化发展，大通量、低压降的塔设备更受到重视，如垂直筛板等喷射型的塔设备呈现了良好的发展前景。在石油化工生产中最广泛应用的是泡罩塔、浮阀塔及筛板塔。

1. 泡罩塔盘

泡罩塔盘是工业上应用最早的一种塔盘，它是在塔盘板上开许多圆孔，每个孔上焊接一个短管，称为升气管，管上再罩一个“帽子”，称为泡罩，泡罩周围开有许多条形孔，其结构如图2-35所示。工作时，液体由上层塔盘经降液管流入下层塔盘，然后横向流过塔盘板，流入下一层塔盘；气体从下层塔盘上升进入升气管，通过环形通道再经泡罩的条形孔流散到泡罩间的液层中。气、液接触状况如图2-36所示。

2. 筛板塔盘

筛板塔盘是在塔盘板上钻许多小孔，工作时液体从上层塔盘经降液管流下，横向流过塔盘进入本层塔盘降液管流入下一层塔盘；气体则自下而上穿过筛孔，分散成气泡，穿过筛板上的液层，在此过程中进行相际间传质、传热。由于上升的气体具有一定的压力和流速，对液体有“支撑”作用，故一般情况下液体不会从筛孔中漏下。筛孔塔盘的结构及气、液接触状况如图2-37所示。

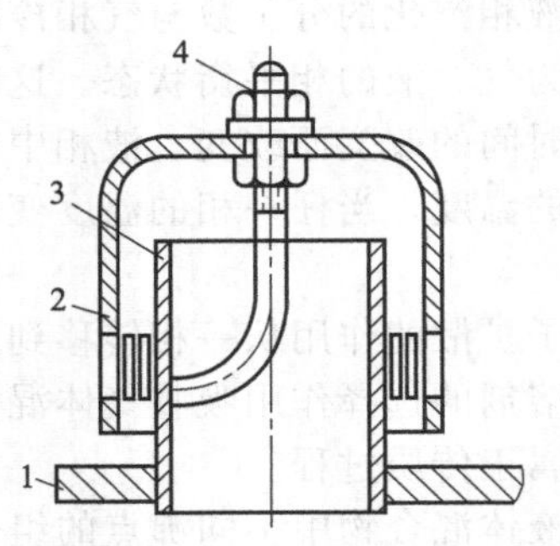

图 2-35 圆形泡罩结构

1—塔盘板；2—圆形泡罩；3—升气管；4—连接螺栓、螺母

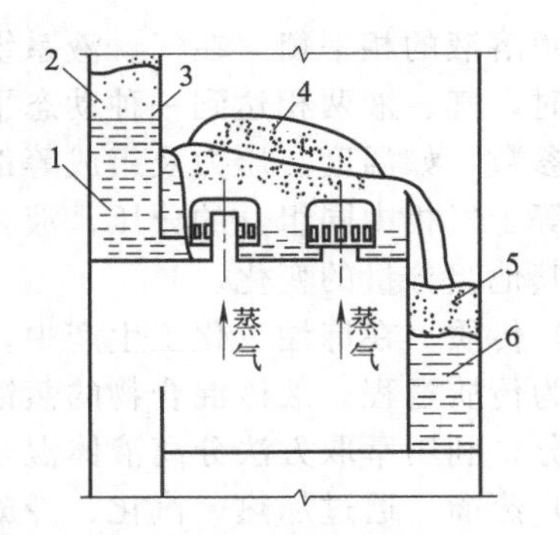

图 2-36 泡罩塔的工作原理

1，6—清液；2—降液管；3—降液挡板；4—气液接触区；5—充气液体

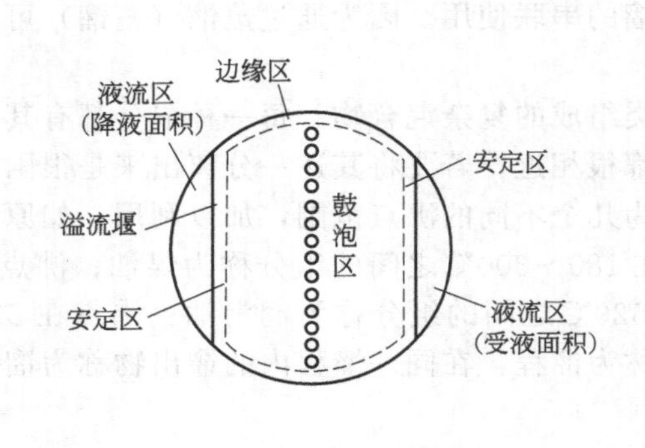

图 2-37 筛板塔盘

3. 浮阀塔盘

浮阀塔出现于 20 世纪 50 年代初，60 年代中期在我国开始研究并很快得到推广应用。在加压、减压或常压下的精馏、吸收和解吸等单元操作，通常在浮阀塔内进行。目前，工业生产中使用的大型浮阀塔，直径可达 10m，塔高达 83m，塔板数多达数百块之多。浮阀塔是目前应用最广泛的一种板式塔。

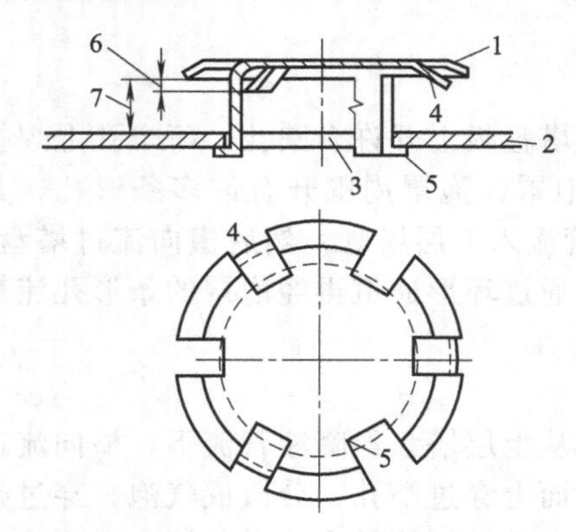

图 2-38 F1 型浮阀结构

1—门件；2—塔盘；3—阀孔；4—起始定距片；5—阀腿；6—最小开度；7—最大开度

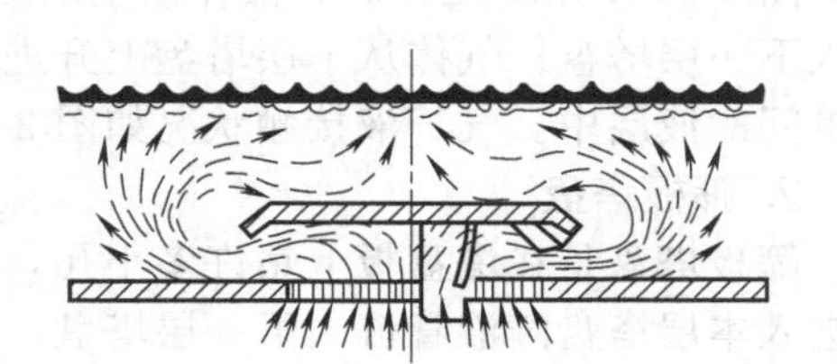

图 2-39 浮阀塔盘上气、液接触状况

浮阀塔盘结构与泡罩塔盘相似，只是用浮阀代替了升气管和泡罩，浮阀装在塔盘的阀孔上。操作时，气体通过阀孔使阀上升，随后穿过环形缝隙，并从水平方向吹入液层，形成泡沫，浮阀随着气速的增减在相当宽的气速范围内自由升降。即浮阀的开启程度可随气体负荷的大小自行调整，当气流速度较大时，浮阀开启的距离也大；气流速度较小时，浮阀开启的距离也小。这样，当气体负荷在一个较大的范围内变动时，浮阀只发生缝隙开度的相应变化，而缝隙中的气流速度几乎保持不变，从而可以始终保持操作稳定和较高的效率。最常用的浮阀塔盘是 F1 型，其结构如图 2-38 所示。浮阀塔盘上气、液两相接触状况如图 2-39 所示。

4. 舌形及浮动舌形塔盘

舌形塔盘是在塔盘板上冲制许多舌形孔，如图 2-40 所示，舌片翘起与水平方向夹角为 20°。工作时，液体在塔盘上的流动方向与舌孔的倾斜方向一致，气体从舌孔中喷射而出，由于气、液两相并流流动，故雾沫夹带较少，当舌孔气速达到一定数值时，将塔盘上的液体喷射成滴状，从而加大了气、液接触面积。

舌形塔盘与泡罩塔盘相比具有塔盘上液层薄，持液量少，压降小（约为泡罩塔盘的 33%～50%），生产能力大，结构简单，可节约金属用量 12%～45%，制造、安装、维修方便等优点。但因舌孔开度是固定的，在低负荷下操作易产生漏液现象，故其操作弹性较小，塔盘效率较低，因而使用受到一定的限制。

浮动舌形塔盘是综合了舌形塔盘和浮阀塔盘的优点而研制出的一种塔盘，其结构如图 2-41 所示。浮动舌形塔盘既有舌形塔盘生产能力大、压降小、雾沫夹带少的优点，又有浮阀塔盘的操作弹性大、塔盘效率高、稳定性好等优点，其缺点是舌片易损坏。

除以上常用塔盘外，还有网孔塔盘、穿流式栅板塔盘、旋流塔盘、角钢塔盘等。

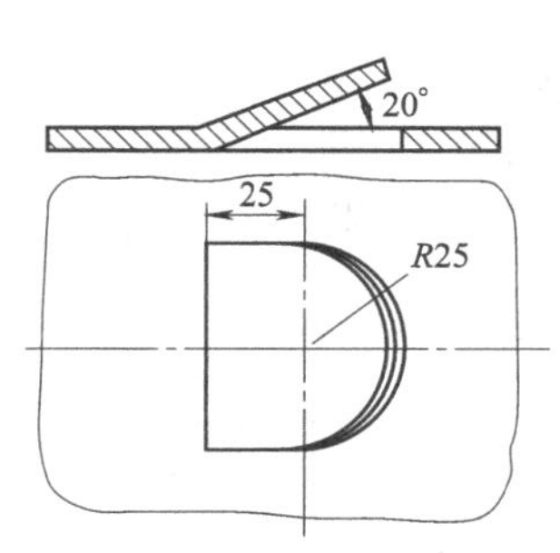

图 2-40 舌形塔盘的舌孔

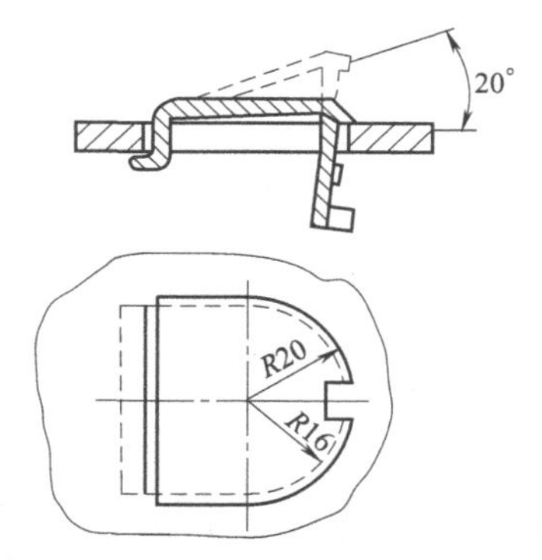

图 2-41 浮动舌形塔盘舌片结构

三、填料塔

填料塔具有结构简单、压降小、填料易用耐腐蚀材料制造等优点。填料塔常用于吸收、真空蒸馏等操作。当处理量小、采用小塔径对板式塔在结构上有困难时，或处理的是在板式塔中难以操作的高黏度或易发泡物料时，常采用填料塔。但填料塔清洗、检修都较麻烦，对含固体杂质、易结焦、易聚合的物料适应能力较差。从传质方式看，填料塔是一种连续式传质设备。工作时，液体自塔上部进入，通过液体分布装置均匀淋洒在填料层上，继而沿填料表面缓慢流下；气体自塔下部进入，穿过栅板沿填料间隙上升，这样气、液两相沿着塔高在填料表面及填料自由空间连续逆流接触，进行传质传热。

从结构上看，填料塔的壳体、支座、塔顶除沫器、塔底滤焦器或防涡器、进出料接管等与板式塔差不多，有些甚至是完全相同的；主要区别是内部的传质元件不同，板式塔是以塔盘作为传质元件，而填料塔则是以填料作为传质元件，所以其内部构件主要是围绕填料及其工作情况设置，如填料及支承结构、填料压板、喷淋装置、液体再分布装置等。

（一）填料及支承结构

1. 对填料的基本要求

填料是一种固体填充物，其作用是为气、液两相提供充分的接触面，并为强化其湍流程度创造条件，以利于传质。所以填料塔效率的高低与其所使用的填料关系很大，一般对填料有如下几方面的要求。

（1）空隙率（也称自由体积）要大，即单位体积填料层中的空隙体积要大。

（2）比表面积要大，即单位体积填料层的表面积要大。

（3）填料的表面润湿性能要好，并在结构上要有利于两相密切接触，促进湍动。

（4）对所处理的物料具有良好的耐腐蚀性。

（5）填料本身的密度（包括材料和结构两方面）要小，且有足够的机械强度。

（6）取材容易、制造方便、价格便宜。

2. 填料的种类

填料的种类很多，按其堆砌方式大体可分为颗粒填料和规整填料两大类。颗粒填料由于其结构上的特点，不能按某种规律安放而只能随机（自由）堆砌，因此也称为“乱堆”填料。常见的颗粒填料有拉西环、鲍尔环、θ环、十字环、弧形鞍、矩形鞍等，这种填料气、液两相分布不够均匀，故塔的分离效果不够理想。为此产生了规整填料，这种填料分离效果好、压降小，适用于在较高的气速或较小的回流比下操作，目前使用的主要是波纹网填料和波纹板填料。填料塔常用填料如图 2-42 所示。

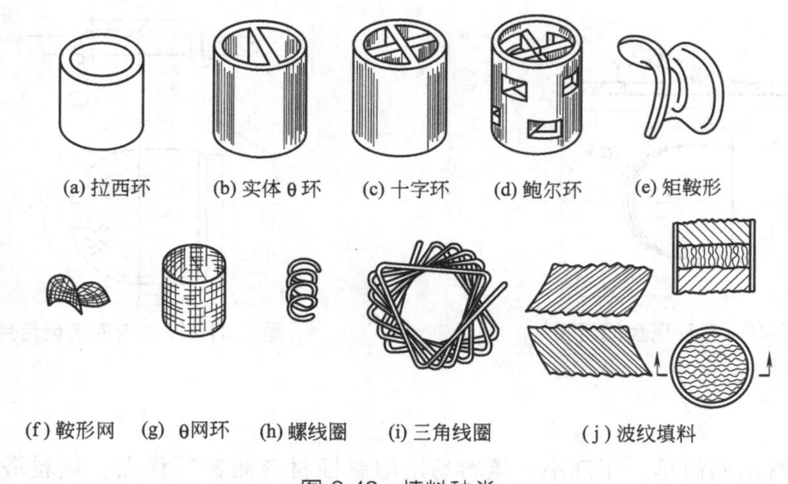

图 2-42 填料种类

3. 填料支承结构

填料支承结构对填料塔的操作性能影响很大，要求其有足够大的自由截面（应大于填料的空隙截面），有足够的强度和刚度，以支承填料的重量，要利于液体再分布且便于制造、安装和拆卸。常用的填料支承结构是栅板，如图 2-43、图 2-44 所示。为了限定填料在塔中的相对位置，不至于在气、液冲击下发生移动、跳跃或撞击，填料塔还应安装填料压板或床层限制板，一般是对陶瓷填料安装填料压板，对金属或塑料填料安装床层限制板。

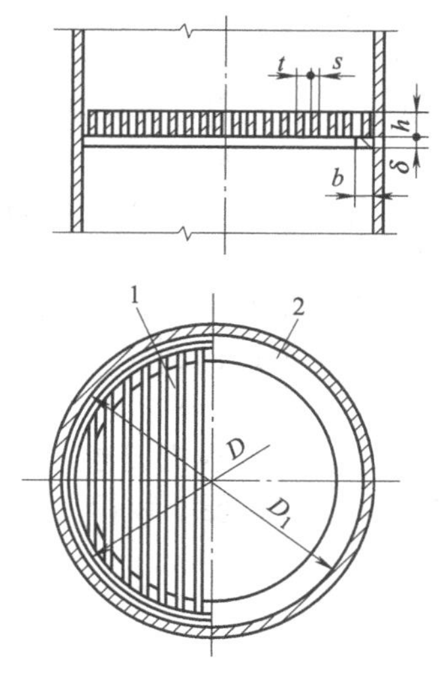

图 2-43 整块式栅板

1—栅板；2—支持圈

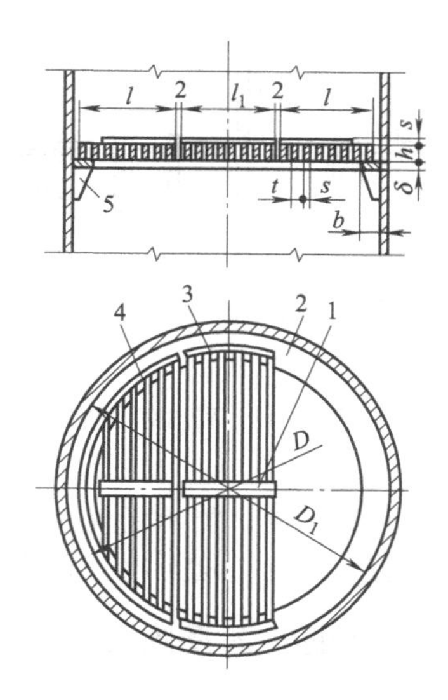

图 2-44 分块式栅板

1—连接板；2—支持圈；3—栅板Ⅰ；4—栅板Ⅱ；
5—支持板（100mm×50mm×10mm）

（二）液体分布装置

为了使液体能均匀分布在填料上，以利于气、液两相的充分接触，所以在最上层填料的上部设置液体分布装置。由于气体沿填料层上升其速度在塔截面上分布是不均匀的，中央气速大，靠近塔壁气速小，这样对下流的液体的作用也就不一样，使得液体流经填料层时有向塔壁倾斜流动的现象，这种现象称为“壁流”。这样在一定高度的填料层内，中心部分填料便不能被润湿，形成了所谓的“干锥”，使气、液两相不能充分接触，降低了塔的效率。为了减少和消除壁流，避免干锥现象的发生，所以在一定高度填料层，还应设置液体分布装置，使液体再一次被均匀分布在整个塔截面的填料上。以上不同部位设置的液体分布装置作用相同、结构不同，为进行区别将最上层填料上部的液体分布装置称为喷淋装置，而将填料层之间设置的分布装置称为液体再分布装置。

1. 喷淋装置

喷淋装置的类型很多，常用的有喷洒型、溢流型、冲击型等。喷洒型中又有管式和喷头式两种。原则上讲在塔径 1200mm 以下时都可采用如图 2-45 所示的环管多孔式喷洒器，但当塔径在 600mm 以下时多采用如图 2-46 所示的喷头式喷洒器，当塔径在 300mm 以下时往往用如图 2-47 所示的结构更为简单的直管式或弯管式喷洒器。

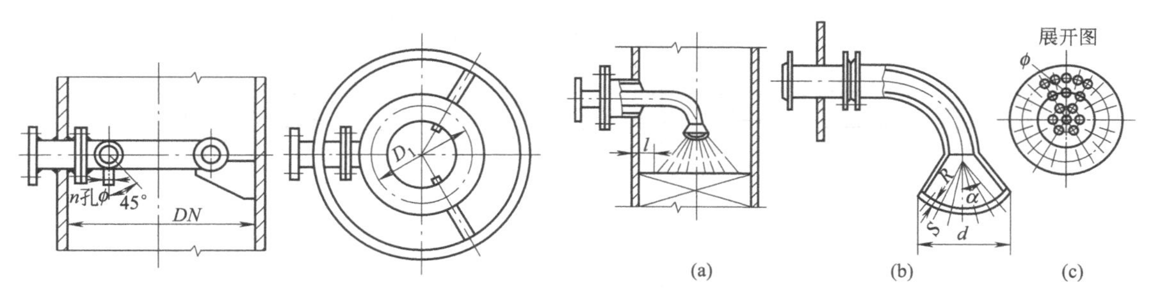

图 2-45 环管多孔喷洒器

图 2-46 喷头式喷洒器

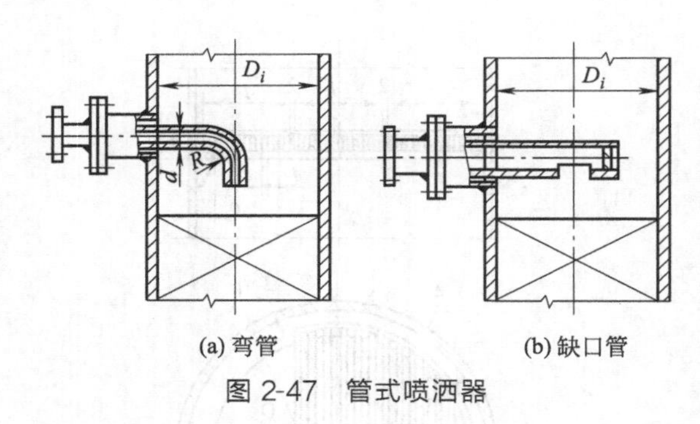

图 2-47 管式喷洒器

2. 液体再分布装置

液体再分布装置的设置与所用填料类型和塔径有关，一般来说，金属填料每段高度不超过 6～7.5m，塑料填料不超过 3～4.5m；拉西环有助长液体不良分布的倾向，所以取 $H/D \leqslant 2.5 \sim 3$，对较大的塔取 $H/D \leqslant 2 \sim 3$，但不宜小于 1.5～2（H 为每段填料的高度，D 为塔的内径），否则会影响气体沿塔截面的均匀分布。

液体再分布装置应有足够的自由截面，一定的强度和耐久性，能承受气、液流体的冲击，且结构简单可靠，便于装拆。常见的液体再分布装置有分配锥、槽形再分布器和盘式分布器等。

四、塔设备辅助装置及附件

（一）裙座

塔体常采用裙座支承。裙座形式根据承受载荷情况不同，可分为圆筒形和圆锥形两类。圆筒形裙座制造方便、经济合理，故应用广泛。但对于受力情况比较差，塔径小且很高的塔（如 $DN<1\text{m}$，且 $H/DN>25$，或 $DN>1\text{m}$，且 $H/DN>30$），为防止风载荷或地震载荷引起的弯矩造成塔翻倒，则需要配置较多的地脚螺栓及具有足够大承载面积的基础环。此时，圆筒形裙座的结构尺寸往往满足不了这么多地脚螺栓的合理布置，因而只能采用圆锥形裙座。

（二）除沫器

除沫器一般设置在塔的顶部，用于收集夹在气流中的液滴。使用高效的除沫器，对回收昂贵物料，提高分离效率，改善塔后设备的操作状况，减少环境污染都是非常重要的。常用的除沫器有折流板除沫器、丝网除沫器。

（三）接管

1. 物料进口接管

进塔物料的状态可能是液态、气（汽）态或气（汽）液混合物，不同的物料状态，物料进口接管结构也不尽相同。

（1）液体进料管　常见的液体进料管有直管进料管和弯管进料管两种，如图 2-48 所示。对于弯管进料管，转弯处尺寸 E 应以弯管能自由出入为准。物料洁净且腐蚀性很小时，可采用不可拆结构，将进料管直接焊在塔壁上。

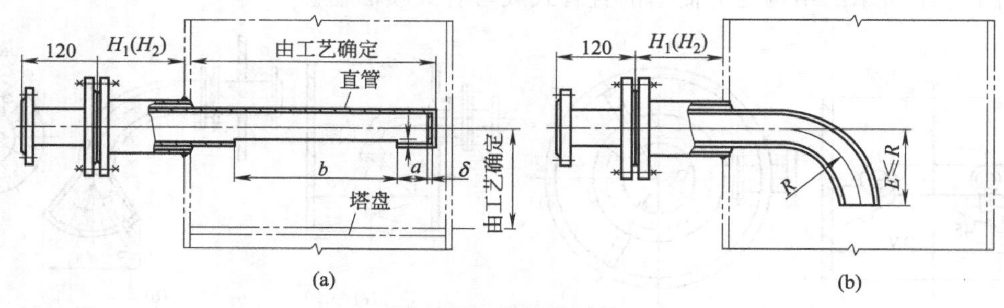

图 2-48 液体进料管

（2）气体进料管　一个合理的气体进料管结构应使进入塔内的气体沿塔截面均匀分布，能够避免液体淹没气体通道，能防止破碎填料等异物进入管内。常用的气体进料管结构如图 2-49 所示。其中图 2-49（a)、(b）中的进气管位于塔的侧面，斜切口可改善气体的分布状况；图 2-49（c)、(d）是带有挡板的位于塔侧面的进气管，挡板可减少进塔气流对塔内流状况的影响；图 2-49（e）是位于塔底的进气管，伞形罩不仅能使气体分布得更加均匀，而且可防止异物落入进气管；图 2-49（f）是一种内伸式、带分布孔的进气管，常用于直径较大的塔，其开孔总面积大约等于进气管的横截面积。

（3）气液混合物进料管　当进入塔内的物料是气液混合物时，可采用如图 2-50 所示进料管。为使气液混合物得以迅速分离，设置有气液分离挡板，并采用切向进料。入塔后的气液混合物经旋风分离，液体向下、气体向上进入塔中参与分馏过程。

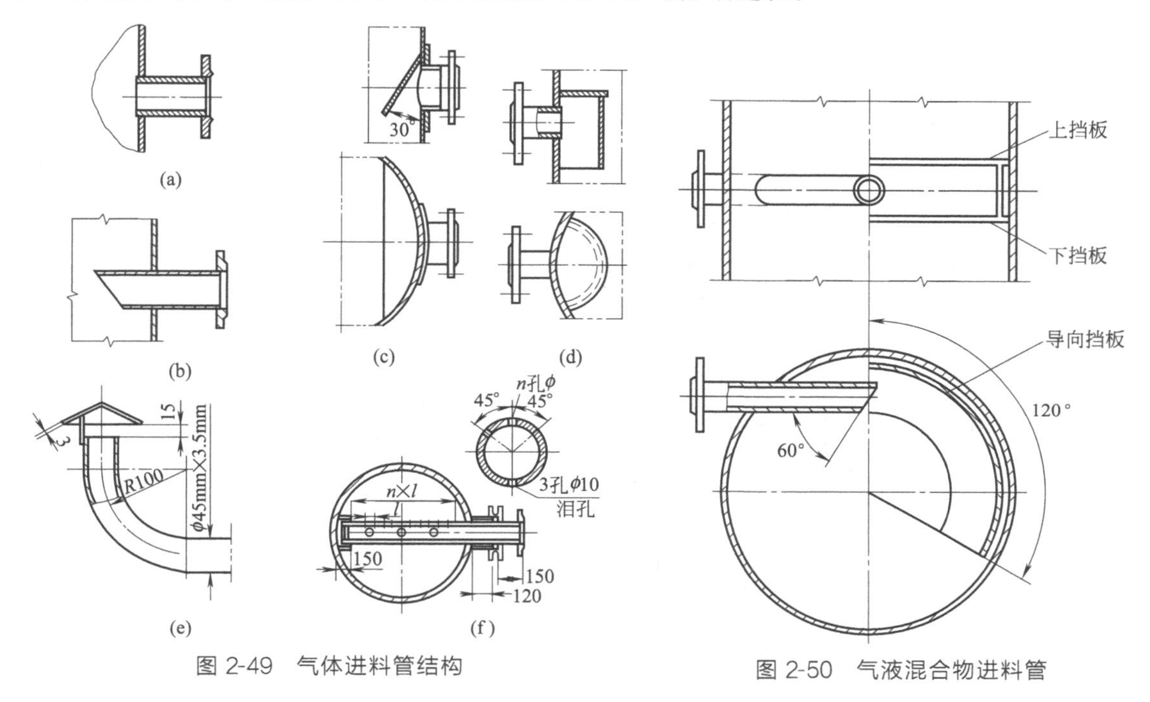

图 2-49　气体进料管结构

图 2-50　气液混合物进料管

2. 物料出口接管

由于出塔的物料可能是液态或气（汽）态，因此应根据物料的状态设置相应的出料管结构。

五、塔设备的维护与检修

（一）塔设备的检查

塔设备运行时的巡回检查内容及方法如表 2-5 所示。

表 2-5　巡回检查内容及方法

检查内容	检查方法	问题的判断或说明
操作条件	①察看压力表、温度计和流量表 ②检查设备操作记录	①压力突然下降，可能发生泄漏 ②压力上升，可能是填料阻力增加或塔板阻力增加，或设备、管道堵塞
物料变化	①目测观察 ②物料组成分析	①内漏或操作条件被破坏 ②混入杂物、杂质

续表

检查内容	检查方法	问题的判断或说明
防腐层、保温层	目测观察	对室外保温的设备，着重检查温度在100℃以下的雨水浸入处，保温材料变质处，长期经外来微量的腐蚀性流体浸蚀处
附属设备	目测观察	①进出管阀门的连接螺栓是否松动、变形 ②管架、支架是否变形、松动 ③人孔是否腐蚀、变形，启用是否良好
基础	①目测观察 ②水平仪	基础如出现下沉或裂纹，会使塔体倾斜，塔板不水平
塔体	①目测观察 ②渗透探伤 ③磁粉探伤 ④敲打检查 ⑤超声波斜角探伤 ⑥发泡剂(肥皂水或其他)检查 ⑦气体检测器	塔体的接管处、支架处容易出现裂纹或泄漏

(二)塔设备常见故障与处理方法

塔设备常见故障与处理方法如表2-6所示。

表2-6 塔设备常见故障及处理方法

序号	故障现象	故障原因	处理方法
1	工作表面结垢	①被处理物料中含有机械杂质(如泥、砂等) ②被处理物料中有结晶析出和沉淀 ③硬水所产生的水垢 ④设备结构材料被腐蚀而产生的腐蚀产物	①加强管理，考虑增加过滤设备 ②清除结晶、水垢和腐蚀产物 ③采取防腐蚀措施
2	连接处失去密封能力	①法兰连接螺栓没有拧紧 ②螺栓拧得过紧而产生塑性变形 ③由于设备在工作中发生振动，而引起螺栓松动 ④密封垫圈产生疲劳破坏(失去弹性) ⑤垫圈受介质腐蚀 ⑥法兰面上的衬里不平 ⑦焊接法兰翘曲	①拧紧松动螺栓 ②更换变形螺栓 ③消除振动，拧紧松动螺栓 ④更换变质的垫圈 ⑤选择耐腐蚀垫圈换上 ⑥加工不平的法兰 ⑦更换新法兰
3	塔体厚度减薄	设备在操作中，受到介质的腐蚀、冲蚀和摩擦	减压使用；或修理腐蚀严重部分；或设备报废
4	塔体局部变形	①塔局部腐蚀或过热使材料强度降低，而引起设备变形 ②开孔无补强或焊缝处的应力集中，使材料的内应力超过屈服极限而发生塑性变形 ③受外压设备，当工作压力超过临界工作压力时，设备失稳而变形	①防止局部腐蚀产生 ②矫正变形或切割下严重变形处，焊上补板 ③稳定正常操作
5	塔体出现裂缝	①局部变形加剧 ②焊接的内应力 ③封头过渡圆弧弯曲半径太小或未经返火便弯曲 ④水力冲击作用 ⑤结构材料缺陷 ⑥振动与温差的影响 ⑦应力腐蚀	裂缝修理

续表

序号	故障现象	故障原因	处理方法
6	塔板越过稳定操作区	①气相负荷减小或增大；液相负荷减小 ②塔板不水平	①控制气相、液相流量。调正降液管、出入口堰高度 ②调正塔板水平度
7	塔板上鼓泡元件脱落和腐蚀掉	①安装不牢 ②操作条件破坏 ③泡罩材料不耐腐蚀	①重新调正 ②改善操作，加强管理 ③选择耐蚀材料，更新泡罩

（三）塔设备检修前的准备工作

（1）塔设备停止生产，卸掉塔内压力，放出塔内所有存留物料，然后向塔内吹入蒸汽清洗。打开塔顶大盖（或塔顶气相出口）进行蒸煮、吹除、置换、降温，然后自上而下地打开塔体人孔，在检修前，要做好防火、防爆和防毒的安全措施，既要把塔内部的可燃性或有毒性介质彻底清洗吹净，又要对设备内及塔周围现场气体进行化验分析，达到安全检修的要求。

（2）塔体检查

① 每次检修都要检查各附件（压力表、安全阀与放空阀、温度计、单向阀、消防蒸汽阀等）是否灵活。

② 检查塔体腐蚀、变形、壁厚减薄、裂纹及各部件焊接情况，进行超声波测厚度和理化鉴定，并做详细记录，以备研究改进及作为下次检修的依据。经检查鉴定，如果认为对设计允许强度有影响时，可进行水压试验，其值参阅有关规定。

③ 检查塔内污垢和内部绝缘材料。

（3）塔内件的检查

① 检查塔板各部件的结焦、污垢、堵塞情况，检查塔板、鼓泡构件和支承结构的腐蚀及变形情况。

② 检查塔板上各部件（出口堰、受液盘、降液管）的尺寸是否符合图纸及标准。

③ 对于浮阀塔板应检查其浮阀的灵活性，是否有卡死、变形、冲蚀等现象，浮阀孔是否有堵塞。

④ 检查各种塔板、鼓泡构件等部件的紧固情况，是否有松动现象。

（4）检查各部件连接管线的变形情况，连接处的密封是否可靠。

（四）塔设备的试验与验收

1. 压力试验

塔安装检修完毕后，应进行清扫，清除内部的铁锈、泥砂、灰尘、木块及其他杂物，对无法进行人工清扫的设备，可用空气或蒸汽吹扫，但清扫后，必须及时除去水分。对因受热膨胀可能影响安装精度及损坏构件的塔，不得用蒸汽吹扫；忌油塔的清扫，使用气体不得含油，清扫检查合格后，将塔封闭。

对已检修完工的塔，根据图纸和生产需要，进行压力试验。

（1）压力试验的决定　塔设备的压力试验包括耐压试验和气密性试验。耐压试验以清洁水进行试验，即水压试验。对不宜做水压试验的塔，可用气体代替液体进行耐压试验。对不允许有微量介质泄漏及塔内为有毒介质的塔，均应在耐压试验合格后进行气密性试验。

试验压力应符合图纸要求且不小于表 2-7 中的规定。

试验压力的决定依据原塔的设计图纸及检修中塔的实际情况而定，但一般在检修后，投产前应在设计压力下用气体或液体检测其严密性。

(2) 试验前应进行外部检查，并检查焊缝、连接件是否符合要求，管件及附属装置是否齐备，操作是否灵活、正确，螺栓等紧固件是否紧固完毕。

(3) 水压试验　塔检修后需做水压试验时，对低压大型塔，试验时应防止因温度骤变或塔体泄漏引起塔内产生负压的情况发生，对不锈钢制塔，应防止氯离子的腐蚀。

塔充满水后，待塔壁温与试验水温大致相同后，缓慢升压到规定压力，停压30min，将压力降到设计压力至少保持30min，对所有焊缝和连接部位进行检查，无可见的异常变化、无渗漏、不降压为合格。

试压后，应及时将水排净，排水后，可用压缩空气或其他惰性气体将塔内表面吹干。

若塔容积大于100m³时，在压力试验同时，在充水前、充水时、充满水后、放水时，应对基础沉降进行观测，并详细记录。

表 2-7　塔的试验压力

塔种类	受压形式	设计压力 p /MPa	耐压试验压力/MPa		气密性试验压力/MPa
			水(液)压	气压	
钢制塔	内压	低压 ($0.1 \leqslant p < 1.6$)	$1.25p$ 且不小于 $p+1$	$1.2p$	p
		中压 ($1.6 \leqslant p < 10$)	$1.25p$	$1.15p$	p
	外压(带夹套)	中、低压	$1.25p$(夹套内)	$1.15p$	—
	外压(不带夹套)	中、低压	$1.25p$(内压试验)	1.15	—
铸铁塔	内压	低压	$1.5p$ 且不小于 2	—	—
真空塔	内负压	真空	2		

(4) 气压试验　塔的气压试验所用气体为干燥、洁净的空气、氮气或其他惰性气体。对要求脱脂的塔，应用无油气体，气体温度不得低于15℃。

气压试验时，压力应缓慢上升至规定试验压力的10%，保持10min，然后对所有焊缝和连接部位进行初次泄漏检查。合格后，继续缓慢升压至规定试验压力的50%，其后按每级为规定试验压力的10%的级差逐级升压到规定试验压力，保持10min，然后将压力降到设计压力至少保持30min，对所有焊缝和连接部位进行检查，无可见的异常变形、无泄漏、不降压为合格。

(5) 气密性试验　气密性试验前，塔上的安全装置、阀类、压力计、液面计等附件及全部内件均应齐全、合格。试验用气体与气压试验相同。试验时，要缓慢升压至设计压力，至少保持30min，同时以喷涂发泡剂等方法检查所有焊缝和连接部位有无微量气体泄漏，无泄漏、不降压为合格。

2. 验收

检查人员应在塔体检修及安装时，均在现场同施工人员共同完成检查验收工作。

检修时，应对塔体各点进行测厚，并将检查出的缺陷记录在塔体展开图上。同时对腐蚀、冲蚀等部位做出详细记录。并计算出设备各部件的腐蚀率和冲蚀率。

对塔内件做好检查安装记录（填充塔的填料与装料记录，板式塔的塔板安装记录）。

检修完毕，对塔内部的油泥、污垢、铁锈和焊渣等杂物应清扫干净，经检查后封闭人孔，并做好清理、检查、封闭记录。

塔设备的验收，应会同生产、检查及施工人员进行，并应检查下列各项：

(1) 检查各附件是否安装齐全。

(2) 应有完整的检查、鉴定和检修记录。

(3) 人孔封闭前检查内部结构和检修质量合格证。

(4) 应有完整的水压试验和气密性试验记录。

（5）如有修补，应有焊接、热处理记录及无损检验报告。

上述文件齐备，三方认为合格，即可办理移交手续。

第四节 反 应 釜

一、反应釜概述

反应釜（或称反应器）是通过化学反应得到反应产物的设备，或者是为细胞或酶提供适宜的反应环境以达到细胞生长代谢和进行反应的设备。几乎所有的过程装备中，都包含反应釜。因此如何选用合适的反应器型式，确立最佳的操作条件和设计合理可靠的反应器，对满足日益发展的过程工业的需求具有十分重要的意义。

（一）反应釜的作用

反应釜的主要作用是提供反应场所，并维持一定的反应条件，使化学反应过程按预定的方向进行，得到合格的反应产物。

一个设计合理、性能良好的反应釜，应能满足如下要求：

（1）应满足化学动力学和传递过程的要求，做到反应速率快、选择性好、转化率高、目的产品多、副产物少；

（2）应能及时有效地输入或输出热量，维持系统的热量平衡，使反应过程在适宜的温度下进行；

（3）应有足够的机械强度和抗腐蚀能力，满足反应过程对压力的要求，保证设备经久耐用，生产安全可靠；

（4）应做到制造容易，安装检修方便，操作调节灵活，生产周期长。

（二）反应釜的分类

反应釜一般可根据用途、操作方式、结构等不同方法进行分类。例如根据用途可把反应釜分为催化裂化反应器、加氢裂化反应器、催化重整反应器、氨合成塔、管式反应炉、氯乙烯聚合釜等类型。根据操作方式又可把反应釜分为连续式操作反应釜、间歇式操作反应釜和半间歇式操作反应釜等类型。

最常见的是按反应釜的结构来分类，可分为釜式反应器、管式反应器、塔式反应器、固定床反应器、流化床反应器等类型。

1. 釜式反应器

釜式反应器也称搅拌釜式、槽式、锅式反应器，主要由壳体、搅拌器和传热部件等组成。釜式反应器具有投资少、投产快、操作灵活方便等特点。

2. 管式反应器

管式反应器一般是由多根细管串联或并联而构成的一种反应器。其结构特点是反应器的长度和直径之比较大，一般可达 50～100，常用的有直管式、U 形管式、盘管式和多管式等几种形式。管式反应器的主要特点是反应物浓度和反应速率只与管长有关，而不随时间变化。反应物的反应速率快，在管内的流速高，适用于大型化、连续化的生产过程，生产效率高。

3. 塔式反应器

塔式反应器的高径比介于釜式反应器和管式反应器之间，约为 8～30，主要用于气液反应，常用的有鼓泡塔、填料塔和板式塔。

鼓泡塔为圆筒体，直径一般不超过 3m，底部装有气体分布器，顶部装有气液分离器。

在塔体外部或内部可安装各种传热装置或部件。还有一种带升气管的鼓泡塔，是在塔内装有一根或几根升气管，使塔内液体在升气管内外做循环流动，所以称为气升管式鼓泡塔。

填料塔是在圆筒体塔内装有一定厚度的填料层及液体喷淋、液体再分布及填料支承等装置。其特点是气液返混少、溶液不易起泡、耐腐蚀和压降小。

板式塔是在圆筒体塔内装有多层塔板和溢流装置，在各层塔板上维持一定的液体量，气体通过塔板时，气液相在塔板上进行反应。其特点是气、液逆向流动接触面大、返混少，传热传质效果好，液相转化率高。

4. 固定床反应器

固定床反应器是指流体通过静止不动的固体物料所形成的床层而进行化学反应的设备。以气固反应的固定床反应器最常见。固定床反应器根据床层数的多少又可分为单段式和多段式两种类型。单段式一般为高径比不大的圆筒体，在圆筒体下部装有栅板等板件，其上为催化剂床层，均匀地堆置一定厚度的催化剂（能改变化学反应速率，而其自身的数量和组成在反应前后保持不变的物质）固体颗粒。单段式固定床反应器结构简单、造价便宜、反应器体积利用率高。多段式是在圆筒体反应器内设有多个催化剂床层，在各床层之间可采用多种方式进行反应物料的换热。其特点是便于控制、调节反应温度，防止反应温度超出允许范围。

5. 流化床反应器

细小的固体颗粒被运动着的流体携带，具有像流体一样能自由流动的性质，这种现象称为固体的流态化。一般，把反应器和在其中呈流态化的固体催化剂颗粒合在一起，称为流化床反应器。

流化床反应器多用于气固反应过程。当原料气通过反应器催化剂床层时，催化剂颗粒受气流作用而悬浮起来呈翻滚沸腾状，原料气在处于流态化的催化剂表面进行化学反应，此时的催化剂床层即为流化床，也叫沸腾床。

流化床反应器的形式很多，但一般都由壳体、内部构件、固体颗粒装卸设备及气体分布、传热、气固分离装置等构成。流化床反应器也可根据床层结构分为圆筒式、圆锥式和多管式等类型。

圆筒式的床层为圆筒形，结构简单、制造方便，设备容积利用率高，使用较广泛。圆锥式的结构特点是床层横截面从气体分布板向上逐渐扩大，使上升气体的气速逐渐降低，固体颗粒的流态化较好，特别适用于粒径分布不均的催化剂和反应时气体体积增大的反应过程。多管式的结构是在大直径圆筒形反应器床层中竖直安装一些内换热管，其特点是气固返混少，床层温度较均匀和转化率高。

流化床反应器气固湍动、混合剧烈，传热效率高，床层内温度较均匀，避免了局部过热，反应速率快。流态化可使催化剂作为载热体使用，便于生产过程实现连续化、大型化和自动控制。但流化床使催化剂的磨损较大，对设备内壁的磨损也较严重。另外，也易产生气固的返混，使反应转化率受到一定的影响。

（三）反应釜的工作过程

石油化工生产时，在反应釜中进行的不仅仅是单纯的化学反应过程，同时还存在着流体流动，物料传热、传质、混合等物理传递过程。在反应釜中，化学反应的机理、步骤和速率是根据化学动力学的规律进行的。如对于气液反应，反应速率除与温度和浓度有关外，还与相界面的大小和相间的扩散速度有关。对于气固反应，不论在什么条件下进行，气相组分都必须先扩散到固体催化剂的表面上，再在催化剂表面进行化学反应。化学反应过程是反应釜工作的本质过程。

由于化学反应时原料的种类很多，反应过程也很复杂，对反应产物的要求也各不相同。为满足不同的反应要求，反应釜的结构类型和尺寸大小也多种多样、大小不一，操作方式和操作条件也各不相同。如间歇式操作的反应釜，原料是一次性加入的；而连续式操作的反应釜，原料是连续加入的。不同结构形式和尺寸的反应釜及不同的操作条件和方式，必将影响流体的流动状态和物料的传热、传质及混合等传递过程。而传递过程是实现反应过程的必要条件。因此反应釜的工作过程就是以化学动力学为基础的反应过程和以热量传递、质量传递、动量传递为基本内容的传递过程同时进行、相互作用、相互影响的复杂过程。

二、反应釜的结构

反应釜主要由釜体、釜盖、传动装置、搅拌器、密封装置等组成，如图 2-51 所示。

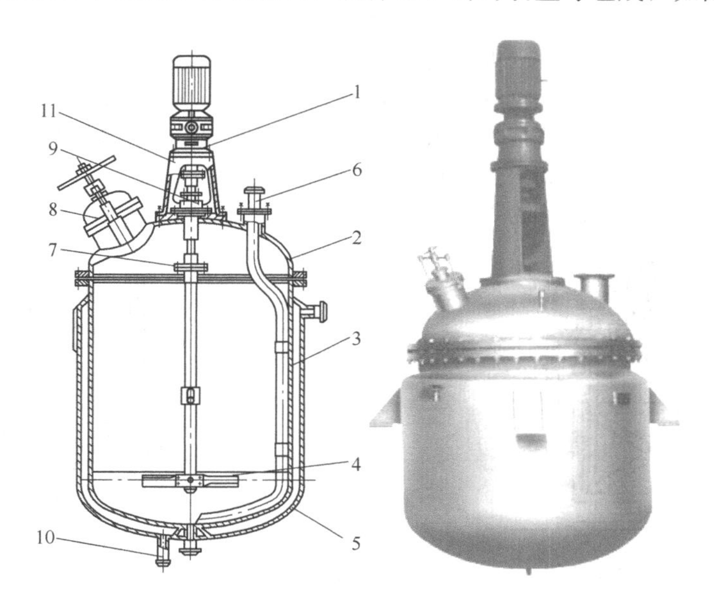

图 2-51 反应釜结构

1—传动装置；2—釜盖；3—釜体；4—搅拌装置；5—夹套；
6—工艺接管；7—联轴器；8—人孔；9—密封装置；
10—蒸汽接管；11—减速机支架

（一）壳体

壳体由圆形筒体、上盖、下封头构成。上盖与筒体的连接有两种方法，一种是盖子与筒体直接焊死构成一个整体；另一种是考虑拆卸方便用法兰连接。上盖开有人孔、手孔和工艺接孔等。壳体材料根据工艺要求来确定，最常用的是铸铁和钢板，也有的采用合金钢或复合钢板。当用来处理有腐蚀性介质时，则需用耐腐蚀材料来制造反应釜，或者将反应釜内表搪瓷、衬瓷板或橡胶。

（二）搅拌装置

在反应釜中，为加快反应速率、加强混合及强化传质或传热效果等，一般都装有搅拌装置。它由搅拌器和搅拌轴组成，用联轴器与传动装置连成一体。搅拌器形式很多，应根据工艺要求来选择，下面介绍几种常用搅拌器的形式、结构和特点。

1. 桨式搅拌器

图 2-52 所示的桨式搅拌器由桨叶、键、轴环、竖轴所组成。桨叶一般用扁钢或角钢制造，当被搅拌物料对钢材腐蚀严重时，可用不锈钢或有色金属制造，也可采用钢制桨叶的外面包覆橡胶、环氧树脂或酚醛树脂、玻璃钢等材质。桨式搅拌器的转速较低，一般为 20～

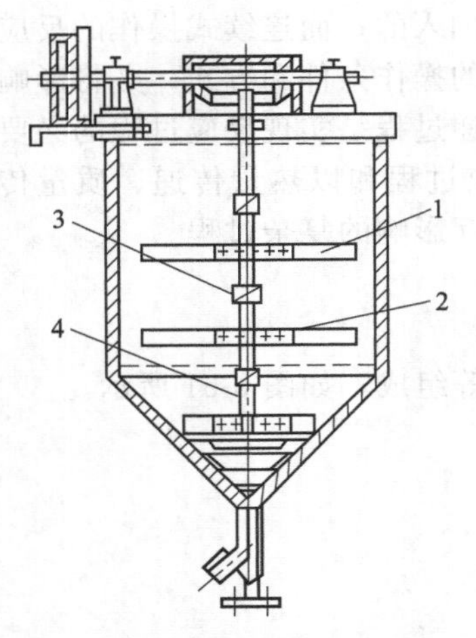

图 2-52　桨式搅拌器
1—桨叶；2—键；3—轴环；4—竖轴

80r/min，圆周速度在 1.5～3m/s 范围内比较合适。桨式搅拌器直径取反应釜内径 D_i 的 1/3～2/3，桨叶不宜过长，因为搅拌器消耗的功率与桨叶直径的五次方成正比。桨式搅拌器的最新标准为 HG/T 2051.4—2013《搪玻璃搅拌器　桨式搅拌器》。当反应釜直径很大时采用两个或多个桨叶。

桨式搅拌器适用于流动性大、黏度小的液体物料，也适用于纤维状和结晶状的溶解液，如果液体物料层很深时可在轴上装置数排桨叶。

2. 框式和锚式搅拌器

图 2-53 为框式搅拌器，图 2-54 为锚式搅拌器。框式搅拌器可视为桨式搅拌器的变形，即将水平的桨叶与垂直的桨叶连成一体成为刚性的框子，其结构比较坚固，搅动物料量大。如果这类搅拌器底部形状和反应釜下封头形状相似时，通常称为锚式搅拌器。

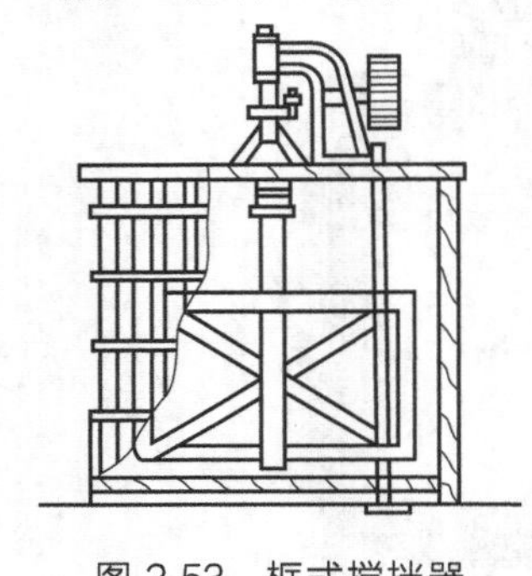
图 2-53　框式搅拌器

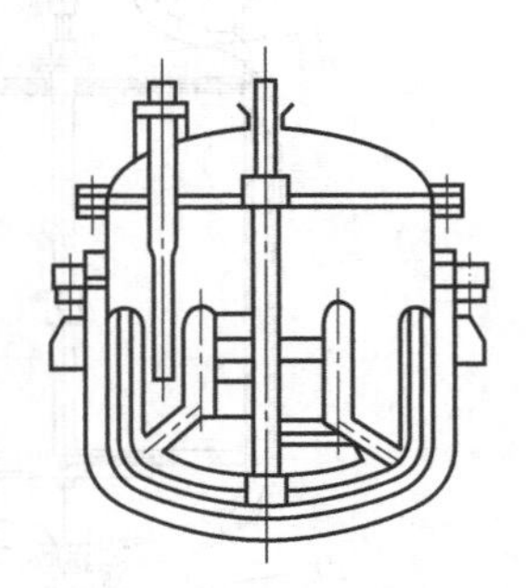
图 2-54　锚式搅拌器

锚式搅拌器制造方法较多，一种是用扁钢或角钢弯制，搅拌叶之间、搅拌叶与轴套之间全部焊接；另一种是做成可拆卸式的搅拌器，用螺栓来连接各搅拌叶，检修时可拆卸。特殊情况下可采用整体铸造或管材焊制，如铸铁搅拌器和搪玻璃搅拌器。

框式搅拌器直径较大，一般取反应器内径的 2/3～9/10，线速度约 0.5～1.5m/s，转速范围约为 50～70r/min。钢制框式搅拌器最新标准为 HG/T 2051.2—2013《搪玻璃搅拌器　框式搅拌器》。框式搅拌器与釜壁间隙较小，有利于传热过程的进行，快速旋转时，搅拌器叶片所带动的液体把静止层从反应釜壁上带下来；慢速旋转时，有刮板的搅拌器能产生良好的热传导。这类搅拌器适用于大多数的反应过程，有利于传质与传热。

3. 推进式搅拌器

图 2-55 是推进式搅拌器，常用整体铸造，加工方便，采用焊接时，需模锻后再与轴套焊接、加工较困难。因推进式搅拌器转速高，制造时要做静平衡试验。搅拌器可用轴套以平键（或紧固螺钉）与轴固定。推进式搅拌器通常为两个搅拌叶，第一个桨叶安装在反应釜的上部，把液体或气体往下压；第二个桨叶安装在下部，把液体往上推。搅拌时能使物料在反应釜内循环流动，所起作用以容积循环为主，剪切作用较小，上下翻腾效果良好。当需要有更大的流速时，反应釜内设有导流筒。

推进式搅拌器直径约取反应釜内径 D_i 的 1/4～1/3，线速度可达 5～15m/s，转速范围为 300～600r/min，搅拌器的材料常用铸铁和铸钢。推进式搅拌器的最新标准为 HG/T 3796.8—2005《推进式搅拌器》。

4. 涡轮式搅拌器

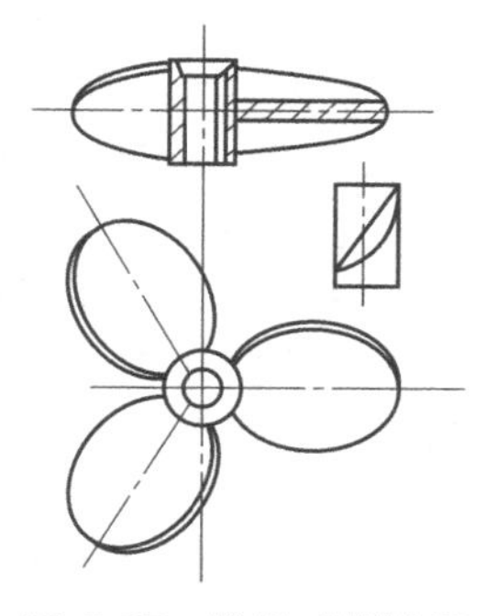
图 2-55 推进式搅拌器

涡轮式搅拌器有很多，图 2-56 为圆盘式。桨叶又分为平直叶和弯曲叶两种。搅拌叶一般与圆盘焊接（或以螺栓连接），圆盘焊在轴套上。搅拌器用轴套以平键和销钉与轴固定。涡轮式搅拌器的主要优点是当能量消耗不大时，搅拌效率较高，搅拌时液体流动的方向如图 2-57 所示。因此它适用于乳浊液、悬浮液等的搅拌。

涡轮式搅拌器速度较大，线速度约为 3～8m/s，转速范围为 300～600r/min，开启涡轮式搅拌器的最新标准为 HG/T 3796.4—2005《开启涡轮式搅拌器》。

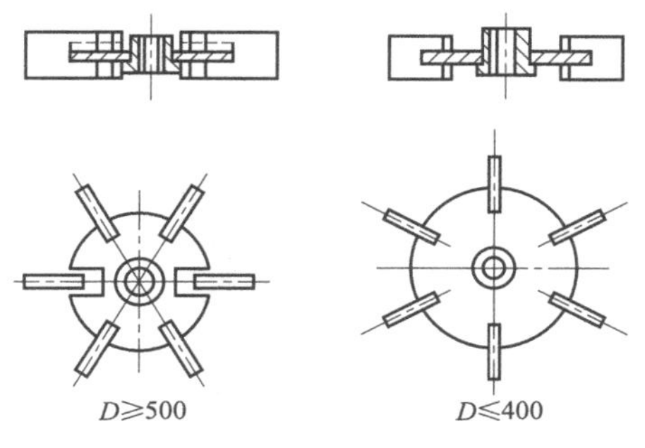

图 2-56 圆盘式涡轮式搅拌器

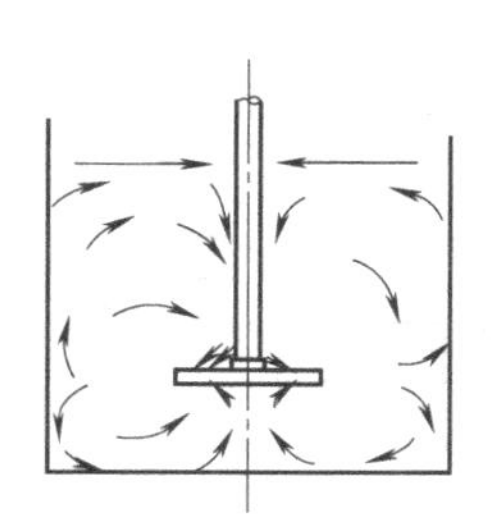
图 2-57 涡轮搅拌时液流的方向

5. 特殊形式搅拌器

图 2-58 为一种螺带式搅拌器，常用扁钢按螺旋形绕成，直径较大，常做成几条紧贴釜内壁，与釜壁的间隙很小，所以搅拌时能不断地将粘于釜壁的沉积物刮下来。对黏稠物料，采用行星传动的搅拌器，如图 2-59 所示。行星搅拌器的优点是搅拌强度很大，被旋转部分带动搅拌的物料体积很大，缺点是结构复杂。上述两种搅拌器目前使用较少。

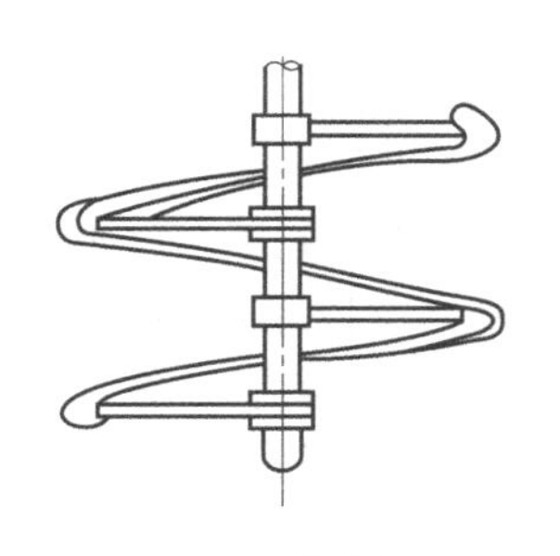
图 2-58 螺带式搅拌器

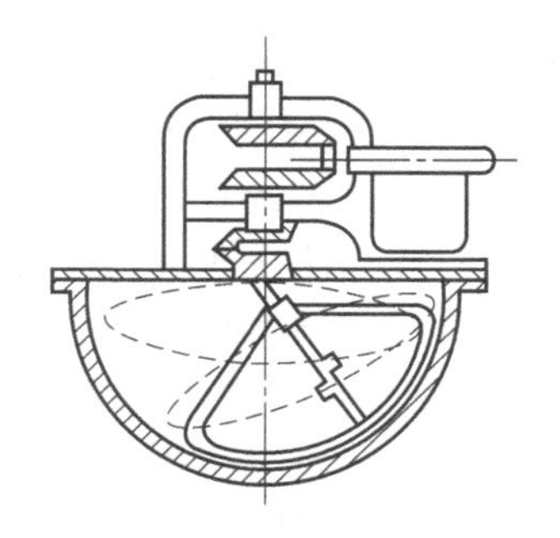
图 2-59 行星搅拌器

(三)轴封

在反应釜中使用的轴封装置为动密封结构，主要有填料密封和机械密封两种，前者使用普遍，有丰富的使用经验，后者的使用范围已日趋广泛。

1. 填料密封

填料密封结构如图 2-60 所示，填料箱由箱体、填料、油环、衬套、压盖和压紧螺栓等零件组成，旋转压紧螺栓时，压盖压紧填料，使填料变形并紧贴在轴表面上，达到密封目的。在石油化工生产中，轴封容易泄漏，一旦有毒气体逸出会污染环境，因而需控制好压紧力。压紧力过大，轴旋转时轴与填料间摩擦增加，会使磨损增大，在填料处定期加润滑剂，可减少摩擦，并能减少因螺栓压紧力过大而产生的摩擦发热。填料要富于弹性，有良好的耐磨性和导热性。填料的弹性变形要大，使填料紧贴转轴，对转轴产生收缩力，同时还要求填料有足够的圈数。使用中由于磨损应适当增补填料，调节螺栓的压紧力，以达到密封效果。填料压盖要防止歪斜，压盖的内径与轴的间隙为 0.75～1.0mm。有的设备在填料箱处设有冷却夹套，可防止填料摩擦发热。

2. 机械密封

机械密封在反应釜上已广泛应用，它的结构和类型繁多，但它们的工作原理和基本结构都是相同的。图 2-61 是一种结构比较简单的釜用机械密封装置。

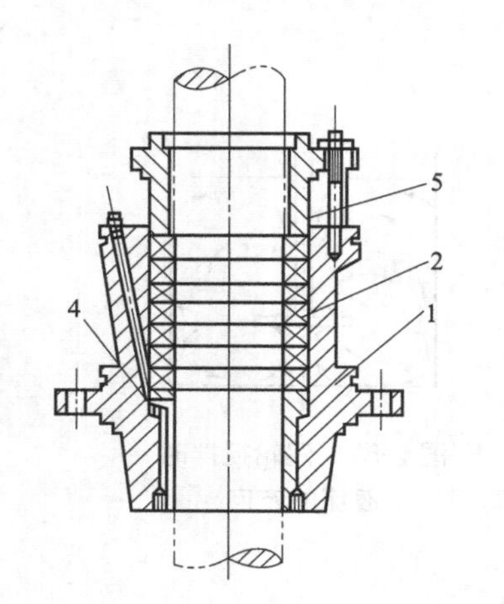

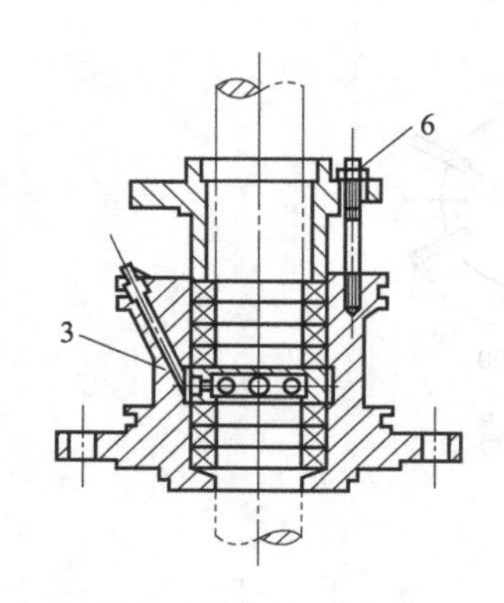

图 2-60 填料密封

1—箱体；2—填料；3—油环；4—衬套；5—压盖；6—压紧螺栓

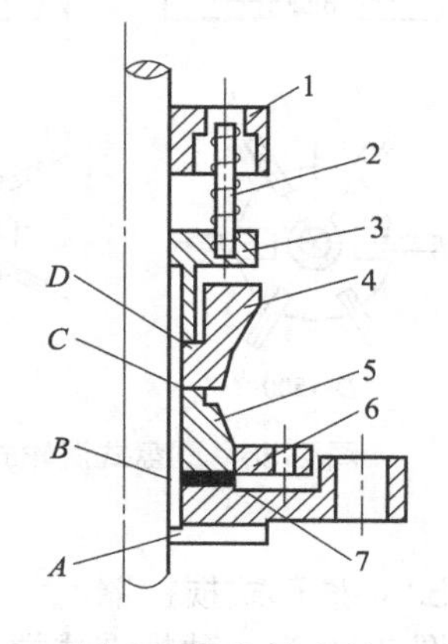

图 2-61 机械密封

1—弹簧座；2—弹簧；3—压盖；4—动环；5—静环；6—静环压盖；7—釜顶法兰

机械密封包括弹簧加荷装置、动环、静环及辅助密封圈等四个部分。机械密封工作原理如图 2-61 所示，机械密封一般有四个密封面，*A* 处是静环座和设备之间的密封，是静密封，采用一般垫片就可以密封；*B* 处是静环与静环座之间的密封，也是静密封，通常采用具有弹性的辅助密封圈来防止泄漏；*D* 处是动环与轴（或轴套）之间的密封，这也是一个相对静止的密封，常用 O 形圈来密封。上述三处密封均是静密封，可以采取措施，防止泄漏。图 2-61 中 *C* 处是动环和静环间相对旋转时的密封，属于动密封，是依靠弹簧加荷装置和介质压力，在相对运转时使动环和静环的接触面（端面）上产生一个合适的压紧力，使这两个光洁、平直的端面紧密贴合，端面间维持一层极薄的流体膜（这层膜起着平衡压力和润滑端面的作用）而达到密封目的。

机械密封安装要点如下：

（1）动环与静环端面之间，初次启动时应加润滑剂，用手轻盘车，使端面形成油膜，防止干摩擦烧毁静（或动）环。

（2）油槽内油面高于静环面，在运转状态下，机械密封油槽应不产生连续小气泡。

（3）端面比压要调节适当，不可任意改变弹簧规格。

（4）在运转状态下，防止轴摆动量过大，静环端面对轴线允许垂直度误差小于 0.05mm（主轴转速在 200r/min 以下）。

三、反应釜的生产维护

（一）维护

1. 传动装置

反应釜用的搅拌器都有一定的转速要求，常用电动机通过减速器带动搅拌器转动。减速器为立式安装，要求润滑良好、无振动、无泄漏、长期稳定运转，因此日常的维护是很重要的。减速器的润滑如表 2-8 所示。

表 2-8 减速器的润滑

设备名称	润滑部位	规定油品		代用油品Ⅰ		代用油品Ⅱ	
		名称	代号	名称	代号	名称	代号
齿轮减速器	齿轮、轴承	机械油	HJ-30	机械油	HJ-40	机械油	HJ-50
蜗杆减速器	蜗轮、蜗杆	车用机油	HQ-10	车用机油	HQ-15	机械油	HJ-J9
	滚珠轴承	钠基润滑脂	ZN-2	钠基润滑脂	ZN-2	钠基润滑脂	ZN-3
行星摆线针齿减速器	轴承针齿销与套轴、销轴、销套	机械油	HJ-30	机械油	HJ-20		

减速器在转动时如发生振动，一般有以下原因，应及时检查并调整。

（1）釜内负荷过大或加料不均匀。

（2）齿轮中心距或齿轮侧隙不合适。

（3）齿轮表面加工精度不符合要求。

减速器试车中温升超过规定指标时，一般原因如下：

（1）轴弯曲变形。

（2）齿轮啮合间隙过小；轴套与轴配合过紧。

（3）密封圈或填料与轴配合过紧。

（4）轴承安装间隙不合适，轴承磨损或松动。

（5）润滑油质量不好；油量不足或断油。

2. 搅拌器

搅拌器是反应釜中的主要部件，在正常运转时应经常检查轴的径向摆动量是否大于规定值。搅拌器不得反转，与釜内的蛇管、压料管、温度计套管之间要保持一定距离，防止碰撞。定期检查搅拌器的腐蚀情况，检查有无裂纹、变形和松脱。有中间轴承或底轴瓦的搅拌装置，定期检查项目如下：

（1）底轴瓦（或轴承）的间隙。

（2）中间轴承的润滑油是否有物料进入而损坏轴承。

（3）固定螺栓是否松动，松动会使搅拌器摆动量增大，引起反应釜振动。

（4）搅拌轴与桨叶的固定要保证垂直，其垂直度允许偏差为桨叶总长度的 4/1000，且不大于 5mm。

3. 壳体（或衬里）检测

壳体（或衬里）的检测有以下几种。

（1）宏观检查　将壳体（或衬里）清洗干净，用肉眼或五倍放大镜检查腐蚀、变形、裂纹等缺陷。

（2）无损检测法　将被测点除锈、磨光，用超声波测厚仪的探头与被测部位紧密接触（接触面可用机油等液体作耦合剂）。利用超声波在同一种均匀介质中传播时，声速是一个常数，而遇到不同介质界面时，具有反射的特性，通过仪器可用数码直接反映出来，并可测出该部位的厚度。

(3) 钻孔实测法　当使用仪器无法测量时，采用钻孔方法测量。可用手电钻钻孔实际测量厚度，测后应补焊修复。对用铸铁、低合金高强度钢等可焊性差的材料制作的容器，不宜采用本法测厚。

(4) 测定壳体内、外径　对于铸造的反应釜，内、外径经过加工的设备，在使用过程中，发生的腐蚀属于均匀腐蚀。测量壳体内、外径实际尺寸，并查阅技术档案，来确定设备减薄程度。

(5) 气密性检查　主要对衬里而言，在衬里与壳体之间通入空气或氨气，其压力为0.03～0.1MPa（压力大小视衬里的稳定性而定），通入空气时可用肥皂水涂于焊缝或腐蚀部位，检查有无泄漏；通入氨气时，可在焊缝和被检查的腐蚀部位贴上酚酞试纸，在保压5～10min后，以试纸上不出现红色斑点为合格。

（二）维护要点

1. 常规维护要点

(1) 反应釜在运行中，严格执行操作规程，禁止超温、超压。

(2) 按工艺指标控制夹套（或蛇管）及反应器的温度。

(3) 避免温差应力与内压应力叠加，使设备产生应变。

(4) 要严格控制配料比，防止剧烈反应。

(5) 要注意反应釜有无异常振动和声响，如发现故障，应检查修理并及时消除故障。

2. 搪玻璃反应釜在正常使用中的注意事项

(1) 加料要严防金属硬物掉入设备内，运转时要防止设备振动，检修时按GB 25025—2010《搪玻璃设备技术条件》执行。

(2) 尽量避免冷罐加热料和热罐加冷料，严防温度骤冷骤热。搪玻璃耐温剧变小于120℃。

(3) 尽量避免酸碱液介质交替使用，否则，将会使搪玻璃表面失去光泽而腐蚀。

(4) 严防夹套内进入酸液（如果清洗夹套一定要用酸液时，不能用pH<2的酸液），酸液进入夹套会产生氢效应，引起搪玻璃表面像鱼鳞片一样大面积脱落。一般清洗夹套可用2%的次氯酸钠溶液，最后用水清洗夹套。

(5) 出料釜底堵塞时，可用非金属棒轻轻疏通，禁止用金属工具铲打。对粘在罐内表面上的反应物料要及时清洗，不宜用金属工具，以防损坏搪玻璃衬里。

（三）常见故障与处理方法

反应釜常见故障与处理方法如表2-9所示。

表2-9 常见故障与处理方法

故障现象	故障原因	处理方法
壳体损坏（腐蚀、裂纹、透孔）	①受介质腐蚀（点蚀、晶间腐蚀） ②热应力影响产生裂纹或碱脆 ③磨损变薄或均匀腐蚀	①采用耐腐蚀材料衬里的壳体需重新修衬或局部补焊 ②焊接后要消除应力，产生裂纹要进行修补 ③超过设计最低的允许厚度需更换本体
超温超压	①仪表失灵，控制不严格 ②误操作；原料配比不当；产生剧烈反应 ③因传热或搅拌性能不佳，发生副反应 ④进气阀失灵，进气压力过大、压力高	①检查、修复自控系统，严格执行操作规程 ②根据操作方法，紧急放压，按规定定量、定时投料，严防误操作 ③增加传热面积或清除结垢，改善传热效果；修复搅拌器，提高搅拌效率 ④关总气阀，切断气源修理阀门

续表

故障现象	故障原因	处理方法
密封泄漏	填料密封： ①搅拌轴在填料处磨损或腐蚀，造成间隙过大 ②油环位置不当或油路堵塞不能形成油封 ③压盖没压紧，填料质量差或使用过久 ④填料箱腐蚀	①更换或修补搅拌轴，并在机床上加工，保证表面粗糙度 ②调整油环位置，清洗油路 ③压紧填料，或更换填料 ④修补或更换
	机械密封： ①动、静环端面变形、碰伤 ②端面比压过大，摩擦副产生热变形 ③密封圈选材不对，压紧力不够，或V形密封圈装反，失去密封性 ④轴线与静环端面垂直度误差过大 ⑤操作压力、温度不稳，硬颗粒进入摩擦副 ⑥轴窜量超过指标 ⑦镶装或粘接动、静环的镶缝泄漏	①更换摩擦副或重新研磨 ②调整端面比压，加强冷却系统，及时带走热量 ③密封圈选材、安装要合理，要有足够的压紧力 ④停车，重新找正，保证垂直度误差小于0.5mm ⑤严格控制工艺指标，颗粒及结晶物不能进入摩擦副 ⑥调整、检修使轴的窜量达到标准 ⑦改进安装工艺，或过盈量要适当，或粘接剂要好用，粘接牢固
釜内有异常的杂音	①搅拌器摩擦釜内附件（蛇管、温度计管等）或刮壁 ②搅拌器松脱 ③衬里鼓包，与搅拌器撞击 ④搅拌器弯曲或轴承损坏	①停车检修找正，使搅拌器与附件有一定间距 ②停车检查，紧固螺栓 ③检修鼓包，或更换衬里 ④检修或更换轴及轴承
搪瓷搅拌器脱落	①被介质腐蚀断裂 ②电动机旋转方向相反	①更换搪瓷轴或用玻璃修补 ②停车改变转向
搪瓷釜法兰漏气	①法兰瓷面损坏 ②选择垫圈材质不合理，安装接头不正确，空位、错移 ③卡子松动或数量不足	①修补、涂防腐漆或树脂 ②根据工艺要求，选择垫圈材料，垫圈接口要搭拢，位置要均匀 ③按设计要求，有足够数量的卡子，并要紧固

四、反应釜的检修

（一）反应釜检修前的准备

凡进入装有易燃、易爆、有毒、有窒息性物质的釜内检修时，首先应该做到以下几点：

(1) 切断外接电源，挂上“禁动”警告牌。

(2) 排除釜内的压力。

(3) 在进料、进气管道上安装盲板。

(4) 清洗置换，经气体分析合格后（设有专人监护），方可进入釜内。

（二）反应釜的检修项目

反应釜检修项目包括：

(1) 减速器检修。

(2) 釜体检修。

(3) 密封装置检修。

（三）反应釜的检修质量标准

1. 传动装置

反应釜的传动装置一般采用行星摆线针齿减速器，其质量标准可参照《行星摆线针轮减速机维护检修规程》规定执行。

2. 密封装置

（1）填料密封

① 填料压盖与填料箱的配合为G7/a11。

② 填料压盖孔与搅拌轴的间隙为0.75～1.0mm（轴径为50～110mm）。

③ 填料压盖的端面与填料箱端面间距应相等，间距允许偏差为±0.3mm。

④ 填料应充填均匀，盘根填料应等轴径绕制，开口准确，每层交叉放置，防止接至同一方位上重叠。

（2）机械密封

① 机械密封端面比压要适当，不可任意改变弹簧的规格。

② 静环端面对轴线垂直度允差小于0.05mm（转速在200r/min以下）。

③ 设备进行水压试验时，密封处的泄漏量不超过10mL/h为合格。

④ 设备进行气密性试验时，在转动状态下，机械密封的油槽应不产生连续小气泡为合格。

3. 搅拌装置

（1）在密封处轴的径向摆动量：机械密封不大于0.5mm，填料密封如表2-10所示。

表2-10 填料密封处轴的径向摆动量

工作压力/(kgf/cm^2)	500r/min以下径向摆动量/mm
2.5以下	0.9
2.5～8.0	0.75
8.0～16	0.6

注：$1kgf/cm^2=98.0665kPa$。

（2）轴的直线度偏差应不大于0.1mm/1000mm。

（3）搅拌扭转角建议控制在0.25°～0.5°/m。

（4）搅拌轴与桨叶垂直，其允许偏差为桨叶总长度的4/1000，且不超过5mm。

（5）转速高于200r/min的涡轮式、推进式搅拌器做静平衡后方可使用。

（6）涡轮式、推进式搅拌器的叶轮与搅拌轴的配合应采用H7/js6。

（7）轴套的轴径与配合间隙应如表2-11所示。

表2-11 轴套的轴径与配合间隙

轴径/mm	配合间隙/mm	轴径/mm	配合间隙/mm
50～70	0.6～0.7	90～110	1.0～1.1
70～90	0.8～0.9		

（四）反应釜的试车与验收

1. 试车前的准备

（1）设备检修记录齐全，新装设备及更换的零部件均应有质量合格证。

（2）按检修计划任务书检查计划完成情况，并详细复查检修质量，做到工完、料净、场地清，零部件完整无缺，螺栓牢固。

（3）检查润滑系统、水冷却系统畅通无阻。

（4）检查电动机、主轴转向应符合设计规定。

2. 试车

空载试车应满足以下要求：

（1）转动轻快自如，各部位润滑良好。

（2）机械传动部分应无异常杂音。

（3）搅拌器与设备内加热蛇管、压料管、温度计套管等部件应无碰撞。

（4）釜内的衬里不渗漏、不鼓包，内蛇管、压料管、温度计套管牢固可靠。

（5）电动机、减速器温度正常，滚动轴承温度应不超过 70℃，滑动轴承温度应不超过 65℃。

（6）密封可靠，泄漏符合要求；密封处的摆动量不应超过规定值。

（7）电流稳定，不超过额定值，各种仪表灵敏好用。

（8）空载试车后，应进行水试车 4～8h，加料试车应不少于一个反应周期。

3. 验收

试车合格后按规定办理验收手续，移交生产。验收技术资料应包括如下内容：

（1）检修质量及缺陷记录。

（2）水压试验、气密性试验及液压试验记录。

（3）主要零部件的无损检验报告。

（4）更换零部件的清单。

（5）结构、尺寸、材质变更的审批文件。

第五节 干燥设备

一、干燥设备概述

干燥操作的目的是除去某些固体原料、半成品及成品中的水分或溶剂，以便于储存、运输、加工和使用。去湿是用热能加热物料，使物料中湿分蒸发而除去，这一过程称为干燥，是除去固体物料中湿分的一种方法。在石油化工生产中，多先用机械法最大限度地去除固体物料中的湿分，再用干燥法除去剩余的湿分，最后得到合格的固体产品。

1. 干燥器按操作方法分类

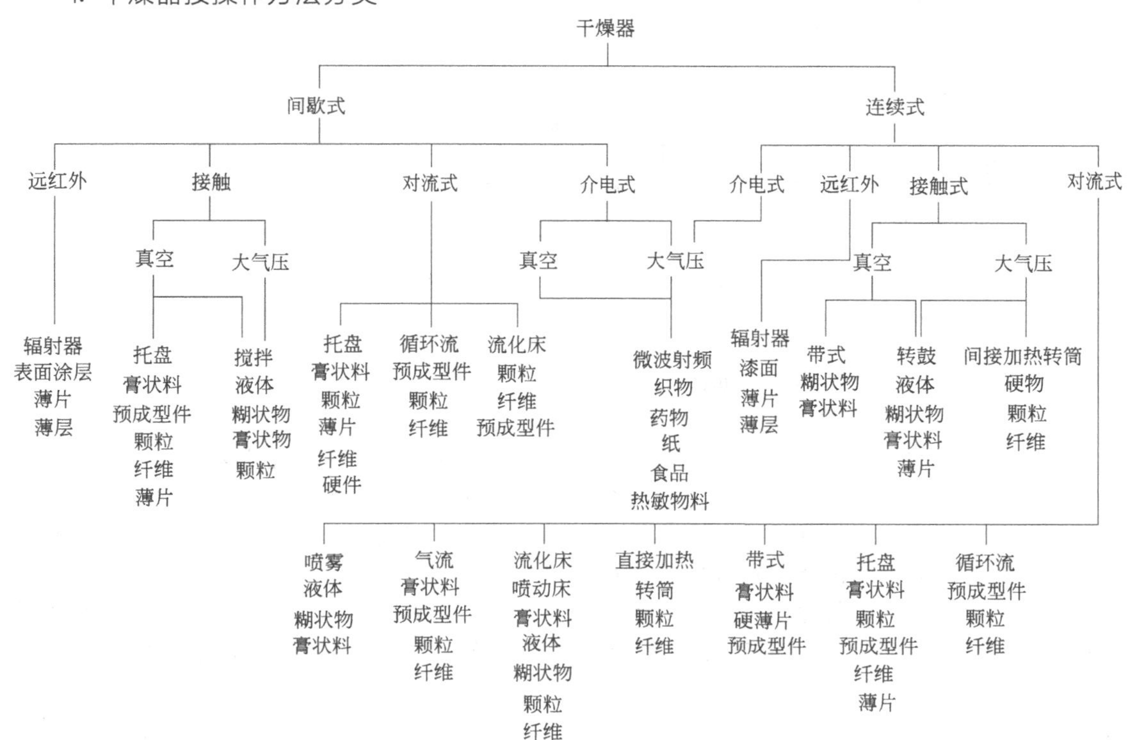

2. 干燥器按供热方法分类

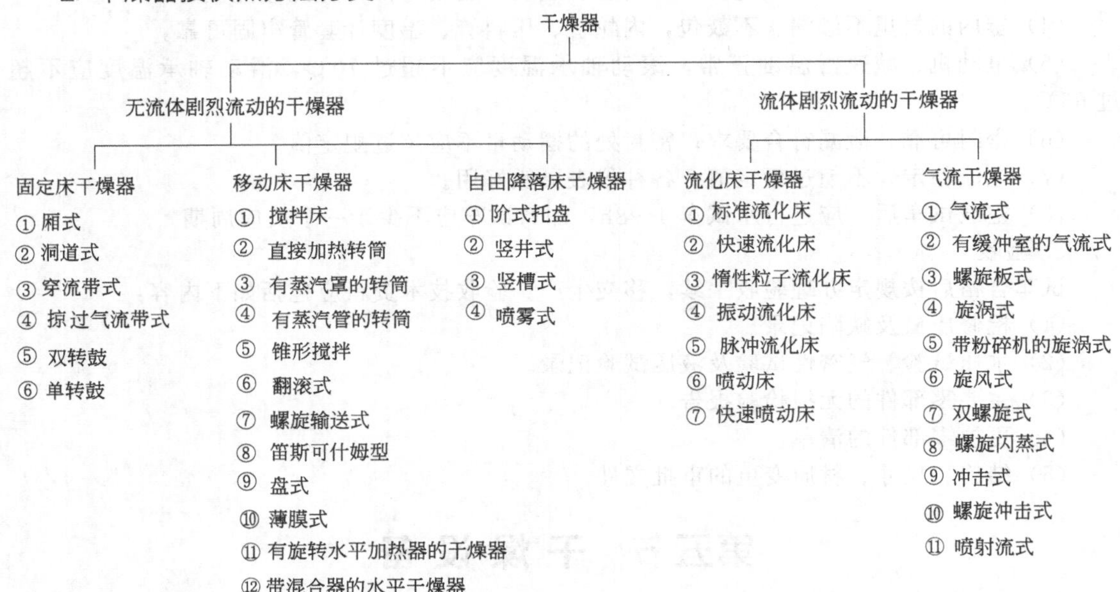

(1) 固定床干燥器结构如图 2-62 所示。图 2-62 中，虚线表示脉冲流。

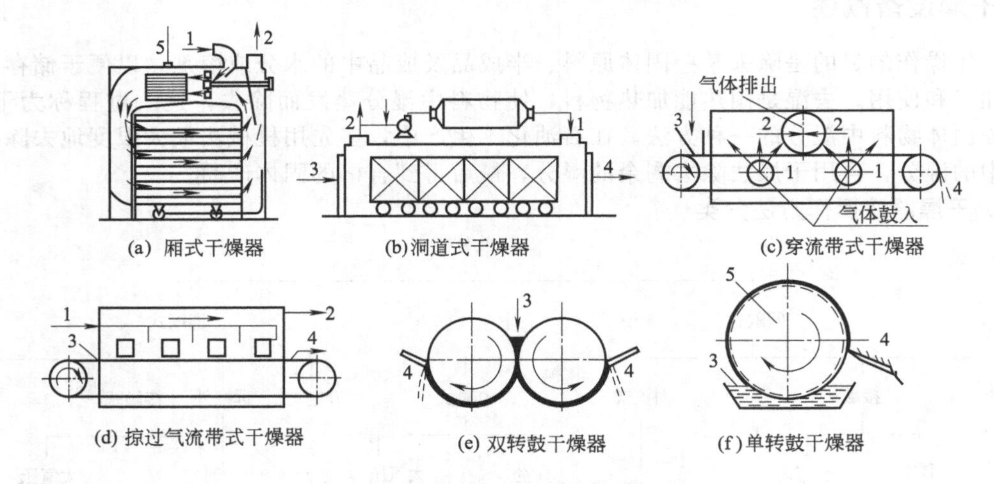

(a) 厢式干燥器 (b) 洞道式干燥器 (c) 穿流带式干燥器

(d) 掠过气流带式干燥器 (e) 双转鼓干燥器 (f) 单转鼓干燥器

图 2-62 固定床干燥器结构图

1—干燥剂进口；2—干燥剂出口；3—干燥物料进口；4—干燥物料出口；5—加热介质（蒸汽）

(2) 自由降落床干燥器结构如图 2-63 所示。

3. 石化工业中的干燥方法

石化工业中的干燥方法主要有三类：机械除湿法、加热干燥法、化学除湿法。

(1) 机械除湿法　是用压榨机对湿物料加压，将其中一部分水分挤出。它只能除去物料中部分自由水分，结合水分仍残留在物料中。因此，物料经过机械除湿后含水量仍然较高，一般达不到石油化工工艺要求的较低的含水量。

(2) 加热干燥法　是化学工业中常用的干燥方法，它借助热能加热物料，汽化物料中的水分。物料经过加热干燥，能够除去其中的结合水分，达到石油化工工艺上所要求的含水量。

(3) 化学除湿法　是利用吸湿剂除去气体、液体和固体物料中少量的水分。由于吸湿剂

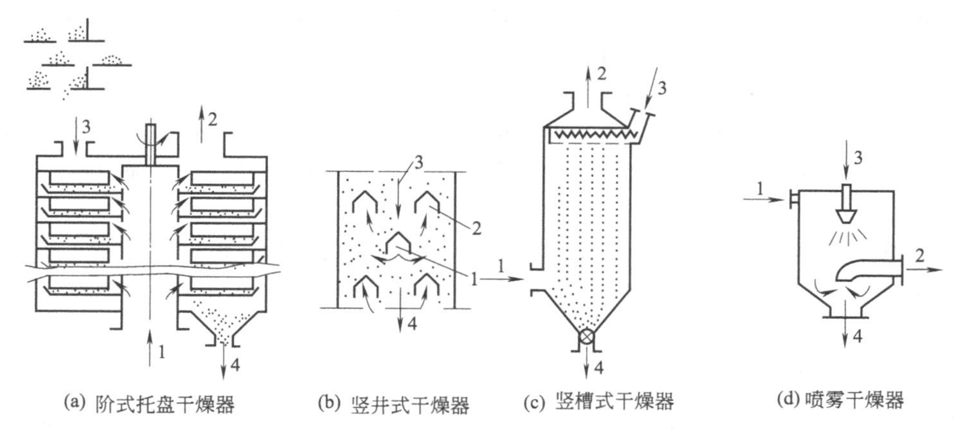

图 2-63 自由降落床干燥器结构图

1—干燥剂进口；2—干燥剂出口；3—干燥物料进口；4—干燥物料出口

的除湿能力有限，仅用于除去物料中的微量水分，石油化工生产中应用极少。

二、回转圆筒干燥器

回转圆筒干燥器是一种干燥大量物料的干燥器。由于它能使物料在圆筒内翻动、抛撒，与热空气或烟道气充分接触，干燥速度快、运转可靠、操作弹性大、适应性强、处理能力大，广泛使用于冶金、建材、轻工等行业。在石油化工行业中，硫酸铵、硫化碱、安福粉、硝酸铵、尿素、草酸、重铬酸钾、聚氯乙烯、二氧化锰、碳酸钙、磷酸铵、硝酸磷肥、钙镁磷肥、磷矿等的干燥，大多使用回转圆筒干燥器。

（一）回转圆筒干燥器的工作原理

回转圆筒干燥器结构如图 2-64 所示。需要干燥的湿物料由皮带运输机或装斗式提升机送到料斗，然后经加料机构通过加料管进入进料端。加料管的斜度要大于物料的休止角，以便物料顺利进入干燥器内。干燥器圆筒是一个与水平线略成倾斜的旋转圆筒。物料自较高一端加入，载热体也由此端进入，与物料呈并流接触；也有载热体与物料呈逆流接触的。随着圆筒的转动，物料受重力作用向较低的一端移动。湿物料在筒内前移过程中，直接或间接得

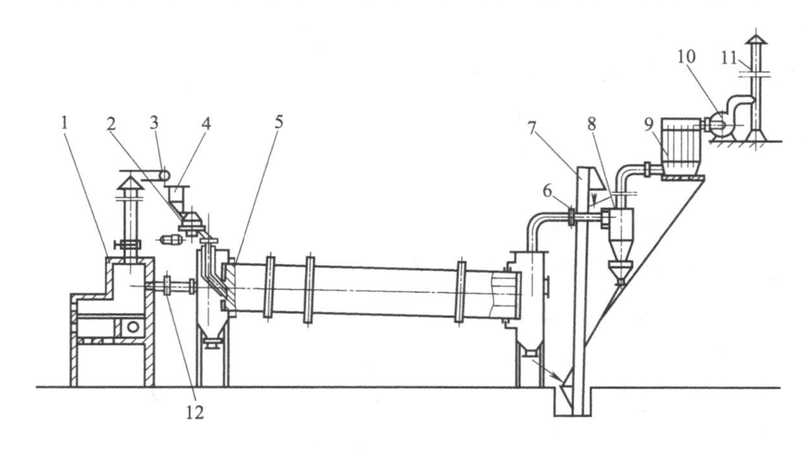

图 2-64 回转圆筒干燥装置

1—燃烧炉（或载热体加热器）；2—定量给料器；3—湿料输送机；4—料斗；5—回转干燥器；6，12—膨胀环；7—斗式提升机；8—旋风除尘器；9—袋式除尘器（或湿式除尘器）；10—引风机；11—尾气排空烟囱

到了载热体的给热，使湿物料得以干燥。干物料卸出后，经皮带运输机或螺旋输送机送出。在圆筒内壁上装有抄板，抄板将物料抄起来又洒落，使物料与气流的接触表面增大，以提高干燥速率并促使物料前移。载热体一般为烟道气、热空气或水蒸气（在间接式加热时用）等。湿物料被蒸出的水蒸气混入烟道气内。烟道气排出干燥器后，一般需经旋风分离器将气体中所夹带的细粉捕集下来。如需进一步减少尾气含尘量，还应经过袋式除尘器或湿式除尘器后再放空。

回转圆筒干燥器一般适用于颗粒状、片状、块状物料的干燥，也可通过部分掺入干物料的办法，用来干燥黏性膏状物料或含水量较高的物料，并已成功地用于溶液物料（料浆）的造粒干燥中。

（二）直接传热转筒干燥器

直接传热转筒干燥器内载热体（如烟道气或干净热空气）以对流的方式将热量传递给与其直接接触的湿物料表面，在石油化工、建材行业使用很广泛。直接传热转筒干燥器如图 2-65 所示。湿物料与载热体的流向有并流或逆流两种。并流式是热风与物料同方向移动，即使入口处热风温度较高，因物料处于表面蒸发阶段，故物料温度仍然大致保持湿球温度；出口端的物料处于温度上升阶段，但因热风温度已下降，故产品的温度升高也有限，因此，即使用较高的热风温度，也不致损坏产品的质量。逆流式适用于将干燥产品加热到某一温度的场合，可以使产品含湿量很低。

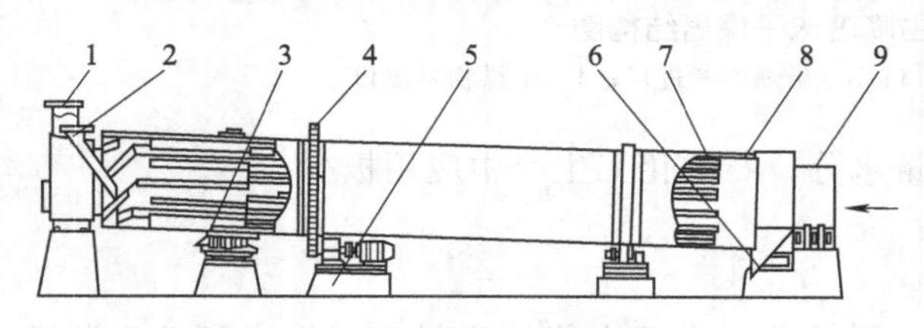

图 2-65 直接传热转筒干燥器

1—空气出口；2—加料口；3—托轮与挡轮；4—腰齿轮；5—传动齿轮；6—产品；7—抄板；8—密封环；9—加热器

（三）复式传热转筒干燥器

复式传热转筒干燥器一部分热量由载热体通过金属壁传给被干燥物料，另一部分热量则由干燥介质直接与物料接触而传递，是传导和对流两种传热形式的组合，热利用率较高。复式传热干燥器由内外两个圆筒构成。被干燥物料沿着内外圆筒的环形空间移动；热风先穿过内筒，然后折回穿过环形空间而与物料相接触。因此，物料一方面接受由中心管以热传导形式传递的热量，另一方面又接受以对流形式传递的热量。图 2-66 为复式传热转筒干燥器的结构示意。

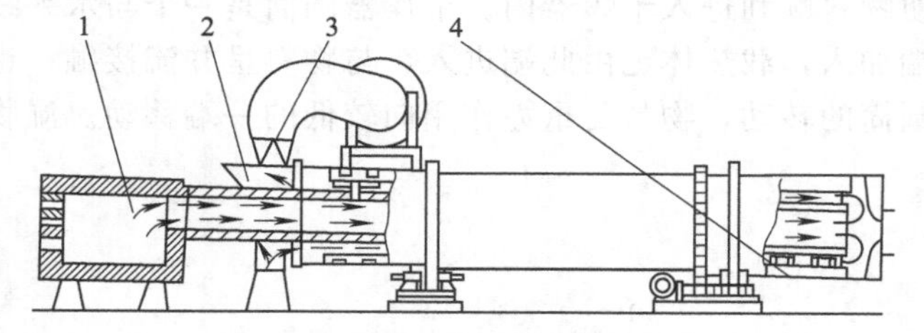

图 2-66 复式传热转筒干燥器

1—燃烧炉；2—排风机；3—外转筒；4—十字形管

（四）回转圆筒干燥器的操作和维护

回转圆筒干燥器在操作时应当控制好进料量的多少、进气温度的高低和风量的大小等，应按规定的最佳操作条件进行操作。否则，如进料量多、气体温度低、风量小都可能使物料达不到要求的干燥程度；如进料量少、气体温度高、风量大，就有可能使物料过热，并且浪费热能。

回转圆筒干燥器常见故障及处理方法如表 2-12 所示。

表 2-12 回转圆筒干燥设备的常见故障与处理方法

故障现象	故障原因	处理方法
滚圈对筒体有摇动或相对移动	①鞍座侧面没夹紧 ②滚圈鞍座间隙过大	①把鞍座向滚圈贴靠并夹紧 ②调整间隙
滚圈与托轮接触不良	筒身弯曲	①将弯曲处转到上边停转几分钟，靠自重下沉复原 ②检查调直筒体
密封圈左右摩擦	托轮位置移动使筒体偏斜	将发生摩擦一侧的托轮顶丝向里顶，另一侧向外放，顶放数量一致
大、小齿轮的啮合被破坏	①托轮磨损 ②小齿轮磨损 ③大齿圈与筒体的连接被破坏	①车削或更换托轮 ②更换小齿轮 ③矫正处理
筒体振动	托轮装置与底座连接被破坏或松动	拧紧或更换
筒体上下窜动	托轮位置不正确	调整托轮位置
挡轮损坏	筒体轴向力过大	调整托轮位置
轴承温度过高	①无润滑油 ②油内有脏物 ③托轮受力过大	①加油 ②换油 ③调整托轮
局部衬里脱落	①局部温度过高 ②砖的质量差 ③砌砖不符合质量	①降温 ②换合格砖 ③按要求施工

三、流化床干燥器

在一个干燥设备中，将颗粒物料堆放在分布板上，当气体由设备下部通入床层，随着气流速度加大到某种程度，固体颗粒在床层内就会产生沸腾状态，这种床层称为流化床。采用这种方法进行物料干燥称为流化床干燥。

（一）流化床干燥的原理

流化床干燥是流化技术在干燥方面的应用，如图 2-67（a）所示。颗粒状物料由床侧加料器加入，热气流由底部进入，通过多孔分布板与物料接触，当气流速度达到一定时，就会将物料颗粒吹起，并且使颗粒在气流中做不规则跳动，互相混合和碰撞。此时的气流速度称为临界速度。如果气流速度再增大，物料颗粒就会被气流带走，此时的速度称为带走速度。反之，若气流速度减小，物料颗粒就会下落。因此，流化床干燥器的气流速度应控制在临界速度范围内。

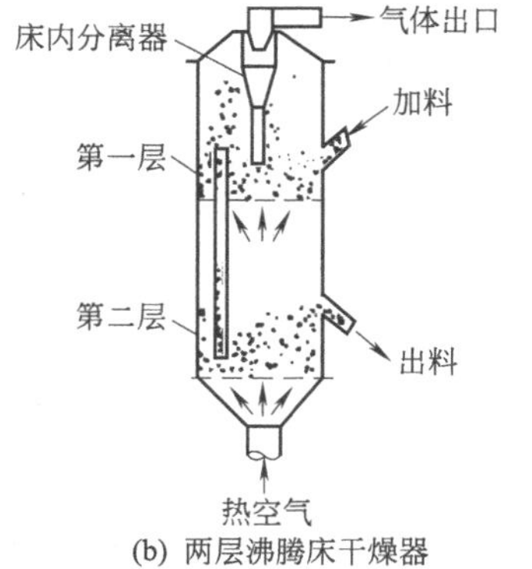

(a) 单层沸腾床干燥器　(b) 两层沸腾床干燥器

图 2-67 流化床干燥器

在流化床干燥过程中，气体激烈地冲动着固体颗粒，这种冲动速度具有脉冲性质，其结果就大大强化了传热和传质的过程。在流化床内传热和传质是同时发生的。图 2-67（b）为两层沸腾床干燥器的结构，湿物料由第一层上方加入，热气流由筒底送入，与物料颗粒逆向接触。物料颗粒在第一层被干燥后经溢流管降入第二层，干、湿物料颗粒在每一层内部都相互混合，但层与层则不相互混合。由于第二层上的干物料是与温度较高、湿度较小的入口热气流接触，物料颗粒的最终含水量比单层流化床干燥器低。热气通过第二层干物料层后，进入第一层与含水量较高的进口湿物料接触，因此它在排出时的温度比单层的低，湿度比单层的高。这样便增大了热的利用率，节省了能源。

（二）流化床的特点和分类

1. 特点

（1）颗粒与热干燥介质在沸腾状态下进行充分的混合与分散，减少了气膜阻力，而且气固接触面积相当大，其体积传热系数一般在2300～7000W/(m^3·K）范围内。

（2）由于流化床内温度均一并能自由调节，故可得到均匀的干燥产品。

（3）物料在床层内的停留时间一般为几分钟至几小时（有的只有几秒钟），可任意调节，故对难干燥或要求干燥产品含湿量低的物料特别适用。

（4）由于体积传热系数大，干燥强度大，故在小装置中可处理大量的物料。

（5）结构简单，造价低廉，没有高速转动部件，维修费用低，物料由于流化而输送简便。

（6）对于散粒状物料，其粒径与形状有一定的限制，如粒径范围为20～30μm至5～6mm是适宜的，形状以类似球形为佳。

2. 分类

（1）按被干燥的物料分类　有散粒状物料、膏糊状物料、溶液和悬浮液等具有流动性物料。

（2）按操作情况分类　流化床可分为间歇式和连续式。

（3）按设备结构型式分类　流化床可分为单层流化床干燥器、多层流化床干燥器、卧式多室流化床干燥器、振动流化床干燥器、喷动床干燥器、惰性粒子流化床干燥器等，此外，还有带搅拌桨的以及内置热传导装置的流化床干燥器。

（三）单层和卧式多室流化床干燥器

单层和卧式多室流化床干燥器如图2-68所示。它适用于干燥各种难以干燥的粒状物料、热敏性物料，并逐渐扩展到粉状、小块状等物料。散粒状物料往往是经造粒机制成4～14目的大小，初始含湿量一般在10%～30%，干燥后的终湿量一般在0.02%～0.3%。当被干燥的物料在80～100目或更细小时，如聚氯乙烯，则干燥器上部需加以扩大，以减少细粉夹带，其分布板的孔径及开孔率也相应减小，以改善流化状态。

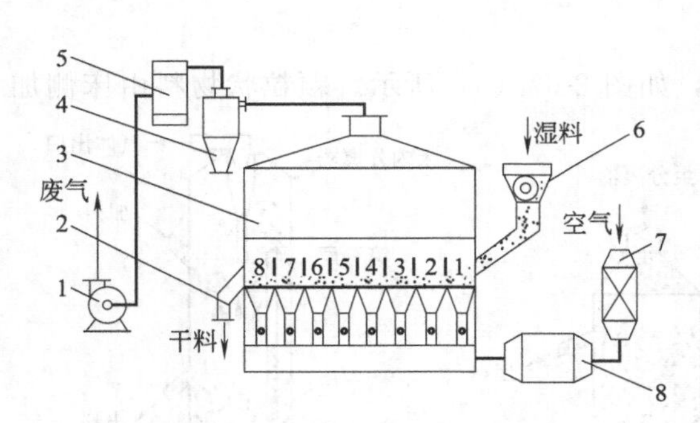

图2-68　单层和卧式多室流化床干燥器
1—引风机；2—卸料管；3—干燥器；4—旋风分离器；5—袋式分离器；6—摇摆颗粒机；7—空气过滤器；8—加热器

干燥器为一长方形箱式流化床，底部为多孔筛板，开孔率一般为4%～13%，孔径为1.5～2.0mm。筛板上方，按一定间距设置隔板，构成多室。隔板可以是固定的，或活动的（可上下移动），以调节其与筛板的间距。由于设置了与颗粒移动方向垂直的隔板，既防止了未干燥颗粒的排出，又使物料的滞留时间趋于均匀。每一小室的下部有一进气支管，支管上有调节气体流量的阀门。

湿物料连续加入到干燥器的第一室，床层中的颗粒借助于床层位差，通过流化床分布板与隔板之间的间隙向出口侧移动，被干燥的物料最后通过出口堰溢流连续排出。每一个室相当于一个流化床，卧式多室相当于多个流化床串联使用。

图 2-69 为卧式连续多室流化床干燥器，它将干燥后的细粉循环落到第一室，与初始进入的湿物料混合，可减少湿料结块造成的麻烦。

（四）多层流化床干燥器

连续多层流化床干燥器的结构与板式塔相似，如图 2-70 所示。一层板相当于一个流化床，湿物料自顶层加入，逐层下移，于底层排出。热空气由底部进入，向上通过各层，从顶部排出，物料与热风逆向流动。由于物料有规则地从上到下移动，停留时间分布均匀，物料的干燥程度均匀，易于控制产品质量。又由于气体与物料多次接触，所以尾气的水蒸气饱和度提高，热利用率较高。这种干燥器适用于干燥降速段的物料或产品要求含湿量很低的物料。连续多层流化床干燥器依其下料方式可分为溢流管式、穿流板式和错流式等，此外，还有多层串连式和翻板式。

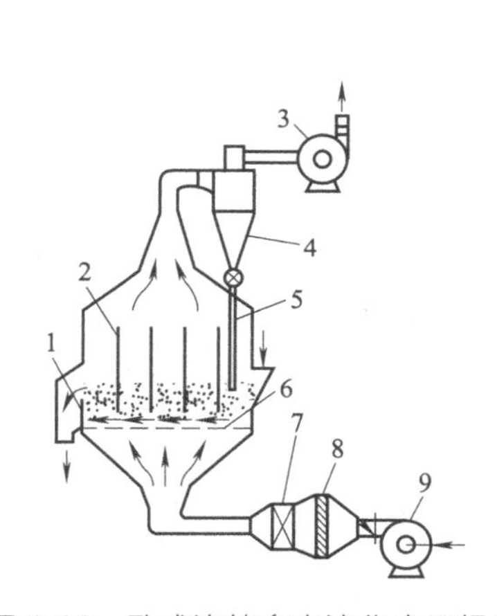

图 2-69 卧式连续多室流化床干燥器

1—出口堰；2—隔板；3—引风机；4—旋风分离器；5—循环下料管；6—流化床分布板；7—空气加热器；8—空气过滤器；9—鼓风机

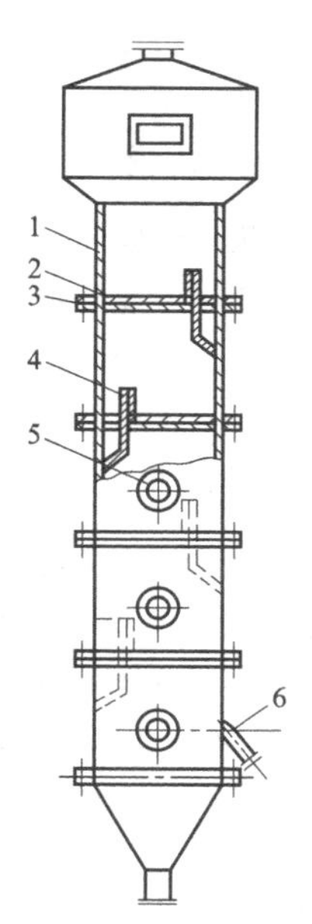

图 2-70 连续多层流化床干燥器

1—筒体；2—筛板；3—法兰；4—溢流装置；5—视镜；6—卸料管

（五）喷动床干燥器

喷动床干燥器如图 2-71 所示，其流动特征是一个向上的中心稀相流动床与一个四周向下的移动床的组合。喷动床干燥器底部为圆锥形，上部为圆筒形。气体以高速从锥底进入，夹带一部分固体颗粒向上运动，形成中央通道。在床层顶部颗粒好似喷泉一样，从中心喷出向四周散落，然后沿周围向下移动，到锥底又被上升气流喷射而上，如此循环以达到干燥的要求。

喷动床技术用途相当广泛，如干燥、造粒、冷却、混合等。喷动床技术用于干燥，根据物料特点及具体工艺要求，出现有几种形式的干燥装置。常用的喷动床干燥器有两种形式，即有分布板式和无分布板式。

图 2-72（a）为无分布板式喷动床干燥器，加料口设在设备锥底的窄截面处，产品自上部圆筒形侧孔卸出，或者按干燥要求自顶部由尾气带出。在气体及物料进口的窄截面处，气流速度是大颗粒气流输送速度（即带出速度）的 1.5～2.0 倍。

图 2-72（b）为有分布板式喷动床干燥器，物料从顶部加入，或在设备锥形底部靠近分布板处加入，产品通过锥形体处侧孔卸出，或在圆筒体处侧孔卸出。窄截面处气速接近于颗粒的带出速度，但在宽截面处则取最佳流化速度。

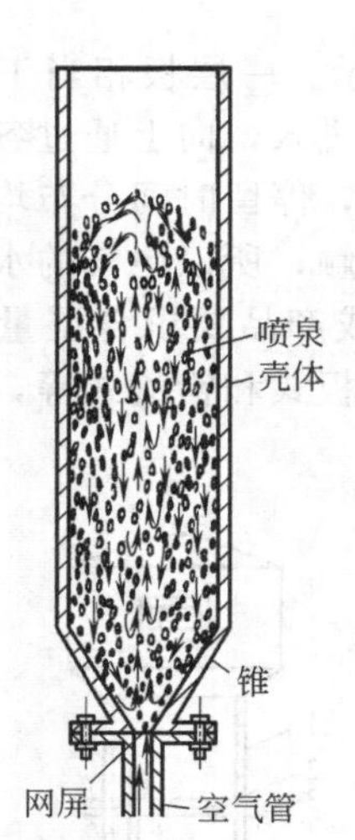

图 2-71 喷动床干燥器结构示意

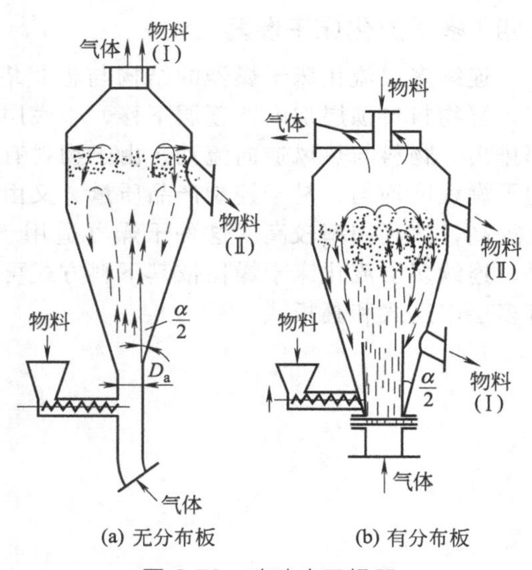

图 2-72 喷动床干燥器

四、喷雾干燥器

喷雾干燥是采用雾化器将物料分散为雾滴，并用热干燥介质（通常为空气）直接将雾滴干燥成固体产品的一种干燥方法。料液可以是溶液、乳浊液或是悬浮液，也可以是熔融物、膏状物或滤饼。产品根据需要可制成粉体、颗粒、空心球或团粒。经过几十年的研究与实践，喷雾干燥技术已比较成熟，设备尺寸的计算与确定也有可靠的方法。

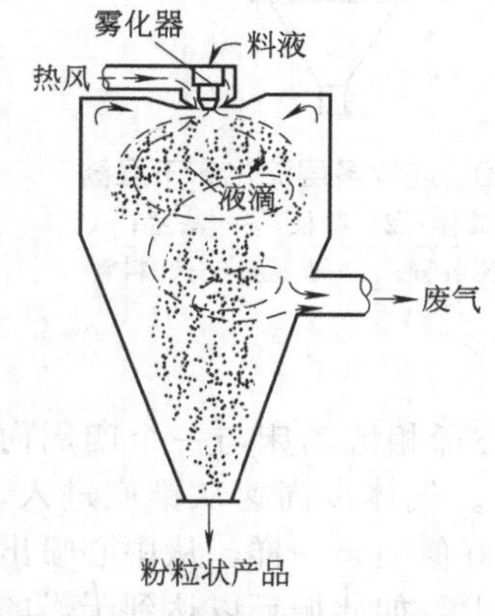

图 2-73 喷雾干燥原理示意图

（一）喷雾干燥的工作原理

将溶液、乳浊液、悬浮液或浆料在热风中喷雾成细小的液滴，在它下落过程中，水分被蒸发而成为粉末状或颗粒状的产品，称为喷雾干燥。

喷雾干燥的原理如图 2-73 所示，在干燥塔顶部导入热风，同时将料液泵送至塔顶，经过雾化器喷成雾状的液滴，这些液滴群的表面积很大，与高温热风接触后水分迅速蒸发，在极短的时间内便成为干燥产品，从干燥塔底部排出。热风与液滴接触后温度显著降低，湿度增大，作为废气由排风机抽出。废气中夹带的微粉用分离装置回收。

（二）喷雾干燥器的维修

几种喷雾干燥的常见故障及处理方法如表 2-13 所示。

表 2-13 喷雾干燥器常见故障及处理方法

种类	故障现象	故障原因	处理方法
气流式	①严重粘壁 ②颗粒粒度大 ③物料湿	①风压过低 ②风压低、喷嘴不同心或严重磨损 ③干燥空气温度低，风量不足	①调整风压 ②调整风压、更换雾化器 ③检修加热系统或通风机

续表

种类	故障现象	故障原因	处理方法
压力式	①颗粒粒度大 ②物料湿	①液压压力不够或喷嘴磨损 ②干燥空气温度低，风量不足	①调整泵的压力或修理更换喷嘴 ②检修加热系统或送风机
旋转式	①喷洒盘振动 ②轴承温度高	①盘上结垢或轴弯曲、轴承磨损 ②润滑油供应不足、油质不好、油路不通、冷却水管堵塞	①清洗喷洒盘，校直或更换轴、轴承 ②检查供油系统，换油；检查水路，疏通管路

第六节　石油化工管道

石油化工管道是用来输送流体介质的一种设备。这些管道输送的介质和操作参数不尽相同，其危险性和重要程度差别很大。为了保证各类管道在设计条件下均能安全可靠地运行，对不同重要程度的管道应当提出不同的设计、制造和施工检验要求。目前在工程上主要采用对管道分类或分级的办法来解决这一问题。

压力管道最新定义是：指利用一定的压力，用于输送气体或者液体的管状设备，其范围规定为最高工作压力大于或者等于 0.1MPa（表压），介质为气体、液化气体、蒸汽或者可燃、易爆、有毒、有腐蚀性、最高工作温度高于或者等于标准沸点的液体，且公称直径大于或者等于 50mm 的管道。公称直径小于 150mm，且其最高工作压力小于 1.6MPa（表压）的输送无毒、不可燃、无腐蚀性气体的管道和设备本体所属管道除外。其中，石油天然气管道的安全监督管理还应按照《安全生产法》《石油天然气管道保护法》等法律法规实施。

一、管道分类

石油化工生产装置中安装了大量不同规格、不同用途的管道，其分类方法如下。

(1) 管道工程按其服务对象的不同，可大体分为两大类：

① 在工业生产中输送介质的管道，称为工业管道；

② 为改变劳动、工作或生活条件而输送介质的管道，主要指暖卫管道或水暖管道，有时又统称卫生工程管道。

(2) 工业管道有些则是按照产品生产工艺流程的要求，把生产设备连接成完整的生产工艺系统，成为生产工艺过程中不可分割的组成部分。因此，通常有些又可称为工艺管道。

(3) 输送的介质是生产设备的动力媒介（动力源）的，这类工业管道又叫作动力管道。生产或供应这些动力媒介物的站房，称为动力站。

(4) 工业管道和水暖管道在企业生产区里有时很难区分，常常既为生活服务，又承担输送生产过程中的介质。例如上水管，它既输送饮用和卫生用水，又是表面处理用水和冷却水供应系统。

(5) 根据我国特种设备安全技术规范 TSG D3001—2009《压力管道安装许可规则》管道的类别和级别划分，如表 2-14 所示。

二、压力管道分级

工业管道输送的介质种类繁多、性质差异大，其分级不仅要考虑操作参数的高低，而且还要考虑介质危险程度的差别。

目前我国管道分级是根据美国标准 ANSI/ASME B31.3，并结合我国的习惯做法来进行分级的。目前有效的管道分级依据是国家标准、行业标准及国家特种设备技术规范。TSG R1001—2008《压力容器压力管道设计许可规则》中规定压力管道分为：长输管道、公用管道、工业管道、动力管道。

(1) 长输管道　是指产地、储存库、使用单位间的用于输送商品介质（油、气等），并跨省、市、自治区，穿、跨越江河、道路等，中间有加压泵站的长距离（一般大于 50km）管道。

长输管道用字母“GA”表示，划分为 GA1 级和 GA2 级，如表 2-14 所示。

(2) 公用管道　是指城市、乡镇、工业厂矿生活区范围内用于公用事业或民用的燃气管道和热力管道，如表 2-14 所示。公用管道用字母“GB”表示，划分为 GB1 级和 GB2 级 。

(3) 工业管道　指企业、事业单位所属的用于输送工艺介质的管道，公用工程管道及其他辅助管道，包括延伸出工厂边界线，但归属企、事业单位管辖的工艺管道。工业管道用字母“GC”表示，划分为 GC1 级、GC2 级、GC3 级，如表 2-14 所示。

(4) 动力管道　是火力发电厂用于输送蒸汽、汽水两相介质的管道。动力管道用字母“GD”表示，划分为 GD1 级、GD2 级，如表 2-14 所示。

表 2-14　压力管道的类别和级别

名称	类别	级别		级别划分的范围
长输管道	GA	GA1	GA1 乙	①输送有毒、可燃、易爆气体或者液体介质，设计压力大于 10MPa ②输送距离大于或者等于 1000km 且公称尺寸大于等于 1000mm 的
			GA1 甲	①输送有毒、可燃、易爆气体介质，设计压力大于 4.0MPa、小于 10MPa 的管道 ②输送有毒、可燃、易爆液体介质，设计压力大于或者等于 6.4MPa，但小于 10MPa 的管道 ③输送距离小于 200km 且公称尺寸大于或者等于 500mm 的管道
		GA2		GA1 级以外的长输(油气)管道
公用管道	GB	GB1		燃气管道
		GB2		①设计压力大于 2.5MPa 的热力管道
				②设计压力小于或者等于 2.5MPa 的热力管道
工业管道	GC	GC1		①输送 GBZ 230—2010《职业性接触毒物危害程度分级》中规定的毒性程度为极度危害介质、高度危害气体介质和工作温度高于标准沸点的高度危害液体介质的管道 ②输送 GB 50160—2008《石油化工企业设计防火规范》及 GB 50016—2014《建筑防火规范》中规定的火灾危险性为甲、乙类可燃气体或甲类可燃液体(包括液化烃)，并且设计压力大于或者等于 4.0MPa 的管道 ③输送流体介质，并且设计压力大于或者等于 10.0MPa 的管道，或者设计压力大于或者等于 4.0MPa，且设计温度高于或等于 400℃的管道
		GC2		除 GC3 级管道外，介质毒性危害程度、火灾危害(可燃性)、设计压力和设计温度低于 GC1 级的管道
		GC3		输送无毒、非可燃流体介质，设计压力小于或者等于 1.0MPa，且设计温度大于－20℃，但是不高于 186℃的管道
动力管道	GD	GD1		设计压力大于或者等于 6.3MPa，设计温度高于或等于 400℃的管道
		GD2		设计压力小于 6.3MPa，且设计温度低于 400℃的管道

三、管道元件的公称尺寸及公称压力

在压力管道设计、制作、安装和验收工程中，涉及最多的两个术语就是公称压力和公称直径，但常有人将公称压力理解为管道所能承受的最大压力，而将公称直径（公称尺寸）理解为管道的内径、外径、平均直径、平均外径等。这些理解在有些情况下可能是准确的，而在其他情况下则可能是错误的。

公称压力是为了设计、制造和使用方便，而人为地规定的一种名义压力。这种名义上的压力实际是压强，压力则是中文的俗称，其单位是 Pa 而不是 N。

公称直径与公称尺寸是同义术语。但在不同的专业领域，公称尺寸与公称直径所表达的概念并非完全一致。在管道工程中，公称尺寸是首选术语。

（一）管道元件的公称尺寸

管道元件的公称尺寸在现行国家标准 GB/T 1047—2005《管道元件 *DN*（公称尺寸）的定义和选用》做出了准确的定义，该标准采用了 ISO 6708：1995《管道元件 *DN*（公称尺寸）的定义和选用》的内容。管道元件的公称尺寸术语适用于输送流体用的各类管道元件。

1. 管道元件公称尺寸术语定义

管道元件公称尺寸用于管道元件的字母和数字组合的尺寸标识，它由字母 *DN* 和后跟无量纲的整数数字组成。这个数字与端部连接件的孔径或外径（用 mm 表示）等特征尺寸直接相关。

一般情况下公称尺寸的数值既不是管道元件的内径，也不是管道元件的外径，而是与管道元件的外径相接近的一个整数值。

应当注意的是并非所有的管道元件均须用公称尺寸标记，例如钢管就可用外径和壁厚进行标记。

2. 标记方法

公称尺寸的标记由字母“*DN*”后跟一个无量纲的整数数字组成，如外径为 89mm 的无缝钢管的公称尺寸标记为 *DN*80。

3. 公称尺寸系列规定

公称尺寸的系列规定如表 2-15 所示，表中黑体字为 GB/T 1047—2005 优先选用的公称尺寸。

表 2-15 管道元件公称尺寸 *DN* 优先选用数值表 单位：mm

公称尺寸系列 *DN*							
3	**50**	225	**450**	750	**1200**	**2000**	**3800**
6	**65**	**250**	475	**800**	1250	**2200**	**4000**
8	**80**	275	**500**	850	1300	**2400**	
10	90	**300**	525	**900**	1350	**2600**	
15	**100**	325	550	950	**1400**	**2800**	
20	**125**	**350**	575	**1000**	1450	**3000**	
25	**150**	375	**600**	1050	**1500**	**3200**	
32	175	**400**	650	**1100**	**1600**	**3400**	
40	**200**	425	**700**	1150	**1800**	**3600**	

GB/T 1047—2005 对原标准名称、范围、定义进行修改，对 *PN* 的数值进行了简化，删去了原标准中的标记方法。

管道元件的公称尺寸在我国工程界也有称其为公称通径或公称直径，但三者的含意完全相同，与国际标准接轨后，将逐步采用“公称尺寸”这一国际通用术语。

（二）管道元件公称压力

管道元件公称压力在国家标准 GB/T 1048—2005《管道元件 *PN*（公称压力）的定义和选用》做出了准确的定义，该标准采用了 ISO 7268：1996《管道元件 *PN* 的定义和选用》的内容。

1. 管道元件公称压力术语定义

管道元件公称压力与管道元件的力学性能和尺寸特性相关，用于参考的字母和数字组合的标识，由字母 *PN* 和后跟无量纲的数字组成。

（1）字母 *PN* 后跟的数字不代表测量值，不应用于计算，除非在有关标准中另有规定。

（2）除与相关的管道元件标准有关联外，术语 *PN* 不具有意义。

(3) 管道元件允许压力取决于元件的 PN 数值、材料和设计以及允许工作温度等，允许压力在相应标准的压力-温度等级中给出。

(4) 具有同样 PN 数值的所有管道元件同与其相配的法兰应具有相同的配合尺寸。

2. 标记方法

公称压力的标记由字母“PN”后跟一个数值组成，如：公称压力为 1.6MPa 的管道元件，标记为 PN16。

3. 公称压力系列

公称压力 PN 的数值应从表 2-16 中选择，必要时允许选用其他 PN 数值。

表 2-16 管道元件公称压力系列

DIN	ANSI	DIN	ANSI
PN2.5	PN20	PN25	PN260
PN6	PN50	PN40	PN420
PN10	PN110	PN63	
PN16	PN150	PN100	

GB/T 1048—2005 删去了原标准中的公称压力的标记方法，删去了 PN 数值的单位 (MPa)，明确了 PN（公称压力）只是“与管道元件的力学性能和尺寸特性相关，用于参考的字母和数字组合的标识”的基本概念，并在注解进一步说明了字母 PN 后跟的数字不代表测量值，不应用于计算。

目前国内许多标准还处于新旧交替阶段，GB/T 1048—2005《管道元件 PN（公称压力）的定义和选用》已经与国际标准 ISO 7268：1996《管道元件 PN 的定义和选用》接轨，一些与公称压力相关的管道元件的国家现行标准将随之修订，应当引起读者的高度关注。

在国家最新的标准 GB/T 1047 和 GB/T 1048 中的公称尺寸和公称压力都是由字母及后跟无量纲的数字组成。这一点是与被替代标准的本质区别。

四、管道连接

管道连接有螺纹连接、法兰连接、焊接连接、承插连接、黏合连接、胀接连接、卡套式连接。

（一）螺纹连接

螺纹连接是通过外螺纹和内螺纹之间的相互啮合来实现管道连接的，为了保证管接口的严密性，在内外螺纹间加上适当的填料。螺纹连接也称丝扣连接。

螺纹连接法在管道工程中得到较为广泛的应用。它适用于焊接钢管 DN150 以下管径的管件以及带螺纹的阀类和设备接管的连接，适用于工作压力在 1.6MPa 内的给水、低压蒸汽、燃气、压缩空气、燃油、碱液等介质。

管的螺纹连接有圆柱形内螺纹套入圆柱形外螺纹，圆柱形内螺纹套入圆锥形外螺纹及圆锥形内螺纹套入圆锥形外螺纹三种连接方式，其中后两种连接方法接触紧密，因此，得到广泛应用。

（二）法兰连接

法兰连接形式一般是依靠其连接螺栓所产生的预紧力，通过各种固体垫片或液体垫片达到足够的工作密封比压，来阻止被密封流体介质的外泄的一种强制密封连接。

法兰连接可满足高温、高压、高强度的需要，并且法兰的制造生产已达到标准化，在生产、检修中可以方便拆卸，这是法兰连接的最大优点。

在管道施工图纸中法兰规格、承受的压力、工作温度、法兰与管端的焊接形式，在设计图纸中均要做出明确规定。如果设计图纸未作明确规定，可按 GB/T 9112～9125 钢制管法兰及法兰盖国家标准球墨铸铁法兰及法兰盖国家标准进行选用。

（三）焊接连接

焊接接口具有牢固耐久、接头强度高、严密性好、成本低、使用后不须经常维修管理的优点，在管道安装工程中，焊接连接得到广泛应用，尤其是金属管道连接，焊接连接占有极其重要的地位。

焊接连接有气焊、手工电弧焊、手工氩弧焊、埋弧自动焊、埋弧半自动焊等。在施工现场，手工电弧焊和气焊应用最为普遍。手工氩弧焊成本较高，用于有特殊要求的管道连接。埋弧自动焊、埋弧半自动焊多用于管道集中预制加工。

手工电弧焊的优点是电弧温度高，穿透能力比气焊大，接口容易焊透，适用于厚壁焊件。在同样条件下，电焊强度高于气焊，另外，电弧焊加热面积小，焊件变形也小。

气焊不但可以焊接，而且还可以进行切割、开孔、加热等多种作业，便于在管道施工过程中的焊接和加热。对于狭窄地方接口，气焊可用弯曲焊条的方法较方便地进行焊接作业。

在同等条件下，电焊成本低，气焊成本高。具体采用哪种焊接方法，应根据管道焊接工作的条件、焊接结构特点、焊缝所处空间位置以及焊接设备和材料来选择使用。在一般情况下，气焊用于公称尺寸小于 50mm 的管道连接，电焊用于公称尺寸大于或等于 50mm 的管道连接。

五、管道检验

管道系统施工完毕后，应经过质量检验人员对工程质量进行检验。

质量检验包括外观检验、焊缝表面无损检验、射线照相检验和超声波检验。

（一）外观检验

外观检验应覆盖施工的全过程。施工开始时应对进场的材料进行外观检验，施工过程中应按工序对安装质量进行检验。

（1）管道、配件及支承件材料应具有出厂质量证明书，其质量不得低于现行国家标准。其材质、规格、型号、质量应符合设计文件的规定。

（2）施工过程中分项工程也应进行外观检验；检验管道、配件、支承件的位置是否正确，有无变形，安装是否牢固等。

① 管道安装应横平竖直，坡度、坡向正确。

② 螺纹加工应规整、清洁、无断丝。螺纹连接应牢固、严密。

③ 法兰连接应牢固，对接应平行、紧密且与管子中心线垂直，垫片应无双层垫或斜垫。

④ 焊口应平直，焊缝加强面应符合设计规定，焊缝表面应无烧穿、裂纹、结瘤、夹渣及气孔等缺陷。

⑤ 承插接口应保证环缝间隙均匀，灰口平整、平滑、养护良好。

⑥ 管道支架应结构正确，埋设平整、牢固，排列整齐。

⑦ 阀门安装的型号、规格、耐压试验应符合设计要求；位置及进出方向正确；连接牢固、紧密；启闭灵活，朝向合理，表面清洁。

⑧ 埋地管道的防腐层牢固、表面平整，无皱折、空鼓、滑移及封闭不良等缺陷。

⑨ 管道、配件、支承防腐油漆应附着良好，无脱皮、起泡及漏涂，且厚度均匀，色泽一致。

（二）焊缝表面无损检验

（1）焊缝表面应按设计文件进行磁粉或液体渗透检验。

（2）对有热裂纹倾向的焊缝应在热处理后进行检验。

（3）对有缺陷的焊缝，在消除缺陷后应重新进行检验，直至合格为止。

（三）射线照相及超声波检验

（1）检查焊缝内部质量，应进行射线照相或超声波检验。

（2）检验焊接接头前，应按检验方法的要求，对焊接接头的表面进行相应处理。

（3）焊缝外观应成型良好，宽度以每边盖过坡口边缘2mm为宜。角焊缝的焊脚高度应符合设计文件规定，外形应平缓过渡。

（4）焊接接头表面的质量应符合下列要求。

① 不得有裂纹、未熔合、气孔、夹渣、飞溅等缺陷存在。

② 设计温度低于－29℃的管道、不锈钢和淬硬倾向较大的合金钢管道焊缝表面，不得有咬边现象；其他材质管道焊缝咬边深度不应大于0.5mm，连续咬边长度不应大于100mm，且焊缝两侧咬边总长不大于该焊缝全长的10%。

③ 焊缝表面不得低于管道表面，焊缝余高Δh应符合下列要求。

a. 100%射线检测焊接接头，其$\Delta h \leqslant 1+0.1b_1$，且不大于2mm；

b. 其余的焊接接头，$\Delta h \leqslant 1+0.2b_1$，且不大于3mm。

注：b_1为焊接接头组对后坡口的最大宽度，单位为mm。

（5）管道焊接接头的无损检测应按NB/T 47013—2015《承压设备无损检测》进行焊缝缺陷等级评定。

六、管道的压力试验

管道系统安装完毕后，为了检查管道系统强度和严密性及保证安装质量，应对管道系统进行压力试验。

（一）试压的一般规定

（1）管道试压前应全面检查、核对已安装的管子、管件、阀门、紧固件以及支架等，质量应符合设计要求及技术规范的规定。

（2）管道试压应编制试验方案，根据工作压力分系统进行试压。一般对于通向大气的无压管线，如放空管、排液管等可不进行试压。

（3）试压前将不能与管道一起试压的设备及压力系统不同的管道系统用盲板隔离，应将不宜与管道系统一起试压的管道附件拆除，临时装上短管。

（4）管道系统上所有开口应封闭，系统内的阀门应开启；系统最高点应设放气阀，最低点应设排水阀。

（5）试压时，应用精度等级1.5级以上的压力表两个，表的量程应为最大被测压力的1.5～2倍，一个装在试压泵出口，另一个装在本系统压力波动较小的其他位置。

（6）试压时应将压力缓慢升至试验压力，并注意观察管道各部分情况，如发现问题，应卸压后进行修理，禁止带压修理，缺陷消除后重新试压。

（7）当进行压力试验时，应划定禁区，无关人员不能进入，防止伤人。

（8）对于剧毒管道及设计压力$p \geqslant 10\text{MPa}$的管道，压力试验前应按规范要求将各项资料经建设单位复查，确认无误。

（9）试验方案应经过批准，且进行技术交底。

（10）管道系统试验合格后，试验介质应选择合适地方排放，排放时应注意安全。试验完毕后应及时填写“管道系统压力试验记录”，有关人员签字确认。

（二）管道强度试验及严密性试验

1. 强度试验

（1）强度试验的目的是检查管道的力学性能。

（2）强度试验的方法是以该管道的工作压力增加一定的数值，在规定时间内，试验压力表上指示压力不下降，管道及附件未发生破坏，则认为强度试验合格。

2. 严密性试验

（1）严密性试验的目的是检查管道系统的焊缝及附件连接处的渗漏情况，检验系统的严密性。

（2）严密性试验的方法是将试验压力保持在工作压力或小于工作压力的情况下，在一定时间内，观察和检查接口及附件连接处的渗漏情况，并观察压力表数值下降情况。严密性试验的检查对象包括全部附件及仪表等。

3. 管道压力试验的规范要求

（1）工业管道的压力试验应按现行国家标准《工业金属管道工程施工规范》（GB 50235—2010）进行。

（2）暖卫管道的压力试验应按现行国家标准《建筑给水排水及采暖工程施工质量验收规范》（GB 50242—2002）进行。

（3）石化管道的压力试验应按现行国家行业标准《石油化工有毒、可燃介质钢制管道工程施工及验收规范》（SH 3501—2011）进行。

（三）石油化工管道的试压

（1）石油化工管道系统试验的项目按表2-17的规定进行。

（2）石油化工管道系统的强度与严密性试验，一般采用液压试验。如设计结构或其他原因，液压强度试验确有困难时，可用气压试验代替，但必须采用有效的安全措施，并应报请主管部门批准。

表2-17　石油化工管道系统试验项目表

工作介质的性质	设计压力(表压)/MPa	强度试验	严密性试验		其他试验
			液压	气压	
一般	<0	作	任选		真空度
	0	—	充水	—	—
	>0	作	任选		—
有毒流体	任意	作	作	作	泄漏量
剧毒流体	<10	作	作	作	泄漏量
可燃流体	>10	作	作	作	泄漏量

（3）液压试验

① 液压试验应用洁净水进行，系统注水时，应将空气排尽。

② 奥氏体不锈钢液压试验时，水的氯离子含量不得超过 25×10^{-6}（25mg/L），否则应采取措施。

③ 液压试验宜在环境温度5℃以上进行，否则须有防冻措施。

④ 液压试验的压力应按表2-18的规定进行。

表2-18　工业管道液压试验压力

<table>
<tr><th colspan="3">管道级别</th><th>设计压力 p/MPa</th><th colspan="2">强度试验压力/MPa</th><th>严密性试验压力/MPa</th></tr>
<tr><td colspan="3">真空</td><td>—</td><td colspan="2">0.2</td><td>0.1</td></tr>
<tr><td rowspan="4">中低压</td><td colspan="2">地上管道</td><td>—</td><td colspan="2">$1.5p$</td><td>p</td></tr>
<tr><td rowspan="3">埋地管道</td><td>钢</td><td>—</td><td>$1.5p$ 且不小于0.4</td><td rowspan="3">不大于系统内阀门单体试验压力</td><td rowspan="3">p</td></tr>
<tr><td rowspan="2">铸铁</td><td>$\leqslant0.5$</td><td>$2p$</td></tr>
<tr><td>>0.5</td><td>$p+0.5$</td></tr>
<tr><td colspan="3">高压</td><td>—</td><td colspan="2">$1.5p$</td><td>p</td></tr>
</table>

⑤ 当管道设计温度高于试验温度时，试验压力应按式（2-5）计算：

$$p_S=1.5p[\sigma]_1/[\sigma]_2 \tag{2-5}$$

式中 p_S——试验表压力，MPa；

p——设计表压力，MPa；

$[\sigma]_1$——试验温度下管材许用应力，MPa；

$[\sigma]_2$——设计温度下管材许用应力，MPa。

当 $[\sigma]_1/[\sigma]_2$ 大于6.5时，取6.5。当 p_S 在试验温度下，产生超过屈服强度的应力时，应将试验压力 p_S 降至不超过屈服强度的最大压力。

⑥ 对于压差较大的管道系统，应考虑试验介质的静压影响，液体管道以最高点压力为准，但最低点压力不得超过管道附件及阀门的承压能力。

⑦ 液压试验应缓慢升压至试验压力后，稳压10min，再将试验压力降至设计压力，停压30min，以压力不降、无渗漏为合格。

（4）气压试验

① 气压试验介质一般为空气或惰性气体。

② 工业管道气压试验的压力，如表2-19所示。

表2-19 工业管道气压试验压力 单位：MPa

管道压力及种类	试验压力	管道压力及种类	试验压力
承受内压的钢管	$1.15p$	真空管	0.2
承受内压的有色金属管	$1.15p$		

注：p 为设计压力。

③ 当管道设计压力 $p>0.6$MPa时，必须有设计文件规定或经有关单位同意，方可进行气压试验。

④ 严禁使试验温度接近金属的脆性转变温度。

⑤ 气压试验时，应逐步缓慢地增加压力，当压力升至试验压力的50%时，如未发现变形或泄漏，继续按试验压力的10%逐级升压，每级稳压3min，直至压力升至试验压力，稳压10min，再降至设计压力，停压时间应根据查漏工作需要而定，以发泡剂检验不泄漏为合格。

（5）真空试验

① 真空试验是检查管道系统在真空条件下的严密性，属于严密性试验。

② 真空试验压力采用设计压力。

③ 真空试验的主要设备是真空泵和真空表。

④ 真空试验应在严密性试验合格后，在联动试运转时进行。

⑤ 真空试验的方法是将管道系统用真空泵抽成真空状态，保持24h，观察真空表指示值变化情况，增压率不大于5%为合格。

（6）泄漏量试验

① 对于有剧毒流体、有毒流体、可燃流体介质的管道系统应进行泄漏量试验。泄漏量试验属于严密性试验。

② 泄漏量试验的介质宜采用空气。

③ 泄漏量试验压力应为设计压力。

④ 泄漏量试验应在压力试验合格后进行，也可结合试车工作一并进行。

⑤ 泄漏量试验的方法是给管道系统充满空气，加压至设计压力后，重点检查阀门填料函、法兰或螺纹联接处、放空阀、排气阀、排水阀等，以发泡剂检验不泄漏为合格。

⑥ 经气压试验检验合格，且在试验后未经拆卸过的管道可不进行泄漏量试验。

七、管道系统的吹洗

管道系统强度试验合格后，或严密性试验前，应分段进行吹扫与清洗，简称吹洗。当管道内杂物较多时，也可在压力试验前进行吹洗。对管道进行吹洗的目的是清除管道内的焊渣、泥土、砂子等杂物。吹洗前应编制吹洗方案。

（一）吹洗介质的选用

管道吹洗所用的介质有水、蒸汽、空气、氮气等。一般情况下，液体介质的管道用水冲洗；蒸汽介质的管道用蒸汽吹扫；气体介质的管道用空气或氮气吹扫。例如：水管道用水冲洗；压缩空气管道用空气吹扫；乙炔、煤气管道也用空气吹扫；氧气管道用无油空气或氮气进行吹扫。

（二）吹洗的要求

(1) 吹洗方法　吹洗方法是根据管道脏污程度来确定的。吹洗介质应有足够的流量，吹洗介质的压力不得超过设计压力，流速不低于工作流速。

(2) 吹洗的顺序　管道吹洗的顺序一般应按主管、支管、疏排管依次进行。脏液不得随便排放。

(3) 保护仪表　吹洗前应将管道系统内的仪表加以保护，并将孔、喷嘴、滤网、节流阀及单流阀阀芯等拆除，妥善保管，待吹洗后复位。

(4) 吹扫时应设置禁区。

（三）水冲洗

(1) 水冲洗的排放管应从管道末端接出，并接入可靠的排水井或沟中，并保证排泄畅通和安全。排放管的截面积不应小于被冲洗管截面积的60%。

(2) 冲洗用水可根据管道工作介质及材质选用饮用水、工业用水、澄清水或蒸汽冷凝液。如用海水冲洗时，则需用清洁水再冲洗。奥氏体不锈钢管道不得使用海水或氯离子含量超过25×10^{-6} (25mg/L) 的水进行冲洗。

(3) 水冲洗应以管内可能达到的最大流量或不小于1.5m/s的流速进行。

(4) 水冲洗应连续进行，当设计无规定时，则以出口处的水色和透明度与入口处的水色和透明度目测一致为合格。

(5) 管道冲洗后应将水排尽，需要时可用压缩空气吹干或采取其他保护措施。

（四）空气吹扫

(1) 空气吹扫一般采用具有一定压力的压缩空气进行吹扫，其流速不应低于20m/s。

(2) 空气吹扫时，在排气口用白布或涂有白漆的靶板检查，如5min内检查其上无铁锈、尘土、水分及其他脏物即为合格。

（五）蒸汽吹扫

(1) 一般情况下，蒸汽管道用蒸汽吹扫。非蒸汽管道如用空气吹扫不能满足清洁要求时，也可用蒸汽吹扫，但应考虑其结构是否能承受高温和热膨胀因素的影响。

(2) 蒸汽吹扫前，应缓慢升温暖管，且恒温1h后，才能进行吹扫；然后自然降温至环境温度，再升温暖管、恒温进行第二次吹扫，如此反复一般不少于三次。

(3) 蒸汽吹扫的排气管应引至室外，并加以明显标志，管口应朝上倾斜，保证安全排放。排气管应具有牢固的支承，以承受其排空的反作用力。排气管道直径不宜小于被吹扫管的管径，长度应尽量短。蒸汽流速不应低于20m/s。

(4) 绝热管道的蒸汽吹扫工作，一般宜在绝热施工前进行，必要时可采取局部的人体防烫措施。

(5) 蒸汽吹扫的检查方法及合格标准：一般蒸汽管道或其他管道，可用刨光木板置于排气口处检查，当板上无铁锈、脏物为合格。

(六) 油清洗

(1) 润滑、密封及控制油管道，应在机械及管道酸洗合格后，系统试运转前进行油清洗。不锈钢管，宜用蒸汽吹洗干净后进行油清洗。

(2) 油清洗应采用适合于被清洗机械的合格油品。

(3) 油清洗的方法应以油循环的方式进行，循环过程中每8h应在40～70℃的范围内反复升降油温2～3次，并应及时清洗或更换滤芯。

(4) 油清洗应达到设计要求标准。当设计文件或制造厂无要求时，管道油清洗后应采用滤网检验，合格标准应符表2-20的规定。

表2-20 油清洗合格标准

机械转速/(r/min)	滤网规格/目	合格标准
≥6000	200	目测滤网，无硬粒及黏稠物；每平方厘米范围内，软杂物不多于3个
<6000	100	

(5) 油清洗合格的管子，应采取有效的保护措施。

八、管道脱脂

直接法生产浓硝酸装置、空气分离装置和炼油、石油化工工程中的一切忌油设备、管道和管件必须按设计要求进行脱脂。脱脂的目的就是避免输送或储存的物料遇油脂或有机物时可能形成爆炸；避免输送或储存的物料和油脂或有机物相混合；控制油脂含量，以保证催化剂的活性；控制油脂及有机物的含量，以保证产品的纯度。

已安装的管道应拆卸成管段进行脱脂。安装后不能拆卸的管道应在安装前进行脱脂。有明显油迹或严重锈蚀的管子，应先用蒸汽吹扫、喷砂或其他方法清除干净，再进行脱脂。

(一) 脱脂剂的选择

管道脱脂可采用有机溶剂（二氯乙烷、三氯乙烯、四氯化碳、工业酒精、动力苯（粗苯)、丙酮等)、浓硝酸或碱液进行。

工业用二氯乙烷（$C_2H_4Cl_2$)，适用于金属件的脱脂；工业用四氯化碳（CCl_4)，适用于黑色金属及非金属件的脱脂；三氯乙烯（C_2HCl_3)，适用于金属件及有色金属件的脱脂；工业酒精（C_2H_5OH，浓度不低于86%)，适用于脱脂要求不高及容器内表面人工擦洗的情况；88%的浓硝酸，适用于浓硝酸装置的部分管件和瓷环等的脱脂。

(二) 脱脂方法

(1) 管子的脱脂　管子外表面如有泥垢，可先用净水冲洗干净，并自然吹干，然后用干布浸脱脂剂揩擦除油，再放在露天干燥。

对管子内表面进行脱脂时，可将管子的一端用木塞堵严或用其他方法封闭，从另一端注入该管容积的15%～20%的脱脂溶剂，然后以木塞封闭，放在平整干净的地方或置于有枕木的工作台上浸泡60～80min，并每隔20min转动一次管子。带弯的管子应适当增加脱脂溶剂，使之全面浸泡。脱脂后，将管内溶剂倒出，用排风机将管内吹干，或用不含油的压缩空气或氮气吹干或用自然风吹24h，充分吹干。

大口径管子可用棉布浸蘸溶剂人工擦洗；小口径管子也可整根放在盛有溶剂的长槽内浸泡60～80min。

浓硝酸装置的浓硝酸管道和设备，可在全部安装后直接以88%的浓硝酸用泵打循环进行酸洗。循环不到或不耐浓硝酸腐蚀的管子必须单独脱脂。阀门、垫片等管件在酸洗前也应单独脱脂。

(2) 管件、阀门及其他零部件的脱脂　阀门脱脂应在其研磨试压合格后进行，将阀件拆成零件在溶剂内浸泡 60～80min，然后取出悬挂在通风处吹干，直至无味为止。法兰、螺栓、金属垫片、金属管件等可用同样方法进行脱脂。

非金属垫片和填料可置于溶剂内浸泡 80～120min，然后悬挂在通风之处吹干，时间不少于 24h。

接触氧、浓硝酸等强氧化性介质的纯石棉填料，可在 300℃ 以下的温度中灼烧 2～3min，然后涂以设计要求的涂料（如石墨粉）。

浓硝酸装置的阀门、瓷环等，可用 88% 的浓硝酸洗涤或浸泡，然后用清水冲洗，再以蒸汽吹洗，直至蒸汽冷凝液不含酸为止。

紫铜垫片等经过退火处理后，如未被油脂沾污，可不再进行脱脂。

（三）脱脂检验

设备、管子和管件脱脂后应经检查鉴定。检验标准应根据生产介质、压力、温度对接触油脂的危险程度而确定。

管道脱脂后应将溶剂排尽，当设计无规定时，检验脱脂质量的方法及合格标准规定如下。

(1) 直接法　用清洁干燥的白滤纸擦拭管道及其附件的内壁，纸上无油脂痕迹；用紫外线灯照射，脱脂管道表面应无紫蓝荧火。

(2) 间接法　蒸汽吹扫脱脂时，盛少量蒸汽冷凝液于器皿内，并放入数颗粒度小于 1mm 的纯樟脑，以樟脑不停旋转为合格；有机溶剂及浓硝酸脱脂时，取脱脂后的溶液或酸分析，其含油和有机物应不超过 0.03%。

脱脂合格的管道应及时封闭管口，保证以后的工序施工中不再被污染，并填写管道系统脱脂记录。

九、管道检修

（一）检修的分类

管道系统就其检修的规模和性质分类，可分为日常维护、小修、中修、大修、抢修和技术改造。

1. 日常维护

日常维护是管道系统局部的、小量的修理，可以由操作人员或检修人员在正常运行条件下通过小修、小改即可完成。当设备维护时，为了不影响生产运行，可以开启备用设备，然后再停机维护。如支、吊架螺栓的紧固，法兰盘螺栓的紧固，管道保温层的修整，水泵盘根的更换等，都可以在管道系统正常运行条件下进行日常维护。

2. 小修

小修是管道系统局部的、小量的修理，但需在局部管网短时间停止运行条件下进行的修理。如更换法兰垫片和阀门，更换设备的易磨易损件等。

3. 中修

中修是除小修项目外，尚应进行检修的其余项目，需要停止运行的时间较长。如更换个别较大的管件或附件，安全阀的测试检查或修理，保温层的停车更换等。

4. 大修

大修是除小修、中修项目外，尚应进行检修的其余项目，需要停止运行的时间更长，一般放在全厂停产检修期间统一安排检修。如更换长度较长、管径较多的管道及其保温层，由自然灾害（地震、水灾）引起的管道系统大范围破坏。

5. 抢修

由不可预料的原因产生的突发性故障，需要紧急处理，以减少对周围环境造成的危害、降低停产所造成的经济损失而进行的检修称为抢修。公用事业部门和大型管道系统的企业应备抢修车，抢修车应具有各种施工机具、抢修备品备件和材料。

一般小修、中修、大修应有计划地进行，日常维护和抢修随机进行。

6. 技术改造

技术改造是指整个系统或系统的局部所进行的新工艺、新设备和新材料代替旧工艺、旧设备和旧材料的技术进步过程。由于国内外科学技术的不断发展进步，管道系统要不断改进工艺并使用新材料，对设备进行必要的更新换代，以提高产品质量、增加产品品种、提高经济效益。由于技术改造要尽可能地利用可以利用的原有设备和设施，只是对其核心部分进行更新换代，而不同于新建工程，因此把技术改造列入检修范畴。压力管道的技术改造一般指以下几个方面的技术变动。

（1）较大数量地更换原有管线　国外有的规定为管线长度500m以上。

（2）改变公称直径　公称直径的变更将会导致介质的流速、流量、管道的应力、应变等一系列技术参数的变化。

（3）提高工作压力　有时工作压力的提高会使管道的管理级别发生变化。

（4）改变输送介质的化学成分　输送介质化学成分的变动使得原有管道系统的环境因素发生变化。

（5）提高工作温度　工作温度是决定管道选材的根本因素，温度的变更会导致原有管道材料性能的劣化。

（6）其他　如管道控制系统的变更。

（二）管道检修的相关工作

管道检修工作程序如图2-74所示。

1. 检修前的准备

（1）管道系统降温、卸压、放料和置换　管道系统停车后，首先按操作规程把管道降温至45℃以下，卸压至大气压，放料应尽可能彻底。介质为易燃、易爆、有害气体的管道，需用惰性气体进行置换。

（2）用盲板将待修管道与不修管道及设备断开　这种盲板应能承受系统的工作压力，否则应将截止阀和盲板之间的管道卸掉，以免因阀门内漏而压破盲板。不采用阀门切断法，以防止阀门可能渗漏或误操作。

（3）管道的清洗和吹扫　当管道输送的介质为易燃、易爆、有毒物质和酸碱时，要使用蒸汽吹扫或用水冲洗，然后再用氮气或空气吹干（可燃气体和液体不能用空气而应用氮气），酸性液体可用弱碱洗涤、清水冲洗，强碱性介质用大量水冲洗。系统不宜夹带水分的一般用空气和氮气吹扫。

（4）气体的取样分析　吹扫完毕后，应在管道系统的末端以及各个死角部位取样分析，在确定易燃、易爆介质的浓度在爆炸下限以下时方可施工，一般置换气体的体积不小于被置换介质容积的4倍才允许动火，以确保安全。

（5）管道系统的修前检查　管道修前检查是对管道系统经过一定的运行周期后技术状况的专业调查，如对腐蚀、应力、疲劳、环境情况的调查；对力学性能、支撑结构、运行状况、紧固结构、安全附件的调查。尤其对易受冲刷、腐蚀、高温及受交变应力、曾经出现超温超压可能影响材料和结构强度、以蠕变率控制使用寿命、使用期限已接近设计寿命、可能

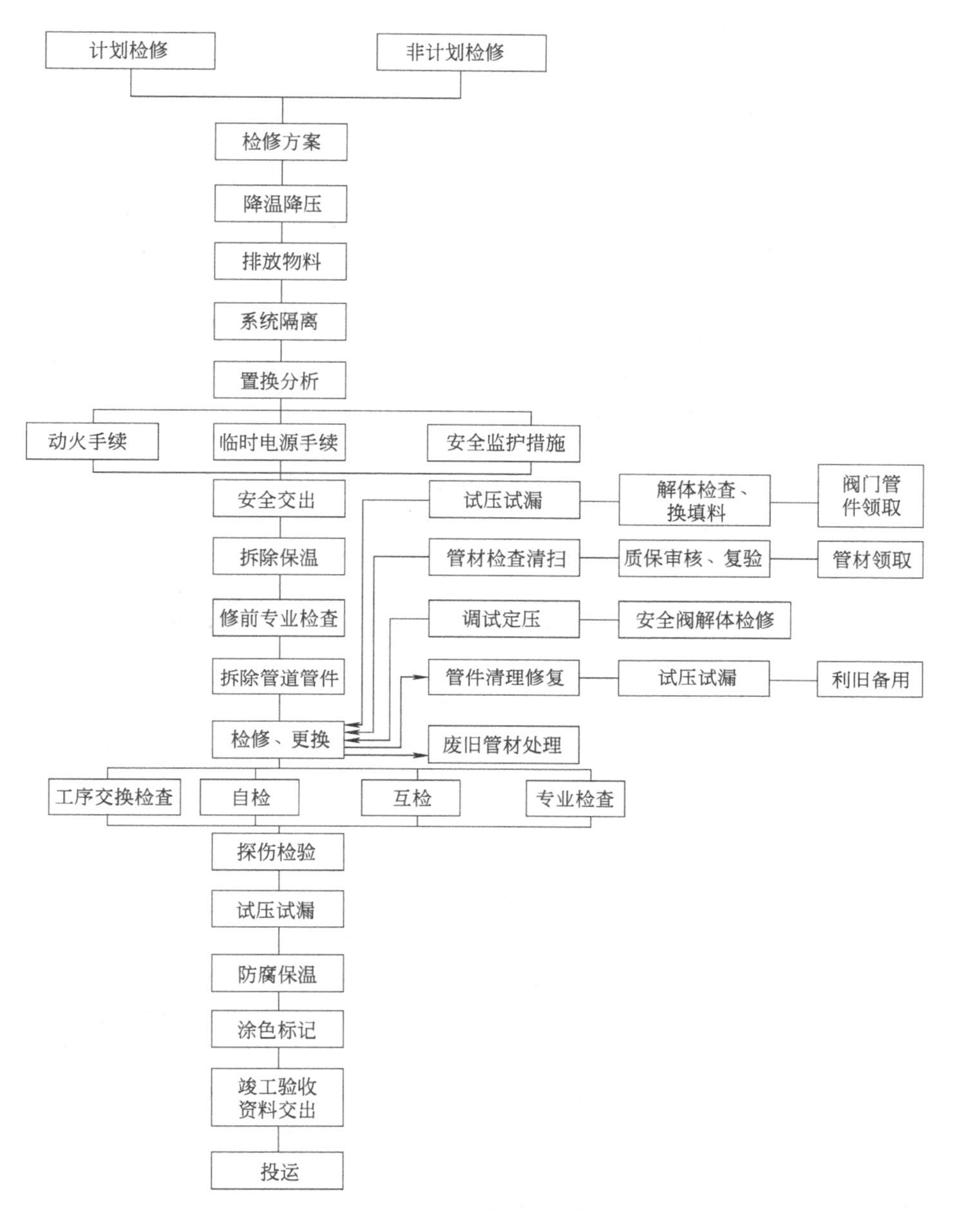

图 2-74　管道检修工作程序

引起氢蚀的部位和管段，必要时要做全面理化检验，包括化学成分、力学性能、硬度、冲击韧性和金相等，根据结果来对管道系统做出评估，以确定其综合技术状况。

检修前的准备工作除了把管道内的可燃、伤害性介质彻底清除，并对检修对象仔细检查外，还要查阅相关设计资料及管道的运行记录，了解管道系统介质的特性、安全技术要求，另外，还要准备好检修机具、材料、安全防护品等。

2. 检修工程的技术措施及安全措施

管道检修必须要有严密的技术措施，通过修前检查查明缺陷的性质、特征、范围和缺陷发生的原因。评定缺陷后确定修理方案，并经技术负责人批准，使用单位认可。检修现场要设置检修平面布置图、施工统筹网络图、施工进度表。工程质量要精益求精，认真执行相应的管道检修规程、规范和质量验收标准。要按照已确定的修理方案及工艺进行检修，以保证修理质量，否则可能人为地造成缺陷的扩大。

要制订管道系统检修的安全措施，并落实到每个人，加强检修人员的自我保护意识，加强检修现场的综合管理，文明检修。

3. 检修的验收

管道检修项目必须经过自检、互检、工序交换检查和专业检验，杜绝不符合要求的施工蒙混过关。管道检修必须填写检修记录，格式要统一、重点要突出、责任要明确，归档后有查阅及利用价值。检修完毕交接验收资料参照管道安装竣工资料的内容要求，要求齐全、完整。

管道施工完毕后，一般管道由使用单位组织验收，Ⅰ、Ⅱ、Ⅲ类管道由企业的设备部门组织验收。管道验收后均应由三方（施工、使用、管理）签字交接手续。整个系统检修完毕后，应进行组织工程质量总验收，并需做出鉴定，提出开车报告。

4. 管道交付使用前的安全检查

为了保证安全生产，检修后的压力管道在交付使用前，应组织专人进行一次安全检查，其内容主要有以下几个方面：

(1) 管道是否已按工艺要求与其他设备、有关配管相连，检修用的临时盲板是否已拆除，各路阀门是否按要求处于相应启、闭状态，法兰垫片是否齐全，连接螺栓是否已均匀上紧，试验用水是否已排除干净。对于易燃、易爆管道系统，是否已用惰性气体置换，排除了管道各个部位的空气，以保证管道的安全运行。

(2) 安全附件应齐全，无任何损伤，并且均已按规定进行过校检，铅封完整。

(3) 检修现场应拆除检修时的一切临时设施，做到检修场地清、工完料净，没有任何杂物和垃圾。

（三）管道常规检修方法

1. 积垢的清理

管道的内表面接触各种不同的工艺介质，极易黏结、淤积、沉积各种物料，甚至造成管道的堵塞。目前常用的除垢方法有机械清洗、化学清洗和高压水冲洗。

(1) 机械清洗法包括使用简单工具的手工清洗，能够清除所有污垢，尤其是化学非溶性积垢，如砂、焦化物及某些硅酸盐等，对管道的金属材料没有腐蚀性，但其效率远远低于化学清洗法。手工机械除垢具有最大的优点就是其灵活性，因此在距离较短、管径较大的某些难以清除的积垢情况下，仍被采用。除了一些简单的工具以外，还可采用加长钻杆的钻头、管式冲水钻、铰锥式刀头或铣轮刀头等工具来清理管道内坚硬的积垢。有些场合可采用喷砂法进行清除工作。

(2) 化学清洗法是一种利用化学溶液与管道内壁的污垢作用而除垢的方法。这种方法具有很高的效率，尤其适用于管道系统的清洗。因为它可在系统密闭的状态下操作，因此应用极为广泛。但化学清洗的专业技术性强，稍有不慎，不仅得不到预想的效果，而且还可能损坏管道，甚至造成事故。

清洗所用的化学试剂可为酸性或碱性，视积垢的性质而定。清洗铁锈时，可使用浓度为8%～15%的硫酸。清洗水垢时，可使用浓度为5%～10%的盐酸或浓度为2%的氢氧化钠溶液。锅炉除垢剂对水垢的作用也很有效。清洗泥沙、机油等可使用磷酸氢钠液或碳酸氢钠液。高效金属清洗剂可在常温下代替汽油、煤油等有机溶剂清除管道表面的油垢，而且清洗速度快、去污力强、使用方便、安全可靠，清洗后数天内金属壁面可不生锈。

用对管道有腐蚀性的化学清洗剂进行清洗时，清洗后应使用清水反复冲洗，直至排出的水呈中性为止。此外，为防止清洗过程中产生的腐蚀作用，可在溶液中加入少量的缓蚀剂（不超过1%的浓度）。

对于奥氏体不锈钢管道，在清理工作表面的水垢时，往往使用柠檬酸等有机酸，而不用盐酸，以防氯离子引起应力腐蚀。

化学清洗方法通常分为循环和浸渍两种，而以循环法最为常用。为了增加清洗效果，可轮流从两个方向进行，如清水冲洗时，从两个方向轮流操作。为了提高浸渍法的清洗效果和速度，可适当增加溶液浓度及适当升高温度，酸液浓度可达15%，温度可在60℃左右。

(3) 高压水射流清洗是一种用高压水流冲击力除垢的方法，可用于管道内壁、管束的外空间等积垢的清理。清洗用的水经高压泵加压后由喷枪高速喷出，压力最高可达270MPa，速度为音速的2.5倍，几乎可以剥离任何表面的顽垢，有极佳的清洗效果，除垢率可达95%。在水流中加入细石英砂的夹砂射流，可进一步提高水流的冲刷力。如果管道内具有遇油变软的污垢，也可先用油类浸泡，然后再用高压水冲洗。

高压水射流洗洗法效率高，不污染环境，因此目前也和化学清洗法一样得到广泛应用。

2. 壁厚减薄的修理

管道经过一段时间的运行，最常见的缺陷就是局部管壁减薄。因腐蚀凹陷及介质冲刷所造成的局部壁厚减薄可视情节轻重采用补焊或局部换管处理。补焊焊材应与母材相适应。换管的材料必须与原有管材相配，即材料相同，强度级别、焊接性能相近，并据此确定焊接前后的热处理工艺。担任焊接的焊工必须持有相应资格的焊工证。全面性壁厚减薄的管道，如果减薄量超过设计的腐蚀余量，就会因强度不够而存在安全隐患，当测出的实际壁厚普遍小于管道允许的最小壁厚时，管道应降压使用或报废处理。

3. 裂纹的修理

管道管壁上形成的裂纹大致分为表面裂纹、穿透裂纹两类，其修理方法不相同。

(1) 表面裂纹的修理　未穿透管壁的浅表裂纹称为表面裂纹，一般由各种应力、疲劳、材料自身的缺陷及焊接产生的缺陷而造成。若裂纹深度小于壁厚的10%，且不大于1mm时，可用砂轮把裂纹磨掉，但打磨的剩余壁厚应以满足强度要求为原则，打磨处应与管壁表面圆滑过渡。若裂纹深度不超过壁厚的40%，修理时可在裂纹的深度范围内铲出坡口，然后补焊。补焊前做表面探伤确认裂纹是否全部铲除。补焊的焊条应与母材适应，焊接热处理的技术要求应参照有关规范或进行必要的工艺试验以制订具体的施工方案和工艺。裂纹的两端应钻小孔，以防裂纹的扩展。补焊的裂纹较长时，应采用间隔分段焊接，以降低焊接应力和变形。若裂纹深度超过壁厚的40%，则应在整个壁厚范围开出坡口再补焊，即按穿透裂缝处理。

(2) 穿透裂纹的修理　穿透裂纹采用补焊时，补焊前应注意其两端是否钻了止裂孔，而且孔的直径要稍大于裂纹的宽度。裂纹两边须用錾子加工出坡口，坡口的形式视管道的壁厚而定：壁厚小于12mm时，可采用单面坡口；壁厚大于12mm时，应采用双面坡口。施焊时，长度小于100mm的裂纹可一次焊完，补焊长裂纹时，应注意补偿收缩和降低内应力，建议从裂缝两端向中间分段焊接，并采用多层焊。

应力集中的部位或裂纹较宽的场合，应该局部更换管段。切割的管段长度至少比裂纹长50～100mm，而且应不短于250mm，以免焊接后管段两端焊缝彼此有热影响，切口的边缘均应加工出坡口。

4. 其他缺陷的修理

(1) 焊缝的未熔合、未焊透、超标（表面凹凸不平、尺寸超高等）、气孔、夹渣等可进行打磨、铲除并补焊。气孔等体积性缺陷若经长期使用仍不发展的可不予修理。

(2) 高压管道的螺栓、螺母的局部毛刺、伤痕可进行修磨，但当伤痕累计超过一圈螺纹时，应按规定更换。

(3) 管道法兰、阀门等密封面出现划痕时，可用切削刀加工或研磨，予以消除。

5. 泄漏的排除

详见第十章第三节内容。

第七节　阀　门

阀门在机械工程图中是以符号的形式标注其所在位置，《综合材料表》给出各种阀门的类型、公称通径、公称压力、材料、总的数量和阀门标准号等，《管段表》则给出阀门所在某一具体管段的管段编号、起止点、管道等级、设计温度、设计压力、阀门类型、公称通径、公称压力、材料、数量和标准号。

一、阀门概述

阀门是通过改变其流道面积大小来控制流体流量压力和流向的机械产品。阀门规格品种繁多，为统一制造标准及正确选用和识别阀门，我国阀门行业规定了“三化”标准，即系列化、通用化、标准化的标准。

（一）阀门的种类

阀门的种类繁多，称谓也不统一，有按使用功能分类的，有按公称压力分类的，有按阀体材料分类的等等。

1. 按使用功能分类

（1）截断（或闭路）阀类　接通或截断管路中介质，包括闸阀、截止阀、旋塞阀、隔膜阀、球阀和蝶阀等。

（2）止回（或单向、逆止）阀类　防止管路中介质倒流，包括止回阀和底阀。

（3）调节阀类　调节管路中介质流量、压力等参数，包括节流阀、减压阀及各种调节阀。

（4）分流阀类　分配、分离或混合管路中的介质，包括旋塞阀、球阀和疏水阀等。

（5）安全阀类　防止介质压力超过规定数值，对管路或设备进行超载保护，包括各种形式的安全阀、保险阀。

2. 按公称压力分类

（1）真空阀　工作压力用真空度表示。

（2）低压阀　公称压力 $PN \leqslant 1.6\text{MPa}$。

（3）中压阀　$1.6\text{MPa} < PN < 10\text{MPa}$。

（4）高压阀　$10\text{MPa} \leqslant PN < 100\text{MPa}$。

（5）超高压阀　$PN > 100\text{MPa}$。

3. 按驱动方式分类

（1）手动阀　用人力操纵手轮、手柄或链轮驱动阀门。

（2）动力驱动阀　利用动力源驱动阀门，包括电磁阀、气动阀、液动阀、电动阀及各种联动阀。

（3）自动阀　凭借管路中介质本身能量驱动阀门，包括止回阀、安全阀、减压阀、疏水阀及各种自力式调节阀。

4. 按阀体材料分类

（1）铸铁阀　阀体材料采用压铸铁、可锻铸铁、球墨铸铁和高硅铸铁等。

（2）铸铜阀　阀体材料包括青铜、黄铜。

（3）铸钢阀　阀体材料包括碳素钢、合金钢和不锈钢等。

（4）锻钢阀　阀体材料包括碳素钢、合金钢和不锈钢等。

（5）钛阀　阀体材料采用钛及钛合金。

5. 按使用部门分类

（1）通用阀　广泛用于各种工业部门。

（2）电站阀　应用于火力、水力、核电厂（站）。

（3）船用阀　应用于船舶、舰艇。

（4）冶金用阀　应用于炼铁、炼钢等冶金部门。

（5）管线阀　应用于输油、输气管线。

（6）水暖用阀　应用给排水、采暖设施。

（二）阀门的压力-温度等级

阀门的最大允许工作压力随工作温度的升高而降低。压力-温度等级是阀门设计和选用的基准，在选用阀门时应特别注意。

采用GB/T 9112～GB/T 9122标准法兰的钢制阀门在不同工作温度下的最大允许工作压力按式（2-6）计算：

$$p=\phi \cdot PN \tag{2-6}$$

式中　ϕ——系数（请查有关阀门手册）；

PN——阀门的公称压力，MPa。

二、阀门检验与管理

（一）阀门检验

1. 一般规定

（1）阀门必须具有质量证明文件。阀体上应有制造厂铭牌，铭牌和阀体上应有制造厂名称、阀门型号、公称压力、公称通径等标识，且应符合《通用阀门标志》（GB/T 12220）的规定。

（2）阀门的产品质量证明文件应有如下内容：

① 制造厂名称及出厂日期；

② 产品名称、型号及规格；

③ 公称压力、公称通径、适用介质及适用温度；

④ 依据的标准、检验结论及检验日期；

⑤ 出厂编号；

⑥ 检验人员及负责检验人员签章。

（3）设计要求做低温密封试验的阀门，应有制造厂的低温密封试验合格证明书。

（4）铸钢阀门的磁粉检验和射线检验由供需双方协定，如需检验，供方应按合同要求的检验标准进行检验，并出具检验报告。

（5）设计文件要求进行晶间腐蚀试验的不锈钢阀门，制造厂应提供晶间腐蚀试验合格证明书。

（6）阀门安装前必须进行外观检查。

2. 外观检查

（1）阀门运输时的开闭位置应符合下列要求：

① 闸阀、截止阀、节流阀、调节阀、蝶阀、底阀等阀门应处于全关闭位置；

② 旋塞阀、球阀的关闭件均应处于全开启位置；

③ 隔膜阀应处于关闭位置，且不可关得过紧，以防止损坏隔膜；

④ 止回阀的阀瓣应关闭并予以固定。

(2) 阀门不得有损伤、缺件、腐蚀、铭牌脱落等现象，且阀体内不得有脏污。

(3) 阀门两端应有防护盖保护。手柄或手轮操作应灵活轻便，不得有卡涩现象。

(4) 阀体为铸件时，其表面应平整光滑，无裂纹、缩孔、砂眼、气孔、毛刺等缺陷；阀体为锻件时，其表面应无裂纹、夹层、重皮、斑疤、缺肩等缺陷。

(5) 止回阀的阀瓣或阀芯动作应灵活准确，无偏心、移位或歪斜现象。

(6) 弹簧式安全阀应具有铅封，杠杆式安全阀应有重锤的定位装置。

(7) 衬胶、衬搪瓷及衬塑料的阀体内表面应平整光滑，衬层与基体结合牢固，无裂纹、鼓泡等缺陷，用高频电火花发生器逐个检查衬层表面，以未发现衬层被击穿（产生白色闪光现象）为合格。

(8) 阀门法兰密封面应符合要求，且不得有径向划痕。

3. 阀门传动装置的检查与试验

(1) 采用齿轮、蜗轮传动的阀门，其传动机构应按下列要求进行检查与清洗：

① 蜗杆和蜗轮应啮合良好、工作轻便，无卡涩或过度磨损现象。

② 开式机构的齿轮啮合面、轴承等应清洗干净，并加注新润滑油脂。

③ 有闭式机构的阀门应抽查10%且不少于一个，其机构零件应齐全、内部清洁无污物、传动件无毛刺、各部间隙及啮合面符合要求。如有问题，应对该批阀门的传动机构逐个检查。

④ 开盖检查如发现润滑油脂变质，将该批阀门的润滑油脂予以更换。

(2) 带链轮机构的阀门，链架与链轮的中心面应一致。按工作位置检查链条的工作情况，链条运动应顺畅不脱槽，链条不得有开环、脱焊、锈蚀或链轮与链条节距不符等缺陷。

(3) 气压、液压传动的阀门，应以空气或水为介质，按活塞的工作压力进行开闭检验。必要时，应对阀门进行密封试验。

(4) 电动阀门的变速箱除按上述 (1) 中的规定进行清洗和检查外，尚应复查联轴器的同轴度，然后接通临时电源，在全开或全闭的状态下，检查、调整阀门的限位装置，反复试验不少于三次，电动系统应动作可靠、指示准确。

(5) 电磁阀门应接通临时电源，进行开闭试验，且不得少于三次。必要时应在阀门关闭状态下，对其进行密封试验。

(6) 具有机械联锁装置的阀门，应在安装位置的模拟架上进行试验和调整。两阀门应启闭动作协调、工作轻便、限位准确。

4. 其他检查和检验

(1) 对焊接连接阀门的焊接接头坡口，应按下列规定进行磁粉或渗透检测：

① 标准抗拉强度下限值 σ_b=1540MPa 的钢材及 Cr-Mo 低合金钢材的坡口应进行100%检测；

② 设计温度低于或等于－29℃的非奥氏体不锈钢坡口应抽检5%。

(2) 合金钢阀门应采用光谱分析或其他方法，逐个对阀体材质进行复查，并做标记。不符合要求的阀门不得使用。

(3) 合金钢阀门和剧毒、可燃介质管道阀门安装前，应按设计文件中的“阀门规格书”对阀门的阀体、密封面以及有特殊要求的垫片和填料的材质进行抽查，每批至少抽查一件。若有不合格，该批阀门不得使用。

（二）阀门试验（SH 3518—2013)

1. 一般规定

(1) 阀门试验包括壳体压力试验、密封试验和安全阀、减压阀、疏水阀的调整试验。

（2）阀门应按相应规范确定的检查数量进行壳体压力试验和密封试验，具有上密封结构的阀门，还应进行上密封试验。

（3）对于壳体压力试验、上密封试验和高压密封试验，试验介质可选择空气、惰性气体、煤油、水或黏度不高于水的非腐蚀性液体。低压密封试验介质可选择空气或惰性气体。

（4）用水作试验介质时，允许添加防锈剂，奥氏体不锈钢阀门试验时，水中氯化物含量不得超过 100mg/L。

（5）无特殊规定时，试验介质的温度宜为 5～50℃。

（6）阀门试验前，应除去密封面上的油渍和污物，严禁在密封面上涂抹防渗漏的油脂。

（7）试验用的压力表，应鉴定合格并在周检期内使用，精度不应低于 1.5 级，表的满刻度值宜为最大被测压力的 1.5～2 倍。试验系统的压力表不应少于两块，并分别安装在储罐、设备及被试验的阀门进口处。

（8）装有旁通阀的阀门，旁通阀也应进行壳体压力试验和密封试验。

（9）试验介质为液体时，应排净阀门内的空气，阀门试压完毕，应及时排除阀门内的积液。

（10）经过试验合格的阀门，应在阀体明显部位做好试验标识，并填写试验记录。没有试验标识的阀门不得安装和使用。

2. 阀门壳体压力试验

（1）阀门壳体压力试验的试验压力应为阀门公称压力的 1.5 倍。

（2）阀门壳体压力试验最短保压时间应为 5min。如果试验介质为液体，壳体外表面不得有滴漏或潮湿现象，阀体与阀体衬里、阀体与阀盖接合处不得有泄漏；如果试验介质为气体，则应按规定的检漏方法检验，不得有泄漏现象。

（3）夹套阀门的夹套部分应以 1.5 倍的工作压力进行压力试验。

（4）公称压力小于 1MPa 且公称通径大于或等于 600mm 的闸阀，壳体压力试验可不单独进行，可在管道系统试验中进行。

3. 阀门密封试验

（1）阀门密封试验包括上密封试验、高压密封试验和低压密封试验，密封试验必须在壳体压力试验合格后进行。

（2）阀门密封试验项目应根据直径和压力按规定进行选取。当公称直径小于或等于 100mm、公称压力小于或等于 25MPa 和公称直径大于 100mm、公称压力小于或等于 10MPa 时，应按表 2-21 选取；当公称直径小于或等于 100mm、公称压力大于 25MPa 和公称直径大于 100mm、公称压力大于 10MPa 时，应按表 2-22 选取。

（3）阀门高压密封试验和上密封试验的试验压力为阀门公称压力的 1.1 倍，低压密封试验压力为 0.6MPa，保压时间见表 2-23，以密封面不漏为合格。

（4）公称压力小于 1MPa 且公称通径大于或等于 600mm 的闸阀可不单独进行密封试验，宜用色印方法对闸板密封副进行检查，接合面连续为合格。

表 2-21 阀门密封试验（一）

试验名称	阀门类型					
	闸阀	截止阀	旋塞阀	止回阀	浮球阀	蝶阀及耳轴装配球阀
上密封①	需要	需要	—	—	—	—
低压密封	需要	供选	需要②	备选③	需要	需要
高压密封④	供选	需要⑤	供选②	需要	供选	供选

① 要求对所有阀门进行上密封试验，但具备上密封特征的波纹管密封阀除外。
② 对润滑旋塞阀来讲，进行高压密封试验是强制性的，而低压密封试验是可选择的。
③ 如果购买商同意，阀门制造厂可用低压密封试验代替高压密封试验。
④ 弹性座阀门进行高压密封试验后在低压情况下使用可能会降低其密封性。
⑤ 对于动力操作截止阀，高压密封试验应按确定动力阀动器规格时设计压差的 1.1 倍来进行。

表 2-22 阀门密封试验（二）

试验名称	阀门类型					
	闸阀	截止阀	旋塞阀	止回阀	浮球阀	蝶阀及耳轴装配球阀
上密封①	需要	需要	—	—	—	—
低压密封	需要	供选	需要	备选②	需要	需要
高压密封③	供选	需要④	供选	需要	供选	供选

① 这些阀门均必须进行上密封试验，但具备上密封特征的波纹管密封阀除外。
② 经买方同意后，阀门制造厂家可以使用低压密封试验代替高压密封试验。
③ 弹性座阀门进行高压密封试验后在低压情况下使用可能会降低其密封性。
④ 在动力操作的球阀中，高压密封试验应按确定动力阀动器规格时设计压差的 1.1 倍来进行。

表 2-23 密封试验保压时间

公称通径/mm	保压时间/s		
	上密封试验	高压密封和低压密封	
		止回阀	其他阀门
≤50	15	60	15
65～150	60	60	60
200～300	60	60	120
≥350	120	120	120

（5）上密封试验的基本步骤：封闭阀门进、出口，松开填料压盖，将阀门打开并使上密封关闭，向腔内充满试验介质，逐渐加压到试验压力，达到保压规定时间后，无渗漏为合格。

（6）做密封试验时，应向处于关闭状态的被检测密封副的一侧腔体充满试验介质，并逐渐加压到试验压力，达到规定保压时间后，在该密封副的另一侧，目测渗漏情况。引入介质和施加压力的方向应符合下列规定：

① 规定了介质流向的阀门，如截止阀等应按规定介质流通方向引入介质和施加压力；

② 没有规定介质流向的阀门，如闸阀、球阀、旋塞阀和蝶阀，应分别沿每一端引入介质和施加压力；

③ 有两个密封副的阀门也可以向两个密封副之间的体腔内引入介质和施加压力；

④ 止回阀应沿使阀瓣关闭的方向引入介质和施加压力。

（三）安全阀调整试验

（1）安全阀的调整试验应包括如下项目：

① 开启压力；

② 回座压力；

③ 阀门动作的重复性；

④ 用目测或听觉检查阀门回座情况，有无频跳、颤振、卡阻或其他有害的振动。

（2）安全阀应按设计要求进行调试，当设计无要求时，其开启压力应为工作压力与背压之差的 1.05～1.15 倍，回座压力应不小于工作压力的 90%。

（3）安全阀开启、回座试验的介质可按表 2-24 中的规定选用。

表 2-24 试验介质

工作介质	试验介质	工作介质	试验介质
蒸汽	饱和蒸汽①	水和其他液体	水
空气和其他气体	空气		

① 如无适合的饱和蒸汽，允许使用空气，但安全阀投入运行时，应重新调试。

（4）安全阀开启和回座试验次数应不少于三次，试验过程中，使用单位及有关部门应在现场监督确认。试验合格后应做铅封，并填写“安全阀调整试验记录”。

（四）其他阀门调整试验

（1）减压阀调压试验及疏水阀的动作试验应在安装后的系统中进行。

（2）减压阀在试验过程中，不应做任何调整，当试验条件变化或试验结果偏离时，方可重新进行调整，且不得更换零件。

（3）疏水阀试验应符合下列要求：

① 动作灵敏、工作正常；

② 阀座无漏气现象；

③ 疏水完毕后，阀门应处于完全关闭状态；

④ 双金属片式疏水阀，应在额定的工作温度范围内动作。

（五）阀门管理

1. 阀门存放

（1）阀门出入库房，应按照铭牌上的主要内容进行登记、建账。试验合格的阀门应做试验记录和标记。

（2）阀门宜放置在室内库房，并按阀门的规格、型号、材质分别存放。对不允许铁污染的钛材等有色金属阀门和超低碳不锈钢阀门，放置、保管时，应采取防护措施。

（3）返库的阀门，应重新登记。壳体压力试验和密封试验后的阀门，闲置时间超过半年，使用前应重新进行检验。

（4）阀门在保管运输过程中，不得将索具直接拴绑在手轮上或将阀门倒置。

2. 阀门防护

（1）外露阀杆的部位，应涂润滑脂进行保护。

（2）除塑料和橡胶密封面不允许涂防锈剂外，阀门的其他关闭件和阀座密封面应涂工业用防锈油脂。

（3）阀门的内腔、法兰密封面和螺栓螺纹应涂防锈剂进行保护。

（4）阀门试验合格后，内部应清理干净，阀门两端应加防护盖。

3. 阀门资料管理

（1）制造厂提供的质量证明文件，应与实物相对应，建账管理。

（2）检试验合格的阀门，检试验部门出具材质复验报告、阀门试验记录和安全阀调整试验记录等文件，并应由有关人员签字，专人保管。

（3）阀门出库时，应根据现行《石油化工工程建设交工技术文件规定》（SH 3503—2017）中的要求，将制造厂提供的质量证明文件和有关检试验记录交有关部门，作为交工资料。

第八节 石油化工通用（静）设备完好标准

一、压力储罐完好标准

（1）罐体完整，质量符合要求

① 产品铭牌和注册登记铭牌齐全、清晰。

② 压力储罐所用材料应符合压力容器管理有关规定。

③ 罐体无严重变形、无裂纹、无鼓包，腐蚀程度在允许范围内；对存在裂纹、未熔合、未焊透（超标）等缺陷而无法处理的压力储罐，需经安全评定分析“合于使用”后才能使用。

④ 支座牢固，基础完整，无不均匀下沉；各部螺栓满扣、齐整、紧固，符合设备抗震要求。

⑤ 储罐不得超压、超温、超负荷运行。

⑥ 有内衬及外保温的储罐，其内衬及外保温须完好，无裂纹和脱落。

(2) 附件齐全，灵敏好用

① 安全阀应定期校验、检修，达到灵敏可靠；

② 压力表、液面计、测壁温度计、高温操作的压力储罐、放空阀齐全好用；

③ 接地、防雷、防静电措施完整，应定期检查；

④ 消防、安全、喷淋设施完整。

(3) 罐体整洁，防腐良好

① 罐体清洁，油漆、保温或隔热层完整美观，符合有关规定；

② 储罐人孔及进出口等连接处无渗漏；

③ 罐体及附件的腐蚀在允许范围内。

(4) 技术资料齐全准确

① 设备档案，并符合石化企业设备管理制度要求；

② 压力容器使用许可证；

③ 设备结构图及易损配件图。

二、球罐完好标准

(1) 罐体完整，质量符合要求

① 罐体无变形，各部腐蚀程度在允许范围内。

② 罐体无不均匀下沉，各支柱倾斜度、防火及抗震设施符合规定；各部螺栓满扣、齐整、坚固。

③ 安全状况等级不低于3级。

(2) 附件齐全，灵敏好用

① 安全阀、压力表、液面计、温度计及接地设施等应定期校验，好用可靠；

② 放空阀、进出口阀门和喷淋水设施齐全好用；

③ 平台、扶梯焊接牢固；

④ 防雷、防静电及照明设施齐全好用。

(3) 罐体本体整洁，防腐良好

① 罐体清洁，油漆完好美观；

② 容器人孔及进出口阀门等各连接处无渗漏。

(4) 技术资料齐全准确

① 设备档案，并符合石化企业设备管理制度要求；

② 压力容器使用许可证；

③ 储罐容量表；

④ 设备结构图及易损配件图。

三、塔类完好标准

(1) 运行正常，效能良好

① 设备效能满足正常生产需要或达到设计要求；

② 压力、压降、温度、液面等指标准确灵敏、调节灵活，波动在允许范围内；

③ 各出入口、降液管等无堵塞。

（2）各部构件无损，质量符合要求

① 塔体、构件的腐蚀应在允许范围内，塔内主要构件无脱落现象；

② 塔体、构件、衬里及焊缝无超标缺陷，内件无脱落现象；

③ 塔体内外各部构件材质及安装质量应符合设计及安装技术要求或规程规定。

（3）主体整洁，零部件齐全好用

① 安全阀和各种指标仪表，应定期校验，达到灵敏准确；

② 消防线、放空线等安全设施齐全畅通，照明设施齐全完好，各部位阀门开关灵活无内漏，防雷接地措施可靠；

③ 梯子、平台、栏杆应完整、牢固，保温层、油漆完整美观，静密封无泄漏；

④ 基础、钢结构裙座牢固，无不均匀下沉，各部紧固件齐整牢固，符合抗震要求。

（4）技术资料齐全准确

① 设备档案，并符合石化企业设备管理制度要求；

② 属压力容器设备应取得压力容器使用许可证；

③ 设备结构图及易损配件图。

四、管壳式换热器完好标准

（1）运行正常，效能良好

① 设备效能满足正常生产需要或能达到设计能力的 90%以上；

② 管束等内件无泄漏，无严重结垢和震动。

（2）各部构件无损，质量符合要求

① 各零件材质的选用符合设计要求，安装配合符合规程规定；

② 壳体、管束的冲蚀和腐蚀在允许范围内，同一管程内被堵塞管数不超过总数的 10%；

③ 隔板无严重扭曲变形。

（3）主体整洁，零部件齐全好用

① 主体整洁，保温层、油漆完整美观；

② 基础、支座完整牢固，各部螺栓满扣、齐整、紧固，符合抗震要求；

③ 壳体及各部阀门、法兰、前后端盖等无渗漏；

④ 压力表、温度计、安全阀等附件应定期校验，保证准确可靠。

（4）技术资料齐全准确

① 设备档案，并符合石化企业设备管理制度要求；

② 属压力容器设备应取得压力容器使用许可证；

③ 设备结构图及易损配件图。

五、常压储罐完好标准

（1）罐体完整，质量符合要求

① 罐体无严重变形，各部腐蚀程度在允许范围内，无渗漏现象；

② 罐基础无不均匀下沉，罐体倾斜度符合规定；

③ 浮顶罐密封良好，升降自如，密封元件无老化、破裂、弹性失效等现象。

（2）附件齐全，灵活好用

① 呼吸阀、密封检尺口、通风管、排污孔、高低出入口、放水阀、加热盘管、液位计等齐全好用，无堵塞泄漏现象；

② 消防、照明设施齐全，符合安全防爆规定，接地电阻小于 10Ω，防雷、防静电设施良好；

③ 浮顶罐必须安装高液位报警器、自动送风阀、通气孔，并灵活好用。

(3) 罐体整洁，防腐良好

① 内部防腐层无脱落，外部保温层、油漆完整美观；

② 主体整洁，脱水井应有水封并且畅通，保温井应清洁有盖；

③ 进出口阀门与人孔等无渗漏，各部螺栓满扣、齐整、紧固。

(4) 技术资料齐全准确

① 设备档案，并符合石化企业设备管理制度要求；

② 储罐容量表；

③ 基础沉降测试记录（5000m^3以上）；

④ 设备结构图及易损配件图。

第三章 石油化工通用（动）设备

石油化工通用动设备包括：压缩机、风机、离心机、回转圆筒、粉碎机械、制冷机、压（过）滤机等。

第一节 机械传动

石油化工生产中使用的工作机都要由动力机带动，而工作机与动力机之间多通过传动机构来实现连接。传动机构可通过传递转矩、改变转速的方式来驱动工作机运转，从而实现生产装置的工艺过程。传动方式可分为机械传动、流体传动、电气传动及磁力传动。

一、传动概论

（一）传动及其组成

机器通常由动力机、传动机构和工作机（执行机构）三部分组成。

1. 动力机

动力机的作用是把各种形态的能转变为机械能，其运动的输出形式通常为传动。它的主体机构比较简单，由于经济上的原因，其运转速度一般较高。动力机分为一次动力机和二次动力机。一次动力机是把自然界的能源转变为机械能的机器，如柴油机、汽油机等。二次动力机是将用动力驱动发电机等变能机构产生的各种形态的能，转变为机械能的机器，它也可以看作传动元件，如电气传动中的电动机，流体传动中的液压电动机和气电动机等。

2. 工作机

工作机（执行机构）是利用机械能来改变材料或工件的性质、状态、形态和位置的机器，如水泵压缩机等，其特点是机构的运动比较复杂多样，运转速度受生产性质的限制，一般低于动力机，并常需要按不同的工况和要求做相应的变化。

3. 传动机构

传动机构（传动系统或传动装置的统称）是将动力机产生的机械能传送到执行机构上去的中间装置，以传递动力为主的传动称为动力传动，以传递运动为主的传动称为运动传动。传动的任务主要是完成动力机和执行机构之间协调工作，有减速或增速、变速、改变运动形式的作用，除此以外，传动可实现一个或多个动力机驱动着若干个相同或不同速度的执行机构等。机器的工作性能、可靠性、重量和成本很大程度上取决于传动装置的好坏。传动通常由以下三部分组成。

（1）传动系统　把动力机的动力和运动传递给执行机构，使之实现预定动作（包括动力或运动）的装置。它由各种传动元件或装置，轴及轴系部件，离合、制动、换向和蓄能（如飞轮）等元件组成。

（2）操纵和控制系统　是指通过人工操作或自动控制改变动力机或传动系统的工作状态和参数，协调执行机构的动作，使其完成所要求的运动的传递力的装置。它由进行启动、离合、制动、调速、换向的操纵装置，以及按预定顺序工作和自动控制所需的元件及装置所组成。

（3）辅助系统　为保证传动正常工作、改善操作条件、延长使用寿命而设的装置，如冷却、润滑、计数、消声、除尘和安全防护等装置。

（二）常用传动的特性参数

与传动有关的性能特性参数如表 3-1 所示。

表 3-1　常用传动特性参数

参数	符号	单位	计算公式	备注
转速	n	r/mm	$n=30\omega/\pi$	ω 为角速度(rad/s)
速度	v	m/s	$v=\pi dn/60=\omega d/2$	d 为参考圆直径
功率	p	kW	$p=T\omega/1000=Fv1000$	
传动效率	η		$\eta=p_1/p_2\times100\%$	η 随工况而异，未说明则指额定工况下的值
变矩比	R_b		$R_b=i_{12max}/i_{12min}=i_{21max}/i_{21min}$	用于变传动比
作用力	F	N	$F=2T/d$ $F=1000p/v$	
传动比	u 或 i		$u_{12}(i_{12})=n_1/n_2$	有些行业采用速比(转速比)$u=n_2/n_1=1/u_{12}$
变矩系数	K		$K=T_1/T_2=i_{12}\eta$	用于液力传动
变速级数	Z			又称挡数，用于有级传动
转差率(滑动率)	$s(\varepsilon)$		$s(\varepsilon)=(n_0-n)/n_0\times100\%$	
转矩	T	N·m	$T=F_t/2$ $T=1000p/\omega=9550p/n$	

注：1. 表中下标 1、2 分别代表主、从动轮的参数。
2. 未作说明时，p、T、n 均指设备的额定值，是设备在其规定条件下可供使用的较佳概值。

（三）传动的类型

1. 机械传动

（1）摩擦传动

① 摩擦轮传动　圆柱形、槽形、圆锥形、圆柱圆盘式。

② 挠性摩擦传动　带传动：V 带（普通带、窄形带、大楔角带、特殊用途带等）、平带、多楔角带、圆带绳传动。

③ 摩擦式无级变速传动　靠传动元件之间的摩擦力或油膜的切应力传动，有定轴的（无中间体的、有中间体的）、动轴的（行星式）、挠性元件（带、链）的。

（2）齿轮传动

① 圆柱齿轮传动　啮合形式：内、外啮合，齿条。齿形曲线：渐开线，单、双圆弧线，摆线，圆柱针轮。齿向曲线：直齿、斜齿、曲线齿。

② 圆锥齿轮传动　啮合形式：内、外啮合，平顶及平面齿轮。齿形曲线：渐开线，单、双圆弧。齿向曲线：直齿、斜齿、弧齿。

③ 动轴轮系　有渐开线齿轮行星传动（单自由度、多自由度）、摆线针轮行星传动、活齿减速传动、谐波传动。

④ 非圆齿轮传动　可实现连续的单向运动或要求的函数关系。

（3）章动传动　一种大传动比、高效率、低噪声的互包络线结构。

（4）蜗杆传动

① 圆柱蜗杆传动　普通圆柱蜗杆传动（阿基米德渐开线、延长渐开线、曲纹面）、圆弧圆柱蜗杆传动（轴向、法向圆弧齿）。

② 环面蜗杆传动　直廓环面蜗杆传动、平面包络环面蜗杆传动、锥面蜗杆传动。

（5）挠性啮合传动

① 链传动　套筒滚子链、套筒链，簧板链，齿形链。

② 带传动　同步带（梯形齿、圆弧齿）。

（6）螺旋传动　滑动螺旋传动、滚动螺旋传动、静压螺旋传动。

（7）连杆机构　曲柄摇杆机构（包括脉动无级变速传动）、双曲柄机构、曲柄滑块机构、曲柄导杆机构、液压缸驱动的连杆机构。

（8）凸轮机构　直动、摆动从动件，反凸轮机构，凸轮式无级变速机构。

（9）组合机构　齿轮-连杆、齿轮-凸轮、凸轮-连杆、液压连杆机构。

2. 流体传动

（1）气压、液压传动　运动形式：往复移动、往复摆动、旋转；速度变化：恒速、有级变速、无级变速、按一定规律变速的控制方式，人工、机械、液压、电磁、伺服、复合、载荷传感液压。

（2）静液压调速驱动　用于行走机械传输能量（旋转运动），有可逆传动和自动传动。

（3）液力传动　液力变矩器、液力耦合器、液力机械变矩器。

（4）液体黏性传动　与多片摩擦离合器相似，借改变摩擦片间的油膜厚度与压力，以改变油膜的剪切力进行无级变速传动。

3. 电气传动

（1）交流电气传动　恒速、可调速（电磁滑差离合器、调速、串级、变频、可换向电动机等）。

（2）直流电气传动　恒速、可调速（调磁通、调压、复合调速）。

4. 磁力传动

（1）可透过隔离物传动　磁吸引式、涡流式。

（2）不可透过隔离物传动　磁滞式、磁粉离合器。

二、带传动

带传动是机械传动中常用的一种传动形式，它的主要作用是传递转矩和改变转速，是靠具有挠性的带与带轮间产生的摩擦力来实现传动的目的，属于摩擦传动。

1. 带传动的原理

根据传动原理的不同，有靠带和带轮接触面之间的摩擦传动的平带、V 带等，如图 3-1（a）所示；也有靠带的内面的凸齿和带轮齿啮合传动的同步齿形带，如图 3-1（b）所示。

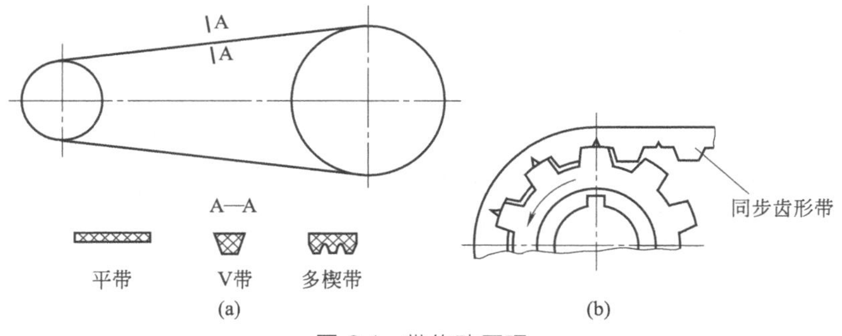

图 3-1　带传动原理

2. 带传动的主要类型

带传动的主要类型如表 3-2 所示。

表 3-2 带传动的主要类型

类型		简图	特点
摩擦带传动	平带传动		结构简单，带轮易制造，可在中心距较大的情况下传动
摩擦带传动	V带传动		摩擦系数大，能传递较大的功率，结构紧凑，应用最广
摩擦带传动	多楔带传动		结构复杂，传力不均，适用于传递动力大又要求结构紧凑的场合
摩擦带传动	圆带传动		牵引力小，适用于传递较小功率的场合，如缝纫机、录音机等
啮合带传动	同步带传动		传动能力强，不打滑，但成本较高
啮合带传动	齿孔带传动	a	传动能力强，不打滑，但成本较高

3. 带传动的常见形式及主要失效形式

（1）带传动的常见形式　带传动的常见形式如表 3-3 所示。

表 3-3 带传动的常见形式

类型	简图	特点及应用
开口式		两轴平行，转向相同，可双向传动，平带、V 带、齿形带均可应用
交叉式		两轴平行，转向相反，可双向传动，带受附加力矩作用，交叉处摩擦严重，仅应用于平带
半交叉带		两轴交错，只能进行单向传动，带受附加力矩作用，仅应用于平带

(2) 带传动的主要失效形式

① 带在带轮上打滑，不能传递动力。

② 带由于疲劳产生脱层、撕裂和拉断。

③ 带的工作面磨损。

④ 从动轴的扭振。

4. V带使用和维护

(1) 带在运行中应随时调整，以保持适当有预紧力，不能过紧或过松。新装的带不宜过紧，一般应待运转数天并有松弛现象以后，再进行调整。

(2) 应防止带接触酸、碱、柴油、机油、汽油等物质，避免阳光直接暴晒。

(3) 不同厂生产或新旧程度不同的V带不宜同组使用。不同规格型号的带也不能替代使用。

(4) V带不宜在60℃的环境下运转。

(5) 带损坏后应及时更换，带轮磨损严重也应及时更换。

(6) 为防止带打滑，使用带蜡或带油时应涂于带的工作面上，但一般不采用，如发生打滑可增加带张紧力。

(7) 保持带和带轮的干净，防止灰尘侵入。

(8) 为确保运行安全，必须加防护罩。

三、齿轮传动

齿轮传动是依靠轮齿间的啮合来传递或变换角速度及转矩的，它极其广泛地应用于各类机器中。随着机器制造业的迅速发展，目前齿轮传动传递的转矩可大到几千万牛·米，圆周速度可高达300m/s，传递功率可达数万千瓦。

（一）齿轮传动的类型及特点

齿轮的类型很多，常用的齿轮类型及特点如表3-4所示。

表3-4 常用的齿轮类型及特点

类型		简图	特性
圆柱齿轮	直齿圆柱齿轮传动		①两传动轴平行，转动方向相反 ②工作时无轴向力，可轴向运动 ③传动平稳性较差，承载能力较低 ④应用广泛，主要用于减速、增速，或用来改变转动方向
	斜齿圆柱齿轮传动		①两传动轴平行，转动方向相反 ②工作时有轴向力，不宜作滑移变速机构 ③传动平稳性好，承载能力较高 ④应用较广，适用于高速、重载的传动场合
	人字齿圆柱齿轮传动		①两传动轴平行，转动方向相反 ②每个人字齿轮相当于由两个尺寸相同而齿形相反的斜齿轮组成 ③承载能力高 ④轴向力可以相互抵消，常用于重载传动

续表

类型		简图	特性
	齿轮齿条传动		①可以将旋转运动转换为直线运动，或将直线运动转换为旋转运动 ②常用于运动转换装置等方面
	直齿内啮合传动		①两传动轴平行，转动方向相同 ②重合度大，径向尺寸小 ③滑动率小 ④多用于轮系机构
圆柱齿轮	螺旋圆柱齿轮传动		①两传动轴交错，交错角多为90° ②轮齿螺旋线切向相对滑动较大 ③承载能力低 ④多用于传递交错轴间的运动
	直齿圆锥齿轮传动		①对安装误差敏感 ②工作时振动和噪声大 ③轴向力较小，但承载力较低 ④多用于传递交错轴间运动，适用于圆周速度小于2m/s的场合
	斜齿圆锥齿轮传动		①传动平稳、噪声小 ②承载能力较高 ③轴向力较大，其方向与齿轮转向有关 ④适用于传递交错轴间运动，但应用较少
圆柱蜗杆蜗轮传动			①可传递两交错轴的运动与动力 ②传动比大，单级传动比通常为15～50 ③传动平稳，有自锁性，但效率低 ④应用广泛

（二）齿轮传动的传动比

对于直齿、斜齿及圆锥齿轮传动，两轮在正确啮合的情况下，必然是两分度圆相切并做纯滚动，单位时间内两轮转过的分度圆弧长一定相等，即：

$$n_1 \pi d_{分1} = n_2 \pi d_{分2} \quad 或 \quad n_1 m z_1 = n_2 m z_2 \tag{3-1}$$

所以，齿轮传动的传动比应为：

$$i = \frac{n_1}{n_2} = \frac{d_{分2}}{d_{分1}} \quad 或 \quad i = \frac{n_1}{n_2} = \frac{z_2}{z_1} \tag{3-2}$$

即齿轮传动的传动比等于从动轮分度圆直径与主动轮分度圆直径之比，也等于从动轮齿数与主动轮齿数之比。

（三）蜗杆蜗轮传动

1. 蜗杆蜗轮传动的特点

蜗杆蜗轮传动用于传递空间交错的两轴之间的运动和转矩，通常两轴间的交错角 $\Sigma = 90°$，绝大多数是蜗杆为主动，蜗轮为从动。与齿轮传动相比，蜗杆传动的主要优点是：传动比大、结构紧凑、传动平稳、无噪声；在一定条件下，蜗杆传动可以自锁，有完全保护作用。蜗杆传动的缺点是摩擦发热大、效率低、成本较高。

蜗杆与螺杆相仿，有左、右旋之分。在分度圆柱上只有一根螺旋线的叫单头蜗杆，显然蜗杆的头数就是它的齿数 z_1，一般 $z_1 = 1 \sim 4$。z_1 小，传动比大而效率低；z_1 大，效率高，但加工困难。

2. 蜗杆蜗轮传动的传动比

$$i = \frac{n_1}{n_2} = \frac{z_2}{z_1} \tag{3-3}$$

式中，n_1 和 z_1 分别为蜗杆转速和其螺纹头数；n_2 和 z_2 分别为蜗轮转速和其齿数。

四、链传动

链传动由主动链轮、从动链轮和链条组成。工作时，通过和链轮啮合的链条把运动和转矩由主动链轮传给从动链轮。链传动和带传动都是挠性传动，但其工作原理不同。链传动是依靠链节与链轮轮齿的啮合实现传动；而带传动则依靠带与带轮之间的摩擦力实现传动。

（一）链条的种类、结构特点和用途

链条分为传动链和运输链两大类，其结构特点和用途如表 3-5 所示。

表 3-5 链条的种类、结构特点和用途

种类		简图	结构特点	用途
传动链	短节距精密滚子链		由外链节和内链节铰接而成。销轴和外链板、套筒和内链板为过渡配合；销轴和套筒为间隙配合；滚子空套在套筒上可以自由转动，以减少啮合时的摩擦和磨损，并可以缓和冲击。滚子链链节有内链节、外链节、连接链节、过渡链节和复合链节。五种加重链的链板厚度为一般链中相应节距增大一挡的链板厚度	一般机械动力传动用
	短节距精密滚子链加重系列			大载荷、中低速传动用
	双节距精密滚子链		双节距滚子链系列符合 GB/T 1243—2006，滚子链的节距增大一倍而派生出来的一种轻链条	用于中小载荷、中低速和中心距较大的传动装置，亦可用于输送装置

续表

种类		简图	结构特点	用途
传动链	重载弯板滚子链		由弯板链节连接而成。弯板链节无内外链节之分，是由弯链板、套筒、滚子、销轴和锁销等零件构成。磨损后链节节距仍较均匀。弯板使链条的弹性增加，抗冲击性能好。销轴、套筒和链板间的间隙较大，对链轮共面性要求较低。销轴拆装容易，便于维修和调整松边下垂量	用于低速或极低速、载荷大、有尘土的开式传动和两轮不易共面处，如挖掘机等工程机械的行走机构、石油机械等
	短节距精密套筒链		除无滚子外，结构和尺寸同滚子链。重量轻，成本低，并可提高节距精度。为提高承载能力，可利用原滚子的空间加大销轴和套筒尺寸，增大承压面齿形链片并列铰链的乘积	用于不经常传动，中低速传动的情况或用于起重装置（如配重、铲车起升装置）等
	齿形链		由多个链片的齿形部分和链轮啮合，有共轭啮合和非共轭两种。传动平稳准确，振动、噪声小，强度高，工作可靠；但重量较大，装拆较困难	用于高速或运动精度要求较高的传动，如机床主传动、发动机正反传动、石油机械以及重要的操纵机构等
	平顶链		由链板（即承载链板）和销轴两个零件组成	用于输送瓶、罐、盒等轻型物品
	板式链		由销轴链节外链板、销轴链节中链板、铰链链节链板和销轴等组成	
	环链		由圆钢电焊成的短环链组成	用于葫芦等起重设备

续表

种类		简图	结构特点	用途
传动链	成型链		链节由可锻铸铁或钢制成一个整体，装拆方便	用于速度 $v<3m/s$ 的传动和农业机械

（二）链传动的传动比

1. 链速口

$$v=\frac{z_1n_1t}{60\times1000}=\frac{z_2n_2t}{60\times1000} \tag{3-4}$$

式中，z_1、z_2 分别为主、从动链轮的齿数；n_1、n_2 分别为主、从动链轮的转速，r/min；t 为链的节距，mm。

2. 链传动的传动比 i_{12}

$$i_{12}=\frac{n_1}{n_2}=\frac{z_2}{z_1} \tag{3-5}$$

上面两式可求链速和传动比，但应注意它们反映的仅是平均值。

五、螺纹联接

螺纹是在圆柱（或圆锥）表面上沿螺旋线形成的具有相同剖面（三角形、梯形、锯齿形等）的连续凸起和沟槽。螺纹在管道工程中应用很多。加工在外表面的螺纹称外螺纹，加工在内表面的螺纹称内螺纹。内、外螺纹旋合在一起，可起到连接及密封等作用。

（一）螺纹的形成及种类

1. 螺纹的形成

各种螺纹都是根据螺旋线原理加工而成的。

2. 螺纹的种类

按照螺纹的用途，大体可分为四大类。

（1）连接和紧固用螺纹。

（2）管用螺纹。

（3）传动螺纹。

（4）专门用螺纹　包括石油螺纹、气瓶螺纹、灯泡螺纹和自行车螺纹。

（二）螺纹术语

螺纹要素包括牙型、螺纹直径（大径、中径和小径）、线数、螺距（或导程）、旋向等。在管道工程中的内、外螺纹成对使用时，上述要素必须一致，两者才能旋合在一起。

（1）螺纹牙型　沿螺纹轴线剖切时，螺纹的轮廓形状称为牙型。螺纹的牙型有三角形、梯形、锯齿形等。常用标准螺纹的牙型及符号如表 3-6 所示。

（2）牙顶　在螺纹凸起部分的顶端，连接相邻两个侧面的那部分螺纹表面，如图 3-2 所示。

（3）牙底　在螺纹沟槽的底部，连接相邻两个侧面的那部分螺纹表面，如图 3-2 所示。

（4）大径　与外螺纹牙顶或内螺纹牙底相重合的假想圆柱面的直径。

表 3-6　常用标准螺纹的分类、牙型及符号

<table>
<tr><th colspan="4">螺纹分类</th><th>牙型及牙型角</th><th>特征代号</th><th>说明</th></tr>
<tr><td rowspan="7">连接螺纹</td><td rowspan="2">普通螺纹</td><td colspan="2">粗牙普通螺纹</td><td rowspan="2">60°</td><td rowspan="2">M</td><td>用于一般零件连接</td></tr>
<tr><td colspan="2">细牙普通螺纹</td><td>与粗牙螺纹大径相同时，螺距小，小径大，强度高，多用于精密零件、薄壁零件</td></tr>
<tr><td rowspan="5">管螺纹</td><td colspan="2">非螺纹密封的管螺纹</td><td>55°</td><td>G</td><td>用于非螺纹密封的低压管路的连接</td></tr>
<tr><td rowspan="3">用螺纹密封的管螺纹</td><td>圆锥外螺纹</td><td>55°</td><td>R</td><td rowspan="3">用于螺纹密封的中、高压管路的连接</td></tr>
<tr><td>圆锥内螺纹</td><td>55°</td><td>R_c</td></tr>
<tr><td>圆柱内螺纹</td><td>55°</td><td>R_p</td></tr>
<tr></tr>
<tr><td rowspan="2">传动螺纹</td><td colspan="3">梯形螺纹</td><td>30°</td><td>T_r</td><td>可双向传递运动及动力，常用于承受双向力的丝杠传动</td></tr>
<tr><td colspan="3">锯齿形螺纹</td><td>3° 30°</td><td>B</td><td>只能传递单向动力</td></tr>
</table>

（5）小径　与外螺纹牙底或内螺纹牙顶相重合的假想圆柱面的直径。

（6）中径　一个假想圆柱的直径，该圆柱的母线通过牙型上沟槽和凸起宽度相等的地方。

（7）公称直径　代表螺纹尺寸的直径，一般指螺纹大径的基本尺寸。

（8）顶径　与外螺纹或内螺纹牙顶相重合的假想圆柱的直径，指外螺纹大径或内螺纹小径，如图 3-3 所示。

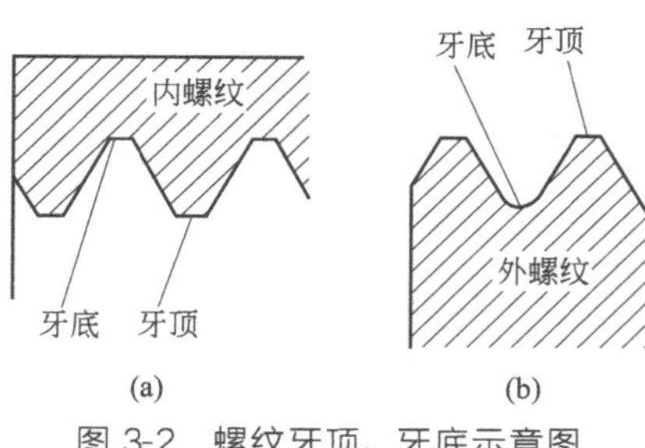

图 3-2 螺纹牙顶、牙底示意图

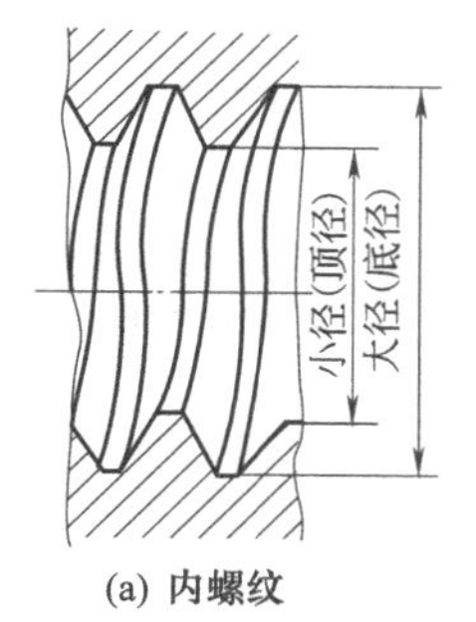

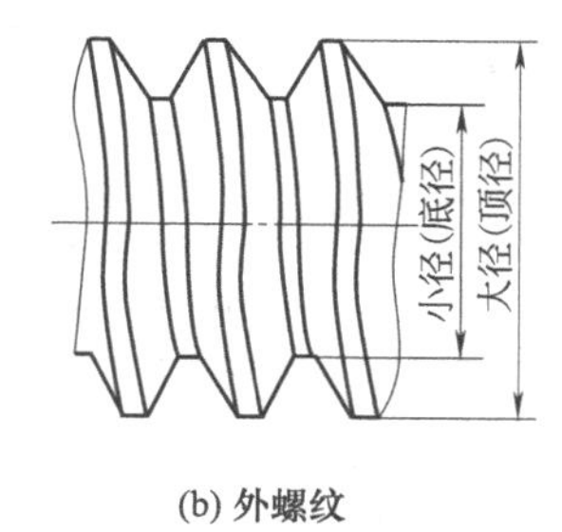

图 3-3 螺纹顶径、底径示意图

(9) 底径　与外螺纹或内螺纹牙底相重合的假想圆柱的直径，指外螺纹小径或内螺纹大径，如图 3-3 所示。

(10) 螺距　相邻两牙在中径线上对应两点的轴向距离，用 P 表示，如图 3-4 所示。

(11) 导程　同一条螺旋线上的相邻两牙在中径线上对应两点间的轴向距离，如图 3-5 所示。当为单线螺纹时，导程与螺距相等。当为多线螺纹（由几个牙型同时形成的）时，导程是螺距的倍数，例如双线螺纹的导程为螺距的两倍。

(12) 螺纹旋合长度　两个相互配合的螺纹，沿螺纹轴线方向相互旋合部分的长度，如图 3-6 所示。

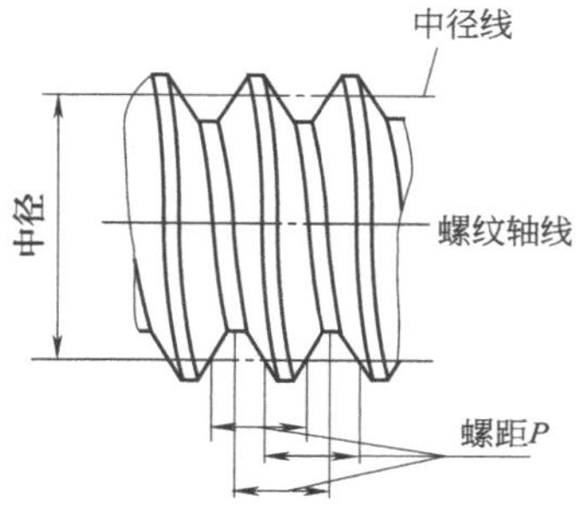

图 3-4 螺纹螺距示意图

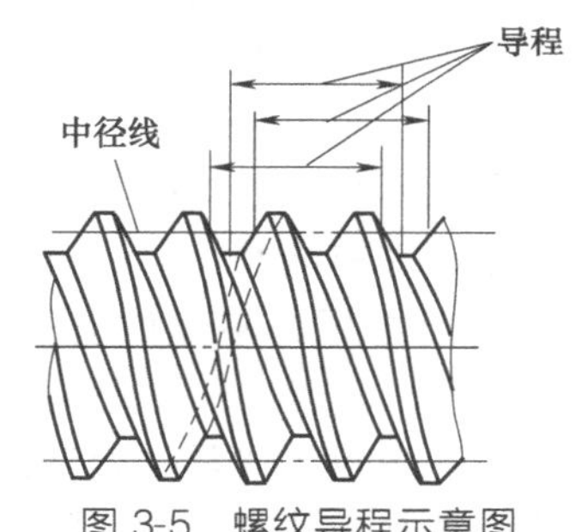

图 3-5 螺纹导程示意图

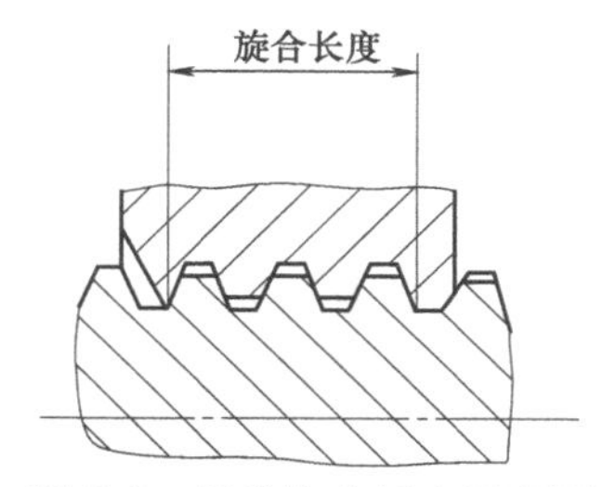

图 3-6 螺纹旋合长度示意图

（三）成组螺栓的拧紧顺序注意事项

成组螺栓的拧紧顺序如表 3-7 所示。

表 3-7 成组螺栓的拧紧顺序及要点

分布形式	单排	双排	四角	圆周	双排加间隔
拧紧顺序简图	7 5 3 1 2 4 6	8 10 6 1 4 2 3 5 9 7	定位销 4 1 2 3	定位销 1 6 3 4 5 2	20 22 19 16 2 15 10 13 8 1 7 6 11 9 12 5 14 17 18 23 21

续表

分布形式	单排	双排	四角	圆周	双排加间隔
拧紧顺序及要点	①拧紧的顺序为1、2、3… ②拧紧按长方形布置的成组螺钉或螺母时，应从中间开始，逐步向两边对称地扩展 ③在拧紧按圆形或方形布置的成组螺钉或螺母时，必须对称地进行，如有定位销，则应从靠近定位销的螺栓开始				

（四）螺纹检修

1. 螺纹的损坏形式

螺纹的损坏形式有磨损、锈蚀、裂纹、断裂、断丝、烂牙、滑丝、螺钉或双头螺柱的紧固端配合太松等几种。

2. 螺纹的修复

（1）螺栓和螺钉断裂　螺栓和螺钉在运行或拆卸过程中断裂时，若外露部分有一定的高度，可在外露部分顶部锯一条槽，用螺丝刀（螺钉旋具）旋出断在里面的部分，或将外露部分锉出两平行面，用扳手扳出；对直径较大的螺栓，可用管钳拆除。对没有外露部分的螺钉，用直径比原螺钉小径小0.5～1mm的钻头把螺钉钻去，再用丝锥攻出内螺纹；或用同直径的钻头去除原螺纹，改攻大一规格的螺纹；还可用螺钉起拔器拆除；对直径较大的，可在末端焊上螺钉或螺母再用扳手拆除。

（2）螺钉和螺栓锈蚀或咬死　螺钉和螺栓因使用时间过长而锈蚀或咬死难以拆除时，可用松动剂或煤油浸润一段时间后，敲击振动掉部分锈块，再用扳手拆除；对不重要的螺栓可直接割除；对拆除不了的重要的螺钉、螺栓，可采用加备用螺母的方式拆除；若螺母失去了棱角，为了保证螺栓不受损，可采用螺母劈开器拆除螺母，保护螺栓，然后用板牙将螺栓的螺纹攻一遍。

（3）烂牙和滑丝　烂牙和滑丝不严重可修复的，用丝锥和板牙将螺纹攻一遍；光杆有余量可利用的，可用板牙将螺纹多攻几圈，以满足使用要求；若螺纹前端滑丝，孔有深度余量的，可将孔钻深到使用要求后再攻螺纹；对烂牙和滑丝严重不能再用的零部件上的内螺纹，在允许范围内，可将螺纹扩大一个规格，或将原孔填充后重新钻孔攻丝。

（4）螺纹断牙　螺纹前端断牙，用锉刀将断裂部分修整后再用板牙或丝锥处理即可。

（5）螺纹磨损　经常拆卸的螺纹容易磨损，导致螺栓或螺柱与螺孔配合的间隙过大，修复时可采用更换新螺栓或螺柱的方法。若更换后间隙仍大，可以根据间隙的大小，配作异径的螺栓或螺柱，这种异径的螺栓或螺柱不能互换。

3. 降级使用

用于高温、高压或重要部位的螺钉或螺栓，其等级和要求都较高，在使用一定的时间后，即使形状完好，但由于高温、高压作用，也会使其产生微小的塑性变形、弹性失效或强度达不到使用要求，必须及时更换。将其降级使用在一般场合，可以避免不必要的浪费。

六、键联接

键联接主要用来连接轴与轴上的零件（如齿轮、带轮、链轮、联轴器等），以实现周向固定传递转矩。

（一）键联接的类型、特点及应用

常用的键联接有平键、半网键、导向平键、滑键、楔键及切向键，如表3-8所示。

表 3-8 键联接的类型、特点及应用

类型		简图	特点及应用
普通平键	平头平键(A 型)	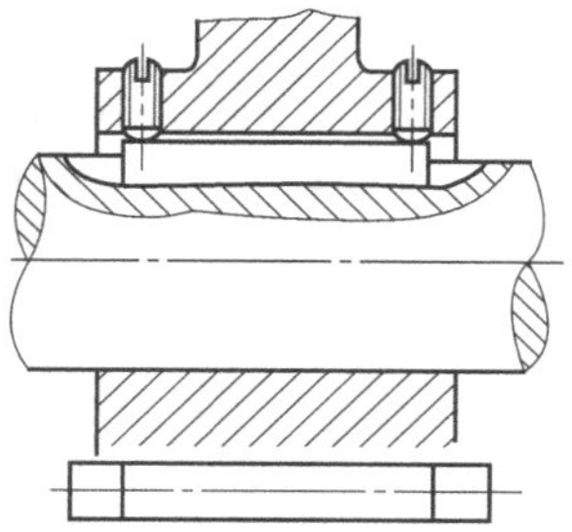	普通平键应用最广,工作时靠键与键槽的侧面挤压传递动力,因此,键的侧面是工作面。 普通平键对中良好,拆装方便,无轴向固定,常用于高精度、高速或承受变载荷、冲击的场合。 A 型键在槽中轴向固定较好,但槽存轴中引起的应力集中较大;B 型键的键槽对轴引起的应力集中较小;C 型键则多用于轴的端部
	圆头平键(B 型)		
	半圆头平键(C 型)		
平键	滑键	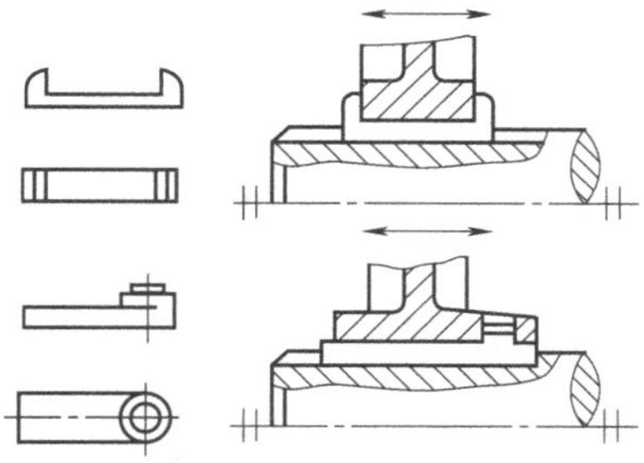	键固定在轮毂上,轴上零件能带键做轴向移动,具有对中良好、拆装方便的特点,多用于轴上零件轴向移动量较大的场合
	导向平键	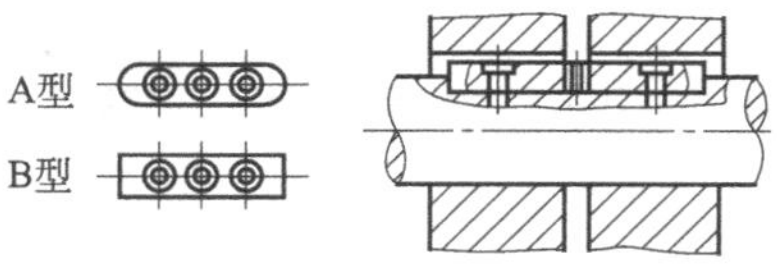 A型 B型	对中良好,拆装方便,无轴向固定。键用螺钉固定在轴上,轴上零件能做轴向移动,多用于轴上零件轴向移动量不大的场合
半圆键			靠侧面传递转矩,安装方便,结构紧凑,可自动适应轮毂中键槽的斜度,缺点是键槽较深,对轴的强度不利,一般用于轻载场合

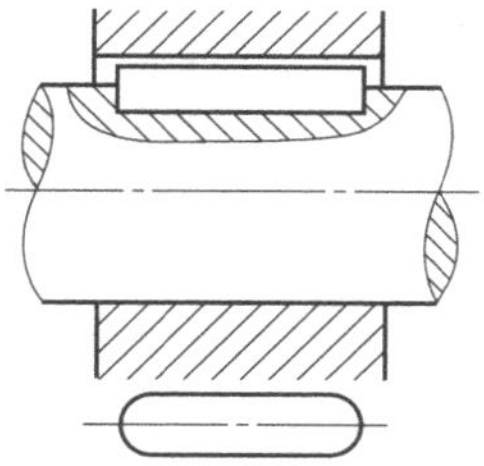

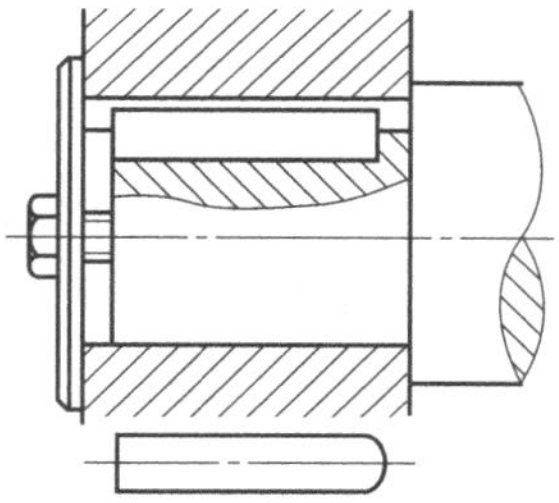

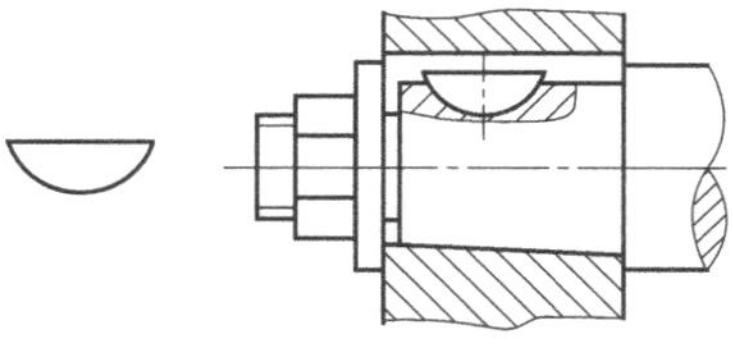

续表

类型	简图	特点及应用
楔键	1:100 1:100 1:100 1:100	靠键的上下面传递转矩，键在装配时需打入，以保证工作面上受有预紧力的挤压作用。多用于精度要求不高、转速较低时传动较大转矩的场合。有钩头的用于不能从另一端将键打出去的场合
切向键	1:100	由两个斜度为 1∶100 的楔键组成，能传递很大的转矩，但对轴的削弱很严重。 一对切向键只能传递一个方向的转矩，传运双向转矩时需要两对互成 120°～130°的切向键。 多用于传动转矩大、直径较大、对中要求不严的场合

（二）键及键槽的修复

1. 键磨损

键磨损通常采用更换新键的方法来恢复键的配合精度。

2. 键槽磨损

键槽磨损一般是先将被磨损的键槽形状修整完善后，再根据修整后的键槽尺寸配以相应的键。若磨损情况只发生在毂孔或轴的键槽上，另一边不需修整时，可将被磨损的键槽修整完善后，再将键锉成台阶形状相配。

3. 键发生变形或剪断

键发生变形或剪断可用增加轮壳槽的宽度或增加键的长度的方法处理；也可增加一个键，采用两个键相隔 180°安置，以增大键的抗剪强度。

七、销联接

销联接主要用于固定零部件间的相互位置，是机械装配中很重要的一个辅件。

（一）销联接的类型、特点及应用

常用销联接的类型、特点及应用如表 3-9 所示。

表 3-9 常用销联接的类型、特点及应用

类型	简　图	特点及应用
圆柱销		主要用于定位，也可用于连接。直径偏差有 u6、n16、h8 和 h11 四种，以满足不同的使用要求。销孔需铰制
圆锥销	1:50	有 1∶50 的锥度。拆装方便，可多次拆装，定位精度比圆柱销高，且能自锁。一般两端应伸出被连接件，以便拆装
开尾销		用于锁定其他零件（如轴、槽形螺母等），是一种较可靠的锁定方法，应用广泛

续表

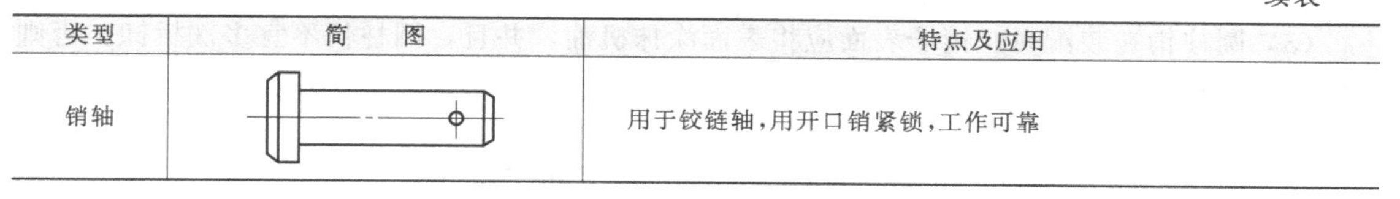

类型	简图	特点及应用
销轴		用于铰链轴，用开口销紧锁，工作可靠

（二）销联接装配

1. 销的种类及应用范围

销联接在机械设备中的主要作用是定位、连接或锁定零件，有时，还可以作为安全装置中的过载剪断元件。

销是一种标准件，形状和尺寸已经标准化。销的种类较多，应用广泛。销的种类有开口销、圆柱销带螺纹圆柱销、弹性圆柱销、圆锥销带螺纹圆锥销及销轴等。其中用得最多的是圆柱销和圆锥销。销的特点和用途如下。

（1）开口销用于经常要拆卸的轴和螺杆带孔的螺栓上，使轴和螺栓上的零件、螺母不能脱落。

（2）圆柱销及带螺纹圆柱销一般依靠过盈固定在孔中，用以定位和连接零部件，传递动力或用于工具、模具上作零件定位。根据不同的使用要求选择不同的直径配合公差。内螺纹供旋入螺栓，取出圆柱销用。B 型有通气平面，适用于盲孔。

（3）弹性圆柱销具有弹性，装入销孔后不易松脱，对销孔精度要求不高，可以多次使用，适用于具有冲击、振动的场合，但不适用于高精度定位及不穿通的销孔。

（4）圆锥销及带螺纹圆锥销　销和销孔表面上有 1∶50 的锥度，销与销孔之间连接紧密可靠，具有对准容易的特点，在承受横向载荷时能自锁，主要用于定位，也可用作固定零件，或用来传送动力，多用于经常拆卸的场合。带螺纹的圆锥销可利用旋紧螺母时螺母的向下移动，拔出圆锥销；内螺纹圆锥销用以旋入拔销器，把圆锥销从销孔中取出。这类圆锥销适用于不通孔的销孔或从销孔中很难取出普通圆锥销的场合。

（5）销轴　销轴连接比较松动，装拆方便，常用于零件之间的铰连接。

2. 装配方法

（1）开口销和弹性圆柱销　开口销和弹性圆柱销在安装时对孔的精度要求低，不需做特殊处理，安装简单，只需直接插入即可。开口销装入后要将两脚分开，拆卸时，将两脚合拢；弹性圆柱销装入时需轻轻敲入，拆卸时需用较小的器具敲击退出。

（2）圆柱销及带螺纹圆柱销　装配圆柱销和带螺纹圆柱销时，对销孔的尺寸、形状、表面粗糙度要求较高，装配前需铰削，并且被连接件的两孔应同时钻、铰，孔表面粗糙度 R_a 值应低于 1.6μm，以保证连接质量。装配时，应在销表面涂抹机油，用铜棒轻轻打入；拆卸时，用小于销径的器具向外敲出，带螺纹的圆柱销可用拔销器拔出。

（3）圆锥销及带螺纹圆锥销　圆锥销及带螺纹圆锥销装配时，两连接的销孔也应同时钻、铰。钻孔时，按圆锥小头直径选用钻头（圆锥销以小头直径和长度表示规格），用 1∶50 锥度的铰刀铰孔。铰孔时，用试装法控制孔径，以圆锥销自由插入全长的 80%～85% 为宜；然后，用手锤轻轻敲入圆锥销，销的大头可稍微露出。带螺纹的圆锥销的大头应在被连接件中，以便拆卸时旋入螺母拔出圆锥销；不带螺纹的圆锥销拆卸时，可从小头向外敲出；带内螺纹的圆锥销拆卸时，可用拔销器拔出。

3. 注意事项

（1）装配开口销时，切记要将开口销的两脚分开，以免销子在使用过程中脱落。

（2）弹性圆柱销装配时不宜太松，若发现销孔被磨损，弹性圆柱销失去弹性作用时，应更换大一规格的弹性圆柱销，或将孔扩大一规格后重新配置相应的弹性圆柱销。

(3) 圆柱销在装配时，销子表面应将表面涂抹机油，并且，圆柱销不宜多次拆卸，否则会降低定位精度和连接的紧固性。

第二节 轴与轴承

一、轴

轴是组成机器的重要零件之一，用于支承作回转运动或摆动的零件来实现其回转或摆动，使其有确定的工作位置。轴的主要作用是：①支承旋转零件（例如齿轮、蜗轮等）；②传递运动和动力。

(一) 轴的分类

(1) 按照轴线形状分类，轴可分为直轴、曲轴和软轴。

① 直轴　直轴按外形不同可分为光轴、阶梯轴及一些特殊用途的轴，如凸轮轴、花键轴、齿轮轴及蜗杆轴等，如图 3-7 (a)、(b) 所示。

光轴形状简单，加工容易，轴上应力集中减少。但零件在其上安装和固定不便。光轴常用于纺织机械、农业机械和机床上。阶梯轴各截面的直径不同，便于轴上零件的安装和定位，而且由于轴上载荷通常是不均匀分布的，所以阶梯轴受载比较合理，接近等强度梁，广泛地应用在各种转动机构中。

直轴一般都制成实心的。但有时因机器结构要求而需在轴中装其他零件，或者在轴孔中输送润滑油、冷却液，或者对减轻轴的重量有重大作用时（如大型水轮机的轴、航空发动机的轴），则将轴制成空心的，如图 3-8 所示。由于传递转矩主要靠轴的外表面材料，所以空心轴比实心轴在材料利用方面较为合理，可节约材料。通常空心轴内径与外径的比值为 0.5～0.6，以保证轴的刚度及扭转稳定性。

② 曲轴　曲轴是内燃机、曲柄压力机等机器上的专用零件，用以将往复运动转变为旋转运动，或做相反转变，如图 3-7 (c) 所示。

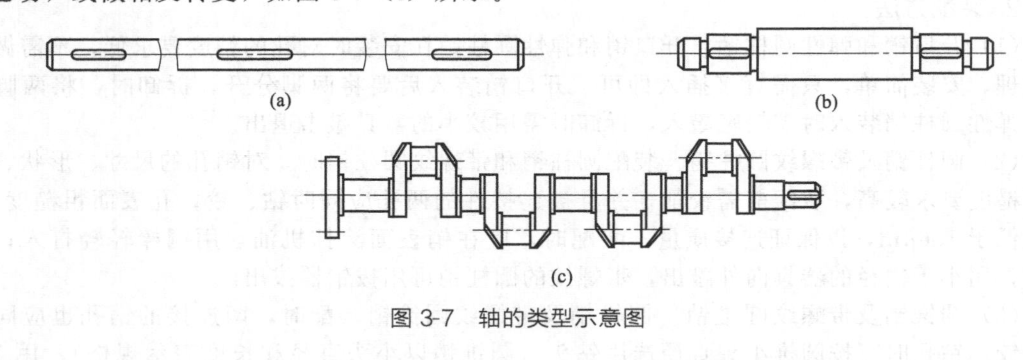

图 3-7　轴的类型示意图

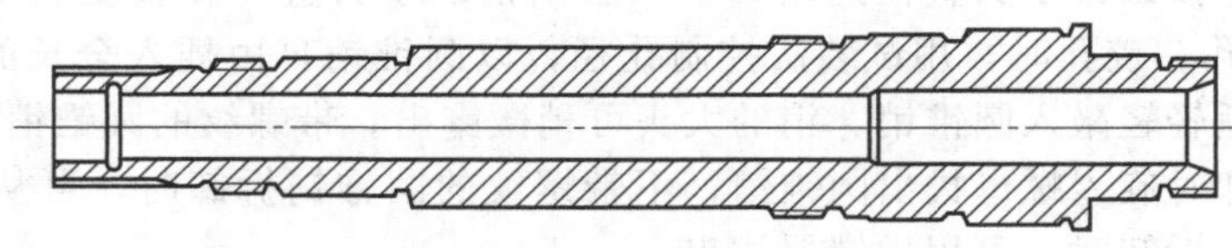
图 3-8　空心轴示意图

③ 软轴　由多组钢丝分层卷绕而成，具有良好挠性，可将回转运动灵活传到不开敞的空间位置。

软轴主要用于两传动轴线不在同一直线或工作时彼此有相对运动的空间传动，也可用于受连续振动的场合，以缓和冲击，如图 3-9 所示。

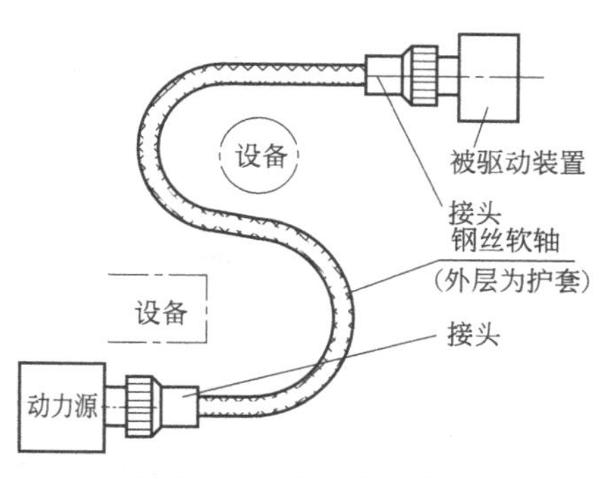

图 3-9 软轴结构示意图

（2）按轴承受的载荷不同，可将轴分为心轴、转轴和传动轴三种。

① 心轴 只受弯矩而不受转矩的轴，心轴又可分为转动的心轴和不转动的心轴。

② 转轴 既承受弯矩又承受转矩的轴，如减速器中的轴。

③ 传动轴 只传递转矩而不承受弯矩，或所受弯矩很小的轴，如汽车中连接变速箱与后桥之间的轴。

（二）零件在轴上的固定方法

零件在轴上的固定方法与特点如表 3-10 所示。

表 3-10 零件在轴上的固定方法与特点

固定方法	简图	特点
销接固定		能承受一定的轴向力
顶丝锁紧		锁紧简单、方便，可承受小的轴向力
螺钉锁紧挡圈		结构简单，可承受小的轴向力
轴端挡圈固定		用于轴端零件的固定
圆锥面和轴端挡圈固定		定心精度高，能承受冲击载荷

续表

固定方法	简图	特点
弹性挡圈固定		结构紧凑，可承受小的轴向力
圆螺母和止推垫圈固定		固定可靠，可承受较大的轴向力

二、滚动轴承

轴承的功能是支承轴及轴上的回转件，以保证轴的旋转精度，减小轴与支撑件之间的摩擦。

机器中所用的轴承，按照它们工作时摩擦性质的不同，可分为滚动（摩擦）轴承和滑动（摩擦）轴承两大类。

（一）滚动轴承的结构、类型及特点

滚动轴承的结构如图 3-10（a）所示，一般由内圈、外圈、滚动体及保持架 4 部分组成。滚动体沿内、外圈上特制的沟槽——滚道滚动。保持架把滚动体均匀分隔开，以免相互碰撞。通常内圈安装在轴颈上，外圈安装在支承构件的孔中。常用的滚动体如图 3-10（b）所示。

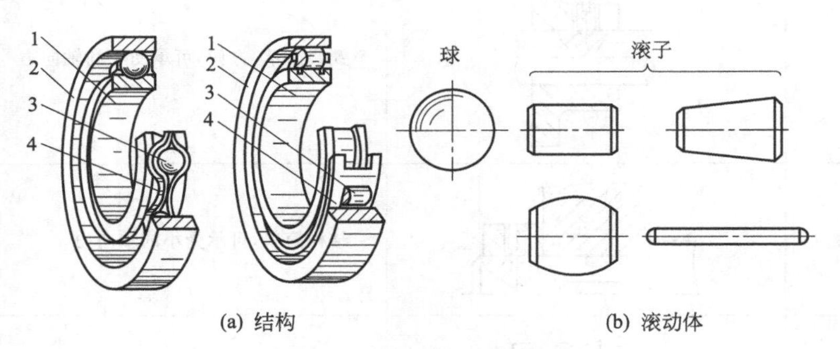

(a) 结构　　(b) 滚动体

图 3-10　滚动轴承的构造

1—内圈；2—外圈；3—滚动体；4—保持架

滚动轴承按承受载荷的方向不同可分为三类：向心轴承，主要承受径向力；推力轴承，只能承受轴向力；向心推力轴承，能同时承受径向力和轴向力。

根据滚动体的形状，滚动轴承又分为两类：球轴承，滚动体为钢球；滚子轴承，滚动体为圆柱滚子、圆锥滚子、球面滚子及滚针等，它适用于负荷大、转速低的场合。

滚动轴承和滑动轴承相比具有下列优点：摩擦力矩小，承载能力强，位置精度高，使用寿命长，具有互换性，维修方便且能大批量生产。滚动轴承的缺点是尺寸较大，承受冲击载荷能力差，高速运转时噪声大。

滚动轴承虽然结构复杂，但它是标准化零件，由专业化工厂按照国家标准生产，所以应用非常普遍。

（二）滚动轴承的润滑与密封

滚动轴承各元件间在运转中虽做相对滚动，但亦伴有相对滑动。在载荷作用下，接触处产生很大的接触应力和摩擦力，同时发出热量引起高温，导致接触表面的磨损、点蚀乃至胶合。因此，必须进行有效的润滑，借以降低摩擦阻力、散热、减轻磨损、吸振缓冲和防止锈蚀等。

滚动轴承常用的润滑方式有油润滑和脂润滑两种。

脂润滑结构简单、油膜强度高、不易流失、便于密封。但润滑脂 104 的黏度大，高速时发热严重，所以只适合在较低速度下采用。

润滑脂的主要性能指标为稠度和滴点。轴承的载荷大、速度较低时，可选稠度小的润滑脂；反之，应选稠度较大的润滑脂。为了不使润滑脂流失，轴承的工作温度应低于润滑脂的滴点。另外，选用润滑脂种类必须考虑工作环境的要求，例如抗湿、耐水、耐腐蚀等。

此外，轴承中润滑脂的充填量以填满轴承空隙的 1/3～1/2 为宜，高速下，只能充填至 1/3，充填过满，将使摩擦加剧，温度升高，使油脂黏度下降，影响轴承工作。

当载荷大、速度较高和工作温度高时，脂润滑已不能满足要求而必须采用油润滑。润滑油的主要性能指标是黏度。轴承所受载荷愈大，工作温度愈高，则需选黏度愈大的油。而轴承的转速愈高，则应选用黏度愈小的油。常见的油润滑方法主要有以下几种。

（1）油浴润滑　这种方式是将轴承的一部分浸入油池中进行润滑，如图 3-11 所示。这是在低速和中速轴承中用得最多的一种润滑方式。在转速高于 10000r/min 时不允许用这种方式润滑，因这时的搅动损失很大，会引起油液和轴承的严重过热。

（2）飞溅及油环润滑　用于闭式润滑，利用回转零件（如齿轮、甩油盘等）把油击成油星飞溅至箱盖，通过油沟送至轴承，或利用轴上油环浸于油中，转动时将油带入轴承，如图 3-12 所示。这种润滑方式方便，但溅油零件的圆周速度不宜过高，浸入油内不宜过深，其缺点是易使沉积的磨粒进入轴承，致使轴承过早磨损。

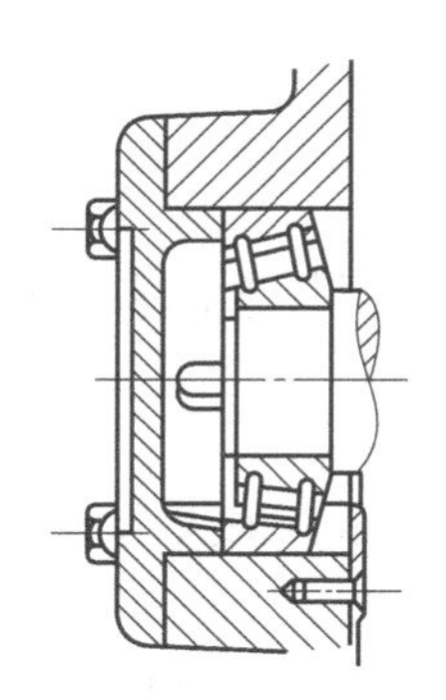

图 3-11　油浴润滑

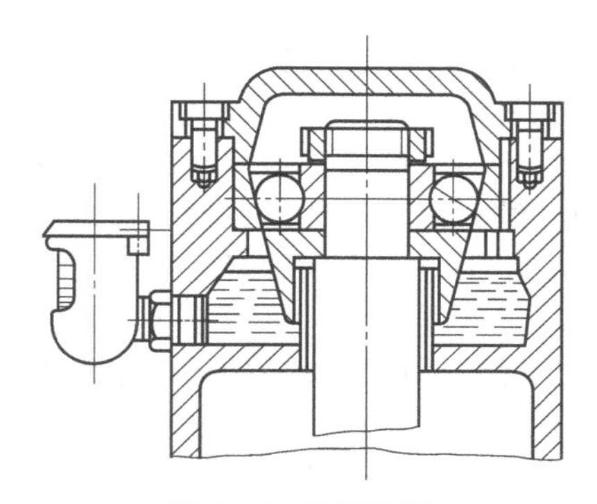

图 3-12　飞溅润滑

（3）循环润滑　这种方式是用油泵把油连续输入到轴承中进行润滑。它可以控制轴承温度，常用于给油点多及重载、振动大或承受交变载荷的工作条件下以及高速轴承中，是很好的供油方式。

（4）喷雾润滑　这种方式是用滤过的洁净压缩空气把净化的润滑油雾化，然后吹入轴承，使油雾可靠地达到轴承摩擦面上。这种方式润滑效果好，冷却效果也好，适合于高速轻载的轴承。其缺点是耗空气量大，排出的油雾污染环境等，多用于中小型轴承，如图 3-13 所示。

（5）喷射润滑　如轴承的温度较高，达到 120℃时，喷雾油嘴易被油的积炭堵塞，而轴承回转时产生的气流使油难以进入轴承，此时，可将油用 9810～49000N/m 的压力，用喷嘴对准滚动轴承内圈与保持架之间的间隙喷射，如图 3-14 所示。

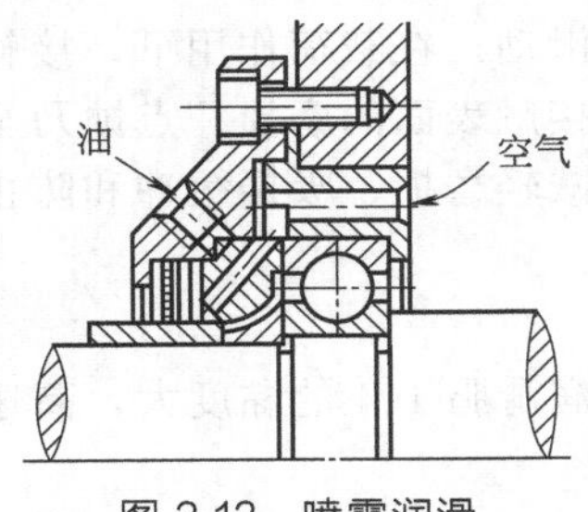

图 3-13 喷雾润滑

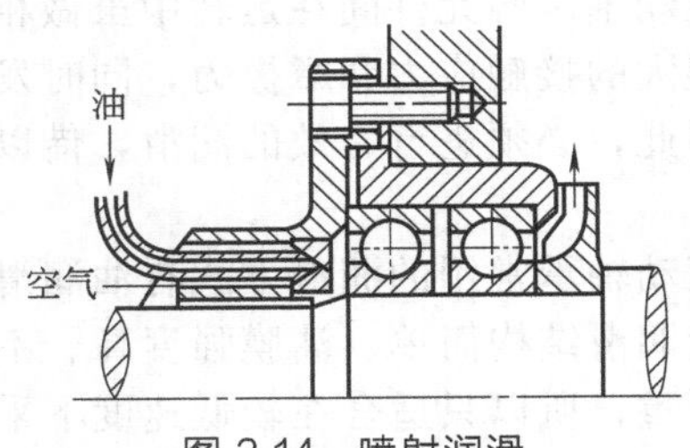

图 3-14 喷射润滑

除上述几种润滑方法外，还有滴油、油杯、油绳润滑等。

润滑油的使用要定期检查、更换，油的更换期要看油的变质情况而定，如油的黏度超过规定值的 10%～15%、水分超过 1%～3%时，就应当更换。通常，在设备连续运转时，如轴承温度在 50℃左右，一般可一年更换一次润滑油；如外界温度较高，轴承温度在 100℃时，就要一年更换两三次润滑油；如油中水分及异物侵入较多时，就要适当增加更换次数。

三、滑动轴承

（一）滑动轴承的特点

滑动轴承和滚动轴承一样，也是作为一种支承来支持转轴和心轴的，与滚动轴承不同之处在于前者的轴颈和轴承表面工作时形成滑动摩擦，而后者主要形成滚动摩擦。

滑动轴承按其承载方向可分为向心滑动轴承、推力滑动轴承、向心和推力组合滑动轴承。与滚动轴承相比滑动轴承具有以下特点：

（1）寿命长，适用于高速场合，如设计正确，可保证在液体摩擦的条件长期工作，例如大型汽轮机、发电机多采用液体摩擦滑动轴承。

（2）能承受冲击和振动载荷　滑动轴承工作表面间的油膜能起缓冲和吸振的作用，如冲床、轧钢机械以及往复式机械中多采用滑动轴承。

（3）运转精度高，工作平稳，无噪声。

（4）结构简单，装拆方便　滑动轴承常做成剖分式的，这给装拆带来很多方便，如曲轴轴承多采用剖分式滑动轴承。

（5）承载能力大，可用于重载场合。

（6）非液体摩擦滑动轴承，摩擦损失大；液体摩擦滑动轴承的摩擦损失与滚动轴承相差不多，但设计、制造、润滑及维护要求较高。

因此，滑动轴承的应用不如滚动轴承那样普遍，但在大型汽轮机、发电机、压缩机、轧钢机以及高速磨床等设备中仍然得到广泛的应用。在这些设备中，滑动轴承往往是关键性的部件之一，其工作性能的好坏直接影响整个机器的运转稳定性。下面将主要介绍向心滑动轴承。

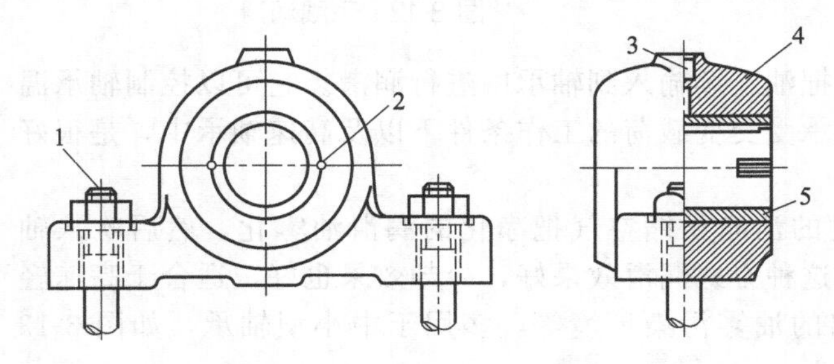

图 3-15 整体式径向滑动轴承
1—固定螺栓；2—止动螺钉；3—装油杯的螺纹孔；4—轴承体；5—轴套

（二）向心滑动轴承的类型及结构

1. 整体式径向滑动轴承

整体式径向滑动轴承分为有轴套和无轴套两种。如图 3-15 所示，轴套压装在轴承座中，并加止动螺钉以防相对运动。轴承座的顶部设有装有油杯的螺纹孔。轴承用螺栓固定在机架上。这种轴承结构简单、制造方便、成本低，但轴必须从轴承端部装入，装配不便，且轴承磨损后径向间隙不能调整，故多用于低速、轻载及间歇工作的地方，如绞车、手摇起重机等。

2. 剖分式滑动轴承

如图 3-16 所示，这种轴承由轴承座、轴承盖、剖分式轴瓦、润滑装置和连接螺栓等组成。轴承座和轴承盖的剖分处有止口，以便定位和防止轴向移动；止口处上下面有一定间隙，当轴瓦磨损经修整后，可适当减少放在此间隙中的垫片来调整轴承盖的位置以夹紧轴瓦。装拆这种轴承时，轴不需轴向移动，故装拆方便，被广泛地应用。

3. 调心式径向滑动轴承

当安装有误差或轴的弯曲变形较大时，轴承两端会产生接触磨损，因此对于较长的轴，轴的挠度较大不能保证两轴承孔的同轴度时，常采用调心轴承，如图 3-17 所示。调心轴承又称自位轴承，这种轴承的轴瓦和轴承体之间采用球面配合。球面中心位于轴颈轴线上。轴瓦能随轴的弯曲变形沿任意方向转动以适应轴颈的偏斜，可避免轴承端部的载荷集中和过度磨损。

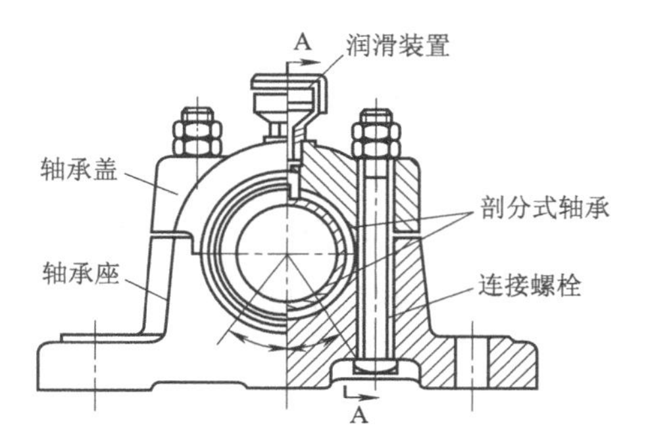

图 3-16 剖分式滑动轴承

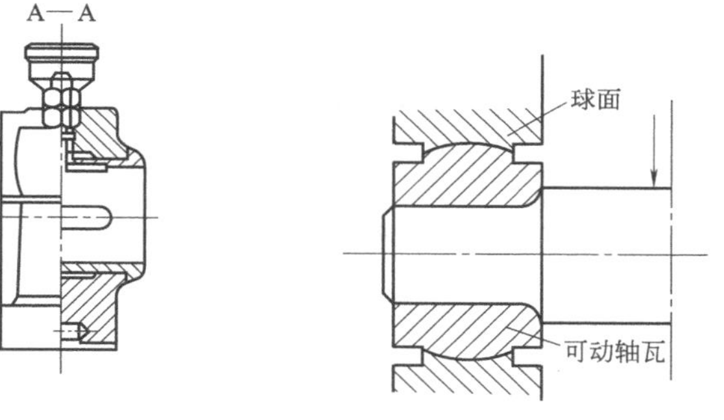

图 3-17 调心式径向滑动轴承

（三）轴瓦和轴承衬

轴瓦是滑动轴承的主要组成部分，它直接与轴颈接触，其性能的好坏对轴承的工作影响很大。为了节省贵重的合金材料或者由于结构上的需要，常在轴瓦的内表面上浇铸或轧制一层轴承合金，这层轴承合金称为轴承衬。具有轴承衬的轴瓦，轴承衬直接与轴颈接触，轴瓦只起支承作用。

一般情况下，滑动轴承的主要失效形式是磨损和胶合，其他还有疲劳剥伤、刮伤、腐蚀等。因此，轴瓦和轴承衬的材料应具备下列性能。

（1）有足够的疲劳强度，以防在载荷作用下产生疲劳裂纹和剥伤；有足够的抗压强度，以防过度的塑性变形。

（2）有良好的可塑性，使轴承能适应轴颈少量的偏斜和变形，使落入间隙的微小硬粒能嵌入轴瓦（衬）表面，以免擦伤轴颈。

（3）有良好的耐磨性和减摩性，使轴承工作时摩擦系数低并且不致研损轴颈。

（4）有良好的加工性和跑合性　加工性好，易于获得光滑的加工表面；跑合性好，可缩短跑合期，延长使用期限。

（5）其他性能　如导热性好、热膨胀系数低、耐磨蚀、易于浇铸、价格便宜等。

任何一种材料都不可能全面满足上述要求，因此，只能根据具体工作条件，按主要要求来选择合适的材料。

目前常用的轴瓦和轴承衬的材料有轴承合金、青铜、黄铜、灰铸铁、金属陶瓷以及某些非金属材料，如木质塑料、布质塑性、尼龙等。

（四）滑动轴承的损坏类型、原因与处理方法

滑动轴承的损坏类型、原因与处理方法，如表 3-11 所示。

表 3-11 滑动轴承的损坏类型、原因与处理方法

损坏类型	损坏原因	处理方法
胶合	由于轴承过热、载荷过大、操作不当或温度控制系统失灵	①在运行中若发现轴承过热，应立即停车检查，最好使转子在低速下继续运转，或继续供油一段时间，直到轴瓦冷下来为止。否则，轴瓦上的巴氏合金由于胶合而粘在轴颈上，修起来很困难 ②防止润滑油不足或油中混入杂质，以及转子不对中 ③胶合损坏较轻的轴瓦可以用刮研修理方法消除，继续使用
疲劳破裂	由于不平衡引起的振动、轴的挠曲与边缘载荷、过载等，引起轴承巴氏合金疲劳破裂，轴承检修安装质量不高	①提高安装质量，减少轴承振动 ②防止偏载和过载 ③采用适宜的巴氏合金以及新的轴承结构 ④严格控制轴承温升
拉毛	由于润滑油把大颗粒的污垢带入轴承间隙内，并嵌藏在轴瓦上，使轴承与轴颈（或止推盘）接触时，形成硬痂，在运转时会严重地刮伤轴的表面，拉毛轴承	注意油路洁净，尤其是检修中，应注意将金属屑或污物清洗干净
磨损及刮伤	由于润滑油中混有杂质、异物及污垢；检修方法不妥，安装不对中；使用维护不当，质量指标控制不严	①清洗轴颈、油路、油过滤器，并更换洁净的符合质量要求的润滑油 ②配上修刮合格的轴瓦或新轴瓦 ③如发现安装不对中，应及时找正 ④注意检修质量
穴蚀	由于轴承结构不合理（轴承上开的油沟不合理）、轴的振动、油膜中形成紊流等，使油膜中压力有变化，在油膜中形成蒸气泡，蒸气泡破裂，轴瓦局部表面产生真空，引起小块剥落，产生穴蚀破坏	①增大供油压力 ②改善轴瓦油沟、油槽形状，修饰沟槽的边缘或形状，以改进油膜流线的形状 ③减小轴承间隙，减少轴心晃动 ④重新选择合适的轴瓦材料
电蚀	由于绝缘不好或是接触不良，或产生静电，在轴颈与轴瓦之间形成一定的电压，穿透轴颈与轴瓦之间的油膜而产生电火花，把轴瓦打成麻坑	①检查机器的绝缘情况，特别要注意一些保护装置（如热电阻、热电偶等）的导线是否绝缘完好 ②检查机器接地情况 ③如果电蚀后损坏不太严重，可以刮研轴瓦 ④检查轴颈，如果轴颈也产生电蚀麻坑，应磨削轴颈去除麻坑

四、联轴器

一般机械都是由原动机、传动机构和工作机构组成，这三部分必须连接起来才能工作，而联轴器就是把它们连接起来的一种重要装置。联轴器主要用于两轴之间的连接，也可用于轴和其他零件（卷筒、齿轮、带轮等）之间的连接。它的主要任务是传递扭矩。

联轴器种类很多，根据其内部是否包含有弹性元件，可划分为刚性联轴器与弹性联轴器两大类。弹性联轴器具有弹性元件，故能吸收振动、缓和冲击，同时也可利用弹性元件的弹性变形不同程度地补偿两轴线可能发生的偏移。刚性联轴器根据其结构特点可分为固定式与平移式两类，前者没有补偿位移的能力，后者利用其中某些元件的相对运动来补偿两轴线的偏移。通常刚性平移式联轴器补偿能力高于弹性联轴器，但无吸收振动、缓和冲击的能力。

（一）刚性联轴器

刚性联轴器具有结构简单、制造成本低等优点，但对被连两轴轴线的对中性要求较高，且应使联轴器尽量靠近轴承。刚性联轴器无缓冲和减振作用，适用于载荷平稳或只有轻微冲击的场合。

（二）联轴器的装配

以齿式联轴器的装配为例。

1. 无键过盈齿式联轴器的装配程序及要求

（1）各部分配合尺寸是否符合要求，其过盈量应在规定范围内。

（2）仔细清洗轴和外齿圈，待洗油（剂）挥发干后，在锥形轴段的外表面薄薄地涂上一层红丹油，把外齿圈小心地推紧到轴上，做好记号，取下外齿圈，检查接触面积，接触面积不低于整个接触表面的80%。如果达不到80%，但相差比较小时，可以对外齿圈内孔进行修整，用金相砂纸把内表面上接触印痕重的地方轻轻磨去，然后再检查接触面积。这时，外齿圈推上轴时，要对准原来所作的记号。

（3）接触面积检查合格后，将轴和外齿圈再次清洗干净，把外齿圈按记号推紧到轴上，用深度游标尺测量外齿圈端面到轴头端面的距离，因为这时外齿圈和轴之间既无过盈，也无间隙，所以称这个距离为零间隙距离。

（4）把外齿圈沿轴向推进有两种方法：第一种是加热法，即把外齿圈加热到某一温度，然后沿轴向推进；第二种是外齿圈用液压膨胀到一定的尺寸，再把外齿圈沿轴向推进。第一种方法与一般的热装法相同；第二种方法虽然要备有专用工具，但在现场使用非常方便。

（5）用液压法装配时，在测量零间隙距离后，取下外齿圈，装上外齿圈两端的橡胶O形环和背环，背环装在O形环压力低的一侧。把外齿圈推紧到轴上，用深度游标尺测量外齿圈端面到轴头端面的距离，这个距离要和零间隙距离相等。然后，装上膨胀外齿圈和推进外齿圈的手摇油泵、接头及压力表等工具，分数次（一般3～4次）推进外齿圈轴向移动量，可用百分表测量，直至达到要求为止。

（6）卸油压时，先卸去膨胀外齿圈的油压，然后卸去轴向推进的油压，轴向推进外齿圈的力要保持1h左右再卸压。

（7）外齿圈装配完毕后，把联轴器内齿圈和外齿圈上的齿相配，不能有卡涩现象，若出现卡涩情况，应找出原因予以消除。

（8）把相关的一对联轴器，经过中间套筒连接起来，来回拨动中间套筒到两端极限位置，用百分表测量其轴向窜动总量，其值应为3～5mm。

（9）外齿圈的拆卸程序，原则上是上述过程的逆过程，但要注意两个问题：第一，当用液压膨胀外齿圈的轮壳时，外齿圈有可能沿轴向迅速弹出造成事故，一般采用轴向锁紧螺母加厚铅垫，并使铅垫离轮壳端1mm左右，再加油压的方法来防止意外事故，或者带一定的推进油压防止外齿圈沿轴向迅速弹出；第二，拆卸外齿圈时，膨胀油压要慢慢升高，以防超压，对于高强度钢的最高油压，一般不应超过250MPa，到达规定油压后，往往需要1h左右才能退出，绝不可以为了加快退出的时间而增加油压。

2. 键联接齿式联轴器的装配要求

一般都采用双键连接，双键是对称布置的，轴端可加工成锥形圆柱形，半联轴器外齿圈与轴要求有一定的过盈量，具体装配要求如下。

（1）为了保证联轴器的正确装配，在两个内齿圈及外齿圈的连接处，加工时要有定位线或定位孔，装拆时，定位线或定位孔必重合。

（2）同“1. 无键过盈齿式联轴器的装配程序及要求”中的（1）、（2）。

(3) 一般齿式联轴器外齿圈和轴端的配合，推荐用 H7/n6、H7/r6 或 H7/s6 连同键来固定。

(4) 键联接齿式联轴器过盈量一般比无键过盈式联轴器的小，视情况可用锁紧螺母推进外齿圈，或者用热装法。

(5) 不管是键联接齿式联轴器，或无键过盈式联轴器，装配完毕后，应检查径向跳动，允许的径向跳动量如表 3-12 所示。

表 3-12　联轴器轮壳允许的径向跳动量

转速/(r/min)	≥5000	2000～5000	1000～2000	500～1000	≤500
最大允许的径向跳动/mm	0.01	0.015	0.02	0.03	0.05

(6) 齿式联轴器的齿面应在有润滑油条件下进行工作，其润滑方式，可以为喷雾式，即油嘴向联轴器内连续喷入压力油；也可以为油浴式，即在联轴器内维持一定高度的润滑油，并每六个月换一次油，每月检查两次油的耗量情况。所用的润滑油应当是黏而流动的，一般可用机械油或汽轮机油。

第三节　泵

泵是用来输送液体并提高其压力的机器。作为液体输送设备，泵在国民经济的各个部门得到了广泛的应用。例如，农业的灌溉和排涝，城市的给排水，机械工业中机器的润滑和冷却，热电厂的供水和灰渣的排除，原子能发电站中输送具有放射性的液体等。

一、概述

泵以一定的方式将来自原动机的机械能传递给进入（吸入或灌入）泵内的被送液体，使液体的能量（位能、压力能或动能）增大，依靠泵内被送液体与液体接纳处（即输送液体的目的地）之间的能量差，将被送液体压送到液体接纳处，从而完成对液体的输送。

在石油化工生产中，泵的使用更加广泛。化工生产中的原料、半成品和成品大多是液体，将原料制成产品时，需要经过复杂的工艺过程，泵起了提供压力及流量的作用。如果把管路比作人体的血管，那么泵就好比是人体的心脏。可见，泵在化工生产过程中占有极其重要的地位，是保证化工生产连续、安全生产的重要机器之一。

（一）石油化工生产对泵的特殊要求

1. 能满足化工工艺需求

泵在石油化工生产流程中，除起着输送物料的作用外，它还向系统提供必要的物料量，使化学反应得到物料平衡，并满足化学反应所需的压力。在生产规模不变的情况下，要求泵的流量及扬程要相对稳定，一旦因某种因素影响，生产发生波动时，泵的流量及出口压力也能随之变动，且具有较高的效率。

2. 耐高温、低温

石油化工用泵处理的高温介质温度可达 500℃，输送的低温介质种类也很多，如液态氧、液态氮、液态氩、液态天然气、液态氢等，这些介质的温度都很低，如输送液态氧的温度约为－183℃。作为输送高温与低温介质的化工用泵，其用材必须在正常室温、现场温度和最后的输送温度下都具有足够的强度和稳定性。

3. 耐腐蚀

石油化工用泵所输送的介质，包括原料、产品、中间产物，多数具有腐蚀性。如果泵的材料选用不当，在泵工作时，零部件就会被腐蚀失效。

4. 耐磨损

石油化工用泵的磨损，是由输送高速液流中含有悬浮固体造成的。化工用泵的磨损破坏，往往会加剧介质腐蚀，因不少金属及合金的耐腐蚀能力是依靠表面的钝化膜，一旦钝化膜被磨损掉，则金属便处于活化状态，腐蚀情况就会很快恶化。

5. 无泄漏或少泄漏

石油化工用泵输送的液体介质，多数具有易燃、易爆、有毒的特性，有的介质含有放射性元素，有的介质价格昂贵。这些介质如果从泵中漏入大气，可能造成火灾、环境污染、人体的伤害或造成很大浪费。因此，化工用泵要求无泄漏或少泄漏。

6. 能输送临界状态的液体

石油化工用泵有时输送临界状态的液体，液体往往会在泵内汽化，易于产生汽蚀破坏，这就要求泵具有较高的抗汽蚀性能。

7. 运行可靠

石油化工用泵的运行可靠，包括两方面内容：长周期运行不出故障及运行中各种参数平稳。

运行可靠对石油化工生产极为重要，如果泵经常发生故障，不但造成经常停产，影响经济效益，有时会造成化工系统的安全事故。例如，输送热载体的油泵运行中突然停止，而这时的加热炉来不及熄火，有可能造成炉管过热，甚至爆裂引起火灾。

（二）泵的分类

1. 按照工作原理、结构分类

（1）叶轮式泵　依靠旋转的叶轮对液体的动力作用，把能量连续传递给液体，使液体的速度能和压力能增加，随后通过压出室将大部分速度能转换为压力能。

（2）容积式泵　利用工作室容积周期性变化，把能量传递给液体，使液体的压力增加，来达到输送的目的。

（3）其他形式泵　有利用电磁力输送电导体流体的电磁泵，利用流体能量来输送液体的泵，如喷射泵、酸蛋，还有空气扬水泵等。

2. 按输送介质分类

（1）水泵　清水泵、锅炉给水泵、凝水泵、热水泵等。

（2）耐腐蚀泵　不锈钢泵、高硅铸铁泵、陶瓷耐酸泵、不透性石墨泵、衬硬胶泵、硬聚氯乙烯泵、屏蔽泵、隔膜泵、钛泵等。

（3）杂质泵　浆液泵、砂泵、污水泵、煤粉泵、灰渣泵等。

（4）油泵　冷油泵、热油泵、油浆泵、液态烃泵等。

3. 按使用条件分类

（1）大流量泵与微流量泵　流量分别为 $300m^3/min$ 与 0.01L/h。

（2）高温泵与低温泵　高温达500℃，低温至－253℃。

（3）高压泵与低压泵　高压达200MPa，低压至2.66～10.66kPa。

（4）高速泵与低速泵　高速达24000r/min，低速为5～10r/min。

（5）高黏度泵　黏度达数万泊（1P＝0.1Pa·s）。

（6）计量泵　流量的计量精度达±0.3％。

在石油化工厂中，叶轮式泵占绝大多数，达80％以上，但高低压聚乙烯装置中容积式泵居多，为57％～66％。

二、离心泵

(一)工作原理和适用范围

1. 工作原理

离心泵由叶轮、蜗室、吸入室、压出室、轴和轴封等组成，如图3-18所示。

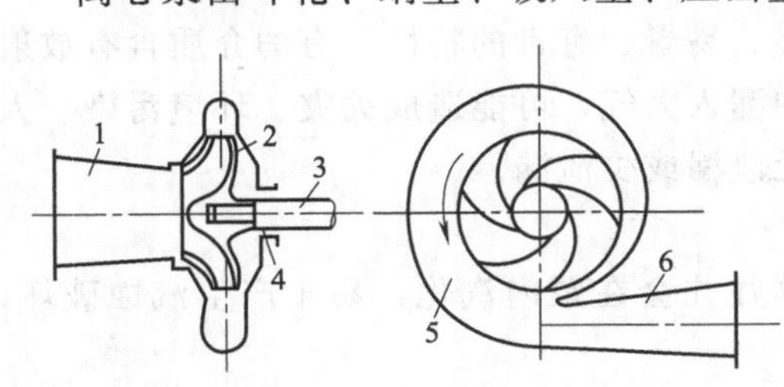

图3-18 离心泵结构示意

1—吸入室；2—叶轮；3—轴；4—轴封；5—蜗室；6—压出室

被送液体经吸入室进入泵内，并充满泵腔，原动机驱动轴带动叶轮旋转，叶轮的叶片带动被送液体与叶轮一起旋转，在离心力的作用下，被送液体由叶轮中心向叶轮边缘流动，其速度(动能)逐渐增大，在流出叶轮的瞬间其速度最大，然后进入蜗室，被送液体速度逐步降低，将大部分动能转换为压力能，再经压出管进一步降低速度，被送液体的压力继续升高，达到需要的压力后将液体压入泵的排出管路。当液体由叶轮中心流向叶轮边缘后，叶轮中心呈现低压状态，泵外的液体在泵外与叶轮中心部分的压差作用下进入泵内，再由叶轮中心流向叶轮边缘。如此叶轮连续旋转，泵连续地吸入和压出被送液体，完成对液体的输送。

只有在泵腔内充满液体时，液体从叶轮中心流向边缘后，在叶轮中心部分才能形成低压区，泵才能正常和连续地输送液体。为此，离心泵启动前，必须将泵内充满液体，称作灌泵。

2. 特点和适用范围

(1) 特点

① 当离心泵的工况点确定后，离心泵的流量和扬程(当吸入压力一定时，即为离心泵的排出压力)是稳定的，无流量和压力脉动。

② 离心泵的流量和扬程之间存在着函数关系。当离心泵的流量(或扬程)一定时，只能有一个相对应的扬程(或流量)值。

③ 离心泵的流量不是恒定的，随其排出管路系统的特性不同而不同。

④ 离心泵的效率因其流量和扬程而异。大流量、低扬程时，效率较高，可达80%；小流量、高扬程时效率较低，甚至只有百分之几。

⑤ 一般离心泵无自吸能力，启动前需灌泵。

⑥ 离心泵可用旁路回流、出口节流或改变转速来调节流量。

⑦ 离心泵结构简单、体积小、质量轻、易损件少，安装、维修方便。

(2) 适用范围 离心泵的流量和扬程范围较宽，一般离心泵的流量为1.6～30000m^3/h，扬程为10～2600m。

国产离心泵的流量和扬程范围如表3-13所示。

表3-13 国产离心泵的流量和扬程范围

离心泵形式	流量/(m^3/h)	扬程/m	离心泵形式	流量/(m^3/h)	扬程/m
卧式单级单吸离心泵	3.5～1740	4～330	立式多级离心泵	6～155	23～1000
卧式单级双吸离心泵	50～18000	9～280	液下泵	2～824	6～110
立式单级离心泵	30～28800	2.5～230	管道泵	5.4～450	20～150
卧式多级离心泵	11～1200	12～2360			

离心泵的工况点确定后，其流量和排出压力稳定、无脉动，非常适合在稳定工况下，长

期连续运转的石油化工、炼油等生产装置，因此，离心式化工流程泵是大型化肥、乙烯等生产装置中使用数量最多的泵型。

（二）离心泵结构

1. 卧式单级单吸离心泵

卧式单级单吸离心泵的泵轴中心线为水平方向，且只有一只叶轮、叶轮只有一个吸入口的离心泵，在石油化工生产装置中应用的数量最多，一般用于石油化工生产的进料泵、回流泵、循环泵和产品泵等。

2. 卧式单级双吸离心泵

卧式单级双吸离心泵的泵轴中心线为水平方向，且仅有一只叶轮，叶轮有两个吸入口，分别在叶轮的两端面上。泵运行时两个吸入口同时吸入液体，可增大叶轮吸入口的面积、减小被送液体进入叶轮时流速，有利于防止发生汽蚀现象，因而多用于大流量工况，其流量可达每小时几万立方米，在石油化工生产中常用作回流泵、塔底泵及冷却塔水泵等。

3. 卧式多级离心泵

泵轴中心线为水平方向，轴上装有数个相同的叶轮，泵的扬程为各叶轮的扬程与叶轮个数的乘积。多级离心泵多用于高排压的工况，其排出压力可达几十兆帕；也用于小流量、高扬程的工况，可提高效率。

4. 立式离心泵

立式离心泵的泵轴中心线为竖直方向，根据扬程不同采用不同的级数，石油化工用立式离心泵一般从单级到二十余级。立式离心泵的吸入口在下端，排出口在上端，适用于输送低沸点的液体和过冷气体。当输送过程中可能有部分液体汽化时，气体将集中于泵的上部，便于排出，不会影响泵的性能和正常运行；泵的吸入口在泵的下端，在化工装置中一般位于地坑中，特别是有关标准规范规定，立式离心泵其安装基础的顶面为 NPSH 计算准面，故可得到较大的 NPSHa 值，有利于防止汽蚀现象发生。

石油化工生产中，立式离心泵主要用于输送液氨、液态烃（甲烷、乙烷、乙烯、丙烯等)、液氧、液氮等物料的产品泵、给料泵、塔底泵和回流泵等。

5. 液下泵

液下泵属于立式离心泵的一种。泵浸没在被送液体中运行，被送液体不会漏入大气，不需要有防止液体漏入大气的轴封（填料或机械密封），泵结构简单，启动前亦不需要灌泵。

液下泵主要用来输送高温液体，熔融物料，酸、碱等强腐蚀性液体；在石油化工生产中主要用作给料泵、循环泵。补给泵和排污泵等。

6. 管道泵

管道泵属于立式离心泵的一种，泵的吸入口和排出口法兰中心线与泵轴中心线在同一铅垂面内，且与泵轴中心线垂直，可以不用弯头直接连接在管路上。小型管道泵可直接由管道支承；大型管道泵以底部的支座来支承。

管道泵在石油化工生产中主要用于直接安装于设备上或管路上的液体料物输送泵、接力（增压）泵、循环泵等。

7. 自吸式离心泵

自吸式离心泵第一次启动前需要进行灌泵，以后再次启动时不需再灌泵，能够利用停泵后留在泵的液体的循环，逐步排出泵内和吸入管路中的气体，达到正常输液。自吸泵的吸入口高于叶轮中心线，且有较大的吸入室，可留存以后再启动时用于灌满泵腔的液体；在泵的排出管设有气液分离室排出气体，并使液体回流到泵吸入室内循环使用。

在石油化工生产中，自吸式离心泵主要用于输送高温、有毒、强腐蚀性等液体。

(三)离心泵检修

1. 检修要点

(1) 检修内容 离心泵的检修内容根据检修深度不同分为小修、中修、大修三个类别,内容如表3-14所示。对于具体结构的泵会有所增减。

表3-14 离心泵检修内容

小修	中修	大修
a. 检查填料密封,更换填料 b. 检查轴承与润滑系统,更换润油(脂) c. 清理、检修冷却水系统 d. 清扫、检修阀门 e. 检查联轴器,调整轴向间隙,更换联轴器易损件 f. 消除渗漏,检查与紧固各部螺栓	a. 包括小修内容 b. 检修机械密封,更换零件 c. 解体清洗,检查叶轮等零部件磨损、腐蚀、冲刷程度,修复或更换 d. 修理或更换轴承,调整间隙 e. 进行叶轮的静平衡 f. 检查各段叶轮、平衡盘等各端面接触情况,测量及校正各段叶轮间距 g. 测量转子和泵轴各部的跳动量 h. 检查、调整各部间隙和转子的窜动量 i. 校验压力表 j. 检修电机	a. 包括中修全部内容 b. 更换叶轮、导轮(叶) c. 更换转轴 d. 泵体各段检测、鉴定和修理 e. 调整泵体水平度 f. 附属设备及管线防腐

(2) 常见故障和处理方法 常见故障和处理方法,表3-15所示。

表3-15 离心泵常见故障和处理方法

故障现象	故障原因	处理方法
泵输不出液体或液量不足	①注入液体不够 ②泵或吸入管内存气或漏气 ③吸入高度超过泵的允许范围 ④管路阻力太大 ⑤泵或管路内有杂物堵塞 ⑥密封环磨损严重,间隙过大	①重新注满液体 ②排除空气及消除漏气处 ③降低吸收高度 ④清扫管路或修改管路 ⑤检查清洗 ⑥更换密封环
电流过大	①填料压得太紧 ②转动部分与静止部分发生严重摩擦	①拧松填料压盖 ②检查原因,消除摩擦
轴承过热	①轴承缺油或油质劣化 ②轴承受损伤或损坏 ③电机轴与泵轴不在同一中心线上	①加油或换油并清洗轴承 ②更换轴承 ③校正两轴的同轴度
泵振动大,有杂物	①电机轴与泵轴同轴度超标 ②泵轴弯曲 ③叶轮腐蚀、磨损,转子不平衡 ④叶轮与泵体摩擦 ⑤基础螺栓松动 ⑥泵发生汽蚀 ⑦轴承损坏	①电机轴与泵轴重新找正 ②校直泵轴或更换泵轴 ③更换叶轮,校正静平衡 ④检查调整,消除摩擦 ⑤拧紧基础螺栓 ⑥调节出口阀,使之在规定性能范围内运转 ⑦更换轴承
密封泄漏大	①填料磨损或填料压盖太松 ②泵轴或轴套磨损严重 ③泵轴弯曲 ④动、静密封环端面腐蚀、磨损或划伤 ⑤静环装配不好 ⑥弹簧压力不足	①更换填料或适当拧紧填料压盖 ②修复或更换磨损件 ③校直或更换泵轴 ④修复或更换动环或静环甚至更换整套机械密封 ⑤重装静环 ⑥调整弹簧压缩量或更换弹簧

2. 零部件检修

(1) 泵体和导轮

① 泵体 大多数离心泵泵体的主要部分是蜗壳。对于有导轮的多级泵,其泵体是指在

导轮外围的圆筒形壳体。泵体检修要求如下。

a. 泵体应无裂纹　涡旋室及液体流通内壁应光滑、无坑蚀、冲刷等致使壁厚减薄。

b. 若发现裂纹，在不承压或无密封作用的部位，则可在裂纹两端距端点 5～10mm 处钻止裂孔 ϕ5～6mm（壁厚大于 6mm，钻孔 ϕ7～8mm），以防裂纹扩大；在承压部位，则应在钻孔后按有关技术标准补焊。

c. 泵体安装水平度　单级或多级单吸式离心泵，沿轴方向为 0.05mm/m，垂直于轴的横向为 0.10mm/m；双吸式离心泵，沿轴向及横向均为 0.05mm/m。

d. 多级泵各段泵体接合面平行度为 0.1mm/m，接合面与凸缘应无毛刺及碰撞变形。

e. 泵体与叶轮密封环的配合采用 H7/h6。

f. 推荐采用压铅法确定双吸泵中分面的垫片厚度，使上部壳体装好后内件既不间隙过大也不受挤压，盘车时内件无卡涩。

g. 有轴向膨胀滑销的离心泵，滑销与销槽应平滑、无毛刺。

② 导轮　导轮主要用于多级离心泵，有正向导叶与反向导叶组，其作用和蜗壳一样，用以收集液体并起转能扩压作用，其检修要求如下。

a. 检查液体流通壁面是否光滑，有无冲刷沟槽及裂纹等缺陷。

b. 导轮的叶片应无缺损和开裂，若损伤严重应更换导轮。

c. 导轮密封面应无凸起或压痕等缺陷，若发现这种缺陷应修复。

d. 每级导轮的轴向与径向配合应松紧适度，符合原设计要求，且无冲蚀沟槽。

e. 检查、清洗各级导轮密封环，应无污垢、冲蚀、毛刺、裂纹、偏磨等缺陷。

(2) 转子组件　转子组件包括转轴、叶轮、轴套、平衡盘等。

① 转轴

a. 转轴表面不得有裂纹、伤痕和锈蚀等缺陷。当轴已产生裂纹，或存在严重磨损或锈蚀，或轴已严重弯曲，则应更换转轴。

b. 轴颈磨损较严重时，可用电镀、喷镀、刷镀等方法修复。

c. 转轴与叶轮、轴套配合部位公差用 h6，与滚动轴承配合部位用 js6 或 k6，与联轴器配合部位用 js6。轴配合部位的圆度与圆柱度应不大于其直径公差的一半。

d. 轴表面粗糙度　装配叶轮、轴套和滚动轴承处 R_a=1.6μm；装配滑动轴承处 R_a=0.8μm；装配联轴器处 R_a=3.2μm。

e. 以两轴承处轴颈为基准，用百分表检查叶轮、轴套及联轴器等装配部位轴的径向跳动，其值不得大于 0.03mm。

f. 键槽中心线对转轴中心线的偏移量不大于 0.06mm，歪斜不大于 0.03mm/100mm。

g. 键槽磨损后可适当加大，但最大只能按标准增大一级；若结构上允许，可在原键槽的 90°或 120°方向另开键槽。

② 叶轮

a. 叶轮表面及液体流道内壁应清理洁净，不能有黏砂、毛刺和污垢，流道入口处加工面与非加工面衔接应圆滑过渡。

b. 叶轮和轴的配合一般采用 H7/h6。

c. 有下列情况之一应更换新叶轮：叶轮表面出现裂纹；叶轮表面因腐蚀、浸蚀或汽蚀而形成较多孔眼；叶轮盖板及叶片因冲刷减薄，影响强度；叶轮密封环发生严重偏磨，无法修复。

d. 新装叶轮必须经过静平衡，不平衡量不大于表 3-16 中的数值。静平衡超差用去重法从叶轮两侧切削，切去的厚度应在叶轮原壁厚的 1/3 以内，切削部位与未切削处应平滑相接。

e. 叶轮腐蚀不严重或砂眼不多时，可以用补焊修复。

表 3-16 叶轮静平衡允差极限

叶轮外圆直径/mm	≤200	201～300	301～400	401～500	501～700	701～900	901～1200
允许不平衡质量/g	3	5	8	10	15	20	30

③ 轴套

a. 轴套不允许有裂纹，外圆表面不得有砂眼、气孔、疏松等缺陷。表面粗糙度 R_a=1.6μm。

b. 轴套端面与轴线的垂直度不大于 0.02mm。

c. 轴套与轴的配合采用 H8/h8 或 H9/h9。

d. 轴套磨损较大时应进行更换。

④ 平衡盘装置　平衡盘装置用于叶轮非对称布置的分段式多级离心泵，作用是平衡转子的轴向力。

a. 平衡盘与平衡接触的平面应接触良好，表面粗糙度 R_a=1.6μm。当接触面磨损成凹凸不平时，可先用着色法在平板上刮研，最后将平衡环与平衡盘装到泵上进行配研，直至整个圆周平面都能接触。

b. 当平衡盘与平衡环的端面间隙为 0.10～0.20mm 时，叶轮流道的出口应与导轮流道正对。

c. 平衡环、平衡盘与平衡套磨损严重时，应更换新件。

⑤ 转子组件组装

a. 叶轮、平衡盘与轴的配合采用 H7/h6。

b. 轴套、间隔套与轴不能采用同一种材料，其间的配合采用 H9/h9。

c. 多级离心泵转子在预组装时，应测量各级叶轮的间距和总间隔，误差均应不超过±1mm，超过时应调整间隔套长度，或者修正轮毂长度。

d. 检查叶轮吸入口处外圆的径向圆跳动，其值列于表 3-17 中。

表 3-17 叶轮吸入口处外圆径向圆跳动　　单位：mm

吸入口处外圆直径	≤50	51～120	121～260	261～500
径向圆跳动	0.06	0.08	0.09	0.10

e. 轴套、间隔套与叶轮轮毂的径向圆跳动列于表 3-18 中；平衡盘轮毂径向圆跳动和端面圆跳动列于表 3-19 中。

表 3-18 轴套、间隔套、叶轮轮毂径向圆跳动　　单位：mm

外圆直径	≤50	51～120	121～260
径向圆跳动	0.04	0.06	0.07

表 3-19 平衡盘轮毂径向圆跳动和端面圆跳动　　单位：mm

外圆直径	≤50	51～120	121～260	261～500
轮毂径向圆跳动	0.05	0.06	0.07	—
端面圆跳动	0.03	0.04	0.05	0.06

f. 叶轮密封部位与密封环的直径间隙因密封环材料不同选取不同数值，详见相关国家标准。而四周间隙应保持均匀。

g. 键与键槽侧面应接合紧密，不允许加垫，键顶部间隙可为 0.1～0.4mm。

h. 对于转速 $n \geqslant 2950$r/min，流量 $Q \geqslant 150\text{m}^3/\text{h}$ 的多级泵，在转子预组装后应按 GB/T 3215 做动平衡试验。

（3）轴承　离心泵所采用的轴承大部分都是滚动轴承，少数也有用滑动轴承的。

滚动轴承是离心泵的易损零件，损坏后应立即更换，不加修复。

由于离心泵转速相对较低，滑动径向轴承多采用整体式或水平剖分式圆轴承，而止推滑动轴承则采用板式或活动多块式轴承（如米契尔轴承和金斯伯雷轴承）。板式止推轴承较简单，米契尔轴承与金斯伯雷轴承的检修要求，与离心式压缩机中所采用的该型轴承相同。

① 滚动轴承

a. 有以下损坏情况之一应更换轴承：内、外圈滚道产生伤痕、裂纹；内、外圈磨损严重；滚动体因腐蚀、疲劳产生坑点；滚动体胶合；保持架损坏等。

b. 轴承压盖与轴承端面的间隙不能大于 0.1mm。

c. 与轴承配合的轴颈与轴承座的尺寸公差应符合图样要求。

d. 拆卸轴承应使用专用的拆卸工具，如拉出器和压力机等；安装轴承要用短管套在轴上，用手锤轻打短管使其撞击内圈，不得用手锤直接敲击轴承。如果需要加热装配轴承，应在油浴中加热，严禁直接火焰加热。

e. 对于装带油环的轴承装置，应检查带油环变形、磨损及断裂等情况，存在问题时应更换带油环。

② 滑动轴承

a. 轴承合金层应接合紧密牢固，不能脱壳并无裂纹、气孔等缺陷；轴瓦表面应光洁，无伤痕和坑点。

b. 用涂色法检查下瓦与轴颈的接触情况，接触角为 60°～90°，并沿轴向接触均匀，每平方厘米接触 2～4 点，接触面积不小于 80%。

c. 用压铅法检测瓦背过盈量（轴瓦紧力），过盈为 0.02～0.04mm；瓦背与瓦座应均匀接触，下瓦接触面积不小于 60%，上瓦接触面积为 50%。

d. 用压铅法或抬轴法测量轴承的径向间隙。如果顶间隙太小，可以在上下瓦接合面之间加垫调整，若顶间隙太大，则需减去原有的垫片或重换新瓦。

（4）密封装置

① 填料函密封　填料函密封中液封环是借引入压力水或其他液体起液封作用，并冷却润滑填料。石油化工用泵的密封填料要能耐介质腐蚀，具有一定强度、弹性与塑性，能适应介质的温度。

填料函密封的检修要求如下。

a. 装填料处的轴颈或轴套表面应光滑，表面粗糙度 R_a 不得大于 1.6μm。

b. 底衬套和填料压盖与轴或轴套的直径间隙按表 3-20 选取。

表 3-20　轴或轴套与底衬套和填料压盖直径间隙　　单位：mm

轴或轴套直径	≤75	76～110	111～150
直径间隙	0.75～1.00	1.00～1.50	1.50～2.00

c. 液封环与填料函外壳内壁的直径间隙为 0.15～0.20mm；液封环与轴或轴套的直径间隙应按表 3-20 中的数值相应增大0.3～0.5mm。

d. 各圈填料应切成斜口对接（斜口一般为 45°），相邻两圈填料切口应错开至少 90°；填料圈数较多时，应装填一圈，压紧一圈。

e. 压盖压入填料函的深度应为 0.5～1 圈填料高度，最小不得小于 5mm。压盖不得歪斜，松紧要适度。

f. 液封环上的环形槽应对准填料函外壳的液封孔或略向外偏。

② 机械密封　离心泵用机械密封的故障及处理方法如表 3-21 所示。

表3-21 机械密封故障和处理方法

故障现象	故障原因	处理方法
振动、发热、发烟、漏出磨损生成物	①端面宽度过大 ②端面比压太大 ③动、静环端面粗糙 ④转动件与密封箱间隙太小，当轴摆动时引起碰撞 ⑤端面材料耐腐蚀性、耐温性差，摩擦副配对不当 ⑥冷却不足，润滑恶化	①减小端面宽度，降低弹簧压力 ②降低端面比压 ③降低端面粗糙度 ④增加密封箱内径或缩小转动件直径，至少保持 0.75mm 间隙 ⑤更换端面材料，合理选材配对，改善结构 ⑥加强冷却措施，改善润滑条件
机械密封端面泄漏	①摩擦副端面歪斜不平(产生在大直径中) ②传动止推结构不良，杂质、固化介质黏结，使动环失去浮动 ③固体颗粒进入摩擦副端面 ④弹簧力不够，造成比压不足，端面磨损，补偿作用消失 ⑤摩擦副端面宽度太小 ⑥端盖与轴不垂直，产生偏移 ⑦动、静环浮动性差	①检查原因，进行针对性调整 ②改善传动止推结构；防止杂质堵塞密封元件 ③提高摩擦副材料硬度，改善密封结构 ④增加弹簧力 ⑤增加端面宽度，提高比压值 ⑥调整端盖与轴垂直 ⑦改善密封圈的弹性，适当增加动、静环与轴的间隙
机械密封轴向泄漏	①密封圈与轴配合太松或太紧 ②密封圈材料太软、太硬或耐腐蚀性、耐温性不好，发生变形、老化破裂、粘盖 ③安装时密封圈卷边、扭曲	①选择合理的配合尺寸 ②更换密封圈材料或改变密封结构 ③密封圈与轴过盈量选择适当，仔细安装

机械密封检修要求如下：

a. 机械密封处轴或轴套表面不得有锈斑、裂纹等缺陷，要求表面粗糙度 $R_a=1.6\mu m$。

b. 安装机械密封的形位公差应符合相关规程的要求。

c. 带大弹簧的机械密封，弹簧的螺旋方向应与泵轴的转动方向相反。

d. 动、静环摩擦面上出现划痕和不平整时，可进行重新研磨、抛光修复。

e. 动环装好后，必须保证轴向移动灵活。将动环压向弹簧，能自由弹回为准。

f. 压盖应在联轴器找正后上紧，压盖螺栓要均匀上紧，防止压盖偏斜。

g. 当出现下述情况时须更换新件：动、静环摩擦面上出现裂纹或磨损严重；弹簧锈蚀、断裂或弹力不足；轴套磨损较大或出现沟痕；O 形密封环每次检修都应全部更换。

(5) 联轴器　离心泵最常用的联轴器有弹性柱销联轴器和弹性套柱销联轴器。传递动力较大，转速较高的离心泵多采用齿轮联轴器。

① 弹性柱销联轴器与弹性套柱销联轴器的检修

a. 检查联轴器表面有无裂纹、缺损、伤痕等缺陷，若有裂纹或损坏严重应进行更换。

b. 装入联轴器中的同类型弹性柱销及各弹性元件的质量应该相同；弹性元件磨损变形较严重时应更换新件；含胶皮圈的半联轴器应装在从动侧。

c. 柱销及弹性元件应对称配套更换。

② 齿轮联轴器的检修　可酌情参阅本篇离心式压缩机中齿轮联轴器的检修内容。由于离心泵的转速低于离心式压缩机，检修中的有关要求可以适当降低。

a. 主要是检查齿面的啮合情况，接触面积沿齿高不小于 50%，沿齿宽不小于 70%；齿面及齿根若发现有严重点蚀、磨损及裂纹等缺陷应更换联轴器。

b. 联轴器的螺栓应进行无损探伤；螺栓与螺孔配合应紧密；更换螺栓、螺母应该成套更换，若更换个别螺栓组件，则其质量与原螺栓组件相差不应超过 1g。

c. 更换联轴器组件，首先应检查新件外齿轮毂孔直径和键槽尺寸是否符合图样要求，外齿轮毂孔与轴的接触情况是否良好，用涂色法检查接触面积应大于80%。

d. 拆卸联轴器应使用专用工具，不可用手锤或其他工具直接敲击。

e. 组装联轴器时各零部件应彻底清洗检查，并重新更换油脂；中间接筒应按拆卸时的标记进行组装，并均匀拧紧连接螺栓；装好中间接筒后，测量轴向窜动量应为3～5mm。

3. 组装和调整注意事项

(1) 多级离心泵

① 在进行总装前，转子组件要进行预组装，测量各部位数据，检查是否符合要求。

② 对有热膨胀要求的转子，在组装最后一级叶轮后，根据此叶轮轮毂与平衡盘轮毂之间的轴向距离，确定其间定距套的轴向尺寸，应使其与叶轮轮毂和平衡盘轮毂的轴向间隙之和为0.3～0.5mm。

③ 在组装之初，拉紧螺栓只能略为预紧，待整台泵在现场完全就位后，根据所需紧力将螺栓紧固，紧固时，一定要对称均匀用力。

④ 转子与泵壳的同轴度要精心调整。这种调整是通过两端轴承座上的调节螺钉来实现的。在调节上下方向的同轴度时，可以有意识将转子中心偏离泵壳中心下方0.03～0.05mm，以补偿运行时轴瓦内油楔托起转子。

(2) 单级双吸水平剖分式离心泵

① 所有密封垫、螺纹处要涂铅粉油。

② 装液封圈时要注意它的轴向位置，要使液封圈外圆的环形槽对准填料函的进液孔。

③ 滚动轴承压盖上的缺口要对准轴承箱上的进油孔。

④ 填料要事先制成填料环，一道一道地加入填料函，每加一道压紧一道。

⑤ 与轴组装的轴套、轴承和联轴器，先用机械油煮浴，油温慢慢升高，控制适当温度范围，时间不妨长一些，待被加热零件胀透后再组装。

⑥ 两端轴承内圈与轴肩之间有轴承挡圈，轴承挡圈的厚度应适当，以保证转子与泵壳之间各部位有一定的轴向间隙，使之转动灵活。泵体密封环与叶轮吸入口的轴向间隙，左右两侧应相等；叶轮流道出口中心线与泵壳中心线应重合。

(3) 单级单吸悬臂式离心泵

① 组装好后，要求叶轮流道中心线与泵壳流道中心线重合，偏差不大于0.5mm。若不符合要求，可调整轮毂与轴肩端面之间的垫片厚度，或者将轴套端面光刀。

② 叶轮吸入口端面与泵盖之间的轴向间隙，可用泵盖与泵体之间的垫片厚度来调整。

三、往复泵

（一）往复泵的应用与分类

往复泵在近代工业的发展中显得越来越重要，特别在高压小流量和计量应用范围内有着其他泵不可替代的作用。

在石油化工生产中，往复泵占有重要地位。如现代尿素生产中使用的甲胺泵，是尿素生产的关键设备。

计量泵大多是往复泵。在自动控制程度高的石油化工流程中具有特殊的地位。如乙烯生产装置用的往复泵基本全是计量泵。

机械制造工业中，往复泵作为各种动力机械也得到广泛应用。如自由锻造水压机所用的往复泵。

此外，往复泵还广泛应用于造船工业，国防军事工业，采矿工业，造纸、医药、食品等工业中。

目前，应用的往复泵类型繁多，各有特点，大体可分为以下几类。

1. 活塞（柱塞）泵

（1）单作用泵　活塞（柱塞）往复一次，吸入、排出各一次。单作用泵主要采用柱塞泵，而活塞泵用得较少。

（2）双作用泵　活塞（柱塞）往复一次，吸入、排出各两次。双作用泵主要采用活塞泵，而柱塞泵较少用。

活塞泵一般用于中、低压，大流量工况，而柱塞泵一般用于高压、小流量工况。

2. 隔膜泵

（1）机械传动隔膜泵：隔膜由往复运动的活塞杆直接推动。

（2）液压传动隔膜泵：隔膜由活塞（柱塞）造成的油压推动，可用于低、中、高压工况。

隔膜泵往复运动零件与输送介质被隔膜隔开，而隔膜与液缸之间的密封则是静密封，因此可以保证绝对不漏，适用于输送易燃、易爆、有毒以及贵重液体，也适用于输送含杂质的液体。

为防止隔膜破坏，造成事故，可采用双隔膜泵，中间液体必须选择与输送介质混合时不发生危险的液体。按结构分类的隔膜泵的基本结构示意如图 3-19 所示。

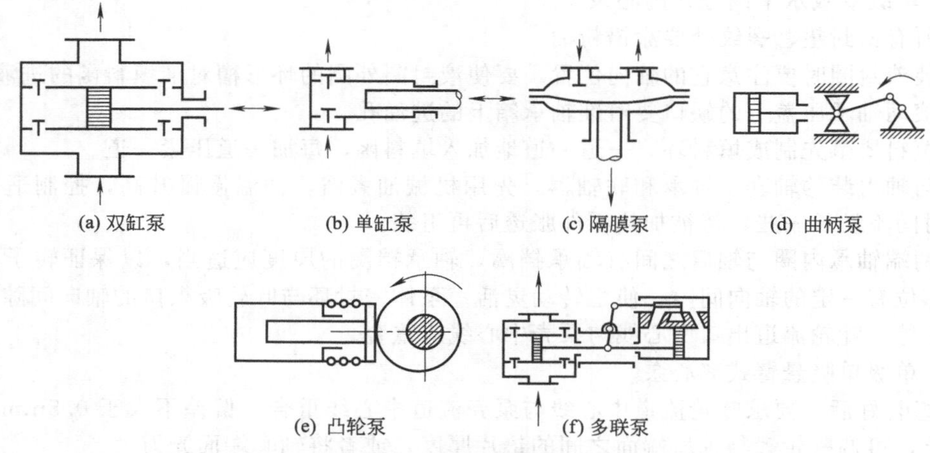

图 3-19　按结构分类的隔膜泵的基本结构示图

（二）往复泵的工作原理

往复泵一般由两部分组成，一部分为实现机械能转换为压力能的工作机构，称为液端的液缸部分；另一部分为将动力能传递给液力端的传动部分，称为动力端。

液端由液缸中装有活塞和控制液体单向流动的吸入阀和排出阀组成。传动端由曲柄、连杆、十字头组成。曲柄旋转活塞作往复运动，当液缸容积增大时缸内压力低于吸入罐内的压力时形成压力差，流体在压力差的作用下克服管路和吸入阀等部件的阻力进入液缸中，此时排出阀关闭；当液缸容积减少时液体被挤压，压力升高，缸内流体的压力大于排液罐内的压力时，排出阀被打开，流体克服排出阀和排出管路的阻力流入排出罐。往复泵就是这样间歇循环的吸入和排出液体，周而复始地工作。

四、齿轮泵

齿轮泵的主要工作部件是一对相互啮合的齿轮，可为内啮合、外啮合、直齿、斜齿等多种形式。其中应用较多的是外啮合圆柱直齿轮泵。在化工厂中为加热炉输送燃料的油泵和为机泵装置输送润滑油或密封油的油泵，多为齿轮泵。

（一）工作原理

图 3-20 为外啮合直齿的齿轮泵原理。当电动机带动主动齿轮旋转时，主动和从动的一对啮合齿轮在逐渐脱开侧，齿间容积逐渐增大，形成局部真空，此时吸入罐中的流体压力大于齿间容积逐渐增大侧的压力，在压力差的作用下流体进入齿轮泵的吸入腔，填满齿间空间。齿轮继续旋转，将吸入的流体沿齿轮圆周与泵体所形成的空间输送到齿轮泵的另一侧腔室中。在主、从动齿轮进入啮合的过程中，齿间容积减小，流体压力增大，与排出腔产生压力差，流体在此压力差的作用下被压出压油腔，进入排出罐或进入工作装置。

齿轮泵是依靠一对互相啮合的齿轮脱离啮合和进入啮合时的容积变化来达到吸入和排出流体的，具有容积式泵——转子泵的特点。

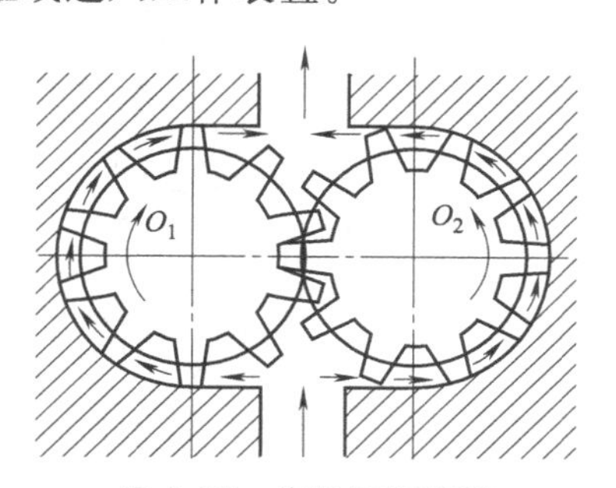

图 3-20 齿轮泵原理图

(1) 流量基本上与排出压力无关；

(2) 由于齿轮啮合时齿间容积变化不均匀，流量也是不均匀的，产生流量和压力的脉动；

(3) 与往复泵比较，在结构上不需要吸、排油阀，而且流量较往复泵均匀，结构简单，运转可靠；

(4) 适用于不含固体杂质的高黏度的液体，一般用于液压传动装置、润滑装置、密封装置的液体输送装置。

（二）齿轮泵的特殊问题

齿轮泵除有一般转子泵的特点外，在工作中还存在下列特殊问题。

1. 困油现象和卸荷措施

由于齿轮泵是容积式泵，在工作过程中，齿间空间的容积必须是封闭的，封闭曲线不断地由小变大，再由大变小，变化中分别和吸油腔或压油腔相连，才能产生吸油和压油两个过程。在某些泵中，封闭容积在一段时间既不和吸油腔连通，也不和压油腔连通，此时封闭容积的实际体积却在发生变化，一般把这部分容积叫“闭死容积”。“闭死容积”变小时油被压缩产生很大压力，变大时产生低压引发汽蚀。这种现象叫作“困油”现象，它对齿轮泵的工作带来不利影响。

2. 径向力及其平衡措施

由于齿轮泵内存在高压压油腔和低压吸油腔，沿齿轮外圆与泵体之间的油压是从吸油压力顺着转动方向而增加到排油压力的。此压力差对齿轮产生不平衡的径向力。此外，齿轮与泵体间有间隙，存在压力损失，也会形成径向力。径向力的合力使轴承受到很大径向负荷，造成泵轴变形，使齿轮与泵体接触而导致泵体磨损。

3. 密封问题

由于齿轮泵存在高、低压腔，所以存在串漏的问题。为了保证密封，必须适当选择间隙，间隙大了，漏损增加，但不易卡死，机械效率高。漏损可能发生在径向间隙和轴向端面间隙，其中轴向端面间隙是主要的，因为大多数是从轴向间隙中漏掉的。因此，漏损增大时，首先应检查轴向间隙是否合适，一般轴向间隙应在 0.04～0.10mm 范围内，径向间隙在 0.10～0.15mm 范围内。

由于齿轮泵密封间隙较多，而且密封面积较大，故其密封性能不如往复泵，所能达到的压力也要低一些。齿轮泵的加工质量对其性能影响也是较大的，在制造和装配时应加以注意。

五、旋涡泵

旋涡泵是一种叶片式泵，其工作机构由多个叶片的叶轮和有环形流道的壳体组成。旋涡泵与离心泵有相似之处，叶轮有开式和闭式之分。通常采用闭式叶轮旋涡泵，用来作汽油泵、碱液泵和小型锅炉给水泵。

旋涡泵的结构如图 3-21 所示。在叶轮外圆上铣出多个径向叶片。叶轮在圆形泵壳的流道内旋转。叶轮端面靠在泵体壁面上形成轴向侧隙，其极限间隙约为 0.15～0.3mm，沿圆周方向有空隙形成与叶轮同心的环形流道，流道用隔舌将吸入口和排出口分开。隔舌与叶轮的径向间隙为 0.07～0.20mm，防止排出液体串漏到吸入口。

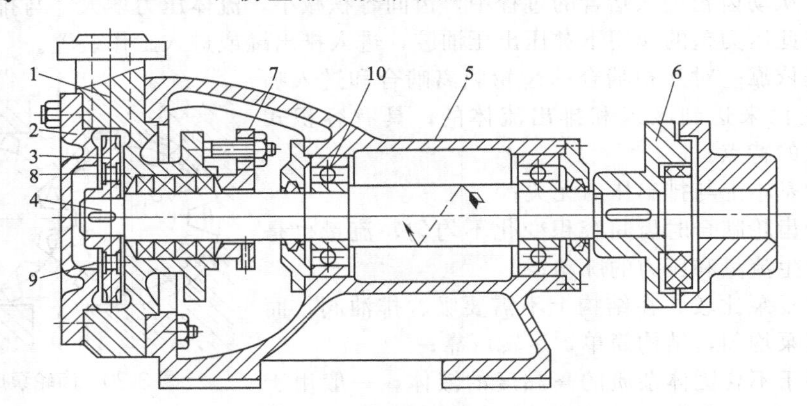

图 3-21 旋涡泵结构示意图

1—泵体；2—泵盖；3—叶轮；4—轴；5—托架；6—联轴器；7—填料压盖；8,9—平衡孔与拆装用螺孔；10—轴承

液体从吸入口进入泵的流道后，在旋转叶轮离心力的作用下，液体被摔向四周环形流道内，液体在流道内转动。由于流道内的液体旋转的圆周速度比叶轮内液体旋转的圆周速度小，造成作用在叶轮内液体上的离心力大于作用在流道内液体上的离心力。在两个大小不同的力形成的合力和力矩作用下，液体在流道和两液轮间作旋涡运动。

六、真空泵

用于设备抽取气体产生负压的机器称为真空泵。在石油化学工业中，减压精馏、润滑油脱蜡、糠醛回收、溶液的过滤、蒸发浓缩、干燥和结晶均要用到真空泵。也可用真空泵作为大型离心泵来引水灌泵。

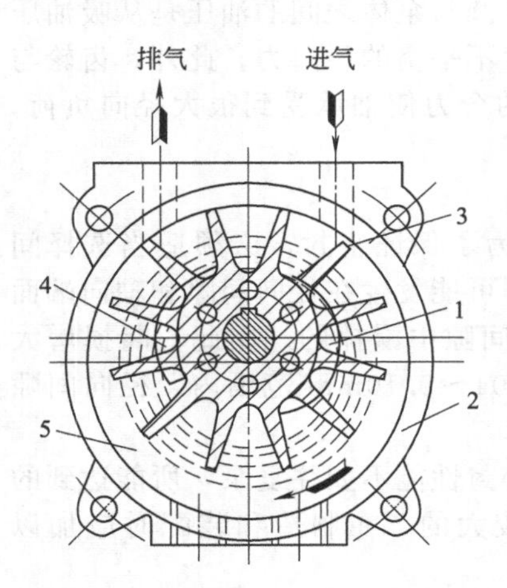

图 3-22 真空泵基本结构图

1—吸气室；2—泵体；3—叶轮；4—排出室；5—液环

机械式真空泵，按其结构形式分为往复式、回转式（滑板式）、水环式三大类。

真空泵的结构如图 3-22 所示。叶轮偏心地装在泵壳中。启动前，向泵内灌入规定高度的水。当叶轮旋转时，在离心力作用下水被摔至泵体壁，形成旋转的水环。水环上部内表面与轮毂相切。沿箭头方向旋转的叶轮，在前半转中，水环的内表面逐渐与叶轮轮毂分离开，各叶片之间空间逐渐增大，压力降低而吸入气体。在后半转中，水环的内表面逐渐与叶轮轮毂接近，各叶片间的空间减小，气体被压缩排出。如此，叶轮每转一周，两叶片间的容积改变一次。每两叶片间的水好像活塞一样反复运动，连续不断地抽吸和排出气体。气体从如大镰刀形的吸气室被吸入，经过压缩后便通过如小镰刀形排气孔被排出。

这种泵既能输送气体，也能输送液体，只是在抽送液体时效率较低，在输送气体时，也可作压缩机使用，其排出压力在1.2MPa左右。这种泵一般的都是当作真空泵使用，其排气量范围在0.25～30m³/min之间，真空度可达70%～80%，而在制造优良时，真空度可达99.5%。

当被抽气体不宜与水接触时，泵内可充油或其他液体介质（此时常称为液环泵）。如用油作为工作介质，一级真空度可达99.98%；两级真空度达99.999%。

此类泵的特点：结构简单、紧凑，易于制造与维修；由于旋转部分没有机械摩擦，机器寿命长，操作可靠；转速较高可与电动机直联；内部无须润滑，可使气体免受油的污染；排量也较均匀；适用于抽吸含有液体的气体，如用作大型水泵的真空引水，尤其在输送有腐蚀性或有爆炸性气体时更为合适，在化工生产中获得了广泛应用。此类泵不足的是效率很低，约为0.3～0.5。

七、螺杆泵

螺杆泵属于容积式泵，是依靠相互啮合的螺杆间容积的变化来输送液体的转子泵。有单螺杆泵、双螺杆和三螺杆泵等，多以三螺杆泵用于石油化工厂作为输送润滑油和密封油。该泵也可以用作气液混相介质的输送。

三螺杆泵结构如图3-23所示。其工作原理如同螺杆和螺母，即限制螺母不转动，当螺杆旋转时螺母就会沿螺杆作直线运动，如同车床的丝杠和对开螺母的运动关系。螺杆泵中液体充满在螺杆的凹槽内就像“螺母”一样。为了限制液体旋转，另设有齿条一样的从动螺杆与主动螺杆啮合。当螺杆转动时，被齿条割开的螺纹凹槽内的液体，就会沿着轴向前移动，利用该移动达到输送液体的目的。实际的螺杆泵用螺杆代替了齿条，主、从动螺杆与泵壳包围的螺杆凹槽空间形成了密闭的容积。中间为主动螺杆带动两边从动螺杆，通常主动螺杆是右旋的凸螺杆（这样强度高些），而从动螺杆是左旋的凹螺杆。当电动机驱动中间主动螺杆旋转时，三根相互啮合的螺杆凹槽密闭空间中的液体就向前移动，从而将液体不断吸入和排出。

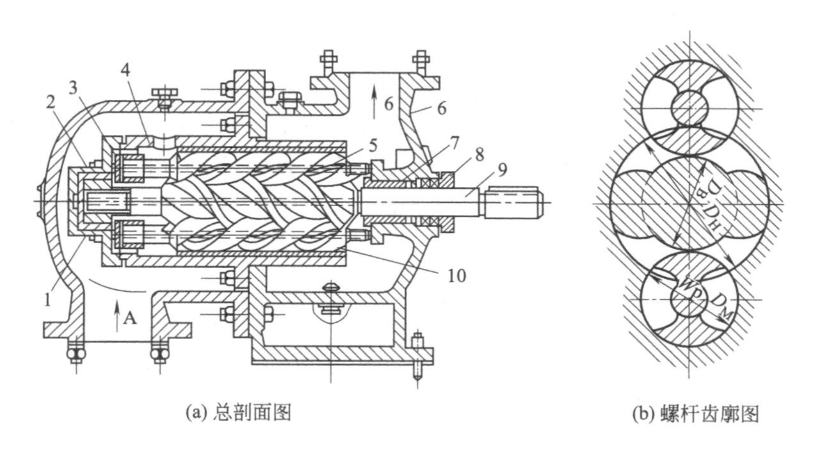

(a) 总剖面图　　(b) 螺杆齿廓图

图3-23　三螺杆泵的总剖面图和螺杆齿廓图

1—侧盖；2,3—碗状平衡止推轴承；4—衬套；5,10—从动螺杆；6—泵体；7—填料箱；8—填料；9—主动螺杆

八、流体作用泵

流体作用泵是利用一种流体的作用产生压力或造成真空，从而输送另一种流体的泵。

流体作用泵主要由喷嘴、喉管和扩散管等组成，如图3-24所示。当具有一定压力的工作流体通过喷嘴以一定速度喷出时，由于射流质点的横向紊动扩散作用，将吸入管的空气带

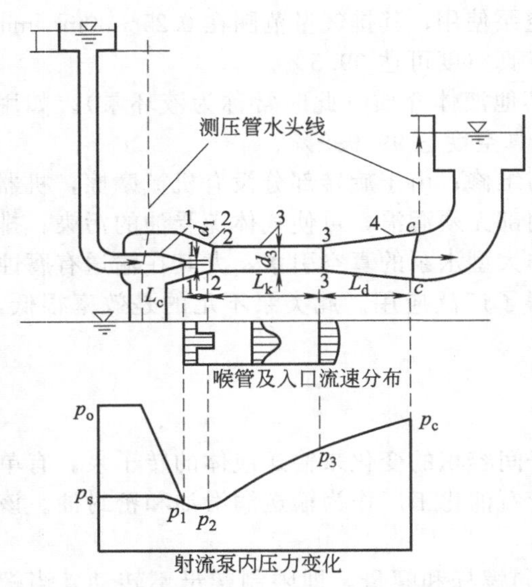

图 3-24 流体作用泵工作原理

1—喷嘴；2—喉管入口；3—喉管；4—扩散管

走，管内形成真空，低压流体被吸入，两股流体在喉管内混合并进行能量交换，工作流体的速度减小，被吸流体的速度增大，在喉管出口，两者趋近一致，压力逐渐增加，混合流体通过扩散管后，大部分动力能转换为压力能，使压力进一步提高，最后经排出管排出。

流体作用泵与供给其工作流体的管路、工作泵和排出管路组成流体动力泵装置。

九、磁力泵

在石油化工等行业，输送易燃、易爆、易挥发、有毒、有腐蚀以及贵重液体时，要求泵只能微漏甚至不漏。

离心泵按有无轴封，可分为有轴封泵和无轴封泵。有轴封泵的密封形式有填料密封和机械密封等。填料密封的泄漏量一般为 3～80mL/h，制造良好的机械密封仅有微量泄漏，其泄漏量为 0.01～380mL/h。

磁力驱动泵（简称磁力泵，下同）和同属于无轴封结构的屏蔽泵一样，结构上只有静密封而无动密封，用于输送液体时能保证一滴不漏。

磁力传动在离心泵上的应用与一切磁传动原理一样，是利用磁体能吸引铁磁物质以及磁体或磁场之间有磁力作用的特性，而非铁磁物质不影响或很少影响磁力的大小，因此可以无接触地透过非磁导体（隔离套）进行动力传输，这种传动装置称为磁性联轴器。如图 3-25 所示，磁力泵主要由泵体、叶轮、内磁钢、外磁钢、隔离套、泵内轴、泵外轴、滑动轴承、滚动轴承、联轴器、电动机、底座等组成（有些小型的磁力泵，将外磁钢与电动机轴直接连在一起，省去泵外轴、滚动轴承和联轴器等部件）。电动机通过联轴器和外磁钢连在一起，叶轮和内磁钢连在一起。在外磁钢和内磁钢之间设有全密封的隔离套，将内、外磁钢完全隔开，使内磁钢处于介质之中，电动机的转轴通过磁钢间磁极的吸力直接带动叶轮同步转动。

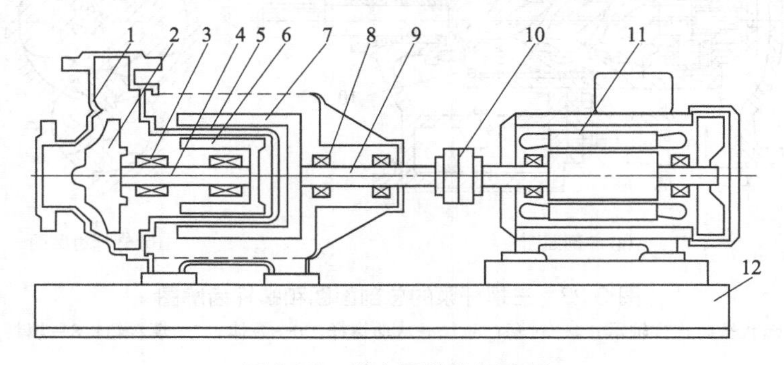

图 3-25 磁力泵结构示意图

1—泵体；2—叶轮；3—滑动轴承；4—泵内轴；5—隔离套；6—内磁钢；7—外磁钢；8—滚动轴承；9—泵外轴；10—联轴器；11—电机；12—底座

磁性联轴器由内磁钢（含导环和包套）、外磁钢（含导环）及隔离套组成，如图 3-26 所示，是磁力泵的核心部件。

磁性联轴器的结构、磁路设计及其各零部件的材料关系到磁力泵的可靠性，磁传动效率及寿命。

磁力泵根本上消除了轴封的泄漏通道，实现了完全密封，工作时具有过载保护作用，除磁性材料与磁路设计有较高要求外，其余部分技术要求不高，维护和检修工作量小。但磁力泵的效率比普通离心泵低，对防单面泄漏的隔离套的材料及制造要求较高，如材料选择不当或制造质量差时，隔离套经不起内、外磁钢的摩擦很容易磨损，而一旦破裂，输送的介质就会外溢，此外，对联轴器的对中性要求高，当对中不好时，会导致进口处轴承的损坏和防单面泄漏隔离套的磨损。

磁力泵由于受到材料、磁性传动及隔离套材料耐磨性的限制，目前国内一般只用于输送温度在100℃以下、压力低于1.6MPa且不含固体颗粒的介质。

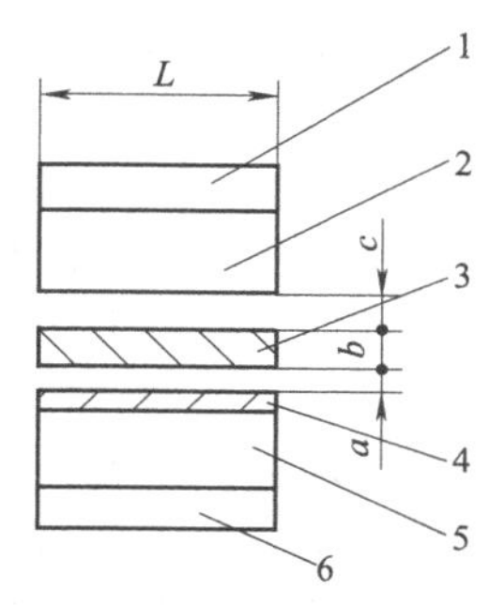

图 3-26 磁性联轴器结构示意图

1—外导环；2—外磁钢；3—隔离套；4—内磁钢包套；5—内磁钢；6—内导环

L—磁钢长度；a—液层厚度；b—隔离套厚度；c—空气间隙

十、射流泵

射流泵亦称喷射泵，属动力式泵，但其工作方式与叶片泵等动力式泵不同。它是以一种压力比泵的排出压力高的流体作为能源，通过与被送流体混合的方式，将能力传递给被送流体，使被送流体压力升高而实现输液，输液时泵本身没有任何运动的零部件。

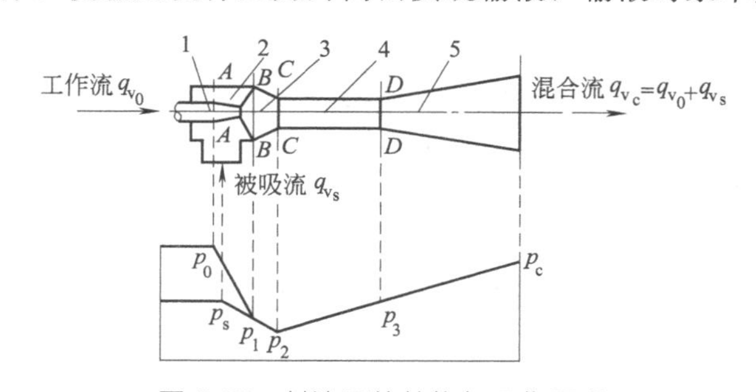

图 3-27 射流泵的结构与工作原理

1—喷嘴；2—吸入室；3—喉管入口段；4—喉管；5—扩散管

射流泵由吸入室、喷嘴、扩散管等组成，如图3-27所示。作为能源的工作流体由喷嘴高速射出，由于流速很高在喷嘴出口的周围形成低压区，被送液体被吸入泵内，并随工作流体一起流动、相互混合，进行能量传递，被送液体的流速增大（即动能增大）后流经扩散管，混合流体的流速降低将动能转换为压力能，当压力升高达到要求的排出压力时，将混合流体压送到泵的排出管路中实现了输送液体。

射流泵可用于输送多种液体，作为输液能源的工作流体可以用液体、也可以用气（汽）体，常用的有水或其他各种液体、蒸汽、空气或其他各种气体。应该指出：由于在射流泵输液过程中，工作流体和被送液体相混合，故需根据被送液体的性质及输液终了时对液体状态（如纯净度、温度等）的要求，合理地选择工作流体。

十一、泵的维护管理

泵的操作方法随其类型和用途不同而有所差异，特别是石油化工用泵与工艺过程和输送介质的性质有密切关系。具体的操作方法应按制造厂提供的产品使用说明书中的规定进行。现以电动机驱动的离心泵为例介绍如下。

（一）启动前的准备

（1）检查泵的各连接螺栓与地脚螺栓有无松动现象。

（2）检查配管的连接是否合适，泵和驱动机中心是否对中。处理高温、低温液体的泵，配套连接管件的膨胀、收缩有可能引起轴心失常、咬合等，因此，需采用挠性管接头等。

（3）直接耦合和定心　小型、常温液体泵在停止运行时，进行泵和电动机的定心使两轴心一致；而大型、高温液体泵运行和停止运行中，轴心差异很大，为了正确定心，一般加温到运转温度或运行后停下泵，迅速进行再定心以保证转动件双方轴心一致，避免振动和泵的咬合。

(4) 清洗配管　运行前必须首先清洗配管中的异物、焊渣，切勿将异物掉入泵体内部。在吸入管的滤网前后装上压力表，以便监视运行中滤网的堵塞情况。

(5) 盘车　启动前卸掉联轴节，用手转动转子观察是否有异常现象，并使电动机单独试车，检查其旋转方向是否与泵一致。用手旋转联轴节，可发现泵内叶轮与外壳之间有无异物，盘车应轻重均匀，泵内无杂音。

(6) 启动油泵，检查轴承润滑是否良好。

(二)启动

(1) 灌泵　启动前先使泵腔内灌满液体，将空气、液化气、蒸汽从吸入管和泵壳内排出以形成真空。必须避免空运转，同时打开吸入阀，关闭排液阀和各个排液孔。

(2) 打开轴承冷却水给水阀门。

(3) 填料函若带有水夹套，则打开填料函冷却水给水阀门。

(4) 若泵上装有液封装置，应打开液封系统的阀门。

(5) 如输送高温液体泵没有达到工作温度，应打开预热阀，待泵预热后再关闭此阀。

(6) 若带有过热装置应打开自循环系统的旁通阀。

(7) 启动电动机。

(8) 逐渐打开排液阀。

(9) 泵流量提高后，如已不可能出现过热时即可关闭自循环系统的阀门。

(10) 如果泵要求必须在止逆阀关闭而排出口闸阀打开的情况下启动，则启动步骤与上述方法基本相同，只是在电动机启动前，排出口闸阀要打开一段时间。

(三)运行和维护

(1) 为了使泵正常运行和维护，妥善管理好下述有关档案文件极为重要。

① 泵管理卡。

② 图纸。

③ 泵的特性曲线、试验报告及检查记录。

④ 使用说明书。

⑤ 润滑油一览表，对泵的注油点、油的种类、注油量及注油时间等列表进行管理，以适时、适量添加适宜的润滑油，使其处于良好的润滑状态。

⑥ 日常检查记录，主要检查项目为泵运转的噪声、轴承温度、填料函泄漏量、流量、压力和功率等。

⑦ 维护和检修记录。

⑧ 备件清单。

(2) 泵事故履历表。根据发生事故的记录，以便分析事故和研究事故处理措施。此外，也可预测零部件寿命，进行有计划的维修和更换。

(3) 坚持泵的检查（日、半年、年度）和大修制度，定期监视泵的运行状况。在泵运行中发现任何异常现象要立即报告和及时处理。

(4) 备用泵每班盘车一次（180°），定期切换。

(5) 冬季停车后，应注意防冻。

(四)停车

(1) 打开自循环系统上的阀门。

（2）关闭排液阀。

（3）停止电动机。

（4）若需保持泵的工作温度，则打开预热阀门。

（5）关闭轴承和填料函的冷却水给水阀。

（6）停机时若不需要液封则关闭液封阀。

（7）如果特殊泵装置的需要或是要打开泵进行检查，则关闭吸入阀，打开放气孔和各种排液阀。

通常，汽轮机驱动的泵所规定的启动和停车步骤与电动机驱动泵基本相同。汽轮机因有各种排水孔和密封装置，必须在运行前后打开或关闭。此外，汽轮机一般要求在启动前预热。还有一些汽轮机在系统中要求随时启动，则要求进行盘车运转，因此，运行者应根据汽轮机制造厂所提供的有关汽轮机启动和停车步骤的规定进行。

离心泵的启动与停车步骤同样适用于容积式泵，但只有以下少数例外情况值得注意。

（1）切不可使容积式泵在排出口关闭的情况下运行。如果要求容积泵在启动时必须关闭排出口闸阀，必须将自循环旁通阀打开。

（2）蒸汽往复泵在启动前必须打开汽缸排水旋塞，使冷凝液排出，以免产生液击损坏汽缸盖故障。

第四节 压 缩 机

用于气体压缩及输送的设备称为压缩机。随着生产技术的不断发展，压缩机的种类和结构形式也日益增加。目前，压缩机不但广泛地应用在采矿、冶金、机械制造、土木工程、石油化工、制冷与气体分离工程以及国防工业中，而且医疗、纺织、食品、农业、交通等部门，对压缩机的需求也在不断增加。

在石油化工生产中，压缩机的使用十分普遍，压缩机和泵一样，也是一种通用机械。

一、压缩机的分类

由于气体和液体都是流体，压缩机和泵都是用于对流体加压及输送的设备，所以，两者在工作原理和结构上有很多相似之处，其类型基本相同。对压缩机也可以根据工作原理、用途以及排气终压进行分类。

根据工作原理的区别，可将压缩机分为容积式和速度式两大类，每一类又可分为若干种。

1. 容积式压缩机

容积式压缩机的工作原理类似于容积式泵，依靠工作容积的周期性变化吸入和排出气体。根据工作机构的运动特点可分为往复式压缩机和回转式压缩机两种类型。

（1）往复式压缩机　往复式压缩机的典型代表是活塞式压缩机，其结构与往复泵有相似之处，由气缸和活塞构成工作容积，依靠曲柄连杆机构带动活塞在气缸内作往复运动压缩气体，根据所需压力的高低，可以制成单级压缩机或多级压缩机，也可以制成单列压缩机或多列压缩机，可用以压缩空气及其他各种气体。

（2）回转式压缩机　回转式压缩机由机壳与定轴转动的一个或几个转子构成压缩容积，依靠转子转动过程中产生的工作容积变化压缩气体，属于这种类型的螺杆式压缩机在结构和原理上类似于螺杆泵，机壳内装有两螺杆，主动螺杆为凸螺纹，从动螺杆为凹螺纹，两螺杆依靠齿轮传动，工作时，凸螺纹挤压凹螺纹内的气体，使工作容积产生变化，实现气体的吸入与排出。这种压缩机常作为动力用空气压缩机使用，此外，还应用于制冷。

2. 速度式压缩机

速度式压缩机的工作原理类似于叶片式泵，依靠一个或几个高速旋转的叶轮推动气体流动，通过叶轮对气体做功，首先使气体获得动能，然后使气体在压缩机流道内作减速流动，再将动能转变为气体的静压能，根据气体在压缩机内的流动方向，将速度式压缩机分为离心式和轴流式两大类。

(1) 离心式压缩机　在离心式压缩机中气体径向流动，其叶轮的形状与离心泵相似，但由于气体的密度小，为了对气体产生足够大的离心力，压缩机的叶轮直径比离心泵叶轮要大得多，转速也比离心泵要高得多，加工精度要求也很高。离心式压缩机在现代大型化的石油化工生产中应用非常广泛。

(2) 轴流式压缩机　在轴流式压缩机中转鼓上所装的螺旋桨式叶片推动气体轴向流动，机壳上装置的静叶片起减速导流作用。由于在轴流式压缩机中气流路程短，阻力损失小，因此，其效率较离心式压缩机高，但排气终压较低，一般只作为大型鼓风机使用。

二、活塞式压缩机

活塞式压缩机的构造、工作原理与往复泵相似，依靠活塞在汽缸内往复运动造成的工作容积变化吸入和压缩气体。排气终压取决于压缩前后气体的体积比，气体在机器内流速低，阻力损失小。与其他类型压缩机相比较，排气终压范围广，可以满足从低压直到高压、超高压的要求，其效率也较其他类型压缩机高。但由于其排气量与汽缸容积和转速成正比，转速的提高又受到惯性力的限制，排气量大的压缩机汽缸尺寸大、机器笨重、占地面积大，并且存在气阀、活塞环、填料等易损件。

(一) 活塞式压缩机的工作原理

压缩机的活塞在汽缸内往复运动一次的过程中，汽缸所经历的吸气、压缩及排气等过程的总和称为压缩机的工作循环，压缩机的工作过程就是其工作循环的简单重复。图 3-28 为一单作用活塞式压缩机的工作原理示意图。汽缸的内表面和活塞工作端面所形成的空间构成了压缩气体的工作腔。当活塞在汽缸内往复运动时，气体在汽缸内被压缩并完成吸气、压缩、排气、膨胀等四个过程。

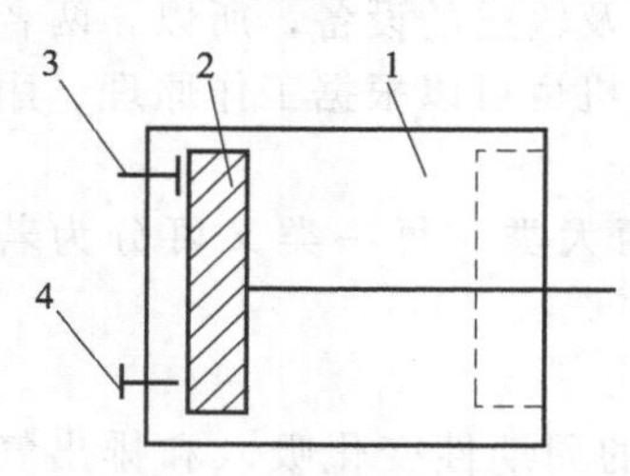

图 3-28　单作用活塞式压缩机的工作原理示意图

1—汽缸；2—活塞；3—进气阀；4—排气阀

(1) 吸气过程　当活塞向右移动时，汽缸内工作容积逐渐增大而压力降低，当压力低于进气管中压力时，气体顶开吸气阀进入汽缸，直到活塞运动至最右端（此点称为内止点）。

(2) 压缩过程　当活塞向左移时，吸气阀关闭，同时由于排气管中压力大于汽缸内部压力，汽缸内气体还不足以顶开排气阀从排气阀排出，而被封闭在汽缸的密封工作腔内，并随着活塞继续向左运动，工作腔容积越来越小，气体压力逐步提高。

(3) 排气过程　活塞继续左移至某一位置时，压力达到工作要求的数值，此时排气阀被迫开启，气体在该压力下被排出，直到活塞运行到左边末端（此点称为外止点）。

(4) 膨胀过程　为了防止活塞运动到止点处时与汽缸盖相撞击，在设计制造时，活塞与汽缸处总留有一定的间隙，所以气体不可能被全部排尽。当活塞再次向右移动时，具有压力的残留气体将随之发生膨胀，当压力降到低于外界压力时，压缩机才开始下一次的吸气过程。

活塞不停地在汽缸内往复运动，气体被循环地吸入和排出汽缸。活塞往复运动一次，完成吸气、压缩、排气、膨胀四个过程，称为一个“工作循环”。活塞从内止点到外止点的运行距离称为行程（或冲程）。

图3-29为双作用汽缸的示意图，与单作用汽缸不同之处在于其活塞两侧均装有进、排气阀。这样，活塞无论向左或向右运动时，都能同时完成吸入和排出气体各一次。

（二）活塞式压缩机的操作与维护

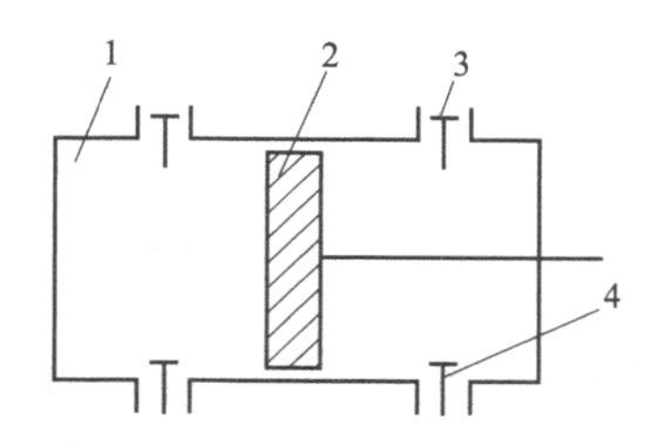

图3-29 双作用汽缸示意图
1—汽缸；2—活塞；
3—排气阀；4—进气阀

(1) 开车运转 在压缩机开车前，应先对机器的油路、水路、安全保护装置、机械传动装置等进行检查。

对于采用飞溅润滑的压缩机，应通过机身上的视镜或油尺观察润滑油油面高度是否适合开车，如连杆大头转动到最低位置时油面仅能淹没击油杆，则高度适宜。对于采用压力润滑的压缩机，可先启动油泵和注油器，检查传动机构和汽缸、填料等处油路是否畅通。由于传动机构的润滑油是循环使用的，润滑油的性能随使用时间延长而恶化，一般要求一年须更换一次，换油时要注意检查新油的牌号和各项性能指标一定要符合技术要求，并对油过滤器进行清洗。

水路的检查包括对水温的检查和水路是否畅通的检查。在压缩机运转过程中，冷却水温度并不是越低越好。压缩临界温度较高的气体时，汽缸冷却水温度过低，会使汽缸内气体出现液化现象，压缩含水蒸气的湿气体时，会使水蒸气在汽缸壁面凝结，造成汽缸的润滑恶化并由此增加汽缸的磨损，因此冷却水温度应以设计说明书的指示为准。检查水路是否畅通的方法是打开水路进水阀门后，观察排水管中是否有冷却水流出，对于并联式和混联式的冷却应对机器的每个冷却部位水路都进行检查。

压缩机的安全保护装置包括安装在各级汽缸排气管路上的安全阀、压力调节机构以及安装在第一级汽缸吸气口的排气量调节机构，这些装置不仅可以调节排气量，而且在压缩机各部位压力升高到警戒值时，可以对压缩机起到安全保护作用。为保证机器开车运转安全可靠，开车前须检查安全保护装置是否正常有效，尤其对安全阀、减荷阀等不经常工作的装置，为避免锈蚀卡住，应定期检验。

此外，在开车前还应盘车转动传动机构一圈以上，检查各连接部位是否紧固，转动是否灵活，地脚螺栓和管道连接是否有松动现象，汽缸等机件的支承是否坚固可靠。连杆大头螺栓，由于承受交变载荷的作用，易疲劳断裂，是压缩机的薄弱环节之一，应检查是否已按期更换。

(2) 维护压缩机 在开车进入正常运转后，应按时观察机器的排气压力、排气温度、油压、水温、冷却水是否断流等项目，并做好记录，储气罐、冷却器、油水分离器要及时放出油水，并注意压缩机及其辅助设备的环境清洗卫生，发现问题及时处理，以保证机器的安全运行及其使用寿命。

（三）活塞式压缩机检修制度

生产设备是工厂固定资产的重要组成部分，是工厂生产能力的基础，产品质量的提高、产量的增长、新产品的发展，在很大程度上都取决于设备的技术状态。经常保持设备的应有精度和效能，就为工厂生产提供了重要的物质基础，正确地使用、维护和管理设备，对保证安全，充分发挥生产能力，确保产品质量，提高企业经济效益都具有重要的意义。实践证明，只有加强和认真执行设备计划维修和使用管理制度，才能在生产中取得主动权利。

设备计划维修和使用管理制度，是设备使用、维护、检修、管理所必需的一系列具有预防性和计划性的组织措施和技术措施，是保证生产设备经常处于正常状态，提高设备维修质量，降低修理成本的重要条件。

由于知识的更新，新技术、新材料的出现和发展，对现役中的设备很有引用价值，可以进一步地完善和改进该设备的性能和使用条件。这是因为，压缩机在设计到制造立体上是完美的，使用了一些当时的可靠技术和材料。但到使用中，掌握者或者修理人员就可以依据自己的条件，特别是新知识、新工艺来仔细地进行改造，达到提高使用寿命、提高设计能力、降低修理时间和修理费用的目的。

1. 检修工作类别

检修工作可分为计划检修（预防性修理）和故障检修（临时处理）两类。

零部件的失效损坏，绝大多数是遵循一定规律的。机器在早期、偶然故障期内的故障率很低，一般都能稳定工作；而在耗损期内，由于零部件老化、磨损和松动等，使故障率上升。计划检修就是把将要达到耗损故障期的零件进行更换或修理，使机器维持正常状态。计划检修是在经济合理的基础上，使机器保持正常使用状态而进行的最佳维修方案。

工艺操作不当，计划检修落实不到位，特别是维护不好等方面因素导致出现突然的压缩机损坏的事故而引发的修理工作，可为故障检修。这一工作虽不经济、不合理，但也是常见的。这一类的工作难度和危害比较大。

（1）计划检修　计划检修根据压缩机的运转周期、修理的工作量、修理的目的，一般分为大、中、小修。对大型的压缩机，还应该根据修理间隔期和上次修理遗留的问题，特别是在出现故障时，分为甲、乙、丙等级不同的大、中修。

① 定期检查　设备定期检查应按计划进度和规定项目进行。检查时需要查明并消除设备隐患，使之能正常使用到下次计划修理，同时进行设备清洗和换油。大、中修前的检查，应查明在下次计划修理时需修复的缺陷，确定修理内容，为下次修理工作做准备。定期检查应尽量在非生产时间进行。但必要时，也可占用部分生产时间。

② 小修　设备的小修是工作量较小的一种计划修理。一般设备运转 800～1500h，应进行一次小修。小修时应进行必要的局部或全部（简单的设备）的分解检查，更换与修复在修理间隔期内不能维持的或已磨损腐蚀的零件，并进行零部件的调整或必要的试验，以保证设备正常使用至下次计划修理。

③ 中修　设备中修的工作量介于大修和小修之间，对磨损部件进行分解、调整和检修的一种计划修理。一般运转 3200～6000h 后进行一次中修。中修时：应更换与修复使用期限等于修理间隔期或用不到下一次中修时已磨损、腐蚀或丧失机能的零件；校正设备坐标；校验仪表、安全装置；检修附件，进行设备的气密性检查，以及补漆或喷漆工作，恢复设备规定的精度、性能。

④ 大修　设备大修是工作量最大的一种计划修理，一般在运转 12000～26000h 后进行一次。设备大修的主要修理内容是：将设备全部分解，全面检查、修理所有零件，并对照原来的零件进行记录数据、重新校正、找平，彻底清洗积垢；对储气罐、冷却器需做强度及气密性检查，并重新做防腐处理；对压缩机基础要进行沉降观测，并检查有无裂纹等不正常现象发生，全面恢复设备规定的精度和性能。

（2）定期性清洗与校验

① 设备清洗　应定期清洗空气滤清器、管道、储气罐、阀门、阀室及油过滤器，以清除空气系统中的灰尘、积炭、杂物和润滑油系统的金属屑及杂物等。

② 油箱换油　当润滑油油质中任一指标超过允许值，或润滑油已达到规定的使用时间时，应换油，一般击溅式润滑的换油期是 1500h，集中式润滑的换油期是 3000h。

③ 定期精度检验　进行精度检验时，如发现精度超差，可借助调整机构或相互部件位置来消除。如需修刮或更换较大零部件才能消除时，则可以在最近一次的计划修理时予以

安排。

④ 预防性试验　受压设备（包括输送管道）、电气设备（包括电气网络）及起重设备，不仅在计划检修时，而且在修理间隔期中也需进行定期的、季节性的预防性试验。通过试验，掌握设备的技术状态、电气绝缘性能和机械结构强度，及早发现和消除设备隐患。

（3）故障检修　故障检修的工作量、工作范围是不可确定的，只能依据故障发生的部位和引发、危及的部件及其连接转动部件检查修理，直接影响和间接影响部件检修工作，在生产要求紧的情况下，也可简化检查工作，但必须在近一个检修期，做全面的检查、校验、修理。

因设备事故和突然损坏而引起的临时性修理，称计划外修理。计划预修工作组织得好的工厂，通常不应有计划外的修理。

2. 压缩机的小、中、大修的内容

（1）小修

① 清洗吸气阀、排气阀；检查汽缸套、储气罐。

② 检查阀门严密性，并研磨阀门。

③ 检查所有运动机构的紧固程度。

④ 检查连杆和轴瓦的固定螺栓的紧固程度。

⑤ 检查和调整轴颈与轴瓦的间隙。

⑥ 清洗空气和油的滤清器。

⑦ 检查活塞、活塞环和汽缸的磨损情况，并清洗干净。

⑧ 检查密封填料函，修刮密封环。

⑨ 检查油路中的逆止阀、注油器、油泵和油管。

⑩ 清洗润滑系统并换油。

⑪ 检查各种管道、法兰的衬垫。

⑫ 检查并调整压力调节器。

⑬ 检查压力计、温度计及安全阀。

（2）中修　除进行小修的全部工作项目外，还要进行如下工作项目。

① 更换吸、排气阀中已损坏的零件。

② 清洗水套及各冷却器。

③ 除去储气罐和排气管道上的积垢。

④ 检查曲轴的各段轴颈，打光毛刺或重新修磨。

⑤ 检查和调整各部门间隙，必要时修理或更换轴瓦。

⑥ 修磨活塞、活塞杆、密封环及紧固螺钉。

⑦ 更换活塞环和连杆螺栓。

⑧ 检修十字头，必要时更换十字头销和滑履。

⑨ 清洗机身筒体，修理或更换密封环。

⑩ 检查压缩机与电动机主轴的同心度。

⑪ 检修油泵，更换油泵部分零件。

⑫ 部分涂漆。

（3）大修　除进行中、小修项目外，还要进行如下项目。

① 机器全部进行分解清洗。

② 镗磨汽缸或更换汽缸套。

③ 修复或更换曲轴。

④ 修理或更换活塞、连杆和活塞杆。

⑤ 更换大头瓦、主轴瓦，修理轴承座。

⑥ 更换各部轴承，更换活塞环、密封环，并调整其间隙。

⑦ 更换冷却器损坏的管子或管夹。

⑧ 修理或更换过滤器。

⑨ 清洗油管、油杯和油泵，更换已损坏的零件。

⑩ 清洗和修理各部管道、储气罐、油水分离器。

⑪ 修理或更换管道附件。

⑫ 检修与校正安全阀和压力调节器，更换损坏的零件。

⑬ 更换并加固各部（轴瓦、水套、气阀）的连接螺栓。

⑭ 更换皮带。

⑮ 校验各部仪表。

⑯ 检验机身和基础的状态，并清除缺陷。

⑰ 试压与全部涂漆，并试运转。

3. 检修管理

（1）编制年度检修计划

① 设备的所有组成部分及其附属装置（包括电气部分）应同时进行修理，避免互相脱节而影响生产。

② 设备具有工作的连续性、季节性及周期性，检修计划应根据设备特点进行安排，使设备检修与生产任务紧密结合。

③ 应考虑修理工作量的平衡，使全年检修工作均衡进行。

④ 做好设备修理前的准备工作，如图纸、备件及大型复杂锻铸件的供应。

设备检修必须严格按计划执行。如因特殊情况需变动，应由设备所在的车间提出申请。变更年度或季度检修计划时，应按部、局规定办理审批手续。在季度检修计划内变动月份，应经总工程师批准。

设备大、中修检修单位应在大、中修前，进行的一次小型预防维修时编制，并确定主要修理项目、需修理或更换的零部件。在大、中修时，再做最后核对和补充。

（2）压缩机设备修理图册的编制　压缩机设备修理图册编制内容如下。

① 主要规格。

② 总图应包括压缩空气设备装配总图及其分图、调节系统管路图和油路图。电气系统及其设备（如配电板）应有原理图和安装图。网路结构（如架空线、电线、地下管道）应有平面图和必要的断面图。

③ 零备件的明细表。

④ 零备件图。

⑤ 外购件明细表。

（3）修理图纸的测绘和注意事项

① 一般在设备修理时进行测绘，最好在大、中修前的预检时进行。

② 应以同型号数量多及单台关键设备为重点。

③ 同型号设备的相同零件尺寸，应尽量使其一致。

④ 设备改进、改装后，其说明书和修理图册应及时作相应修正。

在修理时，应尽可能恢复各零件原有尺寸和性能。如恢复原有尺寸在经济上不合理或技术上有困难时，可采用修理尺寸法或分级修理尺寸修复，但必须在零件图上注明修理尺寸。

（4）备件储备原则

① 使用期限在修理间隔期内的全部零件。

② 使用期限虽大于修理间隔期，但同型号设备台数较多的零件。

③ 生产周期长和大型、复杂的锻、铸零件。

④ 需外厂协作制造的零件和外购的标准件（如V带、链条、滚动轴承、电气元件及需国外订货的配件等）。

（5）压缩机的修理要求

① 检修项目要按修理规范进行，并通过修前预检和试验确定。

② 电气设备的检修进度，必须与机械部分的检修进度相配合。

③ 停机修理，应考虑工厂动力供应情况。尽量减少停供动力的次数、时间和范围。

④ 制订安全措施，并严格贯彻执行。检修前，应经技安人员检查或试验，证明已断电或压缩气体、液体及有害气体已全部排除，方可进行修理。电气开关和管道阀门必须挂上“检修”的明显标志。

⑤ 检修前，应对需用的备件、材料和工具及其质量严格检查。

⑥ 须备有设备的装配结构图、电路系统图和管道系统图，以便修理时查对。

⑦ 应按照规定的顺序进行检查。检修后要进行系统的检查与清理。

⑧ 检修后，设备必须达到规定的技术标准和使用性能。

（6）验收

① 设备小修后，应进行外部检查、空载和负载运行试验。

② 压缩空气设备的大、中修，应根据检修单规定项目进行检查，如外部检查、空运转试验、必要的技术性能试验和负载试验，以达到出厂标准，并符合工业企业电气技术管理法规、电气设备试验交接规程和受压容器的检验规程等各项质量要求。

③ 部件验收　由车间检验人员负责，包括各部件装配质量的检查和主要钳工（滑道与轴承的刮研等）的质量检验。

④ 初步验收　压缩空气设备的大、中修，由机动科检验人员负责。属于修理车间修理的，由修理车间代表（机械动力员）和修理钳工组长参加。属于车间维修工段（组）修理的，则由车间机械动力员、车间维修组长参加。试验工作由动力试验室负责进行。大修后应进行满负荷试验。经试验合格，填写设备修理验收单，分别呈报机动科和使用车间。

⑤ 最后验收　这是将设备交回使用单位的验收，由使用人员进行验收，一般需进行24～28h的运行试验（具体时间可由工厂机动科决定）。在试运行中如发现缺陷，应由修理单位负责排除。试运行合格后办理验收移交手续，将设备正式移交给生产单位。

设备修理后，如果不合格，不能投入使用，应进行返修。

（四）活塞式压缩机检修工艺

依据选定、购置的压缩机特点和使用说明书，再根据生产介质，使用的内、外部环境（如气候、工作的连续性）等因素，制定出一套各类检修的量的标准，称为检修工艺。

1. 检修工艺内容

在未采用标准检修计划作业卡片之前，原计划预修制度是不够完善的，因为它不能解决缩短机器检修车的时间问题。为此，应根据机器说明书及设备使用特点，制订出机器的标准修理工艺。修理工艺中应明确规定：检修成员的数量及技术水平；检修总工作量和费用；检修现场图表，包括备件、材料表、进度网络图表等；因检修而停车的时间；标准检修计划表。

修理工艺内容包括：机器概述；制订检修的计划作业卡片，其内容有拆卸工作量及拆卸顺序，更换零件一览表，不更换零件的修理方法及半成品的加工方法，主要零部件的装卸顺序和方法，中间工序和最后检查试验的技术文件，按报废标准检查缺陷，必要的用具。

2. 零件损伤分类

(1) 表面损伤

① 机械损伤（磨损） 包括表层的磨损、塑性变形及材料结构性能变化。

② 腐蚀 由于化学作用所引起的损伤。

(2) 整体损伤 由于零件内部的结构变化和物理变化而产生裂纹、蜂窝、碎裂及断裂等。按损伤的机理，零件整体损伤可分为机械损伤和热化学损伤。

3. 零件表面损伤的修复处理方法

(1) 冶金或电化学处理 在零件表面覆盖一层金属层、合金（硬钢、铬、镉等），如喷镀、电镀和化学镀等。

(2) 化学处理 在基体金属表面进行化学处理，如铁氧化处理、氮化处理、磷化处理及硫化处理，使其形成耐磨层。

(3) 热处理 改善基体金属表面的结构性能，如淬火、渗碳等。

(4) 耐磨合金 耐磨合金的组织是非均一的。它是由在数量上占主要部分的软基体和均匀分布的坚硬颗粒所组成。如含锡合金（σ_{83}、σ_{40}、σ_{16}、σ_{10}）、含铅合金（σ_K、σ_c），其软基体是锡和铅，硬基体是锡锑的结晶体，也可用青铜或石墨一铁作减摩材料。

(5) 加工方法 常用滚压、喷丸等加工方法以延长零件的使用寿命；用车、磨的方法进行整形；用换位镶套等方法恢复零件的精度和表面粗糙度。

(6) 补焊修理法 对一些可焊性较好的材料部件面部损坏均可进行补焊填充后，经过机械加工修理而继续使用，如铸铁、铸钢、20 钢等材料。

(7) 修理尺寸法 修理尺寸法简便、经济，因而在修理上得到了普遍的应用。修理尺寸法是指一对组合件磨损时，对组合件中的主要件，不考虑原来的名义尺寸，经光磨后恢复原来的形状公差和表面粗糙度，而光磨后的尺寸称为修理尺寸。然后根据修理尺寸，重新配制另一配合件与之配合，并保证原来的配合关系不变。确定修理尺寸的原则，首先要考虑结构上的可能性和修理后零件的机械强度。在此前提下，应有尽量多的修理次数。一台全新的机器用到报废，中间要经过多次修理。如果每次修理都临时配制零件，既费时又费料，不能满足现代生产发展的需要。

三、离心式压缩机

在现代大型石油化工装置中，除了个别需要超高压、小流量的场合外，离心式压缩机已经基本上取代了活塞式压缩机。如在化肥厂使用的离心式氮氢气压缩机、二氧化碳压缩机，石油化工厂生产中使用的离心式石油气压缩机、乙烯压缩机，炼油厂使用的离心式空气压缩机、烃类气体压缩机，以及制冷用的氨气压缩机等。

（一）离心式压缩机的工作原理

为了更好地理解离心式压缩机的工作原理，首先介绍几个常用术语，即“级”“段”“缸”和“列”的概念。

压缩机的级就是由一个叶轮及其相配合的固定元件所构成的基本单元。级是组成离心式压缩机的基础。根据级在压缩机（或压缩机段）中所处的位置不同，级又分成首级、中间级和末级。在离心式压缩机的段中，除了段的第一级（首级）和最后一级（末级）外，其余的各级均为中间级。首级由吸气室、叶轮、扩压器、弯道和回流器所组成；中间级如图 3-30 所示，由叶轮、扩压器、弯道和回流器所组成；末级如图 3-31 所示，由叶轮、扩压器和蜗壳所组成（也有的末级只有叶轮及蜗壳，而无扩压器）。

压缩机的段是以中间冷却器作为分段的标志，气流从吸入开始至被引出冷却的过程或从吸入至排出机外的过程，都称为段。每个汽缸内可以有一个或几个段，每个段可以有一个或

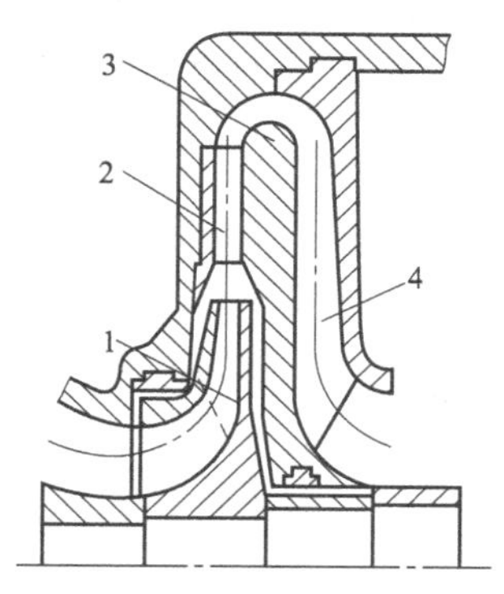

图 3-30 离心式压缩机的中间级
1—叶轮；2—扩压器；3—弯道；4—回流器

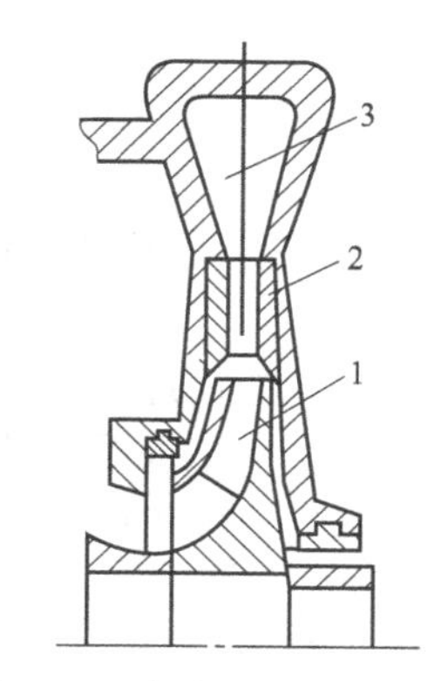

图 3-31 离心式压缩机的末级
1—叶轮；2—扩压器；3—蜗壳

几个级。

压缩机的缸是将一个机壳称为一个缸，多机壳的压缩机就称为多缸压缩机。一般压缩机的每个缸可有一至十级。多缸压缩机各缸的转速可以相同，也可不同。

压缩机的列就是压缩机缸的排列方式，由一个缸或几个缸排列在一条直线上称为压缩机的列，一列可由一个至几个缸组成。

工作时气体先由吸气室吸入，流经叶轮时，叶轮对气体做功，使气体的压力、温度、速度提高，比体积缩小。经过叶轮出来而获得能量的气体，进入扩压器，使速度降低，压力进一步得到提高。最后经过弯道、回流器导入下一级而继续压缩。由于气体在压缩过程中温度升高，而气体在高温下压缩，功耗将会增大。为了减少压缩功耗，故在压缩过程中采用中间冷却，即由第三级出口的气体，不直接进入第四级，而是通过蜗室和出气管引到外面的中间冷却器进行冷却，冷却后的低温气体，再经吸气室进入第四级压缩，最后，由末级出来的高压气体经出气主管输出。

由此可知，离心式压缩机的工作过程同离心泵一样。气体由吸气室吸入，随叶轮一起高速旋转，在离心力的作用下，其动能和静压能升高，经叶片间流道沿半径方向甩出，进入流通面积逐渐增大的扩压器，气体的动能降低转化为静压能，使气体的压力进一步得到提高。然后，经弯道和回流器进入下一级继续压缩。在完成最后一级的压缩后，气体由蜗壳收集从排气管道排出。

（二）离心式压缩机的主要性能参数

离心式压缩机的主要性能参数有排气压力、排气量、压力比、转速、功率和效率等。它们是衡量压缩机工作性能、正确选择及合理使用压缩机的重要依据。

(1) 排气压力　指气体在压缩机出口处的绝对压力，也称终压，单位常用 Pa 或 MPa 表示。

(2) 排气量　指压缩机单位时间内能压送的气体量。一般规定排气量是按照压缩机入口处的气体状态计算的体积流量，但也有按照压力为 101.33Pa，温度为 273K 时的标准状态下计算的排气量，单位常用 m^3/min 或 m^3/h。

(3) 压力比 ε　为出口绝对压力 p_d 与进口绝对压力 p_s 的比值。它表示了压缩机升高气体压力的能力。

(4) 转速　压缩机转子单位时间的转数，单位常用 r/min。

(5) 功率　压缩机的功率指轴功率，即驱动机传给压缩机轴的功率，单位用 kW 表示。

(6) 效率　效率是衡量压缩机性能好坏的重要指标。压缩机消耗了驱动机供给的机械能，使气体的能量增加，在能量转换过程中，并不是输入的全部机械能都可转换成气体增加的能量，而是有部分能量损失。损失的能量越少，气体获得的能量就越多，效率也就越高。

（三）离心式压缩机的检修内容

1. 小修

（1）检查和清洗油过滤器。

（2）消除油、水、气系统的管线、阀门、法兰的泄漏缺陷。

（3）消除运行中发生的故障缺陷。

2. 中修

（1）包括小修项目。

（2）检查、测量、修理或更换径向轴承和止推轴承，清扫轴承箱。

（3）检查、测量各轴颈的完好情况，必要时对轴颈表面进行修理。

（4）重新整定轴颈测振仪表，移动转子，测量轴向窜动间隙，检查止推轴承定位的正确性。

（5）检查止推盘表面粗糙度及测量端面跳动。

（6）检查联轴器齿面磨损、润滑油供给以及轴向窜动和螺栓、螺母的连接情况，进行无损探伤，复查机组中心改变情况，必要时予以调整。

（7）检查、调整各测振探头、轴位移探头及所有报警信号、联锁、安全阀及其他仪表装置。

（8）检查、拧紧各部位紧固件、地脚螺栓、法兰螺栓及管接头等。

3. 大修

（1）包括全部中修项目。

（2）拆卸气缸、清洗检查转子密封、叶轮、隔板、缸体等零件腐蚀、磨损、冲刷、结垢等情况。

（3）检查、测定转子各部位的径向跳动和端面跳动、轴颈表面粗糙度和形位误差情况。

（4）宏观检查叶轮，转子进行无损探伤，根据运行和检验情况决定转子是做动平衡还是更换备件转子。

（5）检查、更换各级迷宫密封、浮环密封或机械密封或干气密封，重新调整间隙、转子总窜量、叶轮和扩压器对中数据等。

（6）检查清洗缸体封头螺栓及中分面螺栓，并做无损探伤。

（7）汽缸、隔板进行无损探伤，检查汽缸支座螺栓及导向销。

（8）检查压缩机进口过滤网和出口逆止阀。

（9）检查各弹簧支架，有重点地检查管道、管件、阀门等的冲刷情况，进行修理或更换。

（10）机组对中。

4. 拆装程序

（1）低压缸

① 排尽缸内二氧化碳气体，拆去可能妨碍低压缸大盖起吊的附件、油气管线、护罩，其中包括进出轴承箱油管、联轴器进出油管。

② 仪表拆去低压缸前后振动、轴位移探头。

③ 拆卸联轴器护罩。

④ 复查对中，表盘在增速箱。

⑤ 拆除前后轴承箱罩壳。架表测量止推轴承间隙，将百分表架到轴头上，用撬棍将转

子前后拨动，读百分表的差值。

⑥ 检测转子定心位置。

⑦ 测量前后轴承间隙与瓦壳过盈量，拆除上半部轴承。

⑧ 在缸体支座螺栓垫下面插 0.40mm 厚的铜片把紧。

⑨ 拆卸低压缸大盖螺栓，用专用的套管拆卸螺母。

⑩ 起吊。

（2）高压缸

① 排尽缸内介质，拆去可能妨碍高压缸抽芯的附件、油气管线、护罩，其中包括三、四段机封气进出管，三、四段轴封气进出管，平衡管，进出油管，联轴器进出油管。

② 仪表拆去高压缸前后振动、轴位移探头。

③ 拆卸联轴器护罩，测量中间连接浮筒窜量。

④ 测量高压缸轮毂与轴端凹入尺寸段轴头距离。

⑤ 复查对中，表盘在增速箱。

⑥ 拆除前后轴承箱罩壳。架表测量高压止推轴承瓦量，用撬棍在两边撬住联轴器，将转子前后拨动，百分表的差值即是止推轴承间隙。转子推向止推工作侧，测量轴端到轴承箱端距离。此数据是安装机封时的重要数据。

⑦ 检测转子定心位置。

⑧ 测量前后轴承间隙与瓦壳过盈量。

⑨ 拆卸前后径向轴承，方法是拆除下半部径向轴承时，抹上油，用木棍撬起轴，用铜棒轻轻敲击，使之沿轴圆周转动，转子至上方时拿下，并做好标记。

⑩ 用液压专用工具拆卸三段止推盘，拆除四段半联轴器。其原理是将油从轴端孔打入，进入联轴器与轴配合凹道的小孔，胀大止推盘或半联轴器，随着油压越来越高，形成间隙，由于轴颈有锥度，止推盘或联轴器自动滑下。拆卸时专用工具只用一个进油孔。拆卸三段止推盘时胀开压力为 140MPa，拆除四段半联轴器胀开压力为 195MPa。

⑪ 在缸体支座螺栓垫下面插适当厚度的铜片把紧。

⑫ 拆卸三、四段机封，拆机封前先用专用工具将轴锁死在工作位置。

⑬ 拆卸端盖与筒体的 24 个 M56 的连接螺栓，用锤打或用加长杆扳，留一个螺母，在三段进气端端盖上装上导向杆，同时装上 2 个顶丝，用天车吊起端盖，待导链绷紧时拆下螺母，用顶丝将端盖顶出一段距离，然后慢慢点动天车，分段拆走，注意螺栓与孔是否错位，待完全退出后将端盖放在一边栏杆上用铁丝固定，用白布塞住油、气孔，回装时注意吹扫。

⑭ 测量内缸端到外缸体端面距离，以判断内缸回装是否到位。

⑮ 利用专用机具及液压油泵均匀水平地抽出内缸组件一部分。用天车兜住内缸体，走大车，拉出内缸（内缸大约有 3t）。注意保护轴头，卸去内缸 O 形圈与背环后，置于专用支架上，将外缸内侧下部开口封好。测量轴封间隙。

⑯ 拆去内缸中分面螺栓和销钉，吊开上半部分内缸组件（用 4 个吊环），翻缸放置，将转子吊出置于专用鞍架上。测量气封间隙，注意是两边之和，同时用塞尺测量一下内缸中分面间隙，要求 0.01mm 以内。

5. 检修验收

（1）机组检修、试车后必须由工厂有关部门组织生产单位和检修单位进行三级技术验收工作并将结果记录存档。

① 检修项目负责人对检修质量负责，检修结果应进行逐项检查，发现不符合技术要求时立即组织返修；自检符合质量要求并具备完整的检修记录后，交检修单位技术负责人进行检查。

② 检修单位技术负责人对各施工班组的检修结果进行详细核查，对关键部位亲自抽检或复检，发现检修质量问题时立即查明原因组织返修，重要的质量问题应及时上报技术管理部门，确认质量符合技术要求后在检修记录上签字。

③ 由生产技术管理部门组织检修单位、生产使用单位以及有设备厂长或主管副总工程师参加的检修质量审查会议，对检修单位技术负责人提交的检修记录和初步整理的检修资料进行逐一审核，做出是否同意质量验收的结论。

(2) 机组检修、试车验收必须具备以下齐全、准确的技术记录。

① 机组检修技术记录和技术方案。

② 机组检修期间设备缺陷的检查，处理结果及遗留的问题等技术报告。

③ 机组调节、保安和联锁系统调试记录。

④ 单体和联动试车期间机组各部分压力、温度、流量、转速、振动、轴位移、调节阀开度、真空等运行参数的连续记录；机组各系统泄漏点的泄漏情况记录。

(3) 机组投入运行后1个月内应归纳整理如下资料。

① 机组检修、试车工作的技术总结。

② 机组热效率或蒸汽消耗量分析资料。

③ 压缩机各段压力比、流量和历年相同负荷时机组的对应关系资料。

(4) 机组检修、试车验收中应对检修、试车工作做出全面的实事求是的技术评价，能及时处理的问题，应做出限期加以整改或处理的决定，不能立即处理的设备问题，必须提出相应的维护使用措施或事故防范措施。

(5) 机组经验收认可后，办理交接手续正式投入使用。

第五节　风　机

风机是用于输送气体的机器。从能量观点上看，它是把原动机的机械能转变为气体的势能的一种机器。

风机在各行各业均有广泛的用途，在化工生产中，主要用于空气、半水煤气、烟道气、氧化氮、氧化硫、氧化碳以及其他生产过程中气体的排送和加压，且常常根据风机在生产工艺中的位置和作用或输送不同的介质而命名。如合成氨系统用于抽出一段炉烟道气的风机，称为一段炉引风机或烟道气引风机；用于硝酸尾气排送的称为氧化氮排风机；输送空气或半水煤气的风机，称为空气或煤气鼓风机；输送并加压二氧化碳气体的风机，称为二氧化碳鼓风机；在循环冷却水系统中，用于排出凉水塔空气的风机，称为凉水塔轴流风机或凉水塔风扇。

一、风机的分类

1. 按排气压力p_d（表压）分类

可分为通风机和鼓风机两大类，具体分类如下：

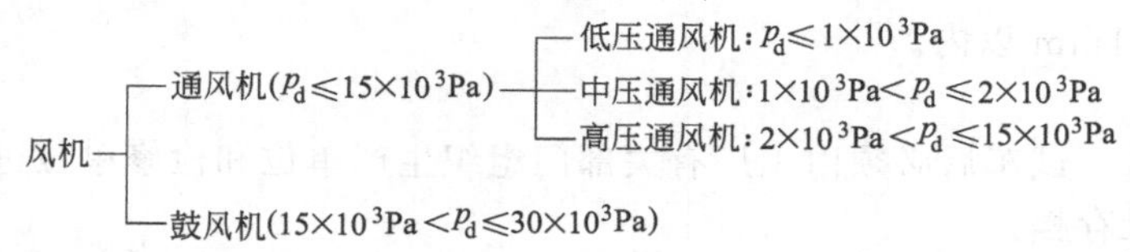

2. 按气体流动方向分类

按气体流动方向分类，风机分为离心式风机、轴流式风机和混流式风机。

离心式风机气体轴向进入风机叶轮后主要沿径向流动，也称径流式风机。

轴流式风机气体轴向进入风机叶轮后近似地在圆柱形表面上沿着轴线方向流动。

混流式风机在风机的叶轮中气流的方向处于轴流式和离心式之间，近似沿锥面流动，或称斜流式风机。

3. 按作用原理分类

按作用原理分类，风机分为容积式（往复式、滑片式和回转式）和透平式（离心式、轴流式和混流式），其结构示意简图和作用原理如表 3-22 所示。容积式因其排气压力较高，主要应用于鼓风机；而通风机较多采用透平式。

表 3-22 按原理分类的风机

类别		结构示意简图	作用原理
容积式	往复式		用曲轴连杆机构使活塞在气缸内做往复运动，以减小气体所占的容积，从而使压力上升
	回转式		以罗茨风机为例，靠两个转子做相反方向的旋转，把吸进的气体压送到排气管道
透平式	离心式		气体进入旋转的叶片通道，在离心力的作用下，气体被压缩并抛向叶轮外缘
	轴流式		气体轴向进入旋转叶片通道，由于叶片与气体相互作用，气体被压缩并轴向排出
	混流式		气体以与主轴成某一角度的方向进入旋转的叶片通道，而获得能量

二、离心式风机

离心式风机结构简单，制造方便，叶轮和蜗壳一般都用钢板制成，通常均采用焊接，有时也用铆接。离心式风机按其叶轮数目可分为单级离心式风机和多级离心式风机，其主要结构和工作原理与离心泵相似。离心式风机主要用于送气量较大而气体压力要求不太高的场合。

离心式风机主要由机壳、叶轮、主轴、轴承、轴承座（箱）、密封组件、润滑装置、联轴器（或带轮）、支架以及其他辅助零部件等组成。典型的离心式风机结构如图 3-32 所示。

（一）离心式风机的工作原理

图 3-33 为单级离心式风机的工作原理示意图。当电动机带动主轴及叶轮高速旋转时，

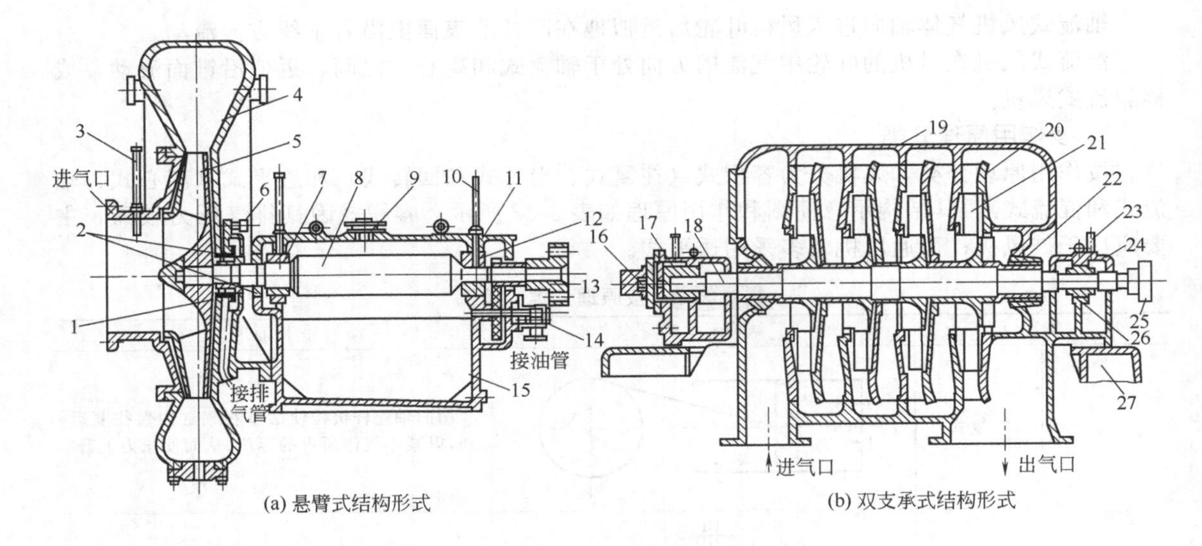

图 3-32 离心式风机

1—排气管；2,22—密封；3,10,23—温度计；4,19—机壳；5,21—叶轮；6—油杯；7,17—止推轴承；8,18—主轴；9—通气罩；11,24—轴承箱；12,26—径向轴承；13,25—联轴器；14,16—主油泵；15,27—底座；20—回流室

气体由进气口吸入机壳进入叶轮，并随叶轮一起高速旋转，在离心力的作用下，从叶轮中甩出，进入机壳内蜗室和扩压管，由于扩压管内通道截面积渐渐增大，因此，气体的一部分动能变为静压能，压力升高，最后由出气口排出。与此同时，叶轮入口处由于气体被甩出而产生局部负压，因此外界的气体在外界压力下从进气口被源源不断地吸入机内。叶轮连续旋转，气体不断地吸入和排出。

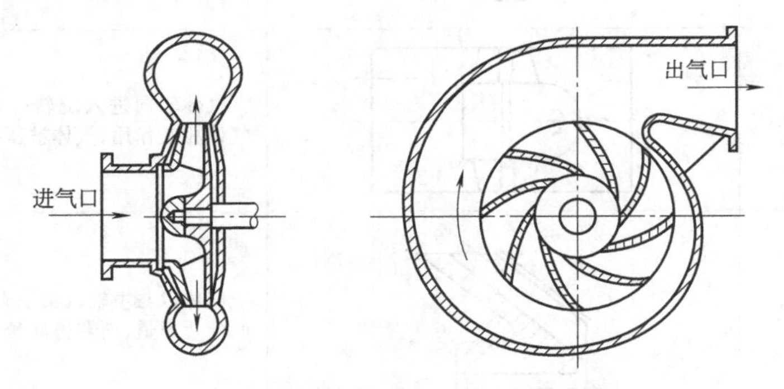

图 3-33 单级离心式风机工作原理示意图

多级离心式风机的工作原理与单级离心式风机的工作原理基本相同，所不同的是，气体经第一级叶轮甩出后，没有直接进入出气口排出，而是经过第一级的回流室被吸至第二级叶轮的中心，如此依次通过所有的叶轮，最后由出气口排出。

离心式风机的送气量大，但所产生的气体压力不高，其出口压力一般不超过 0.3MPa（表压）。可见其压缩比不高（一般 $\varepsilon=1.1\sim4$），在压缩过程中气体获得的能量不多，温度升高也不明显，所以一般不需冷却装置，且各级叶轮的直径也大体相同。

（二）离心式风机的检修

1. 机身

机座游动端的固定螺栓不得拧紧，应在螺母下边留 0.05～0.07mm 间隙。螺栓的位置应偏离中心，固定端的间隙为总间隙的 3/4，膨胀端的间隙为总间隙的 1/4。应特别注意，在拧紧螺母时不能用力过猛，以免造成垫圈变形而使间隙发生变化。机壳与底座之间有导向键。导向键与底座上键槽的配合为过盈配合，其过盈量为 0.01～0.03mm；导向键与机壳上键槽的配合为滑动配合，其间隙为 0.01～0.05mm。

铸造的机身应无裂纹及其他严重的铸造缺陷，对裂纹和其他铸造缺陷应予以消除。机身水平度的测定，应以轴承为基准，其水平偏差要求小于或等于 0.05mm/m。机壳组装扣合后，其中分面的局部间隙最大不能超过 0.05mm。否则，应进行修刮，并达到要求。如变形很大应先采取机加工后再研刮。

2. 转子

铆接叶轮的铆钉必须是紧固的，不得有松动、裂纹及脱落现象。否则，必须予以重铆或更换，但铆钉损坏过多时，则应更换叶轮。焊接叶轮的焊缝不得有裂纹和严重的焊接缺陷，否则应予以补焊修复。通常修补的工艺程序是：用手提砂轮打磨—丙酮清洗—预热—补焊—着色检查，合格后尚需做平衡试验。对裂纹深而长的缺陷，裂纹两端应先钻止裂孔，以防补焊时的热应力造成裂纹的延伸。

叶轮轮盘的腐蚀、磨损量，不得超过原厚度的 1/3。叶片的腐蚀、磨损量，不得超过原厚度的 1/2。对叶轮的技术要求，叶片应均匀等距分布。

主轴应无裂纹、划伤及其他伤痕等缺陷，轴颈的表面粗糙度应在 0.8μm 以下。如出现以上缺陷，可采用精磨修理，但精磨后的直径应不小于下偏差的尺寸。若缺陷仍无法消除时，其深度大于 2mm、面积在 10mm^{2}以上时，原则上应更换新轴。对表面伤痕较多或磨损量大，而其他技术条件又都能满足规范要求的轴，也可采用表面喷镀或刷镀法予以修复。对裂纹的检查和处理应持慎重态度，必须使处理处无痕迹存在，损伤严重者应当报废。与滑动轴承配合的轴颈，其圆度应在 0.02mm 以下。叶轮和主轴组装前应进行静平衡试验，两者通常采用静配合或过渡配合。主轴上任何两个零件的接触面之间，均应留有符合规定的膨胀间隙，一般为 0.05～0.20mm。在进行叶轮动平衡试验时，应将叶轮装在主轴上一起进行，且在安装和检修时，不得随意将叶轮和主轴分开，若确实需要分开，应做好标记，以便回装时对位。

3. 密封

离心式风机的密封间隙，应符合表 3-23 要求。但输送含有煤焦油、灰尘等杂质的气体时，其机壳内密封应加大为 0.40～0.55mm，最大允许量为 1mm。

表 3-23 离心式风机的密封间隙

密封间隙	密封每侧间隙/mm	
	安装时	磨损后
滑动轴承箱内密封	0.15～0.25	≤0.35
机壳内的密封	0.20～0.40	≤0.50

密封与机壳配合为滑动配合。梳齿密封的每个齿顶必须为尖齿。涨圈轴封的涨圈应能沉入槽内，其侧间隙为 0.05～0.08mm，其内表面与槽底有 0.20～0.30mm 的不变间隙。涨圈与涨圈套应均匀接触，涨圈的自由开口间隙为 (0.10～0.20)D，工作状态间隙为 (1/200～1/150)D (D 为涨圈处于自由状态的外径，mm)。涨圈工作间隙超过规定值的 3 倍或侧间隙超过规定值的 2～3 倍时，应予以报废。

4. 轴承

对滚动轴承主要是检查运转后有无出现裂纹、脱皮、斑点等缺陷，如有损坏则应更换新轴承。如出现斑点，还应考虑油品、油量是否适宜。对滑动轴承需检查与轴颈的接触角度、单位面积上的接触点数及瓦背和轴承座的贴合度。滑动轴承瓦面与轴颈的接触角应为 60°～90°，用涂色法检查时，接触斑点每平方厘米不少于 2～3 点；轴瓦背面与轴承座应均匀贴

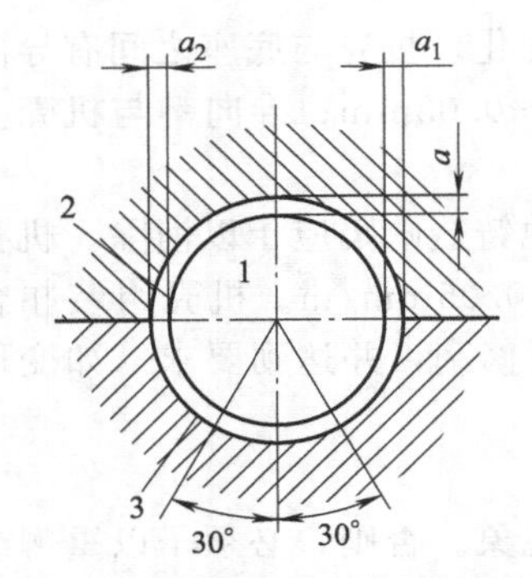

图 3-34　轴瓦顶、侧间隙示意
1—轴；2—上轴瓦；3—下轴瓦

合，其接触面上、下瓦背应分别不少于40%和50%为宜。轴瓦与轴承座的压紧过盈量应为0.03～0.05mm；轴瓦与轴颈的顶部间隙，应为轴颈尺寸的0.15%～0.20%，侧间隙a_1与a_2应为（0.5～1）a，如图3-34所示。如顶部间隙超过轴颈的0.25%时，轴瓦应报废或重新浇铸巴氏合金，经车削、研刮再用。

轴瓦与轴颈的侧间隙a_1或a_2，应等于或略大于顶部间隙a的一半，理想值是$a_1=a_2$。轴瓦的中分面应接触均匀良好。止推瓦与轴端止推面，其均匀接触面不得少于70%。两侧止推间隙的总和$b(b_1+b_2)$通常在0.30～0.40mm，最大不得超过0.60mm，如图3-35所示。

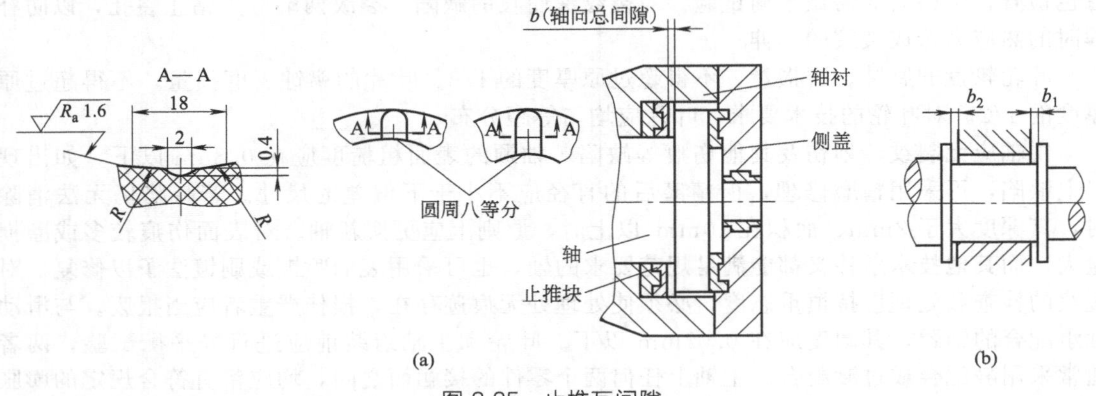

图 3-35　止推瓦间隙

轴瓦合金与轴瓦的脱壳面积如超过半个轴瓦面积的20%；或轴瓦合金表面发生磨损、擦伤、剥落和熔化等，超过其接触面的25%时，应重新浇铸巴氏合金。低于上述数值时，则可进行焊补，但出现裂纹或破损时，则必须重新浇铸。

5. 联轴器

最常用的是弹性柱销联轴器。它的弹性元件为梯形断面的橡胶或皮革衬环，不但具有可移性，而且还有缓冲、吸振的能力。它可补偿0.3～0.6mm的径向位移、2～6mm的轴向位移和小于1°的偏角。

6. 隔板

多级离心式风机的隔板检修，可参阅离心式压缩机隔板的检查内容与检修方法。主要是检查隔板及其中分面有无裂纹、孔洞，如有可采取补焊或镶补的方法进行修复。组装时隔板与机身的同轴度偏差，通常应在0.5mm以下。

7. 润滑系统

对齿轮油泵应检查和控制如下间隙。

（1）轴承套间隙为0.04～0.08mm，超过0.1mm时应予以更换。

（2）齿轮与壳体间隙为0.09～0.11mm。

（3）齿轮端面与壳体端盖间隙为0.1～0.2mm，超过0.5mm应予以更换。

清洗油过滤器如过滤网破损，应予以更换。

抽芯检查油冷却器。对结垢较严重的管束，可用低于10%的盐酸溶液，并加入乌洛托品缓蚀剂浸泡，待污垢溶解后，再用碱性溶液（如$NaHCO_3$）和清水洗净。管芯装入壳体后，用氮气或空气试压、查漏。

对胀管环隙或焊管的环焊缝漏气的修理，均可采取重新胀管法。如胀后无效，可补焊管口。如管壁出现裂纹或腐蚀穿孔，对少数管可封堵；否则，应予以更新。

8. 组装

离心式风机修理后，除按工序组装外，应注意以下各点。

（1）电机修理后应进行单体试运行，允许振幅值不大于0.06mm。

（2）转子在机体内的水平度在轴颈处测量，不超过0.05mm/m。

（3）多级离心式风机的各叶轮在扩压器中心，其允许偏差一般不大于1mm。

（4）各密封间隙应符合质量标准，机壳与叶轮间进气处的端面间隙、径向间隙，均应符合图纸要求。

（5）两半联轴器的找正，其端面间隙通常为4～5mm，允许轴向偏差为0.04mm、径向偏差为0.06mm。

（6）风机采用滑动轴承时，允许电机比风机的中心高0.07～0.10mm；电机的调整垫片最多不得超过四层；垫片与基础接触要贴实，地脚螺栓必须紧固。

（7）联轴器上的销钉和螺栓应称重，将重量相差较小的放在对称位置上，以免增加转子的不平衡度。

（三）试车

1. 试车条件

（1）全面完成检修项目，并有完整的检修记录。

（2）所有的仪表、联锁装置及电气设施，均已检修完毕并进行了调校，能保证动作灵敏可靠。

（3）电机进行过修理及单体试车，各部位温升、振动值等均符合规定，并确认旋转方向正确后，才能与风机连接。

（4）油路及水系统无泄漏现象，油量、油质、油压、油温符合要求。当油压高于0.10MPa表压或低于0.05MPa表压时，联锁装置可使油泵电机立即停转或启动。手摇油泵应处于备用状态。

（5）检查所有螺栓是否紧固，机壳部、进出口管道内不得遗留杂物；且环境整洁无杂物，所有安全设施均符合要求。

（6）手动盘车时，风机内部无摩擦等杂音。

2. 空负荷试车

空负荷试车的目的是检查检修后设备的机械质量及温升、振动等技术性能。通常采用先点动，以检查止推轴承窜动、机内声响及振动等，确认正常后再启动运行2h，如全部合格，空试结束。当风机停转后，还应检查机器有无损伤，所有紧固螺栓有无松动，以及润滑油有无泄漏。

应该注意的是，如输送介质为煤气时，开车前必须置换合格；一氧化碳含量应在0.5%以下，方可空负荷试车。另外，如输送介质为烟道气等热态气体，在空负荷试车时使用冷态气体，由于气体密度的增大，而使电机电流超过额定值，此现象属正常情况；为避免因过电流跳车，此时应适当提高电流整定值，或临时切除保护装置。

3. 负荷试车

在空负荷试车的基础上，与系统连通并注入输送的介质，以检查风量、风压、电流等各工艺参数，能否满足生产要求。

试车步骤与空负荷试车基本相同，但负荷试车应首先注意开启进出、口阀。对用透平作动力的风机试车，除了必须首先建立起正常的油路循环外，还应严格遵照升速曲线，逐步升速，在额定转速下，连续运转16～24h。

三、罗茨鼓风机

罗茨鼓风机是回转容积式鼓风机的一种，其特点为：输风量与回转数成正比，当鼓风机的出口阻力有变化时，输送的风量，并不会因此而受到显著的影响；工作转子不需要润滑，所输送的气体纯净、干燥；结构简单，运行稳定，效率高，便于维护和保养。因此，罗茨鼓风机在化工生产中得到了广泛应用。

罗茨鼓风机不但用于鼓风送气，还可用于抽真空，即用作罗茨真空泵，用于抽真空时，真空能力一级可以达到450mmHg（1mmHg=133.322Pa）（绝压），二级可达到650mmHg（绝压）。如果吸入适量的水，在转子间、转子与汽缸间形成水封，这样既可以减少内泄漏，又可以消除压缩热，从而提高容积效率和绝热效率。

罗茨鼓风机按结构形式可分为立式和卧式两种。卧式鼓风机的两根转子中心线在同一水平面内，鼓风机的进、出风口在机座的上部和下部侧面。立式鼓风机的两根转子中心线在同一垂直面内，鼓风机的进、出风口在机座的两侧面。通常情况下，流量大于40m^3/min时制成卧式，流量小于40m^3/min时制成立式。罗茨鼓风机按冷却方式可分为风冷式和水冷式。风冷式鼓风机运行中的热量采取自然空气冷却，为了增加散热面积，机壳表面采用翘片式的结构。水冷式鼓风机运行中的热量用冷却水强制冷却，在机壳表面制造水夹套，使冷却水在夹套中循环冷却。

（一）罗茨鼓风机的工作原理

罗茨鼓风机的工作原理如图3-36所示。当电动机带动主动轴转动时，安装在主动轴上的齿轮，便带动从动轴上的齿轮按相反方向同步旋转，与此同时，相啮合的两个转子也相随转动。当转子在图3-36（b）位置时，转子左侧与进气口相通，右侧与排气口相通，上转子与机壳间所形成的空间内，包含有与进气压力相同的气体；当转子转过一个小角度达到图3-36（c）位置时，上部空间与排气口相通，排气管内高压气体的突然倒入，使该空间内的气体受到压缩，压力升至排气压力，并随着转子的进一步旋转，容积不断减小，从排气口排出；同时，在转子的左侧，空间容积增大，压力降低，外界气体从吸气口被吸入，并随转子进入下部空间，达到图3-36（d）位置；图3-36（d）位置与图3-36（b）位置的情况基本相同，只是气体所处的空间及转子的位置发生了变换；转子旋转至图3-36（e）位置，下部空间的气体先被压缩，而后排出，转子右侧开始吸入气体，直至转子旋转到图3-36（f）位置为止；图3-36（f）位置与图3-36（b）位置完全相同。转子不停地旋转，气体就不断地被吸入、压缩和排出。转子每旋转一周的排气量，即为上、下空间的容积之和。

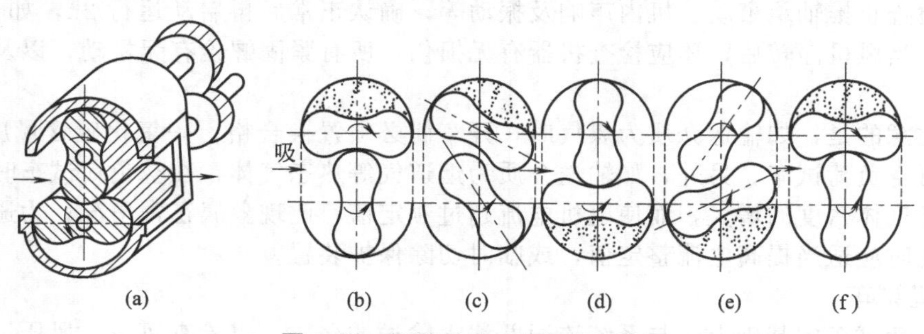

图3-36 罗茨鼓风机的工作原理

从工作原理看，罗茨鼓风机的旋转方向并无规定。如图3-36所示，上部转子做顺时针方向旋转，下部转子做逆时针方向旋转，气体则从左边吸入，右边排出；若改变两转子的旋转方向，则气体从右边吸入，左边排出。如果风口是上下安置的，最好使气体从上面进入，下面排出，这样可利用下面气体较高的压力抵消一部分转子和轴的重量，以减小轴承所受的压力。

（二）罗茨鼓风机的拆卸

罗茨鼓风机的结构形式不同，其拆卸方法有所不同，但是，在拆卸之前，应注意如下几点。

(1) 拆卸前，应测量被拆卸部件相互之间的装配间隙，对于关键零件的装配位置，应做好记录，如鼓风机的同步齿轮，以免回装时发生错误。

(2) 拆卸下来的结合面垫子以及调整垫片，应妥善保管，其装配位置做好记录，并测量其厚度，作为回装依据。

(3) 一些装配精度很高的组件，如鼓风机同步齿轮的轮毂和齿圈，如果齿圈未发现损伤，就不要轻易拆开螺栓打出销子，因为此装配精度直接影响鼓风机各部位的间隙。

(4) 不同的零件，要选择适当的工具来进行拆卸，避免不正确的拆卸方式，杜绝野蛮装卸，以免损坏零件，影响装配质量，甚至使设备不能正常运转。

（三）罗茨鼓风机的检修

1. 联轴器

(1) 检查联轴器是否有裂纹，如有应更换。

(2) 检查联轴器与轴的配合情况，包括内孔与轴的配合（H7/k6），键与键槽的配合。

(3) 检查键与键槽的配合，键与键槽的两侧应无间隙，键的上方应有 0.3～0.5mm 的间隙。

(4) 检查弹性橡胶圈的磨损情况，磨损严重应更换。

(5) 检查联轴器螺栓，有磨损、弯曲、裂纹等情况应更换。

2. 机壳、墙板、齿轮箱

(1) 将机壳、墙板、齿轮箱清洗干净。

(2) 用放大镜检查机壳、墙板、齿轮箱的内、外表面，特别是内表面，观察是否有摩擦、碰撞痕迹，如果有，可以用着色探伤作进一步检查，在回装时，应该找出原因进行纠正。

(3) 检查机壳、墙板、齿轮箱各结合平面有无弯曲、变形、砂眼等缺陷。

3. 转子组件

转子组件是由轴、轴套和叶轮组成，如果检查没有缺陷，就不需要将叶轮拆除。

(1) 将转子组件清洗干净 用着色探伤检查转子组件，是否有表面裂纹，轴颈用超声波探伤检查，是否有内部裂纹。

(2) 宏观检查轴和叶轮，有无毛刺、凹痕和锈蚀，对于轻微的毛刺、凹痕和锈蚀，用细锉刀打磨，然后用细砂布抛光。

(3) 检查转子的弯曲和轴颈的圆度、圆柱度，保证符合其技术要求。检查轴颈和轴承的配合尺寸，如果轴颈磨损较大，可以采用镀铬或者喷镀方法对轴颈进行修复。

(4) 检查叶轮表面和轴向平面，看有无摩擦痕迹，如果有摩擦痕迹，说明鼓风机的运行存在缺陷，一定要找出原因，并做出适当处理。

(5) 如果因为轴或者叶轮缺陷，需要更换，那么，把叶轮从轴上拆下，需要在特制的工具上压出。装配时，要保证轴和叶轮的装配间隙。重新装配后的转子，需要进行平衡校正。当 $B/D<0.2$（B 为转子厚度，D 为转子直径）时，只需做静平衡校正；当 $B/D>0.2$ 时，还需做动平衡校正。

4. 轴承

罗茨鼓风机使用的轴承，大部分采用滚动轴承，只有较大型的鼓风机才采用滑动轴承。

(1) 滚动轴承

① 检查轴承的内、外圈和滚珠有无生锈、裂纹、碰伤、变形等。

② 转动轴承，观察是否轻松，有无突然卡住现象。

③ 检查轴承原始间隙是否符合要求，有无磨损。

④ 检查轴承外圈与轴承座的配合间隙是否符合要求。

⑤ 更换轴承时，轴承的安装采用热装法。

⑥ 轴承在安装过程中，其定位轴承要保证转子的轴向窜量，在实际工作中，其轴向间隙通常是0.2～0.4mm。

(2) 滑动轴承

① 检查轴瓦的瓦衬是否有裂纹、脱落现象。

② 检查轴瓦与轴颈的接触情况，并保证接触点满足表3-24的规定。

表3-24 轴瓦与轴颈接触情况

轴转速/(r/min)	25mm×25mm接触点数	轴转速/(r/min)	25mm×25mm接触点数
100以下 100～500 500～1000	3～5 10～15 15～20	1000～2000 2000以上	20～25 25以上

③ 用压铅法检查轴瓦的顶隙和侧隙，侧隙是顶隙的一半，轴瓦的顶隙要求一般在机器的技术说明书中有规定。

当顶隙小于规定数值时，可在上下瓦之间加垫调整；当顶隙大于规定数值时，可在上下瓦之间减去部分垫子，不允许刮削上下瓦之间的结合面来调整间隙。

④ 检查轴瓦瓦背压紧力，同样采用压铅法，瓦背压紧力通常控制在0.04～0.10mm，这样可以避免轴瓦在轴承座里转动和径向移动。

5. 同步齿轮

同步齿轮是保证罗茨鼓风机两根转子径向间隙的重要部件，在通常情况下，是不允许拆除销钉，因为在拆装的过程中，很容易影响到转子的间隙。

(1) 检查齿圈是否有毛刺、裂纹。

(2) 检查齿轮表面的接触情况，接触是否均匀，接触面是否在齿牙中间。

(3) 齿轮的侧隙和顶隙要求　侧隙一般取(0.06～0.10)m(m为齿轮模数)，顶隙一般取0.25m，在齿轮拆装时都要测量，一般采用压铅法测量。

(4) 检查齿轮和轴颈的配合情况，键与键槽的配合情况，键与键槽的两侧应无间隙，键的上方应有0.3～0.5mm的间隙。

6. 密封装置

罗茨鼓风机的轴封装置有涨圈式、迷宫式、填料式、机械密封式、骨架油封式等几种，以下做简单介绍。

(1) 填料式密封结构简单，但密封效果不理想，可靠性差，摩擦损耗大，需经常更换。每次检修时，要检查填料位置轴的磨损情况。新装配的填料，不宜压得过紧，运行一段时间后，再逐渐紧固填料，这样可以避免填料发热。

(2) 涨圈式和迷宫式轴封属于非接触式密封，寿命长，不宜磨损，结构简单，但是，泄漏量大，轴向尺寸较长，不宜输送有毒、有害和易爆气体。迷宫式轴封在安装时应检查如下几点。

① 密封体上的气封片不得有松动现象。

② 气封片的顶端应锐利，不应歪斜和扭曲。

③ 气封片应与转子上的凹槽对准，轴向窜动量应小于气封片间的轴向间距。

④ 检查气封径向间隙，应满足技术要求。

(3) 骨架油封式结构简单，容易老化，需要定期更换。为了保证密封效果，拆卸检查时应观察橡胶是否还有弹性，轴颈与油封密封唇的接触处是否光滑，是否有过盈量。

(4) 机械密封式的特点是密封效果好，可靠性高，使用寿命长，功耗小，但是其结构复杂，成本高，需要一定的安装技术，在现场安装时应注意事项如下。

① 检查机械密封各组件是否齐全。

② 检查动静环的密封面有无缺陷，表面粗糙度是否达到要求。

③ 检查轴或轴套表面是否光滑，特别是轴套与动环密封处，不允许有沟痕、毛刺。

④ 检查所有橡胶密封圈，原则上，每次拆装都应更换。

⑤ 轴的轴向窜量不应超过 0.25mm。

⑥ 装配时，要保证机械密封的压缩量。

7. 润滑装置

润滑装置包括油泵、油管、油箱、油过滤器、油冷器、油压调节阀和油泵安全阀，在运行过程中，润滑系统工作好坏直接影响罗茨鼓风机正常运转。

齿轮油泵解体清洗检查，要求齿轮两端面与轴孔中心线垂直度不超过 0.02mm/100mm，两齿轮宽度应一致，单个齿轮宽度误差不得超过 0.05mm/100mm，齿轮两端面平行度不大于 0.02mm/100mm，齿轮端面与端盖的轴向间隙为 0.05～0.10mm，齿顶与壳体径向间隙为 0.10～0.15mm。

油箱和油管清洗、疏通时，检查油管接头是否完好。

油过滤器拆卸、检查时，清洗过滤网上的油泥、污垢，检查滤网有无破损。

油冷器拆卸、清洗时，检查其管程、壳程和封头，对油冷器进行水压试验，试验压力为工作压力的 1.5 倍，保持压力稳定 5～10min，同时检查油冷器有无泄漏。

油压调节阀清洗、检查时，检查零部件是否完好。

油泵安全阀拆卸、清洗时，检查零部件是否完好，阀芯、阀座的密封面不得有划痕、坑洼缺陷，其表面粗糙度是否满足技术要求，如果不符合要求，阀芯、阀座要重新进行研磨。安全阀重新装配后，要在试压平台上进行试压和调校。

（四）试车与运行

罗茨鼓风机在试车前，应做好各种准备工作和各项检查，具体检查要求如下。

(1) 检查地脚螺栓和各结合面螺栓是否紧固。

(2) 手动盘车，鼓风机在旋转一周的范围内，运转是否均匀，有无摩擦现象。

(3) 检查各润滑点是否润滑到位，油箱油位是否符合要求。

(4) 检查冷却水阀是否完好，冷却水是否畅通。

罗茨鼓风机在试车前检查符合要求后，可以进行试车。

(1) 单独运行油泵，检查油泵的声音、振动是否正常。调整油泵的出口油压，使其达到要求油压。

(2) 打开鼓风机的进、出口阀门。

(3) 启动电动机，检查电动机的运转方向是否正确，电流是否正常。

(4) 检查机组的声音、振动是否正常，鼓风机内部是否有异常响声。

(5) 检查润滑系统供油是否正常，油温、油压是否正常。

(6) 检查机组和出口管线上有无漏气点，以及密封装置的密封效果。

(7) 检查仪表指示和自动控制是否正常。

(8) 检查轴承温度是否过高，轴承的工作温度一般在 50～65℃，不应超过 70℃。

(9) 检查附属装置如消声器、安全阀等，有无缺陷。

当机组在试车过程中，发现机组存在以上缺陷时，应当紧急停车，针对具体缺陷做出相应的处理，直到解决问题后，才能重新试车，试车合格后，才能正式运行或者作为备用。

（五）日常维护

(1) 检查机组的连接螺栓。

(2) 检查机组润滑情况，油温、油压以及冷却水供应情况。

(3) 按照润滑制度规定要求，定期加油和换油。

(4) 经常检查鼓风机的运行状态、压力、流量是否平稳，机组的声音、振动是否正常。

(5) 检查仪表指示和联锁情况。

(6) 检查电动机的电流、振动情况。

四、轴流式风机

轴流式风机广泛应用于通风换气、矿井、纺织、冶金、电站、隧道、冷却塔等各个领域中，一般高压轴流式风机的升压范围为 490～4900Pa，低压轴流式风机的升压范围在 490Pa 以下，轴流式风机的流量范围在 10～1000m^3/min 之间。

（一）轴流式风机的工作原理

轴流式风机是依靠高速旋转的叶轮推动气体，使其获得能量，从而达到输送气体的目的。在轴流式风机中，气体沿叶轮轴向流动。轴流式风机的结构虽然简单，但其工作原理涉及孤立翼叶的升力理论和叶栅理论等较复杂的空气动力学知识，请参见相关专业著作。

轴流式风机主要由叶轮、导翼或调节门、扩散器（筒）、机壳、集风器（吸风口与收敛器）等组成。叶轮是轴流式风机对气体做功的唯一部件，在叶轮上将机械功传给气体，使气体的静压能和动能得到提高。叶轮前方设有调节门，可对风机进行性能调节。扩散器（筒）的作用是把气体的动能转换为静压能，使风机流出的气体的静压力得到进一步提高。由于风机的风压较小，因而轴流式风机的扩压结构仅为一个直径稍大的圆筒。集风器（吸风口和收敛器）的作用是把气体均匀地导入叶轮。有的轴流式风机在其叶轮后设置导流器，其作用除了进一步提高静压力外，主要是把气流按轴向导出风机。图 3-37 为轴流风机结构图。

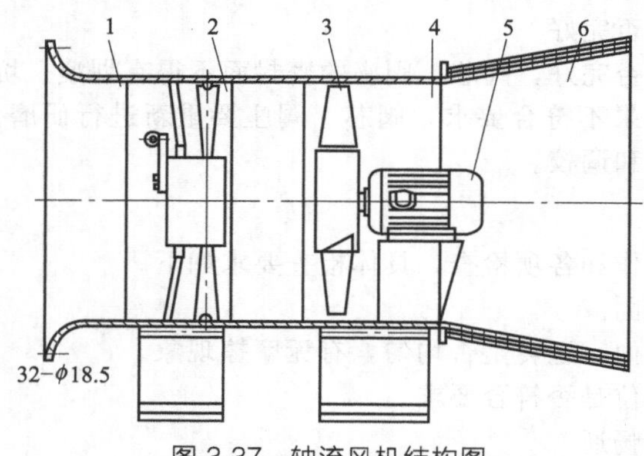

图 3-37 轴流风机结构图

1—集风器；2—调节门；3—叶轮；4—机壳；5—电动机；6—扩散器

相对离心式风机而言，轴流式风机具有流量大、体积小、压头低的特点。

轴流式风机的性能常以主轴转速、叶片数量和角度、叶轮级数、压力 p、主轴功率 N、风量 Q 等参数来表示。

（二）轴流式风机的拆卸

(1) 拆除电机、齿轮箱的联轴器，注意联轴器与传动轴连接的相对位置，做好记号，将空心传动轴放置妥当。

(2) 拆除叶片抱箍螺栓，将叶片全部拆除，并将每块叶片的安装位置做好记号，回装时照原位装回。

(3) 拆除齿轮箱和电机地脚螺栓，将其吊离现场并运至检修工作室。

（三）轴流式风机的检修

1. 联轴器

通风机的联轴器常用标准橡皮弹性圈柱销联轴器，其弹性圈容易磨损，在检查时发现磨损，应予更换，最好将所有弹性圈同时全部更换，以免影响联轴器组件已有的平衡精度。

检查联轴器连接螺栓有无磨损，必要时更换。键和键槽配合合适，符合要求 js9/N9，键的顶隙要求为 0.20～0.50mm。

在联轴器部分部件更换后，就要重新平衡驱动轴，联轴器与中间连接筒的平衡需要在动平衡机上完成。而有些联轴器组件的平衡调整可以在回装现场进行。

2. 叶片

检查叶片的损伤，一般可以采用肉眼观察，也可用 10 倍以上的放大镜检查有无裂纹和伤痕。一般要求叶片表面裂纹深度不得大于 0.5mm。也可以采用着色探伤、磁粉探伤、荧光粉探伤来检查叶片缺陷。对于运转时间较长的风机叶片，表面会出现冲刷现象，对于凹坑缺损部位可采用环氧树脂进行修补。

3. 轮毂

轮毂作为连接轮及传递扭矩部件，承受负荷较重，拆卸后，进行打砂防腐处理。由于在不同的凉水塔，工作环境不一样，腐蚀情况不一样，可以通过着色探伤检查表面缺陷。轮毂往往采用铸钢材料，内部一般是空心结构，对于腐蚀较严重的，应该作测厚检查，以确定腐蚀情况。在更换时，要使用已做过静平衡校正的轮毂。

4. 齿轮箱

凉水塔风机齿轮箱采用螺旋锥齿轮传动，如图 3-38 所示，具体检修过程如下。

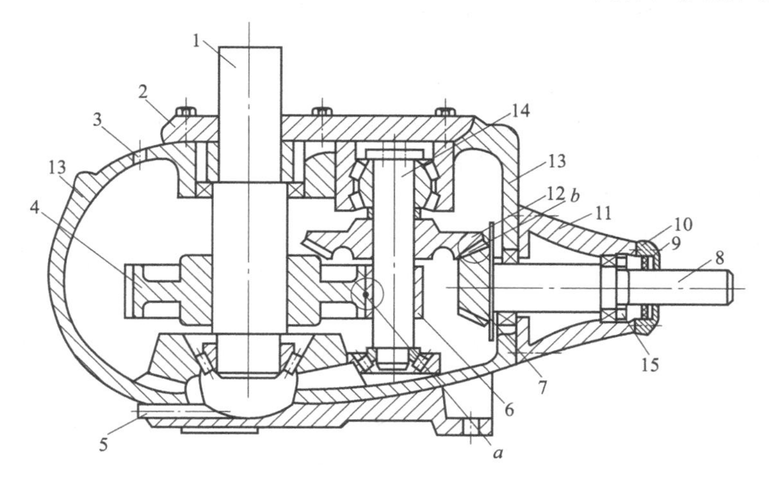

图 3-38 齿轮箱

1—输出轴；2—上盖；3—排气孔；4—齿轮Ⅳ；5—排油孔；6—齿轮Ⅲ；7—齿轮Ⅰ；8—输入轴；9—油封；10—油封盖；11—输入齿轮箱；12—齿轮Ⅱ；13—齿轮箱；14—中间轴；15—轴承背帽

（1）齿轮箱放油。

（2）齿轮箱解体前，先检查两组啮合齿轮侧隙（图 3-38 中 a 点、b 点），看是否符合要求。

（3）检查齿轮的接触压痕，观察接触面是否均匀、完整，要求齿轮的接触面积不少于 50%。

（4）拆除输入齿轮箱的端面螺栓，然后将输入齿轮箱整体拆开，注意保存端面的调整垫片。

（5）拆除油封盖，拆除轴承锁紧背帽，将输入轴拆除。

（6）检查轴封，如果已使用一年，须更换油封。

（7）拆除齿轮箱上盖螺栓，将上盖吊开，注意保存上盖与轴承之间的调整垫片。

（8）吊出输出轴和中间传递轴。

（9）清洗轴、轴承和齿轮。

（10）两对齿轮进行着色探伤，检查齿轮是否有裂纹，齿轮啮合处的工作面的剥蚀现象不能大于20%。

（11）检查轴承。

（12）若更换轴承，要检查轴颈的圆度、表面粗糙度以及与轴承内圈的配合要求。

（13）检查轴承外圈与轴承座的尺寸，满足间隙配合要求。

（14）三根轴进行超声波探伤，检查有无内部缺陷。

（15）检查三根轴的径向跳动，应不大于0.03mm/m。

（16）清洗、检查齿轮箱体。

（17）齿轮箱全部零件清洗、检修后，进入回装。

（18）将输出轴和中间轴吊装到位。

（19）吊装齿轮箱大盖，将输出轴和中间轴固定到位。

（20）组装输入齿轮箱，用锁紧背帽将输入轴装配到位。

（21）装配油封与压盖。

（22）装配输入齿轮箱，通过调整端面垫片，可以调整输入锥形齿轮的侧隙和顶隙。

（23）检查装配好的齿轮箱内 a 点和 b 点的侧隙和顶隙，保证其技术要求。

5. 回装

风机齿轮箱、轮毂、叶片、抱箍、联轴器组件、固电机在检修完毕后，进入回装阶段。

（1）将齿轮箱吊装到位，将输出轴上方清理干净，用水平仪检查齿轮箱水平，通过调整齿轮箱地脚螺栓垫片，将齿轮箱水平调整到0.10/1000，然后拧紧齿轮箱地脚螺栓，复查水平值，保证齿轮箱水平达到技术要求。

（2）吊装风机电机到位，暂不固定。

（3）连接联轴器为中间传递轴，测量中间空心轴两端联轴器的端面间隙差，保证其间隙差在规定范围内。

（4）将电机地脚螺栓、联轴器螺栓全部固定到位，复查找正数据，若数据超过技术要求，重新调整。

（5）找正完毕后，检查空心传动轴不加工外径的径向圆跳动，应在规定范围内。

（6）对于某些联轴器已更换部件，且又设计有平衡调整的联轴器，在这个时候应该进行驱动轴的重新平衡。

（7）装配轮毂，检查轮毂径向与端面圆跳动量。

（8）安装风机叶片，按照拆卸前的安装位置原始回装，调整叶片抱箍螺栓，将叶片角度调到技术要求范围内。

6. 启动前的检查

（1）检查齿轮箱油位是否正常。

（2）手动盘车，风机在运转一周的范围内，不能有卡涩或摩擦现象。

（3）对于有冷却水装置的风机，检查冷却水是否畅通。

（4）检查联轴器螺栓、叶片螺栓。

（5）清除风道内所有阻碍物。

（6）关闭所有人孔门。

（7）检查电气和仪表装置，有无损坏或失灵。

7. 试车

风机在检修和检查完，具备开车条件后，对风机进行试车。在试车过程中，应严格监视风机运行，及时发现问题，及时处理。

（1）注意电机转向是否正确。

（2）检查电机运行电流，不得超过电机电流的额定值。

（3）检查冷却水的供水状况，润滑油冷却是否良好。

（4）检查轴承的温度变化情况，滚动轴承的正常工作温度不应超过 70℃，最高温度不能超过 95℃。

（5）检查传动齿轮和风机，电机运转声音是否正常，是否有异常响声。

（6）检查风机，电动运转是否平稳，振动是否正常。

在运转期间，只要发生上述任一情况，都应紧急停车，针对不同的情况，采取相应的措施，消除设备故障后，才能再开车，试车正常后，才能连续运行或者作为备用。

第六节 离 心 机

离心机是利用转鼓旋转产生的离心力，来实现悬浮液、乳浊液及其他物料的分离或浓缩的机器。它具有结构紧凑、体积小、分离效率高、生产能力大以及附属设备少等优点，广泛应用在资源开发、石油化工生产过程以及三废治理等方面。

一、离心分离过程

离心分离过程一般分为离心过滤、离心沉降和离心分离三种。

1. 离心过滤

离心过滤常用来分离固体含量较多且颗粒较大的悬浮液。如图 3-39 所示，过滤式离心机转鼓由拦液板、鼓壁和鼓底组成。鼓壁上均匀分布许多小孔，供排出滤液用，转鼓内壁上铺有过滤介质，过滤介质一般由金属丝底网和滤布组成。转鼓旋转时，转鼓内的悬浮液在离心力作用下，其中的固体颗粒沿径向移动被截留在过滤介质表面，形成滤渣层，而液体则透过滤渣层、过滤介质和鼓壁上的小孔被甩出，从而实现固体颗粒与液体的分离。在离心力场中悬浮液所受的离心力为重力的千百倍，从而强化了过滤过程，加快了过滤速度。随着分离过程的进行，滤渣层在离心力作用下被逐步压实，滤渣孔隙里的液体也在离心力的作用下被不断甩出，从而可得到较干燥的滤渣。

2. 离心沉降

离心沉降常用于分离固体含量较少且粒度较细的悬浮液。如图 3-40 所示，沉降式离心机的转鼓鼓壁上无孔，不设过滤介质。当转鼓旋转时，悬浮液在离心力的作用下，固体颗粒因密度大于液体密度而向鼓壁沉降，形成沉渣，而留在内层的澄清液体则经转鼓上的溢流口排出。

3. 离心分离

离心分离常用于分离两种密度不同的液体所形成的乳浊液或含有极微量固体颗粒的悬浮液。如图 3-41 所示，在离心力的作用下，液体按密度不同分为里外两层，密度大的在外层，密度小的在里层，通过一定的装置将它们分别引出，固相则沉于鼓壁上，间歇排出。用于这种分离过程的离心机称为分离机，其转鼓也是无孔的。

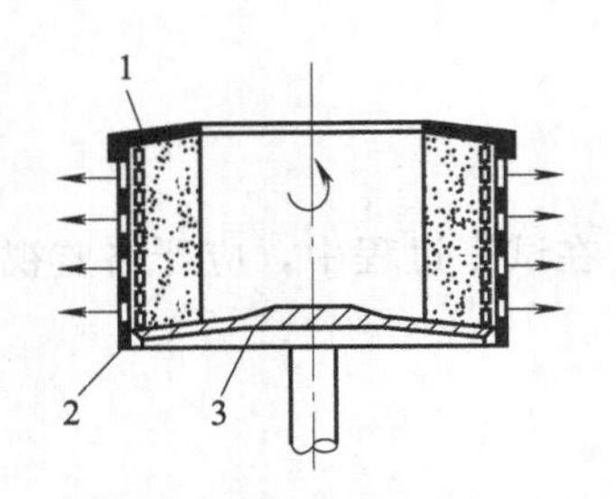

图 3-39　过滤式离心机转鼓
1—拦液板；2—鼓壁；3—鼓底

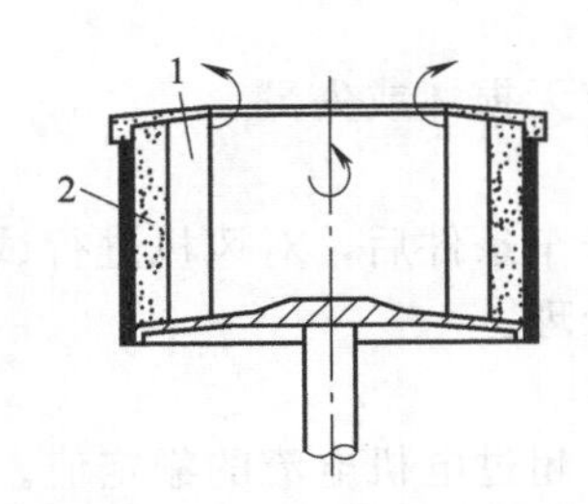

图 3-40　沉降式离心机转鼓
1—液体；2—固体

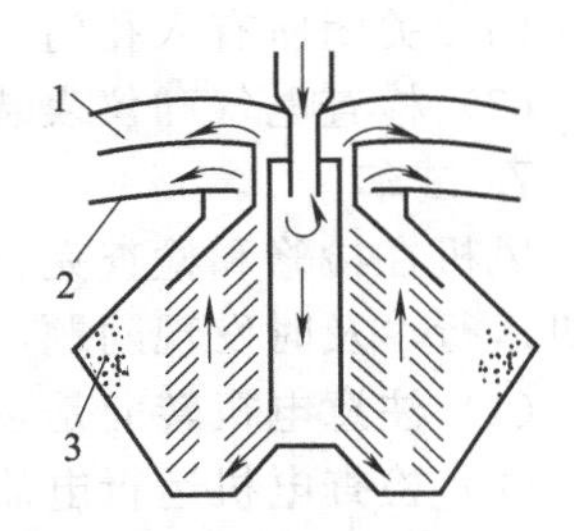

图 3-41　分离式离心机转鼓
1—轻液出口；2—重液出口；3—沉渣

二、离心机的分类

离心机广泛用于工业生产中，为满足不同生产过程的需要，离心机的品种规格较多，离心机的分类方法也很多，主要有以下几种。

1. 按分离过程分

(1) 过滤式离心机　如三足式离心机、上悬式离心机、卧式刮刀卸料式离心机等。

(2) 沉降式离心机　如三足式沉降离心机、刮刀卸料沉降离心机和螺旋卸料离心机等。

(3) 分离式离心机　包括管式分离机、多室式分离机和碟片式分离机等。

2. 按分离因素分

(1) 常速离心机　分离因素 $F_r<3500$，并以 $F_r=400\sim1200$ 最为常见，其中有过滤式也有沉降式。此类离心机适用于含固体颗粒较大或颗粒中等及含纤维状固体悬浮液的分离，这种离心机转速较低而转鼓直径较大，装载容量较大。

(2) 高速离心机　分离因素 $F_r>3500\sim50000$。此类离心机通常是沉降式和分离式，适用于胶泥状或细小颗粒稀薄悬浮液和乳浊液的分离。其转鼓直径一般较小，转速较高。

(3) 超高速离心机　分离因素 $F_r>50000$，为分离式。此类离心机适用于较难分离的、分散度较高的乳浊液和胶体溶液的分离。其转鼓多为细长的管式，转速很高。

3. 按操作方式分

(1) 间歇运转离心机　操作过程中的加料、分离、卸渣等过程均是间歇进行，有的过程(加料和卸渣) 往往还需要在慢速或停车下进行，如三足式、上悬式离心机等。

(2) 连续运转离心机　此类离心机是在全速运转下加料、分离、卸渣等操作过程连续进行，如卧式刮刀卸料离心机、活塞推料离心机及螺旋卸料离心机等。

4. 按卸料方式分

离心机按卸料方式不同可分为人工卸料（包括人工上部卸料和人工下部卸料）离心机、机械卸料（刮刀卸料、活塞推料、螺旋卸料等）离心机及惯性卸料（离心力卸料、振动卸料、进动卸料等）离心机等。

此外，还可以按离心机转鼓轴线在空间位置分为立式、卧式等。

三、三足式离心机

三足式离心机多为过滤式的，是一种立式的离心机。工业上常用的有人工上部卸料离心机和下部自动卸料离心机，广泛应用在化工、制药、食品等工业部门。

人工上部卸料三足式离心机，结构如图 3-42 所示，它主要由转鼓、主轴、轴承、轴承座、底盘、外壳、三根支柱、带轮及电机等部分组成。转鼓体 5、主轴 9、轴承座 10、外壳 12、电动机 13、V 带带轮 14 等都装在底盘上，再用三根摆杆 4 悬吊在三个支柱 2 的球面座上。摆杆上装有缓冲弹簧 3，摆杆两端分别用球面和底盘 1 及支柱 2 相连接，使整个底盘可以摆动，有利于减轻由于鼓内物料分布不均所引起的振动，使机器运转平稳。主轴 9 短而粗，鼓底向内凹入，使转鼓质心靠近上轴承，目的是减少整机高度，有利于操作和使转轴系统的固有频率远离于离心机的工作频率，减少振动。

离心机由电机通过 V 带带轮带动主轴及转鼓旋转。停车时，转动机壳侧面的制动器把手 11 使制动带刹住制动轮 15，离心机便停止工作。

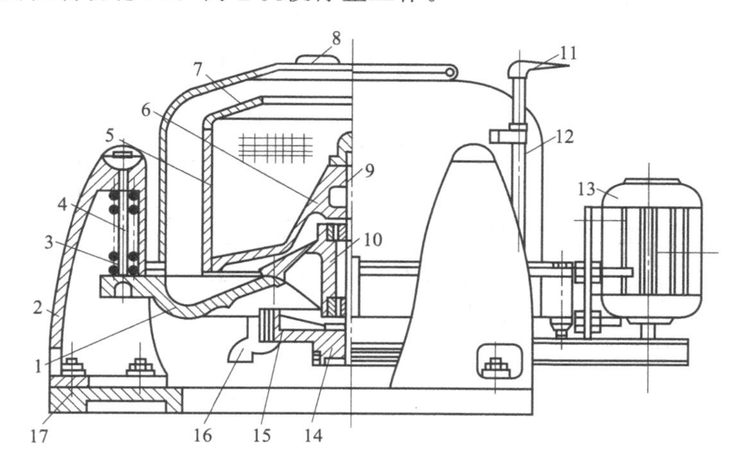

图 3-42　人工上部卸料三足式离心机

1—底盘；2—支柱；3—缓冲弹簧；4—摆杆；5—转鼓体；6—转鼓底；7—拦液板；8—机盖；9—主轴；10—轴承座；11—制动器把手；12—外壳；13—电动机；14—V 带带轮；15—制动轮；16—滤液出口；17—机座

这种离心机是间歇操作，每个操作周期一般由启动、加料、过滤、洗涤、甩干、停车、卸料几个过程所组成。为使机器运转平稳，加料时应均匀布料，悬浮液应在离心机启动后逐渐加入转鼓。处理膏状物料或成件物品时，在离心机启动前将物料均匀放入转鼓内。物料在离心力场中，所含的液体经由滤布、转鼓壁上的孔被甩到外壳内，在底盘上汇集后由滤液出口排出；固体则被截留在转鼓内，当达到湿含量要求时停车，并靠人工由转鼓上部卸出。

自动下部卸料三足式离心机，结构如图 3-43 所示。总体结构与人工上部卸料三足式离心机基本相同，只是转鼓底开有卸料孔。卸料机构主要由刮刀升降油缸、旋转油缸及刮刀等机构所组成。卸料时转鼓在低速下（30r/min）运转，控制系统的压力油进入控制升降和旋转的执行油缸，驱动活塞运动，并通过机械传动驱动刮刀进行卸料。它克服了上部卸料离心机的缺点，但结构复杂，造价高。

此外还有吊出卸料式、气流机械卸料式、立式活塞上部卸料式三足离心机。

（一）三足式离心机的日常维护

（1）开车之前，应检查机器油箱的油位及各个润滑点、润滑系统的注脂、注油情况，对于润滑油、脂短缺的，要按照设备润滑管理制度添加润滑油、脂，一定要做到润滑“五定”（定人、定点、定质、定量、定时），并按要求进行三级过滤，一级过滤的滤网为 60 目，二级为 80 目，三级为 100 目。离心机运行时，应按照巡回检查制度的规定，定时检查油位、油压、油温及油泵注油量。

（2）严格按操作规程启动、运转与停车，并做好运转记录。

（3）随时检查主、辅机零件是否齐全，仪表是否灵敏可靠。

（4）随时检查各轴承温度、油压，是否符合要求，轴承温度不得超过 70℃，若发现不正常，应查明原因，及时处理或上报。

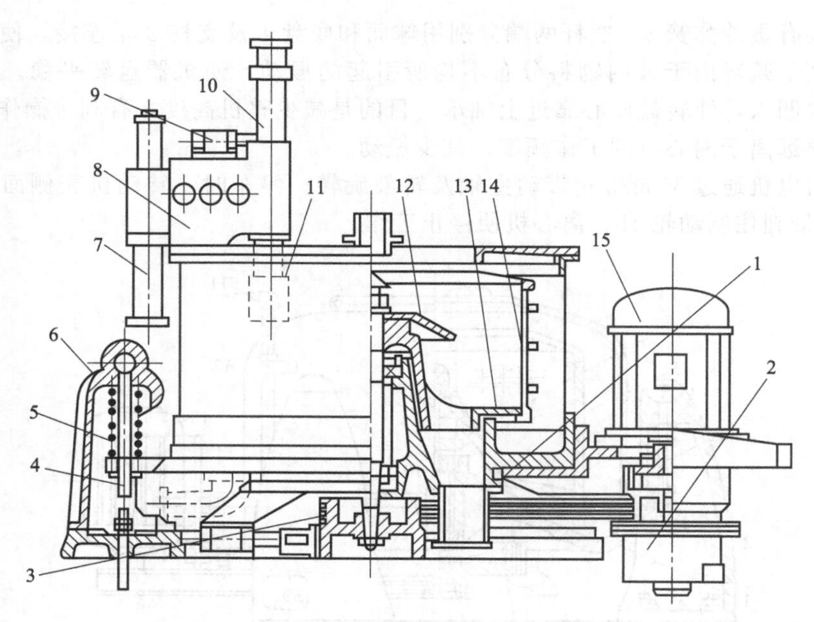

图 3-43 自动下部卸料三足式离心机

1—底盘；2—卸料用辅助电动机；3—带轮；4—摆杆；5—缓冲弹簧；6—立柱；7—升降油缸；8—齿轮箱；9—旋转油缸；10—刮刀轴；11—刮刀；12—布料盘；13—转鼓底；14—转鼓；15—主电动机

(5) 离心机在加料、过滤、洗涤、卸料过程中，如产生偏心载荷（如有异物、滤饼分布不匀等），回转体即会产生异常振动和杂音，因此在机器运行时，要特别注意检查其运行是否平衡，有无异常的振动和杂音。

(6) 及时根据滤液和滤饼的组分分析数据，判断分离情况，确定滤网、滤布是否破损，以便及时更换。

(7) 检查制动装置，刹车摩擦副上不得沾油，制动装置的各零部件不得有变形、松脱等现象，保证制动动作良好。

(8) 运行中应注意控制悬浮液的固液比，保证机器在规定的工艺指标内运行。

(9) 检查布料盘、转鼓的腐蚀情况。

(10) 检查各紧固件和地脚螺栓是否松动。

(11) 随时检查油泵和注油器的工作情况，保持油泵正常供油，油压保持在 0.10～0.30MPa。

(12) 经常保持机体及周围环境整洁，及时消除“跑、冒、滴、漏”。

(13) 遇有下列情况之一时，应紧急停车。

① 离心机突然发生异常响声。

② 离心机突然振动超标，并继续加大振动，或突然发生猛烈跳动。

③ 驱动电机电流超过额定值不降，电机温升超过规定值。

④ 润滑油突然中断。

⑤ 转鼓物料严重偏载。

(14) 设备长期停用应加油封闭，妥善保管。

(二) 三足式过滤离心机检修

1. 三足式离心机检查内容

三足式离心机拆卸前应检查以下内容，并做好记录，为检修提供资料。

（1）转鼓在拆卸前先低速转动，观察是否运转自如，有无碰擦卡阻现象。

（2）清洗转鼓，启动至高速，检查有无不平衡引起的振动。

（3）听声音检查主轴轴承是否有磨损或已损坏。

（4）停机后检查主轴是否有上窜或下垂现象。

（5）左右移动刮刀，检查键是否磨损而松动。

（6）低速运转，检查蜗轮减速箱有无异响，用手反向转动，检查转鼓是否停止。

根据以上检查内容，将离心机各部分按以下顺序依次卸下：刮料装置、机盖、转鼓、主电机、电机底板、主动皮带轮、传动装置、连接法兰管、吊杆、柱脚、机身，把机身翻转180°卸下轴承座。

2. 回转体

（1）转鼓

① 转鼓上的裂纹、点蚀等缺陷可以补焊，补焊总长度不应超过转鼓上焊缝长度的10%。焊缝应用放大镜进行外观质量检查，不应有气孔、夹渣、裂纹等缺陷。焊缝咬边深度应不大于0.5mm。

② 同一处的焊缝修补次数，不锈钢为一次，碳钢为两次。修补的焊缝较长时，转鼓要经热处理和校验静平衡。

③ 转鼓壁厚减薄1/3时，应予更换。更换的新转鼓必须装配在主轴上（连同其他零部件），将整个回转体校验动平衡。

④ 修理或更换转鼓应校验动平衡，平衡精度不低于G6.3级。平衡达不到要求时，可以在规定的衡重面上以加重或减重的方式进行调整。总衡重量不大于转鼓重量的1/500。

⑤ 转鼓圆度为0.001D，转鼓的径向圆跳动为0.002D（D为转鼓直径）。

（2）主轴

① 主轴应进行调质处理和探伤检查，不得有裂纹、腐蚀伤疤、沟槽等缺陷。主轴上的缺陷不准修补，各加工配合面粗糙度为$R_a=1.6\mu m$，轴径磨损超标时，可用喷涂、电镀等方法进行修复。

② 主轴中心线的直线度不大于0.05mm/m，主轴颈与主轴中心线的同轴度不大于0.03mm。直线度不符合要求时，可用机械压力法、热力机械法进行校直。

（3）回转体的组装要求

① 组装转鼓与主轴时，应保证主轴的锥形轴头与转鼓的内锥孔面配合良好，接触面在主轴的长度方向不少于75%，在圆周方向不少于85%，在靠大端轴向全长1/4长度内的圆周上应达90%，不允许只在锥体的小头端配合。

② 主轴颈与轴承的配合采用H7/k6，轴承必须紧靠轴肩，轴承与主轴采用加热法组装，油浴温度为100～120℃；轴承外套安装时不准用锤直接敲击。

③ 转鼓和主轴装配后，转鼓的径向跳动应不大于0.0001D，转鼓的圆度应不大于0.0002D（D为转鼓内径）。

3. 机座

（1）支柱腐蚀严重时应予以更换，新支柱应采取防腐措施。

（2）支柱内摆杆和摆杆孔磨损后的间隙增大至影响悬吊时应予以更换。

（3）缓冲弹簧腐蚀严重、张力下降时应予以更换。

（4）轴承座的轴承孔圆柱度不得大于0.02mm，各加工面的同轴度不得大于0.01mm。

（5）制动装置应平稳可靠，制动摩擦片铆接材料为铜或铝，铆钉不得露出摩擦片外，摩擦片和制动轮间隙应均匀。

（6）机座发生局部破裂、穿孔等损坏时，在不影响使用条件下，可以用粘接、镶复的方法进行修复。

4. 液压系统和卸料机构

(1) 液压系统　液压系统的磨损一般较小，检修中主要是对系统各部分进行严格的清洗，保证油路畅通。液压系统压力试验的试验压力为工作压力的1.5倍，稳压5min后降至工作压力，并保持30min无渗漏、不降压为合格。

(2) 液压缸

① 缸体应无裂纹、腐蚀、剥落等缺陷，必要时进行强度试验。

② 活塞和液压缸的配合表面粗糙度为$R_a=1.6\mu m$，活塞能在缸内自由移动而无卡涩现象。

③ 油缸拆洗后，O形橡胶密封圈及皮碗都应更换。

④ 活塞杆磨损应不大于0.20mm。

(3) 刮刀

① 刮刀应平直　刮刀旋转至极限位置时，刀口与筛网或滤布的间隙为3～5mm；刮刀上升或下降至极限位置时，与转鼓顶部或鼓底的间隙应为3～5mm。

② 刮刀机构应转动灵活、升降自如。刮刀的旋转装置在调整后应牢固可靠。刮刀杆中心线和主轴中心线的不平行度应不大于0.001mm。

③ 刮刀升、降、旋转到任意位置均不得与其他零部件相碰。

5. 启动装置和减速装置

(1) 启动离合器　启动离合器装配应牢固，三个摩擦片调整均匀，和外壁间隙为2～4mm，启动离合器摩擦片和底板铆接材料应用铜或铝，铆钉不得露出摩擦片外。

(2) 减速器

① 减速器检修可参考《减速器维护检修规程》相关内容。

② 蜗轮轴端圆锥面和皮带轮内锥孔应配合良好，贴合均匀，贴合面不低于60%，表面粗糙度为$R_a=1.6\mu m$。

③ 棘轮、棘爪、棘爪盘装配后，活动良好，无松动。

④ 棘轮、棘爪材质应选用45钢，调质处理HB 220～250，表面高频淬火HRC 50～55。

（三）试车与验收

1. 试车前的准备工作

(1) 清除机体周围障碍物，盘动转鼓，应无碰擦现象。

(2) 检查油位和添加润滑油。

(3) 检查制动装置有无碰擦。

(4) 刮刀调节至规定位置。

(5) 在空载试车前应先对液压系统和刮刀装置进行单独试车。

(6) 检查接地线应完好。

2. 空载试车

(1) 确认试车准备工作完好后，可点车一次，确认转动方向正确后再开车，试车时间为2h。

(2) 运转应无碰擦、噪声和异常振动。

(3) 各紧固件无松动变形。

(4) 油压系统工作正常，各阀动作可靠。

(5) 刮刀升降、旋转灵活，无碰擦。

(6) 各转动部件温升正常。

(7) 各密封处无泄漏。

(8) 减速装置工作正常。

3. 负荷试车

（1）空载试车合格后，进行4h负荷试车。

（2）运转平衡，无噪声，无异常振动。

（3）主轴承温度不超过65℃，电机电流不超过额定值。

（4）各控制系统工作准确、灵敏。

（5）刮刀卸料机构工作正常，无颤抖。

4. 验收

检修质量符合要求，检验记录齐全准确，经试车合格后，可办理验收手续，交付生产使用。

第七节 回转圆筒

一、回转圆筒在石油化工生产中的应用及工作过程

在石油化工、轻工、建材、冶金等工业部门中广泛使用着各种不同的回转圆筒对固体物料进行物理或化学过程处理，例如回转圆筒干燥器、混合筒、冷却筒、回转窑、成球筒等。这类设备的共同特点是具有略呈倾斜的圆筒，并在低速下回转，物料在筒中不断翻动，因而使物理、化学过程能均匀进行。回转圆筒的种类较多，相应在筒内进行的过程也是各种各样的。在回转圆筒干燥器中，物料中的水分蒸发后被气流带走；而在混合筒或成球筒中，物料仅仅是机械混合，或者被水滴润湿而聚集成球状；在回转窑中煅烧生成纯碱、磷肥、硫化铁等时，会发生化学反应。

回转圆筒运转可靠、操作弹性大、适应性强、处理能力大。但设备复杂、体积庞大、一次性投资大、占地面积大、填充系数小、热损失较大。

回转圆筒的种类较多，应用较广，限于篇幅，在此仅简要介绍化工行业中应用广泛的回转圆筒干燥器。

回转圆筒干燥器是古老而又有生命力的干燥器，由于性能可靠，目前仍广泛用在化工、建材、冶金、轻工等部门中。如在化工生产中硫酸铵、草酸、硝酸磷肥等的干燥，大多采用回转圆筒干燥器。

回转圆筒干燥器的结构如图3-44所示。转筒外壳上装有两个滚圈17，整个转筒的重量通过滚圈传递到支承托轮16，并在托轮上滚动。转筒由齿轮传动，齿轮则通过装于减速箱14输出轴上的小齿轮而传动。为防止转筒的轴向窜动，在一个滚圈的两旁装有挡轮（图中未示出），挡轮与托轮装在同一底座上。

需要干燥的湿物料由加料器2从干燥器转筒较高的一端加入，随着转筒的转动，物料将受重力作用运行到较低的一端。湿物料在经过转筒内部时，与通过筒内的载热体或加热壁面有效地接触而被干燥。干燥后的物料在出料端经皮带输送机或螺旋输送机送出。在转筒内壁上装有抄板，其作用是将物料翻起，使其均匀地分布在转筒截面的各部分以便与载热体很好地接触，增大了干燥有效面积，并促进物料前行。载热体可由转筒低端加入，与物料逆流接触，也可和物料一起并流进入筒内。并流操作适用于物料含湿量较高时允许快速干燥，不致发生裂纹或焦化，而干燥后不能耐高温，吸湿性很小的物料的干燥；逆流操作时干燥器内传热与传质的推动力比较均匀，适用于物料不允许快速干燥，而干燥后耐高温的物料的干燥。通常逆流操作比并流操作可获得更干燥的物料。

在回转圆筒干燥器中一般都设有鼓风机或引风机，以加快载热体的流速从而及时地将汽化的水汽带走。载热体经过干燥器后，一般需经旋风除尘器将气体中所带物料分离下来。若

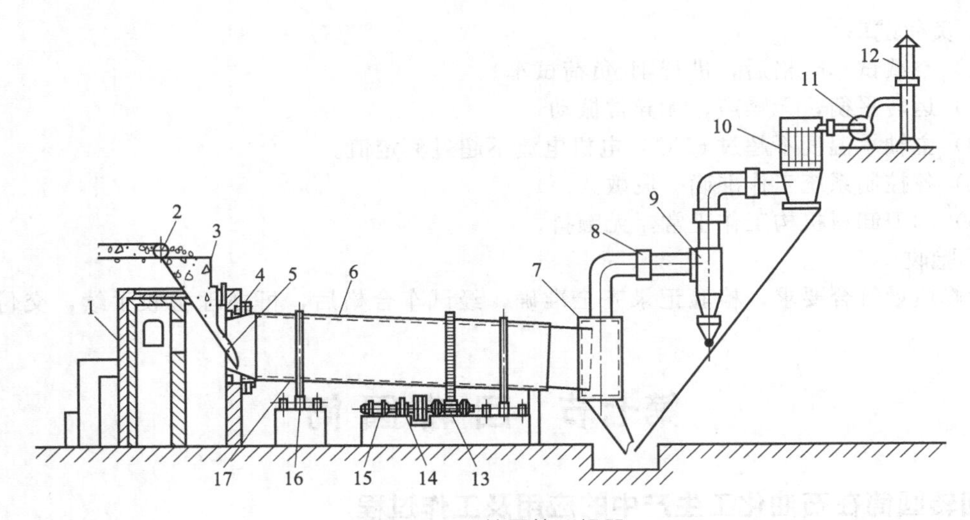

图 3-44 回转圆筒干燥器

1—燃烧炉（或载热体加热器）；2—加料器；3—料斗；4—密封装置；5—加料管；6—转筒；7—端头；8—膨胀节；9—旋风除尘器；10—袋式除尘器（或湿式除尘器）；11—引风机；12—尾气排空烟囱；13—传动齿轮；14—减速箱；15—电机；16—支承托轮；17—滚圈

要进一步减少尾气含尘量，还应经过袋式除尘器或湿法除尘器后再放空。

二、物料在转筒内的运动情况

物料在转筒内的运动情况影响到物料层温度的均匀性，物料的运动速度影响到物料在转筒内的停留时间和物料在转筒内的填充系数，因此必须了解转筒内物料的运动情况。

转筒内的物料仅占据转筒容积的一部分，物料颗粒在转筒内的运动过程是比较复杂的。假设物料颗粒在转筒壁上及料层内部没有滑动现象，当转筒回转时，物料颗粒靠摩擦力被转筒带起，带到一定高度，则在重力的作用下，沿着料层表面滑落下来。因为转筒轴向有一定倾斜度，所以物料颗粒不会落到原来的位置，而是向转筒的低端移动了一个距离，落下的物料颗粒又重新被转筒带起，如此不断重复，从而达到处理的目的。

三、回转圆筒的结构

回转圆筒主要由筒体、支承装置、传动装置、端头结构等几部分组成，如图 3-44 所示。

1. 筒体

筒体是回转圆筒的主体，也是最重要最基本的组成部分。筒体的大小标志着干燥器的规格和生产能力。筒体应具备足够的强度和轴向刚度、径向刚度。

旧式的回转圆筒的筒体多采用铆接结构，随着焊接技术的发展，现代回转圆筒几乎全部采用焊接筒体。

筒体材料一般为 Q235、普通低合金钢（其中以 16Mn 用得最多），也有用锅炉钢的。要求耐腐蚀时，可用不锈钢，也可衬铝或其他耐腐蚀材料。

2. 支承装置

支承装置是回转圆筒的重要组成部分之一，支承着回转筒体的全部重量，并使筒体在其上安全平稳地运转。因此，支承装置的正确性和可靠性是回转圆筒长期安全运转的重要保证。

支承装置一般由滚圈、托轮和挡轮等部分组成。根据筒体的长度可采用 2 点、3 点或 4 点支承。

滚圈的作用是把筒体的重量（包括内衬、内部装置和物料）传递给托轮，并支承筒体在托轮上滚动。滚圈的断面形式有实心矩形、空心箱形等，如图 3-45 所示。

托轮承受整个回转部分的重量，是在重负荷下工作的部件，并且要使筒体滚圈能在托轮上平稳运转。通常一个滚圈下有一对托轮，中心线夹角为 60°，如图 3-46 所示。托轮直径一般为滚圈直径的 1/4～1/3。托轮装置按所用轴承可分为滑动轴承托轮组和滚动轴承托轮组。

回转圆筒是倾斜安装的，由于自重及摩擦作用会产生轴向力，又因滚圈和托轮轴线不平行还会产生附加轴向力，因此，应允许转筒沿轴向往复窜动。为限制筒体的轴向窜动或控制轴向窜动，并且使筒体有自由伸长的可能，转筒应由一对挡轮夹在其中一个滚圈的两边。挡轮的结构如图 3-47 所示。

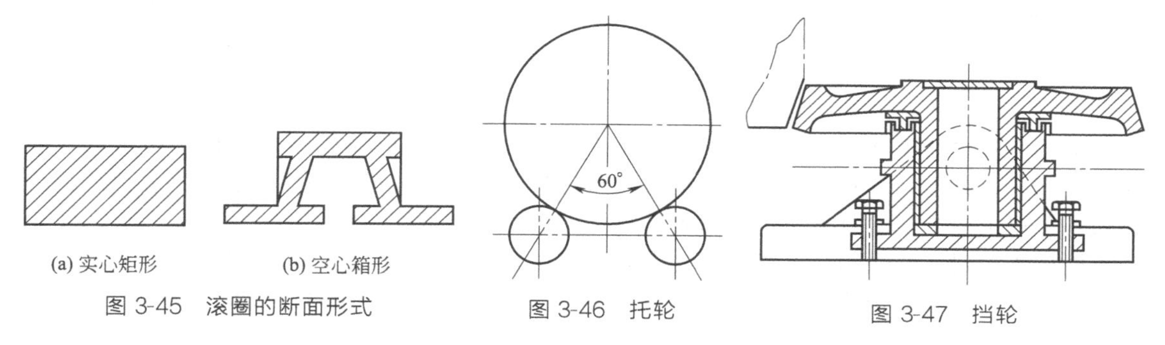

(a) 实心矩形　(b) 空心箱形

图 3-45　滚圈的断面形式　图 3-46　托轮　图 3-47　挡轮

3. 传动装置

传动装置是回转圆筒的重要组成部分。为了保证回转圆筒的长期安全运转，除了要求筒体直而圆和支承装置坚固可靠外，传动的平稳可靠也是一个重要条件。所需功率较小时，可直接驱动支承托轮轴，克服托轮与滚圈的摩擦，使转筒回转。所需功率较大时，可用链传动。大装置时则可用齿轮传动。

第八节　粉 碎 机 械

用机械方法或非机械方法（电能、热能、原子能、化学能等）克服物料内部的内聚力而将其分裂的过程称为粉碎。

粉碎机械是利用粉碎工作件（齿板、锤头、钢球等）对物料施力，使其粉碎变小、表面积增大的机器。固体物料进行粉碎的目的在于增大其单位质量的表面积，从而改善固体物料参与传质、传热过程的性能，加快化学反应速率，或用于提高产品质量。在化工生产中，广泛利用粉碎机械，以机械方式将固体原料、半成品或成品进行粉碎，如硫酸工业中硫铁矿须先进行粉碎再焙烧。因此粉碎机械在石油化工生产中具有重要的作用。

一、粉碎方法

石油化工生产中主要是用机械力来粉碎固体物料，常用的粉碎方法如图 3-48 所示。

（1）挤压破碎　物料在两个挤压平面之间，受到逐步增大的挤压力而被压碎，如图 3-48（a）所示，主要用于破碎大块硬质物料。

（2）冲击破碎　物料在瞬间受到外来的冲击力作用而被破碎，冲击力的产生是由于运动的工作体对静止物料的冲击，高速运动的工作体向悬空的物料冲击，高速运动的物料向固定的工作面冲击，高速运动的物料相互冲击，如图 3-48（b）所示，主要适用于破碎脆性物料。

（3）磨碎　物料在两块相对运动的硬质材料平面或各种形状的研磨体之间，受到摩擦力作用而被研磨成细粒，如图 3-48（c）所示，主要用于小块物料的细磨和粉碎韧性的固体物料。

（4）劈裂破碎　物料在两个带有尖棱状的楔形工作体之间受挤压，尖棱楔入物料，使物料被劈裂而破碎，如图 3-48（d）所示。利用劈裂法破碎脆性物料，功率消耗最小。

（5）折断破碎　物料在两个带有互相错开的凸棱的压板之间受挤压而发生弯曲折断，如图 3-48（e）所示，主要用于破碎脆性物料。

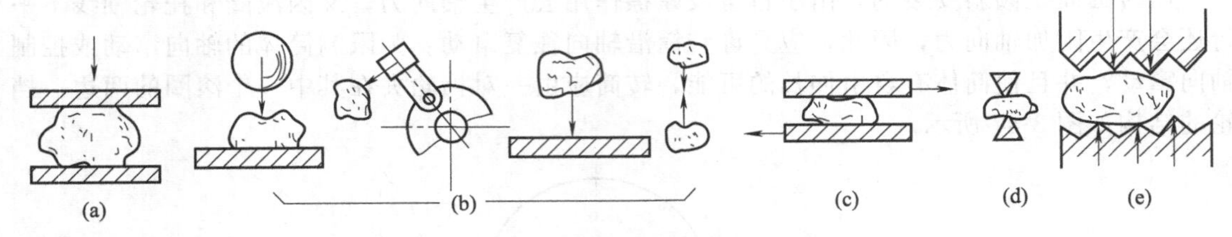

图 3-48　粉碎方法

粉碎方法应根据物料的性质、粒度和粉碎比（物料在粉碎前后平均直径之比）等来选择。实际上，任何一种粉碎机械都不是单纯利用某一种方法进行粉碎操作的，一般都是由两种或两种以上的方法联合作用进行粉碎物料。例如，对于坚硬物料，可采用挤压、劈裂破碎和折断破碎；对于脆性物料，可采用冲击和劈裂破碎；对于韧性、软质物料，可采用挤压、劈裂破碎和磨碎。如果粉碎方法选择不当，不但影响粉碎效果，还会增大能量消耗。

二、粉碎机械的分类

工业上使用的粉碎机种类很多，通常按施加的挤压、剪切、切断、冲击和研磨等破碎力进行分类；也可按粉碎机作用件的运动方式分为旋转式、振动式、搅拌式、滚动式等；按操作方式有干磨式、湿磨式、间歇式和连续操作式。实际应用时，常按粉碎要求将粉碎机械分为破碎机、磨碎机和超细粉碎机三大类。破碎机包括粗碎机、中碎机和细碎机，粉碎后的颗粒达到数毫米至数厘米或更小；磨碎机包括粗磨机和细磨机，粉碎后的颗粒度达到数十微米至数百微米或更小；超细粉碎机能将 1mm 以下的颗粒粉碎至数微米以下。

化学工业中常用粉碎机的主要特征如表 3-25 所示。

表 3-25　化工用粉碎机主要特征

类别	机器名称	工作原理	施力种类	适用物料
破碎机	颚式破碎机	两块颚状破碎板（动颚和固定颚），动颚的左右摆动，使通过破碎腔的物料破碎	挤压	矿石原料处理，骨料等
	旋回破碎机及圆锥破碎机	旋转偏心内圆锥与固定外圆锥形成环状破碎腔，圆锥破碎机的锥角较旋回式大	挤压并部分有冲击和弯曲作用	适用于坚硬物料，旋回式用于粗碎，圆锥式适于中碎和细碎
	剪切破碎机	多只剪刀状刀刃高速旋转与固定刀片产生剪切作用，使物料破碎	剪切	废物处理，纤维性植物原料、食品等
	锤式破碎机	高速旋转的锤头打击物料，使其破碎。排出部装有栅网作为粗分级	冲击、剪切	以矿物质为主要对象，如石灰石、煤、黏土等
	冲击式破碎机	物料在板锤和冲击板之间受到多次冲击和反弹而粉碎	冲击、剪切、研磨	碳酸钙，建材、煤炭工业及民用废料等
	辊式破碎机（包括双滚式、单滚式、多滚式）	物料受旋转的辊子挤压而粉碎	挤压、剪切、研磨	齿面和带沟槽的辊子用于粗碎和中碎软质和中硬物料；光面辊用于细碎或粗磨坚硬和特硬物料

续表

类别	机器名称	工作原理	施力种类	适用物料
破碎机	辊压机	物料受一对高压辊子作用而被压实并在颗粒内部产生大量裂纹进而被粉碎	挤压、剪切、研磨	水泥（原料、熟料）、矿石及矿渣等
磨碎机	球磨机、管磨机、棒磨机、自磨机	回转的圆筒内装有许多研磨体（如钢球、钢棒或特殊形状材料，自磨机的研磨体为物料本身），将其带到一定高度抛下起冲击作用，并产生滑动现象而磨碎	冲击、摩擦	各种矿物质
	盘磨机（雷蒙磨）	安装在梅花架上的辊子沿着固定不动的磨盘快速转动，使其间物料产生挤压和研磨作用	挤压、摩擦	煤、非金属矿、陶瓷、玻璃、石膏、石灰石、农药、钙镁磷肥、酸性白土等
	离心分级磨	高级旋转的转盘上装有若干粉碎叶片和分级叶片。同时达到粉碎及分级作用	冲击、摩擦、剪切	不很硬的矿物质，一般无机物及部分有机产品

三、颚式破碎机

颚式破碎机具有破碎能力大，结构简单，制造和维修容易，生产管理和设备投资低等优点，所以颚式破碎机至今仍被广泛应用。它可以对坚硬和中硬矿石或石料进行粗碎和中碎，小型颚式破碎机也可用来细碎。

颚式破碎机主要由固定颚板、活动颚板和传动机构组成。工作时，物料块由上部送入两颚板之间的破碎腔内。在传动机构拖动下，活动颚板相对固定颚板做周期性的摆动。当两颚板靠近时，料块在破碎腔中被挤压而破碎。活动颚板离开时，破碎腔下部已破碎，颗粒尺寸小于排料口的碎块靠重力自动下落而被排出。

根据活动颚板的运动特征，颚式破碎机可分为简单摆动式、复杂摆动式和综合摆动式三类。近年来，液压技术在颚式破碎机上得到应用，出现了液压颚式破碎机。另外还出现了结构得到改进的细碎颚式破碎机。

四、辊式破碎机

辊式破碎机具有结构简单、性能可靠且过粉碎少等优点，在化工生产中广泛地用于破碎黏性物料和湿物料块，有时也用于破碎中硬料块（如煤、泥灰岩等）。

辊式破碎机的破碎部件为圆柱形辊子。按辊子的数量可分为单辊式、双辊式和多辊式。其中双辊式制造简便，结构紧凑，运行平稳，使用较多。双辊破碎机通常适用于中碎和细碎，破碎后产品的尺寸，由两辊间隙的大小决定。

五、球磨机

物料经过破碎设备破碎后的粒度大多在数十毫米左右，为达到生产工艺所要求的细度，还必须经过粉磨设备的磨细。球磨机是粉磨中广泛使用的机器。

（一）工作原理

图 3-49 为球磨机结构示意图。它有一圆筒形筒体，筒体两端装有端盖，端盖的轴颈支承在轴承上，电机通过减速箱拖动装在筒体上的齿圈使球磨机回转。球磨机筒体内装有许多研磨体，研磨体一般为钢球、钢柱、钢棒、卵石、砾石和瓷球等。为了防止筒体被磨损，在筒体内壁装有衬板。

当球磨机运转时，研磨体在离心力和与筒体内壁的衬板面产生的摩擦力的作用下，贴附在筒体内壁的衬板面上，随着筒体一起回转，并被带到一定高度，在重力作用下自由下落，下落时研磨体像抛射体一样，冲击底部的物料把物料击碎。研磨体上升、下落的循环运动是周而复始的。此外，在球磨机回转的过程中，研磨体还产生滑动和滚动，因而研磨体、衬板与物料之间发生研磨作用，使物料磨细。由于进料端不断喂入新物料，使进料与出料端物料之间存在着料面差能迫使物料流动，另外球磨机内气体流动也帮助物料流动。因此，球磨机筒体虽然是水平放置，但物料却可以由进料端缓慢地流向出料端，完成粉磨作业。这种球磨机称为“溢流型”球磨机。

还有一种球磨机在排料端附近有格子板，如图 3-50 所示。格子板由若干块扇形板组成，扇形板上有宽度为 8～20mm 的筛孔，物料可以通过筛板而聚集在格子板与右方端盖之间的空间内。在这一空间有若干块辐射状的举板，把这一空间内的物料向上提举。物料在下落时经过锥形块而向右折转，经右方的中空轴颈排出。

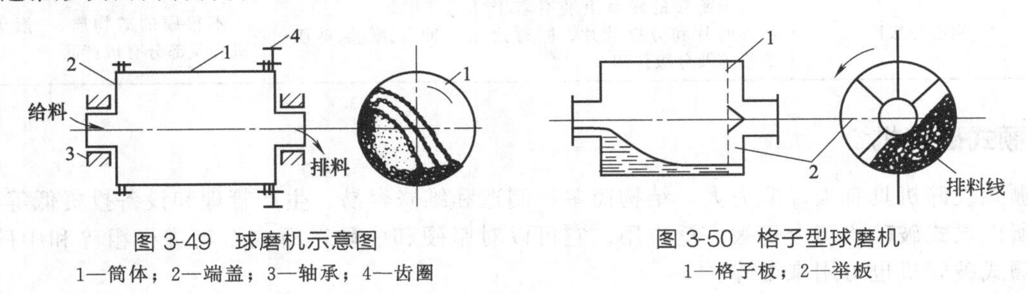

图 3-49 球磨机示意图

1—筒体；2—端盖；3—轴承；4—齿圈

图 3-50 格子型球磨机

1—格子板；2—举板

球磨机内研磨体装填量越少，筒体转速越大，则研磨体的滑动也就越小，故对物料的研磨作用也较小。球磨机内研磨体量大时，靠近球磨机筒体断面中心部分的研磨体，不足以形成抛射运动，而易产生相对的滑移，致使物料主要受到研磨作用。所以在细磨粒度较大的物料时，研磨体的尺寸要大些，装填量要少些，使冲击作用加强。反之，研磨体尺寸小些，装填量多些，则有利于小粒度物料的研磨。由此可见，研磨体装填量、尺寸大小的配合直接影响球磨机的操作质量。

（二）分类

球磨机种类很多，可按以下几种方法进行分类。

（1）按操作状态　可分为干法球磨机或湿法球磨机，间歇球磨机或连续球磨机。其中间歇球磨机多作为化验室的试验球磨机以及陶瓷磨机，化工生产一般采用大型连续球磨机。

（2）按筒体长径比　分为短球磨机（$L/D<2$）、中长球磨机（$L/D\approx 3$）和长球磨机（又称为管磨机，$L/D\geqslant 4$）。物料在管磨机中经历时间较长，粉碎比也较大，但研磨体在筒内分布与物料细磨过程不相适应的情况较严重，因而研磨体工作效率较低。为消除这一缺陷，可用隔仓板将筒体分为若干仓室，即所谓多仓管磨机。这就使物料细磨作业分段进行，各仓适当配备研磨体，可提高其细磨效率。

（3）按磨仓内装入的研磨介质种类　分为球磨机（研磨介质为钢球或钢段）、棒磨机（具有 2～4 个仓，第 1 仓研磨介质为圆柱形钢棒，其余各仓填装钢球或钢段）、砾石磨（研磨介质为砾石、卵石、瓷球等）。

（4）按卸料方式　可分为尾端卸料式球磨机、中心卸料式球磨机和周边卸料球磨机。尾端卸料球磨机是通过卸料端的空心轴颈卸料。周边卸料球磨机和中心卸料球磨机都是通过装在筒体上的卸料孔、筛网等专用卸料装置卸料。

（5）按传动方式　可分为边缘传动、中心传动和无齿轮传动三种。

球磨机特点：适应性强，生产能力大，能满足工业大生产需要；粉碎比大，粉碎物细度可根据需要进行调整；既可干法也可湿法作业，亦可将干燥和磨粉操作同时进行，对混合物的磨粉还有均化作用；结构简单，运行可靠，易于维修；但其工作效率低，单位产量能耗大；机体笨重，噪声较大；转速一般为15～30r/min左右，需配置大型昂贵减速装置。

第九节 输送机械

一、输送机械在化工生产中的应用及分类

化工生产中有多种散粒或块状的固体物料，通常先要将其送入粉碎、筛分、混合等设备进行预处理，然后输送到料仓和有关的加工设备中去，如蒸发器、搅拌器、反应器、干燥器等设备的定量加料或出料。定量加料、出料的实现往往需借助于输送机械来完成。另外，各生产工序、车间之间也有各种不同的物料、半成品、成品需要输送。

根据输送机械在构造和主要部件上的特征，可以将它们分为三大类。

(1) 起重机械　由一组带有专门为起升物品用的机构组成。它们可以兼作输送之用，最主要的是用来整批地提升物品。例如，抓斗式起重机。

(2) 地面输送机械和悬置输送设备　这类设备不一定有起升物品的机构，主要是用来整批地搬运物品。例如，各种无轨或有轨行车，架空索道以及某些专用设备。

(3) 连续输送机械　它可将物料按一定的输送线路，以恒定或变化的速度连续进行输送。应用连续输送机械可以形成恒定的物料或脉动性的物流。例如，带式输送机、斗式输送机及螺旋输送机等。

连续输送机与间歇动作的起重输送机比较，其优点是：在同一个方向输出时无需停车，可以采用较高的输送速度，有很高的生产率；供料均匀、运行速度稳定；在工作中功率变化不大，功耗小、成本低。但连续输送机也有不足之处，如：只能适合输送一定种类的物料；布置在整个输送线路上，在线路复杂和线路过长时会使设备庞大，投资增加；大多数的连续输送机不能直接从物料堆中取料，因而需要辅助装置；不适用于输送单件重量较大的物品或集装物品。

连续输送机的应用广泛，种类繁多，通常按其作用原理和结构特点分类如下：

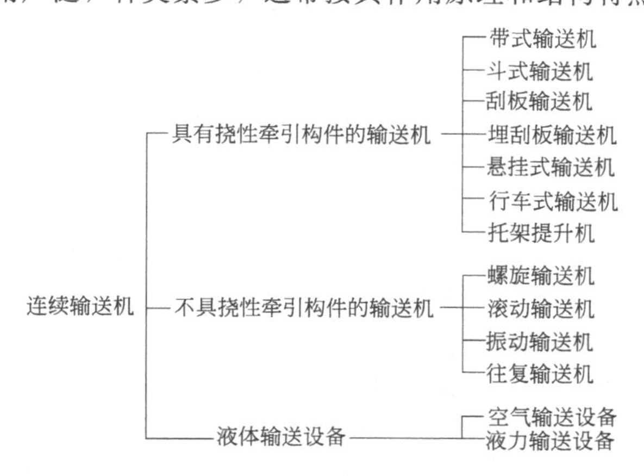

二、带式输送机

带式输送机运行可靠、输送能力和距离大、维护方便，适用于冶金、煤炭、机械、电力、轻工、化工、建材和粮食等行业输送散状和成件物品，是最常用的连续输送设备。

带式输送机典型结构如图 3-51 所示。其牵引构件和承载构件是一条无端的输送带 4，输送带绕在机架两端的传动滚筒 3 和改向滚筒 9、12 上，由拉紧装置 10 张紧，在沿输送带长度方向上用上托辊 5 和下托辊 14 支承，构成封闭循环线路。当驱动装置驱动传动滚筒回转时，由传动滚筒与输送带间的摩擦力带动输送带运行。

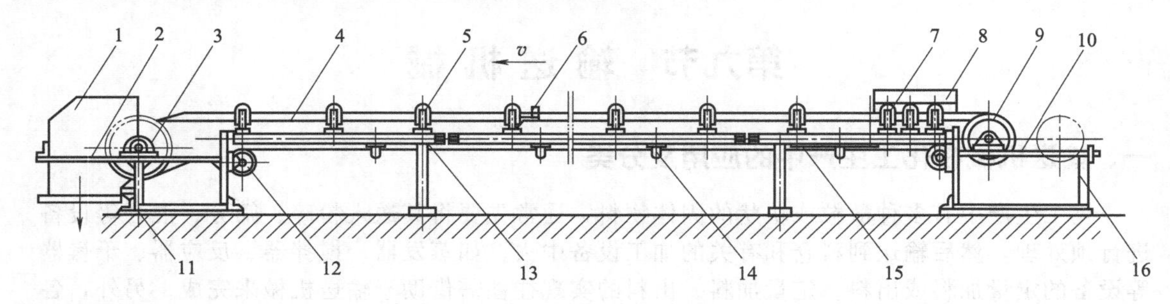

图 3-51 带式输送机

1—头罩；2—头架；3—传动滚筒；4—输送带；5—上托辊；6—槽形调心托辊；7—缓冲托辊；8—导料槽；9,12—改向滚筒；10—拉紧装置；11—清扫器；13—中间架；14—下托辊；15—空段清扫器；16—尾架

被输送物料一般由导料槽 8 加至带上，物料随着输送带的移动被送到卸料端，并通过卸料装置进行卸料。根据使用要求，常见的带式输送机布置形式有水平、倾斜、倾斜-水平（凸弧）、水平-倾斜（凹弧）及水平-倾斜-水平 5 种，如图 3-52 所示。

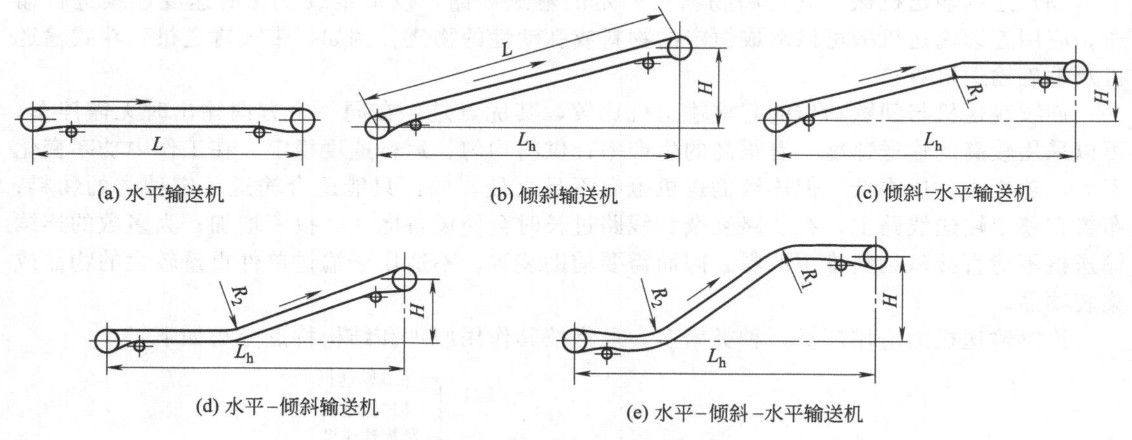

图 3-52 带式输送机布置形式

三、斗式提升机

在带或链等挠性牵引构件上，每隔一定间隔安装若干个料斗作连续向上输送物料的机器称为斗式提升机。斗式提升机是一种应用较广泛的垂直运输设备，它适用于化学材料、水泥、煤、砂、粮食等物料的运送。它是由封闭的牵引构件、固定于牵引构件上部的驱动滚筒（或链轮）和下部的张紧滚筒等主要构件组成。斗式提升机的运行部分和滚筒（或链轮）都安装在一个封闭的机壳内，机壳由上部区段、中间段和下部区段所组成。为了观察运行构件的工作，在机壳的适当位置上设有检视门。装有料斗的牵引构件由驱动装置驱动，并由张紧装置张紧。物料由机壳下部的进料口装入各料斗，当料斗被提升至上部滚筒（或链轮）时，便卸入提升机的卸料口。

斗式提升机的优点是结构简单、占地面积小、输送能力大、输送高度较高（一般为12～

32m，最高可达 80m）、密封性能较好、扬尘少、管理方便、操作维护简单等。其缺点是过载敏感性大，必须均匀地供给物料，牵引件容易磨损。

四、螺旋输送机

螺旋运输机是一种不具有牵引构件的连续输送机械，主要用于输送粉粒状和小块状物料，不适宜输送易变质、黏性大、易结块和纤维状的物料，因为这些物料会黏结或缠绕在螺旋叶片上，使物料积塞，造成螺旋输送机不能正常工作。

螺旋输送机可分为水平式螺旋输送机、垂直式螺旋输送机和弹簧螺旋输送机三种，其中水平式螺旋输送机应用最广。

用于水平及微斜方向输送散粒状物料的螺旋运输机的主要组成部分，如图 3-53 所示。其构造包括有下部的半圆柱形料槽 2 和在其内安置的装在悬挂轴承 3 上的螺旋 1。由驱动装置 10 带动螺旋 1 转动，物料通过加料斗 6 或中间加料斗 7 装入料槽 2 内，由中间卸料口 8 或卸料口 9 处卸料。在中间卸料口 8 处，装有能关闭的卸料闸门。

当驱动装置带动螺旋运转时，加入槽内的物料由于本身重力及其对料槽的摩擦力的作用，只沿料槽向前移动，而不与螺旋一起旋转。

料槽一般由薄钢板焊制而成，槽底为圆形，槽顶为平面，上装可卸盖，以免运转时粉尘泄漏，且使操作安全。料槽包括头节、尾节和中间节，用螺栓连接在一起。最短时可以只用头节和尾节，较长时可用头节加数段中间节再加上尾节组成，每节料槽长度为 1～3m。

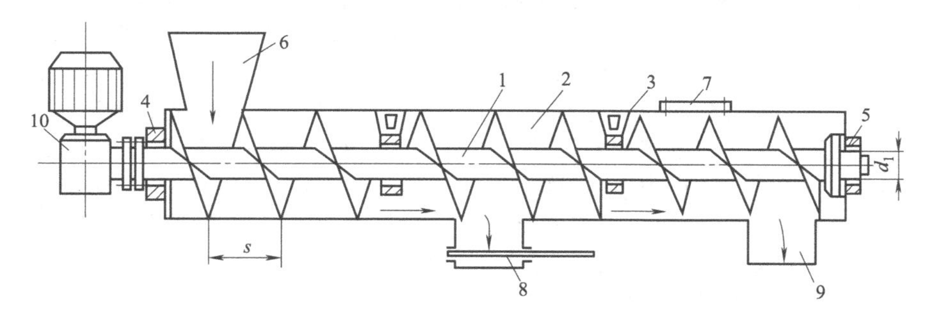

图 3-53 水平式螺旋输送机

1—螺旋；2—料槽；3—悬挂轴承；4—首端轴承；5—末端轴承；6—加料斗；
7—中间加料斗；8—中间卸料口；9—卸料口；10—驱动装置

螺旋由转轴和螺旋叶片组成，转轴多为无缝钢管制造。螺旋叶片多用厚度为 2～8mm 的钢板冲压而成，然后焊接于轴上，并相互焊接而成。螺旋输送机的优点是结构简单，造价低廉，占地面积小，容易实现密闭输送，可以多点进、出物料，操作管理简单，维修费用低；缺点是部件摩擦阻力大、消耗功率大，部件磨损快，物料在输送过程中易被破碎。

螺旋运输机在我国已有标准系列，目前广泛应用 GX 型螺旋运输机。

第十节 制 冷 机

制冷是指人为地控制某一空间的温度低于周围环境介质的温度，这里所说的环境介质就是指自然界中的空气和水。环境介质的温度高于某空间的温度，根据热量由高温物体自发地传给低温物体的客观规律，则必然有热量不断地往该空间传递，为了使该空间内物体达到并保持所需的低温温度，就得不断地从该空间取出热量并转移到环境介质中去，这种使热量从低温物体转移到高温物体的过程，叫作制冷过程。要实现上述目的，可以有两种途径：天然制冷和人工制冷。

人工制冷是以消耗机械能或其他形式的能量为代价使某空间达到并保持所需的低温温度，其所用的设备，叫作制冷装置。目前人工制冷技术的应用十分广泛。例如石油、化工、化纤、纺织、造纸和医药生产，以及现代技术都需要人工制冷。

根据所要获得的低温温度，把人工制冷技术分为普通制冷技术和深度制冷技术两个体系。一般把制取温度高于－120℃的称为普通制冷技术，而低于－120℃的称为深度制冷技术。深度制冷技术实质上就是气体的液化分离技术，本节不涉及这方面的内容。

普通制冷的方法很多，一般都是利用液体在低温下蒸发吸热来实现制冷，这种制冷称为蒸气制冷。蒸气制冷可以分为蒸气压缩式、蒸气喷射式和蒸气吸收式三类，本节主要讨论应用较为普遍的蒸气压缩式制冷。

制冷装置中主要设备是压缩机，一般称为主机，其他设备称为辅机。压缩机是用来压缩和输送制冷剂蒸气的。制冷装置所用压缩机的形式主要有活塞式、离心式、螺杆式，但目前应用最广的是活塞式。

一、活塞式制冷压缩机

（一）工作原理

以单级活塞式制冷压缩机的工作原理为例，压缩机的基本构造如图 3-54 所示。它主要由汽缸 1、汽缸盖 2、活塞 3、连杆 4、曲轴（主轴）5、进气阀 6、排气阀 7 等组成。其工作原理是：主轴由电动机带动旋转，活塞先由左端向右运动，汽缸内压力降低。当汽缸内的压力低于进管中的压力 p_1 时，因压力差的作用，使进气阀打开，制冷剂蒸气便由进气管经进气阀而进入汽缸中，一直到活塞到达右端为止，这个阶段叫作吸气过程。当活塞由右端向左运动时，进气阀关闭，活塞继续向左运动，汽缸中的制冷剂蒸气受到压缩，压力不断升高，一直到压力等于排气管中的压力 p_2，这个阶段叫作压缩过程。当汽缸内压力升高到超过排气管中的压力 p_2时，也是由于压力差的作用，使排气阀打开，制冷剂蒸气排出汽缸而送入排气管中，一直到活塞达到左端为止，这个阶段叫作排气过程。以上三个过程就构成了一个工作循环，并依次往复地进行工作。

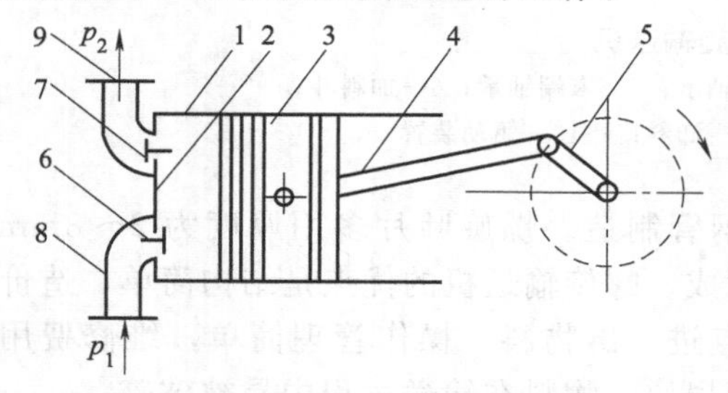

图 3-54 压缩机的基本构造示意图

1—汽缸；2—汽缸盖；3—活塞；4—连杆；5—曲轴；6—进气阀；7—排气阀；8—进气管；9—排气管

（二）分类

活塞式制冷压缩机按所采用的制冷剂，分为氨压缩机和氟利昂压缩机两类。氨压缩机多用作大中型制冷系统中的主机，而氟利昂压缩机多用作小型制冷系统的主机。

按压缩机的级数分类，活塞式制冷压缩机有单级、双级之分。活塞式制冷压缩机一般都是无十字头的，但大型的带有十字头。

按制冷剂蒸气在汽缸中的运动分类，活塞式制冷压缩机有直流（顺流）、非直流（逆流）、单作用和双作用之分。按汽缸中心线分类，活塞式制冷压缩机有立式、卧式、角度式（V形、L形、W形、S形）、对称平衡型、对置型等。

按封闭方式分类，活塞式制冷压缩机有开启式、半封闭式、全封闭式。氨压缩机都是开启式，小型氟利昂压缩机有开启式、半封闭式、全封闭式。压缩机与驱动电机封闭在一个壳体中的称为全封闭式。压缩机的曲轴箱与电机封闭在一个机壳中的叫半封闭式。驱动电机与压缩机以皮带或联轴器传动的叫开启式。

二、离心式制冷压缩机

在大型制冷装置中采用离心式压缩机日益增多。在制冷量相同的条件下，离心式压缩机与活塞式压缩机相比较具有体积小、重量轻、输气均匀、振动小、润滑油消耗少、转速高、机械效率高等优点，所以一般离心式压缩机的单机制冷量大，维护费用较低。

1. 单级离心式制冷压缩机

离心式制冷压缩机的工作原理与活塞式制冷压缩机有根本的区别，它不是利用活塞在汽缸中压缩制冷剂蒸气使其容积减小的方式来提高其压力，而是依靠制冷剂蒸气本身的动能变化来提高其压力，图 3-55 是单级离心式制冷压缩机的示意图。在图上可看出：带有后弯式叶片 6 的工作轮（叶轮）3 紧装在轴 1 上，工作轮是离心式压缩机的重要部件，因为只有通过它才能将能量传给制冷剂蒸气。为了防止漏气，轴 1 和机体之间有良好的轴封 2。机体上装有固定的由叶片 7 构成的扩压器 4。从轴中心来看机体，它具有蜗牛壳的形状，故称它为蜗壳 5。单级离心式压缩机的制冷剂蒸气吸入口 8 处在轴中心的位置，而压出口 9 则在蜗壳的切线方向。

单级离心式制冷压缩机开动时（一般用电动机带动），工作轮就高速旋转，后弯式叶片通道内的制冷剂蒸气获得动能也作旋转运动。由于制冷剂蒸气本身的惯性离心力作用，它就不断地沿工作轮外缘的切线方向流出，流经扩压器而入蜗壳，然后由压出口排出。由于扩压器是一个横截面积逐渐扩大的环形通道，所以当制冷剂蒸气流过时，流速降低、压力提高、动能减少、静压能增加。当制冷剂蒸气由扩压器进入蜗壳内，由于蜗壳的截面积亦随气流方向而逐渐扩大，因此制冷剂蒸气流过蜗壳时，使流速进一步降低，而压力得到进一步提高。显然，扩压器和蜗壳均为转能装置。

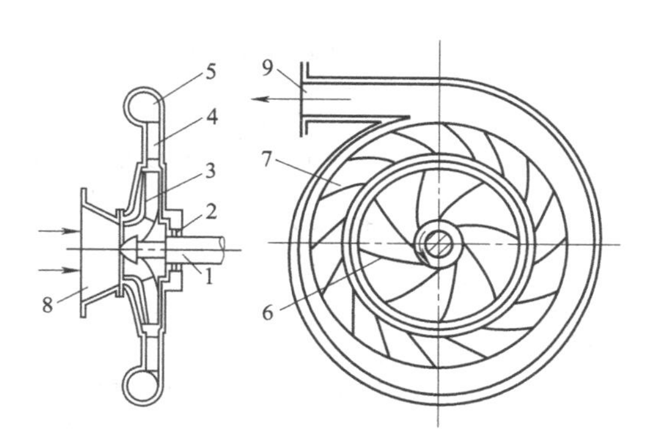

图 3-55 单级离心式制冷压缩机示意图

1—轴；2—轴封；3—工作轮；4—扩压器；5—蜗壳；6—工作轮叶片；7—扩压器叶片；8—吸入口；9—压出口

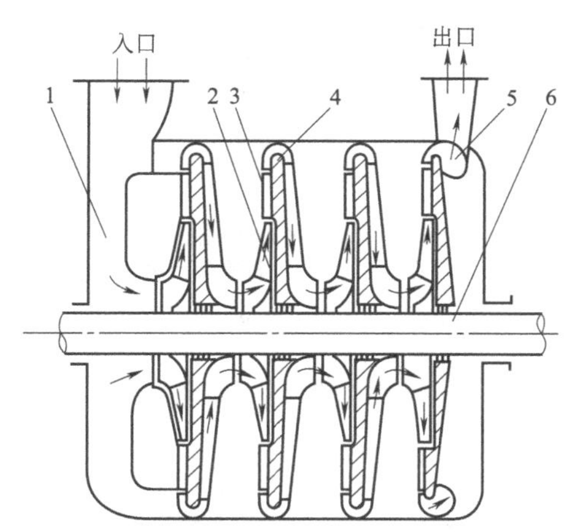

图 3-56 多级离心式制冷压缩机示意图

1—吸气室；2—工作轮；3—扩压室；4—回流器；5—蜗壳；6—主轴

与此同时，在工作轮中心，由于制冷剂蒸气不断流向工作轮外缘，因而形成一定的真空度，则将低压制冷剂蒸气从吸入管不断吸入。以上所述，就是单级离心式制冷压缩机不断吸入低压蒸气和排出高压蒸气的工作原理。由于这种压缩机只有一个工作轮，以及制冷剂蒸气沿工作轮外缘的切线方向流出是靠其本身的惯性离心力作用，所以称它为单级离心式制冷压缩机。

2. 多级离心式制冷压缩机

制冷系统中常采用多级离心式制冷压缩机，其结构如图 3-56 所示。它的运动部分是由若干个工作轮串联组成，这些工作轮装于主轴 6 上。压缩机不运动部件称为固定元件。固定元件有吸气室 1、扩压室 3、回流器 4、蜗壳 5 等。每一个工作轮、扩压器和回流器组成一“级”。制冷剂蒸气受离心力作用被送往扩压器，与此同时，叶轮中心入口又吸入新的气体。气体在扩压器中将动能转化成压力能，然后进入回流器4，继而进入下一级叶轮。如此逐级增压而达到操作需要的压力，起着输送、压缩制冷剂蒸气的作用。

三、制冷装置的故障及排除

制冷装置运行时，由于安装和操作不当往往会发生故障，分析起来其种类和原因较多，一般在使用说明书中都有说明，下面仅将几种常见故障、产生原因和排除方法列入表3-26中。

表3-26 制冷装置常见故障、原因及排除方法

故障现象	产生原因	排除方法
压缩机汽缸拉毛	①系统或油路中污物进入汽缸 ②湿法操作时使汽缸和活塞环发生剧烈变化，例如氨压缩机在过热情况下工作，当制冷剂液体进入汽缸后，汽缸遇冷急剧收缩，而活塞环还在温度较高的状态下，没有及时相应收缩，于是造成汽缸拉毛。另外制冷剂液体进入汽缸，破坏了润滑油在汽缸壁上的油膜 ③润滑油规格不符合要求 ④汽缸内无润滑油或润滑油不足 ⑤活塞与汽缸壁的装配间隙过小，活塞环的装配间隙不当或锁口尺寸不对	①清洗汽缸及润滑油系统 ②正确地操作制冷装置，避免湿法操作 ③更换润滑油 ④检查油路系统和曲轴箱中的油位高低并进行处理 ⑤应按制造厂的产品说明书进行检查处理
压缩机发生湿法操作或汽缸结霜	①节流阀(即调节阀)开启过大，进入蒸发器的制冷剂液体过多，蒸发器内未能及时蒸发，压缩机吸入的是湿度较大的制冷剂蒸气 ②压缩机的进气阀开启过快，以致使蒸发器中制冷剂液体被抽出 ③空气分离器上的节流阀开启过大，使一部分制冷剂液体被压缩机吸回汽缸 ④蒸发器的管子内表面有油层或管子外表面有冰层，增加传热热阻，降低蒸发速率，使压缩机吸入制冷剂湿蒸气	①立即关闭节流阀，一直到汽缸壁上的结霜融化后再逐渐调整节流阀的开启度 ②立即关闭进气阀，一直到汽缸壁上的结霜融化后再逐渐开启 ③立即关闭该阀门，然后再逐渐调整好该阀门的开启度 ④定期清除油层，检查盐水浓度，消除冰层
润滑油消耗量过大	①压缩机湿法操作时使制冷剂液体进入曲轴箱。当这部分制冷剂液体蒸发时，将带出一些润滑油随同制冷剂蒸气进入制冷系统中 ②刮油环严重磨损或装反 ③油分离器有故障不能回油 ④曲轴箱内油面过高，曲轴转动时飞溅的油量过多，从而造成耗油量过多 ⑤活塞环锁口间隙过大或各活塞环的锁口装配在一条直线位置上	①排除曲轴箱中的制冷剂液体，正确操作制冷装置，避免湿法操作 ②更换刮油环或将装反的刮油环改正过来 ③检查回油管路和油分离器的内部，并排除故障 ④将曲轴箱中多余的润滑油放出，使曲轴箱中的油面符合规定的高度 ⑤更换活塞环或按要求重新装配
油泵油压过高	①油压调节阀开启过小 ②油压表失灵 ③曲轴箱中有制冷剂液体蒸发时要吸收热量，使油温下降，黏度增大 ④排油管路堵塞	①重新调整油压 ②更换油压表 ③排除曲轴箱中的制冷剂液体 ④检查排油管路，并排除堵塞物
油泵的油压过低	①油泵机件磨损严重 ②油压表失灵 ③吸油过滤器或吸油管路堵塞 ④油压调节阀开启过大 ⑤曲轴箱中油量不足 ⑥曲轴箱中进入制冷剂液体，当制冷剂液体蒸发时，油温下降，黏度增大，使油泵的吸油量减少 ⑦密封器漏油，机械式密封器漏油是由于密封环磨损或拉毛、弹簧压力不均衡、回油孔管路堵塞等，填料式密封器漏油是由于填料磨损后失去密封作用	①拆卸检查修理或更换机件 ②更换油压表 ③拆卸清洗，检查润滑油质量，并决定是否换油 ④重新调整油压 ⑤增加曲轴箱中的油量，使其保持正常油位 ⑥排除曲轴箱中的制冷剂液体，找出其进入曲轴箱的原因并加以处理 ⑦停车，拆卸密封器检查，对机械式密封器应修复密封环和弹簧，或排除油孔管路中的污物，对填料式密封器应更换填料

续表

故障现象	产生原因	排除方法
润滑油温度过高	①汽缸冷却水套和油冷却器未通冷却水 ②活塞环磨损严重,使高压高温的制冷剂蒸气漏入曲轴箱中 ③压缩机的排气温度过高	①开启冷却水阀门进行冷却 ②更换活塞环 ③主要从降低吸气温度或冷凝压力着手来降低排气温度
曲轴箱中有敲击声	①轴颈和轴瓦的间隙过大 ②曲轴的主轴承装配间隙过大 ③飞轮与轴或键配合松弛 ④开口销折断 ⑤主轴承润滑不良	①拆卸检查,调整间隙或更换轴瓦 ②拆卸检查,调整间隙 ③拆卸检查,确定调整或加工修理 ④更换开口销 ⑤检查滤油器是否堵塞或油路不畅

第十一节 压(过)滤机

过滤是以多孔介质来分离悬浮液的操作。在外力作用下，悬浮液中的液体通过介质的孔道，而固体颗粒被截留下来，从而实现液固分离。

一、过滤基本理论

过滤是使含固体颗粒的非均相物系通过布、网等多孔性材料，分离出固体颗粒的操作。虽有含尘气体的过滤和悬浮液的过滤之分，但石化工业中的“过滤”大都是悬浮液的过滤，因此，本节只介绍悬浮液的过滤理论与设备。图 3-57 为过滤操作的示意图。悬浮液通常又称为滤浆或料浆。过滤用的多孔性材料，称为过滤介质。留在过滤介质上的固体颗粒，称为滤饼或滤渣。通过滤饼和过滤介质的清液，称为滤液。

1. 深层过滤和滤饼过滤

(1) 深层过滤　当悬浮液中所含颗粒很小，而且含量很少(液体中颗粒的体积<0.1%)时，可用较厚的粒状床层做成的过滤介质(例如，自来水净化用的砂层)进行过滤。由于悬浮液中的颗粒尺寸比过滤介质孔道直径小，当颗粒随液体进入床层内细长而弯曲的孔道时，靠静电及分子力的作用而附着在孔道壁上。过滤介质床层上面没有滤饼形成。因此，这种过滤称为深层过滤。由于它用于从稀悬浮液中得到澄清液体，所以又称为澄清过滤，例如自来水的净化及污水处理等。

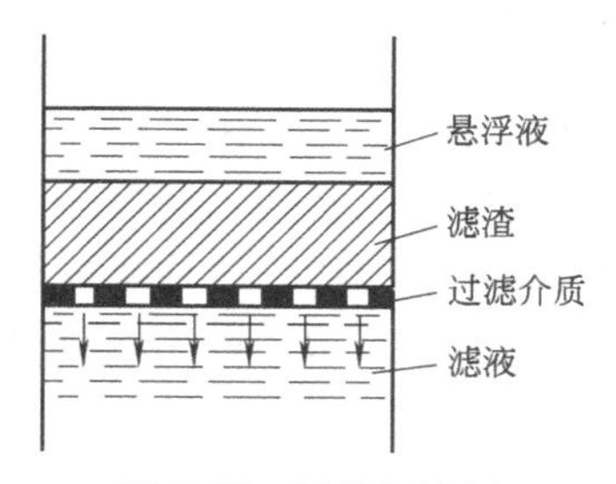

图 3-57　过滤示意图

(2) 滤饼过滤　悬浮液过滤时，液体通过过滤介质而颗粒沉积在过滤介质的表面形成滤饼。当颗粒尺寸比过滤介质的孔径大时，会形成滤饼。不过，当颗粒尺寸比过滤介质孔径小时，过滤开始会有部分颗粒进入过滤介质孔道里，迅速发生“架桥现象”，如图 3-58 所示。但也会有少量颗粒穿过过滤介质而与滤液一起流走。随着滤渣的逐渐堆积，过滤介质上面会形成滤饼层。此后，滤饼层就成为有效的过滤介质而得到澄清的滤液。这种过滤称为滤饼过滤，它适用于颗粒含量较多(液体中颗粒的体积>1%)的悬浮液的过滤。化工生产中所处理的悬浮液，颗粒含量一般较多，故本书只讨论滤饼过滤。

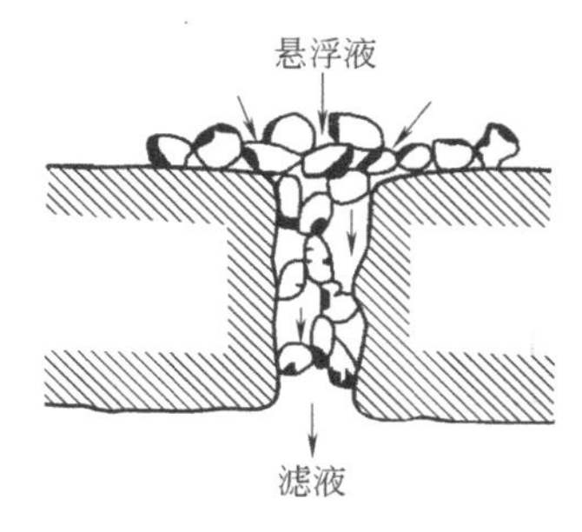

图 3-58　架桥现象

2. 过滤介质

过滤介质的作用，是使液体通过而使固体颗粒截留住。因此，要求过滤介质的孔道比颗粒小，或者过滤介质孔道虽比颗粒大，但颗粒能在孔道上架桥，只使液体通过。工业上常用的过滤介质有以下几种。

(1) 织物介质　这种过滤介质使用得最多，有由棉、麻、丝、毛及各种合成纤维织成的滤布，还有铜、不锈钢等金属丝编织的滤网。

(2) 堆积的粒状介质　由砂、木炭等堆积成较厚的床层，用于深层过滤。

(3) 多孔性介质　由陶瓷、塑料、金属等粉末烧结成型而制得的多孔性板状或管状介质。

过滤介质的选择，要根据悬浮液中液体性质（例如，酸、碱性）、固体颗粒含量与粒度、操作压力与温度及过滤介质的机械强度与价格等因素考虑。

二、过滤机

过滤机的种类很多，这里只介绍几种典型的石油化工生产中应用较多的过滤机，如真空过滤机中的刮刀卸料式转鼓真空过滤机、无格式转鼓真空过滤机、板框压滤机。

1. 真空过滤机

真空过滤机过滤面的两侧，受到不同压力的作用，其接触料浆一侧为大气压，而过滤面的背面则与真空源相通。所以真空过滤机的推动力就是两面的压力差，即真空度。常用的真空度为0.0533～0.08MPa，但也有超过0.0933MPa的。真空过滤机中，连续式转鼓过滤机居多数。按照它们的供料方式，可分为浸没式、内部给料式、侧部给料式及顶部给料式。按照滤饼卸除方式，可将浸没式转鼓过滤机分为刮刀卸料式、滤布行走式、绳索卸料式、辊卸料式等。

2. 板框压滤机

板框压滤机历史悠久，现在仍广泛应用。它是由许多块滤板和滤框交替排列组装的。如图3-59所示，滤框是方形框，其右上角的圆孔是滤浆通道，此通道与框内相通，使滤浆流进框内。滤框左上角的圆孔是洗水通道。滤板两侧表面做成纵横交错的沟槽，而形成凹凸不平的表面，凸表面用来支撑滤布，凹槽是滤液的流道。滤板右上角的圆孔，是滤浆通道；左上角的圆孔，是洗水通道。滤板有两种，一种是左上角的洗水通道与两侧表面的凹槽相通，使洗水流进凹槽，这种滤板称为洗涤板；而另一种，洗水通道与两侧表面的凹槽不相通，称为非洗涤板。为了避免这两种板和框的安装次序有错，在铸造时常在板与框的外侧面分别铸

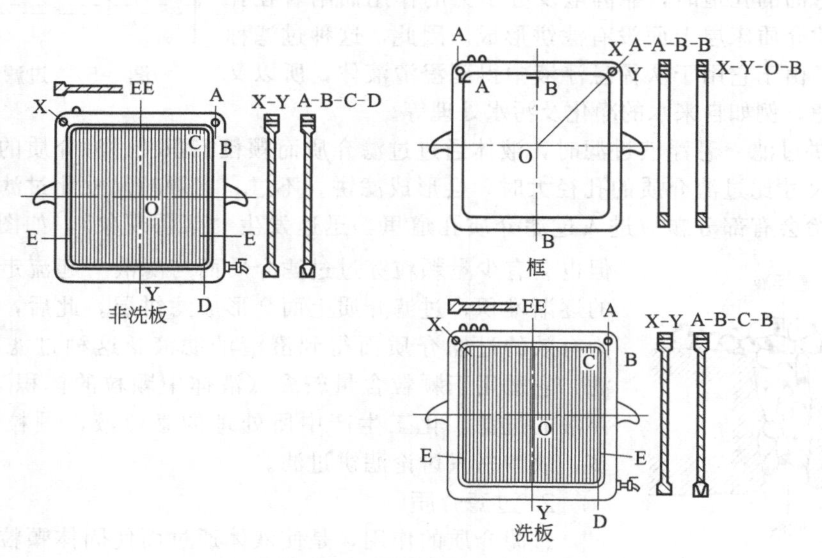

图3-59　压滤机的板与框

有一个、两个或三个小钮。非洗涤板为一钮板，框带两个钮，洗涤板为三钮板。三者的排列顺序如图 3-60 所示。在滤板的两侧表面放上滤布。

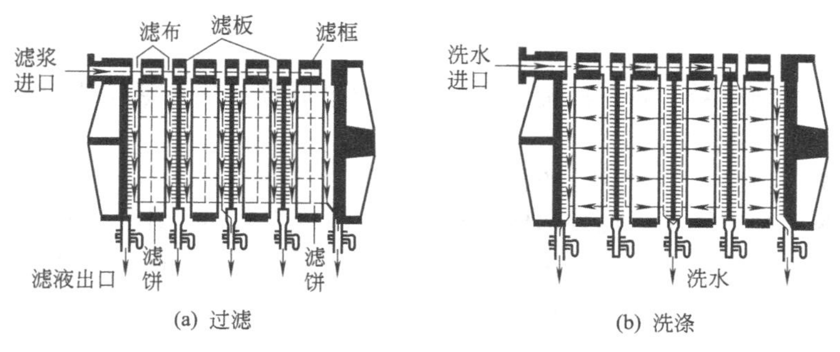

(a) 过滤 (b) 洗涤

图 3-60 压滤机的过滤与洗涤

过滤时，用泵把滤浆送进右上角的滤浆通道，由通道流进每个滤框里。滤液穿过滤布沿滤板的凹槽流至每个滤板下角的阀门排出。固体颗粒积存在滤框内形成滤饼，直到框内充满滤饼为止。

若需要洗涤滤饼，则由过滤阶段转入洗涤阶段。如果洗水沿滤浆的通道进入滤框，由于框中已积满了滤渣，洗水将只通过上部滤渣而流至滤板的凹槽中，造成洗水的短路，不能把全部滤饼洗净。因此，洗涤阶段中，是洗水进入洗水通道，经洗涤板左上角的洗水进口，进入板的两侧表面的凹槽中。然后，洗水横穿滤布和滤饼，最后由非洗涤板下角的滤液出口排出。在此阶段中，洗涤板下角的滤液出口阀门关闭。

洗涤阶段结束后，打开板框，卸出滤饼，洗涤滤布及板、框，然后重新组装，进行下一个操作循环。

板与框可用金属、木材或塑料制造。操作压力一般为 0.3～1MPa。

3. 旋叶压滤机

可进行过滤、增浓、洗涤的旋叶压滤机又称为薄层滤饼过滤机。

旋叶压滤机是实现动态过滤技术的一种新型过滤设备，它主要用于过滤含有大量微细固体颗粒的悬浮液，或生成具有较大可压缩性滤饼的难过滤物料，可用于连续、密闭、高温等操作场合。其过滤速率高，在相同操作条件与过滤面积下，生产能力为板框过滤机的 5～6 倍，并避免了板框过滤机频繁开框、出渣、洗涤过滤介质、合框、压紧滤框等笨重体力劳动。

第十二节 石油化工通用（动）设备完好标准

一、离心泵完好标准

（1）运转正常，效能良好

① 压力、流量平稳，出力能满足正常生产需要或达到铭牌能力的 90%以上。

② 润滑、冷却系统畅通，油杯、轴承箱、液面管等齐全好用；润滑油（脂）的选用符合规定；轴承温度符合设计要求。

③ 运转平稳无杂音，振动符合相应标准规定。

④ 轴封无明显泄漏。

⑤ 填料密封泄漏：轻质油不超过 20 滴/min，重质油不超过 10 滴/min。

⑥ 机械密封泄漏：轻质油不超过 10 滴/min，重质油不超过 5 滴/min。

(2) 内部机件无损，质量符合标准

主要机件材质的选用，转子径向、轴向跳动量和各部安装配合，磨损极限，均应符合相应规程规定。

(3) 主体整洁，零附件齐全好用

① 压力表应定期校验，齐全准确，控制及自启动联锁系统灵敏可靠，安全护罩、对轮螺钉、锁片等齐全好用；

② 主体完整，稳钉、挡水盘等齐全好用；

③ 基础、泵座坚固完整，地脚螺栓及各部连接螺栓应满扣、齐整、紧固；

④ 进出口阀及润滑、冷却管线安装合理，横平竖直，不堵不漏，逆止阀灵活好用；

⑤ 泵体整洁，保温层、油漆完整美观；

⑥ 附件达到完好。

(4) 技术资料齐全准确

① 设备档案，并符合石化企业设备管理制度要求；

② 定期状态监测记录（主要设备）；

③ 设备结构图及易损配件图。

二、往复泵完好标准

(1) 运转正常，效能良好

① 压力、流量平稳，出力能满足正常生产需要或达到铭牌能力的90%以上；

② 注油器齐全好用，接头不漏油，单向阀不倒汽，注油点畅通，油杯好用，润滑油选用符合规定。

③ 运转平稳无杂音，冲程次数在规定范围内。

④ 轴封无明显泄漏：

a. 石棉类泄漏：轻质油不超过30滴/min，重质油不超过15滴/min；

b. 塑料类泄漏：轻质油不超过20滴/min，重质油不超过10滴/min；

c. 汽缸端不允许蒸汽泄漏。

(2) 内部机件无损，质量符合标准 主要机件材质的选用，拉杆、活塞环等的安装配合，磨损极限及阀组严密性，均应符合规程规定。

(3) 主体整洁，零附件齐全好用

① 安全阀、压力表应定期校验，灵敏准确；

② 主体完整，稳钉、摆轴销子、放水阀门等齐全好用；

③ 基础、泵座坚固完整，地脚螺栓及各部连接螺栓应满扣、齐整、紧固；

④ 进出口阀及润滑、冷却管线安装合理，横平竖直，不堵不漏；

⑤ 泵体整洁，保温、油漆完整美观。

(4) 技术资料齐全准确

① 设备档案，并符合石化企业设备管理制度要求；

② 设备结构图及易损配件图。

三、往复式压缩机完好标准

(1) 运转正常，效能良好

① 设备出力能满足正常生产需要或达到铭牌能力的90%以上。

② 压力润滑和注油系统完整好用，注油部位（轴承、十字头、汽缸等）油路畅通；油压、油位、润滑油指标及选用均应符合规定。

③ 运转平稳无杂声，机体及管系振幅符合设计规定。

④ 运转参数（温度、压力）等符合规定；各部轴承、十字头等温度正常。

⑤ 轴封无严重泄漏，如有害气体泄漏应采取措施排除。

⑥ 段间管系振动符合规定。

（2）内部机件无损，质量符合要求　各零部件材质选用，以及活塞、十字头、轴瓦、阀片等的安装配合，磨损极限以及严密性，均应符合规程规定。

（3）主体整洁，零附件齐全好用

① 安全阀、压力表、温度计、自动调压系统控制及自启动系统应定期校验，灵敏准确；安全护罩、对轮螺栓、锁片等齐全好用。

② 主体完整，稳钉、安全销等齐全好用。

③ 基础、机座坚固完整，地脚螺栓及各部连接螺栓应满扣、齐整、紧固。

④ 进出口阀门及润滑、冷却系统，安装合理，不堵不漏。

⑤ 机体整洁，油漆完整美观。

（4）技术资料齐全准确

① 设备档案，并符合石化企业设备管理制度要求；

② 定期状态监测记录；

③ 基础沉降测试记录；

④ 设备结构图及易损配件图。

四、螺杆式压缩机完好标准

（1）运转正常，效能良好

① 设备出力能满足正常生产需要或达到铭牌能力的 90%以上；

② 润滑系统、封油系统、冷却系统、气体密封等畅通好用，润滑油、封油选用符合规定，轴承温度符合规定；

③ 润滑油和压力、流量检测及报警、停机控制设施应灵敏准确；

④ 运转平稳无杂音，各部振动符合标准。

（2）内部机件无损，质量符合要求

① 螺杆等机件材质选用符合设计要求；

② 转子径向、轴向跳动量，各部安装配合，磨损极限，均应符合规程规定。

（3）主体整洁，零附件齐全好用

① 压力表、温度计、安全阀应定期校验，灵敏准确，安全护罩、联轴器等零附件及盘车机构齐全好用；

② 主体完整，定位锁、机体排污系统、放水阀齐全好用；

③ 基础、机座坚固完整，地脚螺栓及各部连接螺栓应满扣、齐整、紧固；

④ 进出口管线、阀门及附属管线安装合理，不堵不漏；

⑤ 机体整洁，内外表面无因敲、打、铲、咬的痕迹，油漆完整美观；

⑥ 附件达到完好。

（4）技术资料齐全准确

① 设备档案，并符合石化企业设备管理制度要求；

② 定期状态监测记录；

③ 设备结构图及易损配件图。

五、离心式风机完好标准

(1) 运转正常，效能良好

① 设备出力能满足正常生产需要或达到铭牌能力的90%以上；

② 润滑系统及冷却系统畅通好用，润滑油选用符合规定，轴承温度不超过设计规定；

③ 运转平稳无杂音，轴位移和振动符合规程规定；

④ 防喘振系统灵敏可靠。

(2) 内部机件无损，质量符合要求　主要机件材质的选用，转子径向、轴向跳动量，各部安装配合、磨损极限，均应符合规程规定。

(3) 主体整洁，零附件齐全好用

① 压力表、真空表、温度计传感器、测振探头、护罩、对轮螺钉、锁片等齐全好用；

② 主体完整，定位锁、放水阀齐全好用；

③ 基础、机座坚固完整，地脚螺栓及各部连接螺栓应满扣、齐整、紧固；

④ 进出口阀门及润滑、冷却系统安装合理，不堵不漏；

⑤ 机体整洁，油漆完整美观。

(4) 技术资料齐全准确

① 设备档案，并符合石化企业设备管理制度要求；

② 定期状态监测记录；

③ 设备结构图及易损配件图。

六、轴流式风机完好标准

(1) 运转正常，效能良好

① 设备出力能满足正常生产需要或达到铭牌能力的90%以上；

② 润滑良好，油路畅通，润滑油（脂）选用符合规定，滚动或滑动轴承温度符合设计要求；

③ 运转平稳无杂音，电流指示正常；

④ 轴振动及轴位移符合规程规定；

⑤ 防喘振、防阻塞系统灵敏好用。

(2) 内部机件无损，质量符合要求

① 主要机件材质的选用应符合设计要求；

② 叶片及外壳无变形，安装角度符合规定，转子、传动部分安装配合及磨损极限应符合规程规定。

(3) 主体整洁，零附件齐全好用

① 叶片（轮）、机座、安全网齐全完好，安装合理；

② 基础、机座稳固，地脚螺栓及各部连接螺栓应满扣、齐整、紧固；

③ 机体整洁，油漆完整美观；

④ 油系统及附属设备运行正常，备用油泵备用状态良好。

(4) 技术资料齐全准确

① 设备档案，并符合石化企业设备管理制度要求；

② 定期状态监测及分析记录；

③ 润滑油定期分析记录；

④ 设备结构图及易损配件图。

七、真空回转过滤机完好标准

（1）运转正常，效能良好

① 设备出力能满足正常生产需要或达到铭牌能力的90%以上；

② 运行平衡，无异常振动，真空度符合铭牌要求；

③ 压辊与压辊刮刀接触均匀，压辊弹簧灵活好用，洒水系统正常，洒水均匀，通畅平直，错气与吹气系统无渗漏与串气现象；

④ 润滑良好，油路畅通，润滑油（脂）选用符合规定，油液正常；

⑤ 轴承部位温升正常，符合设计要求。

（2）内部机件无损，质量符合要求

① 转鼓、滤箅、错气轴、搅拌器、分配头、错气盘等主要零件材质选用符合图纸要求；

② 各部件的安装配合及磨损极限应符合规程规定。

（3）主体整洁，零附件齐全好用

① 主体完整，转鼓、刮刀、搅拌器、排风装置等齐全完好；

② 控制阀门及附属管线安装合理，横平竖直，不堵不漏，涂色明显；

③ 基础、机座稳固，地脚螺栓及各部连接螺栓应满扣、齐整、紧固；

④ 机体整洁，主机及附件无锈蚀，油漆完整，无“跑、冒、滴、漏”现象。

（4）技术资料齐全准确

① 设备档案，并符合石化企业设备管理制度要求；

② 设备结构图及易损配件图。

八、板框式过滤机完好标准

（1）运转正常，效能良好

① 运行平衡，设备出力能满足正常生产需要或达到铭牌能力的90%以上；

② 润滑良好，闸把搬手、丝杠、机盖、油压缸、油杯注油点齐全好用，润滑油选用符合规定。

（2）内部机件无损，质量符合要求 主要机件材质的选用及滤板、两端压盖的变形，平行度和各部安装配合，应符合设计要求。

（3）主体整洁，零附件齐全好用

① 安全阀、压力表应定期校验，灵敏准确好用；

② 主体完整，闸把搬手、卡瓦、放油阀、集油槽等齐全好用；

③ 基础、机座稳固，地脚螺栓及各部连接螺栓应满扣、齐整、紧固；

④ 进出口阀门及附属管线安装合理。

（4）技术资料齐全准确

① 设备档案，并符合石化企业设备管理制度要求；

② 设备结构图及易损配件图。

九、皮带输送机完好标准

（1）运转正常，效能良好

① 设备出力能满足生产需要；

② 附属设备（减速机、电机等）达到单机完好标准；

③ 润滑油油路畅通，润滑油选用符合规定，轴承温度不超过规定；

④ 运行平稳，无异常声音，皮带无严重跑偏，桁架不发生异常的振动或移位。

（2）各部构件无损，质量符合要求 主要机件制造、装配质量及磨损极限符合技术要求。

（3）机体完整，零附件齐全好用

① 各滚筒、托滚润滑良好，转动灵活；

② 安全保护装置齐全可靠；

③ 主机清洁，油漆完整美观，各部螺栓应满扣、齐整、紧固。

（4）技术资料齐全准确

① 设备档案，并符合石化企业设备管理制度要求；

② 设备结构图及易损配件图。

第四章 石油化工设备的前期管理

石油化工设备前期管理是指从设备需求提出直至设备采购，安装调试、验收投入使用的管理，它包含设备需求策划、设备采购评审、设备招标、签订技术协议和合同、设备到厂检验、设备安装、设备调试、设备终验收、设备移交等过程，又称为设备的规划工程，它对设备技术水平和设备投资技术经济效果具有重要作用。固定资产中，设备投资占绝大部分，一般在70%左右。

前期管理阶段决定了企业装备的技术水平和系统功能，可影响企业的生产效率和产品质量；前期管理阶段决定了装备的适用性、可靠性和维修性，影响企业装备效能的发挥和可利用率的提升；前期管理阶段决定了设备全部寿命周期费用的绝大部分，可影响企业的产品成本。由此可见，设备前期管理不仅决定了企业技术装备素质，关系着企业战略目标的实现，也决定了投资效益的实现。因此，设备前期管理水平的优劣，不仅体现了企业设备管理整体水平，也制约了企业经济效益的提高。

第一节　设备前期管理的重要性

设备前期管理是指设备从规划到投产阶段的过程管理，是设备管理中的重要环节，它对提高装备技术水平和投资技术经济效果具有决定性的作用。

设备的前期管理，对于企业能否“保持设备完好，不断改善和提高企业技术装备水平，充分发挥设备效能，取得良好的投资效益”起着至关重要的作用，其重要性在于：

(1) 投资阶段决定了几乎全部寿命周期费用的90%，也影响着企业产品成本。

(2) 投资阶段决定了企业装备的技术水平和系统功能，也影响着企业生产效益和产品质量。

(3) 投资阶段决定了设备的适用性、可靠性和维修性，也影响企业装备效能的发挥和可利用率。

(4) 设备寿命周期费用应与寿命周期收入综合起来评估选择设备。

总之，设备的前期管理，不仅决定着企业技术装备的素质，关系着战略目标的实现，同时也决定了费用效率和投资效益。

设备的前期管理可概括为：新建、扩建改造项目中有关的设备投资，对设备的追加投资和更新改造，所设置的设备从规划购置到安装，在正式转入固定资产前，设备动力部门参与这一阶段的管理工作，其工作内容包括：设备规划方案的调研、制订、论证和决策；设备市场货源调查和信息收集、整理、分析；设备投资计划的编制、使用预算、实施程序；设备采购、订货、合同管理；自制设备的设计、制造；设备安装、调试运转；设备使用初期管理；设备投资效率分析、评价和信息反馈等。设备前期管理与后期管理构成了完整的设备寿命周期管理循环系统，如图 4-1 所示。

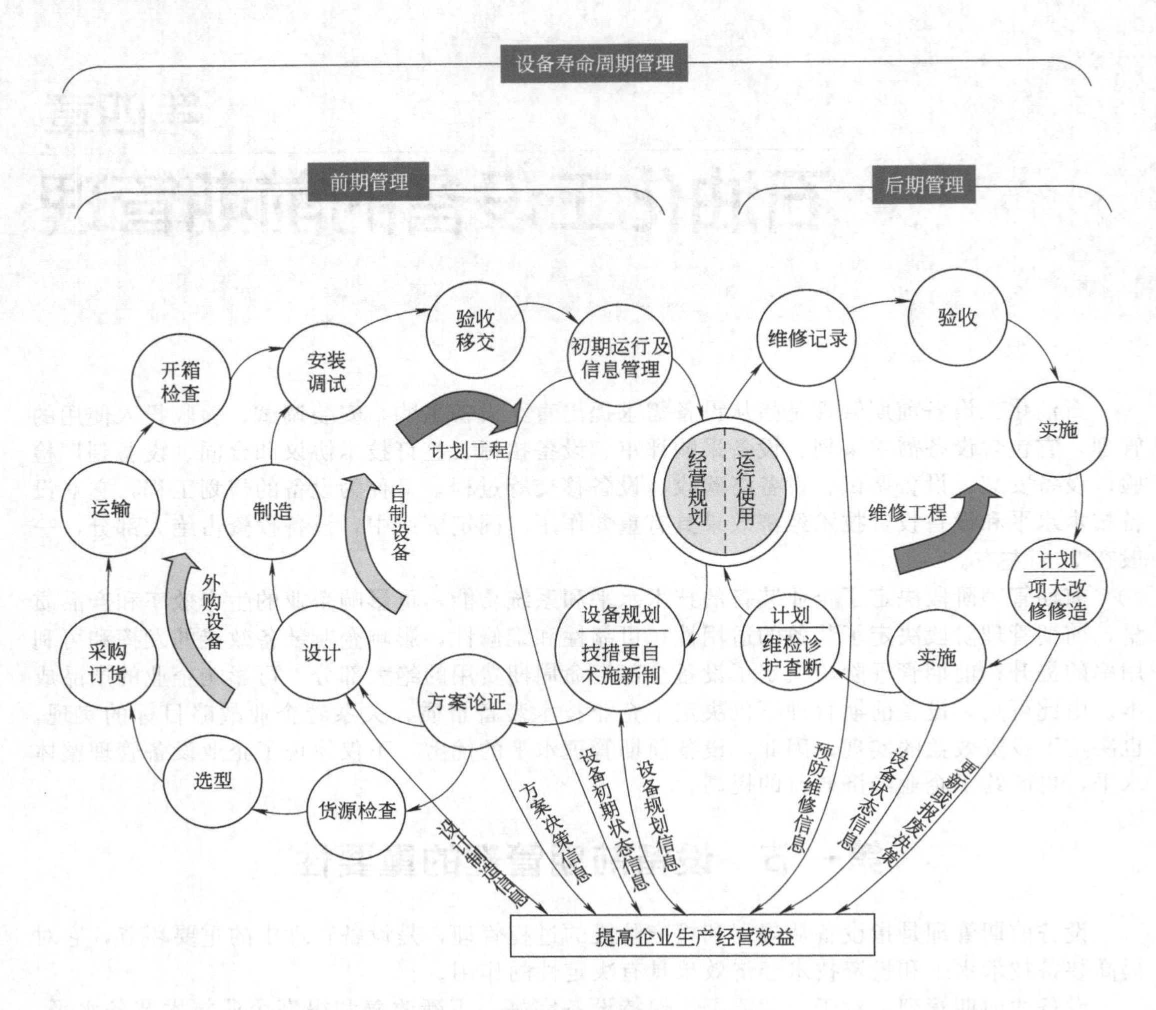

图 4-1 设备寿命周期管理循环系统

第二节 设备前期管理工作内容与分工

设备前期管理工作内容包括设备规划、购置、安装、正式转入固定资产，设备部门参与的工作是：设备规划方案的调研、制订、论证和决策；设备市场调查和信息的收集、整理、分析；设备投资计划的编制、费用预算、实施程序；设备采购；设备安装、调试运转；设备使用初期管理；设备投资效果分析、评价。设备前期管理内容见图 4-2。

(1) 首先要做好设备的规划和选型，加强可行性的论证，不但要考虑设备的功能必须满足产品产量和质量的需要，而且要充分考虑设备的可靠性和维修性要求。

(2) 购置进口设备时，除了认真做好选型外，应同时索取、购买必要的维修资料和备件。

(3) 在设备到货时，应及早做好安装、试车的准备工作。

(4) 进口设备到货后，应及时开箱检验和安装调试，如发现数量短缺和质量问题，应在索赔期内提出索赔。

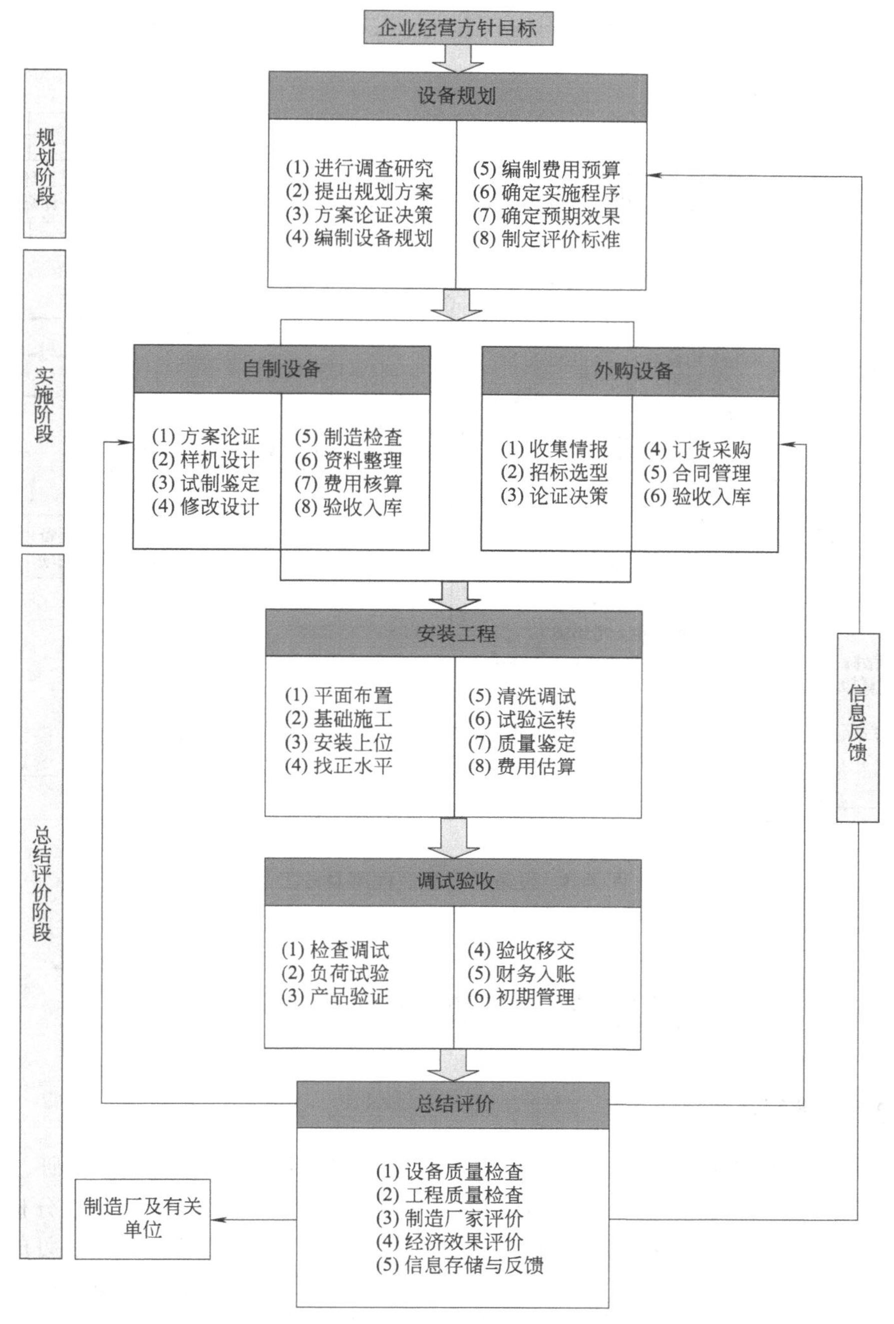

图 4-2 设备前期管理内容

(5) 企业应组织设备管理和使用人员参加自制设备的设计方案审查、检验和技术鉴定，设备验收时应有完整的技术资料。

(6) 设备制造厂与用户之间应建立设备使用信息反馈制度，通过改进设计，不断提高产品质量，改善产品的可靠性和维修性。

设备前期管理程序一般包括：①规划阶段；②实施阶段；③总结评价阶段。如图 4-2 及图 4-3 所示。

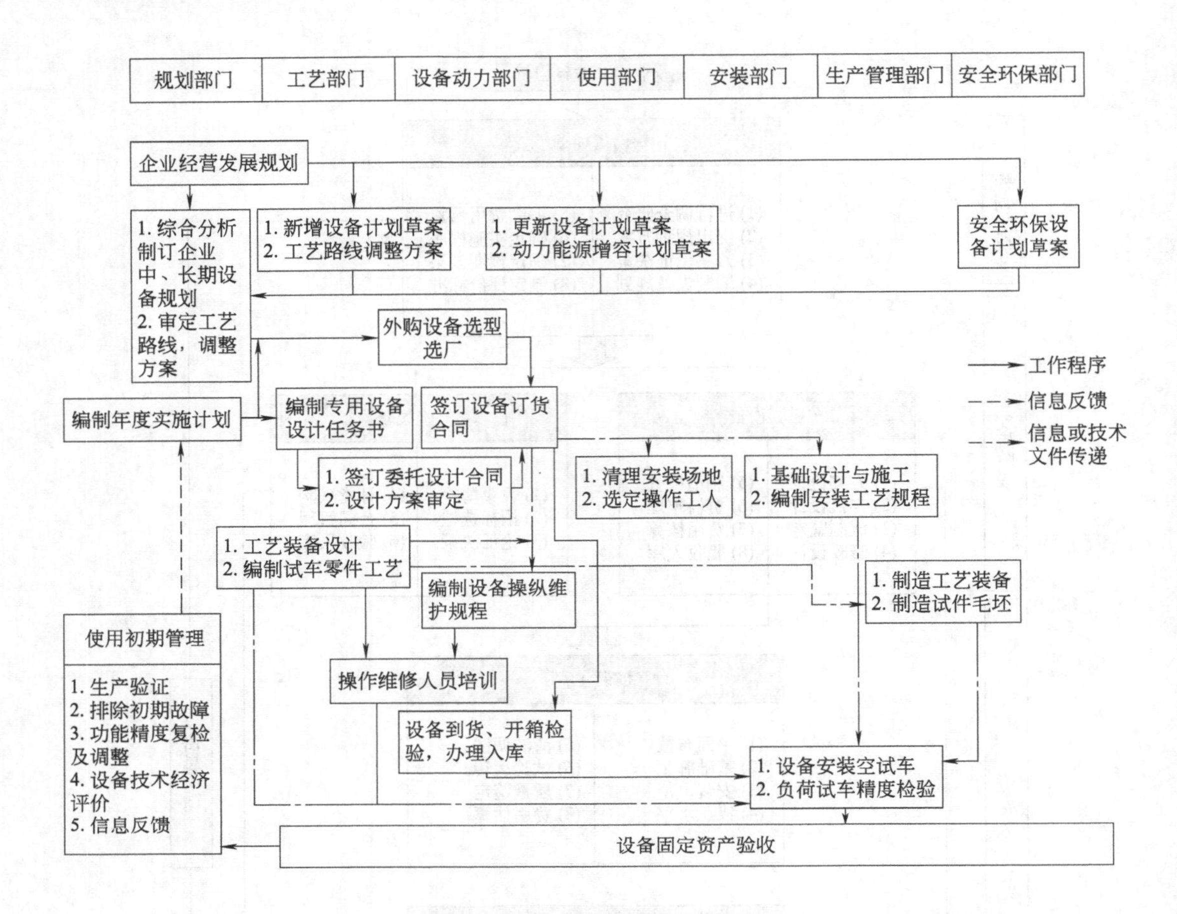

图 4-3 设备前期管理程序及分工

第三节 设备规划的制订

一、设备规划定义

设备规划是指根据企业经营方针、目标，考虑生产发展和市场需求、科研、新产品开发、节能、安全、环保等方面的需要，通过调查研究，进行技术经济的可行性分析，并结合现有设备的能力、资金来源等综合平衡，以及根据企业更新、改造计划等而制订的企业中长期设备投资的计划。它是企业生产发展的重要保证和生产经营总体规划的重要组成部分。

企业设备规划即设备投资规划，是企业中、长期生产经营发展规划的重要组成部分。制订和执行设备规划对企业新技术、新工艺的应用，产品质量提高，扩大再生产，设备更新计划以及其他技术措施的实施，起着促进和保证作用。

设备的规划是设备前期管理遇到的首要问题。规划的错误往往会导致资金的巨大浪费，对企业的影响有时甚至是致命的。因此，在企业总体规划的基础上，设备规划才可以进行。设备规划要服从企业总体规划的目标。为了保证企业总体目标的实现，设备规划要把设备对企业竞争能力的作用放到首要地位，同时还应兼顾企业节约能源、环境保护、安全、资金能力等各方面的因素进行统筹平衡。

二、设备规划的依据

（1）提高企业竞争能力的需要。
（2）设备有形和无形磨损的实际情况。
（3）安全、环保、节能、增容等要求。
（4）大型改造或设备引进后的配套设施需求。
（5）可能筹集的资金及还贷能力的综合考虑。

三、设备规划的内容

设备规划包括设备管理工作规划和新设备设置规划两个方面。

（1）设备管理工作规划是指提高设备管理水平的中、长期（三年或五年）和年度计划。

（2）新设备设置规划是指新设备设置、更新和改过规划。设备规划是企业开发和生产经营总体规划的重要组成部分。

四、设备规划的可行性分析

设备规划可行性分析的内容一般情况下应包括以下几点。

1. 确定设备规划项目的目的、任务和要求

广泛地与决策者及相关人员对话，分析研究规划的由来、背景及重要性和规划可能涉及的组织及个人；明确规划的目标、任务和要求，初步描述规划项目的评价指标、约束条件及方案等。

2. 规划项目技术经济方案论述

论述规划项目与产品的关系，包括产品的年产量、质量和总生产能力等，以及生产是否平衡问题；提出规划设备的基本规格，包括设备的功能、精度、性能、生产效率、技术水平、能源消耗指标、安全环保条件和对工艺需要的满足程度等技术性内容；提出因此而导致的设备管理体制、人员结构、辅助设施（车间、车库、备件库供水、采暖和供电等）建设方案实施意见；进行投资、成本和利润的估算，确定资金来源，预计投资回收期、销售收入及预测投资效果等。

3. 环保与能源的评价

在论述设备购置规划与实施意见中，要同时包含对实施规划而带来的环境治理（包括对空气和水质污染、噪声污染等）和能源消耗方面问题的影响因素分析与对策的论述。

4. 实施条件的评述

设备规划的实施方案意见，应对设备市场（国内和国际）调查分析、价格类比、设备运输与安装场所等方面的条件进行综合性论述。

5. 总结

总结阶段必须形成设备规划可行性论证报告，内容应包括：

（1）规划制订的目的、背景、条件和任务，明确提出规划研究范围；

（2）对所制订的设备规划的结论性的整体技术进行经济评价；

（3）由于在设备规划实施周期内可能会遇到企业经济效果、国家经济（或贸易）政策调整、金融或商品（燃料或建材等原材料）市场情况变化，以及规划分析论证时未估计到的诸多影响因素，都要进行恰当分析；

（4）对规划中设备资金使用、实施进度控制和各主管部门间的协调配合等重要问题提出明确意见。

五、设备规划的制订

1. 编制设备规划的依据

编制设备规划的主要依据有：生产经营发展的要求；设备的技术状况；国家政策（节能、节材）的要求；国家劳动安全和环境保护法规的要求；国内外新型设备发展和科技信息；可筹集用于设备投资的资金。

2. 设备规划的编制程序

设备规划就是按上述依据，通过初步的技术经济分析来确定设备改造、更新和新增规划的项目及进度计划。设备规划的编制，应在厂级领导的领导下，由设备管理部门负责，自上而下地进行编制，编制程序如下：

（1）由设备使用部门、工艺部门和设备管理部门根据企业经营发展规划的要求，提出设备规划的项目申请表。对设备规划项目必须进行初步的经济分析，从几个可行方案中选出最佳方案。

（2）由规划部门汇总各部门的项目申请表，进行综合平衡，提出企业经济效益和社会效益最佳的设备规划草案，送交计划、设计、工业、质量、设备、环保、财务、劳动教育、生产等部门会审。

（3）由规划部门根据会审意见修改规划草案，编制设备规划，经主管副厂长或总工程师审查后报厂长批准。

第四节　外购设备的选型与购置

一、设备的选型和购置

外购设备的选型，是指通过技术上与经济上的分析、评价和比较，从可以满足相同需要的多种型号、规格的设备中选购最佳者的决策。应注意的因素有以下几个方面。

（1）设备生产率　一般表现为功率、行程、速率等一系列技术参数。

（2）设备可靠性　这里是指精度保持性、零件的耐用性、安全可靠性。

（3）节能性　是指能源利用的性能。

（4）维修性　维修性也叫可修性、易修性。

（5）耐用性　是指设备在使用过程中所经历的自然寿命期。在选择设备时，也要考虑到技术进步形成的精神磨损。

（6）易于准备程度　设备的辅助时间（如调整时间）多，会减少设备运转时间，所以应当选择准备工作简便的设备。

（7）互换性　新设备的型号应尽可能与现有设备相同或相似。

（8）成套性　是指设备要配套。设备的配套包括：单机配套、机组配套和项目配套。

（9）安全性和环境保护性　是选择设备不可忽视的因素，要坚持防止人事安全事故的发生，控制设备的噪声和排放有害物质对环境的污染，选用安全性和环境保护性好的设备。

二、设备选型的基本原则

（1）生产上适用　所选购的设备应与本企业扩大生产规模或开发新产品等需求相适应。

（2）技术上先进　在满足生产需要的前提下，要求其性能指标保持先进水平，以利提高产品质量和延长其技术寿命。

（3）经济上合理　即要求设备价格合理，在使用过程中能耗、维护费用低，并且回收期较短。

三、设备选型考虑的主要因素

（一）设备的主要参数选择

（1）生产率　设备的生产率一般用设备单位时间（分、时、班、年）的产品产量来表示。

（2）工艺性　机器设备最基本的一条是要符合产品工艺的技术要求。

（二）设备的可靠性和维修性

（1）设备的可靠性　是保持和提高设备生产率的前提条件。

（2）设备的维修性　选择设备时，对设备的维修性可从以下几方面衡量。

① 设备的技术图纸、资料齐全，便于维修人员了解设备结构，易于拆装、检查。

② 结构设计合理　设备结构的总体布局应符合可靠性原则，各零部件和结构应易于接近，便于检查与维修。

③ 结构的简单性。

④ 标准化、组合化原则　设备尽可能采用标准零部件和元器件，容易被拆成几个独立的部件、装置和组件，并且不需要特殊手段即可装配成整机。

⑤ 结构先进　设备尽量采用参数自动调整、磨损自动补偿和预防措施自动化的原理来设计。

⑥ 状态监测与故障诊断能力。

⑦ 提供特殊工具和仪器、适量的备件或有方便的供应渠道。

此外，要有良好的售后服务质量，维修技术要求尽量符合设备所在区域情况。

（三）设备的安全性和操作性

（1）设备的安全性　设备应具有必要的安全防护设计与装置，以避免人、机事故和经济损失。

（2）设备的操作性　总的要求是方便、可靠、安全，符合人机工程学原理。通常要考虑的主要事项如下。

① 操作机构及其所设位置应符合劳动保护法规要求，适合一般体型的操作者。

② 充分考虑操作者生理限度，不能使其在法定的操作时间内承受超过体能限度的操作力、活动节奏、动作速度、耐久力等。

③ 设备及其操作室的设计必须符合有利于减轻劳动者精神疲劳的要求。

（四）设备的环保与节能

设备的能源消耗是指其一次能源或二次能源消耗。在选型时，无论哪种类型的企业，其所选购的设备必须要符合国家《节约能源法》规定的各项标准要求。

（五）设备的经济性

设备选型时要考虑的经济性影响因素主要有：①初期投资；②对产品的适应性；③生产效率；④耐久性；⑤能源与原材料消耗；⑥维护修理费用等。

总之，以设备寿命周期费用为依据衡量设备的经济性，在寿命周期费用合理的基础上追求设备投资的经济效益最高。

四、设备选型的程序

（1）收集市场信息。

（2）筛选信息资料。

（3）选型决策　对于专用设备和生产线以及价值较高的单台通用设备，一般应采用招标方式，招标可分成三种方式。

① 公开招标　包括国际性竞争招标（ICB）和国内竞争性招标（LCB）。

② 邀请招标　即不公开刊登招标广告，设备购买单位根据事先的调查，对国内外有资格的承包商或制造商直接发出投标邀请。

③ 议标　它是非公开、非竞争性招标，是由招标人物色几家公司直接进行合同谈判，一般情况下尽量不采用这种做法。

五、设备的订货、购置

设备选型后的下一步工作是进行订货购置；完成了订货才能实现设备的购置计划。

1. 订货程序

设备订货的主要步骤包括：货源调查、向厂家提出订货要求、制造厂报价、谈判磋商、签订订货合同。

2. 订货合同

所有订货产品，均需签订合同。国外设备订货合同一般应包括下列内容：

① 设备名称、型号、主要规格、订货数量、交货日期、交货地点；

② 设备详细技术参数；

③ 供货范围包括主机、标准件、特殊附件、随机备件等；

④ 质量验收标准及验收程序；

⑤ 随机供应的技术文件的名称及份数；

⑥ 付款方式、运输方式；

⑦ 卖方提供的技术服务、人员培训、安装调试的技术指导等；

⑧ 有关双方违反合同的罚款和争议的仲裁。

一般多数国内制造厂的订货合同内容包括上述第①、③、④、⑥、⑧条，不如国外详尽，有待完善。当完成了订货就可以去实现设备的购置计划。

3. 设备的购置

一般来说，对于结构复杂、精度高、大型稀有的通用万能设备，以购置为宜，必要时，也可引进国外先进设备。

机器设备选购的经济评价有以下几种方法。

（1）投资回收期法　投资回收期等于设备投资额除以采用新设备后年节约额。

$$\text{设备回收期(年)}=\frac{\text{设备投资额(元)}}{\text{采用新设备后年节约额(元/年)}}$$

在其他条件相同的情况下，选择投资回收期最短的设备为最优设备。据经验，回收期低于设备预期使用寿命（指经济寿命）的1/2时，此投资方案可取。

（2）投资回收率法　投资回收率法由于考虑到设备折旧，所以它比回收期法反映的情况要实际些。计算方法如下：如果投资回收率≥公司（企业）预定的最小回收率，此方案可行。

（3）现值法　其特点是可把购置设备的各种方案在不同时期内的收益和支出全部转化为现在的价值，对总的结果进行对比。机器在整个使用期每年都要支出经营费用，现值法是把这种逐年支出均折合成现在的一次性支出。应当指出的是，只有对比方案的使用期相同时，才能够使用现值法。

六、设备的招标采购

（一）设备的招标采购形式

设备的招标采购形式主要有两种，分别为邀请招标与社会招标。

邀请招标又名定向招标，由设备采购方根据订购需要向多家供应方提出招标意向书，邀请设备供货方参与设备采购招标，邀请招标由设备所需企业自行组织。

社会招标又名公开招标，由设备采购方委托具备进行社会招标资质的中介机构，公开向社会各方征求设备供货方，广泛参与该项设备的招标活动。社会招标则由中介机构组织，设备采购方参与。

（二）设备招标文件的主要内容

设备招标文件的主要内容分两部分。一部分是设备采购的必要内容，如标的物名称、供货时间、设备的各项技术要求与参数、运输与包装要求、设备质量与验收标准、付款与结算形式等。另一部分是进行设备招标采购的必要内容，包括评标定标办法、应标截标时间、开标时间、现场了解标的物情况的方式与联系人、履约保证金、招标机构与联系人等。

（三）设备招标采购的工作步骤

一般设备招标采购的工作步骤如下：

（1）招标准备。

（2）开标与评标前准备。为体现设备采购招标工作平等、公正、合理、合法和公开原则，开标方可采用向竞标方公开，或由监督机构监督下开标的形式。

（3）初步评审。主要是对投标人员资格的审查、报价审查、投标文件相应招标文件的审查、投标重大偏差审查等内容，确定合格的招标文件和作废的投标文件。

（4）详细评审。经初步评审合格的招标文件，由评标委员会成员根据招标文件确定的评定标准和方法，对其技术部分和商务部分做进一步评审比较。

（5）确定推荐的中标候选人或受招标人委托确定中标人。评标委员会推荐的中标候选人一般界定在三个以内（含三个），并标明排列顺序。招标人也可以授权评标委员会直接确定中标人。

（6）提交评标报告。

（四）设备采购评标方法

设备采购评标方法主要采用合理低价评标法、平均报价评标法、现阶段平均报价评标法，以及A+B值评标法等。

（1）合理低价评标法　包括综合评审合理低价法、经济评审合理低价法和设备安装合理低价法。

① 综合评审合理低价法。采用本办法招标的，其投标文件由技术、经济两部分组成，技术、经济两部分的分值一般以经济分值比例占多数，约60%～80%，具体比例可根据设备特点适当调整。

② 经济评审合理低价法。本办法适用标准产品，只需进行经济评标而不需进行技术评标。经济评标内容与综合评审合理低价法的经济评标内容相同，实际上是综合评审合理低价法的部分应用。

③ 设备安装合理低价法。本办法适用于设备采购含有安装的情况。除了按综合评审合理低价法外，需特别增加设备安装评审内容。设备安装合理低价法不设成本价，是设备综合合理低价法的补充。

（2）平均报价评标法。采用本办法招标的，要求招标人或其委托的招标代理机构，在招标文件中提供招标项目工程量清单，投标人只需按招标文件提供的工程量清单进行总价与分项目报价。评标办法则按有标底为样本进行评标，无标底的以总报价最低的为样本。评分应予接近基准价或最低报价作为最高分。

（3）两阶段低价评标法。采用本方法招标的，其投标文件应由技术、经济两部分组成，分别密封。评标委员会认为投标书中设备总价和单项价格为最低报价者为该项目的第一名。

（4）A＋B值评标法。采用A＋B值评标法的前提条件有两项，一是所有投标单项资格审查均获通过，无论谁中标，招标单项均可接受；二是采购招标单位在发标前确定的到货期，投标单位已进行确认。评标委员会在开标前公布招标参考价，评委用投标浮动系数的方法，分别去掉一个最高数和最低数，取平均值。用该平均值和招标参考价计算出投标基准价A。各投标单位的报价去掉一个最高数和最低数，用平均法求得平均标价B；然后A、B的平均值作为定标标准值。评标时取最接近而低于定标标准值的两个投标价者为中标候选人。如不能满足有低于定标标准值的中标候选人，则对最接近定标标准值的两个投标价者为中标候选人。

（五）评标评分办法要点

（1）采用评分办法进行评标，一般采用百分制计分，分值比例视各项技术或经济要点重要性而进行合理分配。

（2）分项评分设置优、良、中、差四档进行分数评定。

（3）评标委员会各委员的评分，采取各自评分的办法，委员之间可进行交流与讨论，但不得相互干扰或采取导向评分。各自评分采用有记名签认评分，组织评分机构计算总评分时，需向评委公布并接受评委们抽查。

七、设备的到货验收

（一）设备到货期验收

（1）不允许提前太多的时间到货。

（2）不准延期到货。

业主主持到货期验收，如与制造商发生争端，或在解决实际问题中有分歧或异议时，应遵循以下步骤予以妥善处理：①双方应通过友好协商予以解决；②可邀请双方认可的有关专家协助解决；③申请仲裁解决。

（二）设备完整性验收

（1）订购设备到达口岸（机场、港口、车站）后业主派员介入所在口岸的到货管理工作，核对到货数量、名称等是否与合同相符，有无因装运和接卸等原因导致的残损及残损情况的现场记录，办理装卸运输部门签证等业务事项。

（2）做好到货现场交接（提货）与设备接卸后的保管工作。

（3）组织开箱检验。

（4）办理索赔。不论国内订购还是国外订购，其索赔工作均要通过商检部门受理经办方有效，同时索赔亦要分清下述情况。

① 设备自身残缺，由制造商或经营商负责赔偿。

② 属于运输过程造成的残损，由承运者负责赔偿。

③ 属保险部门负责范畴，由保险公司负责赔偿。

④ 因交货期拖延而造成的直接与间接损失，由导致拖延交货期的主要责任者负责赔偿。

第五节 自制设备管理

为了适应企业的生产发展，企业往往要自行设计制造一些单工序或多工位的高效慎用设备及非标准设备等。这是企业挖潜革新，走自己武装自己的道路，发挥本身的技术优势，针对性强、周期短、收效快，是获得经济效益的好办法。

一、自制设备管理范围

自制设备的管理包括编制计划、方案讨论、样机设计、试制鉴定、质量管理、资料归档、费用核算、验收移交等全部工作。这些工作应由设备动力部门参与或负责，主要工作内容如下：

（1）编制设计任务书；

（2）审查设计方案；

（3）编制计划与费用预算表；

（4）试制与鉴定样机；

（5）质量检查；

（6）验收落户（转入固定资产）；

（7）技术资料归档；

（8）总结评价与信息反馈。

二、自制设备的主要作用

（1）更好地为企业生产经营服务，满足工艺上的特殊要求，以提高产品质量、降低成本；

（2）培养和锻炼企业技术人员和操作人员技术水平，提高企业维修水平；

（3）有效地解决了设计制造与使用相脱节的问题，易于实现设备的一生管理；

（4）有利于设备采用新工艺、新技术和新材料。

三、设备自行设计与制造的原则

《设备管理条例》规定：“企业自制设备，应当组织设备管理、维修、使用方面的人员参加设计方案的研究和审查工作，并严格按照设计方案做好设备的制造工作。设备制成后，应当有完整的技术资料。”这一规定应当作为企业自制设备管理的基本要求。

四、自行设计与制造的实施管理

1. 自制设备管理工作的内容

（1）编制设计任务书。

（2）设计方案审查。

（3）编制计划与费用预算表。

（4）制造质量检查。

（5）设备安装与试车。

（6）验收移交，并转入固定资产。

（7）技术资料归档。

（8）总结评价。

（9）使用信息反馈，为改进设计和修理、改造提供资料与数据。

2. 自制设备的管理程序与分工

(1) 工艺部门根据生产发展提出自制设备申请。

(2) 设备部门、技术部门组织相关论证，重大项目由企业领导直接决策。

(3) 企业主管领导研究决策后批转主管部门（总师室、基改办或设备部门）立项，并确定设计、制造部门。

(4) 主管部门组织使用单位、工艺部门研究编制设计任务书，下达工作令号。

(5) 设计部门提出设计方案及全部图纸资料。

(6) 设计方案审查一般实行分级管理。

(7) 设计或制造单位负责编制工艺、工装检具等技术工作。

(8) 劳动部门核定工时定额，生产部门安排制造计划。

(9) 制造单位组织制造、设计部门应派设计人员现场服务处理制造过程中的技术问题。

(10) 制造完成后由检查部门按设计任务书规定的项目进行检查鉴定。

3. 自制设备的委托设计与制造管理

不具备能力的企业可以委托外单位设计制造，一般工作程序如下。

(1) 调查研究　选择设计制造能力强、信誉好、价格合理、对用户负责的承制单位。大型设备可采用招标的方法。

(2) 提供该设备所要加工的产品图纸或实物，提出工艺、技术、精度、效率及对产品保密等方面的要求。商定设计制造价格。

(3) 签订设计制造合同　合同中应明确规定设计制造标准、质量要求、完工日期、制造价格及违约责任，并应经本单位审计法律部门（人员）审定。

(4) 设计工作完成后，组织本单位设备管理、技术、维修、使用人员对设计方案图纸资料进行审查，提出修改意见。

(5) 制造过程中，可派员到承制单位进行监制，及时发现和处理制造过程中的问题，保证设备制造质量。

(6) 造价高的大型或成套设备应实行监理制。

4. 自制设备的验收

自制设备设计、制造的重要环节是质量鉴定和验收工作。企业有关部门参加的自制设备鉴定验收会议，应根据设计任务书和图纸要求所规定的验收标准，对自制设备进行全面的技术、经济鉴定和评价。验收合格，由质量检查部门发合格证，准许使用部门进行安装试用。经半年的生产验证，能稳定达到产品工艺要求，设计、制造部门将修改后的完整的技术资料移交给设备部门。经设备部门核查，资料与实物相符，并符合固定资产标准者，方可转入企业固定资产进行管理。否则，不能转入固定资产。

第六节　国外设备的订货管理

一、进口设备管理的重要意义

进口设备一般价格昂贵，技术复杂，备件供应困难，涉外手续繁杂，并且多数为企业重点关键设备。为了充分发挥进口设备效能、提高经济效益，加强进口设备管理，特别是加强进口设备的前期管理有着十分重要的意义。

二、进口设备的前期管理

进口设备的前期管理包括调研、选型、安装、调试与人员的培训工作，加强这些方面的工作将为以后的设备使用与维护奠定基础，特别是技术人员的培训正是这些设备能否发挥其最佳效能的关键。由于进口设备正朝着大型化、连续化、高速化、精密化、系统化和自动化方向发展，广泛采用计算机、微电子、PLC、CNC、光栅等高新技术，是光、机、电、液等先进技术成果的综合应用，对设备操作人员、工艺技术人员、设备管理与维修人员都有较高的要求。所以选派技术骨干到国外设备制造厂家培训，熟悉、掌握和预验收所引进的设备非常重要，如果培训了一批高素质的员工，那么对进口设备的操作、维修保养、检修就会得心应手，使进口设备发挥出最大效能。同时设法保证这些人员岗位的稳定也非常重要。

三、进口设备原始资料的翻译与档案管理工作

原始资料对于进口设备的管理、维护及人员的培训有着非常重要的作用，每台进口设备的随机资料都要移交到设备资料管理处，并组织人员翻译，在认真筛选后归档，然后分门别类装订成册。同时还要组织专业工程技术人员和出国验收人员一起将译稿进行校对，将不规范的地方都更改过来，并将因外商工作疏漏或有意设障而错漏的控制原理图、故障分析等补齐、更正。这对今后设备维护保养、备件选购等都很重要。

建立、健全设备技术档案对进口设备的全寿命管理至关重要。对每台进口设备建立设备台账、卡片与备配件清单，把设备的使用和故障情况进行认真记录，建立规范的档案制度，就能为以后的管理与维护提供必要的信息，同时能为分析设备运行情况、研究改进进口设备管理与维修提供方便。

四、建立进口设备维修制度

我国传统的维修体系是采用集中维修体系，由设备部门负责全厂的设备维护，这种体系易发生互相推诿现象，不能及时处理出现的问题，影响维修效率。建立机（包括润滑）、电、仪、操作人员四位一体的新的维修体系易于解决这一问题，在这种新体系下，机、电、仪、操作人员成立班组，隶属于生产车间领导，这样，由于各工种同属一个部门形成统一的利益共同体，就迫使各工种对进口设备进行钻研，吃透各技术细节，迅速提高技能水平，同时能密切配合，在进口设备出现问题时能快速判断并迅速解决，把故障停机率降到最低限度。同时着眼于“强保养，零等候”，以“强保养”为前提，制订和实施以生产者为执行主体的各项管理制度；以“零等候”为基础，保证进口设备的故障及时处理。

建立以可靠性为中心的维修（RCM）体系，搜集丰富的数据资料，组织设备维修需求的 RCM 分析与改进分析决策，通过优化设备的使用、维修、改进、更新各个环节，以最低的费用实现进口设备的维修与改造。

五、进口设备备品配件管理与国产化工作

备品配件的供应是保证进口设备正常运行的重要环节，但这些备品配件往往国内不易购到，很多还须进口，而进口备品配件存在着很多问题，如价格昂贵、供货周期长等，这也是很多进口设备长期停机的原因。所以做好备品配件的管理与国产化，对于降低成本、保证进口设备正常生产等都有很重要的意义。

1. 备品配件的计划管理

建立集中管理的备品配件仓库，维修人员与管理人员要互通情况，实行专人专项管理。根据历年的消耗情况，实行“3A 管理”，即按照设备、部件和零件在生产流程、工艺流程及运动方式上承载的负荷多少和运动频率的高低，以及影响产品质量程度的大小，即按照其重要性、关键性而确定的一种等级排序。最关键的即为 A 类，其次为 B 类，最后为 C 类。据此，我们把进口设备分为 A、B、C 三类，然后再把部件分为 A、B、C 三类，最后再把备

品配件分为A、B、C三类。这样就划分出AAA到CCC共27类具有不同关键性等级的备品配件。实现关键的备件不短缺，不重要的备件零库存，可以使备品配件管理逐步进入一个规范化的良性循环。

2．备品配件国产化途径

对于本企业能够加工制造的，组织攻关组，进行研制，充分发挥自己的能力，依靠自己的力量使备品配件国产化。对于自己不能制造的，而国内其他厂家能制造的，组织人员全面考察这些厂家的产品类型、生产规模、技术力量、生产和质量管理情况等，从中选取合适的厂家进行协作配套。

第七节 设备的借用与租赁

企业内部单位之间设备的借出与借入称为设备的借用。设备租赁指企业单位之间设备的租入与租出。

对借用的设备，借出单位计提折旧，借入单位按月向借出单位缴纳相应的折旧费用。借用设备的日常维修、预防性维修及有关考核由借入单位负责。对长期借用的设备，主管部门应办理调动手续和资产转移，以利于资产管理。

对于设备租赁，从性质上看是一种借贷资本的运动形式；从作用上看，既是一种信贷贸易方式，也是一种筹集资金的手段。作为信贷贸易方式，租赁制是由承担人定期定额交付租金，取得一个时期甚至整个寿命周期的设备使用权，这与分期付款购买商品颇为相似。作为筹资手段，设备租赁是承租人初期只支付了相当于设备原值一小部分的租金就获得了需要一次投入大量资金才能见得的设备的使用权，这又类似于信用贷款，让承租企业借入了发展生产所需的长期资金。

一、设备租赁的特点

(1) 承租人用租进设备所产生的收入购买设备使用权。

(2) 在租赁期内，设备所有权属于出租人，使用权属于承租人。

(3) 租赁期一般为3～5年，租金按月、季或年平均支付，租金率固定。

(4) 租赁期满，承租人一般可以有3种选择：退还、续租、购买该设备。

(5) 许多国家对经营租赁业务的出租人，在税收方面给予享受加速折旧和投资减税的优惠；对承租人所支付的租金，允许从税前利润中扣除。

二、设备租赁的优越性

(1) 利用少量资金就能得到急需的设备，加速提高设备的技术水平和增强企业的竞争能力；少花钱，办大事；争取时间，抓住机遇。

(2) 可以保持资金的流动状态，提高资金利用率。租赁设备一般每年只支付相当于设备原值10%～20%的租金，大幅度减少了企业在固定资产上的投入，使大部分资金仍然流动，从而促进资金周转，防止企业资金呆滞。

(3) 可以减少技术落后的风险，当前，科学技术发展迅速，设备更新换代的周期大大缩短。企业根据生产需要短期租用设备，需要则租，不用则退，与购置设备长期使用相比，可以减少因技术落后、设备磨损严重带来的风险和经济损失。

(4) 可以促进企业加强经济核算，改善设备管理。租赁设备必须按时支付租金，促进企业在租赁之前仔细认证，慎重决策；租用后加强管理，提高利用率，充分发挥设备效能，多创效益，减少损失。

第八节 设备的验收、安装调试与使用初期管理

一、设备开箱检查

按库房管理规定办理设备出库手续。设备开箱检查由设备采购部门、设备主管部门组织安装部门、工具工装及使用部门参加。如果是进口设备，应有商检部门人员参加。开箱检查主要内容如下。

（1）检查箱号、箱数及外包装情况。发现问题，做好记录，及时处理。

（2）按照装箱单清点核对设备型号、规格、零件、部件、工具、附件、备件以及说明书等。

（3）检查设备在运输保管过程中有无锈蚀，如有锈蚀及时处理。

（4）凡属未清洗过的滑动面严禁移动，以防磨损。

（5）不需要安装的附件、工具、备件等应妥善装箱保管，待设备安装完工后一并移交使用单位。

（6）核对设备基础图和电气线路图与设备实际情况是否相符；检查地脚螺钉孔、垫铁是否符合要求；核对电源接线口的位置及有关参数是否与说明书相符。

（7）检查后作出详细检查记录。填写设备开箱检查验收单。

二、设备的安装

（1）设备的安装定位　设备安装定位的基本原则是要满足生产工艺的需要及维护、检修、技术安全、工序连接等方面的要求。设备的定位具体要考虑以下因素。

① 适应产品工艺流程及加工条件的需要。

② 保证最短的生产流程。

③ 设备的主体与附属装置的外形尺寸及运动部件的极限位置。

④ 要满足设备安装、工件装夹、维修和安全操作的需要。

⑤ 厂房的跨度、起重设备的高度、门的宽度与高度等。

⑥ 动力供应情况和劳动保护的要求。

⑦ 地基土壤地质情况。

⑧ 平面布置应排列整齐、美观，符合设计资料有关规定。

（2）设备的安装找平　设备安装找平的目的是保持其稳定性，减轻振动，避免设备变形，防止不合理磨损及保证加工精度等。

① 选定找平基准面的位置。

② 设备的安装水平。

③ 垫铁的选用应符合说明书和有关设计与设备技术文件对垫铁的规定。

④ 地脚螺钉、螺母和垫圈的规格应符合说明书与设计的要求。

三、设备的试运转与验收

（1）试运行前的准备工作　设备试运行前应做好以下各项工作：

① 再次擦洗设备，油箱及各润滑部位加足润滑油。

② 手动盘车，各运动部件应轻松灵活。

③ 试运转电气部分。

④ 检查安全装置，保证正确可靠，制动和锁紧机构应调整适当。

⑤ 各操作手柄转动灵活，定位准确并将手柄置于“停止”位置上。

⑥ 试车中需高速运行的部件（如磨床的砂轮），应无裂纹和碰损等缺陷。

⑦ 清理设备部件运动路线上的障碍物。

(2) 空运转试验　试验、检查内容如下：

① 各种速度的变速运行情况，由低速至高速逐级进行检查，每级速度运转时间≥2min。

② 各部位轴承温度　在正常润滑情况下，轴承温度不得超过设计规范或说明书规定。

③ 设备各变速箱在运行时的噪声≤85dB，精密设备≤70dB，不应有冲击声。

④ 检查进给系统的平稳性、可靠性。

⑤ 各种自动装置、联锁装置、分度机构及联动装置的动作是否协调、正确。

⑥ 各种保险、换向、限位和自动停车等安全防护装置是否灵敏、可靠。

⑦ 整机连续空运转的时间应符合规定，其运转过程中不应发生故障和停机现象，自动循环的休止时间≤1min。

(3) 设备的负荷试验　设备的负荷试验主要是为了试验设备在一定负荷下的工作能力。

(4) 设备的精度试验　在负荷试验后，按随机技术文件或精度标准进行加工精度试验，应达到出厂精度或合同规定要求。设备运行试验中，要做好以下各项记录，并对整个设备的试运转情况加以评定，做出准确的技术结论。

① 设备几何精度、加工精度检验记录及其他机能试验的记录。

② 设备试运转的情况，包括试车中对故障的排除。

③ 对无法调整及排除的问题，按性质归纳分类：设备原设计问题；设备制造质量问题；设备安装质量问题；调整中的技术问题等。

四、设备的安装验收与移交

(1) 设备安装验收与移交应具备的条件　对于自制设备，应由设备设计单位负责召集、组织设备制造、管理、使用等有关部门参加交验工作。

① 有设计任务书（有申请责任者、审核和批准者签名），对设备的技术性能、主要参数、使用要求等明确清楚。

② 设备审批手续齐全，设计达到任务书要求。

③ 制造完工、配套齐全、检验合格，经过约3～6个月试生产证实性能稳定，生产实用。

④ 设备技术文件（说明书、主要图纸资料等）齐备，具备维修保养条件。

(2) 在选择安装地点时应注意的问题

① 环境和设备的相互影响　如重型锻压设备的振动及铁路对附近精密加工设备的影响。

② 按工艺流程合理布置设备　减少零件周转时间与厂内运输费用。

③ 合理的能源供应方式　对于耗电大的设备应靠近变电站；空气压缩机站应远离仪器仪表控制中心。

④ 企业的发展规划和组织机构。

⑤ 发挥设备最高利用率。

(3) 当设备安装完毕时，应由项目负责部门会同有关技术、设备、使用、安装、安全等部门，进行安装质量检查、精度检测，并按规定先进行空载运转，再进行负荷试车。对于大型装置还必须进行联动试车，试生产等。经检验合格，由筹建单位办理设备移交手续。填写设备安装移交验收单、设备精度检验记录单、设备运转试验记录单，经参加验收人员共同签字后送移交项目负责部门、使用部门、设备部门、财务部门各1份。对于关键设备（高精度、大型、重型、稀有）还应有总工程师、主管厂长参加验收、移交工作，并签字批准。

随机附件应由设备部门负责按照装箱单逐项清点，并填写设备附件工具明细表，由使用部门负责保管。随机技术文件明细表填写完后，应交技术档案室存档。还要填写备件入库单，并由备件仓库办理入库手续。

对自制设备，鉴定验收后，应算出资产价值并与投资概算进行比较分析，办理移交手续。

五、设备使用初期管理

（一）设备使用初期管理的含义

设备使用初期管理是指设备正式投产运行后到稳定生产这一初期使用阶段（一般约 6 个月）的管理，也就是对这一观察期内的设备调整试车、使用、维护、状态监测、故障诊断、操作人员的培训、维修技术信息的收集与处理等全部工作的管理。

加强设备使用初期管理是为了掌握设备运转初期的生产效率、精度、加工质量、性能和故障的跟踪排除，总结和提高初期运转的质量，从而使设备尽早达到正常稳定的良好状态。同时将设备前期设计、制造、安装中所带来的问题作为信息反馈，以便采取改善措施，为今后设备的设计、选型或自制提供可能依据。

（二）设备使用初期管理的主要内容

（1）设备初期使用中的调整试车，使其达到原设计预期的功能。

（2）操作工人使用维护的技术培训工作。

（3）对设备进行初期的运转状态变化观察、记录和分析处理。

（4）稳定生产，提高设备的生产效率。

（5）开展使用初期的信息管理，制订信息收集程序，做好初期故障的原始记录，填写设备初期使用鉴定书及调试记录等。

（6）使用部门要提供各项原始记录，包括实际开动机时、使用范围、使用条件、零部件损伤和失效记录、早期故障记录及其他原始记录。

（7）对典型故障和零、部件失效情况进行研究，提出改善措施和对策。

（8）对设备原设计或制造上的缺陷提出合理的改进建议，采取改善性维修的措施。

（9）对使用初期的费用与效果进行技术经济分析，并做出评价。

（10）对使用初期所收集的信息进行分析处理。

① 属于设计、制造上的问题，向设计、制造单位反馈。

② 属于安装、调试上的问题，向安装、试车单位反馈。

③ 属于需采取维修对策的问题，向设备维修部门反馈。

第五章 石油化工通用设备资产管理

设备资产是企业固定资产的主要组成部分，是进行生产的技术物质基础。本章所述设备资产管理，是指企业设备管理部门对属于固定资产的机械、动力设备进行的资产管理。要做好设备资产的管理工作，设备管理部门、使用部门和财会部门必须同心协力、互相配合。设备管理部门负责设备资产的编号、技能改造、调拨出租、清查盘点、报废清理等管理工作；使用部门负责设备资产的正确使用、妥善保管及精心维护等工作；而财会部门负责组织制度，固定资产管理方责任制度和相应的凭证审查手续，严格贯彻执行并协助各部门、各单位做好固定资产的核算工作。

第一节 固定资产

固定资产是指企业使用期限超过1年的房屋、建筑物、机器、机械、运输工具以及其他与生产、经营有关的设备、器具、工具等。不属于生产经营主要设备的物品，单位价值在2000元以上，并且使用年限超过2年的，也应当作为固定资产。固定资产是企业的劳动手段，也是企业赖以生产经营的主要资产。从会计的角度划分，固定资产一般被分为生产用固定资产、非生产用固定资产、租出固定资产、未使用固定资产、不需用固定资产、融资租赁固定资产、接受捐赠固定资产等。而作为改变劳动对象的直接承担者的设备，则占据着固定资产的很大比重。因此，设备是固定资产的重要组成部分。

一、固定资产的特点

(1) 固定资产的价值一般比较大，使用时间比较长，能长期地、重复地参加生产过程。

(2) 在生产过程中虽然发生磨损，但是并不改变其本身的实物形态，而是根据其磨损程度，逐步地将其价值转移到产品中去，其价值转移部分回收后形成折旧基金。

(3) 固定资金的循环期比较长，它不是取决于产品的生产周期，而是取决于固定资产的使用年限。

(4) 固定资金的价值补偿和实物更新是分别进行的，前者是随着固定资产折旧逐步完成的，后者是在固定资产不能使用或不宜使用时，用平时积累的折旧基金来实现的。

(5) 在购置和建造固定资产时，需要支付相当数量的货币资金，这种投资是一次性的，但投资的回收是通过固定资产折旧分期进行的。

二、固定资产的确认条件

按照国家财政部门的规定，固定资产必须同时具备以下两个条件。

(1) 使用期限必须在一年以上，包括房屋及建筑物、机械、运输工具以及其他与生产经营有关的设备、器具及工具等；

(2) 与生产经营无关的设备，但单台价值2000元以上，不包括2000元，并且使用期限超过两年的物品。

凡不具备固定资产条件的劳动资料，均列为低值易耗品。有些劳动资料具备固定资产的两个条件，但由于更换频繁、性能不够稳定、变动性大、容易损坏或者使用期限不固定等原因，也可不列为固定资产。固定资产与低值易耗品的具体划分，应由行业主管部门组织同类企业制订固定资产目录来确定。列入低值易耗品管理的简易设备，如砂轮机、台钻、手动压床，设备维修管理部门也应建账管理。

三、固定资产的分类

企业固定资产种类繁多，它们在生产中所处地位不同，发挥的作用也不同。为加强管理和便于核算，应对固定资产进行合理的分类，以便分别反映和监督其收入、调出、使用、保管等情况，考核分析固定资产的利用情况，为经营管理提供必要的信息。

1. 按固定资产的所有权分类

固定资产按所有权可分为自有固定资产和租入固定资产。这种分类可确定企业实有的固定资产数额，反映监督租入固定资产情况。

2. 按固定资产的经济用途分类

固定资产按经济用途可分为生产经营用固定资产和非生产经营用固定资产。这种分类可反映二者之间的比例及其变化情况，以分析企业固定资产的配置是否合理。

3. 按固定资产的性能分类

固定资产按性能可分为：房屋；建筑物；动力设备；传导设备；工作机器及设备；工具、模具、仪器及生产用具；运输设备；管理用具；其他固定资产。这种分类可反映其构成情况，并能将各类固定资产归口，由各职能部门负责管理，便于分类计算折旧率。

4. 按固定资产使用情况分类

固定资产按使用情况可分为在用固定资产、未使用固定资产和不需用固定资产。这种分类可反映固定资产使用情况，促使企业将未使用固定资产尽快投入使用，提高固定资产利用率，将不需用固定资产及时处理。

5. 固定资产综合分类

在实际工作中，企业的固定资产是按经济用途和使用情况综合分类的，按固定资产的经济用途和使用情况可将企业的固定资产分为七大类。

(1) 生产经营用固定资产　它是指直接参加企业生产、经营过程或直接服务于生产、经营过程的各种固定资产。例如：房屋、建筑物、机器设备、运输工具、管理用具等。

(2) 非生产经营用固定资产　它是指不直接服务于生产、经营过程的各种固定资产。例如：职工宿舍、学校、幼儿园、食堂、浴室、医院、理发室、职工活动室等方面的固定资产。

(3) 租出固定资产　它是指出租给外单位使用的固定资产。这类固定资产，只是将其使用权暂时让渡给承租单位，所有权仍归本企业，由本企业收取租金，应视作营业中使用的固定资产，计提折旧。

（4）不需用固定资产　它是指本企业不需用、准备处理的固定资产。

（5）未使用固定资产　它是指尚未使用的新增固定资产、调入尚待安装的固定资产、进行改扩建的固定资产，以及经批准停止使用的固定资产。由于季节性生产、大修理等原因而停止使用的固定资产，应作为使用中的固定资产处理。

（6）土地　它是指过去已经估价单独入账的土地。因征用土地而支付的补偿费，应计入与土地有关的房屋、建筑物的价值内，不单独作为土地入账。企业取得的土地使用权不作为固定资产管理，应作为无形资产核算。

（7）融资租入固定资产　它是指企业以融资租赁方式租入的固定资产。在租赁期内，应视同企业自有固定资产进行管理。

四、固定资产的计价

固定资产计价是指以货币为计量单位来计量固定资产的价值。固定资产计价的正确与否，不仅关系到固定资产的管理和核算，而且也关系到企业的收入与费用是否配比，经营成果的核算是否真实。固定资产的计价包括两个方面，一是初始计价，是指取得固定资产时成本的确定；二是期末计价，是指固定资产期末价值的确定。

1. 固定资产的原始价值

原始价值也称历史成本、原始成本，它是指企业为取得某项固定资产所支付的全部价款以及使固定资产达到预期工作状态前所发生的一切合理、必要的支出。采用原始价值计价的主要优点在于原始价值具有客观性和可验证性；同时，原始价值可以如实反映企业的固定资产投资规模，是企业计提折旧的依据。因此，原始价值是固定资产的基本计价标准，我国对固定资产的计价采用这种计价方法。

这种计价方法的缺点在于，在经济环境和社会物价水平发生变化时，由于货币时间价值的作用和物价水平变动的影响，使原始价值与现时价值之间会产生差异，原始价值不能反映固定资产的真实价值。为了弥补这种计价方法的缺陷，企业可以在年度会计报表附注中公布固定资产的现时重置成本。

固定资产的原始价值登记入账后，除发生下列情况外，企业不得任意变动、调整固定资产的账面价值：

（1）根据国家规定对固定资产价值重新估价，如产权变动、股份制改造时对固定资产价值进行重估。

（2）增加补充设备或改良装置。

（3）将固定资产的一部分拆除。

（4）根据实际价值调整原来的暂估价值。

（5）发现原固定资产价值有误。

2. 固定资产的重置完全价值

重置完全价值也称现时重置成本，它是指在当前的生产技术条件下重新购建同样的固定资产所需要的全部支出。按重置完全价值计价可以比较真实地反映固定资产的现时价值，因此，有人主张以重置完全价值代替原始价值作为固定资产的计价依据。但是这种方法缺乏可验证性，具体操作也比较复杂，一般在无法取得固定资产原始价值或需要对报表进行补充说明时采用。如发现盘盈固定资产时，可以用重置完全价值入账。但在这种情况下，重置完全价值一经入账，即成为该固定资产的原始价值。

3. 净值

净值也称折余价值，是指固定资产的原始价值或重置完全价值减去已提折旧后的净额。

固定资产净值可以反映企业一定时期固定资产尚未磨损的现有价值和固定资产实际占用的资金数额。将净值与原始价值相比，可反映企业当前固定资产的新旧程度。

4. 增值

增值是指在原有固定资产的基础上进行改建、扩建或技术改造后增加的固定资产价值。增值额为由于改建或技术改造而支付的费用减去过程中发生的变价收入。固定资产大修工程不增加固定资产的价值，但如果在大修现时进行技术改造，则进行技术改造的投资部分，应当计入固定资产的增值。

5. 残值

残值是指固定资产报废时的残余价值，是报废资产拆除后剩余的材料、零部件或残体的价值。净残值为残值减去清理费用后的余额。

五、固定资产折旧

固定资产的折旧是指固定资产由于损耗而减少的价值。固定资产的损耗分为有形损耗和无形损耗两种。有形损耗指固定资产在使用过程中由于使用和自然力的影响而引起的使用价值和价值上的损耗；无形损耗指由于科学技术进步、劳动生产率的提高而使原有固定资产再使用已不经济或其生产出的产品已失去竞争力而引起的价值损失。

固定资产的再生产过程中，同时存在着两种形式的运动：一是物质运动，它经历着磨损、修理改造和实物更新的连续过程；二是价值运动，它依次经过价值损耗、价值转移和价值补偿的运动过程。固定资产在使用中因磨损而造成的损耗，随着生产的进行逐渐转移到产品成本中，形成价值的转移；转移的价值通过产品的销售，从销售收入中得到价值补偿。因此，固定资产的两种形式的运动是相互储存的。

（一）计算提取折旧的意义

合理的计算折旧，对企业和国家具有以下作用和意义：

（1）折旧是为了补偿固定资产的价值损耗，折旧资金为固定资产的适时更新和加速企业的技术改造、促进技术进步提供资金保证。

（2）折旧费是产品成本的组成部分，正确计算提取折旧才能真实反映产品成本和企业利润，有利于正确评价企业经营成果。

（3）折旧是社会补偿基金的组成部分，正确计算折旧可为社会总产品中合理划分补偿基金和国民收入提供依据，有利于安排国民收入中积累和消费的比例关系，搞好国民经济计算和综合平衡。

（二）确定设备折旧年限的一般原则

正确的设备折旧年限应该既反映设备有形磨损，又反映设备无形磨损，应该与设备的实际损耗基本符合。一般来说，折旧年限应依据固定资产使用的时间、强度、使用环境及条件来确定，并且不同行业、不同类型的设备的折旧年限应是不同的。

（1）统计计算历年来报废的各类设备的平均使用年限，分析其发展趋势，并以此作为确定设备折旧年限的参考依据之一。

（2）设备制造业采用新技术进行产品换型的周期，也是确定折旧年限的重要参考依据之一。目前，工业发达国家产品换型的周期短，大修设备不如更新设备经济，因此设备折旧年限较短。

（3）对于精密、大型、重型、稀有设备，由于其价值高而一般利用率较低，并且维护保养较好，故折旧年限应大于一般通用设备。

（4）对于铸造设备及其他热加工设备，由于其工作条件差，故折旧年限应比冷加工设备短些。

(5) 对于产品更新换代较快的专用机床，其折旧年限要短，应与产品换型相适应。

(6) 设备生产负荷的高低、工作环境条件的好坏，也影响设备使用年限。

(三)固定资产折旧的范围

计算折旧要明确哪些固定资产应当提取折旧，哪些固定资产不应当提取折旧。具体讲，应计提折旧的固定资产包括：

(1) 房屋和建筑物；

(2) 机器设备、仪器仪表、运输工具；

(3) 以经营租赁方式租出的固定资产；

(4) 以融资租赁方式租入的固定资产。

上述第(1)、(2)类固定资产，无论是否使用，都会发生有形损耗或无形损耗，故都应计提折旧。对上述第(3)类固定资产，因所有权仍属于出租方，其原始价值，仍在出租方计提折旧的固定资产账面中反映，故应属计提折旧的范围。对上述第(4)类固定资产，虽然从其法律形式上看，承租方未取得该项资产的所有权，但从交易的实质内容看，租赁资产上的一切风险和报酬都已转移给承租方，根据实质重于形式的原则，该类资产作为承租方的资产计价入账，故应属计提折旧的范围。

不计提折旧的固定资产包括：

(1) 已提足折旧继续使用的固定资产；

(2) 未提足折旧提前报废的固定资产；

(3) 以经营租赁方式租入的固定资产；

(4) 在建工程项目交付使用之前的固定资产；

(5) 按规定单独估价作为固定资产入账的土地。

(四)折旧的计算方法

会计上计算折旧的方法很多，有平均年限法、工作量法、双倍余额递减法、年数总和法等。由于固定资产折旧方法的选用直接影响到企业成本的计算，所以折旧的计提会也影响到当期的收入和纳税。企业应根据具体情况确定所使用的方法，且经选用不得任意变动。

1. 平均年限法

(1) 概念　平均年限法，又称直线法，是将固定资产的折旧均衡地分摊到各期的一种方法。采用这种方法计算的每期折旧额均是相等的。

(2) 计算公式

年折旧额＝(固定资产原值－预计净残值)/固定资产预计使用年限

或：年折旧额＝[固定资产原值×(1－预计净残值率)]/固定资产预计使用年限

月折旧额＝固定资产年折旧额/12

例：某企业购入固定资产一台，入账价值为31000元，预计使用5年，预计净残值为1000元。按平均年限法计提折旧，计算该资产年折旧额、月折旧额。

年折旧额＝(31000－1000)/5＝6000(元)

月折旧额＝6000/12＝500(元)

在实际工作中，为了反映固定资产折旧水平和便于固定资产折旧额的计算，通常还计算固定资产的折旧率。固定资产的折旧率可分为个别折旧率、分类折旧率和综合折旧率三种。以个别折旧率为例，计算公式为：

$$某项固定资产年折旧率=\frac{该项固定资产年折旧额}{该项固定资产原值}\times100\%$$

$$=\frac{该项固定资产原值-预计净残值}{该项固定资产\times该项固定预计使用年限资产原值}\times100\%$$

$$=\frac{1-净残值率}{预计使用年限}$$

某项固定资产月折旧率=该项固定资产年折旧率/12

某项固定资产月折旧额=该项固定资产原值×月折旧率

例：某企业有设备一台，原值为 19000 元，预计净残值率为 4%，预计使用 10 年，计算该项固定资产的年折旧率、年折旧额、月折旧率、月折旧额。

$$该项固定资产的年折旧率=\frac{1-4\%}{10}\times100\%=9.6\%$$

该项固定资产的年折旧额=19000×9.6%=1824(元)

该项固定资产的月折旧率=9.6%/12=0.8%

该项固定资产的月折旧额=19000×0.8%=152(元)

平均年限法易于理解且简便易行，得到广泛的应用，但也有不足，即它主要考虑固定资产的寿命周期，而不重视使用情况，一台机器，若每天使用 1h 与每天使用 8h，均按同样的标准计提折旧，显然不太合理。

2. 工作量法

（1）概念：工作量法是根据实际工作量计提折旧额的一种方法，这种方法弥补平均年限法只考虑使用时间，不考虑使用强度的缺点。

（2）计算公式

单位工作量折旧额=[固定资产原价×(1-残值率)]/预计总工作量

某项固定资产月折旧额=该项固定资产当月工作量×每一工作量折旧额

例：某企业的一辆运货卡车的原价为 60000 元，预计总行使里程为 50 万千米，预计净残值率为 5%，本月行使 4000km，计算该辆汽车的月折旧额。

单位里程折旧额=[60000×(1-5%)]/500000=0.114(元/km)

本月折旧额=4000×0.114=456(元)

在工作量法下，固定资产单位工作量计提的折旧额是相等的，但在各个使用期限内计提的折旧额会因固定资产实际工作量不同而有所差异。该法主要适用于各个会计期间使用程度不均衡的固定资产。

3. 加速折旧法

加速折旧法也称为快速折旧法或递减折旧法，其特点是在固定资产有效使用年限的前期多提折旧，后期则少提折旧，从而相对加快折旧的速度，以使固定资产成本在有效使用年限中加快得到补偿的速度。

加速折旧的计提方法有多种，常用的有以下两种。

（1）双倍余额递减法（双倍是指折旧率是直线法的双倍） 双倍余额递减法是在不考虑固定资产残值的情况下，根据每期期初固定资产账面余额和双倍的直线法折旧率计算固定资产折旧的一种方法。计算公式为：

双倍直线年折旧率=2/预计的折旧年限×100%

年折旧额=年初固定资产账面净值×双倍直线年折旧率

由于双倍余额递减法不考虑固定资产的净残值因素，因此，在应用这种方法时必须注意不能使固定资产的账面折余价值降低到它的预计净残值以下，因此在固定资产的使用后期，如果发现使用双倍余额递减法计算的折旧额小于使用直线法计算的折旧额时，就应该改用直线法计提折旧。为了操作方便，实行双倍余额递减法计提折旧的固定资产，应当在其固定资产折旧年限到期以前两年内，将固定资产净值扣除预计净残值后的余额平均摊销。

（2）年数总和法　年数总和法又称合计年限法，是以固定资产的原值减去净残值后的净额为基数，以一个逐年递减的分数为折旧率，计算各年固定资产折旧额的一种方法。这种方法的特点是计提折旧的基数是固定不变的，折旧率依据固定资产的使用年限来确定，且各年折旧率呈递减趋势，所以计算出的年折旧额也呈递减趋势。

计算时，折旧率的分子代表固定资产尚可使用的年数，分母代表使用年数的逐年数字总和。计算公式如下：

$$年折旧率=(预计的使用年限-已使用年限)/年数总和\times 100\%$$

$$年数总和=预计的折旧年限\times(预计的折旧年限+1)/2$$

$$月折旧率=年折旧率/12$$

$$年折旧额=(固定资产原值-预计净残值)\times 年折旧率$$

$$月折旧额=(固定资产原值-预计净残值)\times 月折旧率$$

第二节　设备的分类

一般企业的设备数量都比较多。由于企业的规模不同，有的企业中设备少则数百台，多则几千台，此外还有几万平方米的建、构筑物及成百上千千米的管道等。准确地统计企业设备的数量并进行科学的分类，是掌握固定资产构成、分析企业生产能力、明确职责分工、编制设备维修计划、进行维修记录和技术数据统计分析、开展维修经济活动分析的一项基础工作。设备分类方法很多，可根据不同的需要，从不同的角度来分类。下面介绍几种主要的分类方法。

一、按编号分类

工业企业使用的设备品种繁多，为便于固定资产管理、生产计划管理和设备维修管理，设备管理部门对所有生产设备必须按规定的分类进行资产编号，这是设备基础管理工作的一项重要内容。如 01 工业锅炉；03 金属切削机床；04 锻压设备；05 锻造设备；06 木工机械；07 起重设备；08 输送及给料设备；10 泵；11 风机；12 气体压缩机；13 气体分离设备；14 冷冻设备；17 表面处理设备；18 焊接及切割设备；19 工业电热设备；20 工业炉窑；21 电力机械设备；22 破碎机械；23 粉碎设备；30 其他设备；44 焊条类设备；51 橡胶类设备；54 印刷设备；90 民品设备；0A 坦克生产专用设备；0C 火炮生产专用设备等。

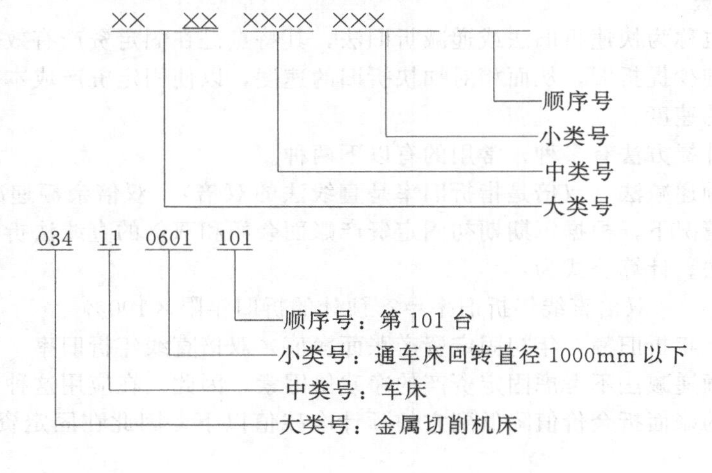

二、按设备维修管理分类

(1) 主要设备　是指固定资产设备中单台设备修理复杂系数大于或等于5的全部设备，对主要设备要建立设备管理档案。

(2) 非主要生产设备　是指复杂系数小于5的直接或间接参加生产过程的设备。

(3) 非生产设备　是指不直接参加生产过程的设备，如后勤部门、行政部门使用的设备。

(4) 大型设备　使用规格在一定范围内的设备，这些设备都是有严格规定的，我们只要按规定划分就可以了。

(5) 关重（关键和重点）设备　是生产中的主力军，管好、用好这些设备是保证生产安全运行的关键，关重设备的选择依据是生产设备发生故障后和修理停机时间对生产、质量、成本、安全、交货期等方面影响的平均度和造成损失的大小。

选择关重设备的依据是：

① 关键工序的单一生产设备。

② 负荷高的生产专用设备。

③ 出故障后影响生产面大的设备。

④ 故障频繁经常影响生产的设备。

⑤ 精加工关键设备。

⑥ 关键工序无代用的设备。

⑦ 修理停机对产量产值影响大的设备。

⑧ 出故障后影响人身安全的设备。

⑨ 备件供应困难的设备。

三、企业设备分类

由于不同企业生产产品和装备不同，对设备的分类也不尽相同。现以化工企业为例进行分类。

根据化工设备在生产上的重要程度，可将设备分为主要设备和一般设备两大类，各自又分成两类：

设备
- 主要设备
  - 甲类（级）设备
  - 乙类（级）设备
- 一般设备
  - 丙类（级）设备
  - 丁类（级）设备

（一）甲类设备

甲类设备是工厂的心脏设备，在无备机情况下，一旦出现故障，将引起全厂停产，有的企业称为关键设备，在一个企业中约占全部设备的5%～10%。如所有合成氨厂，其关键设备是“炉、机、塔”。“炉”是指煤气炉，是故障频繁、影响生产因素极大的设备，在安全上有爆炸及火灾的危险，检修困难，不易修复。“机”是指氢气、氨气压缩机，因阀片与活塞环的故障率较高，使用寿命很短。“塔”是指合成塔，是高温、高压设备。其中的催化剂需精心维护操作，一旦催化剂中毒，就会影响全局，造成停工、停产。在合成氨工艺设备中，煤气炉是龙头，压缩机是心脏，而合成塔是出产品的关键设备，三者缺一不可。乙烯厂的原料气、乙烯、丙烯压缩机及超高压反应器等，则是乙烯厂的心脏设备。类似这样的设备为甲类设备。

（二）乙类设备

乙类设备是工厂主要生产设备，但有备用设备。其重要性不及主要设备，且对全厂生产和安全影响不严重，其重要程度比甲类设备要差一些。乙类设备约占全厂设备的10％左右。

在化工企业中，一般设备的重要性虽不及主要设备，但所占的比重较大，约占90％。

（三）丙类设备

丙类设备是运转设备或检修比较频繁的静止设备。如一般反应设备、换热器、泵设备等。

（四）丁类设备

丁类设备结构比较简单，平时维护工作较少，检修也较简单，如小型储槽等静止设备。这种类别（等级）的划分，是为了便于管理，只能是相对的，是根据设备在企业经济地位中的重要性来衡量的，一般从事设备管理工作较久的人员，都能从感性认识出发，比较准确地划定其类别，或经过有关设备管理的三结合小组讨论评定，报企业生产（或设备）副厂长批准后执行。

根据石油化工企业生产性质，可将使用设备分为14大类。

(1) 炉类　包括加热炉（箱式、管式、圆筒式）、煤气（油）发生炉、干馏炉、裂解炉、一段转化炉、热载体炉、脱氢炉等。

(2) 塔类　包括板式塔（即筛板、浮阀、泡罩）、填料塔、焦炭塔、干燥塔、冷却塔、造粒塔等。

(3) 反应设备类　包括反应器（釜、塔）、聚合釜、加氨转化炉、二段转化炉、变换炉、氨（甲醇）合成塔、尿素合成塔。

(4) 储罐类　包括金属储罐（桥架、无力矩、浮顶）、非金属储罐、球形储罐、气柜、各类容器。

(5) 换热设备类　包括管壳式换热器、套管式换热器、水浸式换热器、喷淋式换热器、回转（蛇管）式换热器、板式换热器、板翅式换热器、管翅式换热器、废热锅炉等。

(6) 化工机械类　包括真空过滤机、叶片过滤机、板式过滤机、搅拌机、干燥机、成型机、结晶机、挤条机、振动机、扒料机、包装机等。

(7) 橡胶与塑料机械类　包括挤压脱水机、膨胀干燥机、水平输送机、振动提升机、螺杆输送机、混炼（捏）机、挤压机、切粒机、压块机、包装机等。

(8) 化纤机械类　包括抽（纺）丝机、牵伸机、水洗机、柔软处理机、烘干机、卷曲机、卷绕（折叠）机、加捻机、牵切机、切断机、针梳机、打包机等。

(9) 通用机械类　泵类：包括离心泵、往复泵、比例泵、齿轮泵、真空泵、螺杆泵、旋涡泵、刮板泵、屏蔽泵。压缩机：包括离心式压缩机、往复式压缩机、螺杆式压缩机、回转（刮板）式压缩机。鼓风机：包括离心式鼓风机、罗茨鼓风机、冰机。

(10) 动力设备类　包括汽轮机、蒸汽机、内燃机、电动机、直流发电机、交流发电机、变压器、开关柜。

(11) 仪器、仪表类　包括测量仪表、控制仪表、电子计算机等。

(12) 机修设备类　机床类：包括车床、铣床、镗床、刨床、插床、钻床（钻孔直径在25mm以上）、齿轮加工机床、动平衡机等。除了机床类，还有化铁炉（0.5t以上）、炼钢炉（0.5t以上）、热处理炉、锻锤、压力机（或水压机）、卷板机、剪板机、电焊机等。

(13) 起重运输和施工机械类　起重机包括桥式起重机、汽车（轮胎）吊车、履带吊车、塔式吊车、龙门吊车、电动葫芦；皮带运输机；辐板车；插车；蒸汽机车；电动机车；内燃机车；汽车包括载重汽车、三轮卡车、拖车、消防车、救护车；槽车；拖拉机；推土机；挖掘机；球磨机；粉碎机。

（14）其他类设备　前面各类中未包括进去的其他设备。

第三节　设备资产的变动管理

设备资产的动态管理是指由于设备安装验收和移交生产、闲置封存、移装调拨、借用租赁、报废处理等情况引起设备资产的变动，需要处理和掌握而进行的管理。

一、设备的安装验收和移交生产

设备的安装验收和移交生产是设备全过程管理关键环节之一，设备在安装前，首先应选择设备的安装地点，确定工艺布局。

（一）验收前准备

（1）新设备到厂前一周，采购工程师应事先通知设备工程师，设备工程师根据合同技术要求进行开箱检验、安装调试前准备工作，包括试车料及电、气、水等条件。

（2）新设备到厂后，采购工程师应及时派发《设备/备件报检通知单》和对应的合同技术要求复印件给设备文员，设备文员进行设备台账的前期登记后（如采购合同号、设备编号、到厂日期），将《设备/备件报检通知单》《设备初步验收报告》及《设备合格验收报告》交给负责该工序的设备工程师。设备工程师首先填写设备的基本信息。

（3）设备文员将“设备台账前期登记信息”用电子邮件方式通知使用部门文员，使用部门文员负责在设备上张贴“安装调试”状态标识。

（4）设备工程师会同采购工程师、使用人员、厂家人员等组织开箱，并准备好拍照相机。

（二）到厂开箱检验

根据合同技术要求的规定，主要检验以下项目。

（1）检查外包装方式及其完好性。如有损坏，马上拍照取证，并在承运货单上注明破损情况，双方签字。

（2）开箱时，尽可能要求厂家人员在场，双方根据合同要求或装箱单清点其中设备、随机辅料、工具、备件以及要求的设备文件资料。如有不符，必须在清单上注明和签字。

（3）清点时，还应检查设备和各部件的完好性。如有损坏，必须在清单上注明和签字，马上拍照取证。

（4）检验结束后，采购工程师马上将异常情况通知厂家人员。

（5）开箱检验获取的文件资料、电子资料，设备工程师应及时整理并归档到文控中心；使用需要时再借出或复印。

（6）开箱检验工作完成，责任工程师必须编写阶段性总结报告，对该项工作进行总结性描述。该报告最后将作为验收报告的附件。

（三）安装调试

（1）现场安装

① 设备现场安装必须依据厂家提供的安装指导书或在厂家专业人员的指导下由厂家人员或使用方人员进行，其主要工作内容和注意事项包括：

a. 设备就位、水平调整、底座固定。

b. 设备分离部件的组装。

c. 设备运行所需的电、气、水、空调的连接。

d. 设备部件的清洁、润滑、紧固、调整、防腐。

② 设备安装必须符合合同要求，设备工程师应每天做好记录，尤其是与合同不符的部分还需及时与厂家反馈沟通，尽快纠正。

③ 设备安装完成后，试车之前，责任工程师必须编写阶段性总结报告，对该项工作进行总结性描述。该报告最后将作为验收报告的附件。

(2) 空载试车

① 安装完成后，就可以进行空载试车。主要内容和注意事项包括：

a. 首先确认电源、气源、水源、空调是否供给正常。

b. 按照空载指导书，确认设备能否正常开关机，设备各部分的启动、显示和运行功能是否正常，能否执行设计的动作等。

c. 着重测验合同规定的关键指标（如行程、速度、温度、运行周期等）。

d. 必要时，做相应的机构调整。

② 空载时发现不合格者，设备工程师应及时同厂家沟通，确定整改方案和完成时间。

③ 空载试车完成后，责任工程师必须编写阶段性总结报告，对该项工作进行总结性描述。该报告最后将作为验收报告的附件。

(3) 负载试车

① 空载试车完成后，备好加工原料后就可以开始负载试车。其主要工作内容和注意事项包括：

a. 设备工程师组织准备合同规定试车考核方案中需要的原料、工装及辅材以及负载试车考核计划。

b. 如果是新型生产设备，设备工程师需出具《工程变更要求 ECR》，通知工艺工程师调整工艺参数。

c. 根据合同规定的试车方案分不同产品、不同规格进行逐项试产，留取足量的待检产品；用合同约定的检测方法或行业检测标准对产、成品的关键质量特性和设备的关键性能（如加工精度、合格率、产能等）进行测量、记录、分析和评判。

d. 投料试车时，主要考核设备对来料的适应性和制作产品的符合性，如加工精度、合格率、产能等。

e. 试车同时，还要考核设备的可靠性、可修性和运行经济性。

② 设备工程师必须严格根据合同技术要求有计划、有步骤地进行设备考核，并对负载试车的全过程做好记录和数据收集处理。

③ 负载试车中如有异常，则与厂家友好沟通协商，书面明确下一步的整改措施和解决计划。

④ 负载试车完成后，责任工程师必须编写阶段性总结报告，对该项工作进行总结性描述。该报告最后将作为验收报告的附件。

(4) 如果安装调试的周期或时限超过合同规定，必须在检验确认单中记录然后双方签字，以作为合同付款结算依据。

(5) 安装调试期间，设备工程师应该组织专门的设备操作人员和维护人员进行同步培训。

(6) 安装调试期间，设备工程师应将设备的状态用标牌“安装调试”表示。

(7) 设备包含需要计量的装置或部件（如温度表、压力表等），需根据具体情况在空载试车或负载试车阶段向计量工程师申请计量确认。由计量工程师提交的计量报告作为设备负载试车检验的附件。有关计量确认的相关要求见 IATF 16949—2016-SP-07《监视和测量装置管理程序》。

（8）设备安装调试完毕，空载试车也合格之后，由责任工程师填写《设备初步验收报告》，作为财务付款依据。

（四）商业试生产

（1）负载试车合格后，设备暂时移交给使用部门进行至少1个月的商业试生产。使用部门必须指定专门的设备操作负责人和设备维护负责人，并将商业试生产期间出现的设备问题及时以报修单的形式反馈给设备工程师。

（2）在商业试生产期间设备正常运行，即可办理设备验收手续。若在试运行期间又出现新的问题，设备需要进一步改善时，设备验收手续相应延期办理。

（3）在商业试生产期间，设备工程师对以下性能跟踪确认：

① 负载试车时考核的成品关键质量特性和设备关键性能的稳定性指标是否合格，如加工精度、合格率、产能等。属于批量生产设备的，还要提交一份生产批间隔一周的5个正常批产品的检验合格报告。

② 设备运行无故障率满足合同要求。

③ 设备及其部件无因设计不足导致异常损坏的现象。

④ 评估设备工装夹具等易损易耗件的使用寿命。

⑤ 确认设备选型时还考虑到的其他能力因素合格。

（4）设备验收期间，特别是商业试生产期间厂家人员不在现场的情况下，设备出现零部件异常损坏，设备工程师应保留损坏件实物，保存实物有困难时要拍摄照片，并及时同厂家反馈。

（5）商业试生产考核后，设备工程师必须整理一份设备商业试生产验收合格书，需要设备使用人员和设备维护人员签字确认，才能判定设备试生产是否合格。

（6）如果发现考核指标不合格者，设备工程师应及时同厂家反馈、沟通，确定整改方案和完成时间，然后顺延试生产时间，重新考核。

（五）设备能力综合评估与结论

（1）设备工程师汇总设备考核验收过程各个阶段的检验确认单，跟踪各阶段不符合项已整改完成，确认设备的文件资料、工具、备品已提交充分。

（2）以上情况，综合写入《设备合格验收报告》中，并经工艺工程师、设备操作负责人、设备维护负责人签字确认。

（3）设备验收过程的各个阶段的检验确认单，卖方代表如果在现场必须签字确认，否则设备工程师负责通过传真、电子邮件等方式尽可能得到卖方的签字认可。

（4）设备工程师负责对设备的综合能力进行评判，得出验收合格与否的结论。若设备最终判定为不合格，必须及时将此结果及不合格原因通知采购工程师，与厂家商定退货或折价处理对策。

（5）设备工程师根据设备的综合能力对其重要等级进行评定。

（六）设备技术文件转化与培训考核

（1）在设备的商业试生产期间，设备工程师要同步完成以下资料的转化、整理和编写：

① 编写设备操作指导书；

② 编写设备日常点检和定期维护保养指导书及相关记录表格；

③ 列出设备易损易耗件清单（含名称、型号、品牌、预计使用寿命、报废评判标准等），并协同备件管理工程师录入《设备备件一览表》中；

④ 关键备件、工装的加工图纸（如需外加工的话）、主要检验项目；

⑤ 设备常见故障及排除指南；

⑥ 设备工程师必须对以上资料的正确性和适用性负责。

(2) 设备工程师负责发行编写好的设备操作指导书、设备点检和保养指导书；负责将设备的常见故障及排除指南、设备易损易耗件清单复印件、设备的原版使用说明书复印件各整理一份，交给使用部门设备操作负责人、设备维护负责人。

(3) 设备工程师组织设备操作人员和维护人员进行使用和维护的培训和考核，至少有3/2人数考核合格，考核的范围包括对指导书、使用说明书的理解以及实际操作的正确性。

(4) 培训考核完成后，设备操作负责人和设备维护负责人在《设备合格验收报告》中签字确认。

(5) 设备部经理对设备指导书的转化及其培训考核进行监督和审核。

(七) 设备移交和固定资产登记

(1) 设备工程师将整理好的《设备合格验收报告》先送设备部经理审核，再送副总经理审核；若审核未通过，设备工程师应根据审核人的意见及时整改直至完全符合。

(2) 设备工程师将审核签字后的《设备合格验收报告》和《设备/备件报检通知单》反馈给设备文员。

(3) 设备文员向采购工程师核查该设备是否属于海关监管、兼管期到何时终止，并记入《设备合格验收报告》中，然后完善设备台账的登记，再将《设备合格验收报告》复印两份，原件交给使用部门文员建立设备档案，复印件一份交给采购工程师，一份交给财务人员。

(4) 设备使用部门文员会同财务人员到现场对验收设备进行核对，并张贴“设备验收合格证”，将“安装调试”标识更换为“正常状态”；财务人员对该设备进行固定资产登记，并保证固定资产编号与设备编号一致。如果属于海关监管的进口设备，还必须在该设备及其台账上标明“海关监管”标识。从到厂日期算起，满5年后监管解除，对应的“海关监管”标识也同步取消。至此，设备移交工作完毕。

(5) 固定资产入账登记　采购工程师到财务部门办理设备固定资产入账时，需提供以下完整有效的单据：

① 设备合同　在付第一笔款时即需要一份完整的合同复印件。

② 发票（国内税票或进口设备形式发票原件）　国产设备付尾款前需税票，进口设备需形式发票原件，在付第一次款即需要。

③ 报关单　进口设备需报关单，在资产验收入账时需报送到财务部。

(6) 如果在设备合同中，有质量保证金条款，即设备在正常使用一年或者半年后支付质量保证金，此情况时，如设备无异常，填写附件《设备最终验收合格证书》作为财务付款依据。

(八) 设备改造的验收

参考成套设备验收的基本要求，还必须注意以下几点：

(1) 必须检验改造部分与原有相关设备的配套性。

(2) 必须修改相关设备的技术文件资料。

(3) 设备改造验收时，选用《设备改造初步验收报告》与《设备改造合格验收报告》表格。

(4) 设备改造后的移交和固定资产登记参照“(七) 设备移交和固定资产登记”执行。

(九) 工程项目的验收

(1) 工程设备/材料进厂时，如果合同有规定，甲方必须派代表对工程设备/材料进行交接，检查其品牌规格、质量数量、技术文件是否符合合同要求，双方填写《工程设备/材料交接证书》，该证书送交甲方项目主管审核后，复印 2 份，1 份交采购工程师，1 份交财务人员，原件自留。

（2）工程项目验收时，选用《工程验收报告》。该报告送交甲方项目主管审核后，复印 2 份，1 份交采购工程师，1 份交财务人员，原件自留。

（十）移交过渡期的跟踪与辅导

（1）新型设备投入正式使用后，设备工程师还需根据设备的复杂程度安排 1 个月到半年的过渡期跟踪与辅导。

（2）过渡期的主要工作包括设备状态跟踪、使用人员和维护人员答疑、局部改善、厂家联络。

（十一）填写与移交

填写与移交《设备最终验收合格证书》。

二、闲置设备的封存与处理

闲置设备就是投入到施工现场，因各种原因停用期限超过规定时间的设备。

（一）闲置设备的范围

（1）该工程项目停止使用三个月以上，而该项目后续工程仍然需要使用的设备。

（2）投入工程项目后已完成该项目，而后续工程不会再使用的设备。

（3）完全为未来市场开发投资而未投用的关键性设备。

（4）由于其他特殊原因闲置于现场的设备。

（二）闲置设备的处理

闲置设备应由原设备使用单位向设备管理权属单位（设备科）说明设备闲置原因并提出处理申请，设备科在收到使用单位的设备处理申请并审核后，根据设备闲置情况应及时做出如下处理：

（1）申请封存；

（2）退场；

（3）申请让售；

（4）库存待用或其他。

（三）闲置设备申请封存的条件

设备在符合以下几种情况时应申请封存：

（1）设备闲置三个月以上，根据项目工程的情况，在后续的工程中仍然需要使用的设备。

（2）设备闲置三个月以上，根据项目工程的情况，在后续的项目中不会再使用，但是在以后的其他项目中会使用的设备。

（3）完成工程项目应退厂而未进行退场，经同意就地看管的设备。

（四）闲置设备封存的申报

（1）设备科根据原设备使用单位提交的设备闲置申请，结合其部门的设备闲置情况，对符合封存条件的设备填写《设备封存申请表》，上报主管副总批示，对设备进行封存。

（2）申请时间。每季度申请一次，时间为每个季度末申请下季度需要封存的设备。

（3）《设备封存申请表》需申请部门、审核部门、主管副总签字审批后方能生效。

（4）设备科与财务部根据申请部门上报的《设备封存申请表》报告进行逐台审核，同意封存后，上报主管领导批准，不同意封存的，应给予书面说明，发还申报单位予以其他处理。

（5）自管闲置设备的封存。设备科根据本部门的设备闲置情况，符合封存条件的设备填写《设备封存申请单》由主管副总签字后予以封存。

（五）封存设备的管理

（1）设备封存前必须进行必要的保养和检修，并要有防尘和防腐蚀措施，放尽燃油和冷却水，拆下电瓶，并按要求进行保养，以保证设备技术性能完好。

（2）封存设备应有适当的存放场地，设备要有明显标示。长期封存的设备应放入棚库或者用篷布遮盖，做好防腐、防火、防潮、防盗等项工作。

（3）机组人员应对设备的附属配置、附件、工具进行盘点，做好登记，一并封存。

（4）设备封存期间，应该对设备进行保养，有旋转机构的设备要定期进行盘车，内燃机应定期发动，电器部分要进行吹尘和必要的运转，长期封存设备超过一年的要进行必要的防腐作业。

（5）封存设备要有专人负责，出现问题要追究其相关责任。情节严重的要对设备管理及使用单位和责任人进行经济处罚。

（六）申请让售

由于特殊原因设备长期闲置并且在可预见的未来该设备也不能投入使用的可申请让售处理，让售处理必须由设备使用部门经理提报申请由设备科审核后上交主管副总，主管副总审核后方可按程序进行让售。

三、设备的调拨和移装

设备调拨是指企业相互间的设备调入与调出。双方应按设备分组管理的规定办理申请调拨审批手续，只有在收到主管部门发出的设备调拨通知单后，方可办理交接。设备资产的调拨有无偿调拨与有偿调拨之分。上级主管部门确定为无偿调拨时，调出单位填明调拨设备的资产原值和已提折旧，双方办理转帖和卡片转移手续；确定为有偿调拨时，通过双方协商，经过资产评估合理作价，收款后办理设备出厂手续，调出方注销资产卡片。调拨设备的同时，所有附件、专用备件、图册及档案资料等，应一并移交调入单位，调入单位应按价付款。凡设备调往外地时，设备拆卸、油封、包装托运等，一般由调出企业负责，其费用由调入企业支付。

设备的移装是指设备在工厂内部的调动或安装位置的移动。凡已安装并列入固定资产的设备，车间不得擅自移动和调动，必须有工艺部门、原使用单位、调入单位及设备管理部门会签的设备移装调动审定单和平面布置图，并经分管厂长批准后方可实施。设备动力部门每季初编制设备变动情况报告表，分送财会部门和上级主管部门，作为资产卡片和账目调整的依据。

四、设备报废

设备由于严重的有形或无形损耗，不能继续使用而退役，称为设备报废。设备报废关系到国家和企业固定资产的利用，必须尽量做好“挖潜、革新、改造”工作，在设备确实不能利用，并具有下列条件之一时，企业方可申请报废。

（1）已超过规定使用年限的老旧设备，主要结构和零部件已严重磨损，设备效能达不到工艺最低要求，无法修复或无修复改造价值；

（2）因意外灾害或重大事故受到严重损坏的设备，无法修复使用；

（3）继续使用将会污染环境、危害人体健康的设备，进行修复改造不经济；

(4) 因产品换型、工艺变更而淘汰的专用设备，不宜修改利用；
(5) 技术改造和更新替换出的旧设备不能利用或调出；
(6) 按国家能源政策规定应予淘汰的高耗能设备。
设备的报废需按一定的审批程序。报废后的设备，可根据具体情况作如下处理：
(1) 作价转让给能利用的单位；
(2) 将可利用的零件拆除留用，不能利用的作为原材料或废料处理；
(3) 按自重规定淘汰的设备不得转让，按第 (2) 条处理；
(4) 处理回收的残值应列入企业更新改造资金，不得挪作他用。

第四节 设备资产管理的基础资料

设备资产管理的基础资料包括设备资产卡片、设备编号台账、设备清点登记表、设备档案等。

企业的设备管理部门和财会部门均应根据自身管理工作的需要，建立和完善必要的基础资料，并做好资产的变动管理。

一、设备资产卡片

设备资产卡片是设备资产的凭证，在设备验收移交生产时，设备管理部门和财会部门均应建立单台设备的固定资产卡片，登记设备的资产编号、固有技术经济参数及变动记录，并按使用保管单位的顺序建卡片册。随着设备的调动、调拨、新增和报废，卡片位置可以在卡片册内调整补充或抽出注销。

二、设备台账

设备台账是掌握企业设备资产状况，反映企业各种类型设备的拥有量、设备分布及其变动情况的主要依据。它一般有两种编排形式：

一种是设备分类编号台账，它以《设备统一分类及编号目录》为依据，按类组代号分页，按资产编号顺序排列，便于新增设备的资产编号和分类分型号统计；

另一种是按车间、班组顺序排列编制使用单位的设备台账，这种形式便于生产维修计划管理及年终设备资产清点。

以上两种台账汇总，构成企业设备总台账。

两种台账可以采用同一表格式样。对精、大、重、稀设备及机械工业关键设备，应另行分别编制台账。

企业于每年年末由财会部门、设备管理部门和使用保管单位组成设备清点小组，对设备资产进行一次现场清点，要求做到账务相符；对实物与台账不符的，应查明原因，提出盈亏报告，进行财务处理。清点后填写设备清点登记表。

三、设备档案

设备档案是指设备从规划、设计、制造、安装、调试、使用、维修、改造、更新直至报废的全过程中形成的图样、方案说明、凭证和记录等文件资料。它汇集并积累了设备一生的技术状况，为分析、研究设备在使用期间的使用状况，探索磨损规律和检修规律，提高设备管理水平，反馈制造质量和管理质量信息，均提供了重要依据。

属于设备档案的资料有：
(1) 设备计划阶段的调研、经济技术分析、审批文件和资料；

(2) 设备选型的依据；

(3) 设备出厂合格证和检验单；

(4) 设备装箱单；

(5) 设备入库验收单、领用单和开箱验收单等；

(6) 设备安装质量检验单、试车记录和安装移交验收单及有关记录；

(7) 设备调动、借用、租赁等申请单和有关记录；

(8) 设备历次精度检验记录、性能记录和预防性试验记录等；

(9) 设备历次保养记录、维修卡、大修理内容表和完工验收单；

(10) 设备故障记录；

(11) 设备事故报告单及事故修理完工单；

(12) 设备维修费用记录；

(13) 设备封存和启用单；

(14) 设备普查登记表及检查记录表；

(15) 设备改进、改装、改造申请单及设计任务通知书。

至于设备说明书、设计图样、图册、底图、维护操作规程、典型检修工艺文件等，通常都作为设备的技术资料，由设备资料室保管和复制供应，均不纳入设备档案袋管理。

设备档案资料按每台单机整理，存放在设备档案内，档案编号应与设备编号一致。

设备档案袋由设备动力管理维修部门的设备管理员负责管理，保存在设备档案柜内，按编号顺序排列，定期进行登记和资料入袋工作，要求做到以下几个方面。

(1) 明确设备档案管理的具体负责人，不得处于无人管理状态；

(2) 明确纳入设备档案的各项资料的归档路线，包括资料来源、归档时间、交接手续、资料登记等；

(3) 明确登记的内容和负责登记的人员；

(4) 明确设备档案的借阅管理办法，防止丢失和损坏；

(5) 明确重点管理的设备档案，做到资料齐全，登记及时、正确。

四、设备的库存管理

设备的库存管理包括新设备到货入库管理、闲置设备退库管理、设备出库管理以及设备库房管理等。

(一) 新设备到货入库管理

新设备到货入库管理主要掌握以下环节：

(1) 开箱检查。新设备到货三天内，设备验收员必须组织有关人员开箱检查。一般设备由计划员、设备验收员、分管保管员、使用单位机电员会同检查；精密、大型、重型稀有及国外进口设备，还要有发展规划部的代表、使用单位和生产指挥部门的工程技术人员参加，共同开箱检查清点。开箱后，首先取出装箱单，核对随机带来的各种文件、说明书与图纸、工具、附件及备件等数量是否相符；然后察看设备状况，检查有无磕碰损伤、缺少零部件、明显变形、尘砂积水、受潮锈蚀等情况。

(2) 登记入库。根据检查结果，如实填写设备开箱检查入库单，做好详细记录。

(3) 补充防锈。根据设备防锈状况，对需要经过清洗重新涂防锈油的部位，由仓库保管员负责完成，并装入原包装箱封好；露天存放时要加盖防雨装置。

(4) 问题查询。开箱检查中发现的问题，应及时向上级反映，并向发货单位和运输部门提出查询，联系索赔。进口设备的到岸检查与索赔应按合同及有关规定办理。

(5) 资料保管与到货通知。开箱检查后，库房检查员应将装箱单、随机文件和技术资料等整理好，交库房管理员登记保管，以供有关部门查阅，设备出库时随设备移交给领用单位的设备部门。库房管理员对已入库的设备，应及时向生产指挥部门报送一份设备开箱检查入库单，以便尽早分配出库。

（6）设备安装。设备到厂时，如使用单位现场已具备安装条件，可将设备直接送到使用单位安装，但入库检查及出库手续必须照办。

（二）闲置设备退库管理

闲置设备必须符合下列条件，经设备管理部门办理退库手续后方可退库。

（1）属于企业的不需用设备，而不是待报废的设备；

（2）经过检修达到完好要求的设备，需用单位领出后即可使用；

（3）设备经过清洗除锈达到清洁整齐；

（4）附件及档案资料随机入库；

（5）持有生产指挥部门发的入库保管通知单。

对于退库保管的闲置设备，生产指挥部门及设备仓库均应专设账目、妥善管理，并积极组织调剂处理。对处理有功的单位和人员，企业可按回收资金额提成给予奖励。

（三）设备出库管理

在具备安装条件时，由使用单位办理设备领用出库单，凭出库单从库房领取设备。领出设备时，双方根据设备开箱检查入库单做第二次开箱检查，清点移交；如有缺损，库房应负责追究原因，采取补救措施。

（四）设备库房管理的要求

（1）设备库房存放设备时要做到：按类分区、摆放整齐、横向成线、竖看成行、道路畅通、无积存垃圾杂物、经常保持库容清洁整齐。

（2）库房要做好十防工作：一防火种、二防雨水、三防潮湿、四防锈蚀、五防变形、六防变质、七防盗窃、八防破坏、九防人身事故、十防设备损伤。

（3）库房管理人员要严格执行管理制度，坚持三不收不发，即设备质量有问题尚未查清且未经主管领导做出决定的，暂不收不发；票据与实物的型号、规格、数量不符未经查明的，暂不收不发；设备出入库手续不齐全或不符合要求的，暂不收不发。要做到账卡与实物一致，定期报表准确无误。设备出库开箱后的包装材料要及时收回、分类保管、加以利用。

（4）保管人员按设备的防锈期向生产指挥部门提出防锈计划，以便组织人力进行清洗和涂防锈油。

（5）设备库房按月上报设备出库月报，作为注销库存设备台账的依据。

第五节　机器设备评估

一、机器设备的基本概念

（1）资产评估中所说的机器设备，是指构成企业固定资产的机器、设备、仪器、工具、器具等。

（2）机器设备的运动形式独特，其实物形态运动，包括选购、验收、安装调试、使用、维修保养、更新改造、报废处理等；其价值形态运动，包括初始投资、折旧提取和更新改造资金的使用、大修理资金的提取与使用、报废收回残值等。

（3）机器设备的主要特点表现在两个方面：一是单位价值大，使用寿命长，在单位价值和使用寿命方面均有定量的下限标准；二是价值量分别按不同规则改变。有形磨损主要由使用而引起，导致价值随之减少。无形磨损主要由科技进步和社会劳动生产率提高而引起，也导致价值随之减少。技术改造则导致价值提高。

二、机器设备评估的范围

机器设备是指利用力学原理组成、能变换能量或产生有用功的独立或成套装置。其评估范围是：

(1) 凡属企业列为机器设备进行管理和使用的评估对象，均应纳入机器设备评估的范围。

(2) 具有机器没备的重要特性，但未列作机器设备进行管理的评估对象，可以作为机器设备进行评估，但应予以专项说明。

(3) 房屋建筑物和在建工程中的附属设备等资产，在不重复、不遗漏、评估方法相同、评估结果一致的原则下，可视需要归入机器设备或房屋建筑物的评估范围。

(4) 融资租入的机器设备一般可以作为机器设备进行评估，但应进行专项说明。

三、机器设备评估特点

(1) 以技术检测为基础。机械设备虽然可供长期使用，但由于摩擦和自然力的作用，它又处于不断磨损过程中，其磨损程度的大小，因使用、维修保养等状况不同而造成一定的差异。有的机械设备由于使用、维修保养不当，造成过度磨损或提前报废。因此，评定机器设备的实物和价值状况，往往需要通过技术检测的手段来确定其磨损程度。

(2) 在一定限额以上的生产资料，在企业生产经营中长期发挥作用，并在企业资产中占有很大的比重。机械设备的规格型号多，情况差异大，为了保证评估的真实性和准确性，一般来说，应逐台、逐件进行评估。对数量多、单位价值相对较低的同类资产，也要在逐件、逐台核实数量的基础上，选择合理的分类方法，分别按不同的要求进行评估。

(3) 针对不同设备特性采用不同评估方法。作为固定资产的机器设备多次反复地进入生产过程，实物状态与功能都在发生变化，因此，影响估价的因素十分复杂。物价、费用、尚可使用年限、成新率、国家经济政策、市场供需情况等均构成评估价值的影响因素。企业机器设备的种类多，各类设备的单项价值、经济寿命、性能等差别较大，因此，可采用多种计价方法。应针对不同设备的具体情况，选用不同的设备评估方法。即使是对同一设备，必要时也可选用几种不同方法进行评估，以验证评估结果的准确程度。

四、机器设备评估的工作程序

1. 工作程序

(1) 清查核实待评估机器设备的数量。

(2) 划分机器设备类别。

(3) 搜集、完善、验证有关的资料和数据。

(4) 确定评估的计价标准与评估方法。

(5) 评定估算，确定评估结果，编制评估报告。

2. 机器设备评估的基本方法

由于机器设备形成的多样性和市场的多变性，针对不同的具体情况，可采用不同的评估方法，常用方法有以下几种。

(1) 重置成本法　它是机器设备评估过程中的基本方法之一。机器设备评估一般应采用此法。基本计算公式为：

评估值＝重置价值－实体性陈旧贬值－经济性陈旧贬值－功能性陈旧贬值

评估值＝重置价值×成新率

（2）现行市价法　当存在与评估对象有同类的二手设备交易市场，或有较多的交易实例时，可以采用现行市价法。基本计算公式为：

评估值＝同类设备市场价格×(1±影响因素的影响程度比例系数)

（3）收益现值法　对于某些能够用于独立经营并获利的机器设备，可以采用收益法进行评估。评估值等于未来收益期内各期的收益现值之和。

（4）清算价格法　如被评估机器设备为破产企业所拍卖，还可采用清算价格法进行评估。

五、机器设备评估应注意事项

由于机器设备品种多、情况复杂、涉及面广，为确保评估值的准确性，在评估过程中要特别注意以下几点：

（1）注意清查核实未进账的机器设备、已折旧摊销完超龄使用的设备、租入和租出的机器设备、建筑附属设备等。

（2）注意向操作工人、技术人员、维护人员、设备管理人员调查了解设备的使用情况、维护和修理情况等。对于大型、复杂、高精尖的设备，还应聘请有关专家进行勘察鉴定。

（3）注意向财会人员了解设备的成本构成情况、资金发生情况和使用情况、账面记录情况等。

（4）应根据有利于评估操作和企业调账建账的原则，注意对设备进行合理的分组分类，以确定相应的评估方法和要求。

（5）设备评估一般应按项确定评估值。对整条生产线和其他整体设备，可以根据需要视作一项设备进行综合评估，也可细分成多项设备逐项进行评估。

（6）在评估设备中对计提完折旧的设备，如能正常使用，仍应正常评估计价。对于因实体性磨损和功能性损耗而确实不能使用，或国家法令强制报废的机器设备，应按清理变卖后的净收益额确定评估值，并在评估报告中予以说明。对于待修理设备，可按修复后的状态值，再将预计修理费作为负债扣除，并应专项说明。

（7）当机器设备数量繁多时，应进行分类，将相同或相近设备分别编组，通过重点“解剖麻雀”，然后在组内进行点面推算，相应确定多台设备的评估值。对于精密、大型和高价等重点设备，仍需逐台进行鉴定和评估。

第六节　设备折旧

一、设备折旧的基本概念

1. 设备折旧的概念

设备管理学中的设备折旧就是固定资产折旧。设备在长期的使用过程中仍然保持它原有的实物形态，但由于不断耗损使它的价值部分地、逐渐地减少。以货币表现的固定资产因耗损而减少的这部分价值在会计核算上叫作固定资产折旧。这种逐渐地、部分地耗损而转移到产品成本中去的那部分价值，构成产品成本的一项生产费用，在会计核算上叫作折旧费或折旧额。计入产品成本中的固定资产折旧费在产品销售后转化为货币资金，作为固定资产耗损部分价值的补偿。从设备进入生产过程起，它以实物形态存在的那部分减少而转化为货币资金的价值不断增加，到设备报废时，它的价值已全部转化为货币资金，这样，设备就完成了一次循环。

2. 确定设备折旧年限的一般原则

(1) 折旧年限应与设备的预计生产能力或产量相当。如预计该设备的生产能力强或利用率较高，其损耗就快，折旧年限应较短，才能确保设备正常更新和改造的进程。而利用率较低的设备，其折旧年限可较长。

(2) 折旧年限应正确反映设备的有形损耗和无形损耗。如折旧年限应与设备使用中发生的有形损耗基本符合，同时必须考虑因新技术的进步而使现有的设备交税技术水平相对陈旧，市场需求变化使产品过时等造成的无形损耗。

(3) 折旧年限必须考虑法律或者类似规定对设备资产使用的限制。

企业应当依据设备资产使用的时间、强度、使用环境及条件，合理确定设备资产的折旧年限。一般来说，不同行业、不同类型的设备的折旧年限应是不同的。

二、计提折旧的方法

企业应根据与固定资产有关的经济利益的预期实现方式，选择固定资产的折旧方法。

1. 年限平均法

年限平均法又称直线法，是将固定资产的应计折旧额均衡地分摊到固定资产预计使用寿命内的一种方法。采用这种方法计算的每期折旧额均是等额的。计算公式如下：

年折旧率＝(1－预计净残值率)/预计使用寿命

月折旧率＝年折旧率/12

月折旧额＝固定资产原价×月折旧率

2. 工作量法

工作量法，是根据实际工作量计提固定资产折旧额的一种方法。计算公式如下：

单位工作量折旧额＝[固定资产原价/(1－预计净残值率)]/预计总工作量

某项固定资产月折旧额＝该项固定资产当月工作量/单位工作量折旧额

3. 双倍余额递减法

双倍余额递减法，是在不考虑固定资产预计净残值的情况下，根据每年年初固定资产净值和双倍的直线法折旧率计算固定资产折旧额的一种方法。应用这种方法计算折旧额时，由于每年年初固定资产净值没有扣除预计净残值，所以在计算固定资产折旧额时，应在其折旧年限到期前两年内，将固定资产的净值扣除预计净残值后的余额平均摊销。计算公式如下：

年折旧率＝2/预计的使用年限

月折旧率＝年折旧率/12

月折旧额＝固定资产年初账面余额×月折旧率

4. 年数总和法

年数总和法，又称合计年限法，是将固定资产的原价减去预计净残值后的余额，乘以一个以固定资产尚可使用寿命为分子，以预计使用寿命逐年数字之和为分母的逐年递减的分数计算每年的折旧额。计算公式如下：

年折旧率＝尚可使用寿命/预计使用寿命的年数总和

月折旧率＝年折旧率/12

月折旧额＝(固定资产原价－预计净残值)×月折旧率

固定资产折旧，按月计提。月份内开始使用的固定资产，当月不提，次月开始计提。月份内减少用兵固定资产，当月仍计提折旧，从次月起停止计提。提足折旧仍继续的固定资产不再计提折旧。提前报废的固定资产，不补提折旧。其净损失计入营业外支出。已达到预定可使用状态但尚未竣工决算的固定资产，应当按照估计价值确定其成本，并计提折旧；再按实际成本调整原来的暂估价值，但需要调整原已计提的折旧额。

第六章 石油化工设备的润滑管理

润滑是防止和延缓零件磨损和其他形式失效的重要手段之一，润滑管理是设备工程的重要内容之一。加强设备的润滑管理工作，并把它建立在科学管理的基础上，对保证企业的均衡生产、保证设备完好并充分发挥设备效能、减少设备事故和故障、提高企业经济效益和社会效益都有着极其重要的意义。

润滑在机械传动中和设备保养中均起着重要作用，润滑能影响到设备性能、精密和寿命。对企业的在用设备，按技术规范的要求，正确选用各类润滑材料，并按规定的润滑时间、部位、数量进行润滑，以降低摩擦、减少磨损，从而保证设备的正常运行、延长设备寿命、降低能耗、防止污染，达到提高经济效益的目的。因此，搞好设备的润滑工作是企业设备管理中不可忽视的环节。

人类在不断提升自我能力的过程中，将各类工具逐步发展成机器，同时也认识到运动和摩擦、磨损、润滑的密切关系，但是长期以来，研究工作和实践多数是围绕着表面现象进行，随着现代化工业的发展，润滑问题显得更为重要了，现代设备向着高精度、高效率、超大型、超小型、高速、重载、节能、可靠性、维修性等方面发展，导致机械中摩擦部分的工况更加严重，润滑变得极为重要，许多情况下甚至成为尖端技术的关键，如高温、低温、高速、真空、辐射及特殊介质条件下的润滑技术等。润滑再不仅仅是“加油的方法”的问题了。实践证明，盲目地使用润滑材料，光凭经验搞润滑是不行的，必须掌握摩擦、磨损、润滑的本质和规律，加强这方面的科学技术的开发，建立起技术队伍，实行严格科学的管理，才能收到实际效果。同时，还必须将设计、材料、加工、润滑剂、润滑方法等广泛内容综合起来进行研究。

第一节 摩擦与磨损

摩擦是“研究相对运动的相互作用表面的有关理论与实践的一门学科与技术”，着重强调“相对运动表面”和“相互作用”。也可以说，“摩擦学是研究两相对运动表面摩擦、磨损和润滑这三项相互关联的学科与技术的总称”。摩擦是现象，磨损是摩擦的结果，润滑是降低摩擦减少磨损的重要手段，三者密切联系。据估计，世界上约有1/3～1/2的能源消耗在摩擦上，大约有80%的坏损零件是由磨损报废的。

一、摩擦的分类

摩擦现象普遍存在于自然界中，伴随物体的相对运动而产生摩擦。摩擦消耗大量能量，例如汽车发动机中30%的功率、纺织机械中85%的功率耗费在摩擦上。摩擦带来磨损，势必造成机器的可靠性降低，使用寿命缩短。摩擦的研究概括为两方面，一是减少摩擦以提高机械效率，二是控制摩擦以保持较高的、稳定的摩擦力。前者的研究是大量的，而后者仅限于某些特殊装置，如制动器和离合器等。

（一）摩擦的定义

摩擦是抵抗两物体接触而产生相对运动趋向或发生相对运动的现象，也可以说，在两相对运动物体的接触面上产生切向阻力（即摩擦力）的现象。

（二）摩擦的分类

摩擦分为内摩擦与外摩擦。内摩擦是物体内部分子间的相对运动产生的摩擦。这一概念常用于流体中，流体的黏度大小反映了内摩擦阻力的大小。外摩擦是指两接触物体相对运动时，在实际接触面上所发生的摩擦现象。

1. 按运动形式分类

(1) 滑动摩擦　物体接触表面相对滑动时的摩擦。

(2) 滚动摩擦　在力矩作用下，物体沿接触表面滚动时的摩擦。

(3) 滚滑摩擦　在滚动中伴有滑动的摩擦。

2. 按运动状态分类

(1) 静摩擦　两接触物体发生微观滑移但无宏观位移时，接触面之间的摩擦。

(2) 动摩擦　两接触物体在相对运动时，接触面之间的摩擦。

3. 按表面润滑状态分类

(1) 干摩擦　表面无任何润滑剂，但仍然有从周围介质中吸附的气体、水汽或其他污染物时的摩擦。

(2) 边界摩擦　表面上有一层极薄的边界润湿膜的摩擦。

(3) 流体摩擦　摩擦表面被润湿滑流体分开，摩擦发生在流体内部的摩擦。

(4) 混合摩擦　摩擦副处于干摩擦与边界摩擦之间，或边界摩擦与流体摩擦混合状态的摩擦。

4. 按摩擦副的工况分类

(1) 一般工况下的摩擦　即常见工况（常温、一般载荷、速度≤50m/s）下的摩擦。

(2) 特殊工况下的摩擦

① 高速摩擦　在航天领域及一些喷射、透平等技术设备中，不少摩擦副的相对滑动速度>50m/s，有的甚至达到600m/s以上。高速滑动时，摩擦面间的接触时间很短，在瞬间受到强烈的摩擦热，该热量向表面内层传导之前，表面温度足能将金属表层熔化。结果在摩擦表面上形成极薄的熔化层并产生氧化膜。熔化层具有流体动力学特性，加上氧化膜有减摩作用，使摩擦系数急剧降低。无论载荷有多大，当滑动速度很高时，摩擦系数将随滑动速度的增大降到0.02～0.03。

② 高温摩擦　在航空发动机、原子反应堆、宇航设备和透平设备中，都需要用耐热材料作摩擦副。研究表明，无论采用何种耐热材料，随着温度的升高，摩擦系数下降到最小值后又重新增大。这是因为初始阶段随温度升高，分子的热运动使剪切阻力减小，摩擦系数随之降低。当温度升高到某一值后，材料的硬度和弹性模量大大降低，造成机械变形阻力增大，且超过分子键的剪切强度的降低，摩擦系数也随之而逐渐增大。改善高温下摩擦副性能的最有效途径是研究开发耐高温润滑剂和耐热材料，如制造含有固体润滑剂（MOS2 等）成分的耐热复合材料。

③ 低温摩擦　一般指温度为－273～0℃条件下的摩擦。在低温下，很多材料失去原有的延性，很难发生塑性变形，因此摩擦系数要比室温下小得多。但低温下材料会变脆，极易损坏。因此说材料的塑性是摩擦副在低温下能正常工作的一个极为重要的性能。

④ 真空摩擦　真空度 1.33×10^{-2}Pa 为中等真空，低于 1.33×10^{-2}Pa 为高真空。真空摩擦的基本特点可以概括为：摩擦表面失去氧化膜或其他吸附膜的保护，在金属接触面间易于产生黏着；摩擦系数比空气中高得多，真空度越高摩擦系数越大，在高真空下甚至发生严重的咬卡；真空中没有对流散热，温升高且难以冷却；真空中蒸发作用加剧，使普通润滑剂的性能变差而不适用，油脂蒸发物还会降低设备的可靠性和寿命。

二、摩擦定律简介

第一摩擦定律：摩擦力与两接触体之间的法向载荷成正比。

第二摩擦定律：摩擦系数与两接触体之间的表观接触面积无关。

第三摩擦定律：静摩擦系数大于动摩擦系数。

第四摩擦定律：摩擦系数与接触面间相对滑动速度无关。

三、磨损

磨损伴随摩擦而必然出现，是相互接触的物体在相对运动时，表层材料不断发生损失的过程。磨损不仅造成材料和能源的耗费，更重要的是将严重影响机器设备的使用寿命和可靠性。实际上，人们对磨损的认识深度远不如摩擦。因此，研究材料的磨损机理，研制良好的耐磨材料和工艺就具有重要的经济效益和深远的科学理论意义。

（一）概述

磨损现象虽为人们所熟悉，但由于磨损过程的复杂性，要给磨损下一个严格的定义却相当困难。有关磨损的定义有多种，如我国《机械工程手册》中称“磨损是物体工作表面的物质，由于表面相对运动而不断损失的现象”；泰伯（Tabor）则认为“物体表面在相对运动中，由于机械的和化学的过程使用材料从表面上除掉就是磨损”；高彩桥教授指出“磨损是由于摩擦力（及与摩擦力有关的介质、温度等）的作用使材料的形状、尺寸、组织、性能发生变化的过程”；邵荷生教授等的磨损定义是“由于机械作用，间或伴有化学或电的作用，物体表面材料在相对运动中不断损耗的现象”。众说纷纭，但究其核心，磨损现象必须包含三方面，一是接触表面上的作用并不局限于机械作用，视工况条件有可能存在其他作用，如电化学作用、热作用或放电作用等；二是接触面间要产生相对运动；三是要出现接触物体表面的材料损失，材料性能的变化。

简言之，磨损是相对运动过程中，两接触物体表面材料产生形变、性能变化，且物质不断损失的现象。

一个机件的磨损过程大致可以分为三个阶段，其典型的磨损过程如图 6-1 所示。

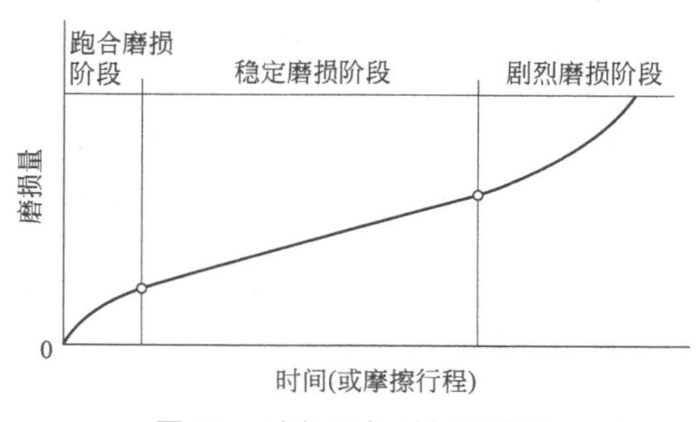

图 6-1　磨损量与时间的关系

1. 跑合磨损阶段

由于机件加工后的表面总具有一定的粗糙度，在运转初期，摩擦副的实际接触面积小。单位面积上的实际载荷大，因此磨损速度较快，而且在不断变化。但随着跑合的进行，如果摩擦副配偶材料及加工工艺选用得当，润滑良好，则由于实际接触面积不断增大，磨损速度在达到某一定值后不再变化，即转入稳定磨损阶段。

2. 稳定磨损阶段

稳定磨损阶段内，机件以平稳而缓慢的速度在磨损，它标志着摩擦条件保持相对恒定不变。这个阶段的长短就代表了机件使用寿命的长短。

3. 剧烈磨损阶段

经过稳定磨损阶段后，机件的表面遭到破坏，摩擦副间的间隙增大，引起额外的动载荷，出现噪声和振动。这样就不能保证良好的润滑状态，摩擦副的温升急剧增大，磨损速度也急剧增大。这样就必须停机，更换零件。

（二）磨损的分类

关于磨损的分类，大致可以概括为两种：一种是根据磨损结果着重对磨损表面外观的描述，分为点蚀磨损、胶合磨损、擦伤磨损等；另一种则是根据磨损机理分类，分为黏着磨损、磨料磨损、疲劳磨损、冲蚀磨损及腐蚀磨损。

（三）磨损机理

1. 黏着磨损

当摩擦表面的不平度凸峰在相互作用的各点处发生“冷焊”后，在相对滑动时，材料从一个表面转移到另一个表面，便形成了黏着磨损。这种被转移的材料，优势也会再附着到原来的表面上去，出现逆转移，或脱离所黏附的表面而形成游离颗粒。严重的黏着磨损可能造成摩擦副的卡死。这种磨损是金属摩擦副之间最普遍的一种磨损形式。

2. 磨料磨损

从外部进入摩擦表面的游离硬颗粒（如空气中的尘土或磨损造成的金属颗粒）或硬的不平度凸峰尖在较软材料的表面犁刨出很多沟纹，被移去的材料，一部分流入到沟纹的两旁，一部分则形成一连串的碎片脱落下来成为新的游离颗粒，这样的微切削过程就叫磨料磨损。

3. 疲劳磨损

在作滑动或滚、滑运动的高副受到反复作用的接触应力，如凸轮、齿轮、轴承等，当载荷重复作用，达到一定的循环次数后，就会在零件工作表面或表面下一定深度处形成疲劳裂纹，随着裂纹的扩展与相互连接，就使许多微粒从零件工作表面上脱落下来，致使表面上出现许多月牙形浅坑，这就叫疲劳磨损，也叫疲劳点蚀或简称点蚀。

4. 冲蚀磨损

当一束含有硬质微粒的流体冲击到固体表面上时就会造成冲蚀磨损。如利用高压空气输送型砂或高压水输送碎矿石的管道所产生的磨损就是如此。现在，由于燃气涡轮机的叶片、火箭发动机的尾喷管这样一些部位的破坏，更加引起人们对这种磨损的特别注意。

5. 腐蚀磨损

摩擦副受到空气中的酸或润滑油/燃油中残存的少量无机酸及水分的化学作用或电化学作用，在相互运动中造成表面材料的损失，叫作腐蚀磨损。腐蚀可以在没有摩擦的条件下形成。但是，当化学反应的产物（如空气中的氧与铁所形成的红褐色 Fe_2O_3 以及灰黑色的 Fe_3O_4）被随后的相对运动所清除，接着金属表面又受到腐蚀，形成新的化学产物。如此反复进行，腐蚀磨损现象就蔓延开来。

四、影响磨损的因素

影响磨损的因素多而复杂，不同的磨损影响因素的主次、程度均各不相同。但往往又是相互影响、相互制约着，通常很难截然分开。至今尚无一个公认的数学模型从理论上来阐明或描述影响磨损的规律。

（1）载荷对磨损的影响。

（2）速度对磨损的影响。

（3）温度对磨损的影响。
（4）材料对磨损的影响。
① 材料的硬脆性与塑性对磨损的影响。
② 互溶性对磨损的影响。
③ 材料的晶体结构对磨损的影响。
④ 材料的表面处理对磨损的影响。
⑤ 表面粗糙度对磨损的影响。
⑥ 润滑对磨损的影响。
⑦ 周围环境对磨损的影响。
⑧ 机械零件副的结构特点及运动性质对磨损的影响。

五、减少磨损的途径

（1）合理润滑　尽量保证液体润滑，采用合适的润滑材料和正确的润滑方法，采用润滑添加剂，注意密封。

（2）正确选择材料　这是提高耐磨性的关键。例如对于抗疲劳磨损，则要求钢材质量好，控制钢中有害杂质。采用抗疲劳的合金材料，如采用铜铬钼合金铸铁作气门挺杆，采用球墨铸铁作凸轮等，可使其寿命大大延长。

（3）表面处理　为了改善零件表面的耐磨性，可采用多种表面处理方法，如采用滚压加工表面强化处理，各种化学表面处理，塑性涂层，喷钼、镀铬、等离子喷涂等。

（4）合理的结构设计　正确合理的结构设计是减少磨损和提高耐磨性的有效途径。结构要有利于摩擦副间表面保护膜的形成和恢复、压力的均匀分布、摩擦热的散逸、磨屑的排出以及防止外界磨粒、灰尘的进入等。在结构设计中，可以应用置换原理，即允许系统中一个零件磨损以保护另一个重要的零件；也可以使用转移原理，即允许摩擦副中另一个零件快速磨损而保护较贵重的零件。

（5）改善工件条件　尽量避免过大的载荷、过高的运动速度和工作温度，创造良好的环境条件。

（6）提高修复质量　提高机械加工质量、修复质量、装配质量以及提高安装质量是防止和减少磨损的有效措施。

（7）正确地使用和维护　要加强科学管理和人员培训，严格执行、遵守操作规程和其他有关规章制度。机械设备使用初期要正确地进行磨合。要尽量采用先进的监控和测试技术。

第二节　设备润滑管理的目的和任务

一、润滑管理的意义

设备润滑是防止和延缓零件磨损和其他形式失效的重要手段之一。润滑管理是设备工程的重要内容之一。加强设备的润滑管理工作，并把它建立在科学管理的基础上，对保证企业的均衡生产、保持设备完好并充分发挥设备效能、减少设备事故和故障、提高企业经济效益和社会经济效益都有着极其重要的意义。

润滑在机械传动和设备保养中均起着重要作用，润滑能影响到设备性能、精度和寿命。对企业的在用设备，按技术规范的要求，正确选用各类润滑材料，并按规定的润滑时间、部位、数量进行润滑，以降低摩擦、减少磨损，从而保证设备的正常运行、延长设备寿命、降低能耗、防治污染，达到提高经济效益的目的。因此，搞好设备的润滑工作是企业设备管理中不可忽视的环节。

将具有润滑性能的物质施入机器中作相对运动的零件的接触表面上，以减少接触表面的摩擦，降低磨损的技术方式，称为设备润滑。施入机器零件摩擦表面上的润滑剂，能够牢牢地吸附在摩擦表面上，并形成一种润滑油膜。这种油膜与零件的摩擦表面结合得很强，因而两个摩擦表面能够被润滑剂有效地隔开。这样，零件间接触表面的摩擦就变为润滑剂本身的分子间的摩擦，从而起到降低摩擦、减少磨损的作用。由此可以看出，润滑与摩擦、磨损有着密切关系。人们把研究相互作用的表面作相对运动时所产生的摩擦、磨损和进行润滑这三个方面有机地结合起来，统称为摩擦学。摩擦学由英国的乔斯特博士首先提出来，已成为近年来发展最快的新兴学科之一。

润滑的作用一般可归结为：控制摩擦、减少磨损、降温冷却、防止摩擦面锈蚀、冲洗作用、密封作用、减振作用（阻尼振动）等。润滑的这些作用是互相依存、互相影响的。如不能有效地减少摩擦和磨损，就会产生大量的摩擦热，迅速破坏摩擦表面和润滑介质本身，这就是摩擦副短时缺油会出现润滑故障的原因。

润滑的主要任务就是同摩擦的危害做斗争。搞好设备润滑工作就能保证：

(1) 维持设备的正常运转，防止事故的发生，降低维修费用，节省资源；

(2) 降低摩擦阻力，改善摩擦条件，提高传动效率，节约能源；

(3) 减少机件磨损，延长设备的使用寿命；

(4) 减少腐蚀，减轻振动，降低温度，防止拉伤和咬合，提高设备的可靠性。

合理润滑的基本要求是：

(1) 根据摩擦副的工作条件和作用性质，选用适当的润滑材料；

(2) 根据摩擦副的工作条件和作用性质，确定正确的润滑方式和润滑方法，设计合理的润滑装置和润滑系统；

(3) 严格保持润滑剂和润滑部位的清洁；

(4) 保证供给适量的润滑剂，防止缺油及漏油；

(5) 适时清洗换油，既保证润滑又要节省润滑材料。

二、润滑管理的目的和任务

控制设备摩擦、减少和消除设备磨损的一系列技术方法及组织方法，称为设备润滑管理，其目的是：

(1) 给设备以正确润滑，减少和消除设备磨损，延长设备使用寿命；

(2) 保证设备正常运转，防止发生设备事故和降低设备性能；

(3) 减少摩擦阻力，降低动能消耗；

(4) 提高设备的生产效率和产品加工精度，保证企业获得良好的经济效果；

(5) 合理润滑、节约用油、避免浪费。

润滑管理的基本任务是：

(1) 建立设备润滑管理制度和工作细则，拟定润滑工作人员的职责；

(2) 搜集润滑技术、管理资料，建立润滑技术档案，编制润滑卡片，指导操作工和专职润滑工搞好润滑工作；

(3) 核定单台设备润滑材料及其消耗定额，及时编制润滑材料计划；

(4) 检查润滑材料的采购质量，做好润滑材料进库、保管、发放的管理工作；

(5) 编制设备定期换油计划，并做好废油的回收、利用工作；

(6) 检查设备润滑情况，及时解决存在的问题，更换缺损的润滑元件、装置、加油工具和用具，改进润滑方法；

（7）采取积极措施，防止和治理设备漏油；

（8）做好有关人员的技术培训工作，提高润滑技术水平；

（9）贯彻润滑的“五定”原则，总结推广和学习应用先进的润滑技术和经验，以实现科学管理。

第三节　设备润滑管理的组织和制度

一、润滑管理组织

（一）组织机构

为了保证润滑管理工作的正常开展，企业润滑管理组织机构应根据企业规模和设备润滑工作的需要，合理地设置各级润滑管理组织，配备适当人员，这是搞好设备润滑的重要环节和组织保证。润滑管理的组织形式目前主要有两种，即集中管理形式和分散管理形式（在转换企业经营机制过程中根据设备管理的需要企业可以统筹考虑润滑组织的设置）。

1. 集中管理形式

集中管理形式就是在企业设备动力部门下设润滑站和润滑油再生组，直接管理全厂各车间的设备润滑工作，如图 6-2 所示。这种管理形式的优点是有利于合理使用劳动力，有利于提高润滑人员的专业化程度、工作效率和工作质量，有利于推广先进的润滑技术。这种组织形式的缺点是与生产的配合较差。所以，这种组织形式主要用于中、小型企业。

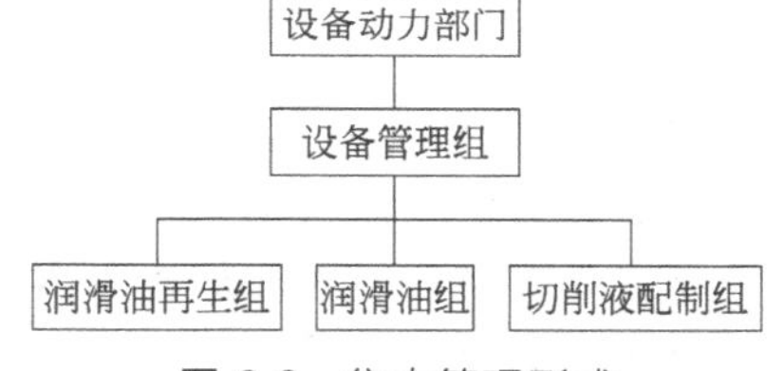

图 6-2　集中管理形式

2. 分散管理形式

分散管理形式就是在设备动力部门建立润滑总站，下设润滑油配制组、切削液配制组和废油回收再生组，负责全厂的润滑油、切削液和废油再生。车间都设有润滑站，负责车间设备润滑工作，如图 6-3 所示。这种形式的优点是能充分调动车间积极性，有利于生产配合；其缺点是技术力量分散，容易忽视设备润滑工作。分散管理形式主要用于大型企业。

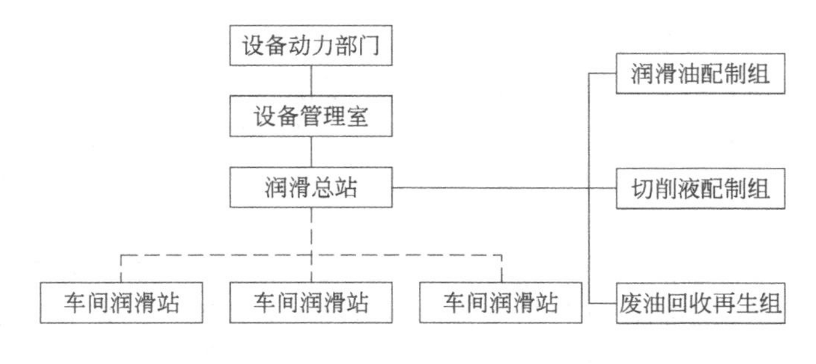

图 6-3　分散管理形式

（二）润滑管理人员的配备

大中型企业，在设备动力部门要配备主管润滑工作的工程技术人员。小型企业，应在设备动力部门内设专（兼）职润滑技术人员。润滑技工的数量可根据企业设备复杂系数总额来确定。表 6-1 是按修理复杂系数确定人员的配备的比例参考数。

表 6-1 润滑工人配备比例

设备类别	机械修理复杂系统数(F_j)	应配人数
金属切削设备	800～1000	1
铸锻设备	600～800	1
冲剪设备	700～900	1
起重运输设备	500～700	1

根据开展润滑油工况检测和废油再生利用的需要，大中型企业应配备油料化验室和化验员，设有废油处理站的应有专人管理。

润滑技术人员应受过中专以上机械或摩擦润滑工程专业的教育，能够正确选用润滑材料，掌握有关润滑新材料的信息，并具备操作一般油的分析和监测仪器、判定油品的优劣程度的能力，不断改进润滑管理工作。

润滑工人是技术工种，除掌握润滑工应有的技术知识外，还应有二级以上维修钳工的技能，要完成清洗、换油、添油工作，经常检查设备润滑状态，做好各种润滑工具的管理，还应协助搞好各项润滑管理业务，定期抽样送检等。

二、润滑管理制度

（一）润滑材料的入库制度

(1) 供销科根据设备动力科提出的润滑材料申请计划，按要求时间及牌号及时采购进厂。

(2) 润滑材料进厂后由化验部门对油品主要质量指标进行检验，检验合格方可发用。采用代用油品必须经设备动力科同意。

(3) 润滑材料入库之后应妥善保管以防混杂或变质，所有油桶都应盖好，更不得露天堆放，在库内也不得敞口存放。

(4) 润滑材料库存两年以上者，须由化验部门重新化验，合格者发给合格证，不合格者不得使用。

（二）润滑总站和车间分站管理制度

(1) 管理本站油库，油桶必须实行专桶专用分类存放，严禁混杂在一起，并标记牌号，盖好盖子。

(2) 油料必须要进行三级过滤。

(3) 保持库内清洁整齐，所有储油箱每年至少要洗净1～2次，各种用具应放在柜子里。

(4) 做好收发油料记录，添油、换油、领发油、废油回收及再生都要登账，按车间分类，每月定期汇总上报设备动力科，抄送至财务科、供销科；如某种润滑材料数量不足时，应敦促及时采购。

(5) 面向车间，服务生产，认真贯彻润滑“五定”规范。每季度会同车间机械员或维修组长进行一次设备润滑技术状态（包括油箱清洁情况）的检查，检查中发现油杯、油盒、毛线、毛毡缺损者要做好记录及时改进，协助车间做好防漏治漏工作。

(6) 做好配制切削冷却液和废油回收工作，有条件的单位，可进行废油再生工作，再生油应进行试验，合格者方可使用（再生油一般用于表面润滑，乳化液应进行稳定性和防锈作用试验）。

(7) 油库建筑设施、工业管理及各种机械电气设施都必须符合有关安全规程；严格遵守安全防火制度。

(8) 润滑站内人员都要严格遵守润滑管理各项制度，认真履行岗位职责制度，积极推广先进润滑技术与润滑管理经验。

(9) 管好润滑器具，设备操作者领用油枪、油壶要记账，妥善保管，破损者以旧换新，不得丢失。

(三)设备的清洗换油制度

(1) 设备清洗换油计划在集中管理的小型企业，由润滑技术员负责编制；在分级管理的大、中型企业由车间机械员负责。

(2) 设备的清洗换油计划，应尽量与一、二级保养及大、中修理计划结合进行。根据油箱清洁普查结果，确定本季（月）换油计划。

大油箱在换油前可进行检验，如油质良好则可延长使用时间。换油周期可参阅表 6-2。

表 6-2 二班制生产设备油箱换油周期表

油箱的容量	换油周期/月		添油到规定油标线的间隔期/日
	正常使用	有磨料、灰尘或其他污物	
<10kg	7～8	5～6	10～15
10～50kg	8～10	6～7	20～25
>50kg	10～12	7～8	35
对于滚动轴承	10～12	7～8	10～15

(3) 换油工作一般以润滑工为主，操作者必须配合。对于精、大、稀设备，维修钳工应参加，车间机械员进行验收。每次换油后，做好记录，发现问题，及时处理。换下的废油及洗涤煤油，注意回收，防止溅落在地上。

(四)冷却液的管理制度

(1) 切削冷却液的配制，一般由设备动力科润滑站负责，也可由车间润滑工负责，做好及时供应工作。

(2) 切削冷却液应经检验，质量不合格或储存腐败的冷却液不得使用。

(3) 必须严格遵守冷却液配制工艺规程，保证切消液质量良好，防止机床锈蚀。

(五)废油回收及再生制度

(1) 根据勤俭节约原则，企业应将废旧油料回收再生使用，防止浪费。

(2) 在油箱换油时，应将废油送往润滑站进行回收。废油回收率达到油箱容量的85%～95%。

(3) 废油回收及再生工作应严格按下列要求进行：

① 不同种类的废油，应分别回收保管；

② 废油程度不同的或混有冷却液的废油，应分别回收保管，以利于再生；

③ 废洗油和其他废油应分别回收，不得混在一起；

④ 废旧的专用油及精密机床润滑油，应单独回收；

⑤ 储存废油的油桶要盖好，防止灰砂及水混入油内；

⑥ 废油桶应有明显的标志，仅作储存废油专用，不应与新油桶混用；

⑦ 废油回收及再生场地，要清洁整齐，做好防火安全工作，做好收发记录，按车间每月定期汇总上报。

三、润滑工作各级责任制

(一)润滑技术员的职责

(1) 组织全厂设备润滑管理工作，拟定各项管理制度及有关人员的职责范围，经领导批准公布并贯彻执行。

(2) 制订每台设备润滑材料和擦拭材料消耗定额。根据设备开动计划，提出全年、季度、月份的需用申请计划交供销部门及时采购。

(3) 会同厂有关试验部门对油品质量进行试验，提出解决措施。

(4) 编制全厂设备润滑图表和有关润滑技术资料供润滑工、操作者和维修人员使用。

(5) 指导车间维修工和润滑工处理有关设备润滑技术问题，并组织业务学习。

(6) 对润滑系统和给油装置有缺陷的设备，向车间提出改进意见，设备科长有权停止继续使用设备。

(7) 根据加工工艺要求和规定，提出切削冷却液的种类、配方和制作方法。

(8) 编制冷却液配制工艺，指导废油回收和再生。

(9) 熟悉国内外有关设备润滑管理经验和先进技术资料，提出有关设备润滑方面的合理化建议，不断改进工作，并及时总结经验加以推广。

(10) 组织新润滑材料、新工具、新润滑装置的试验、鉴定推广工作，对精、大、稀设备润滑材料代用提供意见。

(二) 润滑工职责

(1) 熟悉所管各种设备的润滑情况和所需的油质油量要求。

(2) 贯彻执行设备润滑的“五定管理”制度，认真执行油料三级过滤规定。

(3) 检查设备油箱的油位，1～2周检查加油一次，经常保持油箱达到规定的油面。

(4) 按设备换油计划（或一、二级保养计划）在维修钳工、操作工人的配合下，负责设备的清洗换油，保证油箱油的清洗质量。

(5) 管好润滑站油库，保持适当储备量（一般为月耗量的1/2)，贯彻油库管理制度。

(6) 按照油料消耗定额，每天上班前给机床工人发放油料（可采用双油壶制或送油到车间)。

(7) 配合车间机械员每季度一次检查设备技术状况和油箱洁净情况，将发现的问题填写在润滑记录本中，及时修理改进。

(8) 监督设备操作者正确润滑保养设备。对不遵守润滑图表规定加油者应提出劝告或报告机械员处理。

(9) 按规定数量回收废油，遵守有关废油回收再生的规定和冷却液配制规定。

(10) 在设备动力科的指导下，进行新润滑材料的试验和润滑器具的改进工作，做好试验记录。

四、设备润滑的“五定”管理和“三过滤”

(一) 设备润滑管理简介

设备润滑管理的目的是：防止机械设备的摩擦副异常磨损，防止润滑油（脂)、液压油泄漏和摩擦副间进入杂质，防止机械设备工作可靠性下降和发生润滑事故，提高生产率、降低运转费用和维修费用。设备润滑管理的目标包括：

(1) 确定方针，建立制度规范；

(2) 建立组织，明确职责；

(3) 按照润滑“五定”实施润滑；

(4) 管好润滑材料，实施“三过滤”；

(5) 治理漏油，做好润滑状态管理；

(6) 开展设备状态换油，预防故障，保障运行；

（7）废油回收，保护环境，增效降耗；

（8）推广应用新技术、新材料、新装置；

（9）专业培训，提高润滑技术水平。

设备润滑的“五定”管理和“三过滤”是把日常润滑技术管理工作规范化、制度化，保证搞好润滑工作的有效方法，也是我国润滑工作的经验总结，企业应当认真组织、切实做好。

（二）润滑“五定”管理的内容

设备润滑“五定”，即对设备润滑工作实行定人、定点、定时、定质与定量的管理，这种管理办法是总结了企业设备润滑管理工作的实践经验，把润滑工作的主要活动管理化与规范化，但这“五定”也不是设备润滑管理的整个内容，随着管理发展，方法多样，这“五定”也在相互转化，如原“定时”概念带有定时换油意思，现在简易化验设备相继建立，由定时换油发展为按质换油，因此“五定”的概念就不是一成不变了。现阶段各企业润滑管理发展水平不一，目前对企业还有一定积极意义，只要把润滑“五定”切实应用到生产实践中去，不但使设备精度、性能、寿命得以稳定和延长，而且可以保证生产正常进行，因此要有足够时认识。

（1）定点　根据润滑图表上指定的部位、润滑点、检查点（油标窥视孔），进行加油、添油、换油，检查液面高度及供油情况。

（2）定质　确定润滑部位所需油料的品种、牌号及质量要求，所加油质必须经化验合格。采用代用材料或掺配代用，要有科学根据。润滑装置、器具完整清洁，防止污染油料。

（3）定量　按规定的数量对润滑部位进行日常润滑，实行耗油、定额管理，要搞好添油、加油和油箱的清洗换油。

（4）定时　按润滑卡片上规定的间隔时间进行加油，并按规定的间隔时间进行抽样化验，视其结果确定清洗换油或循环过滤，确定下次抽样化验时间，这是搞好润滑工作的重要环节。

（5）定人　按图表上的规定分工，分别由操作工、维修工和润滑工负责加油、添油、清洗换油，并规定负责抽样送检的人员。

设备部门应编制润滑“五定”管理规范表，具体规定哪台设备、哪个部位、用什么油、加油（换油）周期多长、用什么加油装置、由谁负责等。随着科学技术的发展和经验的积累，在实践中还要进一步充实和完善“五定”管理。

（三）“三过滤”

“三过滤”亦称三级过滤，是为了减少油中的杂质含量，防止尘屑等杂质随油进入设备而采取的措施，包括入库过滤、发放过滤和加油过滤。

（1）入库过滤　油液经运输入库、泵入油罐储存时要经过过滤。

（2）发放过滤　油液发放注入润滑容器时要经过过滤。

（3）加油过滤　油液加入设备储油部位时要经过过滤。

第四节　设备润滑图表

设备润滑图表是指导设备正确润滑的重要基础技术资料，它基于润滑“五定”，兼用图文显示出“五定”的具体内容，清晰明了。

一、设备润滑图表与常用表现形式

（一）编制设备润滑图表的目的

编制设备润滑图表可使设备管理部门对设备润滑的管理规范化、制度化，使润滑工、生产班组操作工、维修人员、管理技术人员对每台设备的“五定”内容一目了然，易使设备润滑工作真正落到实处。

（二）设备润滑图表的来源与表现形式

设备润滑图表一般来源于设备说明书，也可以根据有关资料自己编制，大体有以下三种表现形式：

（1）绘制图样，标记序号，集中在表格中说明，如表 6-3～表 6-8 所示。

（2）绘制图样，构成几条框线，在图样四周把注油日期或油质相同的绘制在框中，框上注明注油期，并用符号表示各注油点、油质，对符号亦有简要说明。

（3）用注油工具标出注油点或加油点，标明符号并集中说明。

不管采用哪种表现形式，都应做到：正确、集中、全面；观看明显，文字简要，记忆方便；标题栏、润滑表的填写应做到有根据。

（三）编制润滑表的内容

（1）润滑油品种，主要油箱、分油器等的注油程度（或用油标、油量说明）；

（2）润滑点（加油点、注油点）、油标、油窗、放油孔、过滤器；

（3）液压泵所在位置及润滑工具；

（4）注油期、换油期和过滤器清洗期；

（5）注油形式和注油工具；

（6）适用本厂实际的润滑分工。

（四）编制润滑图表的注意事项

（1）选择正确的图表形式　一般说来，中、小型设备以“框式”就能看出每班注一次油或多次油的那些油孔；通过几个表示符号，又能很明显地看出所用油质。因此，国内、外均以这种表现形式逐渐取代集中在表格中说明的形式。但是，对于润滑点极少，有一部分是自动润滑的磨床等设备，一般不必采用“框式”法来表现。然而，对于自动润滑的设备仍应标注经常检查字样。

（2）选择好设备视图　润滑表大多是采用外观来显示的，所以在能表现全部润滑点的情况下，能用一个视图的，就不用两个视图，即首先取润滑点较多的视图，其他润滑点，可采取部分视图来表示。

二、设备润滑管理用表

（1）设备换油卡片，如表 6-3 所示。它由润滑管理技术人员编制，润滑工记录。

（2）月清洗换油实施计划表，如表 6-4 所示。此表由润滑管理技术人员或计划员编制，下达维修组由润滑工实施。

表 6-3　设备换油卡片

设备名称：　　型号规格：　　资产编号：　　制造厂：　　所在车间：

润滑部位												
润滑油脂牌号												
消耗定额/kg												
换油周期/月												
润滑记录	日期	油量/kg	日期	油量/kg	日期	油量/kg	日期	油量/kg	日期	油量/kg	日期	油量/kg

表 6-4 月清洗换油实施计划表

年 月

序号	设备编号	设备名称	型号规格	储油部位	用油牌号	代用油品	换油量/kg	清洗材料		工时/h		执行人	验收签字	备注
								名称	数量	计划	实际			

(3) 年度设备清洗换油计划表，如表 6-5 所示。此表由润滑管理技术人员或计划员编制，下达维修组由润滑工实施。

表 6-5 年度设备清洗换油计划表

车间名称： 共 页 第 页

序号	设备名称	型号规格	资产编号	换油周期/月	换油计划/月												备注
					1	2	3	4	5	6	7	8	9	10	11	12	

设备动力科长： 润滑技术员： 车间机械员：

(4) 年、月换油台次，换油量，维护用油量统计表，如表 6-6 所示。此表按厂、车间汇总统计，其作用是提供油的总需用量，平衡年换油计划，用来做分析对比。

(5) 润滑材料需用申请表，如表 6-7 所示。此表由润滑管理技术组或润滑管理技术人员负责汇总编制，供分厂、车间报送用油计划时使用。

(6) 年、季度设备用油和回收综合统计表，如表 6-8 所示。此表是综合统计表，既可供计划比较用，又可为编制下一年度需要计划时参考。

表 6-6 年、月换油台次，换油量和维护用油量统计表

月份	换油台次		换油量/kg		维护用量/kg		用油量合计/kg		备注
	按年计划	实际	按年计划	实际	按年计划	实际	按年计划	实际	
1									
2									
3									
⋮									
10									
11									
12									
全年									

表 6-7 润滑材料需用申请表

申请单位 年度 共 页 第 页

品号	油品名称	牌号	单位	需用量/kg					单价/元	总金额/元	备注
				全年	一季	二季	三季	四季			

批准审查制表年 月 日

表 6-8 年、季度设备用油和回收综合统计表 单位：kg

<table>
<tr><td>油品名称
季度 牌号</td><td colspan="3"></td><td colspan="4"></td><td></td><td></td><td></td><td colspan="3"></td><td rowspan="2">废油回收量</td><td rowspan="2">备注</td></tr>
<tr><td></td><td></td><td></td><td></td><td></td><td></td><td></td><td></td><td></td><td></td><td></td><td></td><td></td><td></td></tr>
<tr><td>一</td><td></td><td></td><td></td><td></td><td></td><td></td><td></td><td></td><td></td><td></td><td></td><td></td><td></td><td></td><td></td></tr>
<tr><td>二</td><td></td><td></td><td></td><td></td><td></td><td></td><td></td><td></td><td></td><td></td><td></td><td></td><td></td><td></td><td></td></tr>
<tr><td>三</td><td></td><td></td><td></td><td></td><td></td><td></td><td></td><td></td><td></td><td></td><td></td><td></td><td></td><td></td><td></td></tr>
<tr><td>四</td><td></td><td></td><td></td><td></td><td></td><td></td><td></td><td></td><td></td><td></td><td></td><td></td><td></td><td></td><td></td></tr>
<tr><td>全年</td><td></td><td></td><td></td><td></td><td></td><td></td><td></td><td></td><td></td><td></td><td></td><td></td><td></td><td></td><td></td></tr>
</table>

第五节　润滑装置的要求和防漏治漏

将润滑剂按规定要求送往各润滑点的方法称为润滑方式。为实现润滑剂按确定润滑方式供给而采用的各种零、部件及设备统称为润滑装置。

在选定润滑材料后，就需要用适当的方法和装置将润滑材料送到润滑部位，其输送、分配、检查、调节的方法及所采用的装置是设计和改善维修中保障设备可靠性和维修性的重要环节。其设计要求是：保护润滑的质量及可靠性；合适的耗油量及经济性；注意冷却作用；注意装置的标准化、通用化；合适的维护工作量等。

一、润滑方式

润滑方式是对设备润滑部位进行润滑时所采用的方法。应该说，润滑的方式是多种多样的，并且到目前为止还没有统一的分类方法。例如，有些是以供给润滑剂的种类来分类的，有些是以所采用的润滑装置来分类的，有些是按被润滑的零件来分类的，还有些是按供给的润滑剂是否连续分类的，如图 6-4 所示。

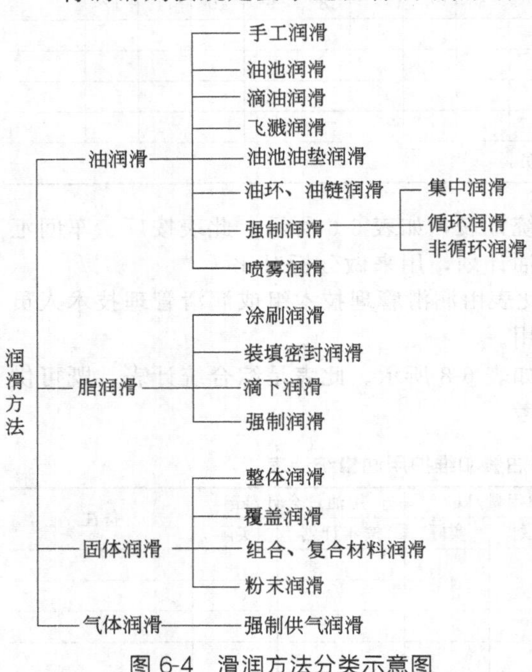

图 6-4　滑润方法分类示意图

二、润滑装置

（一）油润滑装置

1. 手工给油润滑装置

手工给油润滑装置简单，使用方便，在需润滑的部位开个加油孔即可用油壶、油枪进行加油。一般用于低速、轻负荷的简易小型机械，如各种计算器、小型电动机和缝纫机等。

2. 滴油润滑装置

滴油润滑装置如滴油式油杯，依靠油的自重向润滑部位滴油，构造简单、使用方便；缺点是给油量不易控制，机械的振动、温度的变化和液面的高低都会改变滴油量。

3. 油池润滑装置

油池润滑是将需润滑的部件设置在密封的箱体中，使需要润滑的零件的一部分浸在油池的油中。采用油池润滑的零件有齿轮、滚动轴承和滑动式止推轴承、链轮、凸轮、钢丝绳等。油池润滑的优点是自动可靠，给油充足；缺点是油的内摩擦损失较大，且引起发热，油池中可能积聚冷凝水。

4. 飞溅润滑装置

飞溅润滑装置利用高速旋转的零件或依靠附加的零件将油池中的油溅散成飞沫向摩擦部件供油，优点是结构简单可靠。

5. 油绳、油垫润滑装置

油绳、油垫润滑装置是用油绳、毡垫或泡沫塑料等浸在油中，利用毛细管的虹吸作用进行供油。油绳和油垫本身可起到过滤的作用，能使油保持清洁而且是连续均匀的；缺点是油量不易调节，还要注意油绳不能与运动表面接触，以免被卷入摩擦面间，适用于低、中速机械。

6. 油环、油链润滑装置

油环、油链润滑装置只用于水平轴，如风扇、电机、机床主轴的润滑，方法简单，依靠套在轴上的环或链把油从油池中带到轴上流向润滑部位，油环润滑适用于转速为50～3000r/min的水平轴。油链润滑最适于低速机械，不适于高速机械。

7. 强制送油润滑装置

强制送油润滑装置分为：①不循环润滑；②循环润滑；③集中润滑。强制送油润滑是用泵将油压送到润滑部位，润滑效果、冷却效果好，易控制供油量大小，可靠，广泛使用于大型、重载、高速、精密、自动化的各种机械设备中。

① 不循环润滑　经过摩擦表面的油不再循环使用，用于需油量较少的各种设备的润滑点。

② 循环润滑　油泵从油池把油压送到各运动副进行润滑，经过润滑后的油回流进入机身油池循环使用。

③ 集中润滑　由一个中心油箱向数十个或更多的润滑部位供油，用于有大量润滑点的机械设备甚至整个车间或工厂，可手工操作，也可在调整好的时间自动配送适量的润滑油。

8. 喷雾润滑装置

喷雾润滑装置利用压缩空气将油雾化，再经喷嘴喷射到所需润滑的表面。由于压缩空气和油雾一起被送到润滑部位，因此有较好的冷却效果，而且也由于压缩空气具有一定的压力可以防止摩擦表面被灰尘所污染；缺点是排出的空气中含有油雾粒子，造成污染。喷雾润滑装置用于高速滚动轴承及封闭的齿轮、链条等的润滑。

油润滑方式的优点是油的流动性较好，冷却效果佳，易于过滤除去杂质，可用于所有速度范围的润滑，使用寿命较长，容易更换，油可以循环使用；但其缺点是密封比较困难。

（二）润滑脂润滑装置

（1）手工润滑装置　利用脂枪把脂从注油孔注入或者直接用手工填入润滑部位，属于压力润滑方法，用于高速运转而又不需要经常补充润滑脂的部位。

（2）滴下润滑装置　将脂装在脂杯里向润滑部位滴下进行润滑。脂杯分为受热式和压力式。

（3）集中润滑装置　由脂泵将脂罐里的脂输送到各管道，再经分配阀将脂定时定量地分送到各润滑点去，用于润滑点很多的车间或工厂。

与润滑油相比，润滑脂的流动性、冷却效果都较差，杂质也不易除去，因此润滑脂多用于低、中速机械。

（三）固体润滑装置

固体润滑剂通常有四种类型，即整体润滑剂，覆盖膜润滑剂，组合、复合材料润滑剂和粉末润滑剂。如果固体润滑剂以粉末形式混在油或脂中，则润滑装置可采用相应的油、脂润滑装置，如果采用覆盖膜，组合、复合材料或整体零部件润滑剂，则不需要借助任何润滑装置来实现润滑作用。

（四）气体润滑装置

气体润滑装置一般是一种强制供气润滑系统。例如气体轴承系统，其整个润滑系统是由空气压缩机、减压阀、空气过滤器和管道等组成。

总之，在润滑工作中，对润滑方法及其装置的选择，必须从机械设备的实际情况出发，即设备的结构，摩擦副的运动形式、速度、载荷、精密程度和工作环境等条件来综合考虑。

三、漏油的治理

设备漏油的治理是设备管理及维修工作中的主要任务之一。设备漏油不仅浪费大量油料，而且污染环境、增加润滑保养工作量，严重时甚至造成设备事故而影响生产。因此，治理漏油是改善设备技术状态的重要措施之一。设备漏油的防治是一项涉及面广、技术性强的工作，尤其是近年来密封技术有了很大发展，许多密封新材料、新元件、新装置、新工艺的出现，既对漏油治理提供了条件，也对技术提出了更高的要求，所以要加强其研究和应用以及人员的配备。漏油的治理除少数可在维护保养中解决外，多数需要结合计划检修才能进行，严重泄漏的设备必须预先制订好治理方案。

（一）漏油及其分级

对单台设备而言，设备无漏油的标准应达到下列要求：

(1) 油不得滴落到地面上，机床外部密封处不得有渗油现象（外部活动连接处虽有轻微的渗油，但不流到地面上，当天清扫时可以擦掉者，可不算渗油）；

(2) 机床内部允许有些许渗油，但不得渗入电气箱内和传动带上；

(3) 冷却液不得与润滑系统或工作液压系统的油液混合，也不得漏入滑动导轨面上；

(4) 漏油处的数量，不得超过该机床可能造成漏油部位的5%。

设备漏油一般分为渗油、滴油、流油三种：

(1) 渗油　对于固定连接的部位，每半小时滴一滴油者为渗油。对活动连接的部位，每5min滴一滴油者为渗油。

(2) 滴油　每2～3min滴一滴油者为滴油。

(3) 流油　每1min滴五滴以上者为流油。

设备漏油程度等级又分为严重漏油、漏油和轻微漏油三等。

（二）漏油防治的途径

造成漏油的因素是多方面的，有先天性的，如设计不当，加工工艺、密封件和装配工艺中的质量问题；也有后天性的，如使用中的零件，尤其是密封件失效，维修中修复或装配不当等。由于零部件结构形式多种多样，密封的部位、密封结构、元件、材料的千差万别，因此治漏的方法也就各不相同，应针对设备泄漏的因素，从预防入手，防治结合，“对症下药”进行综合性治理。治理漏油的主要途径有以下几种：

(1) 封堵 封堵主要是应用密封技术来堵住界面泄漏的通道，这是最常见的泄漏防治方法。

(2) 疏导 疏导的方法主要是使结合面处不积存油，设计时要设回油槽、回油孔、挡板等，属疏导方法防漏。

(3) 均压 存在压力差是设备泄漏的重要原因之一，因此，可以采用均压措施来防止漏油。如机床的箱体因压力差漏油时，可在箱体上部开出气孔，造成均压以防止漏油。

(4) 阻尼 流体在泄漏通道中流动时，会遇到各种阻力，因此可将通道做成犬牙交错的各式沟槽，人为地加大泄漏的路程，加大液流的阻力，如果阻力和压差平衡，则可达到不漏(如迷宫油封属于此类)。

(5) 抛甩 截流抛甩是许多设备上常用的方法，如减速器安装轴承处开有截油沟，使油不会沿轴向外流，有的设备上装有甩油环，利用离心力作用阻止介质沿轴向泄漏。

(6) 接漏 有的部位漏油难以避免，除采用其他方法减少泄漏量外，可增设接油盘、接油杯，或流入油池，或定时清理。

(7) 管理 加强漏油和治漏的管理十分重要，制订防治漏油的计划，配备必要的技术力量，将治理工作列入计划修理中，落实在岗位责任制中，在维护和修理中加强质量管理，做到合理拆卸和装配，以不致破坏配合性质和密封装置。加强设备泄漏防治工作骨干的培训工作和普及防治泄漏的知识。

四、设备治漏计划

设备管理人员和润滑管理技术人员对漏油设备要做到详细调查，对漏油部位和原因登记制表，并根据漏油的严重程度，安排治漏计划和实施方案。

治理漏油、实施治漏方案不仅是设备维修管理工作的一项任务，也是节能、降低消耗的内容之一，治漏工作应抓好查、治、管三个环节：

(1) 查 查看现象、寻找漏点、分析原因、制订规划、提出措施。

(2) 治 采用堵、封、接、修、焊、改、换等方法，针对实际问题治理漏油。

(3) 管 加强管理，巩固查、治效果。在加强管理上，应做好有关工作，如建立、健全润滑管理制度和责任制，严格油料供应和废油回收利用制度，建立、健全合理的原始记录并做好统计工作，建立润滑站，配备专职人员，加强巡检并制订耗油标准。

一些企业在润滑管理中总结出了治理漏油的十种方法，即勤、找、改、换、缠、回、配、引、垫、焊的设备治漏十字法。

(1) 勤 勤查、勤问、勤治。

(2) 找 仔细寻找漏油部位和原因。

(3) 改 更改不合理的结构和装置。

(4) 换 及时更换失效的密封件和其他润滑元件。

(5) 缠 在油管接头处缠密封带、密封线等。

(6) 回 增加或者扩大回油孔，使回油畅通，不致外溢。

(7) 配 对密封圈及槽沟结合面做到正确选配。

(8) 引 在外溢、外漏处加装引油管、断油槽、挡油板等。

(9) 垫 在结合面加专用纸垫或涂密封胶。

(10) 焊 焊补漏油油孔、油眼。

此外，做好密封工作对防止和减少漏油也会起到积极作用。

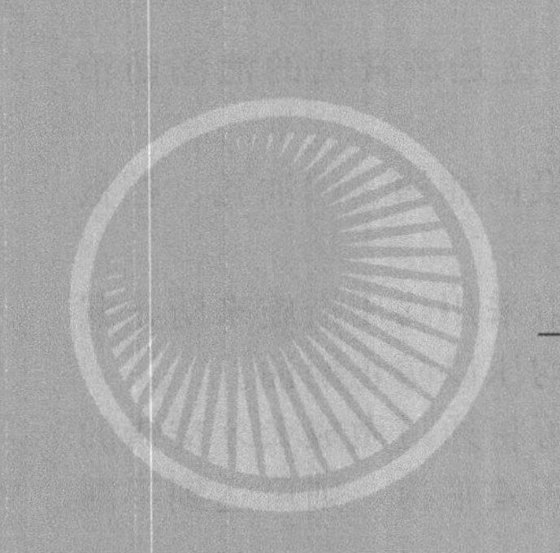

第七章 石油化工通用设备的状态管理

企业设备是为满足某种生产对象的工艺要求或为完成工程项目的预计功能而配备的。所谓设备的状态是指在用设备所具有的性能、精度、生产效率、安全、环境保护和能源消耗等的技术状态。设备的技术性能及其状态如何，体现着它在生产经营活动中存在的价值和对生产的保证程度。

设备在使用过程中，由于生产性质、加工对象、工作条件及环境条件等因素对设备的作用，致使设备在设计制造时所确定的工作性能或技术状态不断降低或劣化。一般地说，设备在实际使用中经常处于三种技术状态：一是完好的技术状态，即设备性能处于正常可用的状态；二是故障状态，即设备的主要性能已丧失的状态；三是处于上述两状态之间，即设备已出现异常、缺陷，但尚未发生故障，这种状态有时称为故障前状态。为了延缓设备劣化过程的发展，预防和减少故障的发生，使设备处于良好的技术状态，除需具有熟练技术的工人正确操作、合理使用设备外，还要对设备进行清扫、维护、润滑、检查、调整、更换零部件、状态检测和诊断等基础工作，同时还应制订操作规程与管理制度并贯彻执行，做好检查、维修、记录工作，积累各项原始数据，进行统计分析，探索故障的发生规律，以采取有效措施控制故障的发生，保持设备的状态良好。

设备技术状态管理就是指通过对在用设备（包括封存设备）的日常检查、定期检查（包括性能和精度检查）、润滑、维护、调整、日常维修、状态监测和诊断等活动所取得的技术状态信息进行统计、整理和分析，及时判断设备的精度、性能、效率等的变化，尽早发现或预测设备的功能失效和故障，适时采取维修或更换对策，以保证设备处于良好技术状态所进行的监督、控制等工作。以状态为基础的维修体制常称为状态维修或视情维修，这种维修体制是随着故障诊断技术的进步而发展起来的，这种新的维修方式，从 20 世纪 70 年代起就被许多先进化工工业国家竞相采用，我国从 1983 年起已正式将开展设备诊断工作的要求纳入《国营工业交通企业设备管理试行条例》中。条例中明确提出："要根据生产需要，逐步采用现代故障诊断和状态监测技术，发展以状态监测技术为基础的预防维修体制，从而把设备诊断技术工作正式列入企业管理法规中。"

第一节　设备状态管理的目的和内容

一、推广设备诊断技术的意义

设备故障诊断技术是 20 世纪 70 年代以来，随着计算机和电子技术的飞跃发展，促进工业生产现代化和机器设备的大型化、连续化、高速化、自动化而迅速发展起来的一门新技术，也是一门以高等数学、物理、化学、电子技术、机电设备失效学为基础的新兴学科。它是现代化设备维修技术的重要组成部分，并且正在日益成为设备维修管理工作现代化的一个重要标志。

设备故障诊断技术对确保机械设备的安全、提高产品质量、节约维修费用以及防止环境污染均起到重要作用。因此，在生产中运用现代设备故障诊断技术，可给企业带来巨大的经济效益。虽然这一技术的经济意义是多方面的，但归纳起来可以集中体现在两个方面，即维修费用的减少和突发故障的降低。

1. 关于维修费用方面

在人类生产发展史上，设备维修体制的发展经历了从不定期到定期，又到不定期，这样几个阶段，它反映了如何获得经济效益的事实。

事后维修方式时代对发生事故难以预料，并往往会造成设备的严重损坏，既不安全又延长了检修时间，修理费用反而加大。

计划维修是建立在设备故障率的统计分析基础上的，其检修期远远小于最短故障期，因此可以保证不会出现设备损坏的严重故障，但是往往要使还能运行一段时间的设备停下检修，既减少了产量又增加了维修费用，造成所谓“过剩维修”，这对于现代化大型连续生产企业的不合理性是明显的。

而以状态监测为基础的预知维修，是不规定检修周期，但是要定期或连续地对设备进行状态监测，并根据状态监测和故障诊断的结果，查明设备有无劣化或故障征兆，再安排在必要时进行修理。轴承振动监测仪能在设备失效前检测和诊断出所存在的故障，并可较准确地估计出连续运行的可靠时间，因而使设备使用寿命增长，意外停机事故减少，使过剩维修受到控制，从而减少了备件消耗和维修工作量，也可防止因检修而出现的人为故障，从而最终使维修费用最低。

根据美国国家统计局提供的资料，1980 年美国工业设备维修花掉 2460 亿美元，其中约 750 亿美元是由于过剩维修而造成的浪费，约占当年美国税收的 1/10。当世界其他各国认识到设备故障诊断技术的重要作用，并在企业中实行状态监测维修后，也同样取得了很大的经济效益。例如：英国政府对 2000 家工厂进行调查的结果表明，设备管理采用故障诊断技术后，每年可节约维修费用 3 亿英镑，而用于诊断技术的投资费用为 0.5 亿英镑，直接收益为 2.5 亿英镑，诊断技术投资与获利之比为 1∶5，某些工厂投资和获利之比高达 1∶17。

2. 关于突发故障方面

无论国内还是国外，在生产发展中都曾发生过一系列惊人的重大设备事故。这都给企业带来了极大的经济损失甚至政治影响。

据资料报道，美国的 PEKRUL 发电厂在 IMEKO 第三届国际会上曾介绍，该厂装机容量为 100 万千瓦，电费为 0.015 美元/(kW·h)，年生产值为 1 亿美元，事故停机损失为 15 万美元/年，该厂共有 50 个部位要监测，共需投资 20 万美元，监测费用为 1.5 万美元/年。根据可靠性计算，整个系统可能有 14 次事故停机，而决定采用诊断技术后有 50%的事故能被检查出来，其中的 50%是由诊断系统监测出来的，又有 20%是假警报，每次事故停机平均需要 3 天时间检修，则该诊断系统能节约的费用 B 为：

$$B=0.5\times0.5\times14\times3\times150000\times(1-0.2)=1260000(\text{美元/年})$$

而诊断所需成本 A 则为：

$$A=(200000/10)+15000=35000(\text{美元/年})$$

则经济效益系数 C 为：

$$C=B/A=1260000/35000=36$$

在我国虽然开展设备诊断的时间不长，但也取得了一些显著的效果。例如辽化从法国、意大利、德国引进的大型机组，在试车初期发生多起振动故障，并曾先后损坏过三个离心压缩机转子，不能投入运行，后经故障诊断和振动分析，终于解决了问题。

以上事实说明开展和应用设备故障诊断技术对保证生产发展，防止设备事故是可以取得显著效益的。

二、设备状态监测及诊断技术的定义

设备诊断技术是指设备的状态监测和故障诊断两个方面。

（1）设备状态监测　它是利用人的感官、简单工具或仪器，对设备工作中的温度、压力、转速、振幅、声音、工作性能的变化进行观察和测定。

随着设备的运转速度、复杂程度、连续自动化程度的提高，依靠人的感觉器官和经验进行监测愈发困难。20 世纪 70 年代后期，开始应用了电子、红外、数字显示等技术和先进工具仪器监测设备状态，用数字处理各种讯号、给出定量信息，为分析、研究、识别和判定设备故障的诊断工作打下基础。

（2）设备故障诊断技术　在设备运行中或基本不拆卸的情况下，掌握设备运行状况，判定生产故障的原因、部位，预测、预报设备未来状态的一种技术，称为故障诊断技术。从这个定义可知，设备诊断技术不仅仅是了解设备的现状、故障及其原因，而且还要预测未来，是以预防维修的基础。以上定义是 1983 年中国机械工程学会设备维修分会根据国外经验和国内现状提出的。

三、设备诊断技术作用和目的

（1）设备诊断技术作用　设备诊断技术在设备综合管理中具有重要的作用，表现为：

① 它可以监测设备状态，发现异常状况，防止突发故障和事故的发生，建立维护标准，开展预知维修和改善性维修；

② 较科学地确定设备维修间隔期和内容；

③ 预测零件寿命，搞好备件生产和管理；

④ 根据故障诊断信息，评价设备先天质量，为改进设备的设计、制造、安装工作和提高换代产品的质量提供依据。

（2）设备诊断技术目的　采用设备诊断技术，至少可以达到以下目的：

① 保障设备安全，防止突发故障；

② 保障设备精度，提高产品质量；

③ 实施状态维修，节约维修费用；

④ 避免设备事故造成的环境污染；

⑤ 给企业带来大的经济效益。

在我国推广设备诊断技术的积极意义是有利于实行现代设备管理，进行维修体制改革，克服“过剩维修”及“维修不足”，从而达到设备寿命周期费用最经济和设备综合效率最高的目标。

四、设备诊断工作的开展

1. 设备诊断工作与设备综合管理的关系

设备诊断不仅仅是对故障的识别和鉴定，它对设备定量测定的各种信息数据的科学分析和预测，必须与设备寿命周期全过程联系起来，如果只抓住某一特定时间和环节的故障及异常，很难做出对症的诊断。要根据设备综合管理的理论把设备一生作为诊断技术应用的范围。对于设备诊断工作，不能只把一般的技术综合起来，必须发挥全系统的作用，把企业全部有关技术力量组织起来，把过去收集的数据储存起来，对故障和异常做出诊断，搞好设备一生各个环节的管理工作。

2. 设备寿命周期各阶段的诊断工作

（1）规划、设计制造阶段　可定量测定应力，根据异常和劣化改进设计，为提高可靠性对设备制造进行定量诊断，防止和克服潜在的缺点，保证制造质量。

（2）安装、调整试运转阶段　可定量测量安装方法、精度，减少施工误差。

可进行定量的试运转，克服凭经验和定性判断带来的失误，全面掌握设计、制造及安装质量，为使用期状态监测及故障诊断、预防维修和改善维修提供科学依据。

（3）使用、维修阶段　利用各种监测装置对设备需要的部位进行检测，可迅速地查找故障，并掌握设备应力状态、故障原因、劣化程度、发展趋向，从而采取相应措施。

根据诊断，确定修理范围和方法，检查修理质量，发现人为故障并排除，提高工作效率。

依据劣化趋势范围和程度，预测和确定检查修理周期、修理类别，制订修理改造计划，计算备件定额，确定制造、定货周期等。

（4）老化、更新报废阶段　可以定量地测定设备性能、强度、劣化的实际状况，因此可正确地确定更新、报废的设备和时间。

3. 设备诊断工作开展步骤

（1）全面弄清企业生产设备的状况，包括性能、结构、工作能力、工作条件、使用状态、重点程度等。

（2）确定企业需要监测和诊断的设备，如重点关键设备，故障停机对生产影响大、损失大的设备。根据急需程度和人力、物力条件，先在少数机台上试点，总结经验后，逐渐推广。

（3）确定需监测设备的监测点、测定参数和基准值及监测周期。

（4）根据监测及诊断的内容，确定监测方式与结构，选择合适的方法和仪器。

（5）建立组织机构和人工、电脑系统，制订记录表报、管理程序及责任制等。

（6）培训人员，使操作人员及专门人员不同程度地了解设备性能、结构、监测技术、故障分析及信号处理技术，了解监测仪器的使用、维护保养等。

（7）不断总结开展状态监测、故障诊断工作的实践经验，巩固成果，摸索各类零部件的故障规律、机理。进行可靠性、维修性研究，为设计部门提高可靠性、维修性设计，不断提高我国技术装备素质，提供科学依据；为不断提高设备诊断技术水平和拓宽其应用范围提供依据。

五、设备诊断技术的发展

对设备的故障诊断，实际上自有工业生产以来就已存在。早期人们依据对设备的触摸，对声音、振动等状态特征的感受，凭借工匠的经验，可以判断某些故障的存在，并提出修复的措施。例如有经验的工人常利用听棒来判断旋转机械轴承及转子的状态。但是故障诊断技术作为一门学科，则是20世纪60年代以后才发展起来的。

对设备故障诊断技术的发展情况，已有不少文献进行了回顾和综述。最早开展故障诊断技术研究的是美国。美国在1961年开始执行阿波罗计划后出现了一系列设备故障，1967年在美国宇航局倡导下，由美国海军研究室主持美国机械故障预防小组，积极从事故障诊断技术的研究和开发。美国机械工程师学会领导下的锅炉压力容器监测中心对锅炉压力容器和管道等设备的诊断技术做了大量研究，制订了一系列有关静态设备设计、制造、试验和故障诊断及预防的标准规程，目前正在研究推行设备的声发射诊断技术。其他如超低温水泵和空压机监测技术，用于军用机械的轴与轴承诊断技术，润滑油分析诊断技术等都在国际上具有特色。在航空运输方面，美国在可靠性维修管理的基础上，大规模地对飞机进行状态监测，发展了应用计算机的飞行器数据综合系统，利用大量飞行中的信息来分析飞机各部位的故障原因并能发出消除故障的命令。这些技术已普遍用于波音这一类巨型客机，大大提高了飞机的安全性。据统计，世界班机的每亿旅客公里的死亡率从 20 世纪 60 年代的 0.6 降到 70 年代的 0.2 左右。在旋转机械故障诊断方面，首推美国西屋公司，从 1976 年开始研制，到 1990 年已发展成网络化的汽轮发电机组智能化故障诊断专家系统，其三套人工智能诊断软件（汽轮机、发电机、水化学）共有诊断规则近一万条，对西屋公司所生产机组的安全运行发挥了巨大的作用，取得了很大的经济效益。

在 20 世纪 60 年代末 70 年代初，英国机械保健中心开始诊断技术的开发研究。1982 年曼彻斯特大学成立了沃福森工业维修公司，开展了咨询、制订规划、合同研究、业务诊断、研制诊断仪器、研制监测装置、开发信号处理技术、教育培训、故障分析、应力分析等业务活动。在核发电方面，英国原子能机构下设一个系统可靠性服务站从事诊断技术的研究，包括利用噪声分析对炉体进行监测，以及对锅炉、庄力容器、管道的无损检测等，起到了英国故障数据中心的作用。在钢铁和电力工业方面英国也有相应机构提供诊断技术服务。设备诊断技术在欧洲其他一些国家也有很大进展，它们在广度上虽不大，但都在某一方面具有特色或占领先地位，如瑞典的 SPM 轴承监测技术，挪威的船舶诊断技术，丹麦的振动和声发射技术，等等。

我国于 1983 年由国家经委发布了《国营工业交通设备管理试行条例》，1987 年国务院正式颁布的《全民所有制工业交通企业设备管理条例》规定“企业应当积极采用先进的设备管理方法和维修技术，采用以设备状态监测为基础的设备维修方法”，其后冶金、机械、核工业等部门还分别提出了具体实施要求，使我国故障诊断技术的研究和应用在全国普遍展开。自 1985 年以来，由中国设备管理协会设备诊断技术委员会、中国振动工程学会机械故障诊断分会和中国机械工程学会设备维修分会分别组织的全国性故障诊断学术会议已先后召开十余次，极大地推动了我国故障诊断技术的发展。现在全国已有数十个单位开展设备故障诊断技术的研究工作。全国各行业都很重视在关键设备上装备故障诊断系统，特别是智能化的故障诊断专家系统，其中突出的有电力系统、石化系统、冶金系统，以及高科技产业中的核动力电站、航空部门和载人航天工程等。工作比较集中的是大型旋转机械故障诊断系统，已经开发了 20 种以上的机组故障诊断系统和十余种可用来作现场简易故障诊断的便携式现场数据采集器。一些高等院校已培养了一批以设备故障诊断技术为选题的硕士研究生和博士研究生。我国的故障诊断事业正在蓬勃发展，将在我国经济建设中发挥越来越大的作用。

第二节 设备的检查

一、设备的检查及其分类

设备的检查就是对其运行情况、工作性能、磨损程度进行检查和检验，通过检查可以全面掌握设备技术状况的变化、劣化程度和磨损情况，针对检查发现的问题，改进设备维修工作，提高维修质量和缩短维修时间。

1. 按检查时间的间隔分类

（1）日常检查 日常检查是操作工人每天对设备进行的检查。

（2）定期检查　定期检查是在操作工人参加下，由专职维修工人按计划定期对设备进行的检查。定期检查的周期已做规定的按规定进行，未做规定的，一般每季度检查一次，最少半年检查一次。

2. 按技术功能分类

（1）机能检查。机能检查是对设备的各项机能的检查和测定，可检查是否漏油、防尘密封性以及零件耐高温、高压、高速的性能等。

（2）精度检查。精度检查是对设备的实际加工精度进行检查和测定，以便确定设备黏度的劣化程度。这也是一种计划检查，由维修人员或设备检查员进行，主要是检查设备的精度情况，作为精度调整的依据，有些企业在精度检查中，测定精度指数，作为制订设备大修、项修、更新、改造的依据。

二、设备的点检

（一）设备点检的概念

设备点检，是利用人的感官和简单的仪表工具或精密检测的设备和仪器，按照预先制订的技术标准，定人、定点、定量、定标、定路线、定周期、定方法、定检查记录，实行全过程对运行设备进行动态检查。它是一种及时掌握设备运行状态，指导设备状态检修的一种严肃的科学管理方法。

设备点检制就是以点检为核心的全员生产维修管理体制。它是通过各级点检人员的感官或检测仪表工具，按照标准定期地对设备进行检查，掌握设备故障的初期信息，找出设备的异状，发现隐患，以便及时采取对策，将故障消灭在萌芽状态的一种管理方法。它与传统的设备管理模式相比，无论在组织体制方面，还是在工作程序和思维方式等方面，都有本质的区别。

（二）点检的分类

点检按周期和业务范围可分为日常点检、专业点检和精密点检。日常点检是在设备运行中由操作人员完成的，其对象是所有设备，目的是保证设备每日正常运转，不发生故障。专业点检和精密点检是由专职点检员完成的。专业点检测定重点设备的劣化程度，确定设备性能，对设备调整修理，以保证设备达到规定的性能。精密点检的对象不定，一般是主要生产流程中的关键设备，对问题做精细的调查、测定、分析，保证设备达到规定的性能和精度。

（三）点检管理的特点

（1）实行全员管理　全员设备管理是点检工作的基础，是点检制的基本特征。没有生产工人参加的日常点检活动，就不能称为点检制。

（2）专职点检员按区域分工进行管理　现代化设备管理所必需的机械、电气、仪表三个专业，按工作量大小实行区域分工，这是点检制的实体、点检制的核心和点检活动的主题。

（3）点检员是管理者　点检制的精髓是管理职能重心的下移，把对设备管理的全部职能按区域分工的原则落实到点检员。

（4）点检是一整套科学的管理工程　点检是按照严密的规程标准体系进行管理的。没有点检标准，就不能科学地进行点检，这是点检的科学依据。

（5）点检是动态管理　点检制把传统的静态管理方法推进到动态管理方法，点检中发现的问题要根据经济性、可能性，通过日修、定修、年修计划加以处理，减小了大、中、小修的盲目性，把问题解决在最佳时期的动态管理中。

（四）点检制的工作平台

(1) 以厂为单位，形成既相互独立又相互制约的三方，即点检方、操作方、检修方，将设备管理的重心下移。

(2) 点检方。二级单位成立的点检机构称为点检方，点检机构可按区域分工成立若干点检作业区。点检作业区设立点检作业长和专职点检员，对设备进行专业点检。管理者和员工由机动科、原生产车间主管设备的副主任、设备技术员根据需要重组。装备能源部组建设备检测室，作为精密点检方，同时承担关键设备的状态检测和故障诊断，又对公司点检的实施情况进行管理。

(3) 操作方。生产车间称为操作方，负责正确操作设备、按要求定时开展日常点检、进行设备的日常维护和调整，同时监督专职点检员开展专业点检，参与设备检修的验收。生产车间不再设立专职设备主任、专（兼）职点检员岗位，原来对设备专业点检、检修的职能随之划出。

(4) 检修方。以分厂为单位实行检修力量集中管理，整合或新成立的检修车间称为检修方，形成专业化区域检修。管理者和员工由原检修车间以及原生产车间电、钳、管、焊等检修班组员工根据需要重组。

(5) 点检方是现场设备管理的核心，它不仅承担设备专业点检的任务，还监督指导着操作方的日常点检工作，并通过适当的方式向检修方安排设备检修任务并监督实施。

（五）点检标准

在点检标准中，根据各部位的结构特点，详细地规定点检位置、点检项目、点检周期、点检方法、点检分工及判定基准。因此点检标准要做到定人、定项、定法、定期、定标，如表 7-1 所示。

在点检标准中，详细规定了点检作业的基本事项，使所有的检查点都做到了“五定”。点检标准包括通用标准和专用标准两类。

1. 点检标准的作用

点检标准是对设备进行预防性检查的依据，是编制点检计划的基础。

2. 点检标准的编制依据

(1) 维修技术标准；

(2) 设备使用说明书和有关技术资料、图纸；

(3) 同类设备的实绩资料；

(4) 实绩经验。

3. 点检标准的主要内容

点检标准以表格的形式对点检对象设备进行了“五定”。

点检标准的主要内容包括：点检部位、点检项目、点检内容；点检方法、设备点检状态；点检结果的判断基准；点检周期；点检分工。

(1) 点检部位与项目　设备可能发生故障和劣化并且需按点检管理的地方。其大分类为“部位”，小分类为“项目”。

(2) 点检内容　点检内容主要包括以下十大要素：

① 机械设备的点检十大要素：压力、温度、流量、泄漏、异音、振动、给油脂状况、磨损或腐蚀、裂纹或折损、变形或松弛。

② 电气设备的点检十大要素：温度、湿度、灰尘、绝缘、异音、异味、氧化、连接松动、电流、电压。

(3) 点检方法

① 用视、听、触、味、嗅觉为基本方法的“五感点检法”；

表 7-1 设备点检及交接班记录

车间							班组													操 作 者												
机床型号							机床名称													机床编号												
序号	点检内容	日期及点检记录																														
		1	2	3	4	5	6	7	8	9	10	11	12	13	14	15	16	17	18	19	20	21	22	23	24	25	26	27	28	29	30	31
1	机床无油污、灰尘、杂物																															
2	各操纵按钮齐全，无异常																															
3	各指示仪表正常																															
4	油箱、油位正常																															
5	电机运转正常，无异常声音																															
6	油泵运转正常，无异常声音																															
7	热板升温正常																															
8	温度表指示正确																															
9	油路畅通，无渗漏																															
10	工位、器具摆放整齐																															
11	产品摆放整齐、标识齐全																															
	交接班记录(签名)																															
说明	1. 点检在交换班正式生产前进行； 2. 正常打“√”，不正常打“×”，并报告领班或机修工修理或停机； 3. 交接班记录由接班人签名或写工号，发现异常，不能交接班，应立即通知领班； 4. 本卡每月一张，月底交领班检查，签字后交生产部； 5. 设备运转时间(h)，按实际运转时间填写，在交接班前填写。																				设备报修情况记录											
	每班设备运转时间/h																															

② 借助于简单仪器、工具进行测量；

③ 用专用仪器进行精密点检测量。

(4) 点检状态

① 静态点检（设备停止时）；

② 动态点检（设备运转时）。

(5) 点检判定基准

① 定性基准；

② 定量基准。

(6) 点检周期　依据设备作业率、使用条件、工作环境、润滑状况、对生产影响的程度、其他同类厂的使用实绩和设备制造厂家的推荐值等先初设一个点检周期值，以后随着生产情况的改变和实际经验的积累逐步进行修正，以使其逐渐趋向合理。

(7) 点检分工

① 操作点检；

② 运行点检；

③ 专业点检。

（六）日常点检

(1) 日常点检的作用

① 通过日常点检检查　及时发现设备的异常现象，消除隐患，防止设备劣化的扩大和延伸。

② 通过日常点检维护　保证设备经常处于最佳状态下工作，延缓设备的劣化。

(2) 日常点检活动的基本工作：检查、清扫、给油脂、紧固、调整、整理和整顿、简单维修和更换。

(3) 岗位日常点检的实施要点

① 关键是严格执行日常点检程序；

② 依据日常点检标准和科学的点检路线，按点检表的项目逐项检查，逐项确认；

③ 使岗位操作人员熟悉点检标准和掌握点检技能，并增强责任心，成为具有较高素质的“技术型”和“管理型”的生产工人；

④ 专业点检员应结合实际制订点检表，并与操作人员一起研究如何点检。

（七）专业点检

(1) 专业点检的主要内容

① 设备的非解体定期检查；

② 设备解体检查；

③ 劣化倾向检查；

④ 设备的精度测试及系统的精度检查、调整；

⑤ 油品的定期成分分析及更换、添加；

⑥ 零部件更换及劣化部位的修复。

(2) 点检工作的七事一贯制

① 点检实施；

② 设备状况情报收集整理及问题分析；

③ 定修、日修、年修计划编制；

④ 维修备件材料计划的制订及准备；

⑤ 定修、日修、年修工程委托及管理；

⑥ 工程验收及试运转；

⑦ 点检及定修的数据汇总和实绩分析。

(八)精密点检

精密点检主要是利用精密仪器或在线监测等方式对在线、离线设备进行综合检查测试与诊断，测定设备的某些物理量，及时掌握设备及零、部件的运行状态和缺陷状况，定量地确定设备的技术状况和劣化程度及劣化趋势，以判断其修理和调整的必要性。精密点检的常用方法有：

(1) 无损检测技术；

(2) 振动和噪声诊断技术；

(3) 油液监测分析技术；

(4) 温度监测技术；

(5) 应力应变监测技术；

(6) 表面不解体检测技术；

(7) 电气设备检测技术。

(九)开展点检制的意义

(1) 设备点检制是适应设备大型化、连续化、智能化发展现状的一种科学的设备管理方法，从一些公司生产设备的特点分析，设备具有大型化、连续化、智能化等现代化设备的特征且关键设备备用水平低的特点(如供电整流设备、空冷发电机组等)，必须配合现代化的管理，设备点检制非常适合这些公司对氧化铝等主要产品生产流程的设备进行管理。

(2) 开展点检制能保证设备系统安全稳定运行。突发性故障一方面严重影响生产，甚至可能会造成人员伤亡，造成生命财产的巨大损失；另一方面，事故的处理方案一般比较复杂、难度较大，处理时间长，处理费用高。有时若事故在设备方面的原因查找不对，可能会引发二次事故，造成更大的损失。随着现代技术和点检仪器的发展，就可以通过科学的方法，找出设备缺陷和异常状态，发现隐患，及时采取对策，把故障消灭在萌芽状态，保证设备系统安全稳定运行。

(3) 开展点检制可以延长设备使用寿命。采用现代化的技术和点检仪器可以取得大量具有科学性、正确性、准时性、有效性的原始数据，通过对这些数据进行分析，可以发现设备的运行状况，把握设备状态变化规律，从而实现预知性维修，降低设备的故障和事故停机率。通过资料积累，可以提出合理的零部件维修、更换计划，不断总结经验，完善技术标准，保持设备性能的高度稳定，这些都大大延长设备的使用寿命。根据美国电工协会的统计报告，通过开展设备点检工作，一般可以提高设备使用寿命1～10倍。

(4) 开展点检制可以实现设备“零故障”。由于铝工业企业是流程工业，设备“零故障、零缺陷”在企业中得到了广泛认可。设备管理、操作和维护人员可以通过设备点检，实时掌握设备运行状态，及时消除设备的运行故障，使设备长期、安全高效运行，从而实现设备“零故障、零缺陷”这一先进的管理理念。

(5) 开展点检制可以降低维修费用。一方面，通过点检，可以及时掌握设备的运行规律，将设备维修安排在最佳的时间，防止过剩维修和维修不足，降低维修费用。另一方面，通过设备点检，可以准确把握设备可能发生的故障点和故障类型，采用正确的方法进行维修，而且用先进的方法和仪器进行维修，缩短了维修时间，降低了维修人员的劳动强度，降低了维修费用。

(6) 开展点检制可以大大减少备件的库存量和流动资金。由于设备延长了使用寿命，消耗的备件量大大降低，从而大大减少用于购买备件的流动资金。同时，由于可以预知设备的使用寿命和正确的检修时间，备件可以在受控状态下采购，避免备件采购的盲目性而挤占流动资金。

(7) 开展点检制可以大大提高员工的综合素质。由于点检制对员工的素质要求比较高，迫使员工要提高自己的业务能力，加强学习；反过来，员工业务能力的提高，更有利于提高设备的管理水平。

第三节　设备的状态监测

一、设备状态监测的概念

对运转中的设备整体或其零部件的技术状态进行检查鉴定，以判断其运转是否正常，有无异常与劣化征兆，或对异常情况进行追踪，预测其劣化趋势，确定其劣化及磨损程度等的活动就称为状态监测。状态检测的目的在于掌握设备发生故障之前的异常征兆与劣化信息，以便事前采取针对性措施控制和防止故障的发生，从而减少故障停机时间与停机损失，降低维修费用和提高设备有效利用率。

对于在使用状态下的设备进行不停机或在线监测，能够确切掌握设备的实际特性，有助于判定需要修复或更换的零部件和元器件，充分利用设备和零件的潜力，避免过剩维修，节约维修费用，减少停机损失。特别是对自动线，程式、流水式生产线或复杂的关键设备来说，意义更为突出。

二、设备状态监测与定期检查的区别

设备的定期检查是针对实施预防维修的生产设备在一定时期内所进行的较为全面的一般性检查，间隔时间较长（多在半年以上），检查方法多靠主观感觉与经验，目的在于保持设备的规定性能和正常运转。而状态监测是以关键的重要的设备（如生产联动线，精密、大型、稀有设备，动力设备等）为主要对象，检测范围较定期检查小，要使用专门的检测仪器针对事先确定的监测点进行间断或连续的监测检查，目的在于定量地掌握设备的异常征兆和劣化的动态参数，判断设备的技术状态及损伤部位和损伤原因，以决定相应的维修措施。

设备状态监测是设备诊断技术的具体实施，是一种掌握设备动态特性的检查技术。它包括了各种主要的非破坏性检查技术，如噪声控制、振动监测、应力监测、腐蚀监测、泄漏监测、温度监测、磨粒测试（铁谱技术）、光谱分析及其他各种物理监测技术等。

设备状态监测是实施设备状态维修的基础，状态维修根据设备检查与状态监测结果，确定设备的维修方式。所以，实行设备状态监测与状态维修的优点有：

① 减少因机械故障引起的灾害；

② 增加设备运转时间；

③ 减少维修时间；

④ 提高生产效率；

⑤ 提高产品和服务质量。

设备技术状态是否正常，有无异常征兆或故障出现，可根据监测所取得的设备动态参数（温度、振动、应力等）与缺陷状况，与标准状态进行对照加以鉴别。表 7-2 列出了判断设备状态的一般标准。

表 7-2　判断设备状态的一般标准

设备状态	部件			设备性能
	应力	性能	缺陷状态	
正常	在允许值内	满足规定	微小缺陷	满足规定
异常	超过允许值	部分降低	缺陷扩大(如噪声、振动增大)	接近规定，一部分降低
故障	达到破坏值	达不到规定	破损	达不到规定

三、设备状态监测的分类与工作程序

（1）设备状态监测按其监测的对象和状态量划分，可分为两方面的监测。

① 机器设备的状态监测　指监测设备的运行状态，如监测设备的振动、温度、油压、油质劣化、泄漏等情况。

② 生产过程的状态监测　指监测由几个因素构成的生产过程的状态，如监测产品质量、流量、成分、温度或工艺参数等。

上述两方面的状态监测是相互关联的。如生产过程发生异常，将会发现设备的异常或导致设备的故障；反之，往往由于设备运行状态发生异常，出现生产过程的异常。

（2）设备状态监测按监测手段划分，可分为两种类型的监测。

① 主观型状态监测　即由设备维修或检测人员凭感官感觉和技术经验对设备的技术状态进行检查和判断。这是目前在设备状态监测中使用较为普遍的一种监测方法。由于这种方法依靠的是人的主观感觉和经验、技能，要准确地做出判断难度较大，因此必须重视对检测维修人员进行技术培训，编制各种检查指导书，绘制不同状态比较图，以提高主观检测的可靠程度。

② 客观型状态监测　即由设备维修或检测人员利用各种监测器械和仪表，直接对设备的关键部位进行定期、间断或连续监测，以获得设备技术状态（如磨损、温度、振动、噪声、压力等）变化的图像、参数等确切信息。这是一种能精确测定劣化数据和故障信息的方法。

当系统地实施状态监测时，应尽可能采用客观监测法。在一般情况下，使用一些简易方法是可以达到客观监测的效果的。但是，为能在不停机和不拆卸设备的情况下取得精确的检测参数和信息，就需要购买一些专门的检测仪器和装置，其中有些仪器装置的价值比较昂贵，因此，在选择监测方法时，必须从技术与经济两个方面进行综合考虑，既要能不停机且迅速地取得正确可靠的信息，又必须经济合理。这就要将购买仪器装置所需费用同故障停机造成的总损失加以比较，来确定应当选择何种监测方法。一般地说，对以下四种设备应考虑采用客观监测方法：发生故障时对整个系统影响大的设备，特别是自动化流水生产线和联动设备；必须确保安全性能的设备，如动能设备；价格昂贵的精密、大型、重型、稀有设备；故障停机修理费用及停机损失大的设备。

四、设备状态监测的方法及应用

根据不同的检测项目采用不同的方法和仪器，如表 7-3 所示。

表 7-3　状态监测内容与技术

内容	监测技术	备注
直接监测	通过人的感官直接观察，根据经验判断状态 借用简单工具、仪器进行测量，如千分表、水准仪、光学仪、表面检查仪等	需要有丰富的经验，目前在企业中仍被广泛采用
温度监测	接触型：采用温度计、热电偶、测温贴片、测温笔、热敏涂料直接接触物体表面进行测量 非接触型：采用较先进的红外点温仪和红外热像仪、红外扫描仪等遥控检测不易接近的炉窑等	用于设备运行中发热异常的检测
振动检测、噪声检测	可采用固定式监测设备进行连续监测或采用便携式的仪器监测 冲击脉冲法制造的各种小型测量仪、脉冲测量仪、测振仪 用噪声计量计、声级计测量噪声从而判断工作机件的磨损和故障	振动和噪声是应用最多的诊断信息，先是强度测定，确认有异常时再做定量分析，如振动量级、频率和模式等

续表

内容	监测技术	备注
油液分析	铁谱分析仪(用于有磁性的零件)、光谱分析仪等	用以监测零件磨损,磨损微粒可在润滑油中找到,检查和分析油液中的残余物形状、大小、成分,判断磨损状态、机理和严重程度,有效掌握零件磨损状况
泄漏检测	简易检测法:用肥皂水、氨水测一般管道、氯气管道的泄漏 仪器检测:氧气浓度计、超声泄漏探测仪等	泄漏消耗能量、污染环境,由泄漏可能导致二次爆炸事故。要求用较灵敏仪器帮有经验操作人员去检查管道上微小的泄漏点
裂纹检测	渗透液检查、磁性探伤法(磁性材料)、超声波法、电阻法。X光射线法检测可查大面积裂伤。声发射技术、涡流检测法可查裂缝、硬度及杂质	疲劳裂缝可导致重大事故,测量不同性质材料的裂纹,应采用不同的方法
腐蚀监测	腐蚀检查仪	

在不同企业的不同设备上,是否需要进行状态监测,采用什么方法和仪器进行这项工作,必须要综合考虑生产的需要、效果、投资及技术力量的配备等。

五、设备的在线检测

在线检测是直接安装在生产线上,通过软测量技术实时检测、实时反馈,以此来更好地指导生产,减少不必要的浪费。

过程工业常常伴随着物理化学反应、生化反应、相变过程及物质和能量的转移和传递,往往是一个十分复杂的工业大系统,其本身就存在大量的不确定性和非线性因素;通常伴随着十分苛刻的生产条件或环境,如高温、高压、低温、真空、高粉尘和高湿度,有时甚至存在易燃、易爆或有毒物质,生产的安全性要求较高;强调生产过程的实时性、整体性,各生产装置间存在复杂的耦合、制约关系,要求从全局协调,以求整个生产装置运行平稳、高效。这种复杂特性使得在工业过程中很难建立起准确的数学模型。

近年来,随着科学技术的迅猛发展和市场竞争的日益激烈,为了保证产品的质量和经济效益,先进控制和优化控制纷纷被应用于工业过程中。然而,不管是在先进控制策略的应用过程中还是对产品质量的直接控制过程中,一个最棘手的问题就是难以对产品的质量变量进行在线实时测量。受工艺、技术或者经济的限制,一些重要的过程参数和质量指标难以甚至无法通过硬件传感器在线检测。目前,生产过程中通常采用定时离线分析的方法,即每几小时采样一次,送化验室进行人工分析,然后根据分析值来指导生产。由于时间滞后大,因此远远不能满足在线控制的要求。

在线检测技术正是为了解决这类变量的实时测量和控制问题而逐渐发展起来的。在线检测技术,根源于推理控制中的推理估计器,即采集某些容易测量的变量(也称二次变量或辅助变量),并构造一个以这些易测变量为输入的数学模型来估计难测的主要变量(也称主导变量),从而为过程控制、质量控制、过程管理与决策等提供支持,也为进一步实现质量控制和过程优化奠定基础。在线连续检测技术已是现代流程工业和过程控制领域关键技术之一,它的成功应用将极大地推动在线质量控制和各种先进控制策略的实施,使生产过程控制得更加理想,像浓度、黏度、分子量、转化率、比值、液位等质量参数都可以实现在线检测。

第四节 故障诊断技术

设备故障诊断是一种给设备“看病”的技术,是了解和掌握设备在使用过程中的状态,确定其整体或局部是正常或异常，早期发现故障及其原因并能预报故障发展趋势的技术。随着科学技术与生产的发展，设备工作强度不断增大，生产效率、自动化程度越来越高，同时设备更加复杂、各部分的关联更加密切，从而往往某处微小故障就爆发连锁反应，导致整个设备乃至与设备有关的环境遭受灾难性的毁坏，这不仅会造成巨大的经济损失，而且会危及人身安全，后果极为严重。因此，设备诊断技术日益发挥重要作用，它可使设备无故障、工作可靠，发挥最大效益；保证设备在将有故障或已有故障时，能及时诊断出来，正确地加以维修，以减少维修时间，提高维修质量，节约维修费用。

一、故障诊断技术的发展

(1) 第一阶段　最初是依靠现场获取设备运行时的感观状态（如异常振动、异常噪声、异常温度，润滑油液中是否含有磨削物等）并凭经验或多位专家进行分析研究确定可能存在的故障或故障隐患。

(2) 第二阶段　依靠测量仪器测量设备的某些关键部位，以获取参数（如频率、振幅、速度、加速度、温度等）并记录下来，通过计算出某些固有参数与测量参数进行对比，确定故障点或故障隐患点，或者通过对某些参数多次测量的数值进行比较，依据其劣化趋势确定其工作状态（是否出现故障或故障隐患）。

(3) 第三阶段　状态监测与故障诊断技术发展到计算机时代，一些专用的状态监测仪器（如数据采集器）不仅可以测量、记录现场参数，还能进行一些简单的数据分析处理，可将数据采集器上的参数通过通信线传入计算机，以便做出综合分析，并显示出相关的图谱，如倍频谱图、倒频谱图、时域频谱图、幅值图等。这些仪器还可通过计算机上的专家系统对所测得的数据进行综合评价（如设备是否该修理或还可使用多长时间后应修理）

(4) 第四阶段　研究工作从监测诊断系统的开发研制进入到诊断方法的研究；监测诊断手段由振动工艺参数的监测扩大到油液、扭矩、功率、能量损耗的监测诊断；研究对象由旋转机械扩展到发动机、工程施工机械以及生产线；时空范围由当地监测诊断扩大到异地监测，即监测诊断网络。

二、设备故障诊断内容

设备故障诊断一般监测、监控系统的区别主要在于系统的软件方面，它不仅能监测设备运行的参数而且能根据监测进行评价，分析设备的故障类型与原因。它是将监测、控制、评价融为一体的系统。系统安装的软件及其主要功能是：

(1) 信号采集和处理软件　采集合适的信号样本，对其进行各种分析处理，提取和凝聚故障特征信息，提高诊断的灵敏度和可靠度。

(2) 故障诊断和状态评价软件　对信号分析处理结果进行比较、判断，依据一定的判别规则得出诊断结论；或是由系统自动地诊断出状态的水平和各种故障存在的倾向性及严重性；或是帮助工程技术人员结合其他条件全面做出判断决策。

对于设备的诊断：一是防患于未然，早期诊断；二是诊断故障，采取措施。其主要内容包括：

(1) 正确选择与测取设备有关状态的特征信号　所测取的信号应该包含设备有关状态的信息，例如，诊断起桁架有无裂纹不能测取桁架各点温度信号，因为温度信号中不包含裂纹有无的信息，而测取桁架的振动信号则可达到目的，因为振动信号中包含了结构有无裂纹的信息，这种信号即称为特征信号。

(2) 正确地从特征信号中提取设备有关状态的有用信息（征兆）　从特征信号直接判明故障的有无，一般是比较难的。例如，从结构的振动信号一般不能直接判明结构有无裂纹，还需根据振动理论、信号分析理论、控制理论等提供的理论与方法，加上试验，对特征信号加以处理，测取有用的信息（称为征兆），才有可能判明设备的有关状态。征兆信息包括结构的物理参数（如质量、刚度等）、结构的模态参数（如固有频率、模态阻尼等）、设备的工作特性（如耗油率、工作转速、工率等）、信号统计特性及其他特征量。

（3）根据征兆进行设备的状态诊断，识别设备的状态。可采用多种模式识别设备的状态。可采用多种模式识别理论与方法，对征兆加以处理，构成判别准则，进行状态的识别与分类。状态诊断是设备诊断的重点，而特征信号与征兆的获取正确与否是进行正确状态诊断的前提。征兆既用于由外表像推断内部状态，此时可称为症候；用于由现在现象推断未来状态，此时可称为预兆。状态诊断既包括诊断设备是否将发生什么故障，此即早期诊断，又包括诊断设备已发生什么故障，此即故障诊断。

（4）根据征兆与状态分析设备的故障位置、类型、性质、原因与趋势等。例如，故障分析过程可知故障的原因往往是次一级的故障，如轴承烧坏是因为输油管不输油，输油管不输油是因为油管堵塞，油管堵塞后者是因可能是次级故障，因而有关的状态诊断方法也可用于状态分析。

（5）根据状态分析做出决策，干预设备及其工作进程，以保证设备安全可靠、高效地发挥其应有功能，达到设备诊断目的。所谓干预和自动干预，即包括调整、修理、控制、自诊断等。

三、设备故障诊断方法

故障是设备的异常状态，根据检测设备异常状态信息的方法不同，形成了各种设备诊断方法。

（1）利用振动进行设备诊断　任何机械在输入能量转化为有用功的过程中，均会产生振动，振动的强弱及变化和故障有关。机械设备的振动往往会影响其工作精度，加剧设备的磨损，加速疲劳破坏；而随着磨损的增加和疲劳损伤的增加，机械设备的振动将更加剧烈，如此恶性循环，直至设备发生故障、破坏。异常振动主要有以下几种：

① 受迫振动　物体在持续的交变力作用下的振动，如对中不良、不平衡等。

② 自激振动　由于自身激发产生的振动。因为具有反馈循环效应，小的干扰波可能造成系统的强烈振动。

③ 参变振动　由于机械结构参数周期性变化而引起的振动，如转子结构不对称等。

设备发生故障时，常表现为振动频率的变化，通过检测振动的频率、转数、速度、加速度、位移量、相位等参数，并进行分析，从中可以找出产生振动变化的原因。

由于设备系统的复杂性，故障的随机性、隐蔽性、难于预测性，影响设备运行状态因素的多元性，使设备的检测和诊断很难做到准确无误。所以在诊断复杂设备系统的故障时，应从多个角度收集信息，除了振动数据外，还要参照其他信息，如工艺参数、润滑等。

④ 主要测振仪器

a. 位移型涡流式轴振动仪　主要用于在线监测高速大型设备。

b. 速度型传感器振动仪　主要用于测量低频轴承座、壳体振动。

c. 加速度型传感器振动仪　用于各类中、高频振动。

（2）超声波诊断法　超声波通过裂纹时反射超声波将发生异常，从而可确定裂纹情况。超声波监测技术是利用材料本身或内部缺陷对超声波传播的影响，来探测材料内部及其表面缺陷的大小、形式及分布情况。其主要优点是，检测速度快、灵敏度高、仪器轻巧、操作方便、对人体无损害，因此比较广泛地应用于机器部件内部缺陷的检测诊断。

（3）声发射诊断法　物体内部发生变形、裂纹时，将有部分能量以声、光、热的形式释放出来，通过分析辐射出的声能便可知道裂纹的情况，是一种无损检测方法。物体在状态改变时自动发出声音的现象为声发射，其实质是物体受到外力或内力作用产生变形或断裂时，以弹性波形式释放能量的一种现象。由于声发射提供了材料状态变化的有关信息，所以可用于设备的状态监测和故障诊断。根据材料的微观变形和开裂以及裂纹的发生和发展过程所产生声发射的特点及强度来推知声发射源目前的状态（存在、位置、严重程度），而且可知道它形成的历史，并预报其发展趋势。声发射监测具有以下特点：

① 声发射监测可以获得有关缺陷的动态信息。结构或部件在受力情况下，利用声发射进行监测，可以知道缺陷的产生、运动及发展状态，并根据缺陷的严重程度进行实时报告。而超声波探伤，只能检测过去的状态，属静态情况下的探伤。

② 声发射监测不受材料位置的限制。材料的任何部位只要有声发射，就可以进行检测并确定声源的位置。

③ 声发射监测只接收由材料本身所发射的超声波，而超声波监测须把超声波发射到材料中，并接收从缺陷反射回来的超声波。

④ 灵敏度高　结构缺陷在萌生之初就有声发射现象，而超声波、X 射线等方法必须在缺陷扩展到一定程度之后才能检测到。

⑤ 不受材料限制　因为声发射现象普遍存在于金属、塑料、陶瓷、木材、混凝土及复合材料等物体中，因此得到广泛应用。

由于声发射方法能连续监视结构内部损伤的全过程，因此得到了广泛应用。声发射技术首先在航空工业领域应用获得成功，随后推广到其他工业领域，许多飞机失事主要是由于结构损伤引起的。结构在最终破裂之前，往往有明显的初始损伤或裂纹，因此，在飞机上安装声发射监视系统，飞行员可以尽早地察觉到初始损伤的存在，或观察到初始损伤或裂纹扩展的情况，推断危险情况的到来，从而采取必要的措施，避免空中飞行事故的发生。石油化工反应罐、锅炉、蓄热器以及高压容器与管道，容器壁厚的增加以及高强度材料的采用，造成突然爆破事故不断发生。除了因为工作压力高，高强度材料断裂韧性值的降低外，还因为结构中潜在的缺陷（或裂纹）。因此寻找结构中的潜在缺陷，并评定缺陷的有害程度，是声发射技术应用于压力容器结构的主要内容。声发射技术还可预测结构的寿命，以便在突然爆炸事故到来之前，做出决断，避免事故的发生。

（4）红外线诊断法　通过测定设备辐射出的红外线，确定温度分布（如加热管的温度分布），以确定设备是否有异常。红外线探测器可分为热探测器和光子探测器两类。前者根据入射红外线的热效应引起探测器材料某一性质变化而实现探测目的；后者则根据入射光子流引起物质电学性质的变化达到探测目的。

红外线测温技术已广泛应用于设备运行过程各阶段的状态监测与诊断，主要包括：

① 在新设备刚刚安装完毕，并开始验收时，用以发现制造和安装的问题；

② 在设备运行过程中和维修之前，用以判断和识别有故障或需特别注意的地方，以便有针对性地安排备件、材料供应计划；

③ 在设备检修后，开始运行时，用以评价检修质量，并做好原始记录，以便在以后的设备运行中，为掌握设备的劣化趋势提供依据。

（5）磁粉探伤　铁磁性材料在磁场中被磁化时，材料表面或近表面存在的缺陷或组织状态变化会使导磁率发生变化，即磁阻增大，使得磁路中的磁通相应发生畸变，从而在材料表面的缺陷处形成漏磁场。

当采用微细的磁性介质（磁粉）铺撒在材料表面时，这些磁粉会被漏磁场吸附聚集从而显示出缺陷所在，这种方法就是磁粉探伤技术。

如果不是使用磁粉，而是直接使用特殊的测磁装置（例如磁带、检测线圈、磁敏元件等）探查并记录漏磁通的存在来达到检测目的，则称为漏磁检测技术。

（6）涡流探伤　基于电磁感应原理，当把通有交变电流的线圈（激磁线圈）靠近导电物体时，线圈产生的交变磁场会在导电体中感应出涡电流，该涡电流的分布及大小除了与激磁条件有关外，还与导电体本身的电导率、磁导率、导电体的形状与尺寸、导电体与激磁线圈间的距离、导电体表面或近表面缺陷的存在或组织变化等都有密切关系。

涡电流本身也要产生交变磁场，通过检测其交变磁场的变化，可以达到对导电体检测的目的。因此，利用涡流探伤技术，可以检测导电物体表面和近表面缺陷、涂镀层厚度、热处理质量（如淬火透入深度、硬化层厚度、硬度等）以及材料牌号分选等。

（7）超声波探伤　一般把频率在200kHz～25MHz范围的声波叫作超声波。它是一种机械振动波，能透入物体内部并可以在物体中传播。利用超声波在物体中的多种传播特性，例如反射与折射、衍射与散射、衰减、谐振以及声速等的变化，可以测知许多物体的尺寸、表面与内部缺陷、组织变化等，因此是应用最广泛的一种重要的无损检测技术。例如用于医疗上的超声诊断（如B超）、海洋学中的声呐、鱼群探测、海底形貌探测、地质构造探测、工业材料及制品上的缺陷探测、硬度测量、测厚、显微组织评价、混凝土构件检测、陶瓷土坯的湿度测定、气体介质特性分析、密度测定……

（8）射线检测技术　用X射线、γ射线、β射线以及中子射线、高能射线等放射线穿透物质时，由于存在吸收与散射、电子偶生成等特性与物质的密度结构相关，或者产生电离等现象，从而能够显示物质内部的缺陷或组织结构。常见的有采用照相或屏幕显示、电视显示等方法将物质内部情况显示为可见图像以进行分析判断。例如工业上用于检查铸件、焊缝等的“射线照相检测”或“工业X光电视”，医学界用于检查人体的“X光透视或照相”及“CT”等。

（9）计算机监测诊断　随着计算机的发展，研制计算机设备监测系统日益受到重视，建立智能监测与诊断系统是发展趋势。当有大量设备需要监测和诊断时，或者关键设备需要连续不断地监视时，频繁地进行数据采集、分析和比较是十分繁重的工作。这时用计算机进行自动监测和诊断可节省大量的人力和物力，并能保证诊断结果的客观性和准确性。

计算机监测诊断系统有多种类型，根据监测的范围可分为：整个工厂、关键设备、关键设备的重要部件等不同水平的系统。

计算机监测与诊断系统按其所采用的技术可分为：简易自动诊断、精密自动诊断、诊断的专家系统。

简易自动诊断通常采用某些简单的特征参数，如信号的均方根值、峰值系数等，与标准参考状态的值进行比较，能判断故障的有无，但不能判断是何种故障。因所用监测技术和设备简单，操作容易掌握，价格便宜，因而得到广泛应用。

精密自动诊断要综合采用各种诊断技术，对简易诊断（初诊）认为有异常的设备做进一步的诊断，以确定故障的类型和部位，并预测故障的发展，要求有专门技术人员操作，在给出诊断结果、解释、处理对策等方面，通常仍需要有丰富经验的人员参与。

诊断的专家系统与一般的精密自动诊断不同，它是一种基于人工智能的计算机诊断系统。它能模拟故障诊断专家的思维方式，运用已有的故障诊断技术知识和专家经验，对收集到的设备信息进行推理做出判断，并能不断修改、补充知识以完善专家系统的性能，这对于复杂系统的诊断是十分有效的，是设备故障诊断的发展方向。

在实际应用中究竟采用何种监测诊断系统，取决于对工厂设备拥有状况的关键性的分析以及经济分析。

（10）故障诊断专家系统　是由数据和一系列分析软件构成的软件系统。

在组成图中，综合数据库用于存放系统运行过程中所需要的原始数据和产生的所有信息，包括问题的描述、中间结果、解题过程的记录信息，如用于存放监测系统状态的测量数据，用于实时监测系统正常与否。知识库存放专家的知识与经验，它通常有两方面的知识内容：一是针对具体的系统而言，包括系统的结构，系统经常出现的故障现象，每个故障现象的原因，各原因引起故障现象的可能性大小，判断故障是否发生的充分与必要条件等；二是针对系统中一般的设备仪器故障诊断的专家经验。基于这两方面内容，知识库还包含有系统规则，这些规则大多是关于具体系统或通用设备有因果关系的逻辑法规。所以知识库是专家系统的核心内容。

解释程序负责回答用户提出的各种问题，包括与系统运行有关的问题的与运行无关的有关系统自身的一些问题，是实现系统透明性的主要部件，可以解释各种诊断结果的推理实现过程，并能解释透明性的主要部件，可以解释各种诊断结果的推理实现过程，并能解释索取各种信息的必要性等。知识获取程序负责管理知识库中的知识，包括根据需要修改、删除或添加知识及由此引起的一切必要的改动，维持知识库的一致性和完整性。知识获取是实现系统灵活性的主要部件，它使领域专家可以修改知识库而不必了解知识库中知识表示方法的组织结构等问题，这可大大提高系统的可扩充性。推理机实际是负责推理分析的程序段，它依据一定的原理从已有的事实推出结论。它在数据库和知识库的基础上，综合运用各种规则，进行一系列推理来尽快寻找故障源。

人机接口负责把用户输入的信息转换为系统的内部表示形式，然后把这些内部表示送到相应的部分去处理。系统输出的信息有以下三个方面内容：

① 故障监测　当系统的主要功能指标偏离了期望的目标范围时，就认为系统发生了故障。该阶段的目的在于监测系统主要功能指标（如果功能指标不便直接测量，可代之以其他具有同等效果的征兆），当主要功能发生异常时，按其程度分别给出早期警报，乃至强迫系统停机等处置。

② 故障分析　根据检测到的信息和其他补充测试的辅助信息寻找出故障源。对于不同的要求，故障源可以是零件、部件甚至是子系统。然后，根据这些信息就故障对系统性能指标的影响程度做出估计，综合给出故障等级。

③ 决策处理　有两个方面的内容：一方面当系统出现与故障有关的征兆时，通过综合分析，对设备状态的发展趋势做出预测；另一方面当系统出现故障时，根据故障等级的评价，对系统做出修改操作和控制或者停机维修的决策。

第五节　设备事故

一、设备事故定义

设备事故定义为：凡交工验收后正式投产运行的设备，在生产使用过程中发生设备零部件的损坏，造成生产突然中断者；或由于本单位设备直接原因造成能源供应中断，而使生产突然中断者；因设备故障原因造成大的环境污染破坏环境者；因直接设备故障原因造成人身伤害者。

二、设备事故的分类

设备事故的分类一般采取以下两种方法。

（一）按设备事故造成的经济损失分类

(1) 特大设备事故

① 设备事故的修复费在 100 万元及以上。

② 因设备事故造成特大环境污染和安全事故。

(2) 重大设备事故　凡达到下列条件之一为重大设备事故。

① 设备事故的修复费（设备损坏严重无法修复的以该设备或更新同类设备的现值计算）在20万元及以上。

② 主要生产设备（A类）因发生的事故，使生产系统停机24h及以上。

③ 凡因设备事故而直接引起爆炸、建筑物倒塌或人身中毒、重伤、死亡。

④ 凡造成主要生产设备（包括起重、运输）瘫痪而无修复价值，或经修复达不到原有技术性能，降低精度及产品质量、产量、品种减少等情节严重的设备事故。

⑤ 凡因设备事故而直接引起重大环境污染和安全事故。

(3) 一般设备事故　凡达到下列条件之一为一般设备事故。

① 设备事故的修复费在3万元及以上、20万元（不含20万元）以下。

② 主要生产设备发生设备事故使炼钢生产系统停机4h以上（含4h），24h（不含24h）以下。

③ 任何正式投产设备虽未使炼钢停产，但影响公司B类设备单机运行24h以上。

④ 凡因设备事故而直接引起的一般环境污染和安全事故。

(4) 设备故障　凡因设备原因停产5min以上，4h以下。

这里只列举了事故分类的损失价值范围，因为各个部门、各个行业规定的损失价值相差很大，如电子工业与钢铁工业规定的损失价值就十分不同。各企业可根据国家安全部门的法规和参照相关的行业标准加以规定。

(二) 按设备事故的责任分类

(1) 责任事故　凡属个人原因，例如违反操作规程和安全法规、擅离工作岗位、修理维护不良等原因，致使设备损坏、生产停顿，称为责任事故。

(2) 质量事故　凡因设备设计、制造、安装、更换零配件或检修等原因造成的设备事故。

(3) 自然事故　由于自然灾害等不可抗拒的原因而造成的设备事故。

设备事故的分类只是一般原则，只有经过对事故的认真的调查分析才能确定事故的损失价值、原因及责任。

三、设备事故分析及处理

(一) 设备事故分析

设备发生事故后，要立即切断电源，保持现场，采取应急措施，防止损失扩大。按设备分级管理的有关规定上报，并及时组织有关人员根据“三不放过”的原则（设备事故原因分析不清不放过、设备事故责任者与群众未受到教育不放过、没有防范措施不放过），进行调查分析，严肃处理，从中吸取经验教训。一般设备事故由设备事故单位负责人组织有关人员，在设备管理部门参加下分析事故原因。如设备事故性质具有典型教育意义，由设备管理部门组织全厂设备人员、安全员和有关人员参加的现场会共同分析，使大家都受教育。重大及特大设备事故由企业主管设备副厂长（总工程师）主持，组织设备、安全、技术部门和事故有关人员进行分析。必要时还可组织设备事故调查组，相近专业的技术人员参加，分析设备事故原因，制订防范措施，提出处理意见。

(1) 设备事故分析的基本要求

① 要重视并及时进行分析。分析工作进行得越早，原始数据越多，分析设备事故原因和提出防范措施的根据就越充分，要保存好分析的原始数据。

② 不要破坏发生设备事故的现场，不移动或接触事故部位的表面，以免发生其他情况。

③ 要严格查看设备事故现场，进行详细记录和照相。

④ 如需拆卸发生设备事故部件时，要避免使零件再产生新的伤痕或变形等。

⑤ 分析设备事故时，除注意发生事故部位外，还要详细了解周围环境，多走访有关人员，以便掌握真实情况。

⑥ 分析设备事故不能凭主观臆测做出结论，要根据调查情况与测定数据进行仔细分析、判断。

（2）认真做好设备事故的抢修工作，把损失控制在最小程度。

① 在分析出设备事故原因的前提下，积极组织抢修，减少换件，尽可能地减少修复费用。

② 设备事故抢修需外车间协作加工的，必须优先安排，不得拖延修期，物资部门应优先供应检修事故用料，尽可能地减少停修天数。

（3）做好设备事故的上报工作

① 发生设备事故单位，应在事故发生后 3 天内认真填写设备事故报告单，报送设备管理部门。一般设备事故报告单由设备管理部门签署处理意见，重大设备事故及特大设备事故由厂主管领导批示后报上级主管部门。

② 设备事故经过分析、处理并将设备修复后，应按规定填写维修记录，由车间设备技师（机械员）负责计算实际损失，填入设备事故报告损失栏内，报送设备管理部门。

③ 企业发生的各种设备事故，设备管理部门每季应统计上报。重大、特大事故应在季报表内附上事故概况与处理结果。

（4）认真做好设备事故的原始记录　设备事故报告记录应包括以下内容。

① 设备编号、名称、型号、规格及设备事故概况。

② 设备事故发生的前后经过及责任者。

③ 设备损坏情况及发生原因，分析处理结果。重大、特大事故应有现场照片。

④ 发生事故的设备进行修复前后，均应对其主要精度、性能进行测试；设备事故的一切原始记录和有关资料，均应存入设备档案。凡属设备设计、制造质量的事故，应将出现的问题反馈到原设计、制造单位。

（二）设备事故处理

国务院发布的《全民所有制工业交通企业设备管理条例》第三十八条规定：“对玩忽职守，违章指挥，违反设备操作、使用、维护、检修规程，造成设备事故和经济损失的职工，由其所在单位根据情节轻重，分别追究经济责任和行政责任；构成犯罪的，由司法机关依法追究刑事责任。”

设备事故发生后，必须遵循“三不放过”原则进行处理，任何设备事故都要查清原因和责任，对事故责任者按情节轻重、责任大小、认错态度分别给予批评教育、行政处分或经济处罚，触犯刑律的要依法制裁，并制订防范措施。

对设备事故隐瞒不报或弄虚作假的单位和个人，应加重处罚，并追究领导责任。

对于设备和动能供应过程中发生的未遂事故应同样给予高度重视，本着“三不放过”的原则，分析原因和危害，从中吸取教训，采取必要措施，防止类似事故的发生。

四、设备事故损失计算

评价事故对社会经济和企业生产的影响，是分析安全效益、指导安全决策的重要基础性工作。为了能对事故做出科学、合理的评价，首先要解决事故经济损失的计算问题。

1. 停产和修理时间的计算

停产时间：从设备损坏停工时起，到修复后投入使用时为止。

修理时间：从动工修理起到全部修完交付生产使用时为止。

2. 修理费用的计算

修理费用是指设备事故修理所用花费，其计算方法为：

$$修理费=修理材料费+备件费+工具辅材费+工时费 \tag{7-1}$$

3. 停产损失费用的计算

设备因事故停机，造成工厂生产的损失，其计算方法为：

$$停产损失费=停机时间\times每小时生产成本费 \tag{7-2}$$

4. 事故损失费用的计算

由于事故迫使设备停产和修理而造成的费用损失，其计算方法为：

$$事故损失费=停产损失费+修理费 \tag{7-3}$$

五、设备事故的防范措施

（1）所有设备操作人员必须经过技术培训，经考核合格后方可上岗操作，公司及相关单位要有计划地对设备操作人员进行岗位技能培训教育，努力提高职工的技术素质。

（2）各单位要严格执行岗位责任制；设备操作、使用、维修、保养、润滑、检修规程等各项规章制度，是防范设备事故的措施和手段，必须要认真贯彻落实。

（3）认真做好计划检修，及时处理设备的缺陷、消除设备隐患；定额储备易损备件，保证设备正常运转，对主要设备（A类）的关键部件，必须合理地储备与供应。

（4）对主要设备要开展状态监测和故障诊断工作；定期检查设备的机电保护装置和防火、防爆、防雷电等设施，做到齐全、灵敏、可靠。

第八章 石油化工通用备件管理

第一节　备件管理概述

一、备件及备件管理

在维护和修理设备时，用来更换已磨损到不能使用或损坏零件的新制件和修复件称为配件。为了缩短设备修理停歇时间，事先组织采购、制造和储备一定数量的配件作为备件。备件是设备修理的主要物质基础，及时供应备件，可以缩短修理时间、减少损失。供应质量优良的备件，可以保证修理质量和修理周期，提高设备的可靠性。

备件管理是指备件的计划、生产、订货、供应、储备的组织与管理，它是设备维修资源管理的主要组成部分。

备件管理活动中，只有科学合理地储备与供应备件，才能使设备的维修任务完成得既经济又能保证进度。否则，如果备件储备过多，会造成积压，增加库房面积，增加保管费用，增加产品成本，影响企业流动资金周转；储备过少，就会影响备件的及时供应，妨碍设备的修理进度，延长停歇时间，使企业的生产活动和经济效益遭受损失。因此，做到合理储备，仍然是备件管理工作的主要研究内容。

二、备件的范围

(1) 所有的维修用配套件，例如滚动轴承、传动带、链条、密封元件等；

(2) 设备结构中传递主要负荷、结构又较薄弱的零件；

(3) 保持设备精度的主要运动件；

(4) 特殊、稀有、精密设备的一切更换件；

(5) 因设备结构不良而产生不正常损坏或经常发生事故的零件；

(6) 设备或备件本身因受热、受压、受冲击、受摩擦、受反复载荷而易损坏的一切零部件。

库存备件应与设备、低值易耗品、材料、工具等区分开来。但少数物资也难于准确划分，各企业的划分范围也不相同，只能在方便管理和领用的前提下，根据企业的实际情况确定。

三、备件的分类

备件的种类多，一般按下列方法分类。

(1) 按零件类别分

① 机械零件　指构成某一型号设备的专用机械构件。

② 配套零件　指标准化的、通用于各种设备的由专业生产厂家生产的零件，如滚动轴承、液压元件、电器元件、密封件等。

(2) 按零件来源分

① 自制备件　企业自己设计、测绘、制造的零件，基本上属于机械零件范畴。

② 外购备件　企业对外订货采购的备件，一般配套零件均是采购备件。由于企业自制能力的限制和出于对经济性的考虑，许多企业的机械零件，如高精度齿轮、机床主轴、摩擦片等也是外购的。

(3) 按零件使用特性（或在库时间）分

① 常备件　指经常使用的（即使用频率高）、设备停工损失大和单价比较便宜的需经常保持一定储备量的零件，如易损件、消耗量大的配套零件、关键设备的保险储备件等。

② 非常备件　使用频率低、停工损失小和单价昂贵的零件，按其筹备的方式可分为：计划购入件，即根据修理计划，预先购入作短期储备的零件；随时购入件。即修前随时购入，或制造后立即使用的零件。

(4) 按备件精度和制造复杂程度分

① 关键件　一般指原机械部规定的 7 类关键件，包括：Ⅰ级精度（近似新 6 级精度）以上的齿轮、丝杆、精密蜗轮副、精密镗杆（或主轴）、精密内圆磨具、2m 或 2m 以上的丝杆和螺旋伞齿轮。

② 一般件　上述关键件以外的其他机械备件。

四、备件管理的目标和任务

(一) 备件管理的目标

备件管理的目的是用最少的备件资金，合理的库存储备，保证设备维修的需要，不断提高设备的可靠性、维修性和经济性。并做到以下几点：

(1) 把设备突发故障所造成的停工损失减少到最低限度。

(2) 把设备计划修理的停歇时间和修理费用降低到最低限度。

(3) 把备件库的储备资金压缩到合理供应的最低水平。

(二) 备件管理工作的主要任务

备件管理工作的任务主要有以下几个方面：

(1) 及时有效地向维修人员提供合格的备件。为此必须建立相应的备件管理机构和必要的设施，并科学合理地确定备件的储备品种、储备形式和储备定额，做好备件保管供应工作。

(2) 重点做好关键设备维修所需备件的供应工作。企业的关键设备对产品的产品和质量影响很大，因此，备件管理工作的重点首先是满足关键设备对维修备件的需要，保证关键设备的正常运行，尽量减少停机损失。

(3) 做好备件使用情况的信息收集和反馈工作。备件管理和维修人员要不断收集备件使用中的质量、经济信息，并及时反馈给备件技术人员，以便改进和提高备件的使用性能。

(4) 在保证备件供应的前提下，尽可能减少备件的资金占用量。备件管理员应努力做好备件的计划、生产、采购、供应、保管等工作，压缩备件储备资金，降低备件管理成本。

五、备件管理的工作内容

备件管理工作的内容按其性质可分为以下几项。

1. 备件的技术管理

备件的技术管理是备件管理工作的基础，主要包括：备件图纸的收集、测绘和备件图册的编制；各类备件统计卡片和储备定额等基础资料的设计、编制工作。

2. 备件的计划管理

备件的计划管理是指从编制备件计划到备件入库这一阶段的工作，主要包括：年月自制备件计划；外购件年度及分批计划；铸、锻毛坯件需要量申请、制造计划；备件零星采购和加工计划；备件修复计划的编制和组织实施工作。

3. 备件的库房管理

备件的库房管理是指从备件入库到发出这一阶段的工作，主要包括；备件入库检查、维护保养、登记上卡、上架存放；备件的收、发及库房的清洁与安全；订货点与库存量的控制；备件消耗量、资金占用额和周转率的统计分析和控制；备件质量信息的收集等。

4. 备件的经济管理

备件的经济管理是指备件的经济核算与统计分析工作，主要包括：备件库存资金的核定、出入库账目的管理、备件成本的审定、备件各项经济指标的统计分析等；经济管理应贯穿于备件管理的全过程，同时应根据各项经济指标的统计分析结果来衡量检查条件管理工作的质量和水平。

5 备件库房管理

备件库房管理指备件入库到发出这一阶段的库存管理工作，包括：备件入库时检查、清洗、涂油防锈、包装、登记入账、上架存放；备件收、发，库房的清洁与安全；备件质量信息的收集等。

第二节　备件的技术管理

备件的技术管理工作应主要由备件技术人员完成，其工作内容为编制、积累备件管理的基础资料。通过这些资料的积累、补充和完善，掌握备件的需求，预测备件的消耗量，确定比较合理的备件储备定额、储备形式，为备件的生产、采购、库存提供科学、合理的依据。

一、备件的储备原则

（1）使用期限不超过设备修理间隔期的全部易损零件。

（2）使用期限大于修理间隔期，但同类型设备多的零件。

（3）生产周期长的大型、复杂的锻、铸零件。

（4）需外公司协作制造的零件和需外购的标准件。

（5）重、专、精、动设备和关键设备的重要配件。

二、备件的储备形式

由于企业的生产规模及生产管理体制、备件性质及库存条件不同，备件的储备形式也将有所不同，各企业应按自身的实际情况和条件，灵活选择适合自己的储备形式。

（1）成品储备　这是最常见、最普遍的储备形式。对于那些已定型的备件，可制成（或外购）成品进行储备，使用和装配时不需再进行加工，如齿轮、摩擦片、花键轴等。少数配合件也可将尺寸分级制成可配合的成品，如汽缸套、活塞等。这类备件通常具有互换性。

（2）半成品储备　部分备件配合尺寸需在修理时才能确定，因此这部分备件的某些配合尺寸应留出一定的修理余量，以便修理时进行尺寸链的补偿，如箱体的主轴孔、大型轴类的轴颈等；有的毛坯先进行一次粗加工，以便检查毛坯有无铸造缺陷，避免在经加工后发现毛坯有质量问题而陷入被动，这类的零件也适合于半成品储备。

(3) 毛坯储备　为缩短停机修理时间，对于某些零件机械加工工作量不大，但又难于事先确定加工尺寸，必须在使用前按配合件的修理尺寸来确定加工尺寸的，可以按毛坯形式加以储备，如曲轴、带轮等。

(4) 成对（套）储备　有些零件的配合精度很高，在制造时成对（成套）加工，在修理时也要求成对（成套）更换，以保证备件的传动和配合精度。这样的零件适合于成对（套）储备，例如高精度的丝杠副、分度蜗轮副、弧齿锥齿轮副、高速齿轮副等。

(5) 部件（总成）储备　为了便于快速修理，很多流程工业企业的流水生产线上的设备的主要部件、数量较多的同型号设备上的某些部件、标准化通用部件、制造工艺复杂且技术条件要求高而由原制造厂及市场上以部件或总成形式供货的部件，都是适合于部件储备的形式。例如减速器、油泵、液压泵、各种电气总成等。修理中更换下来的部件，经修复合格后，仍可以作为部件储备。需要注意的是，由于部件（总成）储备时多数情况下占用的资金也较多，企业需要平衡储备数量和停机损失之间的关系，以达到成本最优化的目的。

上述的各种储备形式，目的都是使备件储备能最经济、最有效地为设备维修服务。企业在选择时应该充分考虑本企业的生产技术条件和零件本身在加工、使用、检查中的某些特点。

三、备件仓库设立

在现代工业企业中，备件仓库的机械化与自动化得到很大发展，多采用机械装置来完成物料的存取。仓库内部装有起重机、叉式升降机（叉车）、输送带、多层货架、简易电梯、内部可移式货架等多种多样的装置，整个仓库采用电子装置控制。库存管理例如备件的存、取地点，库存矢量等的显示，都可以通过计算机系统来实现。

仓库的规模、层次和地点由企业规模和生产特点决定。我国很多企业生产规模较大，厂房设备分布在两三平方公里的范围内，厂级仓库离设备现场比较远，为了方便设备抢修，减少故障停机时间，设备检修人员就近在车间和工段班组储备一些急用备件。这样，便形成了分级仓库和分级库存。

比如某钢铁集团就由三个厂级备件仓库构成一级仓库，四个车间级备件仓库构成二级仓库，由工段班组存储的少量备件构成三级仓库。而且还向下建立机旁储备，向上实行零库存储备。机旁储备是指在设备旁边储备该机专用的备件。零库存储备是指某些备件不用本厂仓库来储备。

(1) 厂级仓库主要储备备件

① 属于设备计划检修用的备件；

② 属于全场通用备件；

③ 属于设备故障或事故抢修用的必备件；

④ 体积较大而下级仓库不便存放的备件；

⑤ 保管技术要求较高的备件；

⑥ 较贵重的备件。

(2) 车间级仓库主要储备备件

① 该车间所辖范围内的通用备件；

② 属于该车间所用设备的专用备件；

③ 属于设备故障或事故抢修用的急用备件；

④ 本车间修旧利废回收的备件。

车间级仓库，一般情况下，可以利用废弃的厂房、站所或富裕的办公室等建筑物进行适当改造后作为仓库，如果不是必须，不考虑为车间专门投资建仓库。车间级仓库作为二级仓库一般不需要储备太多的备件，只设兼职库管员即可，是否安排值夜班，可根据需要而定。备件消耗后，本车间负责即时销账。

(3) 工段班组级仓库主要储备备件

① 属于设备故障或事故抢修用的急用备件；

② 体积较小、携带方便的备件；

③ 价格较便宜的备件；

④ 属于自己工段班组的常用备件。

工段班组级仓库，要优先考虑储备消耗周期较短的备件品种，个别品种的库存数量宜少不宜多。工段班组不设专职库管员，不设专用仓库，仅在设备维护工人值班室设置一些备件箱即可。备件使用后工段班组要及时负责销账，并补充库存。

(4) 机旁主要储备备件

① 能够在机旁找到安全的符合储备条件场所的备件；

② 该备件损坏会立即造成设备停产的备件；

③ 不易丢失的备件；

④ 体积或重量较大，不易运输的备件；

⑤ 在设备下次计划检修之前可能需要更换的备件。

通过计算机备件管理系统，可以实现备件的统一管理和调配，仓库的分级管理将为维修工作带来便利。但是，分级库存也加大了管理上的难度，很多企业由于缺乏管理，这些二级或三级仓库常常变成了堆积场，常年不用的备件占用了大量资金。

四、备件的储备定额

(一) 备件储备定额的内容

编制备件储备定额的原则是：既要保证设备完好、备件储备合理，又要防止积压，尽可能节约资金。储备定额一般包括经常储备定额、保险储备定额和季节性储备定额三个部分。

(1) 经常储备金额　经常储备定额是指在前后两批备件进厂的供应间隔期内，保证生产进行所必须的储备数量。其计算公式为：

$$经常储备定额=(进件间隔天数+备件准备天数)\times 日平均需要量 \tag{8-1}$$

式中，进件间隔天数是指前后两批备件进厂时间的间隔天数；备件准备天数是指某些备件在使用前需要经过准备的时间。

(2) 保险储备金额　保险储备定额是指为了预防在备件供应中可能发生的误期到货等不正常情况，保证生产建设继续进行所必需的储备数量。其计算公式为：

$$保险储备定额=保险储备天数\times 日平均需要量 \tag{8-2}$$

式中，保险储备天数一般是按上年实际到货平均误期天数决定的。

(3) 季节性储备金额　季节性储备定额是指某种备件的供应具有季节性影响所必需的储备数量。其计算公式为：

$$季节性储备定额=季节性储备天数\times 日平均需要量 \tag{8-3}$$

(二) 备件储备定额的分类

(1) 按照储备单位分为：以实物表示的备件储备数量定额；以货币表示的备件储备资金定额；以时间概念表示的备件储备或周转天数定额。这三种定额是相互关联的，可以分别计算，再进行综合考虑和应用，并进行相关分析。

(2) 按储备定额的综合程度可分为：单件储备定额、分类储备定额和综合储备定额。

（3）按物资储备的不同作用可分为：经常储备定额、保险储备定额和季节储备定额。

（三）备件储备定额的计算

（1）计算式

$$Q=K\frac{EZ}{C} \tag{8-4}$$

式中 Q——储备量；

K——系数，应根据企业的设备管理与维修水平、备件制造能力及制造水平、地区供应及协作条件等确定，条件好的数值较小，反之亦然，$K=1.1\sim1.4$；

E——备件拥有量，指本企业所有生产设备上所装同一种备件的数量，其中自制备件的拥有量＝单台设备装有的相同自制备件数×同型设备台数，外购备件的拥有量＝设备备件卡或说明书等资料中统计的单台数字×同型设备台数；

Z——供应周期，对于自制备件是指从提出申请到成品入库所需的时间，对于外购备件则是指从提出申请至货入库所需的时间；

C——同种单个备件从开始使用到不能使用为止的平均寿命时间，月。

（2）自制备件最大、最小储备量和订货点的确定　最小（低）件储备量 $d_{\min}$ 是备件的最低储备限额，即备件供应周期内的因条件限制储备量

$$d_{\min}=KMZ$$

最大（高）储备量（$d_{\max}$）是备件的最高储备限额，它要求考虑到最经济的加工循环期，经济合理地组织生产批量。一般，最大储备量不应超过一年半的消耗量

$$d_{\max}=KMG$$

式中 M——按月计算的备件消耗量；

Z——按月计算的备件供应周期；

G——按月计算的最经济的加工循环期；

K——系数，一般取值为1～1.5，它随管理、制造、维护水平、备件质量和地区协作等条件的优劣而定。

最经济的加工循环期即为从第一次生产某种备件到第二次生产同一种备件最经济的时间。

（3）外购备件储备定额的确定　外购件储备定额的计算公式：

$$Q=KMZ \tag{8-5}$$

式中 Q——外购备件的合理储备定额；

M——外购备件的月平均消耗量；

Z——供应周期（一年订货一次为12；半年一次为6；一季一次为3；进口备件为24）；

K——系数，$K=1.1\sim1.4$。

（四）备件储备定额的确定

1. 确定备件储备定额的依据

经常储备哪些备件取决于备件本身的周期寿命，而确定物资储备多少，即储备定额取决于备件的消耗量、本企业的维修能力和物资供应周期。确定备件储备量定额时，应以满足设备维修需要、保证生产和不积压备件资金、缩短储备周期为原则。因此备件平均使用寿命（C）、供应周期（Z）及备件拥有量（E），是确定备件储备定额的主要依据，表现物资储备定额的公式为：

$$\text{物资储备定额}(D)=\text{系数}(K)\times\text{备件消耗量}(M)\times\text{供应周期}(Z) \tag{8-6}$$

式中 M——在一定时间内同种备件的实际消耗件数，可用一个大修周期的实际平均消耗量来代替理论上的消耗量；

Z——对自制备件是指从提出申请到成品入库所需的时间，对外购备件则是指从提出申请至到货入库的时间；

K——系数，根据企业的设备管理与维修水平，备件制造能力及制造水平，地区供应及协作条件等确定，条件好的用小数，条件差的用大数，$K=1\sim1.5$。

2. 确定备件储备定额应考虑的其他因素

（1）设备使用连续性的影响。

（2）设备加工对象的影响。

（3）关键设备的备件、不易购得的备件及有订货起点的特殊备件，可适当加大储备定额。

（五）合理的备件储备定额

一个经济合理的备件储备定额，必须同时满足以下三个条件：

（1）满足维修的需要；

（2）具有应付意外变故的能力（在经常使用的储存量之外，还要有一定的安全储存量，以应付突发故障和随机故障）；

（3）不超量储备，以免积压资金。

第三节　备件的计划管理

备件的计划管理是备品配件的一项全面、综合的管理工作，它是根据企业检修计划以及技术措施、设备改造等项目计划编制的。备件的计划管理按计划期的长短，可分为年计划、季计划和月计划；按内容，可分为综合计划、需用计划、订货计划、大修专用备件计划以及备件资金计划等；按备件的类别和供应渠道，可分为工矿配件计划、专用配件计划、外协配件计划、自制配件计划、汽车配件计划、大型铸锻件计划和国外订货配件计划等。

完整准确的备品配件计划，不仅是企业生产、技术、财务计划的一个组成部分，也是设备检修，保证企业正常生产的一个重要条件。

一、编制备件计划的依据

（1）年度设备修理需要的零件。以年度设备修理计划和修前编制的更换件明细表为依据，由承担维修部门提前3～6个月提出申请计划。

（2）各类零件统计汇总表。汇总表包括：

①备件库存量；②库存备件领用、入库动态表；③备件最低储备的补缺件。由备件库根据现有的储备量及储备定额，按规定时间及时申报。

（3）定期维护和日常维护用备件。由车间设备员根据设备运转和备件状况，提前三个月提出制造计划。

（4）本企业的年度生产计划及机修车间、备件生产车间的生产能力、材料供应等情况分析。

（5）本企业备件历史消耗记录和设备开动率。

（6）临时补缺件。设备在大修、项修及定期维护时，临时发现需要更换的零件，以及已制成和购置的零件不适用或损坏的急件。

（7）本地区备件生产、协作供应情况。

二、年度综合计划

年度综合计划是以企业年度生产、技术、财务计划为依据编制的综合性专业计划，主要包括以下内容。

（1）备件需用计划　备件需用计划是最基本的计划，反映着各车间、各种设备一年之内需用的全部备件，是编制其他有关备件计划的依据，主要内容有：

① 生产在用设备维修、预修需用备件；

② 技措、安措、环保等措施项目需用备件；

③ 设备改造需用备件；

④ 自制更新设备需用备件。

（2）备件订货计划　备件订货计划是以备件需用计划为依据编制的。

（3）年度停车大修专用备件计划　年度停车大修专用备件计划是企业一年一度全厂性停车大修特别编制的一种备件计划，是专用性质的一次性耗用计划。

（4）备件资金计划　备件资金计划是反映各类备件需用资金以预计在一定时间内库存占用资金上升、下降指标的计划，有时也根据财务部门的要求编制临时单项或积压、超储、处理资金指标等计划。

三、备件计划的编制

编制备件计划是将备件工作从提出需用到备件落实消耗的全部业务活动，有目的地统筹安排，把备件管理各方面的工作有机地组织起来，确保维修和生产。

（1）备件需用计划的编制　目前编制备件需用计划的方法有三种。

① 方法一：以备件储备定额和消耗定额为依据，凡储备定额规定应有的储备而实际没有的，或者库存数不足储备定额的，加上按消耗定额计算出在订货周期内的备件消耗数编入备件需用计划；再加上没有定额或不包括在定额内的那部分，如技措专用件，设备改造专用件，安措、环保等所需备件计划。

② 方法二：以车间年度设备大、中、小修计划为依据，适当参考备件储备定额，库存账面消耗量等，加上年内设备改造，技措等备件需用计划，由备件主管部门加以综合、平衡、核对，由此产生一个较全面的年度备件需用计划。

③ 方法三：无完整的储备定额和消耗定额，备件工作又多头分散，以致一部分备件编制计划，另一部分则不编入计划，客观上形成了“需要就是计划”的局面。

（2）备件订货计划的编制　根据备件需用计划中的单项数量，减去到库部分，减去合同期货（包括在途的）数量，再减去修旧利废部分，得出备件订货总计划数；然后根据不同的渠道制订出分类订货计划，所以备件订货计划是分类计划的汇总。它虽然来源于备件需用计划，但不同于备件需用计划。

（3）年度大修备件计划的编制　编制好年度大修备件专用计划，对于确保检修顺利进行，减少流动资金的占用等都是十分重要的。年度大修专用备件是专为大修准备的，属于一次性消耗备件，因此不属正常储备范围。原则上应按计划的100%消耗掉，如果消耗不掉，应从大修专用资金冲销或专储。

（4）备件资金计划的编制　编制备件资金计划依据是：备件合同，车间计划检修项目和技措、安措、设备改造等计划。备件资金计划可促使定额内流动资金用好、管好，并为财务部门编制计划提供备件资金依据。

四、外购件的订购形式

凡制造厂可以供应的备件或有专业工厂生产的备件，一般都应申请外购或订货。根据物资的供应情况，外购件的申请订购一般可分为集中订货、就地供应、直接订货三种形式。

（1）集中订货　对国家统配物资，各厂应根据备件申请计划，按规定的订货时间，参加订货会议。在签订的合同上要详细注明主机型号、出厂日期、出厂编号、备件名称、备件件号、备件订货量、备件质量要求和交货日期等。

（2）就地供应　一些通用件大部分由企业根据备件计划在市场上或通过机电公司进行采购，但应随时了解市场供应动态，以免发生由于这类备件供应不及时而影响生产正常进行的现象。

（3）直接订货　对于一些专业性较强的备件和不参加集中订货会议的备件，可直接与生产厂家联系，函购或上门订货，其订货手续与集中订货相同。对于一些周期性生产的备件、以销定产的专机备件和主机厂已定为淘汰机型的精密关键件，应特别注意及时订购，避免疏忽漏报。

五、备件计划的审核、执行、修订与调整和检查

（1）备件计划的审核　凡编制出的各种备件计划，都需进行审核，这是备件计划批准生效的必备手续。其审核主要是指领导审核。

（2）备件计划的执行　备件计划一旦经过审核、批准，就必须严格执行，要使所有备件计划都得到落实。

（3）备件计划的修订与调整　由于对实际情况掌握不全或设备检修计划的变动等，都会造成备件计划的变更、修订和调整，也属正常的工作范围。

（4）备件计划的检查　对备件计划还要经常检查其执行情况，对计划本身或在执行过程中出现的问题，要及时处理。

六、备件的统计与分析

备件的统计是备件计划管理中的一个重要组成部分，是我们认识研究备件管理客观规律的有力手段。通过对统计数字的积累与综合分析，对于修订储备与消耗定额，改进备件的计划管理都能起指导作用。

1. 怎样搞好备件统计工作

首先根据上级部门对备件的统计要求和本企业的管理要求建立起一套统计制度，对备件的各种统计范围和备件仓库的统计工作，做出具体的规定。要指定专职或兼职统计人员，人员要稳定。兼职人员要给一定的时间熟悉统计工作。要注意原始资料和原始数据的积累，为统计工作提供可靠资料。

2. 备件统计工作的主要任务

为全面、准确、及时地反映各种备件的收入、发出、结存、数量、质量、资金等方面，作好月、季、年统计。

按上级部门要求，及时、准确地填报各类备件统计报表。

为企业统计部门提供统计数据。如按件、吨、元统计备件的月进出、结存，备件计划完成情况（包括资金计划、自制计划）等。为领导和备件管理人员提供第一手资料，作为企业经济活动分析和改进备件管理工作的依据。

3. 统计资料的分析

对于统计资料的积累与科学分析，不仅可以找出备件工作的一些客观规律，也可以看出它和其他工作的内在联系，从而积累经验以指导今后工作实践，提高管理水平。

备件统计资料的分析，要注意以下几点。

（1）通过备件收入、发出情况的分析比较，排除非正常性消耗，看储备与消耗定额是否实际；

（2）通过对库存资金的分析，查找上升和下降的原因，分析比较，看资金使用是否

合理；

（3）利用历年消耗量、储备量和占用资金的数字分析比较，找出磨损规律和计划管理的客观规律；

（4）对备件各个时期到货情况的分析，看备件工作对设备检修的配合，以协调两者的关系，通过各种数据的分析，改进配件管理工作。

第四节 备件的库存管理

备件的库存管理是一项复杂而细致的工作，是备件管理工作的重要组成部分。制造或采购的备件，入库建账后应当按照程序和有关制度认真保存、精心维护，保证备件库存质量。通过对库存备件的发放、使用动态信息的统计、分析，可以摸清备品配件使用期间的消耗规律，逐步修正储备定额，合理储备备件；同时，在及时处理备件积压、加速资金周转方面，也有重要作用。

一、备件库的建立

为适应备件管理工作的要求，应根据生产设备的原值建立备件库。一般要求生产设备原值100万元以上（不含100万元）企业，应单独建立备件库，在设备管理部门领导下做好对备件的储备、保管、领用等工作。对生产设备原值在100万元以下的单位，可不单独建立备件库，由厂仓库兼管，但备件的存放、账卡必须分开，同时应按期将各类备件的储备量、领用数上报设备管理部门。

二、备件库的作用及任务

备件的库存管理是提供备件资料来源的一项复杂而细致的管理工作。通过实际消耗的积累，可逐步弄清备件的消耗规律，修正储备定额，使之既无积压，又能保证维修需要。库管人员应根据备件卡，将消耗至订货点储备量的备件及时提报资料，以便编制自制或外购备件申请计划，补充库存，并在处理备件积压，加速资金周转方面发挥重要作用。其任务是：

（1）认真做好入库备件的验收工作，妥善保管、精心维护，使其在库存期间无丢失、无损坏、无变质。

（2）账目清楚，账、卡、物相符，入库签账，出库记账，做到日清月结。

（3）正确地统计备件出、入库情况，按照规定的表格、时间要求填报报表，以便及时提供信息。

（4）按照备件储备的定额资料，提出备件订货补充库存明细，为编制备件、生产、订货提供依据。

（5）协助备件工程技术人员处理积压，降低库存，加速资金周转。

（6）做好以旧换新，修旧利废工作，以节约材料。

三、备件库的组织形式与要求

1. 备件库的组织形式

由于企业的生产规模、管理机构的设置、生产方式以及企业拥有备件的品种、数量的不同，地区备件供应情况的不同，备件库的组织形式也应有所不同。机械行业企业内部大致可分为综合备件库、机械备件库、电器备件库和毛坯备件库等。

（1）综合备件库 综合备件库将所有维修用的备件如机床备件、电器备件、液压元件、橡胶密封件及动力设备用备件都管理起来，做到集中统一管理，避免了分库存放，对统一备件计划较为有利。过去，采用这种形式的企业较多，有大型企业，也有中、小型企业。但由于备件品种较多，合管起来易与企业的生产供应部门分工不清，容易造成相互扯皮和重复储备现象。

(2) 机械备件库　机械备件库只管机械备件（齿轮、轴、丝杆等机械零件），其形式较为单纯，便于管理，但修理中所常需更换的轴承、密封件、电器等零件，维修人员需到供应部门领取。

(3) 电器备件库　电器备件库储备全厂设备维修用的电工产品、电器电子元件等。储备的品种视具体情况而定，多数企业一般不单独设电器备件库，而由厂生产部门管理。

(4) 毛坯备件库　毛坯备件库主要储备复杂铸件、锻件及其他有色金属毛坯件，目的是缩短备件的加工周期，以适应修理的需要。如果只有少数毛坯备件，一般可不设毛坯备件库而由材料库兼管。

总之，备件库的组织形式应根据企业的特点和客观实际情况适当选择设置。

2. 备件库房及其要求

备件库房的建设应符合备件的储备特点。备件库房要求具备以下条件。

(1) 备件库的结构应高于一般材料库房的标准，要求干燥、防腐蚀、通风、明亮、无灰尘、有防火设施。

(2) 备件库房的建造面积，一般应达到每个修理复杂系数（包括机械、电器）为 $0.02\sim0.04m^2$。

(3) 配备有存放各种备件的专用货架和一般的计量检验工具，如磅秤、卡尺、钢尺、拆箱工具等。

(4) 配备有存放文件、账卡、备件图册、备件订货目录等资料的橱柜。

(5) 配备有简单运输工具（如脚踏三轮车等）以及防锈去污的物料，如器皿、棉纱、机油、防锈油、电炉等。

四、备件库存的管理

1. 备件入库管理

入库备件必须逐件进行核对与验收。

(1) 入库备件必须符合申请计划和生产计划规定的数量、品种、规格；计划外的零件须经设备科长和备件管理员批准方能入库。

(2) 要查验入库零件的合格证明，自制备件必须由检验员检验后填写合格单，外购件必须附有合格证。并在入库前对外观等质量进行适当抽验。

(3) 备件入库必须由入库人填写入库单，并经保管员核查，方可入库。

(4) 入库备件挂上标签或卡片，并按用途（使用对象）分类存放，方便查找。

2. 备件保管管理

(1) 入库备件要由库管人员保存好、维护好，做到不丢失、不损坏、不变形变质、账目清楚。

(2) 备件管理要做到规格清、数量清、材质清，要做到库容和码放整齐，做到账、卡、物三个一致，备件在区、架、层、号四个定位。

(3) 备件入库上架时要做好定期涂油、防锈保养和检查工作。

(4) 定期进行盘点，随时向有关人员反映备件动态。

3. 备件发放管理

(1) 备件的领用一般实行以旧换新，由领用人填写领用单，注明用途、名称、数量，发放备件须凭领用单。对不同的备件，企业要拟定相应的领用办法和审批手续。

(2) 对大修、中修中需要预先领用的备件，应根据批准的备件清单领用，在大修、中修结束时一次性结算，并将所有旧料如数交库。

(3) 备件发出后要及时登记、消账、减卡。领出备件要办理相应的财务手续。

(4) 支援外厂的备件须经过设备处长批准后方可办理出库手续。

4. 处理备件管理

符合下列条件的备件，应及时处理。报废或调出备件必须按要求办理手续。

(1) 由各原因所造成的本企业已不需要的备件，要及时按要求加以销售和处理。

(2) 对备件废品查明其废弃原因，提出防范措施和处理意见，并报请主管领导审批处理。

第五节 备件的经济管理

备件的经济管理是指备件的经济核算与统计分析工作，主要包括备件库存资金的核定、出入库账目的管理、备件成本的审定、备件各项经济指标的统计分析等，经济管理应贯穿于备件管理的全过程，同时应根据各项经济指标的统计分析结果来衡量检查条件管理工作的质量和水平。

一、备件资金的来源和占用范围

备件资金来源于企业的流动资金，各企业按照一定的核算方法确定，并有规定的储备资金限额。因此，备件的储备资金只能由属于备件范围内的物资占用。

二、备件资金的核算方法

备件储备资金的核定，原则上应与企业的规模、生产实际情况相联系。影响备件储备资金的因素较多，目前还没有一个合理、通用的核定方法，因而缺乏可比性。核定企业备件储备资金定额的方法一般有以下几种：

(1) 按备件卡上规定的储备定额核算　这种方法的合理程度取决于备件卡的准确性和科学性，缺乏企业间的可比性。

(2) 按照设备原购置总值的2%～3%估算　这种方法只要知道设备固定资产原值就可算出备件储备资金，计算简单，也便于企业间比较，但核定的资金指标偏于笼统，与企业设备运转中的情况联系较差。

(3) 按照典型设备推算确定　这种方法计算简单，但准确性差，设备和备件储备品种较少的小型企业可采用这种方法，并在实践中逐步修订完善。

(4) 根据上年度的备件储备金额，结合上年度的备件消耗金额及本年度的设备维修计划，企业自己确定本年度的储备资金定额。

(5) 用本年度的备件消耗金额乘预计的资金周转期，加以适当修正后确定下年度的备件储备金额。

上述 (4)、(5) 两种方法一般为具有一定管理水平、一定规模和生产较为稳定的企业采用，否则，误差较大会影响企业的生产和设备管理工作。

三、备件经济管理考核指标

(1) 备件储备资金定额　它是企业财务部门给设备管理部门规定的备件库存资金限额(确定方法见前述)。

(2) 备件资金周转期　减少备件资金的占用和加速周转具有很大的经济意义，也是反映企业和供应备件公司备件管理水平的重要经济指标，其计算方法为：

$$资金周转期(年)=\frac{年平均库存金额}{年消耗金额} \tag{8-7}$$

备件资金周转期应在一年左右，周转期应不断压缩。若周转期过长造成占用资金多，企业便需对备件多的品种和数量进行分析、修正。

（3）备件库存资金周转率　它用来衡量库存备件占用的资金实际用于满足设备维修需要的效率。其计算公式为：

$$库存资金周转率=\frac{年备件消耗总额}{年平均库存金额}\times100\% \tag{8-8}$$

（4）资金占用率　它用来衡量备件储备占用资金的合理度，以便控制备件储备的资金占用量，其计算公式是：

$$资金占用率=\frac{备件储备资金总额}{设备原购置总值}\times100\% \tag{8-9}$$

（5）资金周转加速率　计算公式为：

$$资金周转加速率=\frac{上期资金周转率-本期资金周转率}{上期资金周转率}\times100\% \tag{8-10}$$

为了反映考核年度备件技术经济指标的动态，备件库每年都应填报年度备件库主要技术动态表，以便总结经验，找出差距，改进工作。

第六节　备件管理的现代化

一、ABC 管理法在备件管理中的应用

1. ABC 管理法的基本原理

ABC 分析法源于帕累托曲线。经济学家帕累托在研究财富的社会分配时得出一个重要结论：80%的财富掌握在 20%人的手中，即“关键的少数和次要的多数”规律。这一普遍规律存在于社会的各个领域，称为帕累托现象。

一般来说，企业的库存物资种类繁多，每个品种的价格不同，且库存数量也不等。有的物资品种不多但价值很大，而有的物资品种很多但价值不高。由于企业的资源有限，因此在进行存货控制时，要求企业将注意力集中在比较重要的库存物资上，依据库存物资的重要程度分别管理，这就是 ABC 分类管理的思想。

2. ABC 分类的标准和步骤

分类管理就是将库存物资按品种和占用资金的多少分为特别重要的库存（A 类）、一般重要的库存（B 类）和不重要的库存（C 类）三个等级，然后针对不同等级分别进行管理与控制。分类的标准是库存物资所占总库存资金的比例和所占总库存物资品种数目的比例。

这在库存上暗示着相对比较少的库存物资有可能具有相当大的影响或价值。因此，对这些少数品种物资管理的好坏就成为企业经营成败的关键。因此需要在实施库存管理时对各类物资分出主次，并根据不同情况分别对待，突出重点。

3. ABC 管理法在备件管理中的应用

备件的 ABC 管理法，是物资管理中 ABC 分类控制在备件管理中的应用。它是根据备件的品种规格、占用资金和各类备件库存时间、价格差异等因素，采用必要的分类原则而实行的库存管理办法。

（1）A 类备件　其在企业的全部备件中品种少，占全部品种的 10%～15%，但占用的资金数额大，一般占用备件全部资金的 80%左右。对于 A 类备件必须来回控制，利用储备理论确定适当的储备量，尽量缩短订货周期，增加采购次数，以加速备件储备资金的周转。

（2）B 类备件　其品种比 A 类备件多，占全部品种的 20%～30%，占用的资金比 A 类

少，一般占用备件资金的15%左右。对B类备件的储备可适当控制，根据维修的需要，可适当延长订货周期、减少采购次数，做到两者兼顾。

（3）C类备件　其品种很多，占全部品种的60%～65%，但占用的资金很少，一般仅占备件全部资金的5%左右。对C类备件，根据维修的需要储备量可大一些，订货周期可长一些。

究竟什么备件储备多少，科学的方法是按储备理论进行定量计算。以上ABC分类法，仅作为一种备件的分类方法，以确定备件管理重点。在通常情况下，应把主要工作放在到A类和B类备件的管理上。

二、计算机备件管理信息系统

传统的备件采购和备件仓库管理模式转换为以数据库技术为基础的计算机管理模式，将人、机、物的需求、活动和运作进行系统分析、设计和管理，以实现现代高效、科学合理的备件信息管理，既确保备件的正常供应，又科学安排备件库存，减少资金库存占用，同时降低采购成本，提高应用这一系统企业的经济效益。

将计算机应用于备件管理，不仅可建立企业备件总台账，从而减轻日常记录、统计、报表的工作量，更重要的是可以查询并及时提供备件储备量和资金变动等信息，为备件计划管理、技术管理和经济管理提供可靠的依据，在保证供应的前提下实现备件的经济合理储备。

1. 建立计算机备件管理信息系统应注意的问题

（1）在系统设计时，必须站在设备综合管理的高度，将备件管理信息系统视为设备综合管理信息系统的子系统之一，并考虑与设备资产管理、故障管理、维修管理信息系统的协调，具体程序中名称符号的统一，数据共享等因素。

（2）应着眼于备件动态管理，备件明细表中所列项目应全面考虑动态管理的需要。如ABC分类洪都拉斯应用、各类备件使用规律、经济合理的备件储备量研究、缩短备件资金周围的途径等。

2. 建立计算机辅助备件管理信息系统的准备工作

（1）加强备件管理基础工作，建立备件“五定”管理、四号定位、五五码放等，健全并编制备件管理的各种统计报表、卡片、单据等，以便科学地、准确地、全面地收集各种信息数据并输入计算机。

（2）对所有备件进行编号，每种备件都有两个编号，即流水编号和计算机识别号。

备件的流水编号按备件入账的先后顺序进行编号，每种备件的流水编号是唯一的，一个流水编号代表一种备件。

备件的计算机识别号中含有“使用部门信息”“所属设备信息”“备件图号或件号信息”等，供计算机对备件进行统计、分类、汇总、排序使用。

（3）在领用单据中增加一项备件流水编号，供领用时填写。

3. 计算机辅助备件管理的主要功能

（1）备件管理信息的计算机查询、输出。

（2）调用备件管理数据库的数据，打印下列报表：备件库存总台账；备件进、出库台账；备件标签；按设备顺序编制的《备件名称与流水编号对照表》，供维修人员、备件库保管员使用，以方便备件的识别、自制、订购、管理、领用；给财务部门的经济指标报表；季度分类统计报表；计划月报表；备件加工计划月报表；备件采购计划月报表；备件库存月报表。这些报表由于全部调用备件管理数据库的数据打印，杜绝了人工抄写产生的数据错误，实现账、签、物统一。

（3）计算机辅助备件管理还能做到：旧账结算清理；计算消耗金额；计算平均储备金额；计算储备资金周期。

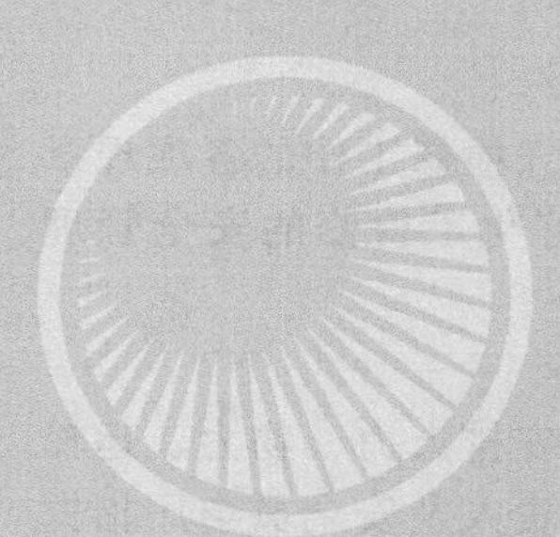

第九章 石油化工设备安全停车与检修安全管理制度

第一节 石油化工企业检修安全管理制度

一、石油化工检修的特点

石油化工生产具有高温、高压、腐蚀性强等特点，因而化工设备、管道、阀件、仪表等在运行中易于受到腐蚀和磨损。为了维持正常生产，尽量减少非正常停车给生产造成损失，必须加强对化工设备的维护、保养、检测和维修。

1. 计划检修与计划外检修

（1）计划检修　按计划对设备进行的检修，叫作计划检修。例如，通过备用设备的更替，来实现对故障设备的维修；或根据设备的管理、使用的经验和生产规律，制订设备的检修计划，按计划进行检修。根据检修内容、周期和要求的不同，计划检修可以分为小修、中修和大修。

（2）计划外检修　在生产过程中设备突然发生故障或事故，必须进行不停车或停车检修。这种检修事先难以预料，无法安排检修计划，而且要求检修时间短，检修质量高。检修的环境及工况复杂，其难度相当大，在目前的石油化工生产中，仍然是不可避免的。

2. 化工检修的特点

石油化工检修具有频繁、复杂、危险性大的特点。

（1）石油化工检修的频繁性　所谓频繁是指计划检修、计划外检修的次数多；石油化工生产的复杂性，决定了化工设备及管道的故障和事故的频繁性，因而也决定了检修的复杂性。

（2）石油化工检修的复杂性　生产中使用的设备、机械、仪表、管道、阀门等，种类多，数量大，结构和性能各异，要求从事检修的人员具有丰富的知识和熟练的技术，熟悉和掌握不同设备的结构、性能和特点。检修中由于受到环境、气候、场地的限制，有些要在露天作业，有些要在设备内作业，有些要在地坑或井下作业，有时还要上、中、下立体交叉作业，这些因素都增加了化工检修的复杂性。

（3）石油化工检修的危险性　石油化工生产的危险性决定了石油化工检修的危险性。石油化工设备和管道中有很多残存的易燃易爆、有毒有害、有腐蚀性的物质，而检修又离不开动火、进罐作业，稍有疏忽就会发生火灾爆炸、中毒和灼伤等事故。统计资料表明，国内外化工企业发生的事故中，停车检修作业或在运行中抢修作业中发生的事故占有相当大的比例。

二、安全检修的管理

不论是大修还是小修，计划检修还是计划外检修，都必须严格遵守检修工作的各项规章制度，办理各种安全检修许可证的申请、审核和批准手续，切实做好化工检修的安全管理工作。

1. 组织领导

大修和中修应成立检修指挥系统，负责检修工作的筹划、调度，安排人力、物力、运输及安全工作。在各级检修指挥机构中要设立安全组，各车间的安全负责人及安全员与厂指挥部安全组构成安全联络网。

各级安全机构负责对安全规章制度的宣传、教育、监督、检查，并办理动火、动土及检修许可证。

石油化工检修的安全管理工作要贯穿检修的全过程，包括检修前的准备、装置的停车、检修，直至开车的全过程。

2. 制订检修计划

在石油化工生产中，各个生产装置之间，或厂与厂之间，是一个有机整体，它们相互制约、紧密联系。一个装置的不正常状态必然会影响到其他装置的正常操作，因此大检修必须要有一个全盘的计划。在检修计划中，根据生产工艺过程及公用工程之间的相互关系，确定各装置先后停车的顺序，停水、停气、停电的具体时间，灭火炬、点火炬的具体时间。还要明确规定各个装置的检修时间，检修项目的进度，以及开车顺序。一般都要画出检修计划图（鱼翅图）。在计划图中标明检修期间的各项作业内容，便于对检修工作的管理。

3. 安全教育

石油化工装置的检修不但有化工操作人员参加，还有大量的检修人员参加，同时有多个专业施工单位进行检修作业，有时还有临时工人进厂作业。安全教育不仅包括对本单位参加检修人员的教育，也包括对其他单位参加检修人员的教育。对各类参加检修的人员都必须进行安全教育，并经考试合格后才能准许参加检修。安全教育的内容包括化工厂检修的安全制度和检修现场必须遵守的有关规定。

停工检修的有关规定有以下两方面。

（1）进入设备作业的有关规定

① 动火的有关规定；

② 动土的有关规定；

③ 科学文明检修的有关规定。

（2）检修现场的十大禁令

① 不戴安全帽、不穿工作服者禁止进入现场；

② 穿凉鞋、高跟鞋者禁止进入现场；

③ 上班前饮酒者禁止进入现场；

④ 在作业中禁止打闹或其他有碍作业的行为；

⑤ 检修现场禁止吸烟；

⑥ 禁止用汽油或其他化工溶剂清洗设备、机具和衣物；

⑦ 禁止随意泼洒油品、化学危险品、电石废渣等；

⑧ 禁止堵塞消防通道；

⑨ 禁止挪用或损坏消防工具和设备；

⑩ 禁止将现场器材挪作他用。

4. 安全检查

安全检查包括对检修项目的检查、检修机具的检查和检修现场的巡回检查。

检修项目，特别是重要的检修项目，在制订检修方案时，需同时制订安全技术措施。没有安全技术措施的项目，不准检修。

检修所用的机具，检查合格后由安全主管部门审查并发给合格证，贴在设备醒目处，以便安全检查人员现场检查。没有检查合格证的设备、机具不准进入检修现场和不得使用。

在检修过程中，要组织安全检查人员到现场巡回检查，检查各检修现场是否认真执行安全检修的各项规定，发现问题及时纠正、解决。如有严重违章者，安全检查人员有权令其停止作业。

第二节　石油化工装置安全停车与处理制度

石油化工装置在停车过程中，要降温、降压、降低进料量，一直到切断原燃料的进料，然后进行设备清空、吹扫、置换等工作。各工序和各岗位之间联系密切，如果组织不好、指挥不当、联系不通或操作失误都容易发生事故。因此，装置的停车和处理对于安全检修工作有着特殊的意义。

一、停车前的准备工作

（1）编写停车方案　在装置停车过程中，操作人员要在较短的时间内完成许多操作，因此劳动强度大，精神紧张。虽然各车间存有早已编制好的操作规程，但为了避免差错，还应当结合本次停车检修的特点和要求，制订出具体的停车方案。其主要内容应包括：停车时间、步骤、设备管线倒空及吹扫流程、抽堵盲板系统图。还要根据具体情况制订防堵、防冻措施。每一步骤都要有时间要求、达到的指标，并有专人负责。

（2）作好检修期间的劳动组织及分工　根据每次检修工作的内容，合理调配人员，分工明确。在检修期间，除派专人与施工单位配合检修外，各岗位、控制室均应有人坚守岗位。

（3）进行检修动员　在停车检修前要进行一次检修的动员，使每个职工都明确检修的任务、进度，熟悉停开车方案，重温有关安全制度和规定，以提高认识，为安全检修打下扎实的思想基础。

二、停车操作

按照停车方案确定的时间、步骤、工艺参数变化的幅度进行有秩序的停车。在停车操作中应注意以下事项。

（1）把握好降温、降量的速度。在停车过程中，降温、降量的速度不宜过快。

（2）加热炉的停炉操作，应按工艺规程中规定的降温曲线逐渐减少火嘴，并考虑到各部位火嘴熄火对炉膛降温的均匀性。

（3）高温真空设备的停车，必须待设备内的介质温度降到自燃点以下，方可与大气相通，以防空气进入引起介质的燃爆。

（4）装置停车时，设备及管道内的液体物料应尽可能倒空，送出装置。可燃、有毒气体应排至火炬烧掉。

三、抽堵盲板

化工生产中，厂际之间、各装置之间、设备与设备之间都有管道相连通。停车检修的设备必须与运行系统或有物料系统进行隔离，而这种隔离只靠阀门是不够的。比较可靠的办法是将与检修设备相连的管道用盲板隔离；检修完毕，装置开车前再将盲板抽掉。抽堵盲板工作既有很大的危险性，又有较复杂的技术性，必须办理《盲板抽堵安全作业证》，按规定进行操作。

四、置换、吹扫和清洗

为了保证检修动火和设备内作业的安全，检修前要对设备内的易燃易爆、有毒气体进行置换；易燃、有毒液体倒空后，还要用惰性气体吹扫；对积附在器壁上的易燃、有毒介质的残渣、油垢或沉积物要进行认真的清理，必要时要采用人工刮铲、热水煮洗等措施清除；盛放酸、碱等腐蚀性液体或经过酸洗或碱洗过的设备，应进行中和处理。

五、其他注意事项

按停车方案完成装置的停车、倒空物料、中和、置换、清洗和可靠的隔离等工作后，装置停车即告完成。在转入装置检修之前，还应对地面、明沟内的油污进行清理，封闭整套装置的下水井盖和地漏，既防止下水道系统有易燃易爆气体外逸，也防止检修中有火花落入下水管道中。

有传动设备或其他有电源的设备，检修前必须切断一切电源，并在开关处挂上标志牌，以防有人将其启动，造成检修人员伤亡。

对要实施检修的区域或重要部位，应设置安全界标或栅栏，并有专人负责监护。

操作人员与检修人员要做好交接和配合。设备停车并经操作人员进行物料倒空、吹扫等处理，经分析合格后方可交检修人员进行检修。在检修过程中，检修人员进行动火、动土、罐内作业时，操作人员要积极配合。

第三节　石油化工检修安全作业规程

我国目前国家现行的石油化工检修安全作业规程有：

HG 30010—2013 生产区域动火作业安全规范

AQ 3028—2008 化学品生产单位受限空间作业安全规范

HG 30012—2013 生产区域盲板抽堵作业安全规范

AQ 3025—2008 化学品生产单位高处作业安全规范

AQ 3021—2008 化学品生产单位吊装作业安全规范

HG/T 23016—1999 厂区断路作业安全规程

AQ 3023—2008　化学品生产单位动土作业安全规程

AQ 3026—2008 化学品生产单位设备检修作业安全规范

这些标准为石油化工企业的安全作业提供了切实可行的技术程序，现简要摘录于下。

一、动火作业

1. 定义

（1）动火区　在化工厂里，凡是动用明火或存在可能产生火种作业的区域都属于动火范围，例如存在焊接、切割、喷灯加热、熬沥青、烘炒砂石、凿水泥基础、打墙眼、砂轮作业、金属器具的撞击等作业的区域。固定动火区的条件如下。

① 固定动火区距可燃、易爆物质的堆场、仓库、储罐及设备的距离应符合防火规范的规定。

② 在任何气象条件下，固定动火区域内的可燃气体含量都在允许范围以内。生产装置

在正常运行时，可燃气体应扩散不到动火区内。

③ 动火区若设在室内，应与防爆区隔开，不准有门窗串通。允许开的窗、门都要向外开，各种通道必须畅通。

④ 固定动火区周围不得存放易燃易爆及其他可燃物质。少量的有盖桶装电石、乙炔气瓶等在采取可靠措施后，可以存放。

⑤ 固定动火区应备有适用的足够数量的灭火器材。

⑥ 动火区要有明显的标志。

(2) 禁火区　在生产正常或不正常情况下有可能形成爆炸性混合物的场所，以及存在易燃、可燃物质的场所都应划为禁火区。在禁火区内，根据发生火灾、爆炸危险性的大小，所在场所的重要性，以及一旦发生火灾爆炸事故可能造成的危害大小，划分为一般危险区和危险区两类。

(3) 特殊危险动火作业　在生产运行状态下的易燃易爆物品生产装置、输送管道、储罐、容器等部位上及其他特殊危险场所的动火作业。

(4) 一级动火作业　在易燃易爆场所进行的动火作业。

(5) 二级动火作业　除特殊危险动火作业和一级动火作业以外的动火作业。

凡厂、车间或单独厂房全部停车，装置经清洗置换、取样分析合格，并采取安全隔离措施后，可根据其火灾、爆炸危险性大小，经厂安全防火部门批准，动火作业可按二级动火作业管理。遇节日、假日或其他特殊情况时，动火作业应升级管理。

2. 动火作业安全防火要求

(1) 一级和二级动火作业安全防火要求

① 动火作业必须办理《动火安全作业证》。进入设备内、或在高处等进行动火作业，还须执行 AQ 3028—2008、AQ 3025—2008 的规定。

② 厂区管廊上的动火作业按一级动火作业管理；带压不置换动火作业按特殊危险动火作业管理。

③ 凡盛有或盛过化学危险物品的容器、设备、管道等生产、储存装置，必须在动火作业前进行清洗置换，经分析合格后，方可进行动火作业。

④ 凡在《建筑设计防火规范》规定的甲、乙类区域的管道、容器、塔罐等生产设施上进行动火作业，必须将其与生产系统彻底隔离，并进行清洗置换，取样分析合格。

⑤ 高空进行动火作业，其下部地面如有可燃物、空洞、阴井、地沟、水封等，应检查分析，并采取措施，以防火花溅落引起火灾爆炸事故。

⑥ 拆除管线的动火作业，必须先查明其内部介质及其走向，并制订相应的安全防火措施。在地面进行动火作业，周围有可燃物，应采取防火措施。动火点附近如有阴井、地沟、水封等应进行检查、分析，并根据现场的具体情况采取相应的安全防火措施。

⑦ 在生产、使用、储存氧气的设备上进行动火作业，其氧含量不得超过 20%。

⑧ 五级风以上（含五级风）天气，禁止露天动火作业。因生产需要确需动火作业时，动火作业应升级管理。

⑨ 动火作业应有专人监火。动火作业前，应清除动火现场及周围的易燃物品，或采取其他有效的安全防火措施，配备足够适用的消防器材。

⑩ 动火作业前，应检查电、气焊工具，保证安全可靠，不准带病使用。

⑪ 使用气焊割动火作业时，氧气瓶与乙炔气瓶间距不小于 5m，两者与动火作业地点均不小于 10m，并不准在烈日下曝晒。

⑫ 在铁路沿线（25m 以内）的动火作业，遇装有化学危险物品的火车通过或停留时，必须立即停止作业。

⑬ 凡在有可燃物或难燃物构件的凉水塔、脱气塔、水洗塔等内部进行动火作业时，必须采取防火隔绝措施，以防火花溅落引起火灾。

⑭ 动火作业完毕，应清理现场，确认无残留火种后，方可离开。

(2) 特殊危险动火作业的安全防火要求　特殊危险动火作业在符合一、二级防火规定的同时，还须符合以下规定。

① 在下列情况下不准进行带压不置换动火作业：生产不稳定；设备、管道等腐蚀严重。

② 必须制订施工安全方案，落实安全防火措施。动火作业时，车间主管领导、动火作业与被动火作业单位的安全员、厂主管安全防火部门人员、主管厂长或总工程师必须到现场，必要时可请专职消防队到现场监护。

③ 动火作业前，生产单位要通知工厂生产调度部门及有关单位，使之在异常情况下能及时采取相应的应急措施。

④ 动火作业过程中，必须设专人负责监视生产系统内压力变化情况，使系统保持不低于 100mmH_2O (1mmH_2O=9.80665Pa) 正压。低于 100mmH_2O 压力应停止动火作业，查明原因并采取措施后，方可继续动火作业。严禁负压动火作业。

⑤ 动火作业现场的通排风要良好，以保证泄漏的气体能顺畅排走。

3. 动火分析及合格标准

(1) 动火分析应由动火分析人员进行。凡是在易燃易爆装置、管道、储罐、阴井等部位及其他认为应进行分析的部位动火时，动火作业前必须进行动火分析。

(2) 动火分析的取样点，应由动火所在单位的专（兼）职安全员或当班班长负责提出。

(3) 动火分析的取样点要有代表性。特殊动火的分析样品应保留到动火结束。

(4) 取样与动火间隔不得超过 30min，如超过此间隔或动火作业中断时间超过 30min，必须重新取样分析。如现场分析手段无法实现上述要求者，应由主管厂长或总工程师签字同意，另做具体处理。

(5) 使用测爆仪或其他类似手段进行分析时，检测设备必须经被测对象的标准气体样品标定合格。

(6) 动火分析合格判定标准如下：

① 如使用测爆仪或其他类似手段时，被测的气体或蒸气浓度应小于或等于爆炸下限的 20%。

② 用其他分析手段时，当被测的气体或蒸气的爆炸下限大于等于 4%时，其被测浓度小于等于 0.5%；当被测的气体或蒸气的爆炸下限小于 4%时，其被测浓度小于等于 0.2%。

4.《动火安全作业证》的管理

(1)《动火安全作业证》为两联。特殊危险动火、一级动火、二级动火安全作业证分别以三道、二道、一道斜红杠加以区分。

(2) 办理程序和使用要求　《动火安全作业证》的办理程序和使用要求如下。

①《动火安全作业证》由申请动火单位指定动火项目负责人办理。办证人须按《动火安全作业证》的项目逐项填写，不得空项；然后根据动火等级，按规定的审批权限办理审批手续；最后将办理好的《动火安全作业证》交动火项目负责人。

② 动火项目负责人持办理好的《动火安全作业证》到现场，检查动火作业安全措施落实情况，确认安全措施可靠并向动火人和监火人交代安全注意事项后，将《动火安全作业证》交给动火人。

③ 一份《动火安全作业证》只准在一个动火点使用，动火后，由动火人在《动火安全作业证》上签字。如果在同一动火点多人同时进行动火作业，可使用一份《动火安全作业证》，但参加动火作业的所有动火人应分别在《动火安全作业证》上签字。

④《动火安全作业证》不准转让、涂改，不准异地使用或扩大使用范围。

⑤《动火安全作业证》一式两份，终审批准人和动火人各持一份存查；特殊危险《动火安全作业证》由主管安全防火部门存查。

(3) 有效期限 《动火安全作业证》的有效期限如下。

① 特殊危险动火作业的《动火安全作业证》和一级动火作业的《动火安全作业证》的有效期为24h。

② 二级动火作业的《动火安全作业证》的有效期为120h。

动火作业超过有效期限，应重新办理《动火安全作业证》。

(4) 审批 《动火安全作业证》的单位如下。

① 特殊危险动火作业的《动火安全作业证》由动火地点所在单位主管领导初审签字，经主管安全防火部门复检签字后，报主管厂长或总工程师终审批准。

② 一级动火作业的《动火安全作业证》由动火地点所在单位主管领导初审签字后，报主管安全防火部门终审批准。

③ 二级动火作业的《动火安全作业证》由动火地点所在单位的主管领导终审批准。

5. 职责要求

(1) 动火项目负责人对动火作业负全面责任。必须在动火作业前详细了解作业内容和动火部位及周围情况，参与动火安全措施的制订、落实，向作业人员交代作业任务和防火安全注意事项。作业完成后，组织检查现场，确认无遗留火种，方可离开现场。

(2) 独立承担动火作业的动火人，必须持有《特殊工种作业证》，并在《动火安全作业证》上签字。若带徒作业时，动火人必须在场监护。动火人接到《动火安全作业证》后，要核对证上各项内容是否落实，审批手续是否完备，若发现不具备条件时，有权拒绝动火，并向单位主管安全防火部门报告。动火人必须随身携带《动火安全作业证》，严禁无证作业及审批手续不完备的动火作业。动火前（包括动火停歇期超过30min再次动火），动火人应主动向动火点所在单位当班班长呈验《动火安全作业证》，经其签字后方可进行动火作业。

(3) 监火人由动火点所在单位指定责任心强、有经验、熟悉现场、掌握消防知识的人员担任。必要时，也可由动火单位和动火点所在单位共同指派。新项目施工动火，由施工单位指派监火人。监火人所在位置应便于观察动火和火花溅落，必要时可增设监火人。

监火人负责动火现场的监护与检查，随时扑灭动火飞溅的火花，发现异常情况应立即通知动火人停止动火作业，及时联系有关人员采取措施。监火人必须坚守岗位，不准脱岗。

在动火期间，不准兼做其他工作。在动火作业完成后，要会同有关人员清理现场，清除残火，确认无遗留火种后方可离开现场。

(4) 被动火单位班组长（值班长、工段长）为动火部位的负责人，对所属生产系统在动火过程中的安全负责。参与制订、负责落实动火安全措施，负责生产与动火作业的衔接，检查《动火安全作业证》。对审批手续不完备的《动火安全作业证》有制止动火作业的权力。在动火作业中，生产系统如有紧急或异常情况，应立即通知停止动火作业。

(5) 动火分析人对动火分析手段和分析结果负责。根据动火地点所在单位的要求，亲自到现场取样分析，在《动火安全作业证》上填写取样时间和分析数据并签字。

(6) 执行动火单位和动火点所在单位的安全员负责检查本标准执行情况和安全措施落实情况，随时纠正违章作业。特殊危险动火、一级动火，安全员必须到现场。

各级动火作业的审查批准人审批动火作业时必须亲自到现场，了解动火部位及周围情况，确定是否需做动火分析，审查并明确动火等级，检查、完善防火安全措施，审查《动火安全作业证》的办理是否符合要求。在确认准确无误后，方可签字批准动火作业。

6. 动火作业的六大禁令

原化学工业部颁布安全生产禁令中关于动火作业的六大禁令如下：

(1)《动火安全作业证》未经批准，禁止动火。

(2) 不与生产系统可靠隔绝，禁止动火。

(3) 不清洗、置换不合格，禁止动火。

(4) 不消除周围易燃物，禁止动火。

(5) 不按时做动火分析，禁止动火。

(6) 没有消防措施，禁止动火。

二、进入设备作业

1. 定义

进入化工生产区域内的各类塔、球、釜、槽、罐、炉膛、锅筒、管道、容器以及地下室、阴井、地坑、下水道或其他封闭场所内进行的作业均为进入设备作业。

2. 进入设备作业证制度

进入设备作业前，必须办理《设备内安全作业证》。《设备内安全作业证》由生产单位签发，由该单位的主要负责人签署。

生产单位在对设备进行置换、清洗并进行可靠的隔离后，事先应进行设备内可燃气体分析和氧含量分析。有电动设备和照明设备时，必须切断电源，并挂上“有人检修，禁止合闸”的牌子，以防止有人误操作伤人。

检修人员凭有负责人签字的《设备内安全作业证》及《分析合格单》，才能进入设备内作业。在进入设备内作业期间，生产单位和施工单位应有专人进行监护和救护，并在该设备外明显部位挂上“设备内有人作业”的牌子。

3. 设备内作业安全要求

(1) 安全隔绝 设备上所有与外界连通的管道、孔洞均应与外界有效隔离。设备上与外界连接的电源应有效切断。

管道安全隔绝可采用插入盲板或拆除一段管道进行隔绝，不能用水封或阀门等代替盲板或拆除管道。

电源有效切断可采用取下电源保险熔丝或将电源开关拉下后上锁等措施，并加挂警示牌。

(2) 清洗和置换 进入设备内作业前，必须对设备内进行清洗和置换，并达到下列要求：氧含量为18%～21%；有毒气体和可燃气体浓度符合《化工企业安全管理制度》的规定。

(3) 通风 要采取措施，保持设备内空气良好流通。

打开所有人孔、手孔、料孔、风门、烟门进行自然通风。必要时，可采取机械通风。采用管道空气送风时，通风前必须对管道内介质和风源进行分析确认。不准向设备内充氧气或富氧空气。

(4) 定时监测 作业前30min内，必须对设备内气体采样分析，分析合格后办理《设备内安全作业证》，方可进入设备。

采样点要有代表性。

作业中要加强定时监测，情况异常立即停止作业，并撤离人员。作业现场经处理后，取样分析合格方可继续作业。

作业人员离开设备时，应将作业工具带出设备，不准留在设备内。

涂刷具有挥发性溶剂的涂料时，应做连续分析，并采取可靠通风措施。

(5) 照明和防护措施　进入不能达到清洗和置换要求的设备内作业时，必须采取相应的防护措施：在缺氧、有毒环境中，应佩戴隔离式防毒面具；在易燃易爆环境中，应使用防爆型低压灯具及不产生火花的工具，不准穿戴化纤织物；在酸碱等腐蚀性环境中，应穿戴好防腐蚀护具。

设备内照明电压应小于等于36V；在潮湿容器、狭小容器内作业，照明电压应小于等于12V。

使用超过安全电压的手持电动工具，必须按规定配备漏电保护器。

临时用电线路装置应按规定架设和拆除，线路绝缘保证良好。

(6) 多工种、多层交叉作业的安全措施　应采取互相之间避免伤害的措施，应搭设安全梯或安全平台，必要时由监护人用安全绳拴住作业人员进行施工。

设备内作业过程中，不能抛掷材料、工具等物品。交叉作业要有防止层间落物伤害作业人员的措施。

设备外要备有空气呼吸器（氧气呼吸器）、消防器材和清水等相应的急救用品。

(7) 监护　设备内作业必须有专人监护。

进入设备前，监护人应会同作业人员检查安全措施，统一联系信号。

险情重大的设备内作业，应增设监护人员，并随时与设备内取得联系。监护人员不得脱离岗位。

设备内事故抢救，救护人员必须做好自身防护，方能进入设备内实施抢救。

4.《设备内安全作业证》的管理

(1) 设备内作业必须办理《设备内安全作业证》。

(2)《设备内安全作业证》由施工单位或交出设备单位负责办理。

(3) 作业单位接到《设备内安全作业证》后，由该项目的负责人填写作业证上作业单位应填写的各项内容。

(4)《设备内安全作业证》安全措施栏要填写具体的安全措施。

(5)《设备内安全作业证》由交出单位和作业单位的领导共同确认，审批签字后方为有效。

(6) 在设备内进行高处作业应按AQ 3025—2008办理《高处安全作业证》。

(7) 在设备内进行动火作业应按HG 30010—2013办理《动火安全作业证》。

(8)《设备内安全作业证》须经作业人员确认无误，并由车间值班长或工段长再次确认无误后，方准许作业人员进入设备内作业。

(9) 设备内作业如遇工艺条件、作业环境条件改变，需重新办理《设备内安全作业证》，方准许继续作业。

(10) 设备内作业结束后，需认真检查设备内外，确认无问题，方可封闭设备。

5. 进入容器、设备的八个“必须”

原化学工业部颁布的安全生产禁令中有关进入容器、设备的八个“必须”如下。

(1) 必须申请、办证，并得到批准；

(2) 必须进行安全隔绝；

(3) 必须切断动力电，并使用安全灯具；

(4) 必须进行置换、通风；

(5) 必须按时间要求进行安全分析；

(6) 必须佩戴规定的防护用具；

(7) 必须有人在器外监护，并坚守岗位；

(8) 必须有抢救后备措施。

三、盲板抽堵作业

1. 定义

盲板抽堵作业指在设备检修及抢修中，设备、管道内存有物料（气、液、固态）及在一定温度、压力情况下的盲板抽堵作业。

2. 对盲板的技术要求

(1) 盲板选材要适宜、平整、光滑，经检查无裂纹和孔洞。高压盲板应经探伤合格。

(2) 盲板的直径应依据管道法兰密封面直径制作，厚度要经强度计算。

(3) 盲板应有一个或两个手柄，便于辨识、抽堵。

(4) 应按管道内介质性质、压力、温度选用合适的材料作盲板垫片。

3. 盲板抽堵作业的安全要求

(1) 盲板抽堵作业必需办理《盲板抽堵安全作业证》，没有《盲板抽堵安全作业证》不准进行盲板抽堵作业。

(2) 严禁涂改、转借《盲板抽堵安全作业证》。变更作业内容、扩大作业范围或转移作业部位时，须重新办理《盲板抽堵安全作业证》。

(3) 对作业审批手续不全、安全措施不落实、作业环境不符合安全要求的，作业人员有权拒绝作业。

(4) 在有毒气体的管道、设备上抽堵盲板时：非刺激性气体的压力应小于200mmHg (1mmHg＝133.322Pa)，刺激性气体的压力应小于50mmHg；气体温度应小于60℃。

(5) 生产单位负责绘制盲板位置图，对盲板进行编号，施工单位按图作业。盲板位置图由生产单位存档备查。

(6) 作业人员应经过个体防护训练，并做好个体防护。

(7) 作业需专人监护，作业结束前监护人不得离开作业现场。

(8) 作业复杂、危险性大的场所，除监护人外，还需消防队、医务人员等到场。如涉及整个生产系统，生产调度人员和厂生产部门负责人必须在场。

(9) 在易燃易爆场所作业时，作业地点30m内不得有动火作业。工作照明应使用防爆灯具，并应使用防爆工具。禁止用铁器敲打管线、法兰等。

(10) 高处抽堵盲板作业应按AQ 3025—2008的规定办理《高处安全作业证》。

(11) 施工单位要按《盲板抽堵安全作业证》的要求，落实安全措施后方可进行作业。

(12) 严禁在同一管道上同时进行两处及两处以上抽堵盲板作业。

(13) 抽堵多个盲板时，要按盲板位置图及盲板编号，由施工总负责人统一指挥作业。

(14) 每个抽堵盲板处设标牌表明盲板位置。

4.《盲板抽堵安全作业证》的管理

(1)《盲板抽堵安全作业证》由生产部门或安全防火部门管理。

(2)《盲板抽堵安全作业证》由生产单位办理。

(3) 生产单位负责填写《盲板抽堵安全作业证》表格、盲板位置图、安全措施，交施工单位确认，经厂安全防火部门审核，由主管厂长或总工程师审批。

(4) 审批好的《盲板抽堵安全作业证》交施工单位、生产部门、安全防火部门各一份，生产部门负责存档。

(5) 作业结束后，经施工单位、生产部门、安全防火部门检查无误，施工单位将盲板位置图交生产部门。

四、高处作业

1. 定义

从作业位置到最低附落着落点的水平面，称为附落高度基准面。凡距附落高度基准面2m及以上有可能附落的高处进行的作业，称为高处作业。

在高温或低温情况下进行的高处作业，称为异温高处作业。高温是指工作地点具有生产性热源，其气温高于本地区夏季室外通风设计计算温度2℃及以上时的温度。低温是指作业地点的气温低于5℃。

作业人员在电力生产和供用、电设备的维修中采取地（零）电位或等（同）电位作业方式，接近或接触带电体对带电设备和线路进行的高处作业，称为带电高处作业。

2. 高处作业的分级

① 作业高度在2～5m时，称为一级高处作业。

② 作业高度在5～15m时，称为二级高处作业。

③ 作业高度在15～30m时，称为三级高处作业。

④ 作业高度在30m以上时，称为特级高处作业。

3. 作业的分类

高处作业分为特殊高处作业、化工工况高处作业和一般高处作业。

(1) 特殊高处作业

① 在阵风风力为6级（风速为10.8m/s）的情况下进行的强风高处作业。

② 在高温或低温环境下进行的异温高处作业。

③ 在降雪时进行的雪天高处作业。

④ 在降雨时进行的雨天高处作业。

⑤ 在室外完全采用人工照明进行的夜间高处作业。

⑥ 在接近或接触带电体条件下进行的带电高处作业。

⑦ 在无立足点或无牢靠立足点的条件下进行的悬空高处作业。

(2) 化工工况高处作业

① 在坡度大于45°的斜坡上面进行的高处作业。

② 在升降（吊装）口、坑、井、池、沟、洞等上面或附近进行的高处作业。

③ 在易燃、易爆、易中毒、易灼伤的区域或转动设备附近进行的高处作业。

④ 在无平台、无护栏的塔、釜、炉、罐等化工容器、设备及架空管道上进行的高处作业。

⑤ 在塔、釜、炉、罐等设备内进行的高处作业。

(3) 一般高处作业　除特殊高处作业和化工工况高处作业以外的高处作业。

4. 高处作业的安全要求

① 从事高处作业的单位必须办理《高处安全作业证》，落实安全防护措施后，方可施工。

②《高处安全作业证》审批人员须赴高处作业现场，检查确认安全措施后，方可批准高处作业。

③ 高处作业人员必须经安全教育，熟悉现场环境和施工安全要求。患有职业禁忌证和年老体弱、疲劳过度、视力不佳及酒后人员等，不准进行高处作业。

④ 高处作业前，作业人员应查验《高处安全作业证》，检查确认安全措施落实后，方可施工，否则有权拒绝施工作业。

⑤ 高处作业人员要按照规定穿戴劳动保护用品，作业前要检查、作业中要正确使用防

坠落用品与登高器具、设备。

⑥ 高处作业应设监护人，对高处作业人员进行监护。监护人应坚守岗位。

5. 高处作业的安全防护措施

① 高处作业前，施工单位要制订安全措施，并填入《高处安全作业证》内。

② 不符合高处作业安全要求的材料、器具、设备不得使用。

③ 高处作业所使用的工具、材料、零件等必须装入工具袋，上下时手中不得持物；不准投掷工具、材料及其他物品；易滑动、易滚动的工具、材料堆放在脚手架上时，应采取措施，防止坠落。

④ 在化学危险物品生产、储存场所或附近有放空管线的位置作业时，应事先与车间负责人或工长（值班主任）取得联系，建立联系信号，并将联系信号填入《高处安全作业证》备注栏内。

⑤ 登石棉瓦、瓦棱板等轻型材料作业时，必须铺设牢固的脚手板，并加以固定。脚手板上要有防滑措施。

⑥ 高处作业与其他作业交叉进行时，必须按指定的路线上下。禁止上下垂直作业，若必须垂直进行作业时，须采取可靠的隔离措施。

⑦ 高处作业应与地面保持联系，根据现场情况配备必要的联络工具，并指定专人负责联系。

⑧ 在采取地（零）电位或等（同）电位作业方式进行带电高处作业时，必须使用绝缘工具或穿绝缘服。

6.《高处安全作业证》的管理

一级高处作业及化工工况中①、②类高处作业由车间负责审批；二级、三级高处作业及化工工况中③、④类高处作业由车间审核后，报厂安全管理部门审批；特级、特殊高处作业及化工工况中⑤类高处作业由厂安全部门审核后，报主管厂长或总工程师审批。

施工负责人必须根据高处作业的分级和类别向审批单位提出申请，办理《高处安全作业证》。《高处安全作业证》一式三份，一份交作业人员，一份交施工负责人，一份交安全管理部门留存。

对施工期较长的项目，施工负责人应经常深入现场检查，发现隐患及时整改，并做好记录。若施工条件发生重大变化，应重新办理《高处安全作业证》。

五、厂区吊装作业

1. 定义

吊装作业是利用各种机具将重物吊起，并使重物发生位置变化的作业过程。

（1）按吊装重物的重量分级

① 吊装重物的重量大于 80t 时，为一级吊装作业；

② 吊装重物的重量大于等于 40t 且小于等于 80t 时，为二级吊装作业；

③ 吊装重物的重量小于 40t 时，为三级吊装作业。

（2）按吊装作业级别分类

① 一级吊装作业为大型吊装作业；

② 二级吊装作业为中型吊装作业；

③ 三级吊装作业为一般吊装作业。

2. 吊装作业的安全要求

（1）吊装作业人员必须持有《特殊工种作业证》。吊装质量大于 10t 的物体须办理《吊装安全作业证》。

(2) 吊装质量大于等于40t的物体和土建工程主体结构，应编制吊装施工方案。吊物虽不足40t，但形状复杂、刚度小、长径比大、精密贵重，或施工条件特殊的情况下，也应编制吊装施工方案。吊装施工方案经施工主管部门和安全技术部门审查，报主管厂长或总工程师批准后方可实施。

(3) 各种吊装作业前，应预先在吊装现场设置安全警戒标志，并设专人监护，非施工人员禁止入内。

(4) 吊装作业中，夜间应有足够的照明。室外作业遇到大雪、暴雨、大雾及六级以上大风时，应停止作业。

(5) 吊装作业人员必须佩戴安全帽，安全帽应符合GB 2811—2007的规定。高处作业时必须遵守AQ 3025—2008的规定。

(6) 吊装作业前，应对起重吊装设备、钢丝绳、揽风绳、链条、吊钩等各种机具进行检查，必须保证安全可靠，不准带病使用。

(7) 吊装作业时，必须分工明确、坚守岗位，并按规定的联络信号，统一指挥。

(8) 严禁利用管道、管架、电杆、机电设备等作吊装锚点。未经机动、建筑部门审查核算，不得将建筑物、构筑物作为锚点。

(9) 吊装作业前必须对各种起重吊装机械的运行部位、安全装置以及吊具、索具进行详细的安全检查，吊装设备的安全装置要灵敏可靠。吊装前必须试吊，确认无误方可作业。

(10) 任何人不得随同吊装重物或吊装机械升降。在特殊情况下，必须随之升降的，应采取可靠的安全措施，并经过现场指挥人员批准。

(11) 吊装作业现场如须动火，应遵守HG 30010—2013的规定。吊装作业现场的吊绳索、揽风绳、拖拉绳等要避免同带电线路接触，并保持安全距离。

(12) 用定型起重吊装机械（履带吊车、轮胎吊车、桥式吊车等）进行吊装作业时，除遵守本标准外，还应遵守该定型机械的操作规程。

(13) 吊装作业时，必须按规定负荷进行吊装，吊具、索具经计算选择使用，严禁超负荷运行。所吊重物接近或达到额定起重吊装能力时，应检查制动器，用低高度、短行程试吊后，再平稳吊起。

(14) 悬吊重物下方严禁站人、通行和工作。

(15) 在吊装作业中，有下列情况之一者不准吊装（简称“十不吊”）：指挥信号不明；超负荷或物体重量不明；斜拉重物；光线不足、看不清重物；重物下站人；重物埋在地下；重物紧固不牢，绳打结、绳不齐；棱刃物体没有衬垫措施；重物越人头；安全装置失灵。

(16) 必须按《吊装安全作业证》上填报的内容进行作业，严禁涂改、转借《吊装安全作业证》，严禁变更作业内容、扩大作业范围或转移作业部位。

(17) 对吊装作业审批手续不全，安全措施不落实，作业环境不符合安全要求的，作业人员有权拒绝作业。

3.《吊装安全作业证》的管理

《吊装安全作业证》由机动部门负责管理。

项目单位负责人从机动部门领取《吊装安全作业证》后，要认真填写各项内容，交施工单位负责人批准。对于吊装质量大于等于40t的物体和土建工程主体结构，或虽不足40t，但吊物形状复杂、刚度小、长径比大、精密贵重，施工条件特殊的情况，必须编制吊装方案，并将填好的《吊装安全作业证》与吊装方案一并报机动部门负责人批准。

《吊装安全作业证》批准后，项目负责人应将《吊装安全作业证》交作业人员。作业人员应检查《吊装安全作业证》，确认无误后方可作业。

六、断路作业

1. 定义

断路作业指的是在化工企业生产区域内的交通道路上进行施工及吊装、吊运物体等影响正常交通的作业。

2. 断路作业的安全要求

（1）凡在厂区内进行断路作业必须办理《断路安全作业证》。

（2）断路申请单位负责管理施工现场。企业要在断路路口设立断路标志，为来往的车辆提示绕行路线。

（3）厂区交通管理部门审批《断路安全作业证》后，要立即书面通知调度、生产、消防、医务等有关部门。

（4）施工作业人员接到《断路安全作业证》，确认无误后，即可进行断路作业。

（5）断路时，施工单位负责在路口设置交通挡杆、断路标识。

（6）断路后，施工单位负责在施工现场设置围栏、交通警告牌，夜间要悬挂红灯。

（7）断路作业结束后，施工单位负责清理现场，撤除现场、路口设置的挡杆、断路标识、围栏、警告牌、红灯。申请断路单位检查核实后，负责报告厂区交通管理部门，然后由厂区交通管理部门通知各有关单位断路工作结束恢复交通。

（8）断路作业应按《断路安全作业证》的内容进行，严禁涂改、转借《断路安全作业证》，严禁变更作业内容、扩大作业范围或转移作业部位。

（9）对《断路安全作业证》审批手续不全、安全措施不落实、作业环境不符合安全要求的，作业人员有权拒绝作业。

（10）在《断路安全作业证》规定的时间内未完成断路作业时，由断路申请单位重新办理《断路安全作业证》。

3.《断路安全作业证》的办理

《断路安全作业证》由申请断路作业的单位指定专人办理。

《断路安全作业证》由厂区交通管理部门审批。

申请断路作业的单位在厂区交通管理部门领取《断路安全作业证》，逐项填写后交施工单位。

施工单位接到《断路安全作业证》后，填写《断路安全作业证》中施工单位应填写的内容，填写后将《断路安全作业证》交断路申请单位。

断路申请单位从施工单位收到《断路安全作业证》后，交厂区交通管理部门审批。将办理好的《断路安全作业证》留存，并分别送交厂区交通管理部门、施工单位各一份。

七、动土作业

1. 定义

凡是影响到地下电缆、地下管道等设施安全的地上作业和土石方作业，都属于动土作业，如：挖土、打桩、埋设接地保护极等；入地超过一定深度的作业（入土深度 0.5m 以上）、绿化、设置大型标语牌、排放大量污水；用推土机、压路机等施工机械进行填埋或平整土地；在除正规道路以外的厂区界内堆放物品，其荷重在 $5t/m^2$ 以上者；包括运输工具在内的运载总量在 3t 以上者。

2. 动土作业的安全要求

（1）动土作业必需办理《动土安全作业证》，没有《动土安全作业证》不准动土作业。

（2）动土作业前，项目负责人应对施工人员进行安全教育；施工负责人对安全措施进行现场交底，并督促落实。

（3）动土作业施工现场应根据需要设置护栏、盖板和警告标志，夜间应悬挂红灯示警。施工结束后要及时回填土，并恢复地面设施。

（4）动土作业必须按《动土安全作业证》的内容进行，对审批手续不全、安全措施不落实的，施工人员有权拒绝作业。

（5）严禁涂改、转借《动土安全作业证》，不得擅自变更动土作业内容、扩大作业范围或转移作业地点。

（6）动土中如暴露出电缆、管线以及不能辨认的物品时，应立即停止作业，妥善加以保护，报告动土审批单位处理，采取措施后方可继续动土作业。

（7）动土临近地下隐蔽设施时，应轻轻挖掘，禁止使用铁棒、铁镐或抓斗等机械工具。

（8）挖掘坑、槽、井、沟等作业，应遵守下列规定。

① 挖掘土时应自上而下进行，不准采用挖底脚的办法挖掘。挖出的土石不准堵塞下水道和阴井。

② 在挖较深的坑、槽、井、沟时，严禁在土壁上挖洞攀登。作业时必须戴安全帽。坑、槽、井、沟上端边沿不准人员站立、行走。

③ 要视土壤性质、湿度和挖掘深度设置安全边坡或固壁支架。挖出的泥土堆放处所和堆放的材料至少要距坑、槽、井、沟边沿 0.8m，高度不得超过 1.5m。对坑、槽、井、沟的边坡或固壁支撑架应随时检查，特别是雨雪后和解冻时期，如发现边坡有裂缝、松疏或支撑有折断、走位等异常危险征兆，应立即停止作业，并采取措施。

④ 作业时应注意对有毒有害物质的检测，保持通风良好。发现有毒有害气体时，在采取措施后，方可施工。

⑤ 在坑、槽、井、沟的边缘，不能安放机械、铺设轨道及通行车辆。如必须安放时，要采取有效的固壁措施。

⑥ 在拆除固壁支撑时，应从下而上进行。更换支撑时，应先装新的，后拆旧的。

⑦ 所有人员不准在坑、槽、井、沟内休息。

（9）上下交叉作业时应戴安全帽。多人同时挖土应相距在 2m 以上，防止工具伤人。作业人员发现异常时，应立即撤离作业现场。

（10）在化工危险场所动土时，要与有关操作人员建立联系。当化工生产发生突然排放有害物质的情况时，化工操作人员应立即通知动土作业人员停止作业，迅速撤离现场。

（11）作业前必须检查工具、现场支撑是否牢固、完好，发现问题应及时处理。

（12）动土作业涉及断路时，必须按 HG/T 23016 的规定办理《断路安全作业证》。

3.《动土安全作业证》的管理

《动土安全作业证》由机动部门负责管理。

动土申请单位在机动部门领取《动土安全作业证》，填写有关内容后交施工单位。

施工单位接到《动土安全作业证》，填写有关内容后将《动土安全作业证》交动土申请单位。

动土申请单位从施工单位收到《动土安全作业证》后，交厂总图室及有关水、电、汽、工艺、设备、消防、安全等部门审核，由厂机动部门审批。

动土作业审批人员应到现场核对图纸，查验标志，检查确认安全措施，方可签发《动土安全作业证》。

动土申请单位将办理好的《动土安全作业证》留存后，分别送总图室、机动部门、施工单位各一份。

八、设备检修

1. 定义

化工厂设备检修中所指的"设备"是：化工生产区域内的各类塔、球、釜、槽、罐、炉膛、锅筒、管道、容器以及地下室、阴井、地坑、下水道或其他封闭场所。

2. 检修前的准备

（1）设备检修作业开始前应办理《设备检修安全作业证》。

（2）根据设备检修项目要求，制订设备检修方案，落实检修人员、检修组织、安全措施。

（3）检修项目负责人须按检修方案的要求，组织检修人员到检修现场，交待清楚检修项目、任务、检修方案，并落实检修安全措施。

（4）检修项目负责人对检修安全工作负全面责任，并指定专人负责整个检修作业过程的安全工作。

（5）设备检修如需高处、动火、动土、断路、吊装、抽堵盲板、进入设备内作业等，须按 AQ 3025—2008、HG 30010—2013、AQ 3023—2008、HG 23016—1999、AQ 3021—2008、HG 30012—2013、AQ 3028—2008 的规定办理相应的安全作业证。

（6）设备的清洗、置换、交出由设备所在单位负责。设备清洗、置换后应有分析报告。检修项目负责人应会同设备技术人员、工艺技术人员检查并确认设备、工艺处理及盲板抽堵等符合检修安全要求。

3. 检修的安全教育

检修前，必须对参加检修作业的人员进行安全教育。安全教育内容包括：①检修作业必须遵守的有关检修安全规章制度；②检修作业现场和检修过程中可能存在或出现的不安全因素及对策；③检修作业过程中个体防护用具和用品的正确佩戴和使用；④检修作业项目、任务、检修方案和检修安全措施。

4. 检修的安全检查和措施

（1）应对检修作业使用的脚手架、起重机械、电气焊用具、手持电功工具、扳手、管钳、锤子等各种工器具进行检查，凡不符合作业安全要求的工器具不得使用。

（2）应采取可靠的断电措施，切断需检修设备上的电器电源，并经启动复查确认无电后，在电源开关处挂上"禁止启动"的安全标志并加锁。

（3）对检修作业使用的气体防护器材、消防器材、通信设备、照明设备等器材设备应经专人检查，保证完好可靠，并合理放置。

（4）应对检修现场的爬梯、栏杆、平台、铁箅子、盖板等进行检查，保证安全可靠。

（5）对检修用的盲板逐个检查，高压盲板须经探伤合格后方可使用。

（6）对检修所使用的移动式电气工器具，必须配有漏电保护装置。

（7）对有腐蚀性介质的检修场所须备有冲洗用水源。

（8）对检修现场的坑、井、洼、沟、陡坡等应填平或铺设与地面平齐的盖板，也可设置围栏和警告标志，并设夜间警示红灯。

（9）应将检修现场的易燃易爆物品、障碍物、油污、冰雪、积水、废弃物等影响检修安全的杂物清理干净。

（10）检查、清理检修现场的消防通道、行车通道，保证畅通无阻。

（11）需夜间检修的作业场所，应设有足够亮度的照明装置。

5. 检修作业中的安全要求

（1）参加检修作业的人员应穿戴好劳动保护用品。

（2）检修作业的各工种人员要遵守本工种安全技术操作规程的规定。

（3）电气设备检修作业须遵守电气安全工作规定。

（4）在生产和储存化学危险品的场所进行设备检修时，检修项目负责人要与当班班长联系。如生产出现异常情况或突然排放物料，危及检修人员的人身安全时，当班班长必须立即通知检修人员停止作业，迅速撤离作业场所。待上述情况排除完毕，确认安全后，检修项目负责人方可通知检修人员重新进入作业现场。

（5）严禁涂改、转借《设备检修安全作业证》，严禁变更作业内容、扩大作业范围或转移作业地点。

（6）对《设备检修安全作业证》审批手续不全、安全措施不落实、作业环境不符合安全要求的，作业人员有权拒绝作业。

6. 检修结束后的安全要求

（1）检修项目负责人应会同有关检修人员检查检修项目是否有遗漏，工器具和材料等是否遗漏在设备内。

（2）检修项目负责人应会同设备技术人员、工艺技术人员根据生产工艺要求检查盲板抽堵情况。

（3）因检修需要而拆移的盖板、箅子板、扶手、栏杆、防护罩等安全设施要恢复正常。

（4）检修所用的工器具应搬走，脚手架、临时电源、临时照明设备等应及时拆除。

（5）设备、屋顶、地面上的杂物、垃圾等应清理干净。

（6）检修单位会同设备所在单位和有关部门对设备等进行试压、试漏，调校安全阀、仪表和联锁装置，并做好记录。

（7）检修单位会同设备所在单位和有关部门，对检修的设备进行单体和联动试车，验收交接。

7.《设备检修安全作业证》的管理

《设备检修安全作业证》由工厂机动部门负责管理。

设备所在单位提出设备交出的安全措施，并填写《设备检修安全作业证》相关栏目。

检修项目负责单位提出施工安全措施，并填写《设备检修安全作业证》相关栏目。

设备所在单位、检修施工单位对《设备检修安全作业证》进行审查，并填写审查意见。

工厂设备管理部门对《设备检修安全作业证》进行终审审批。

检修项目负责单位应将办理好的《设备检修安全作业证》自留一份后，分别交机动部门、设备所在单位各一份。

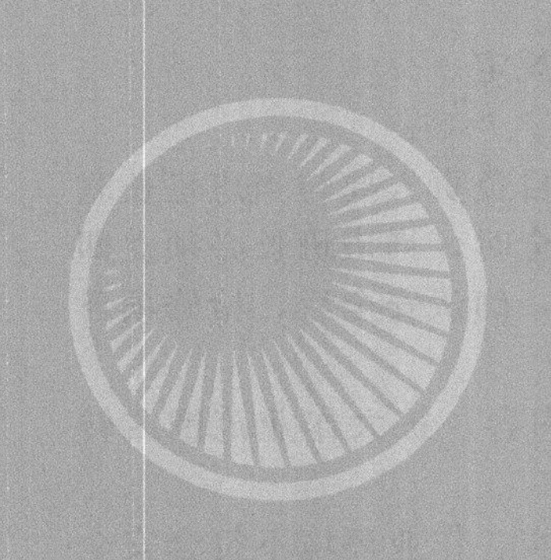

第十章

石油化工通用设备维修技术

石油化工设备在现代石化企业中占有不可代替的重要地位，设备是企业固定资产的主体，是现代石化企业进行生产活动的物质技术基础，是石化企业生产力发展水平与企业现代化程度的主要标志。而设备维修，是对设备进行全过程（从规划、设计、购置、使用到报废）管理的重要环节，是使设备保值、增值的必要手段，是确保企业连续、均衡、稳定生产的基石。设备的维修，包括设备的维护与检修，这二者是相辅相成、缺一不可的。

第一节　设备维修技术概述

设备维修是指设备技术状态劣化或发生故障后，为恢复其功能而进行的技术活动，包括各类计划检修和计划外的故障检修及事故检修，又称设备检修。设备维修的基本内容包括：设备维护保养、设备检查和设备检修。

一、设备维修的发展概况

1. 设备维修体制发展至今已经历了四个时期

第一个时期是事后维修制，就是在设备发生故障之后才进行检修，这一时期经历了兼修时代（操作工又是维修工）和专修时代（有专业维修工）。其特点是设备坏了才修，不坏不修。

第二个时期是预防维修。其检修间隔的确定主要根据经验和统计资料，但是很难预防由于随机因素引起的偶发事故，同时也废弃了许多还可继续使用的零部件，而且增加了不必要的拆装次数，造成维修时间和费用的浪费。其代表是：苏联在 1923～1955 年期间的不断实践、完善形成；1939 年，出版《机器制造企业设备定期检修制度》，开始向制造企业推广，第二次世界大战后得到广泛推行；1955 年，颁布《机器制造企业工艺设备的统一计划预修制度》；预防维修开始作为全苏联统一的设备检修制度得到全面推广，对所有的机械、电气等设备都规定了检修复杂系数和检修周期结构，所有的设备维修都按照计划实施；到 20 世纪 80 年代，逐步认识到预防维修体制的一些弊端。

美国：在 1925 年提出预防维修的概念，其内涵大体与苏联相同，只是注意了维修的经济性，1954 年，在预防维修体制的基础上提出了生产维修的思想。

第三个时期是生产维修。生产维修由四部分组成：事后维修、预防维修、改善维修、维修预防。这一维修体制突出了维修策略的灵活性，吸收了后勤工程学的内容，提出了维修预防、提高设备可靠性设计水平以及无维修和少维修的设计思想，把设计制造与使用维修连成一体。

第四个时期是预知维修，我国称为状态维修。这种体制着眼于每台设备的具体技术状况，一反定期维修的思想而采取定期检测，对设备异常运转情况的发展密切追踪监测，仅在必要时才进行检修。基于状态监测的状态维修（振动监测、油样分析、声发射分析、微粒分析、腐蚀监测）起始于20世纪70年代初期，在连续生产过程的企业中取得了显著效果，提高了设备利用率以及生产效率，对旋转的机械设备状态监测尤为有效，是维修方式的一种高级发展形式。

在以预知维修为主要特征的第四个时期，还并存有综合工程学和全员生产维修以及"以利用率为中心的维修""可靠性维修""费用有效维修"等。

尽管当今世界存在多种设备维修体制，但都有一个共同特征，即注重企业的文化和人的主观能动性，突出技术性和经济性，把设备故障消灭在萌芽的状态之中。将这一共同特征体现得最全面、最密切就算是状态维修了。

2. 我国工业企业设备维修概况

我国工业企业的设备维修，基本采用的是苏联的周期计划维修，即定期大、小修。从理论上来讲，周期计划维修是属于预防维修范畴，在保证设备完好、延长设备的使用寿命方面发挥了积极作用。

自20世纪80年代以后，状态维修的理论逐步渗透到我国。根据设备运行状态的优劣，确定维修方式和维修时间，比传统的周期计划维修前进了一大步。状态维修特别注重预防检查、监测，既做到了预防，又避免了过剩维修；而周期计划维修所欠缺的正是这一点。

有资料表明，在连续化的石化企业中采用状态维修，除减少故障和维修停机时间外，还能降低原料、综合能源消耗，使产品一次制成率提高，质量稳定，安全生产持久性也随之显现，最终产值同比传统维修可增加1%～5%，其经济效益是可观的。

我国设备的状态维修水平与世界水平的差距迅速缩小，尤其是石化、冶金、电力、机械等行业成绩斐然，已从简易仪器诊断发展为精密仪器诊断，开发了有我国特色的机械故障综合诊断仪、计算机诊断系统等的应用，使故障诊断准确率大为提高，直接促进了相关行业的经济发展。

二、设备维修的理论和体制

设备维修是为保持和恢复设备良好工作状态而进行的一切活动，包括维护和检修工作。其中维护是指为保持设备良好工作状态所做的所有工作，包括清洗擦拭、润滑涂油、检查校验等；检修是指为恢复设备设计功能状态所做的所有工作，包括检查、故障诊断与排除、全面翻修（大修、中修、小修）。

目前有三种有影响的维修论和体制。

1. 后勤工程学

后勤工程学起源于军事工程，是研究武器装备存储、供给、运输、检修、维护的新兴学科。其内容包括：

（1）维修方案的确定　根据维修作业复杂程度，对人员技术水平的要求和所需设施来划分。

（2）使用部门维修　即用户的现场维修，如定期检查、清扫、维护、调整、局部更换零部件等。

（3）中间维修　由固定的专职部门和设施，以流动或半流动方式对设备进行专业化维修。

（4）基地维修　这是最高级的维修，由基本固定的专业检修厂进行设备的维修。

（5）维修策略　是指从一定的技术经济因素考虑，对设备或其零部件所进行的维修方式和程度的规定。在实施具体的维修策略之前，可以先列出若干可行的维修策略，然后按照对设备性能的影响，从经济、技术等方面进行综合评价，选出最优方案实施。

按照维修策略的要求，设备可分为不可修复的设备、局部可修复的设备和全部可修复的设备。不可修复的设备（零部件）一般在使用一定时间后自行报废，即采用“弃件”方式处理；局部可修复的设备，可以通过各种灵活方式进行修补、部分零件更换等；全部可修复的设备则要求从外到内、从部件到元件均可进行无替换的修复。

2. 设备综合工程学

一种寻求设备寿命周期费用最经济的设备管理方法，包括以下内容：

（1）设备寿命周期费用　设备一生所花费的总费用（设备设置费＋设备维持费）。

（2）设备设置费　研究、设计、制造、购置、运输、安装调试等费用。

（3）设备维持费　能源、维修、操作工人工资、报废费及与设备有关的各种杂费。

研究表明，有些设备的设置费高，但维持费较低；而另一些设备，设置费虽低，但维持费却较高。因此，以设备寿命周期费用最经济为目标进行综合管理是十分必要的。

设备一出厂已经决定了设备整个寿命周期的总费用：设备的价格决定着设置费，而可靠性又决定其维持费。

设备综合管理的三个方面：工程技术管理、组织管理和财务经济管理。

设备综合工程学是在维修工程基础上形成的，它把设备可靠性和维修性问题贯穿到设备设计、制造和使用的全过程，其研究重点在可靠性和可维修性的设计，强调在设计、制造阶段就争取赋予设备较高的可靠性和可维修性，使设备在后天使用中，长期可靠地发挥其功能，不出或少出故障，即使出了故障也便于维修。

设备维修与管理是一个系统工程问题，需要从技术、经济、组织各方面进行整体规划和优化，以达到低成本、高效益的目标。

3. 全员生产维修体制

全员生产维修体制，1970 年由日本提出，是对美国生产维修体制的继承，有英国综合工程学的思想，吸收了中国鞍钢宪法中“工人参加、群众路线、合理性建议、劳动竞赛”的做法。其定义是：

（1）以最高的设备综合效率为目标；

（2）确立以设备一生为目标的全系统预防维修；

（3）设备的计划、使用、维修等部门都参加；

（4）企业最高管理层到一线职工都参加；

（5）开展小组的自主活动来推动生产维修。

全员生产维修体制的特点：全效率、全系统和全员参加。

三、设备维修

（一）设备维修的范围

设备维修包含的范围较广，包括：为防止设备劣化，维持设备性能而进行的清扫、检查、润滑、紧固以及调整等日常维护保养工作；为测定设备劣化程度或性能降低程度而进行的必要检查；为修复劣化，恢复设备性能而进行的检修活动等。

（二）设备维修工作指标

设备维修的结果要用相应的技术经济指标进行核算，反映设备维修工作效果的指标有两类：

（1）维修后技术状况指标。

（2）维修活动经济效果指标。

（三）设备维修工作的任务和方式

（1）设备维修工作的任务　根据设备的规律，经常搞好设备维护保养，延长零件的正常使用阶段；对设备进行必要的检查，及时掌握设备情况，以便在零件出现问题前采取适当的方式进行检修。

（2）常出现的设备问题　主要有磨损、腐蚀、渗漏、冲击、冲刷、结垢、变形等，因各种行业设备多种多样，表现形式也呈现多样化。

（3）传统维修方式　主要有润滑、补焊、机加工、报废更新、误差调正、垢质清洗等。

（4）西方较先进的维修、维护方式　高分子复合材料技术、纳米材料技术、陶瓷材料技术、稀有金属材料技术等。如高分子复合材料技术可快捷高效地实现在线维修、自主维修；一些纳米陶瓷技术可在保持高强度、高硬度基础上，更轻、更耐腐蚀等，让设备更实用、耐用。

（四）设备维修内容

设备维修的基本内容包括：设备维护保养、设备检查和设备检修。

1. 设备维护保养

设备维护保养的内容是保持设备清洁、整齐、润滑良好、安全运行，包括及时紧固松动的紧固件，调整活动部分的间隙等。简言之，即“清洁、润滑、紧固、调整、防腐”十字作业法。实践证明，设备的寿命在很大程度上取决于维护保养的好坏。维护保养依工作量大小和难易程度分为日常保养、一级保养、二级保养、三级保养等。

日常保养，又称例行保养。其主要内容是：进行清洁、润滑，紧固易松动的零件，检查零件、部件的完整。这类保养的项目和部位较少，大多数在设备的外部。

一级保养主要内容是：普遍地进行拧紧、清洁、润滑、紧固，还要部分地进行调整。日常保养和一级保养一般由操作工人承担。

二级保养主要内容包括内部清洁、润滑、局部解体检查和调整。

三级保养主要是对设备主体部分进行解体检查和调整工作，必要时对达到规定磨损限度的零件加以更换，此外，还要对主要零部件的磨损情况进行测量、鉴定和记录。二级保养、三级保养在操作工人参加下，一般由专职保养维修工人承担。

在各类维护保养中，日常保养是基础，保养的类别和内容，要针对不同设备的特点加以规定，不仅要考虑到设备的生产工艺、结构复杂程度、规模大小等具体情况和特点，同时要考虑到不同工业企业内部长期形成的维修习惯。

2. 设备检查

设备检查，是指对设备的运行情况、工作精度、磨损或腐蚀程度进行测量和校验。通过检查全面掌握机器设备的技术状况和磨损情况，及时查明和消除设备的隐患，有目的地做好检修前的准备工作，以提高检修质量，缩短检修时间。

设备检查按时间间隔分为日常检查和定期检查。日常检查由设备操作人员执行，同日常保养结合起来，目的是及时发现不正常的技术状况，进行必要的维护保养工作。定期检查是按照计划，在操作者参加下，定期由专职维修工执行，目的是通过检查，全面准确地掌握零件磨损的实际情况，以便确定是否有进行检修的必要。

设备检查按技术功能，可分为机能检查和精度检查。机能检查是指对设备的各项机能进行检查与测定，如是否漏油、漏水、漏气，防尘密闭性如何，零件耐高温、高速、高压的性能如何等。精度检查是指对设备的实际加工精度进行检查和测定，以便确定设备精度的优劣程度，为设备验收、检修和更新提供依据。

3. 设备检修

设备检修，是指修复由于日常的或不正常的原因而造成的设备损坏和精度劣化。通过检修更换磨损、老化、腐蚀的零部件，可以使设备性能得到恢复。设备的检修和维护保养是设备维修的不同方面，二者由于工作内容与作用的区别是不能相互替代的，应把二者同时做好，以便相互配合、相互补充。

（1）设备检修的种类　根据检修范围的大小、检修间隔期长短、检修费用多少，设备检修可分为小检修、中检修和大检修三类。

（2）设备检修的方法　常用的设备检修的方法主要有三种。

① 标准检修法　又称强制检修法，是指根据设备零件的使用寿命，预先编制具体的检修计划，明确规定设备的检修日期、类别和内容。设备运转到规定的期限，不管其技术状况好坏，任务轻重，都必须按照规定的作业范围和要求进行检修。此方法有利于做好检修前准备工作，有效保证设备的正常运转，但有时会造成过度检修，增加了检修费用。

② 定期检修法　是指根据零件的使用寿命、生产类型、工件条件和有关定额资料，事先规定出各类计划检修的固定顺序、计划检修间隔期及其检修工作量。在检修前通常根据设备状态来确定检修内容。此方法有利于做好检修前准备工作，有利于采用先进检修技术，减少检修费用。

③ 检查后检修法　是指根据设备零部件的磨损资料，事先只规定检查次数和时间，而每次检修的具体期限、类别和内容均由检查后的结果来决定。这种方法简单易行，但由于检修计划性较差，检查时有可能由于对设备状况的主观判断误差引起零件的过度磨损或发生故障。

（五）设备维修发展的三大趋势

1. AME 维修模型的建立与应用

先进制造设备（AME）是指应用计算机技术、伺服控制技术和机床制造技术以实现各种机械加工制造的现代化设备。AME 为企业带来的经济效益相当可观，但由于内部或外部因素，同样要面对维修问题，而维修质量的好坏直接关系到企业的切身利益。国内外学者也正致力于 AME 维修方式、故障规律、维修模型、决策支持系统方面的研究，以求 AME 的最大利用率。因此，对于 AME 维修现状及发展趋势的研究值得重视。

我国企业的 AME 可用度偏低，维护及检修的费用过高，对适用于 AME 维修模型的研究还远远不够。因此建立适用的模型，辅助现场维修工程师做出定量化的维修决策，以确定合理的维修时机是维修管理的最重要的内容之一。理论上来说，建立维修优化模型的基础是大量有效的维修数据，而往往维修数据又是不可获得的，因此在维修数据不全的情况下，如何利用主观数据建立维修优化模型，将成为 AME 维修建模的发展趋势。即凭借维修工程师给出的有关维修方面的经验数据，估计出设备的故障分布函数，并对建立的模型进行拟和检验。最终根据目标函数确定出合理的维修间隔期，使得单位时间内总的停机时间最小；建立合理的费用模型，确定出合理的维修时机，使得单位时间内设备维修费用的期望值最小。

2. 维修的网络化与决策支持系统的建立

与国外相比，我国的维修管理现状不尽如人意，其中非常重要的一个原因是企业对设备的维护管理不重视，各种原始记录，如设备的故障史、诊断与维修经验的积累和理论性的总结工作，大部分储存在部分技术人员和维修工人头脑中，未形成系统的资料，维修工作的科学性较差。所以在维修管理中必须引入计算机信息管理，将现有的故障诊断维修方面的资料进行整理归纳。

伴随着AME在企业中重要性的加剧，对于维修时间、准度、精度的要求越来越高。许多管理者发现由于维修不足或者维修过量，维修成本难以控制。随着信息化的加剧，维修管理信息系统也不再是少数企业制胜的法宝。维修的网络化及决策支持系统的建立将成为发展的必然趋势。随着计算机网络的发展，网络管理应运而生，二者相互促进，共同发展。网络管理是一个复杂的控制过程，用于控制和管理计算机网络设备连接、系统运行和资源分配，使之具有更高的运行效率，以寻求最大限度地增加网络的可用性，提高网络设备的利用率、网络性能、服务质量和系统安全，简化多厂商设备组成的混合网络环境的运行管理，控制网络运行成本，并为网络发展提供长期规划依据。在维修方面建立网络管理及决策支持系统的目的是要在一定的硬件基础上运用软件手段监测和控制网络运行，减少故障发生概率，并迅速发现问题和解决问题，监视和分析网络性能，以及优化网络配置。

3. 维修的社会化、专业化

随着技术专业化的发展，AME设备维修工作应从企业中分离出来。即按照生产用途、设备类型、地区划分等不同方面，建立专业维修厂或地区性维修中心。专业维修厂通过经济合同的方式，为企业提供有偿服务，逐步形成社会化的维修体系。这些维修专业化组织将针对先进制造设备的性能指标，进行基础数据的积累，建立设备故障库及模型库，通过计算机辅助设备进行维修决策。这样将使资源得到合理的配置，既有利于生产企业专注于主营业务、精干主体、减轻企业负担、提高效率和增强活力，又有利于社会行业的进一步分工，社会生产力的进一步提高。国家可以通过法律、法规等来培育和规范设备维修市场，对进入市场的设备维修企业的资格认定、维修质量和价格以及维修交易纠纷的调解等进行规范化管理，为企业改变“大而全”“小而全”的设备维修体系创造良好的外部环境。可以预见专业维修企业的兴起，会像第三方物流一样得到蓬勃的发展。

第二节　石油化工机械零件的修复技术

石油化工机械设备难免会因为磨损、氧化、刮伤、变形等原因而失效，需要采用合理的、先进的工艺对零件进行修复。常用修复方法有很多，如钳工修复法、机械修复法、焊修法、电镀法、喷涂法、粘修法等。

一、零件的清洗

机械零件经过长期的工作后，其表面会有大量不同成分的污物。零件修复之前，必须将这些污物进行清洗，以满足后序工作的要求。清洗的目的是除去油污、水垢、积炭、铁锈、油漆等。

（一）清除油污

常用的除油清洗剂有：有机溶剂、碱性溶液和化学清洗剂等。

(1) 有机溶剂　汽油、炼油、丙酮、酒精、三氯乙烯及目前市场上销售的专业用化学有机溶剂清洗剂等，可以除去零件表面的油脂污物，而不损伤金属，清洗效果好，使用方便快捷。

(2) 碱性溶液　碱性溶液是利用油脂遇碱皂化后易溶于水的原理，来降低油污与金属表面的结合力。清洗时，一般需将溶液加热到80～90℃，除油后用热水冲洗，去掉表面残留的碱性溶液，防止零件被磨蚀。常用的碱性溶液有：氢氧化钠、磷酸三钠、油酸三乙醇胺等溶液。

(3) 化学清洗剂　是一种化学合成的水基金属清洗剂，以表面活性剂为主。由于表面活性剂能降低界面张力而产生湿润、渗透、乳化、分散等多种作用，因此具有很强的去污能力，其配方中设有缓蚀剂，具有无毒害、耐磨蚀、有一定的防锈能力、成本低廉的特点。

（二）清洗水垢

机械设备的冷却系统由于长期使用，硬水或含杂质较多的水，在储运器及管道内壁面上会沉积一层黄白色的水垢，水垢使水管截面缩小、热导率降低，严重影响冷却效果，影响冷却系统的正常工作，必须定期清除。

水垢的主要成分是碳酸盐、硫酸盐、硅酸盐及氧化铁等。常用的去除水垢的方法有：

(1) 碳酸盐除垢　用3%～5%的磷酸三钠溶液清洗。

(2) 盐酸除垢　用2.5%盐酸溶液清洗。

(3) 碱性溶液除垢　用氢氧化钠、硅酸钠等溶液进行除垢。清洗方法有流动法和循环法等。

（三）清除积炭

积炭是由于燃料燃烧不完全，在高温下形成的复杂混合物，一般由胶质、沥青质、油焦质和炭质等组成。积炭常存在于发动机、空气压缩机等某些工作温度较高的零件上，会影响散热效果，恶化传热条件，导致零件过热，甚至产生裂纹，必须及时清除。常用的方法有：

(1) 机械清除法　用金属丝刷、刮刀清除；或用压缩空气加较硬的颗粒清除。

(2) 化学清除法　用氢氧化钠、硅酸钠等溶在80～90℃条件下，放入零件，积炭变软，取出后用毛刷除去。

（四）除锈

锈层是金属与空气中氧气、水分及酸性物质接触磨蚀后，在其表面生成的氧化混合物，主要有FeO、Fe_3O_4、Fe_2O_3等，它会加速零件磨蚀损坏，必须设法去除。除锈的方法主要有：机械法、化学酸洗法和电化学酸蚀法等。

（五）清除漆层

零件的外露表面为了防锈往往涂有油漆。工作一定时间后，因表面受损、漆层老化或其他原因的过早损坏，需要清除旧的漆层，以便喷涂新漆。清除旧漆层的方法有：

(1) 机械清除法　用砂纸打磨、铲除、钢丝刷刷除、喷砂等方法。

(2) 化学清除法　将有机溶剂、碱性溶液等退漆剂，涂刷在零件的漆层上，使之溶解软化，再借助工具去除漆层。

二、零件的检验

机械设备维修过程中，零件的检验是一道重要的工序，也是制订维修工艺措施的主要依据，它影响零件的维修质量和维修成本。

（一）零件的检验内容

(1) 几何精度　几何精度的检验包括检测尺寸精度和形状、位置精度的检验。它是保证配合精度的关键。

(2) 表面质量　表面质量的检验包括表面粗糙度、表面擦伤、磨损、磨蚀、裂纹等的检验。

(3) 力学性能　力学性能的检验主要指硬度的检测，其他指标如应力状态、平衡状态、弹性、刚度等，可根据需要适当进行检测。

(4) 隐蔽缺陷　包括使用过程中产生的微观裂纹及制造过程中出现的内部夹渣、气孔、疏松、空洞等缺陷的检测。

(5) 材料性质　包括材料成分、含碳量、合金含量及材料均匀性等的检测。

（二）零件的检验方法

1. 经验法

经验法是通过观察、敲击和感觉来检验和判断零件技术状况的方法。这种方法虽然简单易行，但要求技术人员有对各种尺寸、间隙、紧度、转矩和声响的感觉经验，它的准确性和可靠性是有限的。

（1）目测法　对于零件表面有毛糙、沟槽、刮伤、剥落（脱皮）、明显裂纹和折断、缺口、破洞以及零件严重变形、磨损和橡胶零件材料的变质等，都可以通过眼看、手摸或借助放大镜观察检查确定出来。对于齿轮中心键槽或轴孔的磨损，可以与相配合的零件配合检验，以判定其磨损程度。

（2）敲击法　汽车上部分壳体、盘形零件有无裂纹，用铆钉连接的零件有无松动，轴承合金与底板结合是否紧密，都可用敲击听音的方法进行检验。用小锤轻击零件，发出清脆的金属响声，说明技术状况是好的；如发出的声音沙哑，则可判定零件有裂纹、松动或结合不紧密。

（3）比较法　用新的标准零件与被检验零件相比，从中鉴别被检验零件的技术状况。用此法可检验弹簧的自由长度和负荷下的长度、滚动轴承的质量等。

如将新旧弹簧一同夹在虎钳上，用此法可判定其弹力大小。

2. 测量法

零件因磨损或变形引起尺寸和几何形状的变化，或因长期使用引起技术性能（如弹性）的下降等。这些改变，通常是采用各种量具和仪器测量来确定的。如轴承孔和轴孔的磨损，一般用相配合的零件进行配合检验，较松旷时，可插入厚薄规检查，判定其磨损程度，确定是否可继续使用；要求较高的汽缸损坏时，应用量缸表或内径测微器进行测量，确定其失圆和锥形程度。

轴类零件一般用千分尺来检查。对于磨损较均匀的轴，只检查其外径大小，但对某些磨损不均匀的轴，还需检查其椭圆度及锥度的大小。测量曲轴连杆轴颈时，先在轴颈油孔两侧测量，然后转90°再测量。轴颈同一横断面上差数最大值为椭圆度，轴颈同一纵断面上差数最大值为锥度。

滚珠轴承（球轴承）的磨损情况，可以通过测量它的径向和轴向间隙加以判定。将轴承放在平板上，使百分表的触针抵住轴承外圈，然后一手压紧轴承内圈，另一手往复推动轴承外圈，表针所变动的数字，即为轴承的径向间隙。

将轴承外圈放在两垫块上，并使内圈悬空，再在内圈上放一块小平板，将百分表触针抵在平板中央，然后上下推动内圈，百分表上指示的最大值与最小值的差，就是轴承的轴向间隙。

用量具和仪器检验零件，一般能获得较准确的数据，但要使用得当，同时在测量前必须认真检查量具本身的精确度，测量部位的选择以及读数等都要正确。

3. 探测法

（1）浸油锤击检验　这是一种探测隐蔽缺陷的简便方法。检验时，先将零件浸入煤油或柴油中片刻，取出后将表面擦干、撒上一层白粉，然后用小铁锤轻轻敲击零件的非工作面。零件有裂纹时，由于振动，浸入裂纹的煤油（柴油）渗出，使裂纹处的白粉呈黄色线痕。根据线痕即可判断裂纹位置。

（2）磁力探伤检验　用磁力探伤仪将零件磁化，即使磁力线通过被检测的零件，如果表面有裂纹，在裂纹部位磁力线会偏移或中断而形成磁极，建立自己的磁场。若在零件表面撒上颗粒很细的铁粉，铁粉即被磁化并附在裂纹处，从而显现出裂纹的位置和大小。

进行磁力探伤时，必须使磁力线垂直通过裂纹，否则裂纹便不会被发现。

磁力探伤采用的铁粉，一般为2～5μm的氧化铁粉末，铁粉可以干用，但通常采用氧化铁粉液，即在1L变压器油或低黏度机油掺煤油中，加入20～30g氧化铁粉。

零件经磁力探伤后会留下一部分剩磁，必须彻底退掉。否则在使用中会吸附铁屑，加速零件磨损。采用直流电磁化的零件，只要将电流方向改变并逐渐减少到零，即可退磁。

磁力探伤只能检验钢铁件裂纹等缺陷的部位和大小，检验不出深度。此外，由于有色金属件、硬质合金件等不受磁化，故不能应用磁力探伤。

(3) 超声波检验　通过超声波与试件相互作用，就反射、透射和散射的波进行研究，对试件进行宏观缺陷检测、几何特性测量、组织结构和力学性能变化的检测和表征，并进而对其特定应用性进行评价的技术。

超声波检验适用于金属、非金属和复合材料等多种试件的无损检测；可对较大厚度范围内的试件内部缺陷进行检测；如对金属材料，可检测厚度为1～2mm的薄壁管材和板材，也可检测几米长的钢锻件；而且缺陷定位较准确，对面积型缺陷的检出率较高；灵敏度高，可检测试件内部尺寸很小的缺陷；并且检测成本低、速度快，设备轻便，对人体及环境无害，现场使用较方便。

但对具有复杂形状或不规则外形的试件进行超声检测有困难；并且缺陷的位置、取向和形状以及材质和晶粒度都对检测结果有一定影响，检测结果也无直接见证记录。

(4) 射线照相检验　是指用X射线或γ射线穿透试件，以胶片作为记录信息的器材的无损检测方法，该方法是最基本的，应用最广泛的一种非破坏性检验方法。

射线照射检验的原理：射线能穿透肉眼无法穿透的物质使胶片感光，当X射线或γ射线照射胶片时，与普通光线一样，能使胶片乳剂层中的卤化银产生潜影，由于不同密度的物质对射线的吸收系数不同，照射到胶片各处的射线强度也就会产生差异，便可根据暗室处理后的底片各处黑度差来判别缺陷。

总的来说，射线检验（RT）的定性更准确，有可供长期保存的直观图像，总体成本相对较高，而且射线对人体有害，检验速度会较慢。

三、零件的修复原则及修复方法

机器经过长时间的正常运转或发生故障都会使零件产生不同形式和不同程度的损坏而失效。针对零件的具体损坏情况选用合适的修复工艺进行有效修复，不仅能使已损坏或将报废的零件恢复使用功能、延长使用寿命，尤其可在缺少备件的情况下解决应急之需。零件的修复可减少备件数量即闲置资金，利于发展；减少新件购置，大幅降低修复费和修复期。

（一）零件的修复原则

零件修复应从质量、经济和时间三方面综合权衡而定，具体应满足以下要求。

(1) 应使修复费用低于新件制造成本或购买新件的费用，即应满足：

$$S_{修}/T_{修}<S_{新}/T_{新} \tag{10-1}$$

式中　$S_{修}$——修复旧零件的费用，元；

$T_{修}$——零件修复后的使用期，月；

$S_{新}$——新零件的制造成本或购买费用，元；

$T_{新}$——新零件的使用期，月。

一般情况下，如修复费用≤2/3新零件制造成本或购买新零件费用，就认为是经济的，此种修复工艺是可取的。

(2) 所选用的修复工艺必须能够充分满足零件的修复要求。

(3) 零件修复后必须保持其原有技术要求。

(4) 零件修复后必须保证具有足够的强度和刚度，不影响使用性能和使用寿命。重要零件修前应进行必要的强度计算等。

(5) 零件修复后的耐用度至少应能维持一个检修间隔期。例如，中、小修范围的零件，修后应能使用到下一个中、小修期。

(二) 零件的修复方法

零件的修复工艺和方法很多，目前生产中常用的零件修复方法如表 10-1 所示。

表 10-1 常用零件的修复方法

修复工艺	基本方法
钳工和机械加工修复	①钳工：铰孔；研磨；刮研；钳工修补 ②机械加工：局部更换法；换位法；镶补法；金属扣合法（强固法扣合、强密扣合、加强扣合、热扣合）、调整法；检修尺寸法；压力加工法
焊接修复	①焊补：铸铁的焊补；钢件的焊补；非铁金属的焊补 ②堆焊：手工堆焊；自动堆焊 ③喷涂、喷焊 ④钎焊
电镀修复	①镀铬 ②镀铜 ③镀铁 ④电刷镀
粘接修复	①无机粘接 ②有机粘接
高分子合金修复技术	利用高分子合金修补剂进行修复，又称金属冷焊技术
断丝取出技术	①反向攻丝 ②钻孔法
缺陷螺纹再造技术	利用胶黏剂加金属或金属丝修复内螺纹

四、钳工和机械加工修复

钳工和机械加工是零件修复过程中最主要、最基本、应用最广泛的工艺方法，既可以单独修复零件，也可与其他焊、镀等工艺方法共同完成零件的修复。

(一) 钳工修复

(1) 锉削　用锉刀对工件表面进行切削加工，使工件达到所要求的尺寸、形状和表面粗糙度的操作。锉削的应用范围很广，可以锉削平面、曲面、外表面、内孔、沟槽和各种形状复杂的表面，还可以配键、做样板、修整个别零件的几何形状等。

(2) 铰孔　铰孔是铰刀从工件孔壁上切除微量金属层，以提高其尺寸精度和孔表面质量的方法。铰孔主要用来修复各种零件的配合孔。

(3) 研磨　研磨是利用涂敷或压嵌在研具上的磨料颗粒，通过研具与工件在一定压力下的相对运动对加工表面进行的精整加工（如切削加工）。研磨可用于加工各种金属和非金属材料，加工的表面形状有平面，内、外圆柱面和圆锥面，凸、凹球面，螺纹，齿面及其他形面，常用于修复零件的高精度配合表面。

(4) 刮研　刮研是指用刮刀在加工过的工件表面上刮去微量金属，以提高表面形状精度、改善配合表面间接触状况的钳工作业。刮研是机械制造和检修中最终精加工各种形面（如机床导轨面、连接面、轴瓦、配合球面等）的一种重要方法，常用于修复互相配合件的重要滑动表面，手工进行操作，不受工件位置限制。

(5) 钳工修补

① 键槽　当轴或轮毂磨损或损坏时，可将磨损或损坏的键槽加宽，然后配置阶梯键。当轴或轮毂全部损坏时，允许将键槽扩大 10%～15%，然后配置大尺寸键。当键槽磨损大

于 15%时，可按原键槽位置旋转 90°或 180°，按标准重新开槽。开槽前需将旧键槽用气焊或电焊填满并修整。

② 螺纹孔　当内螺纹孔产生滑扣或螺纹剥落时，可先将旧螺纹扩钻成光孔，然后攻出新螺纹，配上特制的双头螺栓。

（二）机械修复

1. 局部更换法

局部更换法是指仅更换零件上损坏部分的修复方法。如果零件结构允许，可将磨损严重的部位切除，将这部分重制新件，用机械连接、焊接或粘接的方法固定在原来的零件上，使零件得以修复，如图 10-1 所示。图 10-1（a）为将双联齿轮中磨损严重的小齿轮轮齿切去，重制一个小齿轮，用键联结，并用骑缝螺钉固定的局部更换。图 10-1（b）为在保留的轮毂上，铆接重制的齿圈的局部更换。图 10-1（c）为局部更换牙嵌式离合器并以粘接法固定的局部更换。

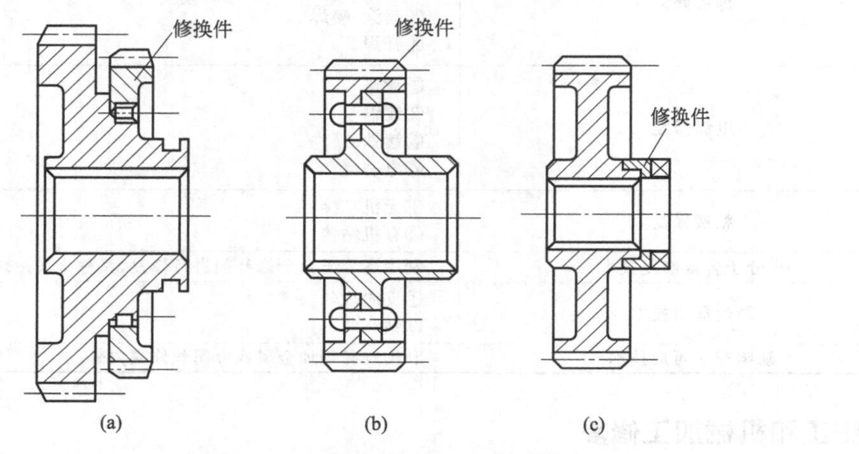

图 10-1　局部更换法示意图

局部更换法的特点是：修复质量高，能节约优质钢材，但工艺较复杂，对硬度大的零件加工较困难，较适宜修复局部损坏的零件。

2. 换位法

换位法是将零件的磨损（或损坏）部分翻转过一定角度，利用零件未磨损（或未损坏）部位来恢复零件的工作能力。这种方法的特点是改变磨损或损坏部分的位置，不修复磨损表面。经常用此法来检修磨损的槽（图 10-2）及螺栓孔（图 10-3）。

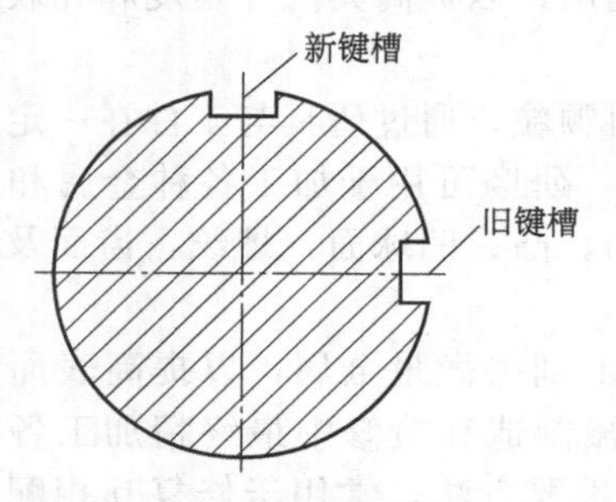

图 10-2　键槽换位法修复示意图

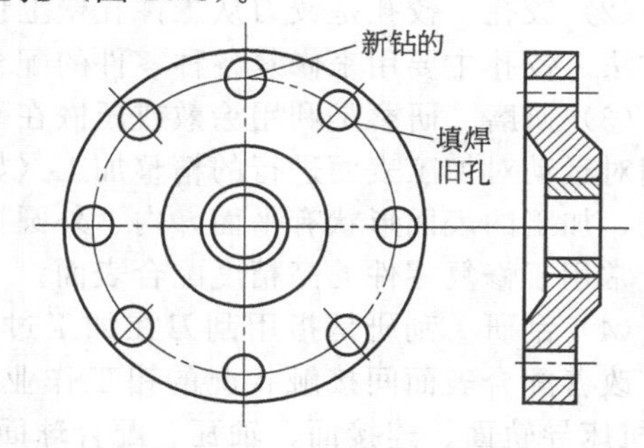

图 10-3　螺栓孔位法修复示意图

3. 镶补法

镶补法是在零件磨损或断裂处加以补强板或镶装套等，使其恢复使用的一种修复方法。对于中小型零件，此方法操作简单，适用广泛。

在零件出现断裂时，可在其裂纹处镶加补强板，用螺钉或铆钉将补强板与零件连接起来；对于脆性材料，应在裂纹端处钻止裂孔，如图 10-4 所示。对于损坏的圆孔、圆锥孔，可采取扩孔镶套的方法，即将损坏的孔镗大后镶入套，套与孔采用过盈配合，如图 10-5 所示。

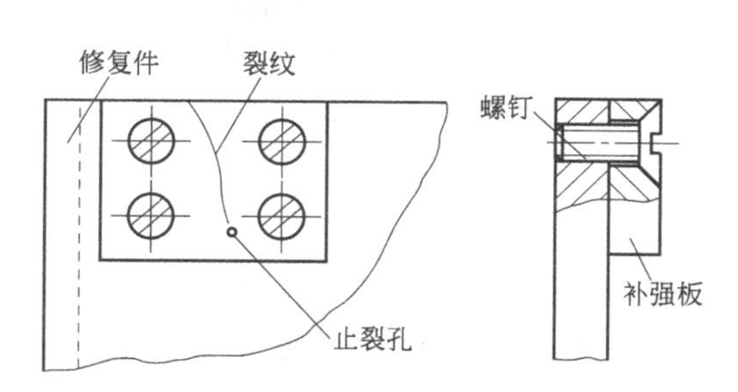

图 10-4 铸铁裂纹用加固法修复示意图

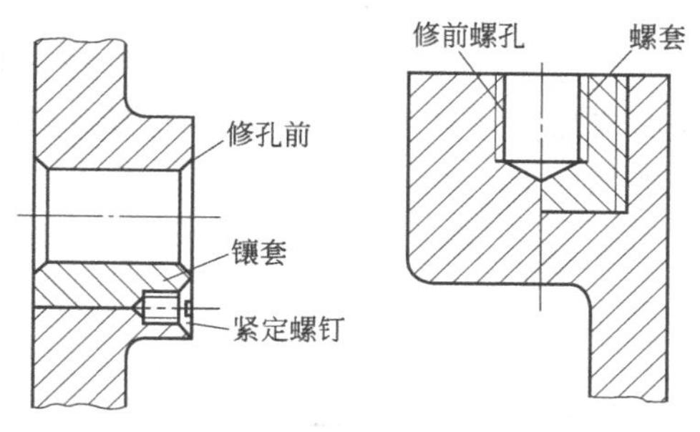

图 10-5 扩孔镶套修复示意图

4. 金属扣合法

金属扣合技术是利用扣合件的塑性变形或热胀冷缩的性质将损坏的零件连接起来，以达到修复零件裂纹或断裂的目的。这种技术常用于不易焊补的钢件、不允许有较大变形的铸件以及有色金属的修复，对于大型铸件如机床床身、轧钢机架等基础件的修复效果就更为突出。

（1）强固扣合　在垂直于损坏零件裂纹或折断面上，铣或钻出具有一定开关和尺寸的波形槽，镶入波形键，在常温下铆击，使波形键产生塑性变形而充满槽腔，甚至嵌入零件的基体之内。由于波形键的凸缘和波形槽相互扣合，将开裂的两边重新牢固连接为一整体。波形键如图 10-6 所示，其主要尺寸有：

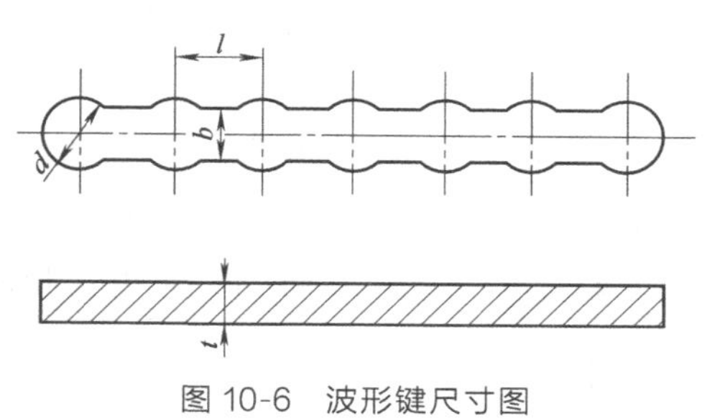

图 10-6 波形键尺寸图

$$d=(1.4\sim1.6)b$$

$$l=(2.0\sim2.2)b$$

$$t\leqslant b$$

波形键凸缘的数目一般选用 5 个、7 个、9 个。波形键的材料常用 1Cr18Ni9。波形键的布置如图 10-7 所示。

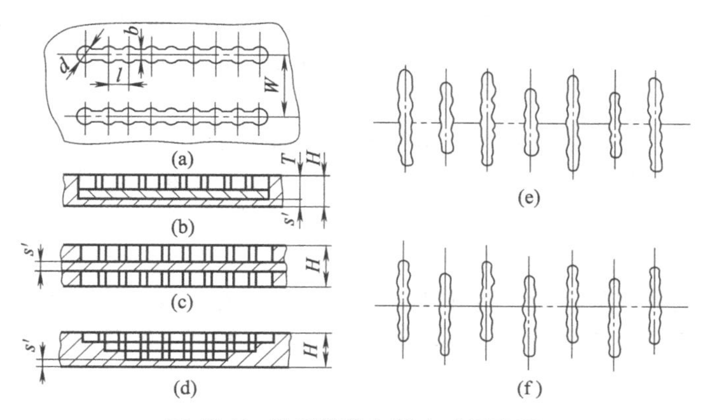

图 10-7 波形键的布置方式示意图

（2）强密扣合　对承受高压的汽缸等有密封要求的零件，应用采用强密扣合法，如图10-8所示。

这种方法是在强固扣合的基础上，每间隔一定的距离加工出一些缀缝栓孔，形成一条密封的“金属纽带”，以达到阻止渗漏的目的。

（3）加强扣合　修复承受高载荷的厚壁零件，单纯使用波形键扣合不能保证其修复质量，而必须在垂直于裂纹或折断面上镶入钢制的砖形加强件来承受载荷，如图10-9所示。钢制砖形加强件和零件的连接，大多采用缀缝栓。缀缝栓的中心安排在它们的结合线上，一半在加强件上，另一半则留在零件基体内。必要时还可再加入波形键。

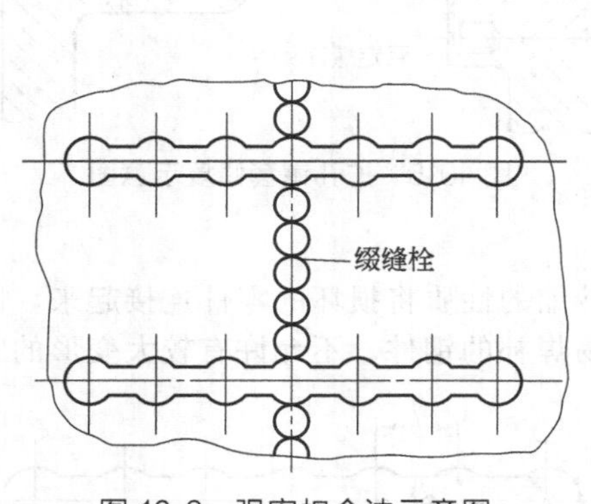

图10-8　强密扣合法示意图

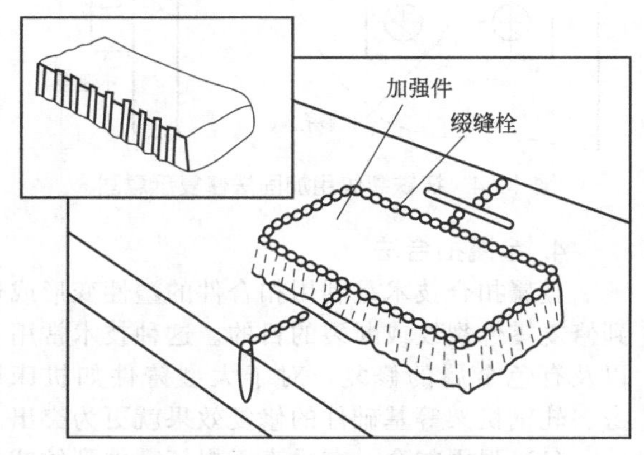

图10-9　加强扣合法示意图

（4）热扣合　利用金属热胀冷缩的原理，将具有一定开关的扣合件加热后，放入零件损坏处（与加工好的扣合件形状相同）的凹槽中。扣合件冷却收缩，将破裂的零件密合，如图10-10所示。

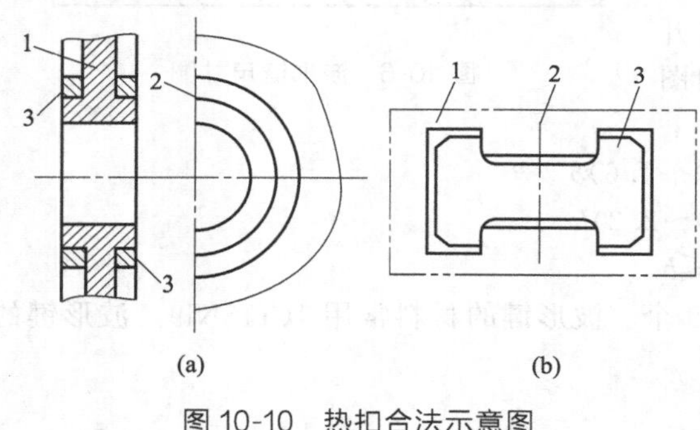

图10-10　热扣合法示意图

1—机件；2—裂纹；3—扣合件

（5）调整法　利用增减垫片或调整螺钉的方法来弥补因零件磨损而引起的配合间隙增大，是维修常用的方法。

（6）检修尺寸法　在失闪、失效零件的修复中，不考虑原来的设计尺寸，采用切削加工和其他加工方法恢复零件的形状精度、位置精度、表面粗糙度和其他技术条件，从而获得一个新尺寸，该尺寸称为检修尺寸。与此相配合的零件则按检修尺寸制作新件或修复，这种方法称为检修尺寸法。这种方法常见于轴颈、轴上键槽等零件的修复。

（7）压力加工　压力加工修复是利用外力的作用使金属产生塑性变形，以补偿磨损掉的金属，恢复零件原来的尺寸和形状。常见的方法有镦粗、扩径、压挤、延伸、校正等。

五、焊接修复

焊接修复法修复零件是借助于电弧或气体火焰产生的热量，将基体金属及焊丝金属熔化和熔合，使焊丝金属填补在零件上，以填补零件的磨损和恢复零件的完整。

（一）堆焊

堆焊是在工件的任意部位焊敷一层特殊的合金面，其目的是提高工作面的耐磨损、耐腐蚀和耐热等性能，以降低成本，提高综合性能和使用寿命，用于这种用途的焊条就是堆焊焊条。堆焊时一般根据使用要求来选用不同合金系统和不同硬度等级的焊条。

1. 堆焊方法

（1）电弧堆焊　电弧堆焊简便灵活，应用广泛，它的主要缺点是生产率低、劳动条件差及降低堆焊零件的疲劳强度等。

（2）埋弧堆焊　在零件表面堆覆一层具有特殊性能的金属材料的工艺过程。

（3）振动电弧堆焊　振动电弧堆焊采用细焊丝并使其连续振动，能在小电流下保证堆焊过程的稳定性，因此使零件受热较小，热影响区较小，变形也小，并能获得薄而平整的、硬度较高的堆焊金属层，在机械零件修复中得到了广泛应用。为了提高振动电弧堆焊层的质量，生产中应用了各种保护介质（如水蒸气、压缩空气、二氧化碳）及熔剂层下保护的振动电弧堆焊。

（4）等离子弧堆焊　利用焊炬的钨极作为电流的负极和基体作为电流的阳极之间产生的等离子体作为热能，并将热能转移给被焊接的工件，并向该热能区域送入焊接粉末材料，使其熔化后沉积在被焊接工件基体表面的堆焊工艺。

（5）氧-乙炔焰堆焊　具有堆焊层薄、熔深浅的特点，设备简单、工艺适应性强。近年来，由于硬质合金复合材料的出现，氧-乙炔焰温度低，堆焊后可保持复合材料中硬质合金的原有形貌和性能，也是应用较广的工艺。

2. 堆焊常遇到的问题

堆焊中最常碰到的问题是开裂，防止开裂的主要方法是：

（1）焊前预热，控制层间温度，焊后缓冷。

（2）焊后进行消除应力热处理。

（3）避免多层堆焊时开裂，采用低氢型堆焊焊条。

（4）必要时，在堆焊层与母材之间堆焊过渡层（用碳当量低、韧性高的焊条）。

（二）补焊

为修补工件（铸件、锻件、机械加工件或焊接结构件）的缺陷而进行的焊接。

1. 钢制零件的补焊

补焊要考虑材料的可焊接性和焊后加工性要求，还要保持零件其他部位的完好，所以补焊比焊接困难。钢制零件的补焊一般应用电弧焊。

2. 铸铁件的补焊

铸铁件的焊接性很差，铸铁件的补焊一般指对某些铸造缺陷进行补焊。铸铁件补焊的特点：

（1）易产生白口组织；

（2）易产生裂纹；

（3）易产生气孔和夹渣。

3. 补焊方法

（1）热焊补　焊前将焊件局部或整体预热至600～700℃并在焊接过程中保持温度，焊后缓慢冷却。

（2）冷焊补　焊前不预热或只预热至400℃以下。

（三）金属热喷涂修复

热喷涂是用高速气流将已被热源熔化的粉末材料或线材吹成雾状，喷射到事先准备好的零件表面上，形成一层覆盖物的修复工艺。

生产中多用来喷涂各种金属材料，因而通常称为金属喷涂或金属喷镀。如果所用材料是钢，则一般简称为喷钢。非金属材料如塑料、陶瓷等，也可以喷涂。

在机械检修方面，喷涂是几种主要的零件修复工艺之一。如可应用喷钢修复各种直轴、曲轴、内孔、平面、导轨面等的磨损，喷锌作防护层，喷青铜作轴承，喷高熔点耐磨合金以修复门等零件，喷塑料修复磨损面等。这种技术不仅可以恢复零件的尺寸，而且可强化其性能，成倍地提高其寿命，经济意义十分重大。

1. 金属喷涂的原理

(1) 电弧喷涂　喷涂时送丝机构不断地将两根金属丝向前输送，两根金属丝进入导向嘴内以后弯曲，从导向嘴伸出来时就相互靠近，由于两导向嘴分别与电源的正负极相连，在具有一定电位差的两根金属丝相互接触短路后，电流产生的热量将尖端处的金属丝熔化并产生电弧，电弧进一步熔化金属丝，熔化的金属丝被从空气喷嘴喷出的 0.5～0.6MPa 的压缩空气吹成微粒，并以 140～300m/s 的速度撞击到需喷涂的零件表面上。这样，半塑性金属颗粒以高速撞击变形并填塞在粗糙的零件表面上，就逐渐地形成覆盖层。金属丝不断地向前输送，同时不断地被熔化，熔化的金属又不断地吹向工件表面，从而保证了喷涂过程的连续进行，如图 10-11 所示。

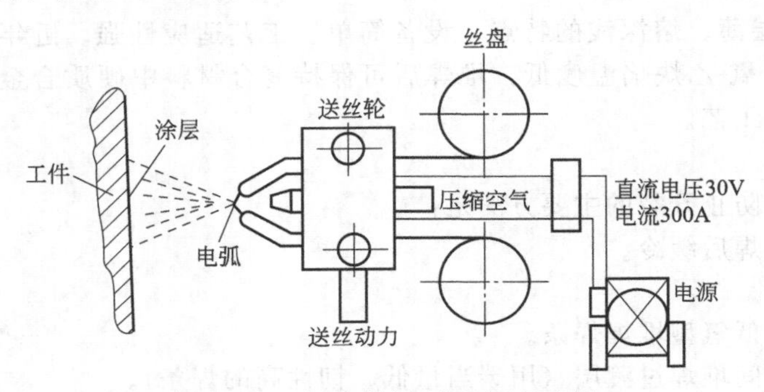

图 10-11　电弧喷涂工作原理示意图

电弧喷涂过程由下列四个循环阶段组成：

① 两电极接触，钢丝的尖端短路被熔化；

② 熔化的金属丝被压缩空气吹断，电流突然中断，引起自感电势并产生电弧；

③ 电弧熔化的金属被吹散成为小颗粒；

④ 电弧中断。

此后，两电极再次接触短路并重复前一循环。每次循环的时间很短，通常只有千分之几秒。

(2) 高频电喷涂　高频电喷涂件原理与电弧喷涂基本相同，只是钢丝的熔化是靠高频感应实现。高频电喷涂的喷头由感应器和电流集中器组成，感应器由高频发电机供电，电流集中器主要是用于保证钢丝在不大的一段长度上熔化，钢丝由送丝轮以一定的速度经导筒送进，压缩空气经气道将电流集中器内熔化的金属喷向零件表面。

(3) 氧-乙炔火焰喷涂　它与电喷涂比较，其主要不同是只有一根金属丝和熔化金属丝的热源为氧-乙炔混合气。喷涂时，氧-乙炔气体从混喷嘴喷出并着火燃烧，与此同时，金属丝不断地被送丝机构输送到喷枪头的中央。端头进入火焰中时便被熔化，熔化的金属立即被压缩空气吹散成很小的微粒，这些微粒与高速气流一起冲击到工件表面上，并黏附和嵌合到工件表面上形成喷涂层。

(4) 等离子喷涂　等离子喷涂是通过气体把金属粉末送入高温射流而实现喷涂的。整个焊枪分为前枪体、后枪体和中间绝缘体三部分。前枪体用来安装喷嘴、构成喷嘴冷却腔及安置进水管、进气管、进粉管等零件。后枪体用来安置电极、出水管等零件。中间绝缘体用以保证前后枪体互相绝缘和连接。

喷涂工艺过程包括：喷涂前工件表面的准备、喷涂（喷打底层和工作层）和喷涂层加工。

喷涂前工件表面的准备是喷涂成败的关键，通过表面准备使待喷涂表面绝对干净，并形成一定粗糙度，才能保证涂层与工件的结合强度。

2. 喷涂工艺过程

（1）工件表面的准备　喷涂前工件表面的准备是喷涂成败的关键，通过表面准备使待喷涂表面绝对干净，并形成一定粗糙度，才能保证涂层与工件的结合强度。

（2）喷涂　喷打底层（厚约0.1mm）。

（3）喷工作层　应来回多次喷涂，且总厚度不应超过2mm，太厚则结合强度会降低。

3. 喷涂层性质

喷涂层性能与很多因素有关，如粉末材料、喷涂工具、喷涂工艺等，尤其是所选用的材料不同，其性能各异。

（1）硬度　喷涂层的组织是在软基体上弥散分布着硬质相，并含有12%的气孔，其硬度值主要取决于所选用的喷涂材料。

（2）耐磨性　喷涂层的耐磨性优于新件和其他修复层，这是由喷涂层组织决定的，喷涂层这种软硬相间的结构能保证摩擦面间的摩擦系数最小，并能保持润滑；此外喷涂层中气孔的存在，有助于在磨损表面上形成油膜，起到减摩储油作用，但是磨合期或干摩擦时磨损较快，且磨下的颗粒易堵塞油道而烧瓦。

（3）喷涂层与基体结合强度　喷涂层与基体结合主要靠机械结合，因此结合强度较低。

（4）疲劳强度　喷涂对零件疲劳强度影响比其他修复法小，一方面是因为喷涂前表面加工量小，另一方面是喷涂时，基体没有熔化，基材损伤小。

4. 热喷涂的应用

（1）防腐蚀　主要用于大型水闸钢闸门、造纸机烘缸、煤矿井下钢结构、高压输电铁塔、电视台天线、大型钢桥梁、化工厂大罐和管道的防腐喷涂。

（2）防磨损　通过喷涂修复已磨损的零件，或在零件易磨损部位预先喷涂耐磨材料，如风机主轴、高炉风口、汽车曲轴、机床主轴、机床导轨、柴油机缸套、油田钻杆、农用机械刀片等。

（3）特殊功能层　通过喷涂获得表层某些特殊性能，如耐高温、隔热、导电、绝缘、防辐射等，在航空航天和原子能等领域应用较多。

（四）钎焊

钎焊是用比母材熔点低的金属材料作为钎料，用液态钎料润湿母材和填充工件接口间隙并使其与母材相互扩散的焊接方法。钎焊变形小，接头光滑美观，适合于焊接精密、复杂和由不同材料组成的构件，如蜂窝结构板、透平叶片、硬质合金刀具和印刷电路板等。钎焊前对工件必须进行细致加工和严格清洗，除去油污和过厚的氧化膜，保证接口装配间隙。间隙一般要求在0.01～0.1mm之间。

根据焊接温度的不同，钎焊可以分为两大类。焊接加热温度低于450℃称为软钎焊，高于450℃称为硬钎焊。

（1）软钎焊　多用于电子和食品工业中导电、气密和水密器件的焊接。以锡铅合金作为钎料的锡焊最为常用。软钎料一般需要用钎剂，以清除氧化膜，改善钎料的润湿性能。钎剂种类很多，电子工业中多用松香酒精溶液来软钎焊。这种钎剂焊后的残渣对工件无腐蚀作用，称为无腐蚀性钎剂。焊接铜、铁等材料时用的钎剂，由氯化锌、氯化铵和凡士林等组成。焊铝时需要用氟化物和氟硼酸盐作为钎剂，还有用盐酸加氯化锌等作为钎剂的。这些钎剂焊后的残渣有腐蚀作用，称为腐蚀性钎剂，焊后必须清洗干净。

（2）硬钎焊　接头强度高，有的可在高温下工作。硬钎焊的钎料种类繁多，以铝、银、铜、锰和镍为基的钎料应用最广。铝基钎料常用于铝制品钎焊。银基、铜基钎料常用于铜、铁零件的钎焊。锰基和镍基钎料多用来焊接在高温下工作的不锈钢、耐热钢和高温合金等零件。焊接铍、钛、锆等难熔金属或石墨和陶瓷等材料则常用钯基、锆基和钛基等钎料。选用钎料时要考虑母材的特点和对接头性能的要求。硬钎焊钎剂通常由碱金属和重金属的氯化物和氟化物，或硼砂、硼酸、氟硼酸盐等组成，可制成粉状、糊状和液状。在有些钎料中还加入锂、硼和磷，以增强其去除氧化膜和润湿的能力。焊后钎剂残渣用温水、柠檬酸或草酸清洗干净。

(3) 钎焊应用　钎焊不适于一般钢结构和重载、动载机件的焊接，主要用于制造精密仪表、电气零部件、异种金属构件以及复杂薄板结构，如夹层构件、蜂窝结构等，也常用于钎焊各类异线与硬质合金刀具。钎焊时，对被钎接工件接触表面进行清洗后，以搭接形式进行装配，把钎料放在接合间隙附近或直接放入接合间隙中。当工件与钎料一起加热到稍高于钎料的熔化温度后，钎料将熔化并浸润焊件表面。液态钎料借助毛细管作用，将沿接缝流动铺展，于是被钎接金属和钎料间进行相互溶解、相互渗透，形成合金层，冷凝后即形成钎接接头。

六、电镀修复

电镀就是利用电解原理在某些金属表面上镀上一薄层其他金属或合金的过程。电镀时，镀层金属作阳极，被氧化成阳离子进入电镀液；待镀的金属制品作阴极，镀层金属的阳离子在金属表面被还原形成镀层。为排除其他阳离子的干扰，且使镀层均匀、牢固，需用含镀层金属阳离子的溶液作电镀液，以保持镀层金属阳离子的浓度不变。

（一）镀锌

镀锌是指在金属、合金或者其他材料的表面镀一层锌以起美观、防锈等作用的表面处理技术。

与其他金属相比，锌是相对便宜而又易镀覆的一种金属，属低值防蚀电镀层，被广泛用于保护钢铁件，特别是防止大气腐蚀，并用于装饰。

（二）镀铬

在金属制品表面镀上一层致密的氧化铬薄膜，可以使得金属制品更加坚固耐用。

（三）镀铜

铜的镀层与基体金属的结合能力很强，不需要进行复杂的镀前准备，在室温和很小的电流密度下即可进行，操作方便。

镀铜常用于：恢复过盈配合的表面，如滚动轴承外图的加大；改善间隙配合件的摩擦表面质量，如齿轮镀铜；零件渗碳处理前，对不需渗碳部分镀铜作防护层；在钢铁零件镀铬、镀镍之前常镀铜作底层，作为防腐保护层。

（四）镀铁

镀铁按电解液的温度可分为高温镀铁和低温镀铁。在90～100℃温度下进行镀铁，使用直流电源的称高温镀铁。这种方法获得的镀层硬度不高，且与基体结合不可靠。在40～50℃常温下进行镀铁，采用不对称交流电源的称低温镀铁。它解决了常温下镀层与基体结合的强度问题，镀层的力学性能较好，工艺简单，操作方便，在修复和强化机械零件方面可取代高温镀铁，并已得到广泛应用。

（五）电刷镀

1. 电刷镀技术的基本原理

电刷镀的设备主要包括电源装置、镀笔与阳极以及各种辅助材料。镀笔前端通常采用高纯度细石墨块作阳极材料，石墨块外面包裹一层棉花和耐磨的涤棉套，刷镀时使镀笔浸满镀液。电刷镀技术是采用电化学原理。工作时，专用直流电刷镀电源的负极接工件，正极接镀笔，电刷镀时，包裹的阳极与工件欲刷镀表面接触并作相对运动，含有需镀金属离子的电刷镀专用镀液不断供送到阳极与工件之间的需刷镀的表面处，在电场力的作用下，溶液中金属离子定向迁移到工件表面沉积形成镀层，镀层随着时间增厚直至所需要厚度，如图 10-12 所示。

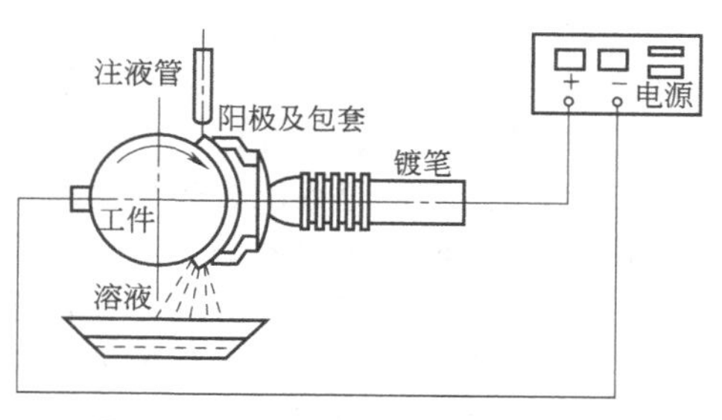

图 10-12 电刷镀基本原理示意图

2. 电刷镀技术的应用

(1) 修复：恢复磨损和几何精度。如曲轴、缸套、液压柱塞等零部件的磨损、擦伤的修复，模具的修复和防护。

(2) 改善零部件的表面性能和表面装饰，如新品刷镀金、银、铜、镍等保护层，提高零件表面的硬度、耐磨性、光亮度，还用于工艺品装饰。

(3) 获得某些特需的功能性表面。如高温抗氧化性表面，减小接触面的滑动摩擦，提高零件的防腐性能和电触点的电气性能，改善模具的脱模性，改善摩擦的匹配性能，增加导电、导磁性能。如精密电器、印刷电路板的接插件、高压开关及其他工件镀镍、镀锡、镀铜、镀镍钨、镀金、银、钴液等。

3. 电刷镀工艺

(1) 零件表面的准备　零件表面的预处理是保证镀层与零件表面结合强度的关键工序。零件表面应光滑平整，无油污、无锈斑和氧化膜等。为此先用钢丝刷、丙酮清洁，然后进行电净处理和活化处理。

(2) 打底层（过渡层）　为了进一步提高工作镀层与零件金属基体的结合力，选用特殊镍、碱铜等作为底层，厚度一般为 2～5μm。然后再于其上镀覆要求的金属镀层，即工作镀层。

(3) 镀工作镀层　电刷镀工作镀层的厚度（半径方向上）为 0.3～0.5mm，镀层厚度增加，内应力加大，容易引起裂纹和使结合强度下降，乃至镀层脱落。但用于补偿零件磨损尺寸时，需要较大厚度，则应采用组合镀层。在零件表面上先镀打底层，再镀补偿尺寸的尺寸镀层。为避免因厚度过大使应力增加、晶粒粗大和沉积速度下降，在尺寸镀层间镀夹心镀层（不超过 0.05mm），最后再镀上工作镀层。

七、粘接修复

粘接修复是用黏结剂将修复件粘接在一起的修复工艺。

（一）粘接工艺的特点

(1) 能粘接各种金属、非金属材料，而且能粘接两种不同的材料。在粘接两种不同金属时，在金属间有一层绝缘性的胶，可防止电化学腐蚀；粘接时不受形状、尺寸的限制。

(2) 粘接过程中不需加至高温就可修补铸铁件、铝合金件和极薄的零件，不会出现变形、裂纹等。粘接过程的温度不超过 200℃，不会改变材料金相组织。

(3) 粘接缝有无泄漏、耐化学腐蚀、耐磨和绝缘等性能，粘接部位表面平整。

(4) 工艺简便，不需复杂的设备，操作人员不需要很高的技术水平，在施工现场和行驶途中可检修，成本低，节约能源。

（二）粘接工艺的应用范围

从机械产品制造到机械维修，都可利用粘接来满足部分工艺需要。如以粘代焊、以粘代铆、以粘代螺、以粘代固等。

（1）对零、部件裂纹、破碎部位的粘补；

（2）对铸件砂眼、气孔的填补；

（3）用于间隙、过盈配合表面磨损的尺寸恢复；

（4）连接表面的密封补漏、防松紧固；

（5）以粘接代替铆接、焊接、螺栓连接和过盈配合来修补零件。

在工程机械的检修中，粘接修复法常用于粘补散热器水箱、油箱和壳体零件上的孔洞、裂纹，也用于粘接离合器摩擦片及堵漏等。

（三）粘接剂的分类

粘接剂品种繁多，分类方法很多。

（1）按粘料的物性属类分为：有机粘接剂和无机粘接剂。

（2）按料来源分为：天然粘接剂和合成粘接剂。

（3）按粘接接头的强度特性分为：结构粘接剂和非结构粘接剂。

（4）按粘接剂状态分为：液态粘接剂与固体粘接剂。粘接剂的形态有粉状、棒状、薄膜、糊状及液体等。

（5）按热性能分为：热塑性粘接剂与热固性粘接剂等。

（四）常用有机粘接剂的性能

1. 环氧树脂粘接剂

环氧树脂粘接剂，是以环氧树脂和固化剂为主，再加入增塑剂、填料、稀释剂等配制而成的，是一种人工合成的高分子树脂状的化合物。用它配用的粘接剂用途很广泛，能粘各种金属和非金属材料。

环氧树脂粘接剂的优点是：黏附力强，固化收缩小，耐腐蚀、耐油、电绝缘性好和使用方便。其缺点是：耐温性能较差，抗冲击和抗弯曲的能力差。因此，选用时必须注意零件的工作条件。

2. 酚醛树脂粘接剂

酚醛树脂可以单独使用，也可以和环氧树脂混合使用。单独使用的酚醛树脂，具有良好的粘接强度，耐热性也好，其缺点是脆性大，不耐冲击。目前，用它粘接制动蹄片效果很好，能用来粘接木材、硬质泡沫塑料和其他多孔性材料。用作金属粘接剂时，需要加入热塑性树脂、合成橡胶等高分子化合物进行改性。为了进一步提高粘接剂的耐热性，在组分内加入有机硅化合物，可得到较高的高温下的粘接强度。如JF-1平酚醛-缩醛-有机硅粘接剂（又名204胶）的使用温度为－60～200℃，短时间可耐300℃温度，可用于摩擦片的粘接。

（五）无机粘接剂和厌氧密封胶

1. 无机粘接剂

无机粘接剂主要有硅酸盐和磷酸盐两种类型，在机械维修中广泛使用的是磷酸-氧化铜无机粘接剂。

无机粘接剂的特点是能承受较高的温度（600～850℃），黏附性好，抗压强度达90MPa，套接抗拉强度达50～80MPa，平面粘接抗拉强度为80～300MPa，制造工艺简单，成本低，但性脆，耐酸、碱性能差。无机粘接剂多用于陶瓷和硬质合金刀具的粘接和量具的粘接，在机械维修中广泛用来粘金属零件的破裂损坏，如粘补内燃机缸盖气门裂纹，具有良好的效果。

2. 厌氧密封胶

厌氧密封胶是由甲基丙烯酸酯或丙烯酸双酯以及它们的衍生物为粘料，加入引发剂、促进剂、稳定剂组成。其特点是在空气中不能固化，当黏合后，由于胶层内隔绝了气，丙烯酸双脂在催化剂作用下很快发生交链反应而固化，起粘接和密封作用，故称为厌氧胶。

厌氧胶处于金属面之间时，因空气被隔离且与金属发生触变反应，从而自行固化并具有一定的坚韧硬度，固化后其体积不收缩，不溶于燃油、润滑油和水。

（六）粘接剂的选择

粘接剂的品种繁多，国内成熟的粘接剂品种达两百多种。选用粘接剂的基本原则是：

(1) 根据被粘件材料的种类和性质选用粘接剂。

(2) 考虑被粘件允许的工艺条件。

因为好的粘接效果，往往需要一定的固化温度、时间和压能，因此，所选用的粘接剂应为粘接工艺条件所允许和现有设备条件可能实现的。对于加热困难的大型部件和受热易变形部件，一般要选有常温固化粘接剂；对于复曲面不能很好吻合，以及无法加压的部件，一般不可选用含有溶剂的要求加压加温固化的粘接剂；对于应急抢修的情况则必须选用快速固化粘接剂等。

(3) 考虑被粘件的使用条件　首先要根据被粘件的受力情况、受力形式来选择能满足强度的粘接剂，其次是根据被粘件的使用温度和所接触的介质（如油、水蒸气、酸、碱等）来选择温度等级、耐不同介质的粘接剂。

(4) 考虑特殊要求　有些特殊要求，如密封、导电、导磁等，必须选择具有这些特殊性能的胶黏剂。另外，考虑成本和粘接剂的来源，也是选择粘接剂的原则之一。

（七）粘接接头的设计和选择

相同的粘接剂，由于选用的接头形式不同，胶层受力状态差异很大。因此，要获得满意的质量，还要进行合理的粘接接头设计，其基本原则是：

(1) 尽可能增加粘接面积；

(2) 尽量使压力均匀分布在整个粘接面上；

(3) 尽量使接头粘接面承受压缩力、剪切力或拉伸力，避免承受弯曲力或剥离力；

(4) 当接头要求耐振时，在胶层内可增加玻璃纤维布或其他织物作中间层；

(5) 当接头在较高温度下工作时，应尽量使粘接件与粘接剂的膨胀系数一致或接近；

(6) 对于力较大和冲击载荷的接头，可考虑采用粘接和铆接、螺栓连接、焊接、机械加固、贴加布层或钢板等结合的复合连接方法。

八、高分子合金修补技术

高分子合金材料是20世纪80年代发展最快的新型材料之一，经过高聚物共混合金化的高分子合金修补剂具有良好的物理机械性能、抗腐蚀性能、尺寸稳定性和机械加工性能，目前，已在我国各工业系统推广使用。

由两种或两种以上高分子材料构成的复合体系。两种或两种以上的材料，可以是不同种类的树脂、树脂与少量橡胶、树脂与少量热塑性弹性体等，在熔融状态下，经过共混，由于机械剪切力作用，使部分高聚物断链，再接枝或嵌段，或基团与链段交换，从而形成聚合物与聚合物之间的复合新材料。高分子合金修补技术适用于修复金属、混凝土、木材、橡胶、陶瓷等多种物质，常称为“工业上的医生”。

（一）高分子合金修补剂的组成

高分子合金修补剂是以高分子复合聚合物与金属粉末或陶瓷粒组成的双组分或多组分的复合材料。高分子合金修补技术是基于高分子化学、胶体化学、有机化学和材料力学等学科基础上发展起来的高技术学科。它可以极大地解决和弥补金属材料的应用弱项，可广泛用于设备部件的磨损、冲刷、腐蚀、渗漏、裂纹、划伤等修复保护。高分子合金修补技术已发展成为重要的现代化修补应用技术之一。

（二）高分子合金修补剂的种类

1. 铸件修补剂性能与用途

铸造缺陷修补剂是双组分、胶泥状、室温固化高分子树脂胶，是以金属及合金为强化填充剂的聚合金属复合型冷焊修补材料，与金属具有较高的结合强度，且基本可保存颜色一致，具有耐磨抗蚀与耐老化的特性。固化后的材料具有较高的强度，无收缩，可进行各类机械加工，具有抗磨损、耐油、防水、耐各种化学腐蚀等优异性能，同时可耐高温 120℃。

由多种合金材料和改性增韧耐热树脂进行复合得到的高性能聚合金属材料，适用于各种金属铸件的修补及缺陷大于 2mm 的各种铸件气孔、砂眼、麻坑、裂纹、磨损、腐蚀的修复与粘接。通用于对颜色要求不太严格的各种铸造缺陷的修复，具有较高的强度，并可与基材一起进行各类机械加工。

2. 铁质修补剂性能与用途

铁质修补剂是双组分、胶泥状、室温固化高分子树脂胶，适用于机械加工后出现的铸造气孔、砂眼、裂纹或加工失误的修复。固化后的材料硬度高、无收缩，可进行各类机械加工，综合性能好，与金属具有较高的结合强度；具有耐磨损、耐老化、防水、抗各种化学腐蚀等优异性能，同时可耐高温 168℃。

本品是由多种合金材料和改性增韧耐热树脂进行复合得到的高性能聚合金属材料，适用于灰铁、球铁等铸造缺陷的修复及零件磨损、腐蚀、缩孔、气孔、砂眼、裂纹的修复与粘接，修复后颜色与基材一致，具有很高的强度及优异的耐磨抗蚀与耐老化特性，并可与基材一起进行各类机械加工。

3. 钢质修补剂性能与用途

钢质修补剂是双组分、胶泥状、室温固化高分子树脂胶，适用于多种钢件的缺陷修补，综合性能好，与机体结合强度高，颜色可保持与被修基体一致，固化后硬度高、无收缩，可进行各类机械加工，具有耐磨损、耐老化、耐油、防水、抗各种化学腐蚀等优异性能，同时可耐高温 200℃。

本品是由多种合金材料和改性增韧耐热树脂进行复合加工得到的高性能聚合金属材料，适用于各种碳钢、合金钢、不锈钢的修补，如铸造缺陷的填补及零件磨损、划伤、腐蚀、破裂的修复，修复后的颜色与修复前基材基本一致，具有优异的耐磨抗蚀与耐老化特性，并可与基材一起进行各类机械加工。

4. 铝质修补剂性能与用途

铝质修补剂是双组分、胶泥状、室温固化高分子树脂胶，适用于各种铝及铝合金磨损、腐蚀、破裂及铸造缺陷的修补。以铝为填充剂，修复后的颜色与铝铸件基本一致。铝质修补剂综合性能好，固化后硬度高、无收缩，可进行各类机械加工，具有耐磨、耐老化、耐油、防水、抗各种化学腐蚀等优异性能，同时可耐高温 168℃。

铝制修补剂是由多种合金材料和改性增韧耐热树脂进行复合得到的高性能聚合金属材料，适用于各种铸铝件缺陷的修补及铝质零件磨损、划伤、腐蚀、破裂的修复，修复后颜色与基材具有一致性，具有很高的强度以及优异的耐磨抗蚀与耐老化特性，并可与基材一起进行各类机械加工。

5. 铜质修补剂性能与用途

铜质修补剂是双组分、胶泥状、室温固化高分子树脂胶，适用于各种青铜、黄铜件磨损、腐蚀、破裂及铸造缺陷的修补。以铜为填充剂，修补后颜色与铜铸件基本一致。铜质修补剂综合性能好，固化后硬度高、无收缩，可进行各类机械加工，具有耐磨、耐老化、防水、抗各种化学腐蚀等优异性能，同时可耐175℃高温。

本品是由多种合金材料和改性增韧耐热树脂进行复合得到的高性能聚合金属材料，适用于黄铜、青铜铸件和工艺铸造件磨损、腐蚀、破裂及缺陷的修补与再生，修复后颜色与基材基本一致，具有很高的强度及优异的耐磨抗蚀与耐老化特性，并可与基材一起进行各类机械加工。

6. 橡胶修补剂性能与用途

橡胶修补剂是双组分黑色黏稠液体，是室温固化无溶剂型聚醚胶黏剂，固化速度快，附着力好，强度高，固化后综合性能好，表面平滑、强度高、韧性高、耐磨损、耐介质、耐老化、操作方便，具有卓越的耐酸、耐碱、耐化学腐蚀性能，填充性好，无毒无味，修补后的使用效果好。

本品适用于钢芯、整芯和普通输送带纵横撕裂的拼接修补，以及输送带表面磨损、掉块、带边磨损、带面穿孔的修复和接头封口；还适用于聚氨酯复合管的修补，电缆、胶辊及其他橡胶制品的修补。

7. 减摩修补剂性能与用途

减摩修补剂是双组分、胶泥状、室温固化的高分子环氧胶，固化后无收缩，与基体结合强度高，以高性能超细减摩润滑材料为骨材，触变性好，修复后的涂层摩擦系数低并具有自润滑性，抗摩擦磨损性优异，几乎可消除导轨的爬行现象。

减摩修补剂用于机床导轨、液压缸、轴套、活塞杆等表面减摩涂层的制备及零件划伤、磨损的修复。

8. 紧急修补剂性能与用途

紧急修补剂是双组分、膏状、室温固化的高分子环氧胶，强度高，韧性好，固化速度快，常温5min固化，与基体结合强度高；表面处理要求低，可带油、带水施工。

紧急修补剂用于抢修设备的穿孔腐蚀、泄漏，可对紧急堵漏后的部件进行永久性补强。如抢修管路、密封盖板、暖气片、水箱、齿轮箱等设备因裂纹、穿孔、腐蚀引起泄漏后的紧急修复。

9. 湿面修补剂性能与用途

湿面修补剂是双组分、胶泥状、室温固化的高分子环氧胶，固化速度快，与基体结合强度高；表面处理要求低，可带油、带水施工。

湿面修补剂主要用于潮湿环境或水中对破裂的箱体、管道、法兰、阀门、泵壳、船舶等进行堵漏、修复。

10. 油面紧急修补剂性能与用途

油面紧急修补剂是双组分、流淌体、室温固化的高分子胶，固化速度快，与基体结合强度高；表面处理要求低，可带油、带水施工；可在轻微油渍表面进行直接粘接，修复设备的渗漏油部位；也可用于金属、陶瓷、塑料、木材的自粘和互粘。

油面紧急修补剂适用于修复变压器、油箱、油罐、油管、法兰盘、变压器散热片等设备的渗油、泄漏，也可用于汽车塑料面板、灯具、电器壳体、电梯、电机等工业产品的粘接组装。

11. 耐腐蚀修补剂性能与用途

耐腐蚀修补剂是双组分、半流体、室温固化的高分子环氧胶，耐化学介质广泛，耐化学腐蚀性能优良；抗冲击性能好，与金属结合强度高；长期浸泡不脱落，抗冲蚀、汽蚀性能好，固化后无收缩；用于修复遭受腐蚀机件，可作大面积预保护涂层。

本品适用于电力、冶金、石化等行业遭受腐蚀的泵、阀、管道、热交换器端板、储槽、油罐、反应釜的修复及其表面防腐涂层的制备，可作大面积预保护涂层。

12. 耐磨修补剂性能与用途

耐磨修补剂是双组分、胶泥状、室温固化的高分子环氧胶，是由各类高性能耐磨、抗蚀材料（如陶瓷、碳化硅、金刚砂、钛合金）与改性增韧耐热树脂进行复合得到的高性能耐磨抗蚀聚合陶瓷材料；与各类金属基材有很高的结合强度；施工工艺性好、固化无收缩；固化后的材料有很高的强度，可进行各类机械加工。

耐磨修补剂可精确修复摩擦磨损失效的轴径、轴孔、轴承座等零件；修复后的涂层耐磨性是中碳钢表面淬火的2～3倍。

13. 超高温修补剂性能与用途

超高温修补剂是以无机陶瓷材料和改性固化剂组成的双组分耐1730℃高温胶黏剂，能够满足一般胶黏剂无法解决的高温设备的密封、填补、涂层、修补和粘接等难题，固化后无收缩，具有优异的耐超高温、阻燃、耐磨、耐老化、耐油、耐酸碱、导热等性能，不耐沸水，耐高温可达1730℃。

超高温修补剂应用于高温工况下工作的设备金属部件的粘接和灌封，也可以作耐磨和抗氧化涂层，如高温铸件、破损或断裂的耐酸罐、钢锭模等设备凹陷的填充和修复，以及燃烧器点火装置、钢水测温探头的灌封等。

（三）高分子合金修补剂使用方法

1. 修复表面处理

除去基体表面松动物质，采用喷砂、电砂轮、钢丝刷或粗砂纸等方式打磨，提高修复表面的粗糙度，使用丙酮或专用清洗剂擦拭，以清洁表面。

2. 产品选用及调配

(1) 根据设备不同的运行温度、压力、设备材质、化学介质、停机时间、现场环境等因素，选用不同的高分子合金修补剂。

(2) 高分子合金修补剂是由A、B双组分组成，使用时严格按规定的配合比将主剂A和固化剂B充分混合至颜色均匀一致，并在规定的可使用时间内用完，剩余的胶不可再用。

3. 涂抹施工

将混合好的修补剂涂抹在经处理过的基体表面，涂抹时应用力均匀，反复按压，保证材料与基体表面充分接触，以达到最佳效果。需多层涂胶时，需对原涂胶表面进行处理后再涂抹，并注意以下几点：

(1) 下雨、下雪、有雾时请勿施工；

(2) 金属表面潮湿或有可能产生凝结请勿施工；

(3) 根据现场环境（温度、湿度、压力等），选择适宜的施工方法；

(4) 涂抹要均匀、彻底，以保证涂层质量；

(5) 在操作时限内完成涂抹工作。

4. 涂抹效果检查

(1) 在涂抹施工结束后，立即检查是否有气泡、穿孔或渗漏的地方，如果有立即涂抹补上；

(2) 一旦完成施工和涂层变硬后，彻底检查一遍以确保无气泡穿孔和疏漏或机械损伤；

(3) 当用湿海绵法检测涂层质量时，湿海绵应当在表面上多次往复测试以保证基体表面完全湿润；

(4) 可使用电火花测试方法确定涂层的均匀程度。

5. 修补剂固化

涂层固化时间与涂层表面温度成正比，涂层表面温度越高，固化时间越短，相反则越长；当气温低于25℃时可适当延长固化时间，当气温低于15℃时，采用适当的热源进行加热（红外线、电炉等），但加热时不可以直接接触修补部位，正确操作是热源离修补表面40cm以上，60～80℃保持2～3h。

（四）高分子合金修补剂应用领域

1. 修补气孔、砂眼

用锉刀将气孔、砂眼里面疏松的材质除去，用丙酮清洗，涂胶底层要充分浸润，填满压实，如果虚填气孔，极易短期内脱落，待金属修补剂固化后进行各种机械加工。

2. 修补导轨划伤、油缸拉毛

导轨划伤修复尺寸，深度为2mm以上，宽度也应在2mm以上，底部应粗略清洗后，用汽油喷灯过火2～3s清除渗在毛细孔内的油迹，再进行精细清洗，然后涂敷减摩修补剂，底层充分浸润填满压实，略高于台面0.3～0.4mm以备加工，固化后用油石研细，严禁用刮刀刮研。

3. 修补轴、轴键、轴座

应用车床将轴车出螺纹状，轴径应大于13mm以上，反复清洗干净后，将搅拌好的耐磨修补剂涂敷于表面与底部反复浸润填满，用手蘸丙酮快速压实，排出气孔，留出加工量，厚度为1～2mm，8h以后上车床切削加工，切削速度不易快0.3mm/s，进给量为0.05～0.2mm，切削浓度粗切0.5～1mm、精切0.1～0.2mm。

4. 带压密封

大于3～5kgf（1kgf=9.80665N）压力时可采用夹板堵漏式修复，做一块5mm厚的钢板，外形尺寸以漏点调整大小，将钢板之中钻一螺纹孔，并备同一尺寸螺钉，钢板上涂上紧急修补剂，对准漏点与钢板中相等距离一次接上，保证漏点全部由此排出介质，等钢板与基体固化后，在螺钉上涂敷修补剂，快速拧紧即可。

5. 修复热交换器

将热交换器腐蚀点清洗、喷砂、打磨，将耐腐蚀修补剂填满压入、刮涂平整，固化8h后，取出塞子进一步用修补剂将整体端板、板槽、挡板，连同首次修复一并涂敷即可。

九、断丝取出技术

螺柱（螺栓、螺杆、螺钉）由于锈蚀或拆装时用力过大等原因，都可能被扭断，尤其是在通用机械等装备上作为固定或连接用的螺柱（螺栓、螺杆、螺钉）更易发生扭断，使一部分螺柱残留于基体内不易取出而影响设备的正常工作。

1. 断丝取出器工作原理

利用插入断丝体内带有左旋圆锥螺纹特制丝锥，通过强力逆时针左旋断丝取出器，产生越拧越紧的效果，迫使右旋断丝与断丝取出器同时旋转，实现快速取出断丝的目的。左旋断丝则应用选择右旋断丝取出器。

目前断丝取出器市场上已有销售，主要由一组钻头、取出器体、铰手架、钻套等组成，并设置在一个便携式工具箱内。其中钻头即为普通的麻花钻头，用于在断头螺栓的中心钻孔。断丝取出器是一种由合金工具钢制造并经热处理工艺制成的左旋的圆锥形丝锥，供手工取出断裂在机器、设备里面的六角头螺栓、双头螺柱、内六角螺钉等之用，快捷、方便且实用。

2. 使用方法

（1）首先根据被折断的螺栓的直径选取合适的钻头，选择的原则是钻头的直径与断丝取出器的最细端相仿，如表10-2所示。

（2）在螺栓断面上钻孔　这个步骤是取断丝的关键，如有可能，应在螺栓断面上打上中心样冲孔，然后将加工好的钻头装到手电钻上卡紧，将钻头顶住螺栓断面的中间，保持钻头竖直，避免钻头偏移中间位置，如钻头偏移太多，钻孔后会伤到轮毂上的螺纹。一手握住电钻手柄，一手从手电钻后部按压。开始时手电钻的速度不要太快，钻速太快容易使钻头偏移，按压的力度也不要太大。待钻头在螺栓断面上钻入一定深度，钻头不会偏移了，拿起手电钻，观察钻孔的位置是否偏移过大，如偏移过大需要重新定位。如钻孔位置合适，将钻头伸入刚才钻的位置上继续将钻孔打深。这时钻头不会偏移，可以逐渐加快钻速，同时按压手电钻的力度可以随之加大。钻孔深大约 8～10mm 即可。用小形磁体将孔内的铁屑吸出，或用压缩风力吹出。

表 10-2 断丝取出器适用螺栓规格及选用钻头表

取出器规格（号码）	主要尺寸/mm			适用螺栓规格		选用麻花钻规格（直径）/mm
	直径		全长	米制/mm	英制/in	
	小端	大端				
1	1.6	3.2	50	M4～M6	3/16～1/4	2
2	2.4	5.2	60	M6～M8	1/4～5/16	3
3	3.2	6.3	68	M8～M10	5/16～7/16	4
4	4.8	8.7	76	M10～M14	7/16～9/16	6.5
5	6.3	11	85	M14～M18	9/16～3/4	7
6	9.5	15	95	M18～M24	3/4～1	10

（3）断丝取出器插入钻好的孔内，用锤子敲击断丝取出器尾部，使其与断裂螺栓初步咬合，用扳手旋动断丝取出器带动断裂螺栓将其取出。如用锤子敲击后断丝取出器不能与断裂螺栓充分咬合，说明钻的孔不够深，或是选择的断丝取出器与钻头不匹配，则应重新选择匹配的断丝取出器。如旋出过程中阻力很大，可以用锤子用力敲击断丝取出器尾端 2～3 下后再继续用扳手旋动，不要用蛮力，那样有可能将断丝取出器拧断，如图 10-13 所示。

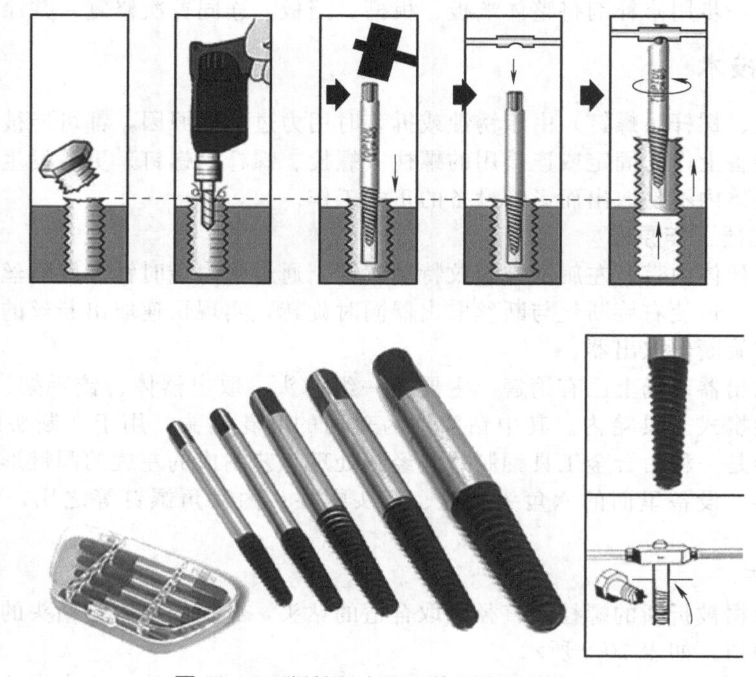

图 10-13 断丝取出器及使用方法示意图

3. 使用注意事项

断丝取出器常出现取出器体折断、崩刃等失效现象，为此注意在旋转取出器取出折断螺栓时严禁用力过猛，以防取出器体被折断。受其工作条件限制，取出器体的直径较小（特别是小号的断丝取出器），带有沟槽，易产生应力集中，所以无法承受较大的扭矩。因此在取出折断螺栓作业时，若发现转动取出器体的阻力较大，切不可强攻，而应智取，首先要找出原因，一般是由于锈蚀严重所至，应采取松动剂浸润或振动等方法，去除锈蚀阻力，然后再取出折断螺栓。取出断丝如图 10-14 所示。

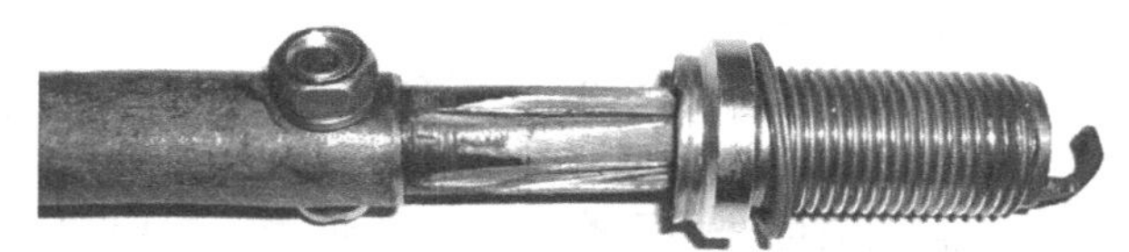

图 10-14 取出断丝实物图

十、缺陷内螺纹再造技术

机械设备上的内螺纹，特别是铸造设备上的某些特殊内螺纹常由于滑牙而无法形成良好的连接或达不到密封要求，甚至完全失效。传统的检修方法是扩孔攻丝，加大一级螺纹，如再出现滑牙，显然不能无限度地加大螺纹尺寸，况且有些设备部位也不允许或无法采用这种扩螺纹的方法。国外多采用德国 Helicoil 公司提供的特制弹簧螺钉进行内螺纹修复，但必须有断面形状特殊的弹簧螺钉及专用装配工具来进行修复作业。而采用缺陷内螺纹再造技术，则不受螺纹制式及螺纹公称直径、螺距大小、滑牙轻重的限制，材料易得，操作简单，不失为一种行之有效的内螺纹修复方法。

（一）钢丝增强内螺纹粘接再造法

钢丝增强内螺纹粘接再造法是选用相应弹簧钢丝和黏合剂对滑牙进行修复的一种方法。可用于公称直径较大的内螺纹滑牙的修复，修复后的螺纹由钢丝和黏合剂组成，具有较高的耐磨性及良好的密封性，而强度则取决于所选用的黏合剂品种的综合性能。

1. 钢丝直径的确定及成型

钢丝的直径取决于滑牙螺纹的螺距，对于公制螺纹，它的计算公式如下：

$$d \leqslant 0.42p \qquad (10\text{-}2)$$

式中 d——钢丝直径，mm；

p——内螺纹螺距，mm。

对于英制螺纹，它的计算公式如下：

$$d \leqslant 0.44p \qquad (10\text{-}3)$$

式中 d——钢丝直径，mm；

p——螺纹螺距，$p=25.4/n$，mm；

n——每英寸（1in=0.0254m）牙数。

根据螺纹螺距 p 确定钢丝的直径后，即可在相应的胎具上，按图 10-15 的形式，将钢丝绕成弹簧形状。绕好的钢丝弹簧应在螺杆的外螺纹上试装，如图 10-16 所示。因弹簧的中径

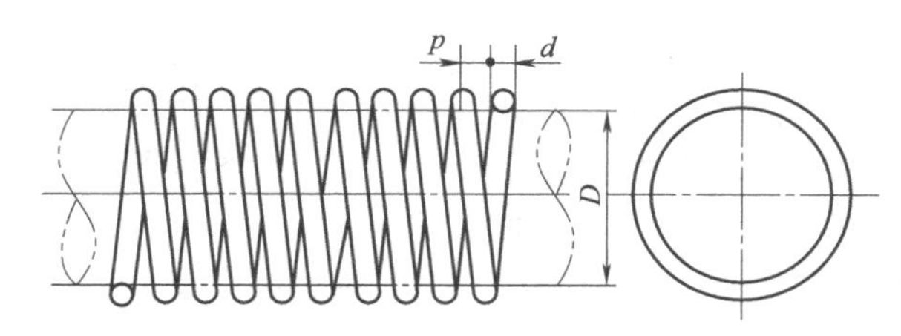

图 10-15 钢丝增强内螺纹粘接再造法示意图

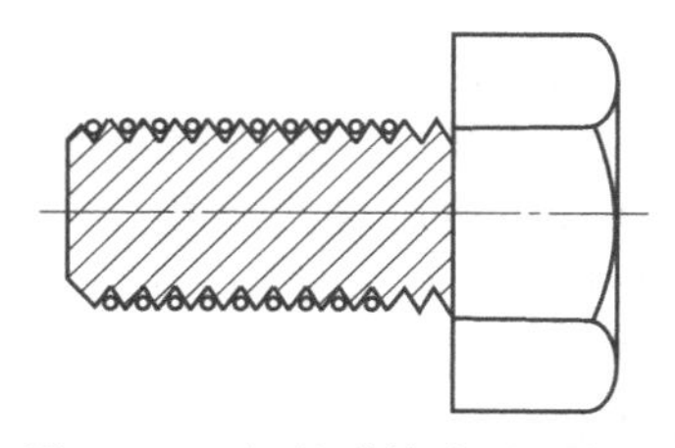

图 10-16 钢丝弹簧成型示意图

小于螺杆的螺纹中径，故弹簧会紧紧地镶嵌在外螺纹孔内，剪去多余的长度，要求弹簧丝在螺杆上及螺孔内装拆顺利，否则应重新设计弹簧丝。

钢丝的材料可选择 65Mn，此时可按设计要求，由专业弹簧厂家来制作，也可选择一般用途低碳钢丝，在自制的胎具绕制，然后再淬火提高其淬硬性。

2. 材料准备

黏合剂可选择 HY-914 环氧类双组分快速固化剂，但要在两组分混合时加入一定量的金属粉末，如铝粉等，最好选择高分子合金修补剂，如超金属修补胶及国内生产的相应品种黏合剂；清洗剂可选用丙酮或三氯乙烯等；脱模剂（粘接技术中一种防止黏合剂与金属模具黏合并能使制品容易脱离的物质，常用的材料有硅油、矿物油等），现已有商品出售。除此之外，还应准备砂纸、丝锥。

3. 操作步骤

(1) 用细砂纸将弹簧钢丝打毛；

(2) 用丝锥攻一下滑牙内螺纹，除去其内的脏物；

(3) 用清洗剂清洗螺纹孔及弹簧，使其达到粘接技术要求；

(4) 黏合剂或修补剂按使用说明的比例配制；

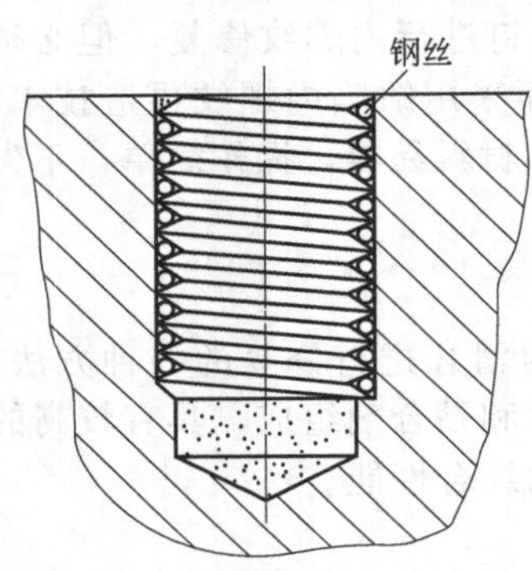

图 10-17 钢丝弹簧配装示意图

(5) 在螺杆上涂抹上一层脱模剂，然后在其上均匀地涂抹上一层配好的黏合剂，安装弹簧丝，在滑牙螺孔内再均匀地涂抹一层黏合剂，检查无误后拧入螺纹孔内，擦去挤出的黏合剂，常温下固化 20min 时，应轻轻拧动螺杆，然后自然固化，2h 后，将螺杆拧出，检查再造螺纹情况，10h 后可投入使用，如图 10-17 所示。

(二) 铜丝填充粘接再造法

对于公称直径较小或螺距很小以及加上弹簧钢丝后无法拧入内螺纹的坏损滑牙，则可选用铜丝填充粘接再造法。这种方法是在所选用的黏合剂或修补剂中加入适量的细铜丝，以增加新造螺纹的强度。修复方法有以下内容。

1. 材料准备

铜丝可选用 ϕ0.2mm 以下规格的，剪切的长度取决于螺纹的公称直径，一般在 2～6mm，加入铜丝的体积一般不超过黏合剂体积的 1/4 为宜，其他材料的选用同上。

2. 操作步骤

(1) 将剪切好的铜丝放入清洗剂内进行脱脂处理；

(2) 用选好的丝锥攻一下滑牙内螺纹，除去其内的脏物；

(3) 用清洗剂清洗滑牙螺纹孔，使其达到粘接技术要求；

(4) 按黏合剂或修补剂使用说明取出相应的份数，将铜丝均匀在两组分内，搅拌，再将两组分充分搅拌；

(5) 在螺杆上涂抹上一层脱模剂，然后在其上均匀地涂抹上一层配好粘合剂，在滑牙螺孔内再均匀地涂抹一层黏合剂，检查无误后拧入螺纹孔内，擦去挤出的黏合剂，常温下固化 20min，应轻轻拧动螺杆，然后自然固化，2h 后，将螺杆拧出，检查再造螺纹情况，10h 后可投入使用。固化后的情况如图 10-18 所示。此种方法特别适用于铸钢、铸铁和有色金属铜、铝及非金属材料内螺纹滑牙后的修复。

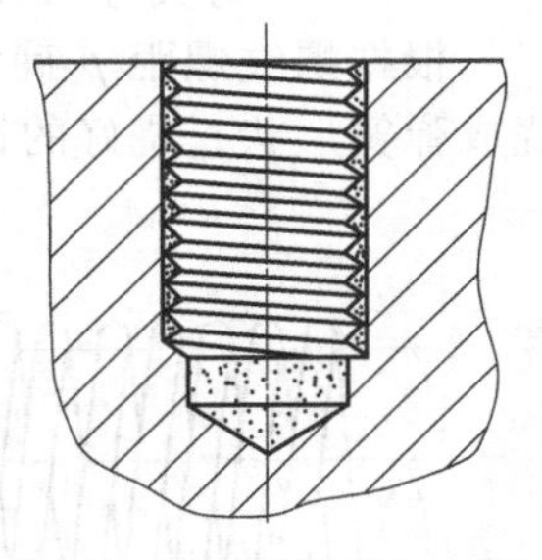
图 10-18 铜丝填充内螺纹粘接再造法示意图

（三）注意事项

（1）粘接修复的螺纹的使用温度受所选黏合剂使用温度的限制，一般多在120℃以下使用；

（2）所选用的黏合剂不能被所密封的介质破坏；

（3）粘接修复的螺纹不理想时，可用机械加工的方法及燃烧的方法除去粘接物。

第三节 承压设备带压密封技术

承压设备（包括锅炉、压力容器和压力管道）是石化生产企业广泛使用的存在泄漏和爆炸危险的一类设备。承压设备盛装或输送气体、液化气体、蒸汽介质或者可燃、易爆、有毒、有腐蚀性的介质，有些还处于高温高压下工作，如果管理不善、使用不当或者设备缺陷扩展，将会发生泄漏或爆炸事故。承压设备一旦发生泄漏或爆炸，轻则造成能源及物料流失，重则引发火灾、中毒和环境污染，导致灾难性事故，不但使整个设备遭到破坏，而且将波及周围环境，破坏附近建筑物和设备，造成严重的人身伤亡及财产损失。承压设备即使发生非灾难性事故，也往往会因单台设备发生事故，引发系统停产事故，造成巨大经济损失。

一、带压密封技术的机理及意义

带压密封技术是专门研究原密封结构失效后，怎样在不降低压力、温度及泄漏流量的条件下，采用各种带压密封方法，在泄漏缺陷部位上重新创建带压密封结构的一门新兴的工程技术学科，是涉及到力学、磁学、液压技术、高分子材料学、无机材料学、金属材料学、流变学等多学科的一门综合应用技术。

带压密封技术的机理可定义为：在大于泄漏介质压力的人为外力作用下，切断泄漏通道，实现再密封。

大于泄漏介质压力的外力可以是机械力、粘接力、热应力、气体压力等；传递外力至泄漏通道的机构可以是刚性体、弹性体或塑性流体等。

带压密封技术的意义在于，它突破了人们传统印象中，只有停产后切断流体压力介质，然后进行转换、更新或修复泄漏缺陷后，才能彻底根除泄漏的思维定式，在不停产的条件下，成功地实现了带压密封，对于避免停产、减少生产物料流失、预防泄漏事故引发的着火、爆炸、中毒及保护环境方面发挥巨大的作用，已经成为设备维护、管道维修不可或缺的应急技术手段。

二、承压设备带压密封技术国家现行标准及资质简介

1980年2月我国工程技术人员在《设备、管道泄漏的带压密封技术》一文中阐述了带压密封技术的基本原理，提出了在带压条件下，消除泄漏的工艺途径和方法。这是我国第一篇关于在带压条件下实现再密封目的的论文，它揭开了我国带压密封技术研究走向工业实用化途径的序幕。1984年7月在中国设备管理协会第一次年会上，公开发表了我国第一篇有关带压密封领域内的专述性论文《不停车带压密封技术》。1993年9月，中石化颁布了行业标准《带压密封技术暂时规定》，进入21世纪我国又先后颁布了带压密封技术方面的化工行业标准、三项国家标准和国家职业标准。

（一）HG/T 20201—2007《带压密封技术规范》

《带压密封技术规范》是中华人民共和国行业标准，已于2007年5月29日经国家发展

和改革委员会第32号公告批准正式发布实施。这是国内外带压密封领域第一部以国家行业标准的形式正式发布实施的技术规范，是带压密封行业的一件大事。

1. 制定规范的必要性

泄漏事故往往是导致物料流失、中毒、着火、爆炸和环境污染的直接祸根。然而，由于发展的不均衡及其他种种原因，至今国内尚无统一的带压密封安全技术标准；作业人员培训、密封注剂生产、夹具设计、施工操作要求和安全与防护均无章可循。

《带压密封技术规范》的制定将使该技术走向法制轨道，对规范带压密封技术市场，保证流体储存设备和运送管道的安全和连续运行，减少装置的停车损失，保护环境，防止火灾、爆炸和人身伤亡事故的发生，保证社会公共安全方面将会起到重要作用。

2. 主要内容简介

《带压密封技术规范》由正文和条文说明两部分构成，正文由8章、179条和7个附录构成。

第1章“总则”共18条；第2章“术语和符号”共34条；第3章“安全管理与防护”共45条；第4章“密封注剂”共17条；第5章“注剂工器具”共13条；第6章“泄漏部位现场勘测”共18条；第7章“夹具设计”共16条；第8章“现场施工操作”共18条。

HG/T 20201—2007《带压密封技术规范》是一部原始性创新国家行业标准，基本上涵盖了我国目前带压密封工程领域内最成熟的技术原理和经验，为确保对生产系统的泄漏部位安全地进行带压密封工程，并保证其质量提供了技术支撑。

（二）GB/T 26467—2011《承压设备带压密封技术规范》

《承压设备带压密封技术规范》规范了带压密封安全管理、泄漏部位现场勘测、施工前准备、作业过程控制、安全防护和竣工验收，适用于注剂法带压密封和紧固法带压密封施工，适用范围为泄漏系统的工作压力为－0.1～35MPa（表压），温度为－180～800℃。

该标准由9章（26节、95条）和3个资料性附录构成，共计4.2万字，分别为：范围；规范性引用文件；术语和定义；安全技术管理；泄漏部位现场勘测；施工前的准备；带压密封施工；施工过程安全与防护；带压密封施工竣工验收；附录A（资料性附录）带压密封工程施工方案；附录B（资料性附录）带压密封施工安全评估；附录C（资料性附录）带压密封施工验收纪录。该标准是世界首部带压密封技术国家标准。

（三）GB/T 26556—2011《承压设备带压密封剂技术条件》

《承压设备带压密封剂技术条件》规定了对带压密封剂的要求、检验规则、测试方法、标志、包装、运输、储存和密封施工的选用原则及注剂操作时的使用方法，适用于各种带压密封用密封剂。

该标准由9章（24节、41条）和1个规范性附录构成，共计1.3万字，分别为：范围；规范性引用文件；术语和定义；要求；检验抽样及检测规则；测试方法；标志、包装、运输、贮存；密封剂选用原则；密封剂的使用方法；附录A（规范性附录）密封注剂初始注射压力的测定。

（四）GB/T 26468—2011《承压设备带压密封夹具设计规范》

《承压设备带压密封夹具设计规范》规定了带压密封夹具（以下简称“夹具”）的设计参数、准则、结构类型、材料选择、计算、密封结构、注剂孔结构和夹具制作，适用于承压设备泄漏状态下带压密封夹具的设计和制作。常压设备泄漏状态下带压密封夹具的设计和制作，可参照本规范执行。

该标准由11章（24节、107条）和2个资料性附录构成，共计5.9万字，分别为：范围；规范性引用文件；术语和定义；符号；夹具设计准则；夹具结构设计；材料选择；夹具计算；夹具密封结构设计；注剂孔结构；夹具制作；附录 A（资料性附录）变异夹具结构；附录 B（资料性附录）夹具增强密封结构。

（五）国家职业标准《带温带压密封工》

《带温带压密封工》依据有关规定将本职业分为四个等级，包括职业概况、基本要求、工作要求和比重四个方面的内容。

（1）职业定义　不改变泄漏介质工作参数的条件下，对设备泄漏缺陷部位进行现场勘测、带压密封施工方案制订和实施的作业人员。

（2）职业等级　本职业共设四个等级，分别为：初级（国家职业资格五级）、中级（国家职业资格四级）、高级（国家职业资格三级）、技师（国家职业资格二级）。

（3）培训期限　全日制职业学校教育，根据其培养目标和教学计划确定。晋级培训期限：初级不少于 400 标准学时；中级不少于 350 标准学时；高级不少于 300 标准学时；技师不少于 300 标准学时。

（六）承压设备带压密封技术作业人员资质

根据《中华人民共和国特种设备安全法》第十四条，特种设备安全管理人员、检测人员和作业人员应当按照国家有关规定取得相应资格，方可从事相关工作。根据《中华人民共和国特种设备安全法》第八十六条，违反本法规定，特种设备生产、经营、使用单位有下列情形之一的，责令限期改正，逾期未改正的，责令停止使用有关特种设备或者停产停业整顿，处一万以上五万以下罚款：①未配备具有相应特种设备安全管理人员、检测人员和作业人员；②使用未取得相应资格的人员从事特种设备安全管理、检测和作业的；③未对特种设备安全管理人员、检测人员和作业人员进行安全教育和技能培训的。

TSG 21—2016《固定式压力容器安全技术监察规程》中的 7.1.10 条规定了“修理及带压密封安全要求”：压力容器内部有压力时，不得进行任何维修。出现紧急泄漏需要进行带压密封时，使用单位应当按照设计规定提出有效的操作要求和防护措施，并且经过使用单位安全管理负责人批准。

带压密封作业人员应当经过专业培训考核并且持证上岗。在实际操作时，使用单位安全管理部门应当派人进行现场监督。

TSG D0001—2009《压力管道安全技术监察规程-工业管道》第一百一十五条规定：实施带压密封堵漏的操作人员应当经过专业培训，持有相应项目的《特种设备作业人员证》。

因此，承压设备带压密封作业人员应当依据我国的现行法律、法规及 TSG R6003—2006《压力容器压力管道带压密封作业人员考核大纲》要求，依法取得《特种设备作业人员证（D3，带压密封）》后，方可从事承压设备带压密封作业。

三、注剂式带压密封技术

注剂式带压密封技术是采用夹具形成的密封空腔或已有的密封空腔，借助液压注剂工具将专用密封注剂强行注射到密封空腔内，形成强大的工作密封比压，迫使泄漏停止，实现带压密封的目的。

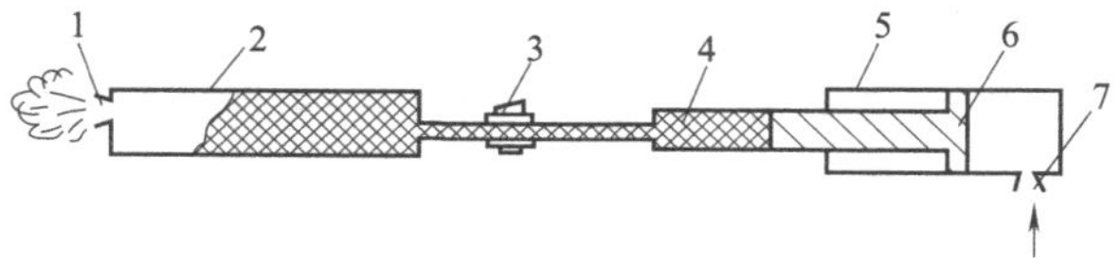

图 10-19　注剂式带压密封技术模型示意图
1—化学事故泄漏介质；2—护剂夹具；3—注剂阀；4—密封注剂；5—剂料腔；6—挤压活塞；7—压力油接管

（一）基本原理

注剂式带压密封技术基本原理是：向特定的封闭空腔注射密封注剂，创建新的密封结构，如图 10-19 所示。

（二）技术构成

注剂式带压密封技术由密封注剂、夹具、注剂工具及操作方法四部分内容组成。

1. 密封注剂

密封注剂是供“注剂枪”使用的复合型密封材料的总称。

密封注剂一经注射到夹具与泄漏部位外表面所形成的密封空腔内，便与泄漏介质直接接触，是将要建立的新的密封结构的第一道防线。密封注剂的各项性能直接涉及该技术的使用范围，它的优劣也直接影响到新的密封结构的使用寿命。可以说在合理设计制作夹具的前提下，正确选用密封注剂是注剂式带压密封技术的关键所在。

从目前国内外密封注剂的生产和使用情况来看，大约有30多个品种，可大致分为两类，一类是热固化密封注剂，另一类是非热固化密封注剂，如图10-20所示。

图10-20 密封注剂外形图

2. 夹具

夹具是安装在泄漏缺陷部位外部形成密封空腔，提供强度和刚度保证的金属构件，主要有以下几种夹具结构形式。

（1）法兰夹具 法兰夹具是利用包容法兰外边缘与法兰垫片之间的空隙构成密封空腔的凸形或凹形夹具，如图10-21所示。

（2）直管夹具 直管夹具是用于直管段泄漏的夹具结构，包括方形直管夹具和焊接直管夹具，如图10-22所示。

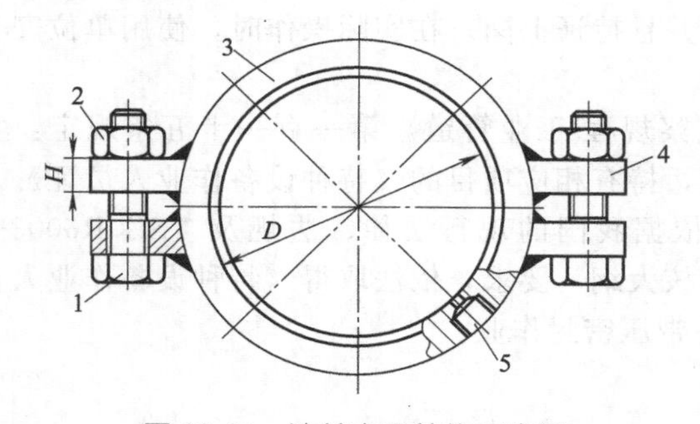

图10-21 法兰夹具结构示意图

1—螺栓；2—螺母；3—卡环；4—耳子；5—注剂孔

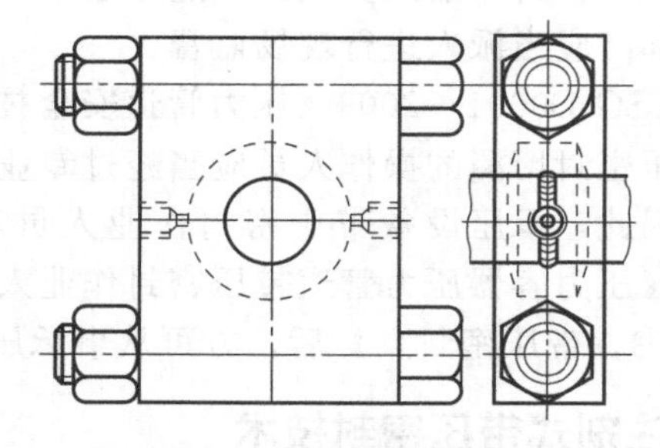

图10-22 方形直管夹具示意图

（3）弯头夹具 弯头夹具用于弯头泄漏的夹具结构，如图10-23所示。

（4）三通夹具 三通夹具是用于三通泄漏的组焊夹具结构，包括整体加工三通夹具，如图10-24所示。

3. 注剂工具

注剂工具是向包容泄漏点的密封空腔注入密封注剂的专用配套工具，由接头、注剂阀、高压注剂枪、快装接头、高压输油管、压力表、压力表接头、回油尾部接头、油压换向阀接头、手动液压油泵等组成，如图10-25所示。

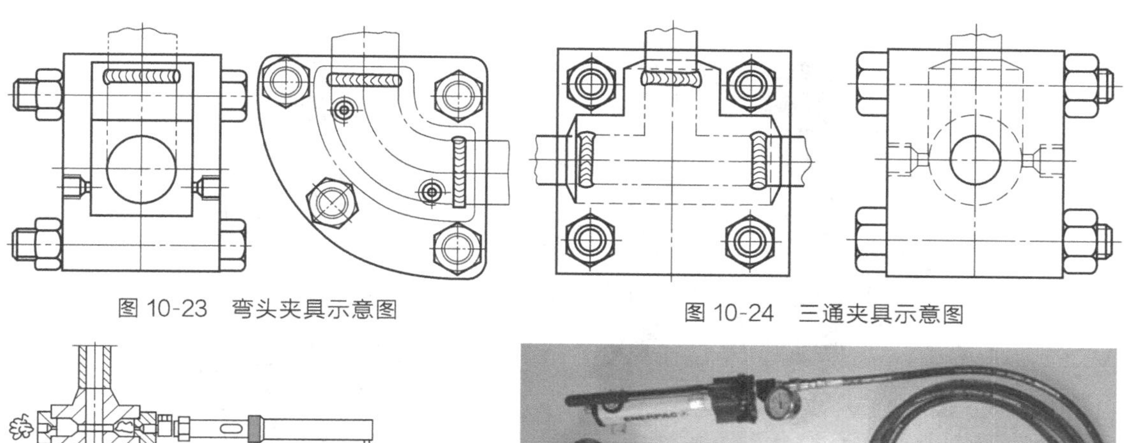

图 10-23 弯头夹具示意图

图 10-24 三通夹具示意图

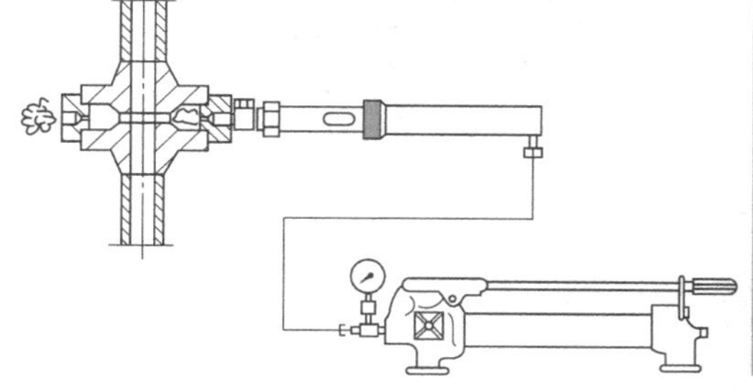

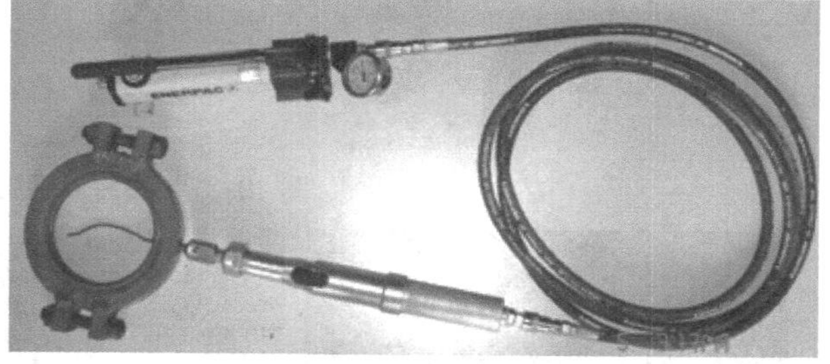

图 10-25 注剂式带压密封技术注剂工具

4. 操作方法

带压密封操作方法是在现场测绘、夹具设计及制作完成后进行的具体操作作业，包括法兰泄漏现场操作方法、直管泄漏现场操作方法、弯头泄漏现场操作方法、三通泄漏现场操作方法、阀门填料泄漏现场操作方法等。

（三）应用部位

注剂式带压密封技术应用部位如图 10-26 所示。

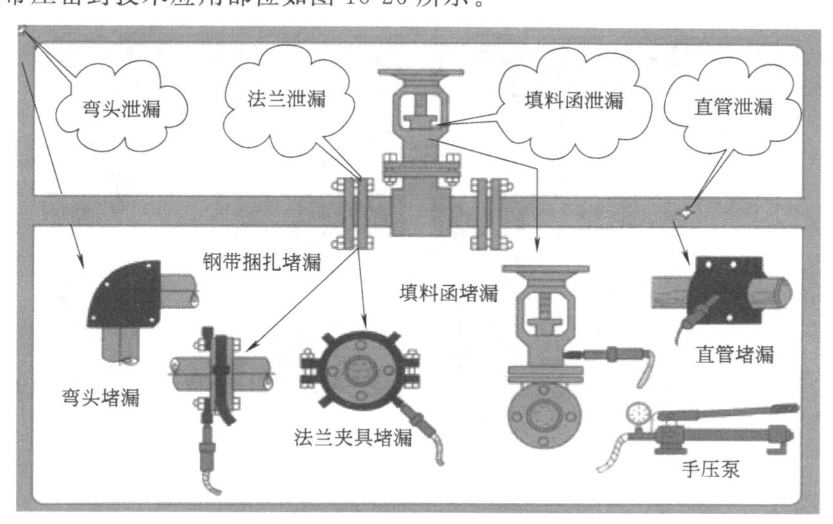

图 10-26 注剂式带压密封技术应用部位示意图

1. 法兰

法兰泄漏带压密封现场应用如图 10-27 所示。

2. 直管

直管泄漏带压密封现场应用如图 10-28 所示。

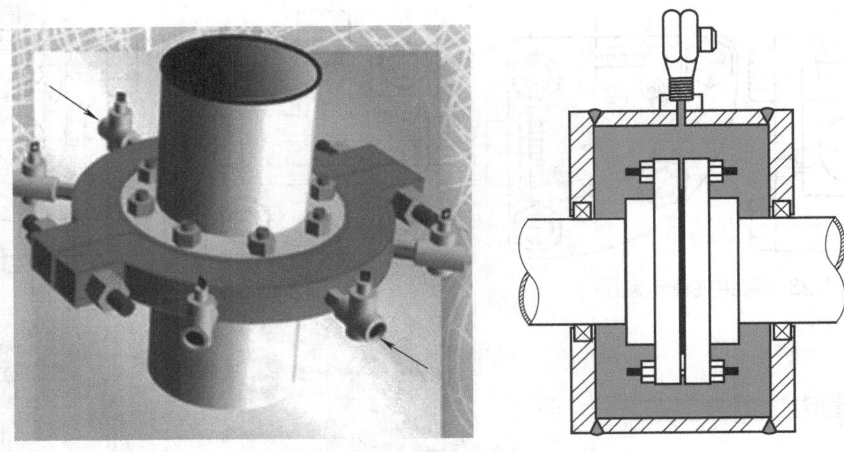

图 10-27　法兰泄漏夹具法示意图

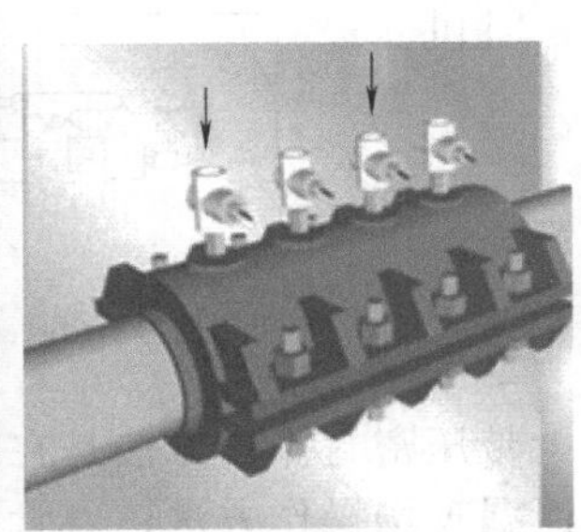

图 10-28　直管泄漏夹具法示意图

3. 弯头

弯头泄漏带压密封现场应用如图 10-29 所示。

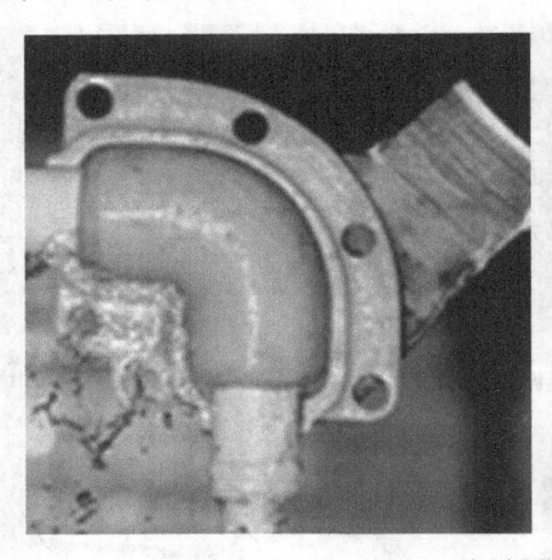

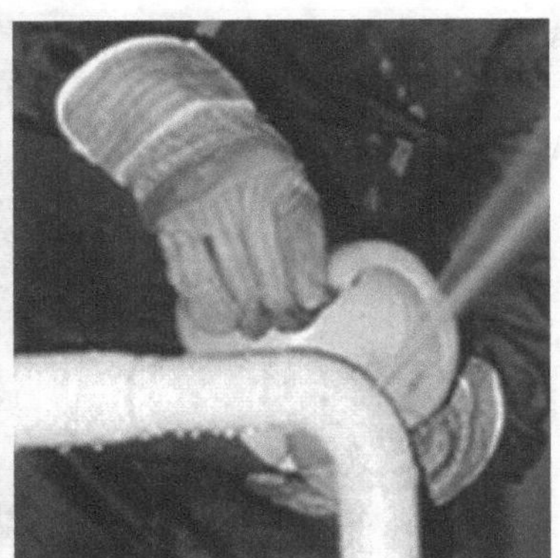

图 10-29　弯头泄漏夹具法示意图

4. 三通

三通泄漏带压密封现场应用如图 10-30 所示。

5. 填料

阀门填料泄漏带压密封现场应用如图 10-31 所示。

四、钢丝绳锁快速带压密封技术

钢丝绳锁快速带压密封技术是由我国工程技术人员发明的一种快速带压密封新方法，由液压钢丝绳枪、钢丝绳锁、钢丝绳、高压胶管和液压油泵组成，如图 10-32 所示。

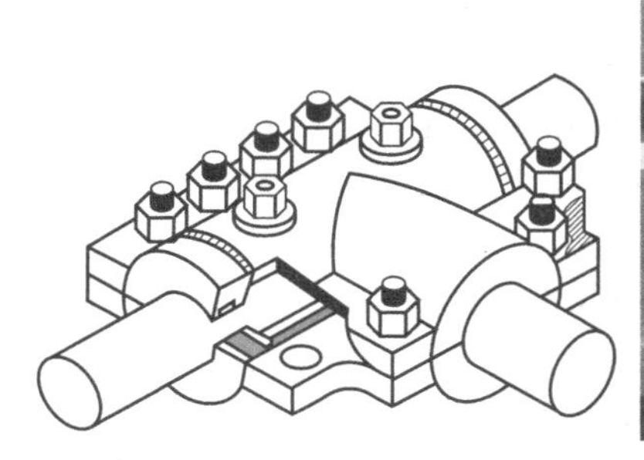

图 10-30 三通泄漏夹具法示意图

图 10-31 阀门填料泄漏带压密封示意图

钢丝绳锁快速带压密封技术原理：通过液压钢丝枪活塞的轴向位移，拉紧柔性钢丝绳，产生强大拉紧力，在泄漏缺陷部位上形成带压密封夹具或直接产生止住泄漏的密封比压，然后锁紧钢丝绳锁，实现快速堵漏目的。

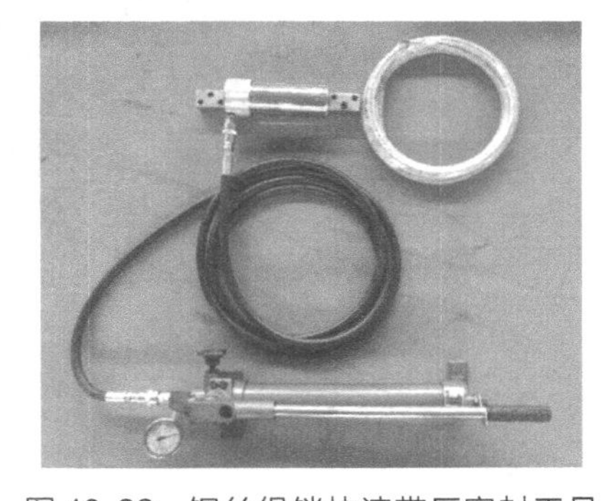

图 10-32 钢丝绳锁快速带压密封工具

（一）钢丝绳锁快速带压密封技术组成

1. 钢丝枪

钢丝枪是一种中空式液压工具，钢丝绳可以从其中心孔穿过，通过钢丝绳锁形成拉紧系统。钢丝枪最大拉紧力：8tf，钢丝枪行程为：65mm，如图 10-33 所示。

2. 钢丝绳锁

钢丝绳锁是一种通过旋转螺钉，能够同时锁紧两根钢丝绳的金属构件，如图 10-34 所示。钢丝绳锁规格为：8mm、10mm、12mm、14mm、16mm、18mm。

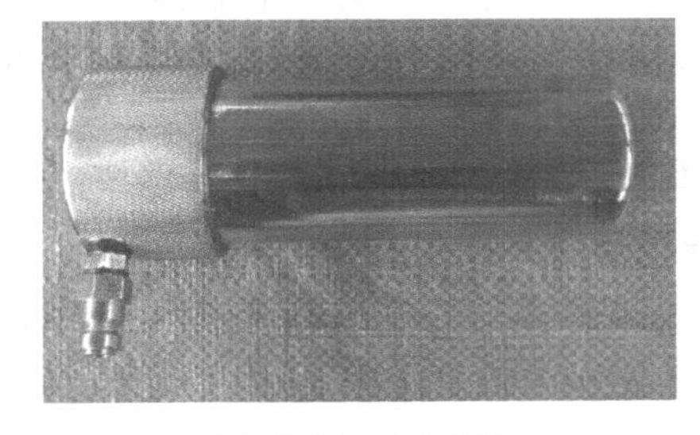

图 10-33 钢丝枪

图 10-34 钢丝绳锁

3. 钢丝绳

钢丝绳是将力学性能和几何尺寸符合要求的多根钢丝按照一定的规则捻制而成的绳索。钢丝绳由钢丝、绳芯及润滑脂组成，如图 10-35 所示。

(1) 钢丝绳的特点　钢丝绳具有强度高，重量轻，能够灵活运用，挠性好，弹性大，能够承受冲击性载荷，在高速运转时运转稳定没有噪声，破断前有断丝预兆而整个钢丝绳不会立即折断，成本较低的特点。

(2) 钢丝绳选择原则　根据钢丝绳使用条件的千差万别，选用钢丝绳时遵循下列基本原则：

① 依据拉力负荷选用钢丝绳的直径和强度级别。

② 依据负荷性质（是静载还是动载或交变载荷）选用合适的用途。

③ 依据钢丝绳的重要程度选择合理的安全系数。

④ 依据使用的介质环境选用合适的镀层。

⑤ 依据环境的温度选用合适的绳芯或耐高、低温的钢丝绳。

⑥ 根据各种用途选择合理的钢丝绳结构。

⑦ 根据所需要的弯曲比选择卷筒和钢丝绳的尺寸。

⑧ 根据使用要求对钢丝绳的捻法、不松散性、不旋转性、润滑脂等要进行合理的选择。

4. 高压胶管

高压胶管是连接油泵和钢丝枪输送压力油液的部件。在其两端装有双向切断式快装接头，高压胶管与油泵分离后，可防止液压油外漏，如图 10-36 所示。

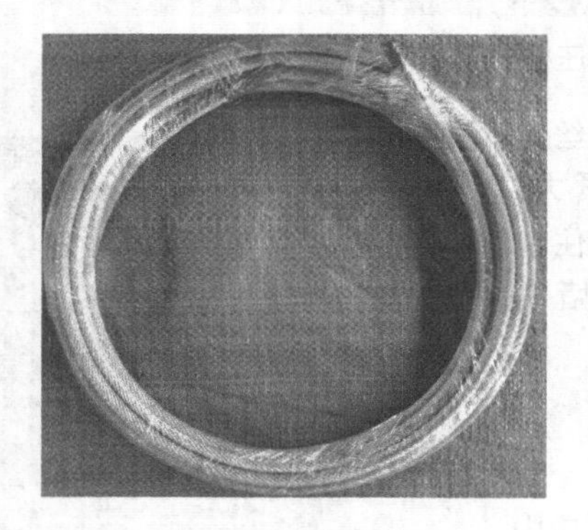

图 10-35　钢丝绳

图 10-36　高压胶管

5. 液压油泵

液压油泵是将手动的机械能转换为液体的压力能的一种小型液压泵站，是钢丝绳锁快速带压密封技术的动力之源。液压油泵所输出的液压油经高压输油管进入钢丝枪油缸尾部，推动空心柱塞向前移动，同时拉紧钢丝绳，如图 10-37 所示。

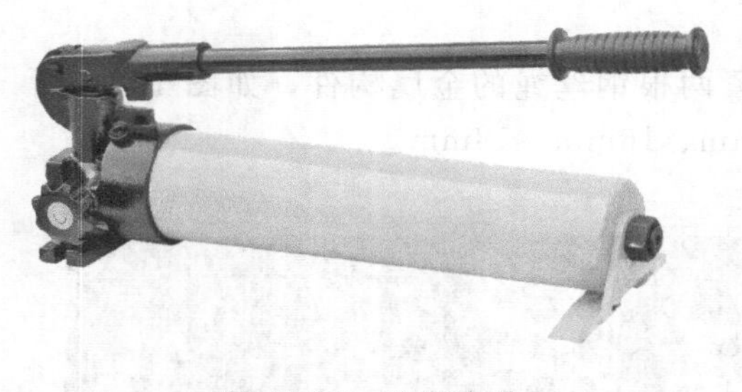

图 10-37　液压油泵

（二）钢丝绳锁快速带压密封技术特点与适用范围

1. 钢丝绳锁快速带压密封技术特点

(1) 钢丝绳锁快速带压密封技术是选用钢丝绳作为特制夹具，不受管道直径大小的影响，与特制的夹具配合，即可处置管道上发生的各种泄漏。

(2) 钢丝绳锁快速带压密封技术在处置法兰泄漏时，不受法兰连接间隙的均匀程度及泄漏法兰的连接同轴度的影响，钢丝绳在强大的外力作用下，被强行勒进法兰连接间隙后，钢丝绳与两法兰副外边缘形成线密封结构，构成符合注剂式带压密封技术要求的完整密封空腔。

(3) 根据泄漏介质压力和法兰连接间隙，可选择的钢丝绳直径为 6～20mm，如图 10-38 所示。

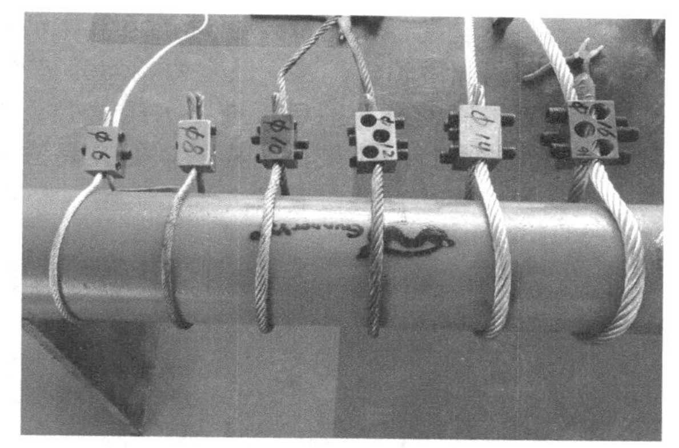

图 10-38　钢丝绳锁快速带压密封技术适用于不同钢丝绳

2. 钢丝绳锁快速带压密封技术适用范围

钢丝绳锁快速带压密封技术用于管道法兰、直管、弯头、三通的快速抢险堵漏作业，无需制作夹具。

（三）钢丝绳锁快速带压密封技术使用方法和适用部位

1. 钢丝绳锁快速带压密封技术使用方法

钢丝绳锁快速带压密封技术操作过程是（以泄漏法兰为例）：根据泄漏法兰连接间隙及公称直径选择相应规格的钢丝绳及长度，同时按法兰连接间隙选择一段铝条或铜条，长度为 30～50mm，用于封堵钢丝绳收口处的间隙，防止密封注剂外溢，将钢丝绳缠绕在泄漏法兰连接间隙处，两个钢丝绳头同时穿入前钢丝绳锁、钢丝枪及后钢丝绳锁后，人工拉紧钢丝绳，并调整钢丝绳位置，使其缠绕在泄漏法兰连接间隙内，拧紧后钢丝绳锁螺钉，锁死钢丝绳，通过快速接头连接高压胶管和手动液压油泵，掀动液压油泵手柄，此时钢丝枪油缸中的活塞杆伸出，钢丝绳被拉紧，用手锤敲打钢丝绳，使其受力均匀，钢丝绳拉到位后，拧紧前钢丝绳锁螺钉，锁死钢丝绳。松开后钢丝绳锁螺钉，拆除后钢丝绳锁及液压工具。注剂通道可以选择在法兰连接的螺栓孔处注入密封注剂，在泄漏法兰外边缘上直接开设注剂孔及在钢丝绳碰头处加装特制三通注剂接头，如图 10-39 所示。

图 10-39　钢丝绳锁快速带压密封技术操作图

2. 钢丝绳锁快速带压密封技术适用部位

(1) 法兰泄漏　钢丝绳锁快速带压密封技术应用于法兰泄漏情况如图 10-40 所示。

图 10-40　钢丝绳锁快速带压密封技术应用于法兰泄漏处置图

为验证钢丝绳锁快速带压密封技术与注剂式带压密封技术中夹具法，分别在 *DN*100、*PN*64 门阀两侧做比较试验，法兰两侧均为垫片泄漏，左边采用夹具法，而右边采用钢丝绳锁法，两者注满密封注剂后，进行水压试验，当压力达到 8.0MPa 时，两者均没有发生泄漏，说明实现密封的效果是一样的，但夹具法需要现场勘测，设计夹具图纸和两天制作时间。而钢丝绳锁法直接在泄漏法兰上作业，效果优势十分明显，如图 10-41 所示。

图 10-41 钢丝绳锁与夹具带压密封比较处置图

（2）直管段泄漏　钢丝绳锁快速带压密封技术应用于直管段泄漏情况，如图 10-42 所示。

图 10-42 钢丝绳锁快速带压密封技术应用于直管段泄漏处置图

（3）弯头泄漏　钢丝绳锁快速带压密封技术应用于弯头泄漏情况，如图 10-43 所示。

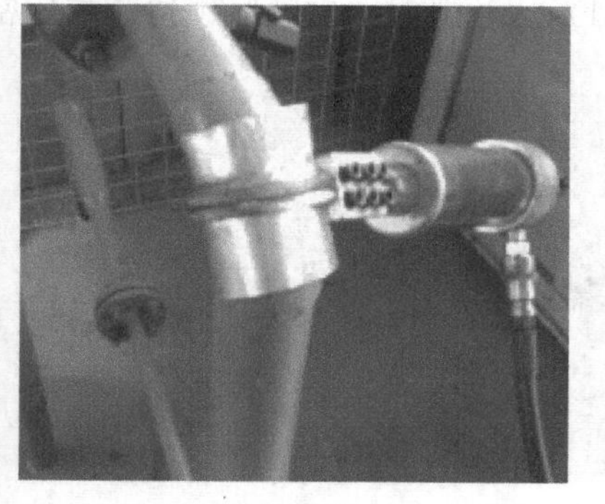

图 10-43 钢丝绳锁快速带压密封技术应用于弯头泄漏处置图

五、紧固法

紧固堵漏法（紧固法）的基本原理是：采用某种特制的卡具所产生大于泄漏介质压力的紧固力，迫使泄漏停止，再用胶黏剂或堵漏胶进行修补加固，达到堵漏的目的，如图 10-44 所示。根据这种原理产生的商品堵漏工具叫作金属套管堵漏器，如图 10-45 所示。

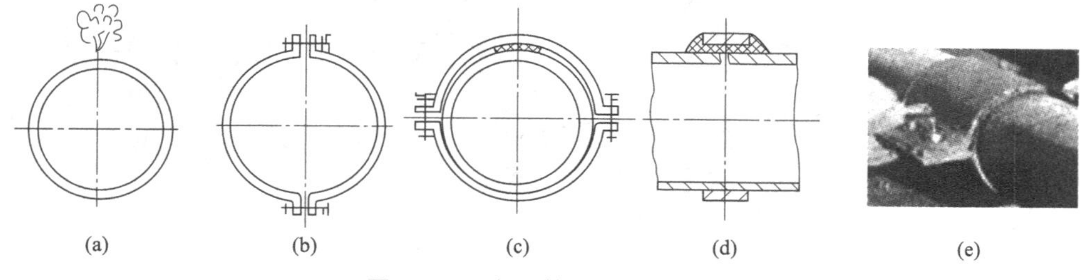

图 10-44 紧固堵漏过程示意图

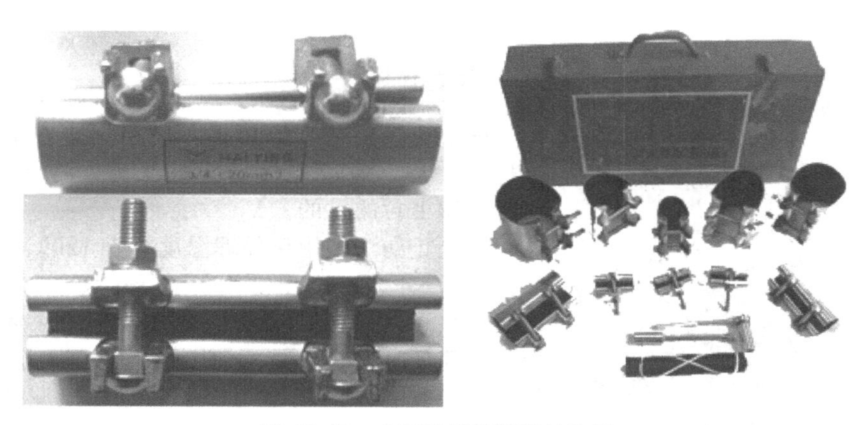

图 10-45 金属套管堵漏器结构图

六、填塞法

填塞粘接堵漏法（填塞法）的基本原理是：依靠人手产生的外力，将事先调配好的某种胶黏剂压在泄漏缺陷部位上，形成填塞效应，强行止住泄漏，并借助此种胶黏剂能与泄漏介质共存，形成平衡相的特殊性能，完成固化过程，达到堵漏密封的目的，如图 10-46 所示。

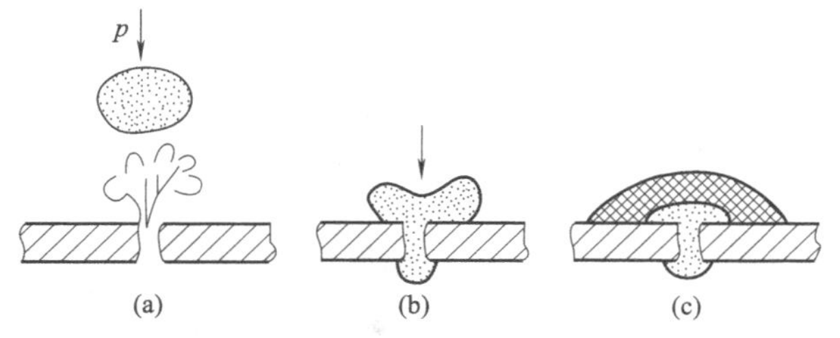

图 10-46 堵漏胶堵塞粘接法示意图

七、塞楔法

塞楔法基本原理是：利用韧性大的金属、木质、塑料等材料挤塞入泄漏孔、裂缝、洞内，实现带压密封的目的，如图 10-47 所示。

目前已经有多种尺寸规格的标准木楔，专门用于处理裂缝及孔洞状的泄漏事故，如图10-48所示。本工具箱备有处置罐体泄漏的各种专用工具，其泄漏对象有罐体上的裂缝、孔洞，对于因罐体表面腐蚀而导致的泄漏带压密封同样有效。包含有无火花工具4件、堵漏木楔9件、弓形堵漏板1件、圆锥堵漏件8件、堵漏钉5个。

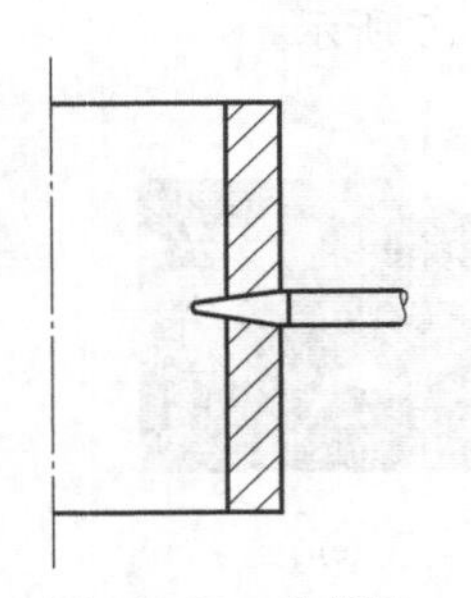

图10-47 塞楔法原理示意图

图10-48 塞楔法堵漏器结构图

八、气垫止漏法

图10-49 止漏气垫结构

气垫止漏法基本原理是：利用固定在泄漏口处的气垫或气袋，通过充气后的鼓胀力，将泄漏口压住，实现带压密封的目的。

气垫止漏法多用于处理温度小于120℃，压力小于0.3MPa，且具备操作空间的泄漏，如图10-49所示。堵漏气垫可对管道、油罐、铁路槽车的液体泄漏进行快速、简便、安全的带压密封操作。采用耐化学腐蚀的氯丁橡胶制作的气垫用带子固定在泄漏表面，调节并系紧固定带，然后充气。

九、缠绕法

缠绕法是利用带压密封捆扎带拉紧后生产的捆绑力来实现堵漏目的一种快速方法。带压密封捆扎带是用耐温、抗腐蚀、强度高的合成纤维作骨架，用特殊工艺将合成纤维和合成橡胶溶为一体，具备弹性好、强度高、耐温及抗腐蚀等特点，它可在短时间不借助任何工具设备，快速消除喷射状态下的直管、弯头、三通、活接头、螺纹、法兰、焊口等部位的泄漏。其使用温度为150℃，使用的最大压力可达2.4MPa。它可广泛应用于水、蒸汽、煤气、油、氨、氯气、酸、碱等介质，如用于强溶剂环境下，可用聚四氟乙烯带打底并配合使用耐溶剂的胶黏剂，可达止漏的目的。该产品目前广泛应用于供热、电力、化工、冶金等行业里。其结构如图10-50所示。

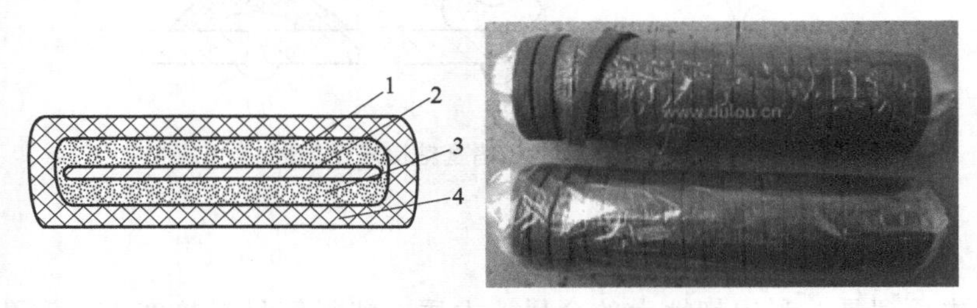

图10-50 带压密封捆扎结构示意图

1、3—橡胶层；2—纤维织物层；4—聚四氟乙烯材料层带压密封带使用方法：首先清除管道泄漏缺陷周边污垢，用缠绕带在泄漏点两侧缠绕捆扎拉紧形成堤坝，直接对泄漏点处捆扎，通过弹性收缩挤压消除泄漏，如图 10-51 所示。

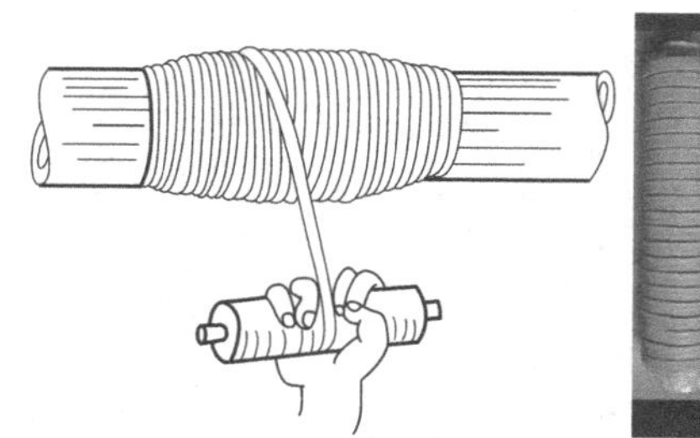
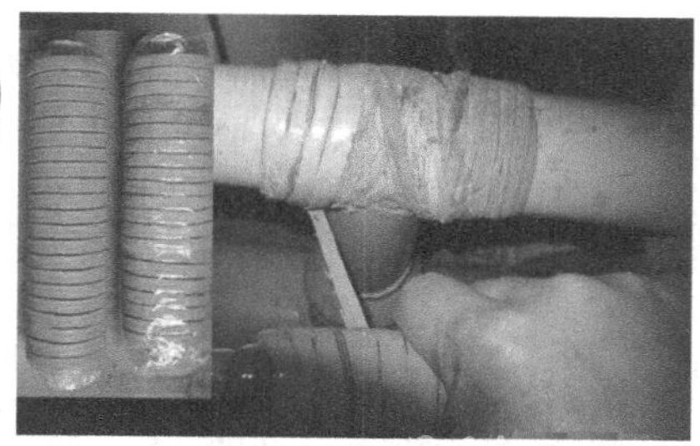

图 10-51 缠绕捆扎示意图

十、顶压法

顶压粘接堵漏法（顶压法）的基本原理是：在大于泄漏介质压力的人为外力作用下，首先迫使泄漏止住，再利用胶黏剂的特性对泄漏部位进行粘补，待胶黏剂固化后，撤出外力，达到重新密封的目的，如图 10-52 所示。

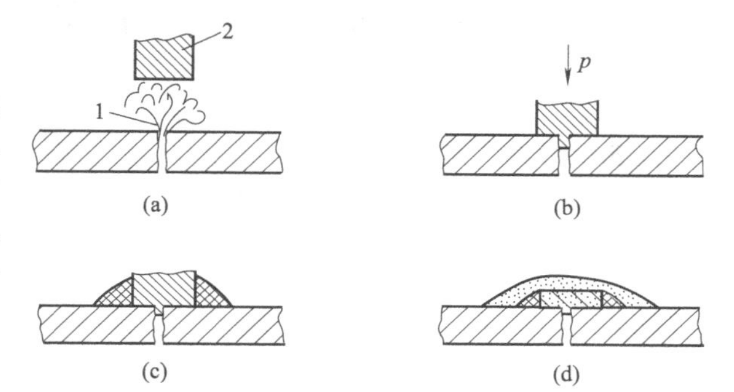

图 10-52 顶压粘接堵漏法模型示意图

1—泄漏部位；2—顶压块

十一、引流法

有一些特殊的泄漏点，如存在严重腐蚀的气柜壁上的泄漏孔洞，塑料容器、管道及槽车上出现的泄漏，在采用其他方法比较烦琐的情况下，可以考虑采用引流粘接法（引流法）进行带压密封作业。

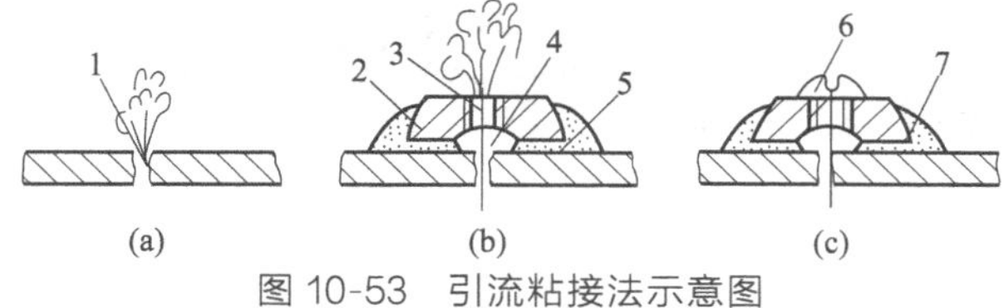

图 10-53 引流粘接法示意图

1—泄漏缺陷；2—引流器；3—引流螺孔；4—引流通道；5—胶黏剂；6—螺钉；7—加固胶黏剂

引流粘接法的基本原理是：利用胶黏剂的特性，首先将具有极好降压、排放泄漏介质作用的引流器粘在泄漏点上，待胶黏剂充分固化后，封堵引流孔，实现带压密封的目的，如图 10-53 所示。

十二、磁压法

磁压法的基本原理是：借助磁铁产生的强大吸力，使涂有胶黏剂或堵漏胶的非磁性材料与泄漏部位黏合，达到止漏密封的目的，如图 10-54 所示。

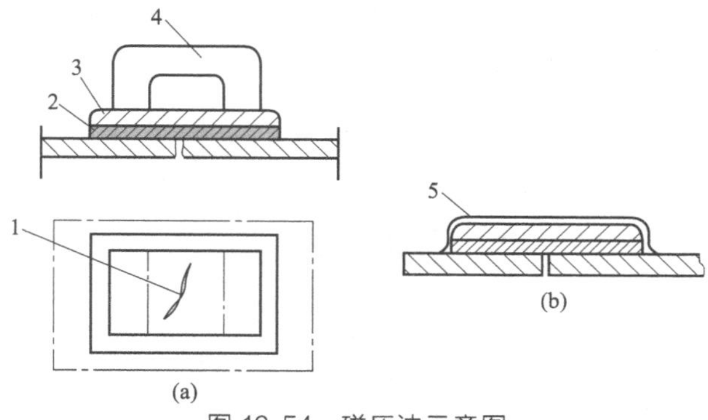

图 10-54 磁压法示意图

1—泄漏缺陷；2—胶黏剂或堵漏胶；3—非磁性材料；4—磁铁；5—胶黏剂及玻璃布

1. 橡胶磁带压密封块及应用

橡胶磁带压密封块的工作原理是将钕铁硼永磁材料镶嵌于导磁橡胶体中，组成强磁装置，钕铁硼强磁块的磁场通过橡胶层与铁磁性材料做成的工业设备产生吸力，并形成阻止泄漏所需的密封比压，实现磁力带压密封的目的。其结构和应用效果如图 10-55 所示。

图 10-55　橡胶磁带压密封块结构及应用效果图

2. 橡胶磁带压密封板及应用

橡胶磁带压密封板的工作原理同橡胶磁带压密封块的工作原理，其结构和应用效果如图 10-56 所示。

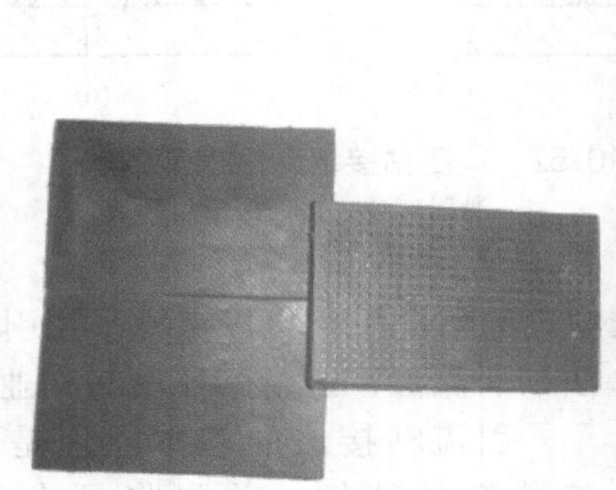
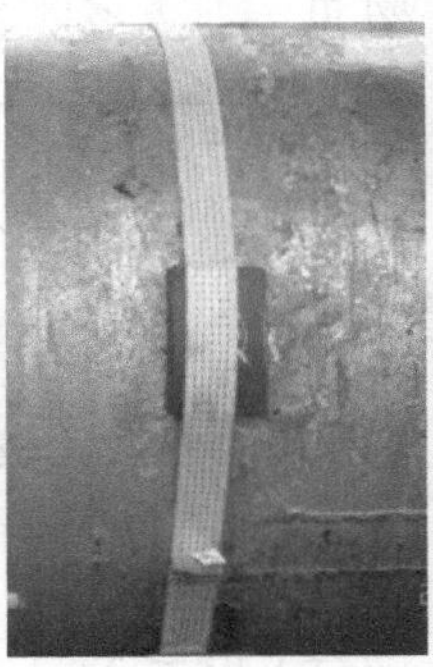

图 10-56　橡胶磁带压密封板结构及应用效果图

3. 开关式长方体橡胶磁带压密封板

开关式长方体橡胶磁带压密封板的工作原理是将具有开关功能的钕铁硼磁芯镶嵌于可弯曲导磁橡胶体中，组成可调磁力强弱的强磁装置，钕铁硼强磁块的磁场通过橡胶层与铁磁性材料做成的工业设备产生吸力，并形成阻止泄漏所需的密封比压，实现磁力带压密封的目的，其结构和应用效果如图 10-57 所示。

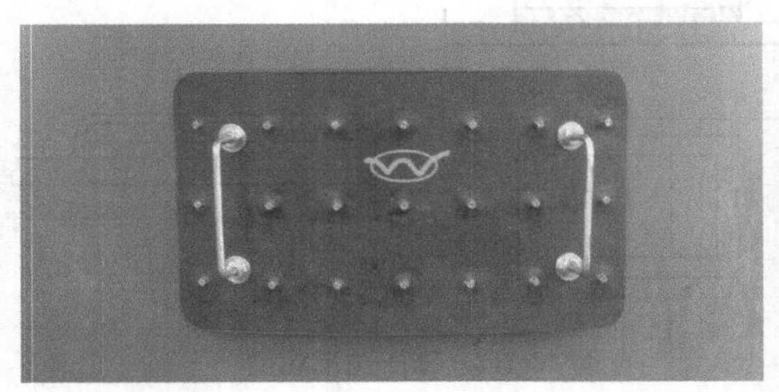
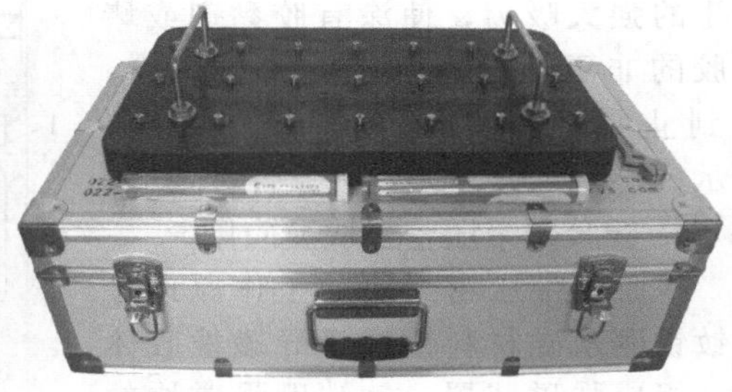

图 10-57　开关式长方体橡胶磁带压密封板结构及应用效果图

4. 开关式气瓶橡胶磁带压密封帽

开关式气瓶橡胶磁带压密封帽的工作原理是将具有开关功能的钕铁硼磁芯镶嵌于可弯曲导磁帽式橡胶体中，组成可调磁力强弱的强磁装置，钕铁硼强磁块的磁场通过橡胶层与铁磁性材料做成的工业设备产生吸力，并形成阻止泄漏所需的密封比压，实现磁力带压密封的目的，其结构和应用效果如图 10-58 所示。

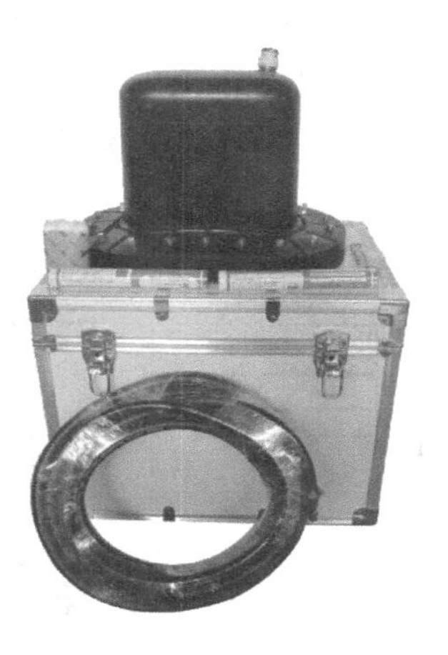

图 10-58 开关式气瓶橡胶磁带压密封帽结构及应用效果图

5. 开关式槽车橡胶磁带压密封帽

开关式槽车橡胶磁带压密封帽的工作原理与开关式气瓶橡胶磁带压密封帽的工作原理相同，其结构和应用效果如图 10-59 所示。

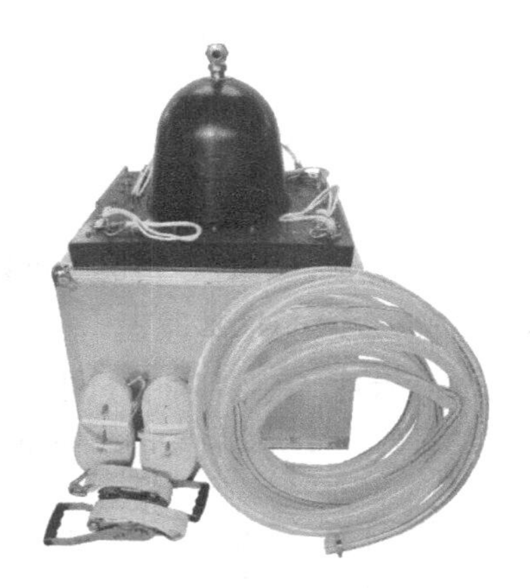

图 10-59 开关式槽车橡胶磁带压密封帽结构及应用效果图

十三、T 形螺栓法

T 形螺栓粘接堵漏法（T 形螺栓法）的基本思路是，借助泄漏孔洞较大的这一客观条件，依靠泄漏缺陷内外表面形成一个机械式的密封结构，通过拧紧 T 形螺栓来产生足够的工作密封比压，达到止住泄漏的目的。

在胶黏剂的配合下，利用 T 形螺栓的独特功能，使其自身固定在泄漏孔洞的内外壁面上，并通过螺栓的紧固力实现堵漏的目的，如图 10-60 所示。

十四、螺栓紧固式捆绑带

螺栓紧固式捆绑带通过两组螺栓紧固使捆绑带拉紧，这个拉紧力通过设置在捆绑带下面的模板及橡胶密封材料作用在泄漏缺陷部位上，从而实现堵漏目的。捆绑带的材料是一种称作芳纶的特殊高科技合成纤维材料，具有超高强度、高模量和耐高温、耐酸耐碱、重量轻等优良性能，其强度是钢丝的 5～6 倍，模量为钢丝或玻璃纤维的 2～3 倍，韧性是钢丝的 2 倍，而重量仅为钢丝的 1/5 左右，在 560℃下，不分解，不熔化。同时它具有良好的绝缘性和抗老化性能，并能够承受巨大的拉力，如图 10-61 所示。

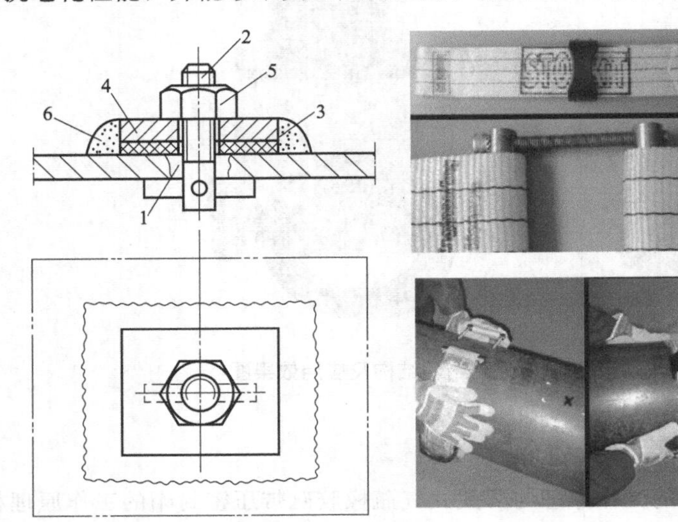

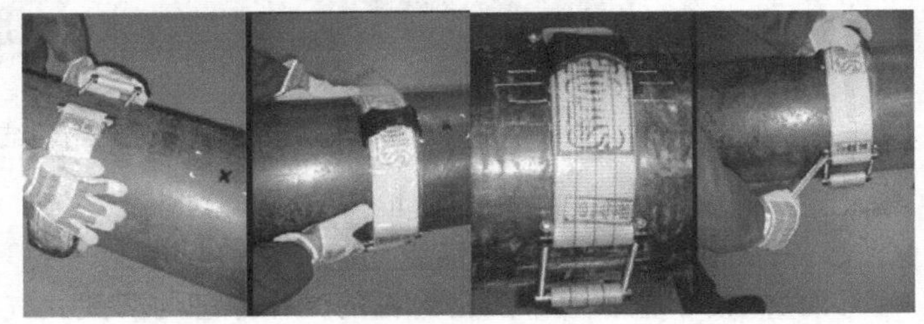

图 10-60　T 形螺栓粘接堵漏法示意图

1—泄漏孔洞；2—T 形螺栓；3—密封材料；4—顶压钢板；5—螺母；6—加固胶黏剂或堵漏胶

图 10-61　螺栓紧固式捆绑带图片

十五、带压断管技术

带压密封技术不是万能的。当管道爆裂或人员无法靠近危险化学品危险泄漏点时，带压密封作业就无法完成。在这种情况下可以采用带压断管技术来消除危险化学品泄漏事故。

（一）带压断管技术的基本原理

带压断管技术是利用液压油缸产生的强大推力，通过夹扁头使其工作间隙逐渐缩小，从而实现夹扁管道的目的。带压断管器的结构如图 10-62 所示，带压断管器总成示意图如图 10-63 所示。

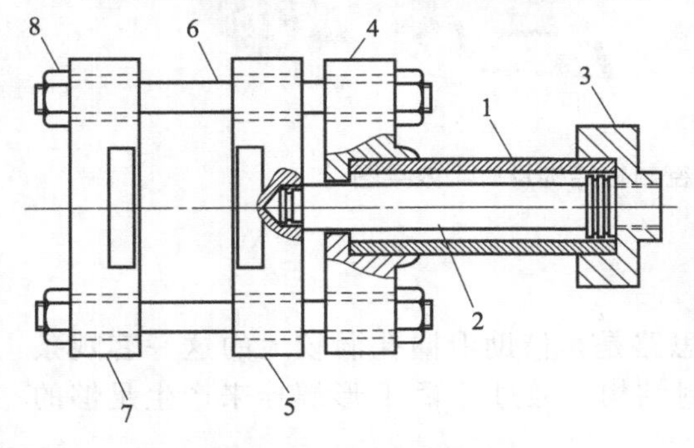

图 10-62　带压断管器结构图

1—液压油缸；2—活塞；3—缸盖螺母；4—上固定板；5—移动压板；6—连接螺栓；7—下固定板；8—连接螺母

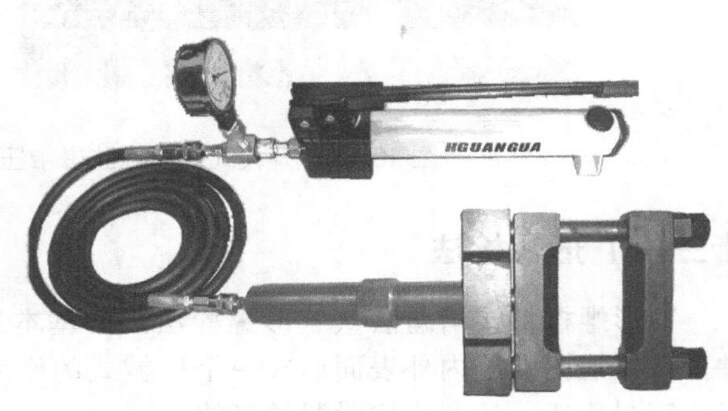

图 10-63　带压断管器总成示意图

（二）带压断管技术使用方法

(1) 选择好适合带压断管技术作业的管道部位。

(2) 安装带压断管工具。

(3) 进行一次断管作业。

(4) 选择二次断管部位，重新安装断管工具。

(5) 进行二次断管作业。

(6) 按断管管道的公称尺寸选择G形卡具型号。

(7) 试装，确定钻孔位置，并打样冲眼窝。

(8) 用ϕ10mm的钻头在样冲眼窝处钻一定位密封孔，深度按G形卡具螺栓头部形状确定。

(9) 安装G形卡具，检查眼窝处的密封情况。

(10) 安装注剂专用旋塞阀。

(11) 用ϕ3mm的长杆钻头将余下的管道壁厚钻透，引出泄漏介质。

(12) 安装高压注剂枪，如图10-64所示。

(13) 进行注剂作业，如图10-65所示。

(14) 泄漏停止后，G形卡具以不拆除为好。

图10-64 带压断管作业现场安装高压注剂枪

图10-65 带压断管注剂作业现场图

十六、氢气透镜法兰带压密封施工方案（案例）

(一) 目录

(1) 编制说明。

(2) 编制依据。

(3) 工程概况。

(4) 现场勘测。

(5) 夹具设计与制作。

(6) 安全评价。

(7) 施工准备。

(8) 施工工艺。

(9) 施工人力计划。

(10) 健康安全环境管理措施。

① 风险分析。

② 人员管理。

③ 劳动防护。

④ 安全措施。

⑤ 环保措施。

⑥ 应急预案。

（二）编制说明

氢气镜法兰带压密封施工方案是根据安阳化工下达的安全检修任务书及泄漏部位勘测情况制订，采用夹具-注剂法进行带压密封技术作业。

（三）编制依据

（1）安阳化工下发的《安全检修任务书》；

（2）HG/T 20201—2007《带压密封技术规范》；

（3）GB/T 26467—2011《承压设备带压密封技术规范》；

（4）GBT 26468—2011《承压设备带压密封夹具设计规范》；

（5）GB 150—2011《压力容器》；

（6）HG 20660—2017《压力容器中化学介质毒性危害和爆炸危险程度分类》；

（7）TSG-21—2016《固定式压力容器安全技术监察规程》；

（8）TSG D0001—2009《压力管道安全技术监察规程-工业管道》。

（四）工程概况

（1）计划工期：2016-12-24～2016-12-25。

（2）施工内容：安全措施、现场勘测、夹具设计、夹具制作、注剂工具准备、现场操作及交工验收。氢气 60%、氮气 38%、氨气 2%。

（五）现场勘测

（1）现场泄漏介质勘测数据如表 10-3 所示。

表 10-3 泄漏介质勘测记录表

泄漏介质化学参数	名称	氢气 60%、氮气 38%、氨气 2%	危险性类别		高	
	腐蚀性质		毒性危险程度	爆炸危险程度 高		
泄漏介质物理参数	最低工作温度/℃	常温	最高工作温度/℃	常温	作业环境温度/℃	
	最低工作压力/MPa		最高工作压力/MPa	30		
勘测人员姓名：			2016 年 12 月　　日			

① 泄漏介质性质、温度、压力应以现场实际运行的数据为准进行记录。当对勘测结果有怀疑时，应在现场重新进行测量或取样复检。

② 泄漏介质毒性危害和爆炸危险程度分类，按 HG 20660—2017《压力容器中化学介质毒性危害和爆炸危险程度分类》执行。

（2）法兰垫片泄漏部位如图 10-66 所示，勘测数据如表 10-4 所示。

表 10-4 法兰垫片密封面泄漏部位勘测记录表

项目	ϕ_1	ϕ_2	e	C_1	C_2	C	h	螺栓	泄漏缺陷简图
测量值	400					$C_{min}=18.5$	$h_{min}=$	规格 M45 数量 $n=8$	长×宽　或当量孔径

（六）夹具设计与制作

（1）法兰夹具结构设计　90°角式夹具连接耳板结构、90°注胶孔结构，凸台两侧设置铝质

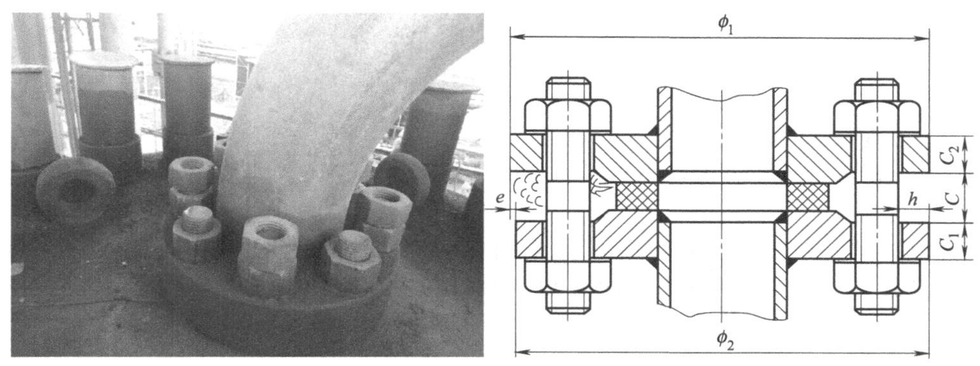

图 10-66 法兰垫片泄漏部位

O形圈增加密封结构，上侧采用30°敛法兰处边缘，下部敛夹具处边缘特殊结构法兰夹具。

(2) 夹具材料选择 根据泄漏介质情况材料为Q345。

(3) 法兰夹具厚度计算 夹具设计不但要考虑强度，而且要考虑刚性，以保障带压密封施工安全和密封的成功率。

法兰夹具的计算厚度 S，按下式计算：

当法兰外直径 $D<500$mm 时，且为二等分剖分夹具时；

$$S=0.977D\sqrt{\frac{Cp}{B[\sigma]^t}}=0.977\sqrt{\frac{18.5\times 35}{28\times 185}}=138(\text{mm}) \tag{10-4}$$

式中 S——夹具计算厚度，mm；

D——夹具计算直径，法兰夹具为泄漏法兰外径，mm；

C——夹具封闭空腔宽度，$C=18.5$mm；

p——夹具设计压力，$p=35$MPa；

B——夹具宽度，$B=28$mm；

$[\sigma]^t$——泄漏介质温度下夹具材料的许用应力，$[\sigma]^t=185$MPa。

(4) 夹具耳板连接的厚度 t，应按下式计算：

$$t=\sqrt{\frac{3CLpD}{b[\sigma]^t}} \tag{10-5}$$

式中 t——夹具耳板厚度，mm；

C——夹具封闭空腔宽度，mm；

L——耳板螺栓孔中心至夹具外壁与耳板连接（焊接）处距离，mm；

p——夹具设计压力，$p=35$MPa；

D——夹具计算直径，盒式夹具为管道或筒体外径+2倍注剂厚度，mm；

b——夹具耳板长度，mm；

$[\sigma]^t$——泄漏介质温度下夹具材料的许用应力，MPa。

(5) 法兰夹具连接螺栓计算

法兰夹具连接螺栓的小径 d_1，按下式计算：

$$d_1=1.12\sqrt{\frac{C_K CpD}{n[\sigma]^t}} \tag{10-6}$$

式中 d_1——计算小径，mm；

C_K——预紧和刚性系数，$C_K=1.5$；

C——夹具密封空腔宽度，mm；

p——夹具设计压力，MPa；

D——泄漏法兰外直径，mm；

n——连接螺栓数量；

$[\sigma]^t$——泄漏介质工作温度下夹具材料的许用应力，MPa。

(6) 夹具制作

① 夹具成型　夹具采用整体切割成型或焊接组合的方法成型，并应在机床上进行精细加工。

② 夹具加工精度　夹具加工精度为IT10～IT11之间；夹具加工整体成型表面粗糙度在下列三者中选择：12.5/、25/、50/。

（七）安全评价

对施工的安全做出评价，判断带压密封（堵漏）施工可否保证人员和设备安全，填写《带压密封工程施工安全评价》。

（八）施工准备

(1) 带压密封作业前，生产单位对我方施工人员进行如下的安全教育已经落实：

① 泄漏介质压力、温度及危险特性；

② 泄漏设备的生产工艺特点；

③ 泄漏点周围环境存在的危险源情况；

④ 施工现场的安全通道、安全注意事项和必备的安全防护措施及相关安全管理制度。

(2) 施工方案交底　施工人员进入现场前由我方施工单位技术负责人向施工人员交底，确保施工人员完全理解施工方案及安全措施。

(3) 施工工具及密封材料　法兰带压密封施工工具及密封材料如表10-5所示。

表10-5　带压密封施工工具及密封材料一览表

工具名称	单位	数量
手动自动复位液压注射工具	套	2
气动连续加料液压注射工具	套	1
电动连续加料液压注射工具	套	1
注剂阀	个	10
换向接头	个	8
螺栓接头	个	8
C形卡具	套	2
气钻	套	1
充电钻	套	1
加长钻头 ϕ(3.5～4mm)×(150～250mm)	件	5
捻缝工具	套	2
普通扳手	套	2
防爆扳手	套	1
普通榔头	个	1
铜制榔头	个	1
铜棒	件	1
螺丝刀(螺钉旋具)	套	1
密封注剂(江达14号)	kg	10
密封注剂(江达8号)	kg	10(备用)

(4) 安全防护　易燃易爆介质泄漏带压密封作业的安全与防护。

a. 严格禁止明火、电击，防止静电产生。

b. 采用通风换气，降低可燃物的浓度，使之处于爆炸范围之下。

c. 采用惰性气体保护法，减小可燃气体的浓度，使之保持在爆炸范围之下。

d. 采用防爆工具，如风镐、风钻、铜螺丝刀、铜手锤等。

e. 如必须在易燃易爆介质系统设备上打孔时，应采用气动钻，并用惰性气体将泄漏介质吹向无人一侧。在钻孔过程中为防止产生火花、静电及高温，应采取以下措施：

i 冷却降温法　钻孔过程中，将冷却液不断地浇在钻孔表面上，降低温度，使之不产生火花。

ii 隔绝空气法　在注剂阀或卡兰通道内，填满密封剂，钻头周围被密封剂所包围，始终不与空气接触，起到保护作用。

iii 惰性气体保护法　用一个可以通入惰性气体的注剂阀，钻头通过注剂阀与设备和介质接触，惰性气体可起到保护作用。

f. 作业人员应穿防静电服和防静电鞋，防静电服应符合 GB 12014—2009《防静电服》的规定。防静电鞋应符合 GB 21146—2007《个体防护装备职业鞋》的规定。

g. 不穿带钉的鞋和不在易燃易爆场合脱换衣服。

(九) 施工工艺

1. 夹具安装

(1) 在每个夹具注剂孔上装好配注剂阀，旋塞处于开启的位置。

(2) 作业人员穿戴好防护用品，从上风方向靠近泄漏点。

(3) 夹具安装过程应先调整方位，消除对接间隙，对称紧固连接螺栓。

(4) 夹具安装时应轻推嵌入，不得采用强力冲击的方法密合。

2. 注剂操作

(1) 起始注入点的选择　单点泄漏应从距离泄漏点最远端的注剂孔开始，顺序注入密封注剂，如图 10-67 所示。

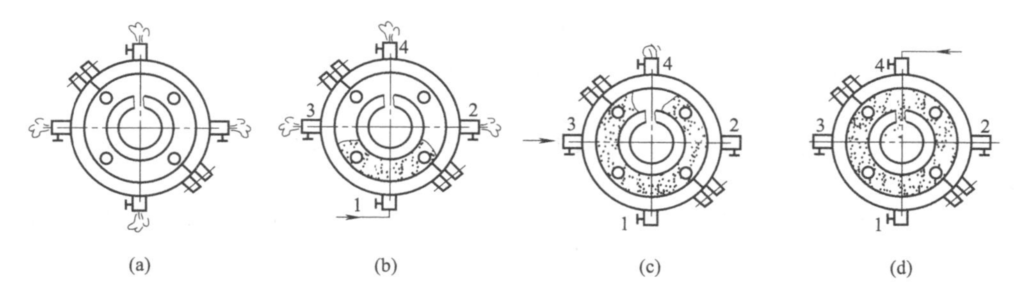

图 10-67　注入密封注剂的顺序图

(2) 当泄漏缺陷尺寸较大或多点泄漏时，从泄漏点两侧开始注入密封注剂。

(3) 从第二注入点开始，要在泄漏点两侧交叉注入密封注剂，最终直对主泄漏点注入密封注剂直至消除泄漏。

(4) 注剂操作人员应站在注剂枪的旁侧操作，装卸注剂枪和向料剂腔填加密封注剂必须先关闭注剂阀。

(5) 在注剂枪的料剂腔加入密封注剂，经压泵顶压后，方可打开注剂阀注入。

(6) 注入密封注剂施压过程应匀速平稳，注意推进速度与密封注剂固化时间协调。要严格控制注剂压力，避免不必要的超压，防止把密封注剂注入到泄漏系统中去。

（7）完成顺序注入后要进行补注压紧，防止产生应力松弛，确保密封效果长期稳定。

（十）施工人力计划

施工人力计划见表10-6。

表10-6 施工人力计划

序号	工种	人数	天数	合计工日
1	领队	1	1	1
2	安全员	1	1	1
3	特种作业员	2	1	1

（十一）健康安全环境管理措施

1. 风险分析

泄漏的危险介质和在泄漏部位的施工操作，江达扬升企业对其可能带来的风险，做了最充分的认识和科学地分析判断，并采取了相当成熟的针对性措施。

泄漏介质可分为普通介质和危险介质。危险介质有：

① 高温高压介质　人员可能有被烫伤和击伤的危险。

② 有毒介质　人员可能有中毒的危险。

③ 腐蚀和烧灼介质　人员可能有被灼伤、化学烧伤的危险。

④ 易燃易爆介质　周围可能发生火灾、核爆炸的危险。

施工操作人员根据国家有关规定必须经严格专业技术培训，持证上岗操作。

施工操作人员，必须穿戴好工作服和专用防护用品，才能进入施工现场。

泄漏和施工现场设明显的警示标记和限制无关人员出入的操作区间。

对泄漏部位的泄漏介质、温度、压力、孔洞大小、外部尺寸和缺陷等情况必须勘测清楚，认真记录。这也是制订切实可行的施工方法和安全措施，应急处理突发事件的唯一重要依据。只有在做好充分准备后，才能开始施工操作作业。

采用夹具密封法时，顺序是：现场勘测数据→夹具设计制造→夹具安装→从夹具上的注射阀注入密封剂→消除泄漏。每个过程都有明确的安全操作规程。

注入密封剂安全操作法保证了密封剂不被注入到泄漏系统中，保证了新密封结构的安全。

还有其他的一些施工方法，同样都做了严格的操作规定，确保了安全。

2. 人员管理

按照国家的相关规定，必须经带压密封专业技术培训，理论和实际操作考核合格，取得技术培训合格证书后，才能上岗进行带压密封作业。施工人员应随身携带《带压密封特种作业施工证》。

进入厂区后，按照甲方安全管理规程，先接受安全监督的安全教育后，熟悉厂区环境，再进行相关的施工准备，一切听从处理厂的安排，有问题时项目负责人及时与安全监督联系沟通。

施工人员进入厂区后，不得随意走动，服从处理厂的管理规定；进行施工时，如无必要不得擅自离开施工区域，严格执行厂制度。

3. 劳动防护

（1）安全防护范围　防烫、防烧灼、防火防爆、防静电、防毒、防坠落、防噪声、防碰伤、防割伤、防触电等。

（2）施工操作人员必须了解被堵泄漏介质的性能，弄清其目前的温度和压力，知道国家相应有关规定，懂得安全防护和急救措施。

（3）要求进入厂区后就必须按规定正确穿戴使用全套劳保用品，进入限制空间时必须穿着防滑雨鞋。

4. 安全措施

为了保证带压密封施工工程的顺利实施，必须坚决贯彻“安全第一、预防为主”的安全管理方针，为了保证劳动者在生产劳动过程中的安全、健康，确保国家财产免受损失，特制订以下安全措施。

（1）严格执行特种作业审批程序

① 带压密封施工单位，根据带压密封的特点，制订各个环节条件下带压密封安全操作规程和防护要求、应急措施等，并监督现场带压密封施工操作人员全面贯彻执行。

② 带压密封的专用工具和施工工具必须满足耐温耐压和国家规定的其他安全要求，不允许在现场使用不合格的产品。

③ 带压密封的防护用品必须是符合国家安全规定的合格产品。

④ 为了保证带压密封过程中的安全，有下列情况之一者，不能进行带压密封或者需采取其他补救措施后，才能进行带压密封。

a. 管道及设备器壁等主要受压元器件，因裂纹泄漏又没有防止裂纹扩大措施时，不能进行带压密封。否则会因为堵漏掩盖了裂纹的继续扩大而发生严重的破坏性事故。

b. 透镜垫法兰泄漏时，不能用通常的在法兰副间隙中设计夹具注入密封剂的办法消除泄漏。否则会使法兰的密封由线密封变成面密封，极大地增加了螺栓力，以至破坏了原来密封结构，这是非常危险的。

c. 管道腐蚀、冲刷减薄状况（厚薄和面积大小）不清楚的泄漏点。如果管壁很薄且面积较大、设计的夹具不能有效覆盖减薄部位，轻者堵漏不容易成功，这边堵好那边漏；重者会使泄漏加重、甚至会出现断裂的事故。

d. 泄漏是极度剧毒介质时，例如光气等，不能带压密封，主要考虑是安全防护问题。

e. 强氧化剂的泄漏，例如浓硝酸、温度很高的纯氧等，需特别慎重考虑是否进行带压密封。因为它们与周围的化合物，包括某些密封剂会起剧烈的化学反应。

⑤ 带压密封前，施工操作人员根据现场泄漏的具体情况，制订切合实际的安全操作和防护措施实施细则，严格按安全操作法施工。

⑥ 带压密封施工操作人员要严格执行带压密封相关的国家劳动安全技术标准，遵守施工所在单位（公司、厂矿）的纪律和规定。每次作业都必须取得所在单位的同意后，才能进行施工。

⑦ 带压密封的施工操作人员必须按照规定穿戴好安全防护用品才能进入堵漏现场。

⑧ 防爆等级特别高和泄漏特别严重的带压密封现场，要有专人监控，制订严密详细防范措施，现场应有必要的消防器材、急救车辆和人员。

（2）安全用电措施

① 所有电器设备必须有良好的接地且性能良好。

② 所有电器设备人员必须有一定的专业基础，了解用电基本常识。

③ 施工需用电时，应会同处理厂有关负责人联系用电事宜，在确认电源所在位置，电压合适之后再进行施工。

（3）进入限制空间措施

① 必须办理作业许可证后，方能施工。

② 必须有专人监护。

③ 必须先进行有毒有害气体的测定，确认无危险后，作业人员才能进入限制空间。

④ 作业人员与地面人员应根据事先规定的通讯联络方式进行联系，并且需专人负责。

⑤ 作业人员使用的工具、材料应系好安全绳索或者放在专用的工具袋进行运送，不得上下投掷。

⑥ 进出限制空间的作业人员不准携带任何的笨重物体，任何的物体必须经安全通道或提升绳索运送。

⑦ 在限制空间里必须观察好地形，谨慎慢行。

(4) 防止中暑措施

① 施工前检查施工人员精神状态，患病或精神萎靡者不可施工。

② 按照现场情况降低劳动强度。

③ 给现场人员提供足够的饮用水。

(5) 通用安全管理要求

① 开展好班前（后）会：布置、核查当天即将开工的作业项目和内容；检查和审批当天即将开工的危险作业申请项目安全防范措施准备状况；布置和贯彻当天现场管理的重点内容和对象；处理已发生和估计将产生的事宜和问题。

② 应随时清理现场，每天收工时必须清理干净现场。施工结束时必须做到工完、料净、场地清。

③ 禁止任何人携带打火机及其他类似火源进入施工现场，手机必须关机。

④ 所有人员必须严格遵守施工现场禁止吸烟的相关规定。严禁在施工现场打闹、休闲娱乐；不准钓鱼。

⑤ 任何人不准在施工现场的安全通道上搁置任何物品，施工现场的所有物品和设备摆放必须整齐，并听从管理人员的指挥进行移动和搬迁。

5. 环保措施

为了保护我们赖以生存的自然环境，制订以下的环保措施，每位施工人员在施工过程中都应该认真遵守。

(1) 污物、废弃品放入专用垃圾箱，保持作业现场的清洁。

(2) 对施工剩余边角料进行归类，能再利用的进行回收，不能利用的放置在现场专用垃圾箱内。

6. 应急预案

(1) 堵漏点着火时的应急措施

① 立即停止堵漏作业。

② 根据不同的着火介质采用不同的灭火方法。

③ 用水灭火。

④ 用饱和蒸汽灭火。

⑤ 用二氧化碳灭火器灭火。

⑥ 用泡沫灭火器灭火。

⑦ 用干粉灭火器灭火。

⑧ 必要时及时报火警。

⑨ 分析着火原因，采取有效措施后，才能继续带压密封。

(2) 带压密封现场施工操作人员中毒的应急措施

① 立即停止堵漏作业。

② 迅速把中毒人员撤离现场至空气流通、清新的地方。

③ 必要时把中毒人员送附近医院急救治疗。

④ 全面检查操作人员防护用品，采取有效防范措施后才能继续带压密封。

（3）带压密封现场施工操作人员受伤时应急措施

① 人员受伤包括机械损伤、烧伤、烫伤、化学药品灼伤、高空坠落损伤等。

② 立即停止堵漏作业。

③ 根据不同的损伤性质和程度，采取不同的应急措施和方法。

④ 迅速把受伤者撤离现场进行急救和包扎，必要时迅速送往附近医院急救。

⑤ 化学药品灼伤者应根据化学药品性质用清水或其他化学溶液冲洗受伤部位，并根据情况迅速送附近医院急救处理。

⑥ 分析受伤原因，在采取防止再次受伤措施，保证安全的情况下，才能继续带压密封作业。

（4）触电应急处理

① 有人触电时应迅速使触电者脱离电源，并报告处理厂安全监督。

② 如果电源的控制箱或插头触电地点很远，可用绝缘良好的工具把电线斩断，或用干燥的木棒、木条等将电源线拨离触电者。

③ 如果现场无任何绝缘物，而触电者的衣服是干燥的，则可用包有干燥毛巾或衣服的一只手去拉触电者的衣服，使其离开电源。

④ 如果触电者的伤害不严重，神志清醒，可让他就地休息一段时间，不要走动，做仔细检查，必要时再送医院。

⑤ 如果触电者伤害情况严重，无呼吸，应在通知处理厂医护人员的同时，采取人工呼吸抢救，现场无法救治的立即送往附近医院。

第四节 设备在线机械加工修复技术

设备在线机械加工修复技术是利用便捷式机械加工机器对生产现场出现的设备法兰密封面、圆孔、平面出现的缺陷，进行法兰密封面加工、镗孔加工、平面铣削等现场机械加工，恢复元件使用功能的一种在线修复新技术。由于是在生产现场直接对缺陷元件进行修复，不必更新设备或拆除设备后运达专业加工厂进行加工修复，因此可以有效缩短设备检修时间，节省了人力资源，极大地降低了检修成本。如某炼油厂年产值为100亿元，则每提前一天开车就可为企业增加3000万元的产值。

一、在线机械加工修复技术原理

在生产现场利用便捷式机械加工机器对坏损的生产设备元件表面切除缺陷材料部分，使之达到规定的修复几何形状、尺寸精度和表面质量要求的一种加工方法。

二、现场密封面加工

（1）适用范围　各种管道、容器、压力罐、锅炉、加氢反应器等设备上的法兰端面、内孔、外圆、凸面凹槽（RF、RTJ、M、F等）、椭圆面等多种形式的密封面车削加工，并可加工大型压力容器的法兰、阀座、压缩机用法兰、换热器封头等。

（2）技术参数　法兰加工直径范围：$\phi 0 \sim 6000$mm；表面粗糙度：$R_a = 3.2\mu m$，精加工可达$R_a = 1.6\mu m$；精度：± 0.03mm。

（3）加工设备特性

① 模块化设计，操作方便，易于安装、拆卸。

② 刀架在360°范围内可做任意角度调整。

③ 独立的内、外卡固定系统使对中更精确。

④ 预载制动系统可以使得间歇切割平衡。

⑤ 速变三速变速箱为全程切割输出最适宜的速度。

⑥ 强大可逆的动力使得切削更平衡。

⑦ 切割速度持续上升或下降时有反向平衡。

⑧ 水平、垂直、倒置安装均可，稳定性好。

⑨ 配有两套底盘安装，适用于不同的管径。

⑩ 平衡起吊环便于搬运。

⑪ 三种动力系统供选用：伺服电机、气动电机、液压电机。

⑫ 配备远程电路控制系统，操作方便、安全系数高，密封面加工设备结构及现场加工应用如图 10-68 所示。

图 10-68 密封面加工设备结构及现场加工应用图

三、现场铣削加工

(1) 适用范围 消除磨损部位，去除焊缝以及恢复设备表面，在现场复杂的工况条件下进行平面、凸凹槽、方形法兰面以及各种直线密封槽、模具 T 形槽、倒角面加工；主要用于换热器、泵和电机、起重机的衬垫、底座、舱门盖、凹槽、凸台接合面、轴和防护罩键槽的加工；也可以用于各种滑动轨道系统的加工；在轴、平板以及管件上加工键槽、条形孔，通孔处加工键槽，也可以加工轴端、轴中的键槽以及加工大型管道内孔键槽。

(2) 技术参数 *XY* 铣削平面：泵、压缩机、电机底座等最大尺寸为 2000mm × 4000mm；键槽：如热交换器管板分区槽最长尺寸为 2032mm。

(3) 加工设备特性

① 分体组装式结构，便于现场安装、拆卸。

② 重负荷线性导轨、双滚珠丝杠保证了走刀的精度。

③ 强大可逆的动力使得切削更平衡。

④ 精确的燕尾槽和可调导轨使得调节平滑精确。

⑤ *X*、*Y* 两方向自动进给，垂直方向手动进给。

⑥ 加工精度高，单位平方米平面度可达 0.02mm。

⑦ 加工范围广，铣削宽度可达 5000mm。

⑧ 安装方便，可水平安装、垂直安装、倒置安装。

⑨ 可配备磁力底座，适用于特殊工作条件，稳定性高。

⑩ 三种动力系统供选择：气动电机、电动电机、液压电机。便携式铣床结构及现场加工应用如图 10-69 所示。

图 10-69 便携式铣床结构及现场加工应用图

四、现场镗孔

（1）适用范围　主要用于管道内孔的加工，各种机械部件上的回转孔、轴削孔、安装固定孔的加工及修复；适用于挖掘机、起重机等重型机械上的挖斗、主臂的轴削孔、同心孔磨损后的修复，泵体、阀体、阀座、涡轮机组以及船艄舵系孔、轴孔、舵叶孔等加工；现场钻孔、扩孔、孔修复（补焊后加工）、攻丝，水平镗孔、垂直镗孔、直线镗孔、锥度镗孔、断头螺栓取出等。

（2）技术参数　镗孔直径范围：$\phi 45 \sim 1000$mm，最大深度为 5000mm；表面粗糙度：$R_a = 3.2\mu m$，精加工抛光可达 $R_a = 1.6\mu m$。

（3）加工设备特性

① 整机部件采用模块设计，可在现场快捷安装、拆卸。

② 高强度合金结构钢镗杆，强度高，不易变形。

③ 可水平镗孔、垂直镗孔、端面铣削。

④ 恒扭矩动力，切削量大，单边切削量最大可达到 8mm。动力系统有电动电机、气动电机、液压电机。

⑤ 具有微调功能的镗刀座，可调整进刀量，轴向、径向切削平衡，无振动。

⑥ 可配备端面铣装置，加工管道的密封面、V 形槽等。

⑦ 加工精度高，表面粗糙度可达 $R_a = 1.6\mu m$。

⑧ 具有快速退刀系统，操作方便、快捷。

⑨ 多种形式支撑固定装置满足了不同工作环境的需要，有单臂支撑、十字支撑、丁字支撑、一字支撑、落地支撑、中心支撑、轴端保护支撑可供选择。

⑩ 配备远程电路控制系统，操作方便、安全系数高。携式镗孔机结构及现场加工应用如图 10-70 所示。

图 10-70 携式镗孔机结构及现场加工应用图

五、现场轴颈加工

（1）适用范围　旧轴颈、已破损轴颈的重新改造，轴焊接与表面修复、轴套安装、轴承位修复。

（2）技术参数　加工轴直径范围为 ϕ101～825.5mm。

（3）加工设备特性

① 即使旋转臂在最远的距离，高回钢旋转臂及反向平衡体也提供了平滑的旋转和最小的振动。标准形式工具头提供了精确的深度调整，自动轴向进给可在 0～0.635mm 内变化。

图 10-71　轴颈车床结构及现场加工应用图

② 可调整的工具头和圆形刀头可以使工具快速定位，精确旋转，安装在轴端，仅需拆除齿轮或轴承就可以露出轴端进行加工。即使轴面不是方形，调整螺钉也可达到精确对心和对中。轴颈车床结构及现场加工应用如图 10-71 所示。

六、现场厚壁管道切割坡口

（1）适用范围　分裂式框架设计冷管道切割坡口机可用来割断厚壁管道，还可以进行各种坡口的切割，用于各种焊接筹备阶段的修坡口坡度修改，切管和坡口加工可同时进行。

（2）技术参数　可切割范围为 2″(50.8mm)～60″(1524mm）的碳钢、不锈钢、铸铁及大部分合金材料，甚至直径达 100m 的油罐都可以切割和坡口。

（3）加工设备特性

① 由气动或者液压驱动，它可以在管子水平或者垂直方向作业，可以在壕沟和 180m 深水下作业。

② 切割方式　该铣削切割坡口机可以切下 75mm 的金属，而且不改变机加工表面的物理性能，此方法有利于现场工地的截面切割。

③ 精度高　一般情况下，端面垂直度在 1/16″(1″＝25.4mm）范围内。如果使用导轨附件可将加工精度保持在 0.005 以内。采用导轨和特殊导轨轮可在零能见度下进行垂直切割、水下切割及多道切割。

④ 安全防爆的冷割　切割坡口机在易爆的环境下可以在天然气管、原油管及燃料管上作业，它曾经用于切割导弹燃料系统。

⑤ 快速、可靠　1min 完成切割 1 个 1″壁厚的管道。当然切割之间随管子的壁厚及合金的坚硬程度而相应变化。该机结构坚固，寿命可达 10～20 年。

⑥ 安装简单　它所需要的径向占空高度为 10″～12″，安装时间不到 10min。将可调节的驱动链条连接起来并扣紧在管道上，便可开动机器。

⑦ 切断同时可以加工沟槽　把切割刀和开槽刀安装在一起，就可以一次完成上述作业。

液压型的切割坡口机采用全封闭液压系统，特别适合恶劣环境（风沙、污泥、水下）工作，适合海上钻井、铺管及各种水上安装工程。

⑧ 抗腐蚀　使用不锈钢螺钉、特殊轴承、铅封及锌层等附件，可防止盐水作业下的腐蚀。切割坡口机结构及现场加工应用如图 10-72 所示。

图 10-72 切割坡口机结构及现场加工应用图

第五节 石油化工设备带压开孔及封堵技术

石油化工设备带压开孔及封堵技术是在设备、管道堵塞或某些管道损坏，甚至断裂，严重影响介质输送的情况下，在设备、管道完好的部位和段落，带压开孔，并封堵损坏的管道，在新开孔部位架设新管道输送介质。当损坏的设备、管段更换或检修完成后，再恢复原来的设备、管道输送介质。

一、带压开孔及封堵技术国家现行标准

目前我国国家标准是 GB/T 28055—2011《钢质管道带压封堵技术规范》。本标准规定了管道带压开孔、封堵作业的技术要求。本标准适用于钢质油气输送管道带压开孔作业及塞式、折叠式、筒式、囊式等封堵作业（其他介质参照执行）。

二、术语和定义

(1) 带压开孔　在管道无介质外泄的状态下，以机械切削方式在管道上加工出圆形孔的一种作业。

(2) 封堵头　由机械转动部分和密封部分组成，用于阻止管道内介质流动的装置，分为悬挂式、折叠式、筒式封堵头。

(3) 封堵　从开孔处将封堵头送入管道并密封管道，从而阻止管道内介质流动的一种作业。

(4) 对开三通　用于管道开孔、封堵作业，法兰部位带有塞堵和卡环机构的全包围式特制三通，分为封堵三通和旁通三通。

(5) 塞堵　置于对开三通的法兰孔内，带有 O 形密封圈、单向阀和卡环槽的圆柱体。

(6) 卡环机构　置于对开三通的法兰内，用于固定、限制塞堵的可伸缩机构。

(7) 夹板阀　在开孔、封堵作业中，用于连接三通与开孔及封堵装置的专用阀门。

(8) 开孔结合器　容纳开孔刀具、塞堵，用于夹板阀和开孔机之间密闭连接的装置。

(9) 封堵结合器　容纳封堵头，用于夹板阀和封堵器之间密闭连接的装置。

(10) 筒刀　一端带有多个刀齿，另一端与开孔机相联的圆筒形铣刀。

(11) 中心钻　安装有 U 形卡环，用于定位、导向和取出鞍形切板，辅助筒刀开孔的钻头。

(12) 刀具结合器　将开孔机和刀具连接起来的装置。

(13) 塞堵结合器(下堵器) 将开孔机和塞堵连接起来的装置。

三、带压开孔

(一)概述

带压开孔是在管道无介质外泄的状态下，以机械切削方式在管道上加工出圆形孔的一种作业。其过程如图 10-73 所示。技术参数如表 10-7 所示。

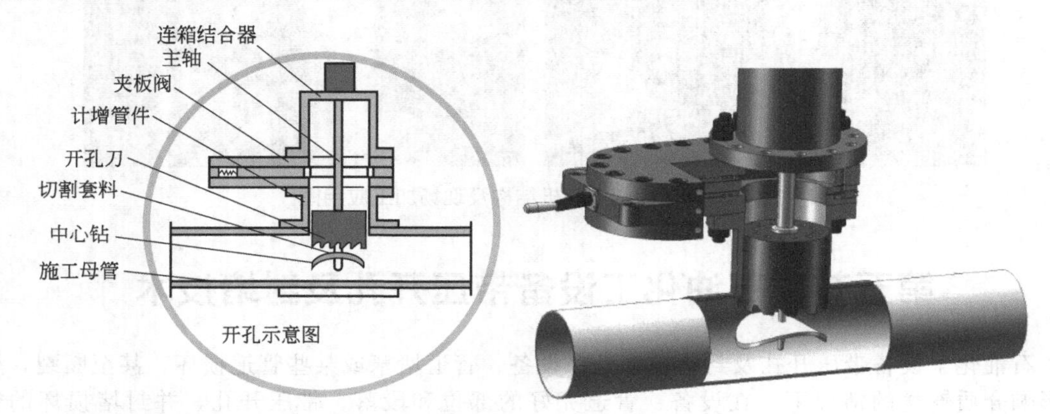

图 10-73 带压开孔过程示意图

表 10-7 带压开孔技术参数表

带压开孔	用途	用于管道不停输带压开孔
	规格	ϕ60～323mm
	适用压力	0～10MPa
	适用温度	－30～330℃
	适用管材	碳钢管、锰钢管、不锈钢管、灰口、球墨铸铁管、PVC 管、预应力管、西气东输系列管材
	开孔方式	手动或液压(可另配液压动力头)

(二)工作原理

不停输带压开孔机是在密封的条件下，对不停输的工业管道带压进行钻孔定心，套料开孔，实现工业管道不停输带压开孔。

(三)特点

(1) 在工业管道正常输送的情况下，带压施工，无需停输。

(2) 在转速范围内，保持恒扭矩输出。

(3) 无级变速，调节方便。

(4) 广泛适用于石油、化工、供气、供水等各种管线维修施工。

(四)基本参数

开孔机基本参数如表 10-8 所示。

表 10-8 开孔机参数表

型号＼参数	开孔范围(DN)/mm	主轴行程/mm	主轴转速/(r/min)	切削进给量/(mm/min)	液压站工作压力/MPa	工作流量/(L/min)
SKKJ100	80～300	650	手动	3	—	—
KKJ300	80～300	1000	10～26	0.099	7	54～108

(五)工艺要求与使用规定

(1) 带压开孔的操作人员在工作之前，必须认真阅读使用说明，掌握带压开孔机的基本结构和工件原理及工艺要求。

(2) 施工人员在施工前应确切地知道不停输管道内的工作介质压力，不大于 10MPa，温度不超过 280℃。

(3) 对于易燃易爆管线，施工前应对不停输管道开孔接管部位进行管壁超声波测厚，挡开孔部位管壁管厚<4mm 时，不允许使用底开焊接三通或焊接短节，以免焊穿造成恶性事故，只允许使用机械连接底开三通。

(4) 工业管道不停输带压开孔接管配件，包括底开焊接三通、焊接短节、机械联接底开三通等，均应使用生产厂家的定型合格产品，不允许在现场临时割制。

(5) 在不停输工业管道开孔接管部位装上底开三通或短节，再装上阀后，应按不停输工业管道工作压力进行压力试验，并在试验压力下保压 10～20min，不允许泄漏降压。进行密封检验合格后，方可安装开孔机进行施工。

(6) 开孔机安装完毕后，应保证闸阀开关自由，注意刀具不允许阻碍阀门的自由开关，否则不允许施工。

(7) 开孔机主轴的切削转速应按接管公称尺寸大小确定，不要随意提高主轴切削转速。

（六）操作规程简述

(1) 准备阶段

① 认真了解计算机不停输工业管道内工作介质的性质，工作压力、温度，符合本工艺要求与使用规定，方可准备施工。

② 在开孔的管段上，有保温层的，应扒开保温层，彻底清除底开三通或短节安装部位管道上的脏物、锈皮和管道防腐层。

(2) 安装三通或短节

① 使用焊接型配件（焊接型底开三通或焊接短节），应首先对不停输管道焊接部位进行超声波测厚，管壁厚度大于 4mm 时，方可进行焊接零件安装；当管壁厚度小于 4mm 时，只允许使用机械联接底开三通。

② 把底开三通装在管道上，大多数情况下尤其在大口径管道上，很有必要垫起下半部分三通，然后再把上半部分三通装上，调对刻在上下两半三通上的标记，以保证三通上下部准确地对中，上下两端保持足够的间隙，然后电焊四角，这样三通能够自由转动，以便于对正。

③ 焊接底开三通上下两部分的纵向焊缝，开始管道与三通之间不焊接，三通可以自由转动，这样在环向焊接时，便于三通在管道上水平调整。

④ 把三通固定于所要求的部位，把两端满焊。

⑤ 安装焊接短节配件应垂直安装并焊接到管道上，要求满焊。

(3) 压力试验

① 在焊接型配件焊缝完全冷却后，使用机械联接底开三通配件在螺栓全部拧紧后，在端法兰上放好垫圈，并把盲板用螺栓紧在上面，卸下试压丝堵，按上软管，进行水压试验，合格后卸下软管和盲板。

② 用无油、干燥的压缩空气吹扫试压后的配件内腔，把水分、杂质吹扫干净。

(4) 闸阀安装

① 把试压合格的闸阀安装到三通上端的法兰上。

② 旋转闸阀手轮，记录全开到全封闭手轮转数，把闸阀旋到全开状态。

③ 测量闸阀端法兰垫圈上平面到开口管壁凸点的垂直距高，并做好记录。

(5) 开孔安装

① 按接管公称尺寸选择接合器，并用螺栓将接合器与开孔机机体连接在一起，要求密封良好，连接紧固。

② 按开孔公称尺寸选择定心钻和套料刀，并安装到开孔机的刀柄上，然后将刀具摇进接合器内，定心钻和套料刀均不许露出在接合器外面。

③ 测量定心钻头尖到接合器平面的距离，并做好记录。

④ 将开孔机和接合器吊起，安装到闸阀端法兰上，旋转闸阀手轮，应保证闸阀关闭自由，不应有任何卡阻现象。

⑤ 拧紧接合器与闸阀的连接螺钉。从标尺上记下刀具在最高位置的标记高度 H，并记录好。

⑥ 将接合器的压力平衡接管与不停输管线接通，以平衡刀具在工作时的压力差，拧松排空螺塞直到有压力液溢出、气体介质逸出为止。

(6) 开孔作业

① 将开孔机主机各润滑油口加注润滑油 L-AN15-22。

② 计算快速进给行程，并按操作手册要求进行。

③ 首先波动式操作进给手柄，实现进给运动。启动电动机，波动式操作进给手柄，主轴旋转开始切削工作，然后连续切削，待标尺到达标记 E 点时，完成切削开孔工作，关闭电动机，拔离进刀离合器，手动退出刀具至离合器内。

④ 在定心钻孔和套料切削过程中，应仔细观察，若发现有异常情况，应立即停止切削并关机。若定心钻带料卡簧未到孔壁下端可摇动退刀手柄，使刀具退到最高位置，然后关闭闸阀，卸下开孔机，检查产生异常的原因，排除故障后，方可再次装机施工。若定心钻带料卡簧通过孔壁下端则强制切断卡簧，退出刀具，检查处理故障后再装机施工。

(7) 停机

① 完成进刀切削开孔后，应立即顺时针摇动退刀手柄，没有卡紧现象，则使刀具退到最高位置，关闭闸阀，卸下压力平衡管。

② 松开接合器与闸阀的连接螺栓，卸掉开孔机。然后卸下定心钻的上、下弹簧，取下料片，卸下定心钻和套料刀，擦干净保存。卸下接合器与刀柄，擦干净保存；主轴装上保护罩，完成开孔作业。

(8) 维护与保养

① 主机齿轮箱内装 HL20-30（冬 20、夏 30）齿轮油，初试运行 150h 后更换一次，以后每运行 800h 更换一次。

② 主机每次使用前各润滑油口加足润滑油。

③ 工作一段时间后，要注意检查，各连接螺栓是否松动，并拧紧防止松动。

四、带压封堵

带压封堵是从带压开孔处将封堵头送入管道并密封管道，从而阻止管道内介质流动的一种作业。封堵成功后可安装旁路管道，对减薄管段进行切断、改路、更换新管或换阀；对管段进行修复或改造完毕后，安装塞柄封住三通法兰口，安装盲板。其过程如图 10-74～图 10-76 所示，技术参数如表 10-9 所示。

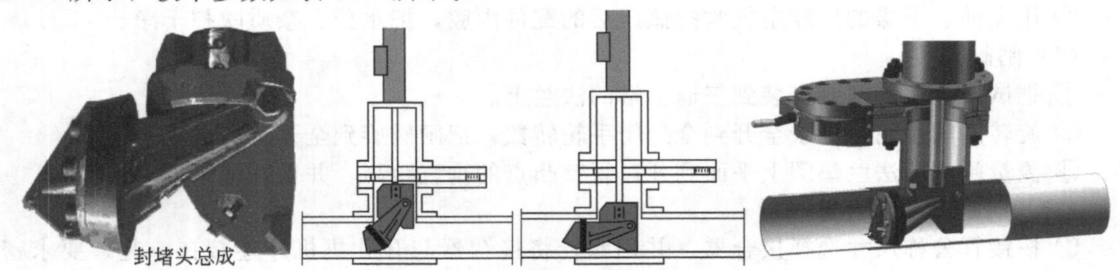

图 10-74　带压封堵过程示意图（1）

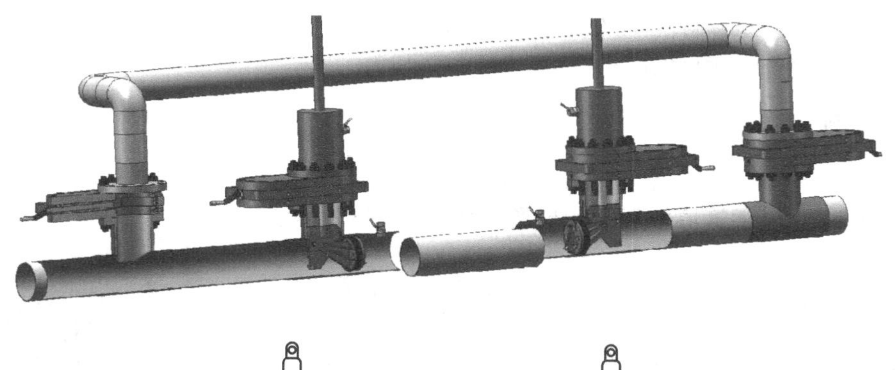

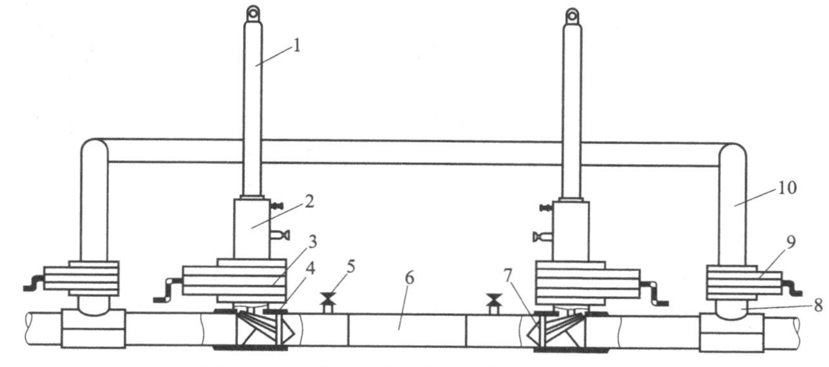

图 10-75 带压封堵过程示意图（2）

1—封堵器；2—封堵结合器；3—封堵夹板阀；4—封堵三通；5—压力平衡短节；6—*DN*50 放油孔；7—封堵头；8—旁通三通；9—旁通夹板阀；10—旁通管道

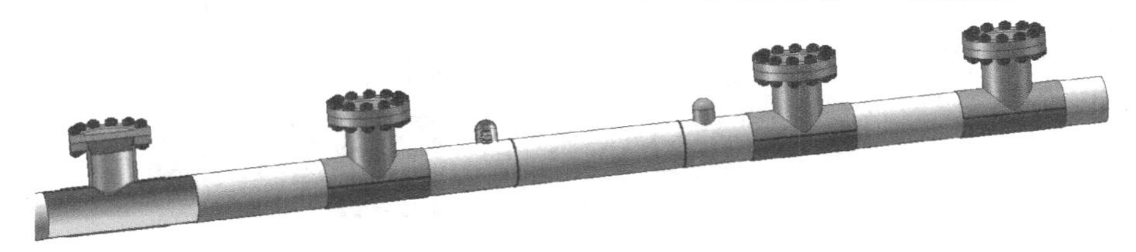

图 10-76 带压封堵过程示意图（3）

表 10-9 带压封堵技术参数表

带压封堵	用途	用于高温高压的各种介质管道带压封堵
	规格	ϕ60～323mm
	适用压力	0～6.4MPa
	适用温度	－30～280℃
	适用介质	水、水蒸气、石油、成品油、天然气、煤气等几乎所有介质
	特殊要求	高温高压合金材质、不锈钢材质等特殊工艺的专项开孔封堵

五、产品用途及适用范围介绍

（1）用途　开孔机是在输送不同介质压力管道上，作不停输带压开孔的专用施工机具，用于管道带压分支线开孔、接旁通开孔、管道封堵前的开孔、阀门两侧的压力平衡开孔、在管道上置入检测器开孔和注入介质开孔等。

（2）适用管道　用于石油、石化、成品油、水汽、天然气、城市燃气及多种气、液管道等。

（3）适用管材

① 金属类：钢管、合金管（铬钢管、锰钢管）、不锈钢管、铸铁管材。

② 有色金属类：紫铜管、黄铜管、铝合金管。

③ 其他：复合管、塑料管灯。

六、应用实例

（1）江苏沙钢 DN1600 带压开孔现场图如图 10-77 所示。

（2）DN2000 煤气管道带压开孔现场图如图 10-78 所示。

图 10-77 江苏沙钢 DN1600 带压开孔现场图

图 10-78 DN2000 煤气管道带压开孔现场图

（3）DN250 天然气管道开孔封堵现场图如图 10-79 所示。

（4）生产现场的开孔封堵如图 10-80 所示。

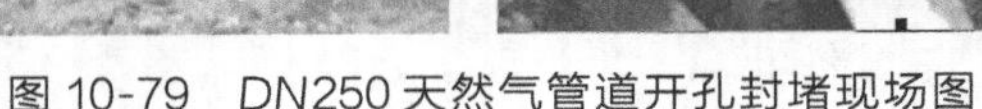

图 10-79 DN250 天然气管道开孔封堵现场图

图 10-80 生产现场的开孔封堵

第六节 不动火现场液压快速配管技术

不动火现场液压配管技术适用于不动火条件下的现场快速配管工程施工。现场配置的新管道具有结构强度高、密封性好、承压能力高的特点，同时可以实现异种材料管道的配制，管道内部介质压力升高后，具有一定的自紧密封效果，增强密封的可靠性。属于管道冷挤压连接技术，是管道连接领域的一个革命性创新成果，是设备维修领域内的一个新成员。

一、工作机理

不动火现场液压配管技术是采用两端设有可轴向移动的活动套管及一个的楔形连接套管的管接头，通过液压油缸推动活动套管向楔形连接套中心点移动，同时产生径向收缩，使得楔形连接套的镶嵌点嵌入管道外壁，产生径向弹性变形，而管道表面则产生了两道弹塑性变形，形成一个坚固的连接密封结构，实现管道快速连接目的。

二、专业术语

（1）液压快速管接头　由一个定位套和两个活动套组成，通过活动套的轴向移动而实现管道快速连接的组合式金属构件，如图 10-81 所示，包括图 10-82 中的液压快速直管接头、图 10-83 中的弯头管接头和图 10-82 中的三通管接头。

(2) 定位套　设有一条或数条凸台结构和相应 10°左右工作斜面角及一个限位台的刚性金属构件（图 10-81 中的 1）。

(3) 活动套　安装在定位套两端，设有 10°左右工作斜面角，可轴向移动的一次性使用的刚性金属构件（图 10-81 中的 6）。

(4) 凸台　设在定位套内侧，在轴向推力作用下，形成径向位移而嵌入管道表面，产生凹槽的圆凸形结构（图 10-81 中的 5）。

(5) 限位台　设置在定位套中心点处的一个三角形凸台，是管子插入时必须达到的安装位置（图 10-81 中的 2）。

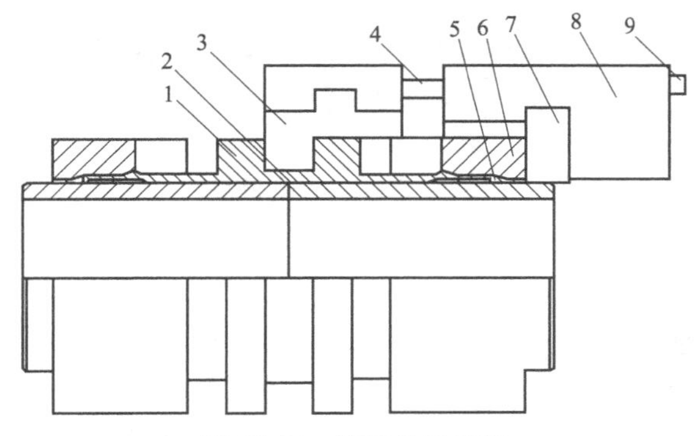

图 10-81　管接头示意图

1—定位套；2—限位台；3—驱动卡具；4—活塞杆；5—凸台；6—活动套；7—限位卡具；8—对开式液压钳；9—液压油路

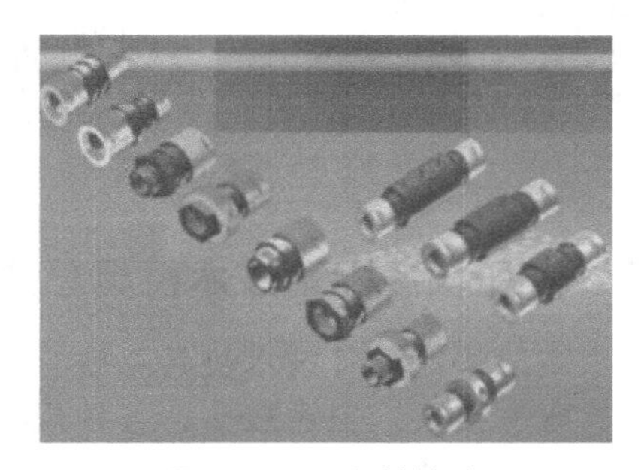

图 10-82　直管接头

图 10-83　弯头管接头

图 10-84　三通管接头

(6) 凹槽　在凸台压应力作用下，在管道外壁面上所形成的半圆形凹槽。

(7) 驱动卡具　通过设在内圆和外圆上的榫台分别与管接头及对开式液压钳相对应的凹槽形成榫槽连接，可完成轴向移动行程的半圆环金属结构（必须与管子的公称尺寸一一对应）（图 10-81 中的 3 及图 10-85）。

(8) 限位卡具　限制驱动卡具轴向移动有效行程的半圆环金属结构（必须与管子的公称尺寸一一对应）（图 10-81 中的 7）。

(9) 液压机具　由充电式微型液压泵、快速接头、高压油管、对开式液压钳及驱动卡具和限位卡具组成的专用工具总成。

(10) 对开式液压钳　由设有油缸并可以张合的两个半圆机构组成，通过油缸的轴向移动实现快速连接的专用工具（图 10-81 中的 8 及图 10-86）。

（11）固定栓　设置在对开式液压钳尾部，限制其张开的机构。

（12）充电式微型液压泵　配有充电电池、微电机、柱塞泵，给对开式液压钳提供动力源的微型油泵，如图 10-87 所示。

（13）手动液压泵　无电源条件下，给对开式液压钳提供动力源的小型油泵。

图 10-85　驱动卡具

图 10-86　对开式液压钳

三、液压快速配管技术机具总成

液压快速配管技术机具总成有：液压快速管接头，包括各种规格的直管接头、变径管接头、弯头接头、三通接头；各种规格驱动卡具；各种规格限位卡具；三种以上规格对开式液压钳；油路快速接头；高压油管；微型液压泵；小型直流电机和充电电池等。如图 10-88 所示，机具总成小巧玲珑，便于携带，操作简便。

图 10-87　充电式微型液压泵

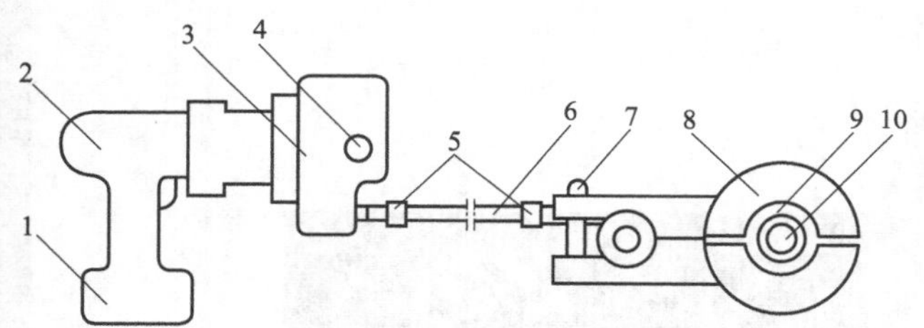

图 10-88　液压快速配管技术机具总成示意图

1—充电电池；2—直流电机；3—微型液压泵；4—单向阀；5—快速接头；6—高压油管；7—固定栓；8—对开式液压钳；9—驱动卡具；10—液压快速管接头

四、液压快速配管技术工艺

（1）根据连接管子的公称尺寸，选择相应规格的直管、变径、三通、弯头等管接头、驱动卡具、限位卡具及对开式液压钳，如图 10-81 所示。

（2）用电动工具垂直切割管子端面，并磨出 1×45°倒角，清除管子内外表面毛刺。

（3）将管接头套入管子一端，深度应达到限位台，不动为止，如图 10-81 中的 2 所示。

（4）打开对开式液压钳，装入驱动卡具和限位卡具，然后装入管接头，关闭液压钳，同时锁定固定栓，如图 10-81 中的 7 所示。

（5）通过高压油管的两个快速接头将对开式液压钳与微型液压泵实现连接，如图 10-90 所示。

（6）关闭微型液压泵上的单向阀，接通电源开关，几秒钟后，听到液压钳离合器的到位声音，工艺完成，如图 10-89 所示。

（7）切断电源，打开单向阀，对开式液压钳的油缸在复位弹簧力作用下，回到初始位置，取下液压钳。

（8）按上述工艺程序，连接管子的另一端，数分钟内即可完成一个管子接头，如图 10-90 所示。

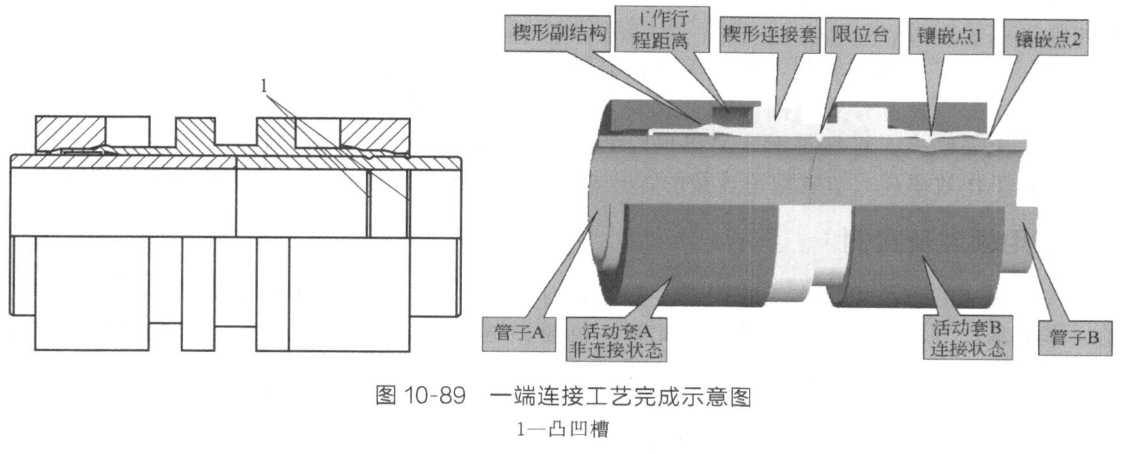

图 10-89　一端连接工艺完成示意图

1—凸凹槽

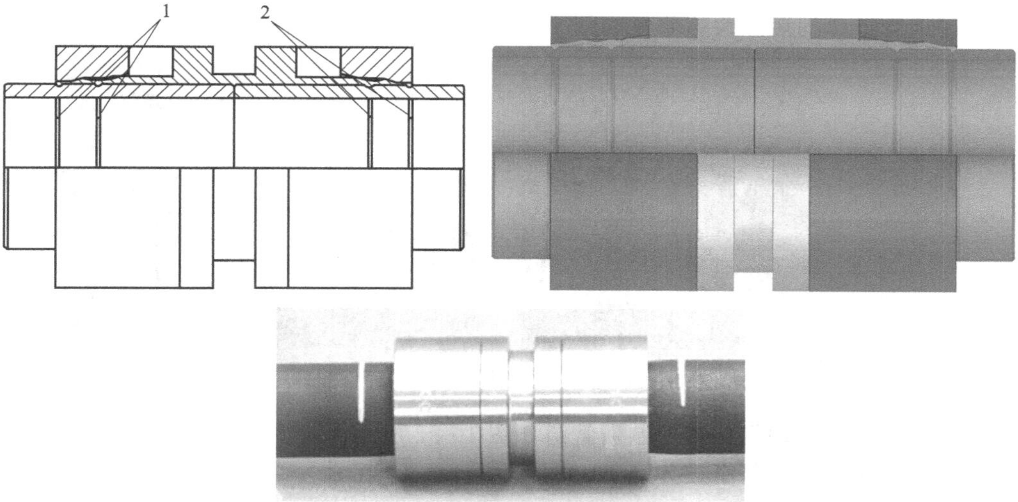

图 10-90　两端连接工艺完成示意图

1—凸凹槽（二次成型）；2—凸凹槽（首次成型）

五、液压快速配管技术参数

适用管道材质：除铸铁管道等脆性材料外的所有管道配管工程。

适用管道尺寸（外径）：ϕ4～168mm(1/4″～6″)。

适用温度：－60～400℃。

适用压力：视管道的材质、外径、壁厚确定。

六、液压快速配管技术特点

（1）该技术是一次性液压式整体管道连接，管子与管件在弹塑性应力协同作用下形成不可拆卸的连接接头；

（2）通过金属材料间的变形应力实现连接，是除焊接连接外，唯一没有外加密封材料而实现快速连接的全新技术理念；

（3）凸台与凹槽为纯金属机械密封形式，可实现同种或异种材料连接，且抗振动性好，无需外力重复加固；

（4）安装前无需做复杂的准备工作，安装后也无任何理化和无损检测要求，只需做严密性和强度试验即可；

（5）安装工具精巧轻便，操作简单，易学易会，无需配备特种设备专业人员；

（6）不受气候和作业空间影响，只要人员可以到达的位置，都可以完成连接作业；

（7）无需动火，可在易燃、易爆危险装置区内实现无火花管道连接，安全性高；

（8）工作效率高，节省管道连接的综合成本，是管道连接领域内的一个革命性创新成果。

七、应用领域及实例

液压快速配管技术可广泛应用于：石油、石化、化工、燃气、矿山巷道、海上平台、船舶、军事基地等易燃易爆场合的快速配管；机场、车站、码头、体育场馆、大型商场、影剧院、博物馆、会议中心、医院、学校、餐饮等公共场所的不动火条件下快速配管；以及地震、战争、火灾、水灾、风灾、水下等突发事故条件下的应急救援管道快速铺设。液压快速配管与焊接相比可提高功效 10 倍，节省安装时间 70%。

（1）埋地管道坏损后的快速修复如图 10-91 所示。

图 10-91 埋地管道坏损后的快速修复

（2）石化企业生产现场快速配制新管道如图 10-92 所示。

（3）船舱内快速配制新管道如图 10-93 所示。

图 10-92 生产现场快速配制新管道

图 10-93 船舱内快速配制新管道

第七节 碳纤维复合材料修复技术

碳纤维复合材料修复技术主要是利用碳纤维复合材料的高强度特性，采用黏结树脂在缺陷管道上缠绕一定厚度的纤维层，树脂固化后与管道结成一体，从而恢复缺陷管道的强度。由于碳纤维复合材料修复具有不需动火焊接、工艺简单、施工迅速、操作安全、可实现不停输修复，并且成本相对较低等优势，已被管道行业普遍接受。1997 年，国外成功地将碳纤维复合材料修复技术应用在埋地钢质管道上。

一、碳纤维复合材料修复技术原理

使用填平树脂对设备缺陷进行填平修复，再利用碳纤维材料在纤维方向上具有高强度的特性，配合专用黏结剂在服役设备外包覆一个复合材料修复层，补强层固化后，与设备形成一体，代替设备材料承载内部压力，恢复含缺陷设备的服役强度，从而达到恢复甚至超过设备设计运行压力的目的，如图 10-94 所示。

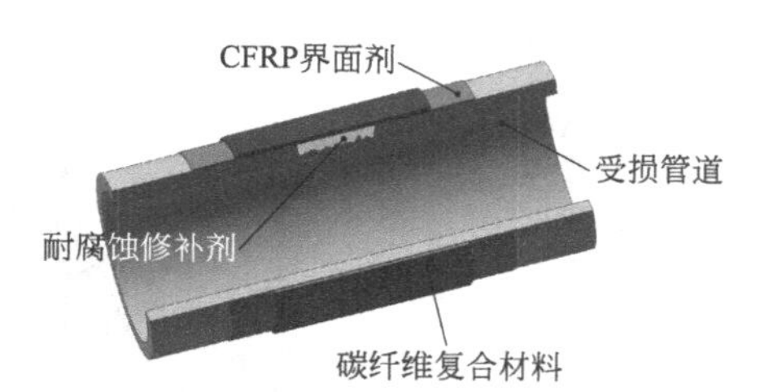

图 10-94 碳纤维复合材料修复技术原理示意图

二、施工材料及主要用途

（1）高强度碳纤维 碳纤维具有极高的弹性模量与抗拉强度，从而提高待修补部位的承压能力和材料强度。

（2）热固性黏结树脂 双组分高性能改性热固性聚合物，用于碳纤维布与待修补部位的紧密粘接，同时使碳纤维材料均匀受力。

（3）耐腐蚀修补剂 双组分材料，固化后具有很高的强度和模量，耐腐蚀、收缩小，用于修补由于机械损伤或腐蚀而造成的待修补部位的缺陷。

（4）CFRP 界面剂 双组分材料，提高待修补部位与碳纤维材料的粘接强度，均匀传递载荷，防止电化学腐蚀的发生。

（5）快速固化抗紫外线树脂 耐紫外线照射，抗腐蚀性能好，快速固化，适用于暴露在日光下的管道结构，适用于各种形状的管道结构。

（6）聚乙烯胶粘带 适用于较规则的管道结构，按 SY/T 0414—2017《钢质管道聚乙烯胶粘带防腐层技术标准》中的规定。

（7）抗老化防腐涂料 与碳纤维复合材料结合性能好，耐腐蚀和抗老化性能好，适用于无法用聚乙烯胶粘带进行防腐的不规则形状的结构。

三、碳纤维复合材料修复技术特点

（1）免焊不动火，可在管道带压运行状态下修复，安全可靠；

（2）施工简便快捷，操作时间短（常温下复合材料可在 2h 内固化）；

（3）碳纤维复合材料具有高弹性模量、高抗拉强度、高抗蠕变性，且碳纤维弹性模量与钢的弹性模量十分接近，有利于复合材料尽可能多地承载管道压力，从而可以降低管道缺陷处的应力和应变，限制管道的膨胀变形，恢复或提高管道的承压能力，其强度随着服役时间增加基本保持不变；

（4）碳纤维补强缠绕、铺设方式灵活，可对环焊缝和螺旋焊缝缺陷（包括高焊缝余高和严重错边）补强，还可对弯管、三通、大小头等不规则管件修复；

（5）可以用于腐蚀、机械损伤和裂纹等缺陷修复补强，也可用于整个管段的提压增强处理，应用范围广；

（6）耐腐蚀性能优异，能够耐受各种介质，与各种材质黏结性能好，永久性修复，设计寿命长达50年；

（7）碳纤维复合材料补强层厚度小，方便后续的保温和防腐处理。

四、碳纤维复合材料修复工艺及实例

（1）管道表面处理　通过对管道进行喷砂除锈、机械或手工打磨除锈，使管道表面达到St3级标准，如图10-95所示。

图10-95　管道表面喷砂与打磨除锈处理

（2）管道缺陷修补　使用专用修补剂将管道表面缺陷处填平；或在进行带压密封作业后将待修补部位抹平，如图10-96所示。

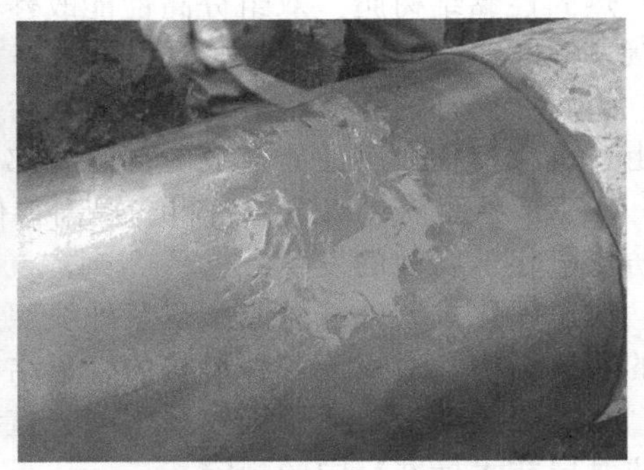

图10-96　管道缺陷修补处理

（3）涂刷CFRP界面剂　在管道外表面涂刷CFRP界面剂，涂抹均匀之后即可进行下一步操作。界面剂和碳纤维浸渍胶的固化速度基本相同，如图10-97所示。

图10-97　管道外表面涂刷CFRP界面剂

（4）铺设碳纤维复合材料 采用湿铺工艺铺设碳纤维复合材料，铺设时间大概在30min内完成。碳纤维复合材料初步固化时间为0.5～4h，可以通过辐射加温的方式加速固化。基本固化之后可以进行下一步处理，如图10-98所示。

图10-98 铺设碳纤维复合材料

（5）增加外保护层（可选） 对于钢管，应在碳纤维复合材料外部缠绕聚乙烯胶粘带或者涂刷外保护层。建议使用抗紫外线涂层、防腐冷缠带或其他抗老化防腐材料，在补强层外进行处理，减少紫外线长期照射对碳纤维复合材料强度的负面影响，如图10-99所示，现场应用情况如图10-100所示。

(a) 缠绕冷缠带

(b) 沥青玻璃布防腐

(c) 涂刷金属漆

图10-99 增加外保护层方法

图10-100 碳纤维复合材料修复应用实例

第八节 带压补焊技术

带压补焊技术是指金属设备一旦出现裂纹或孔洞，发生压力介质外泄，在不降低工艺介质温度、压力的条件下，利用热能使熔化的金属将裂纹连成整体焊接接头或在可焊金属的泄漏缺陷上加焊一个封闭板，使之达到重新密封目的的一种特殊技术手段。根据处理方法的不同，带压补焊技术可分为逆向补焊法和引流补焊法。这两种方法对于熟练的电焊工只要进行一定的培训即可施工，具有简便、易行、见效快的特点。

一、逆向补焊法

逆向补焊法是我国工人师傅在20世纪60年代初经过无数次试验及实际应用，摸索出的一套在压力条件下对承压设备进行补焊的方法，首次在世界上打破了带压条件下不能实现焊接的禁区，并在长期的实践中总结出了一套比较科学、比较完整的带压补焊法——分段逆向补焊法。采用这种方法可以带压补焊设备运行中出现的裂纹，达到修复堵漏的目的。

（一）逆向补焊法基本原理

逆向补焊法基本原理是：利用逆向补焊过程中焊缝和焊缝附近的受热金属均受到很大的热应力作用的规律，使泄漏裂纹在低温区金属的压应力作用下发生局部收严而止住泄漏，焊接过程中只焊已收严无泄漏的部分，并且采取收严一段焊接一段、焊接一段又会收严一段，如此反复进行，直到全部焊合，实现带压密封修复的目的。

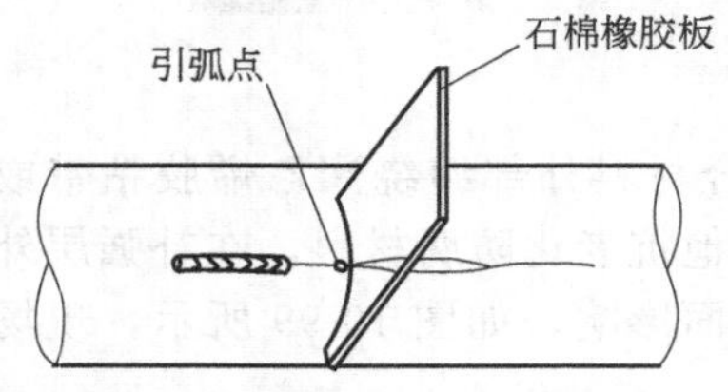

图10-101　逆向补焊法示意图

从机理上说逆向补焊法是利用焊接变形的一种带压密封方法，如图10-101所示。

（二）逆向补焊法操作及安全注意事项

逆向补焊法是利用焊接变形达到重新密封目的的一种补焊方法。从理论上讲，用这种方法可以在压力低于3.0MPa的情况下，带压补焊承压设备在生产运行中发生的任何一种裂纹（不包括在强大外力作用下或内部介质爆炸引起的严重变形的破坏裂纹）。但由于实际生产中的设备破裂的情况是相当复杂的，很多情况下不宜采用带压补焊方式进行修复，有时即使能够带压补焊，在操作过程中也有可能发生意外。

一般情况下，裂纹的宽度与其长度成正比，即裂纹越宽，其长度也就越长。裂纹的两端都是从未裂到裂开，从裂开很小到逐渐增大。正常情况下只要从一端开始，逐段逆向补焊，焊缝所产生的横向收缩应力均能使裂纹逐段收严，随着补焊过程的逐段进行，裂纹的长度会逐渐变小，其宽度也会逐渐变窄。因此，从理论上说裂纹应该是可以补焊成功的。而生产中的管道或容器若是输送、储存有一定压力的煤气，在破损裂纹很大时，泄漏量必然也会很大，补焊点火所燃起的火焰就可能使操作者无法靠近裂纹，不能靠近裂纹，补焊工作也就不能进行。甚至还有可能由于灭火不及时，使设备长时间处在火焰中被烧烤，其局部的温度会急剧上升，直至烧红，引起强度降低，突然爆裂，造成重大事故，这是绝对不允许的。因此，在带压补焊作业之前应进行仔细地观察、周密地分析、准确地判断，采取切实可靠的措施，以保证操作者的人身安全及生产的正常进行，这一点是带压补焊工作中特别应当注意的首要问题，并且做到以下几个方面。

（1）带压补焊作业前，应对生产中的设备上的裂纹及泄漏情况进行详细地检查、分析，判断是否具备带压补焊的条件及准备事宜。

（2）带压补焊操作者和现场指挥者应了解和掌握设备内压力介质的物化性质，对其可能造成的危害后果，采取切实可靠的预防手段。

（3）带压补焊工作应当由有经验的、技术熟练的电焊工施工。一般情况下，不宜在生产运行中的设备上进行带压补焊的试验工作，而应当在试件上通过反复多次的练习，基本上掌握操作方法，积累一定的经验后，再进行实际操作。

(4) 带压补焊时，应根据具体情况设置专门的安全监护人员，不宜一个人单独进行带压补焊作业。

(5) 带压补焊输送、储存有毒、有害及腐蚀性介质的管道及容器设备时，应准备相应的防护用品、用具。

(6) 高空作业时，应搭设较宽敞的、标准的平台，并有上下方便的扶梯（或跑道）。补焊操作者应站在平台上作业。在没有架设平台的情况下进行带压补焊操作不宜佩用安全带，防止在意外情况发生时，操作者无法迅速撤离作业现场。

(7) 带压补焊操作者应选择能够避开压力介质喷出的危险位置，尽量站在上风一侧进行补焊或采用挡板将压力介质隔开，严防压力介质喷出伤人。

(8) 带压补焊蒸汽等高温的以及深冷的氨类设备时，应当将补焊操作者可能触及的裸露部位用适当的隔热材料遮盖好，防止烫伤、冻伤。

(9) 带压补焊前除对被补焊工件裂纹进行仔细地观察、分析外，还要对施工的周围环境进行观察和分析，利用有利条件，消除不利因素，研究和确定出紧急情况下的撤离方法及路线。

(10) 带压补焊煤气输送管道和容器设备时，应先将泄漏处点燃，然后看好风向和火势，尽量站在上风侧，防止中毒、烧伤，同时还应当注意：

① 室内的煤气管道、容器破裂发生泄漏，特别是裂纹较大、泄漏流量也较大，而通风条件不好时，不宜采用带压补焊，以防止室内形成爆炸性混合气体，点火补焊时引起爆炸事故。如果厂房高大、通风良好或可以采用强制通风，则应当先通风，排净室内煤气后，再点火补焊。采用强制通风时，只要裂纹还在泄漏煤气就不应停止通风。如有条件，通风后可在室内几个适当地点采样，进行空气分析，室内空气中含氧在20%以上，再点火引燃泄漏煤气，确保安全。

② 带压补焊操作前，应将作业现场周围易燃物、障碍物清除干净，对补焊管道、容器附近管道及设备，应采取适当的防火措施，如用铁皮隔离等。

③ 带压补焊前，应当准备足够的保证能在需要时将火焰迅速扑灭的灭火工具及器材，必要时可请消防车监护。

④ 在泄漏管道、容器内介质压力较高时，补焊前可能会引不着泄漏介质，火焰一接触高速喷出的泄漏煤气束流，立刻会被吹跑，发出“噗”的一响，这时应反复点火。观察泄漏煤气被点燃的一瞬间，即发出“噗”的一响的过程中，火焰所能达到的范围，这样操作者就可以选择安全的位置进行带压补焊作业，避免烧伤事故。

⑤ 带压补焊时，由于电火花的作用，高速喷出的煤气则会连续地被点燃，同时又会被不断地吹灭，发出连续或断续的“噗、噗”的响声，在裂纹前，泄漏煤气喷出的方向上，一米到几米高的范围内形成爆炸和燃烧，产生气浪及火球。这时可不必心慌，而应当仔细观察火焰、气浪可能达到的距离，以及随着裂纹变短、变窄，火焰、气浪所发生的变化，巧妙地躲避，防止烧伤。

⑥ 带压补焊前引燃泄漏介质时，可以采用火把，并站在一定的安全距离之外，如泄漏气流喷出方向的侧面，并将火把慢慢地伸到泄漏裂纹的附近，与裂纹中喷出的可燃煤气接触，把泄漏煤气引燃。

⑦ 煤气输送管道出现裂纹后已经发生着火时，带压补焊前应先将燃烧着的火焰扑灭，以仔细观察裂纹的情况，清除引火物及火源。灭火后观察裂纹破裂情况及清除火源时，由于存在有毒的一氧化碳气体，操作者应佩戴好防毒面具，煤气中含有磷、硫等天然杂质，有可能还会重新着火，应当采取防火、隔火的相应措施。

⑧ 带压补焊时，电弧一旦接触到泄漏工件后，火焰和响声会有明显地增加，这是正常现象，因为电弧的热量会使已冷却的焊缝受热，焊缝所产生的横向收缩应力会有所减小，新补焊所形成的焊缝还没有产生足够的横向收缩应力。因此，焊缝前部的裂纹有变大的趋势，但随着补焊过程的进行，泄漏裂纹会逐渐变窄、变短，燃烧火焰也会相应变小，直至最后熄灭。

在带压补焊过程中，若发现火焰突然变小，而裂纹又没有明显收严，操作者应当立刻停止补焊作业，并将余下的火焰扑灭，查明火焰变小、泄漏压力突然降低的原因，防止回火引起爆炸。带压补焊常压管道、容器裂纹时，这种情况更需要注意。

⑨ 在裂纹很大，压力较高、泄漏量较多，点火后火焰很大，操作者无法接近泄漏裂纹时，可以将火焰扑灭，适当降低输送介质压力后再补焊，或采取其他措施来改变火焰方向，使电焊工能够接近裂纹。

降压补焊和补焊低压煤气管道、容器时，必须保持管道、容器内部处于正压。一般情况下，管道、容器内的压力应保持在1kPa以上；如果压力较低，裂纹又较小，压力可保持在0.5kPa以上；如果裂纹很大，泄漏量也很大，其最低压力应当保持在2～3kPa以上，防止回火爆炸。

⑩ 在降压补焊时，应设有专人负责调整压力。调整压力时应预先通知现场操作人员，特别是当压力过低时，必须通知操作人员暂时停止工作，并将火焰扑灭，待压力提高，并在压力稳定后，再重新点火，补焊。

⑪ 操作者在补焊时如果发现火焰突然变小，也应当立即停止工作，将火焰扑灭，查清压力下降原因，待恢复到一定压力后，再重新点火、补焊。

二、引流补焊法

对设备上由于冲刷、腐蚀产生的孔洞及法兰连接处出现的泄漏事故，需要采用引流补焊法进行修复堵漏。这种方法的基本思路是，特制一个可以包容整个设备泄漏缺陷，并设有引流阀或引流孔的装置，首先将泄漏介质引流到焊接作业区外，焊接作业完成后，关闭引流阀或封闭引流孔，即可达到修复堵漏的目的。

（一）引流补焊法基本原理

引流补焊法的具体做法是，按泄漏部位的外部形状设计制作一个引流器，引流器一般是由封闭板或封闭盒及闸板阀组成，由于封闭板或封闭盒与泄漏部位的外表面能较好地贴合，因此在处理泄漏部位时，只要将引流器靠紧在泄漏部位上，事先把闸板阀全部打开，泄漏介质就会沿着引流器的引流通道及闸板阀排掉，而在封闭板的四周边缘处，则没有泄漏介质或只有很少的泄漏介质外泄，此时就可以利用金属的可焊性将引流器牢固地焊在泄漏部位上，如图10-102所示。引流器焊好后，关闭闸板阀就能实现带压密封的目的。

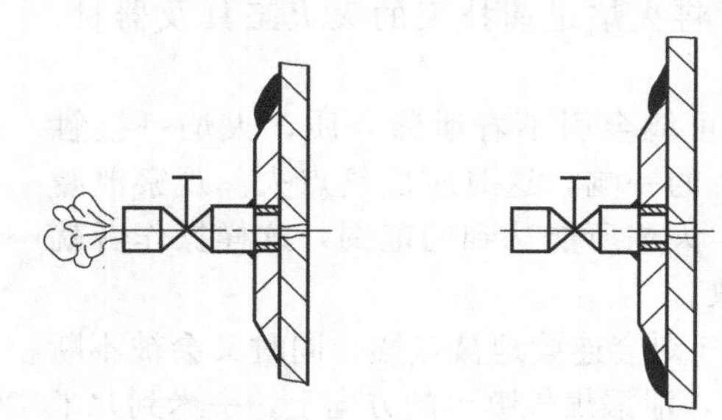

图10-102 引流补焊法示意图

带压引流焊接堵漏技术的基本原理：利用金属的可焊性，将装闸板阀的引流器焊在泄漏部位上，泄漏介质由引流通道及闸板阀引出施工区域以外，待引流器全部焊牢后，关闭闸板阀，切断泄漏介质，达到带压密封的目的。

（二）引流补焊法操作及安全注意事项

（1）引流焊接作业前，应对生产中的管道、容器上的缺陷及泄漏情况进行详细地检查、分析，判断是否具备引流焊接的条件及准备事宜。

（2）引流焊接操作者和现场指挥者应了解和掌握工艺管道、容器内压力介质的物化性质，对其可能造成的危害后果，采取切实可靠的预防手段。

（3）引流焊接工作应当由有经验的、技术熟练的电焊工施工。

（4）引流焊接时，至少要三人以上配合作业，应根据具体情况设置专门的安全监护人员。

（5）引流焊接输送、储存有毒、有害及腐蚀性介质的管道及容器时，应准备相应的防护用品、用具。

(6) 高空作业时，应搭设较宽敞、标准的平台，并有上下方便的扶梯（或跑道）。焊接操作者应站在平台上作业。在没有架设平台的情况下进行引流焊接操作不宜佩用安全带，防止在意外情况发生时，操作者无法迅速撤离作业现场。

(7) 引流焊接操作者应尽量站在上风一侧进行焊接，泄漏介质的引流管要有专人控制或固定牢固，并引向特定的方向，严防压力介质喷出来伤人。

(8) 引流焊接蒸汽等高温的以及深冷的氨类管道、容器时，应当将补焊操作者可能触及的裸露部位用适当的隔热材料遮盖好，防止烫伤、冻伤。

(9) 引流焊接前除对被焊接的泄漏缺陷进行仔细地观察、分析外，还要对施工的周围环境进行观察和分析，利用有利条件，消除不利因素，研究和确定出紧急情况下的撤离方法及路线。

(10) 当焊接点有较大的泄漏介质干扰时，也可以选用堵漏胶进行止漏，然后再焊接，实践证明这一点是十分有效的。

(11) 有泄漏介质干扰、引弧困难时，应当选择带水作业用的特殊电焊条。

三、应用实例

(1) 蒸汽透平汽缸法兰泄漏（压力为 8.0MPa，温度为 480℃）引流补焊修复如图 10-103 所示。

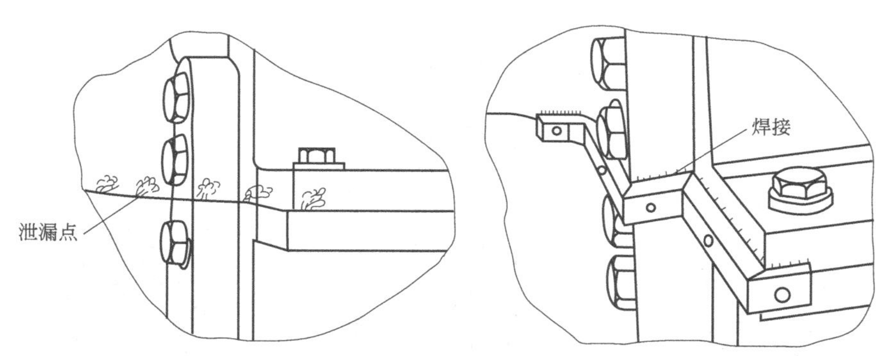

图 10-103 透平汽缸法兰引流补焊修复示意图

(2) 蒸汽法兰泄漏（压力为 1.0MPa，温度为 180℃）引流补焊修复如图 10-104 所示。

(3) 阀门填料泄漏（压力为 0.9MPa，温度为 175℃）引流补焊修复如图 10-105 所示。

(4) 蒸汽管线弯头泄漏（压力为 0.9MPa，温度为 175℃）引流补焊修复如图 10-106 所示。

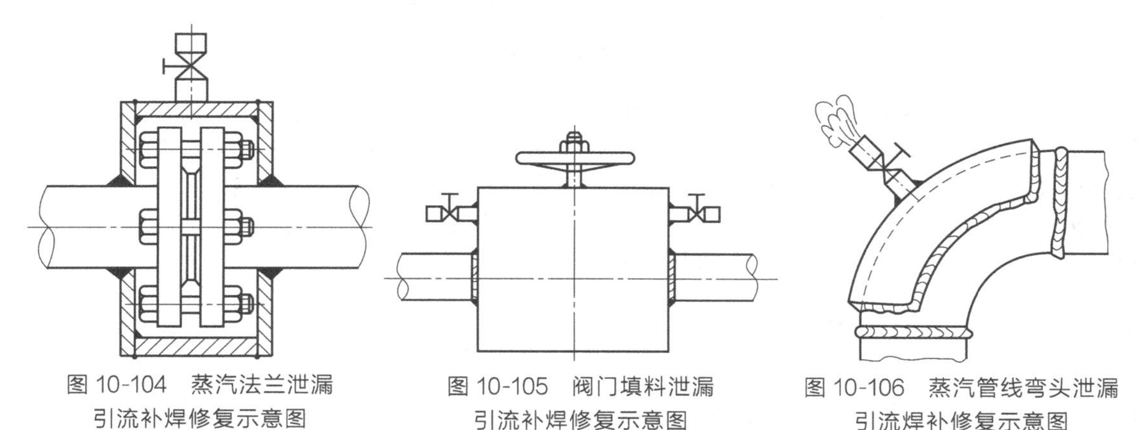

图 10-104 蒸汽法兰泄漏引流补焊修复示意图

图 10-105 阀门填料泄漏引流补焊修复示意图

图 10-106 蒸汽管线弯头泄漏引流焊补修复示意图

第九节 安全阀在线检测技术

安全阀在线检测技术是在安全阀与泄压阀领域内新发展起来的一项专业化技术，迄今已有十余年的历史。由于在线检测和整定安全阀开启压力时装置不须停车，生产照常进行，因此，这项技术一出现，就立即在业内引起极大兴趣，尤其对诸如石化、电力、化工等现代化连续生产的流程工业更具吸引力。

一、安全阀在线检测原理

安全阀在线检测系统一般由机械、液压及检测处理 3 大部分组成，如图 10-107 所示。机械部分由一个可调框架构成，该框架可以方便地安放在被校验的安全阀上，液压油缸、力传感器及位移传感器都安装在框架上。液压部分由液压动力箱和液压缸构成，提供校验过程中开启安全阀所需的力。检测处理部分由位移传感器、压力传感器、数据采集器和便携式计算机组成，用以对校验过程中的力和位移信号进行实时采集，并对采集的数据进行处理，输出校验结果。

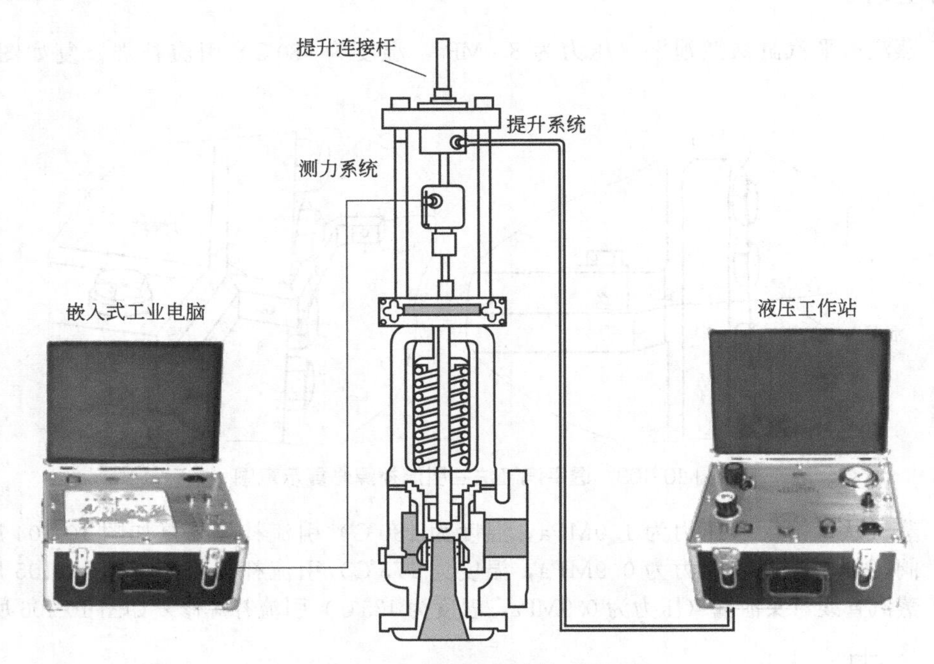

图 10-107 安全阀在线检测原理图

安全阀校验时由液压动力箱产生一定的压力供给液压缸，使液压缸对安全阀的阀杆产生提升力，直至安全阀开启，然后降低液压动力箱的压力直至为零，在安全阀弹簧的作用下，安全阀关闭。检测处理部分对整个过程中的提升力及阀杆的位移信号进行采集，并由计算机根据采集的数据自动判别开启拐点和回座拐点，计算出开启压力、回座压力、开启高度等安全阀工作参数，供管理者确认安全阀是否满足工艺要求。

二、安全阀在线检测装置

安全阀在线检测仪，是对安全阀进行检测、调校和整定的一种在线测试装置。它在检测安全阀时，不需要升高设备的工作压力，测试过程中生产可正常继续进行，特别是当管线上的压力不能升高时，就更显示出它的优越性。对于新装备的安全阀或大修后的安全阀，安装到管线上以后整定压力会发生改变，即和不带压时的整定参数不同。这时安全阀在线检测仪可对其进行在线带压调试，通过电脑显示出安全阀的开启压力和回座压力。该仪器也可对安全阀进行不带压试验，根据记录下的曲线，确定出安全阀的开启压力、回座压力和开启高度，并通过计算机比较整定时和使用中的测试结果，从而判断安全阀是否满足技术要求。

在线检测装置样机由硬件和软件两部分组成。硬件部分主要有压力源及压力传输系统、压力传感器、检测记录仪和测量变送仪等，如图 10-108 所示。压力源为便携式铝质气瓶，最高气压力可达 15MPa。压力传感器为一次测量元件，将被测的压力信号转换成电信号。测量变送仪的作用是将电信号进行模拟处理，以满足检测记录仪输入端的要求。检测记录仪将输入的模拟信号转换成数字信号，由计算机实现数据的采集、记录与处理。依据安全阀检测过程编写的软件建立在 Windows 操作系统之上，具有对话框式操作、提示充分、图形显示、智能判断、实时性好、精度高、操作简便、易学易用的特点。

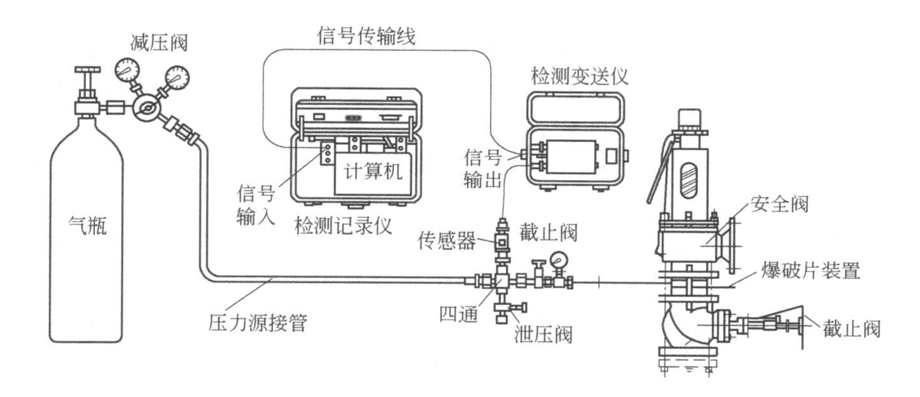

图 10-108 安全阀在线检测仪示意图

三、安全阀在线检测步骤

（1）安全阀外观检测 检测前应对安全阀进行以下几个方面目测检查。

① 安全阀的状态、铭牌，其规格型号和性能应符合使用要求；

② 安全阀有无泄漏，安全阀各部件应齐全、无裂纹，无严重腐蚀和无影响性能的机械损伤；

③ 泄放管道状况；

④ 铅封是否完好；

⑤ 安全阀的安装是否正确。

（2）在线检测仪的操作

① 根据拉力的大小，挑选 50kN 或 100kN 的机架和传感器并组装好。

② 检查电脑：连接好电路，插上电源，打开控制电脑开关，启动正常。点击图标可以进入相应的安全阀在线检测程序。

③ 检查液压动力箱：插上电源，打开开关，按“上升”按钮，电机运转，油压表稳定即可。

④ 拆下安全阀的阀帽，将机架安装到安全阀上，把连接头旋入阀门连杆至少 4 扣。插入提升杆，将传感器拧到接头上，深度以刚能看到接头螺纹为好。也可以先将传感器与提升

杆连接好，然后和接头连好。

⑤ 安装位移传感器到机架上，将托板装到连接头的螺孔中。连接两根传感器线，注意不能连错，一般情况下两根传感器线插头会不同。

⑥ 将液压动力箱和电气控制箱放到一个合适的位置，热态时距被测阀门不少于5m。将油管一端连接到油缸上，另一端插到液压控制箱的输出端。同样连接传感器到电气控制箱，注意分清三芯和五芯的连接线。

⑦ 将液压动力箱和电气控制箱的电源连好，打开电源，输入必要的参数，注意选择量程。然后，调电气系统零点。

⑧ 调整完零点，最后一次检查整个系统，确认无误后，就可以测试。如系统带压力测试，阀门周围5m内不要有人员停留。

⑨ 检测时，计算机自动进入结果显示窗体，显示测试曲线、测试时间、整定压力、调整高度等参数。每次测试完成后及时存盘。每个阀门至少记录两组数据：第一次和最后一次。

对于刚进厂的新阀门，一般采用冷态的方法校核开启压力即可。

(3) 整定压力校验　对初校不合格的安全阀根据计算机提示的调整高度进行调节定压螺母，重新启动测试程序，得出新的测试曲线和结果。反复执行上述步骤，直至整定压力不大于“测量允许误差”时，此时计算机显示“调整完毕”，表示测量结束。

整定压力校验一般不少于三次，且均满足要求为合格。各次测定数据填入校验记录。

(4) 校验结果处理

① 校验合格的安全阀应挂牌铅封，并出具《安全阀在线校验报告书》，报告书中校验人员及审核人员均应签字。

② 外观不合格、零部件不齐全、整定压力不稳定、启闭压差超极限值及有卡阻的安全阀均为不合格，不合格安全阀一般不允许在现场检修，校验人员应及时出具《安全阀校验意见通知书》。

四、安全阀在线检测的意义及应用

安全阀在运行过程中，在操作压力、温度以及介质侵蚀等物理和化学因素的作用下，其性能特别是整定压力（也称开启压力）和密封性能，会发生改变，导致安全阀不能按规定压力开启或发生严重泄漏，从而威胁安全生产。我国特种设备安全技术规范TSG ZF001—2006《安全阀安全技术监察规程》规定：“安全阀一般每年至少校验一次。”目前对安全阀进行校验的做法是，将安全阀从被保护装置上拆下后，送到专用校验台上进行校验。这种做法存在以下缺点：

(1) 在进行安全阀校验期间，被保护装置就处于无保护状态或停车。而石化装置的大修周期在逐渐延长，一般为两年左右。安全阀的检验周期与大修周期的不一致，造成了石化装置的安全运行与经济运行间的矛盾。

(2) 由于安装及使用条件的限制，有些安全阀的拆卸、安装及运输较为困难，校验成本高。

(3) 在校验台上已校验合格的安全阀，由于安装运输等方面的原因，其整定压力及密封性能可能发生变化，从而影响设备的安全和经济运行。

(4) 目前的检测过程主要是检测人员眼看、耳听、手记，检测结果误差较大、依据不充分，结果的可靠性也完全取决于检测人员的责任心。

因此采用安全阀在线检测技术势在必行。安全阀在线检测现场应用如图10-109所示。

图 10-109 安全阀在线检测现场应用

第十一章 石油化工机械零件装配技术与设备更新改造

第一节 概　　述

一、机械装配的概念

机械装配就是按照设计的技术要求实现机械零件或部件的连接，把机械零件或部件组合成机器。机械装配是机器制造和修理的重要环节，特别是对机械修理来说，由于提供装配的零件有利于机械制造时的情况，更使得装配工作具有特殊性。装配工作的好坏对机器的效能、修理的工期、工作的劳力和成本等都起着非常重要的作用。

（一）机器的零部件分类

组成机器的零部件可分为两大类：

（1）标准零部件　如轴、轴承、联轴器、齿轮、键、销和螺栓等，它们是机器的主要组成部分，而且数量较多，其装配工艺规程具有典型的代表意义。

（2）非标准零部件　为某种特殊用途而设计的不具备普遍性的零部件。

（二）装配法的分类

1. 按产品的装配要求分类

根据产品的装配要求和生产批量，零件的装配有修配、调整、互换和选配 4 种配合方法。

（1）修配法　装配中应用锉、磨和刮削等工艺方法改变个别零件的尺寸、形状和位置，使配合达到规定的精度，装配效率低，适用于单件小批生产，在大型、重型和精密机械装配中应用较多。修配法依靠手工操作，要求装配工人具有较高的技术水平和熟练程度。

（2）调整法　装配中调整个别零件的位置或加入补偿件，以达到装配精度。常用的调整件有螺纹件、斜面件和偏心件等；补偿件有垫片和定位圈等。这种方法适用于单件和中小批生产的结构较复杂的产品，成批生产中也少量应用。

（3）互换法　所装配的同一种零件能互换装入，装配时可以不加选择，不进行调整和修配，这类零件的加工公差要求严格，它与配合件公差之和应符合装配精度要求。这种配合方法主要适用于生产批量大的产品，如汽车、拖拉机的某些部件的装配。

（4）选配法　对于成批、大量生产的高精度部件如滚动轴承等，为了提高加工经济性，通常将精度高的零件的加工公差放宽，然后按照实际尺寸的大小分成若干组，使各对应的组内相互配合的零件仍能按配合要求实现互换装配。

2. 按装配过程中装配对象的动静关系分类

按照装配过程中装配对象是否移动，装配法分为固定式装配和移动式装配两类。

(1) 固定式装配　在一个工作位置上完成全部装配工序，往往由一组装配工完成全部装配作业，手工操作比重大，要求装配工的水平高，技术全面。固定式装配生产率较低，装配周期较长，大多用于单件、中小批生产的产品以及大型机械的装配。

(2) 移动式装配　把装配工作划分成许多工序，产品的基准件用传送装置支承，依次移动到一系列装配工位上，由各工序的装配工分别在各工位上完成。按照传送装置移动的节奏形式不同，有自由节奏装配和强制节奏装配。前者在各个装配工位上工作的时间不均衡，所以各工位生产节奏不一致，工位间应有一定数量的半成品储存以资调节；后者的装配工序划分较细，各装配工位上的工作时间一致，能进行均衡生产。移动式装配生产率高，适用于大批量生产的机械产品。

(三) 装配过程

为保证有效地进行装配工作，通常将机器划分为若干能进行独立装配的装配单元。

(1) 零件　是组成机器的最小单元，由整块金属或其他材料制成。

(2) 套件（合件）　是在一个基准零件上，装上一个或若干个零件构成的，是最小的装配单元。

(3) 组件　是在一个基准零件上，装上若干套件及零件而构成的，如主轴组件。

(4) 部件　是在一个基准零件上，装上若干组件、套件和零件而构成的，如车床的主轴箱。其特征是在机器中能完成一定的完整的功能。

二、机械装配的要求

(一) 装配精度

为了使机器具有正常工作性能，必须保证其装配精度。机器的装配精度通常包含三个方面的含义。

(1) 相互位置精度　指产品中相关零部件之间的距离精度和相互位置精度，如平行度、垂直度和同轴度等。

(2) 相对运动精度　指产品中有相对运动的零部件之间在运动方向和相对运动速度上的精度，如传动精度、回转精度等。

(3) 相互配合精度　指配合表面间的配合质量和接触质量。

(二) 尺寸链精度

尺寸链精度是指机械装配中，有时虽然各配合零部件的配合精度满足要求，但积累误差所造成的尺寸链误差却可能超出规定范围，应重新进行选配或更换某些零部件。

(1) 装配尺寸链定义　在机器的装配关系中，由相关零件的尺寸或相互位置关系所组成的一个封闭的尺寸系统，称为装配尺寸链。

(2) 装配尺寸链的分类

① 直线尺寸链：由长度尺寸组成，且各环尺寸相互平行的装配尺寸链。

② 角度尺寸链：由角度、平行度、垂直度等组成的装配尺寸链。

③ 平面尺寸链：由成角度关系布置的长度尺寸构成的装配尺寸链。

(三) 密封性

在装配工作中，对密封性必须给予充分重视。除恰当选择密封材料外，还要选择合理的装配工艺，保证合理的装配紧度，并且压紧要均匀。压紧度不足，会引起泄漏。压紧过度，会使静密封的垫片丧失弹性，甚至被压裂；对动密封元件，则会引起发热、加速磨损、增加摩擦功率损失等，从而使机器降低工作能力，可能造成严重的事故。

三、机械装配的工艺过程

机械装配的工艺过程包括：装配前的准备工作、装配、检验和调整。

1. 装配前的准备工作

装配前应认真阅读图样及相关技术资料，熟悉机械的构造，了解各零部件的特点及作用、零部件的相互关系及连接方式、方法。在此基础上制订合理的装配工艺规程，内容包括装配技术要求，合理的装配顺序，装配方式、方法，装配的材料、工具、夹具和量具等。对零部件必须严格按图样要求对其尺寸精度、几何精度、表面粗糙度及表面质量等进行严格检查，防止不合格的零部件进入装配环节。

2. 装配

零部件的装配必须严格地按照装配工艺规程操作。装配的一般步骤：先将零部件装成组件，再将零件、组件装成部件，最后将零件、组件、部件总装成机器。装配应先上后下、由内向外、先重后轻，并注意逐一按照装配基准面装配的原则。

3. 检验和调整

装配后，需对设备进行检验和调整。检验和调整的目的在于检查零部件的装配工艺是否正确，检查设备的装配是否符合设计的规定，及时调整、校正以控制其达到装配质量要求。

第二节　过盈配合的装配

过盈配合是一种以包容件（孔）和被包容件（轴）配合后的过盈来达到紧固连接的一种连接方法。过盈连接有对中性好和承载能力强，并能承受一定冲击力等优点，但对配合面的精度要求高，加工和装拆都比较困难。

一、过盈配合的工作原理

过盈配合之所以能传递载荷，原因在于零件具有弹性和连接具有装配过盈，装配后包容件和被包容件的径向变形使配合面间产生很大的压力，工作时载荷就靠着相伴而生的摩擦力来传递。

当配合面为圆柱面时，可采用压入法或温差法（加热包容件或冷却被包容件）装配。当其他条件相同时，用温差法能获得较高的摩擦力或力矩，因为它不像压入法那样会擦伤配合表面。采用哪一种装配法由工厂设备条件、过盈量大小、零件结构和尺寸等决定。

二、过盈配合件装配前的检查

过盈配合件在装配前必须对配合部位进行复检，并做好记录。

（1）过盈量应符合图样或工艺文件的规定。

（2）与轴肩相靠的相关轮或环的端面，以及作为装配基准的轮端面，与孔的垂直度偏差应在图样规定的范围内。

（3）相关的圆根、倒角等不得影响装配。

（4）配合表面不得有棱刺、锈斑或擦伤。

（5）当包容件的孔为盲孔时，其装入的被包容件必须有排气孔或槽，否则不准进行装配。

(6) 具有键联接的配合件，装配前必须对轴槽、孔槽的位置与研配的键进行复检，正确无误后方可进行装配。

三、过盈配合及过渡配合的推荐装配方法选择

过盈配合及过渡配合的推荐装配方法选择方法如表 11-1 所示。

表 11-1 过盈配合及过渡配合的推荐装配方法选择一览表

配合种类	基本偏差	配合特性	装配方法
过盈配合	s	用于钢与铁制零件的永久性和半永久性装配，可产生相当大的结合力	将孔加热或将轴冷却
	r	对铁类零件为中等打入配合，对非铁类零件为轻打入配合，当需要时可以拆卸。与 H8 孔配合，直径在 100mm 以上时为过盈配合，直径小时为过渡配合	用压力机压入或将孔加热
	p	与 H6 孔或 H7 孔配合时是过盈配合，与 H8 孔配合时则为过渡配合。对非铁类零件，为较轻的压入配合，当需要时易于拆卸，对钢、铸铁或铜、铁组件装配是标准的压入配合	用压力机压入
	n	平均过盈比 m 轴稍大，很少得到间隙，适用于 IT4～7 级，通常推荐用于紧密的组件配合。H6/n5 配合时为过盈配合	用锤或压力机装配
	m	此种配合具有不大于过盈的过渡配合，适用于 IT4～7 级配合，但在最大过盈时，要求有相当大的压入力	一般可用木锤打入
	k	平均起来没有间隙的配合，适用于 IT4～7 级配合，推荐用于稍有过盈的定位配合	一般用木锤打入
	Js	平均起来，为稍有间隙的配合，多用于 IT4～7 级，要求间隙比 h 轴小，并允许略有过盈的定位配合	

四、人工敲击法

人工敲击法适用于过渡配合的小件装配。

(1) 打装的零件表面不准有砸痕。

(2) 打装时，被包容配件表面涂机油润滑。

(3) 打装时，必须用软金属或硬质非金属材料作防护衬垫。

(4) 打装过程中，必须使被包容件与包容件同轴，不准有任何歪斜现象。

(5) 打装好的零件必须与相关限位轴肩等靠紧，间隙不得大于 0.05mm。

五、压装配合

压装配合适用于常温下对过盈量较小的中、小件装配。

(1) 压装件引入端必须制作倒锥。若图样中未作规定，其倒锥按锥度 1∶150 制作，长度为配合总长度的 10%～15%。

压入力 F 经验计算公式：

$$F = KiL \times 10^4 \tag{11-1}$$

式中 i——测得的实际过盈量，mm；

L——配合长度，mm；

K——考虑被装零件材质、尺寸等因素的系数，$K=1.5$～3 取值。

(2) 实心轴与不通孔件压装时，允许在配合轴颈表面上加工深度大于 0.5mm 的排气平面。

(3) 压装零件的配合表面在压装前须涂润滑油（白铅油掺机油）。

(4) 压装时，其受力中心线应与包容件、被包容件中心线保持同轴。对细长轴应严格控制受力中心线与零件的同轴性。

(5) 压装轮与轴时，绝不允许轮缘单独受力。

(6) 压装后，轴肩处必须靠紧，间隙小于0.05mm。

(7) 采用重物压装时，应平稳无阻压入，出现异常时应进行分析，不准有压坏零件的现象发生。

(8) 采用油压机压装时，必须对压入力 F 进行校核，确保油压机所产生的压力应该是压入力 F 的1.5～2倍。

(9) 采用油压机压装时，应做好压力变化的记录。

① 压力变化应平稳，出现异常时进行分析，不准有压坏零件的现象发生。

② 图样有最大压力的要求时，应达到规定效值，不许过大或过小。

③ 采用油压机压装时速度不宜太快。压入速度采用2～4mm/s，不允许超过10mm/s。

六、热装配合

热装配合适用于过盈量较大零件的装配。

(1) 做好热装前的准备工作，以保证热装工序的顺利完成。

① 加热温度 T 计算公式：

$$T=(\sigma+\delta)/(\alpha d)+t \tag{11-2}$$

式中 d——配合公称直径，mm；

α——加热零件材料线膨胀系数（常用材料线膨胀系数见有关手册），$℃^{-1}$；

σ——配合尺寸的最大过盈量，mm；

δ——所需热装间隙［当 $d=200$mm 时，δ 取 $(1\sim2)\sigma$，当 $d\geqslant200$mm 时，δ 取 $(0.001\sim0.0015)d$］，mm；

t——室内温度，℃。

② 加热时间按零件厚10mm需加热10min估算。厚度值按零件轴向和径向尺寸小者计算。

③ 保温时间按加热时间的1/4估算。

(2) 包容件加热　胀量达到要求后，要迅速清理包容件和被包容件的配合表面，然后立即进行热装。要求操作动作迅速准确，一次热装到位，中途不许停顿。若发生异常，不允许强迫装入，必须排除故障，重新加热再进行热装。

(3) 零件热装后，采用拉、压、顶等可靠措施使热装件靠近被包容件轴向定位面。

(4) 钢件中装铜套时，包容件只能进行一次热装，装后不允许作为二次热装的包容件再进行加热。

(5) 凡镶圈结构的齿轮与齿圈热装时，在装齿圈时已加热过一次，当与轴热装时，又需二次加热，一般应采用油浴加热。若条件有限，也可采用电炉加热，但必须严格控制温升速度，使之温度均匀，且工作外表面离炉丝距离大于300mm，否则不准采用。

(6) 采用油浴加热，其油温控制在该油的闪点以下10～20℃，绝不允许使用到油的闪点或高于闪点。

(7) 采用电感式加热器加热，必须适当选择设备规格，并严格遵守设备操作规程。

七、冷装配合

冷装配合适用于包容件无法加热或加热会导致零件精度、材料组织变化、影响其力学件的装配。

(1) 冷装时

① 冷冻温度 T_1 计算公式：

$$T_1=2\sigma/(\alpha d) \tag{11-3}$$

式中 σ——最大过盈量，mm；

d——被包容件的外径，mm；

α——被包容件冷却时线膨胀系数（常用材料冷却时线膨胀系数见有关手册），$℃^{-1}$。

② 冷冻时间 t 计算公式：

$$t=\alpha'\delta'\times(6\sim8) \tag{11-4}$$

式中与材料有关的系数详见有关手册。

(2) 计算内容

① 按公式计算冷冻温度 T_1。

② 选用冷冻剂　冷冻剂的温度必须低于被包容件所需冷冻温度 T_1，被包容件直径大于 ϕ50mm 时，优先选用液态氧或液态氮冷冻剂，温度值见有关手册。

③ 计算冷冻时间。

(3) 凡冷装采用液态氧作冷冻剂时，严禁周围有易燃物和火种。

(4) 操作者必须穿戴好劳保用品，应穿长袖衣、长腿裤，戴好防护眼镜、皮手套，扎好帆布脚盖，才能进行操作。

(5) 取冷冻剂的罐和冷却箱，要留有透气孔，用时不得堵死，以免压力增高引起爆炸。箱体内部要清洁，冷却箱要放置平稳可靠。

(6) 冷冻剂必须随用随取，倾注时要小心，防止外洒和飞溅。冷却箱中的液面要保持足够的高度，必须浸没零件的配合表面，但不宜太满，应低于箱盖顶面 80cm。挥发的冷冻剂要及时补充。

(7) 往冷却箱中放入或取出零件时要使用工具，用钳子夹或事先用铁丝捆扎好，不准直接用手取、放零件，以免烧伤。

(8) 冷冻时间是从零件浸入冷冻剂中算起。零件浸入初期有强烈的"沸腾"现象，往后逐渐减弱，以致消失，刚停止时只说明零件表面与冷冻剂的温差很小，但并未完全冷透，必须按计算时间完全冷透。

(9) 零件冷透后，取出应立即装入包容件孔中，动作要迅速、准确。零件的夹持要注意同心，不得歪斜，纠正装入产生的歪斜，只允许使用铜棒或木锤进行敲击，若是铜件则应采用木锤。

(10) 若一次要装的零件较多时，从冷却箱中取出一件，应随时放入一件，并及时补足冷冻剂，盖好箱盖。

八、液压过盈装配

液压过盈装配是一种无键连接的新技术，可用于高速重载、拆装频繁的连接零件的装配，具有操作简便、安全可靠等特点。目前，随着加工制造技术的提高和液压技术的进步，这种方法越来越受到重视和推广。

1. 液压过盈装配原理

当高压油液进入被连接件的连接面之间时，在油压作用下，孔件会产生膨胀，轴件则会产生弹性压缩。此时进行装配，将被连接件顺利安装到位后，去油卸压，孔与轴在弹性恢复过程中紧紧压合在一起，从而获得过盈装配。为使装配顺利，常将连接面设计成圆锥面或带圆锥套的形式。

2. 液压过盈装配与拆卸

(1) 装配前检查　应先检查室温，室温一般不得低于 16℃；检查连接件包括轴件、孔件及锥套的尺寸和几何偏差，特别应当检查配合锥面的接触面，接触面应达到 60%～70%。

(2) 装配　在配合的内外锥面应涂以少量的油，以减小摩擦阻力，将连接孔件轻装于锥套的外锥面上，启动压力油泵，开始时，孔件压入行程较小，配合表面会有少许油渗漏是正常现象，可继续升压。当油压达到规定值而行程尚未达到时，应稍停加压，待包容件逐渐扩大后，继续加压压入，直至达到规定行程为止。

(3) 拆卸　拆卸时的油压较压入时低。每拆卸一次，再进行压入装配时，压入行程应略有增加，其增加量与配合面及加工精度有关。

第三节　联轴器的装配

联轴器用于连接两根轴，将主动轴的运动及动力传递给从动轴。联轴器的装配包括两方面的内容：一是将联轴器装配到轴上，即轮毂与轴的装配；二是联轴器的找正与调整。联轴器装配的主要技术要求保证两轴线的同轴度。

一、联轴器找正的方法

联轴器找正时，主要测量同轴度（径向位移或径向间隙）和平行度（角向位移或轴向间隙），根据测量时所用工具不同有两种方法。

(1) 利用直角尺测量联轴器的同轴度（径向位移），利用平面规和楔形间隙规来测量联轴器的平行度（角向位移），这种方法简单，应用比较广泛，但精度不高，一般用于低速或中速等要求不太高的运行设备上。

(2) 直接用百分表、塞尺、中心卡测量联轴器的同轴度和平行度。调整的方法：通常是在垂直方向加减主动机（电机）支脚下面的垫片或在水平方向移动主动机位置的方法来实现。

二、轮毂在轴上的装配方法

轮毂在轴上的装配是联轴器安装的关键之一。轮毂与轴的配合大多为过盈配合，联接分为有键联接和无键联接，轮毂的轴孔又分为圆柱形轴孔与锥形轴孔两种形式。装配方法有静力压入法、动力压入法、温差装配法及液压装配法等。

(1) 静力压入法　这种方法是根据轮毂向轴上装配时所需压入力的大小不同，采用夹钳、千斤顶、手动或机动的压力机进行，一般用于锥形轴孔。由于静力压入法受到压力机械的限制，在过盈较大时，施加很大的力比较困难。同时，在压入过程中会切去轮毂与轴之间配合面上不平的微小的凸峰，使配合面受到损坏。因此，这种方法一般应用不多。

(2) 动力压入法　这种方法是指采用冲击工具或机械来完成轮毂向轴上的装配过程，一般用于轮毂与轴之间的配合是过渡配合或过盈不大的场合。装配现场通常用手锤敲打的方法，方法是在轮毂的端面上垫放木块、铅块或其他软材料作缓冲件，依靠手锤的冲击力，把轮毂敲入。这种方法对用铸铁、淬过火的钢、铸造合金等脆性材料制造的轮毂，有局部损伤的危险，不宜采用。这种方法同样会损伤配合表面，故经常用于低速和小型联轴器的装配。

(3) 温差装配法　用加热的方法使轮毂受热膨胀或用冷却的方法使轴端受冷收缩，从而使轮毂轴孔的内径略大于轴端直径，亦即达到所谓的“容易装配值”，不需要施加很大的力，就能方便地把轮毂套装到轴上。这种方法比静力压入法、动力压入法有较多的优点，对于用脆性材料制造的轮毂，采用温差装配法是十分合适的。

温差装配法大多采用加热的方法，冷却的方法用得比较少。加热的方法有多种，有的将轮毂放入高闪点的油中进行油浴加热或焊枪烘烤，也有的用烤炉来加热，装配现场多采用油浴加热和焊枪烘烤。油浴加热能达到的最高温度取决于油的性质，一般在200℃以下。采用其他方法加热轮毂时，可以使轮毂的温度高于 200℃，但从金相及热处理的角度考虑，轮毂的加热温度不能任意提高，钢的再结晶温度为 430℃。如果加热温度超过 430℃，会引起钢材内部组织上的变化，因此加热温度的上限必须小于为 430℃。为了保险，所定的加热温度上限应在 400℃以下。至于轮毂实际所需的加热温度，可根据轮毂与轴配合的过盈值和轮毂加热后向轴上套装时的要求进行计算。

（4）装配后的检查　联轴器的轮毂在轴上装配完后，应仔细检查轮毂与轴的垂直度和同轴度。一般是在轮毂的端面和外圆设置两块百分表，盘车使轴转动时，观察轮毂的全跳动（包括端面跳动和径向跳动）的数值，判定轮毂与轴的垂直度和同轴度的情况。不同转速的联轴器对全跳动的要求值不同，不同形式的联轴器对全跳动的要求值也各不相同，但是，轮毂在轴上装配完后，必须使轮毂全跳动的偏差值在设计要求的公差范围内，这是联轴器装配的主要质量要求之一。

造成轮毂全跳动值不符合要求的原因很多，首先可能发生在制造时由于加工造成的误差，而对于现场装配来说，主要由于修正轮毂内孔表面时处理不妥，使轮毂与轴的同心度发生偏差。另外一个原因是有键联轴器在装配时，由于键的装配不当引起轮毂与轴不同轴。键的正确安装应该使键的两侧面与键槽的壁严密贴合，一般在装配时用涂色法检查，配合不好时可以用锉刀或铲刀修复使其达到要求。键上部一般有间隙，约在 0.1～0.2mm 左右。高速旋转机械对于轮毂与轴的同轴度要求高，用单键联接不能得到高的同轴度，用双键联接或花键联接能使两者的同轴度得到改善。

三、联轴器的安装

联轴器安装前先把零部件清洗干净，清洗后的零部件，需把沾在上面的洗油擦干。在短时间内准备运行的联轴器，擦干后可在零部件表面涂些透平油或机油，防止生锈。对于需要过较长时间投用的联轴器，应涂以防锈油保养。

联轴器的结构形式很多，具体装配的要求、方法都不一样，对于安装来说，总的原则是严格按照图纸要求进行装配，具体的只能介绍一些联轴器装配中经常需要注意的问题。对于应用在高速旋转机械上的联轴器，一般在制造厂都做过动平衡试验，动平衡试验合格后画上各部件之间互相配合方位的标记。在装配时必须按制造厂给定的标记组装，这一点是很重要的。如果不按标记任意组装，很可能发生由于联轴器的动平衡不好引起机组振动的现象。

另外，这类联轴器法兰盘上的连接螺栓是经过承重的，使每一联轴器上的联接螺栓能做到重量基本一致。如大型离心式压缩机上用的齿式联轴器，其所用的联接螺栓互相之间的质量差一般小于 0.05g。因此，各联轴器之间的螺栓不能任意互换，如果要更换联轴器联接螺栓的某一个，必须使它的重量与原有的联接螺栓重量一致。此外，在拧紧联轴器的联接螺栓时，应对称、逐步拧紧，使每一联接螺栓上的锁紧力基本一致，不至于因为各螺栓受力不均而使联轴器在装配后产生歪斜现象，有条件的可采用力矩扳手。

对于刚性可移式联轴器，在装配完后应检查联轴器的刚性可移件能否进行少量的移动，有无卡涩的现象。

各种联轴器在装配后，均应盘车，看看转动情况是否良好。总之，联轴器的正确安装能改善设备的运行情况，减少设备的振动，延长联轴器的使用寿命。

四、联轴器的拆卸

拆卸与装配是相反的过程，两者的目的是不同的。装配过程是按装配要求将联轴器组装起来，使联轴器能安全可靠地传递扭矩。拆卸一般是由于设备的故障或联轴器自身需要维修，把联轴器拆卸成零部件。拆卸的程度一般根据检修要求而定，有的只是要求把连接的两轴脱开，有的不仅要把联轴器全部分解，还要把轮毂从轴上取下来。联轴器的种类很多，结构各不相同，联轴器的拆卸过程也不一样，在此主要介绍联轴器拆卸工作中需要注意的一些问题。

由于联轴器本身的故障而需要拆卸，先要对联轴器整体做认真细致的检查（尤其对于已经有损伤的联轴器），应查明故障的原因。

在联轴器拆卸前，要对联轴器各零部件之间互相配合的位置做一些记号，以作复装时的参考。用于高转速机器的联轴器，其联接螺栓经过称重，标记必须清楚，不能搞错。

拆卸联轴器时一般先拆联接螺栓。由于螺纹表面沉积一层油垢、腐蚀的产物及其他沉积物，使螺栓不易拆卸，尤其对于锈蚀严重的螺栓，拆卸是很困难的。联接螺栓的拆卸必须选择合适的工具，因为螺栓的外六角或内六角的受力面已经打滑损坏，拆卸会更困难。对于已经锈蚀的或油垢比较多的螺栓，常常用溶剂（如松锈剂）喷涂螺栓与螺母的连接处，让溶剂渗入螺纹中去，这样就会容易拆卸。如果还不能把螺栓拆卸下来，可采用加热法，加热温度一般控制在200℃以下。通过加热使螺母与螺栓之间的间隙加大，锈蚀物也容易掉下来，使螺栓拆卸变得容易些。若用上述办法都不行时，只有破坏螺栓，把螺栓切掉或钻掉，在装配时，更换新的螺栓。新的螺栓必须与原使用的螺栓规格一致。用于高转速设备联轴器新更换的螺栓，还必须称重，使新螺栓与同一组法兰上的联接螺栓重量一样。

在联轴器拆卸过程中，最困难的工作是从轴上拆下轮毂。对于键联接的轮毂，一般用三脚拉马或四脚拉马进行拆卸。选用的拉马应该与轮毂的外形尺寸相配，拉马各脚的直角挂钩与轮毂后侧面的结合要合适，在用力时不会产生滑脱现象。这种方法仅用于过盈比较小的轮毂的拆卸，对于过盈比较大的轮毂，经常采用加热法，或者同时配合液压千斤顶进行拆卸。

对联轴器的全部零件进行清洗、清理及质量评定是联轴器拆卸后的一项极为重要的工作。零部件的评定是指每个零部件在运转后，其尺寸、形状和材料性质的现有状况与零部件设计确定的质量标准进行比较，判定哪一些零部件能继续使用，哪一些零部件应修复后使用，哪一些零部件应该报废更新。

第四节 轴承的装配

轴承是支承转动心轴和转轴的部件，它承受径向或轴向载荷，并将载荷传递给轴承座，轴承座一般固定在机架或支座上。

一、轴承分类

轴承分为滑动轴承和滚动轴承两大类。

（1）滑动轴承 由整体式轴承座和轴套或对开式轴承座和对开轴瓦组成。滑动轴承按载荷方向分为径向轴承、推力轴承和径向推力轴承；按摩擦表面的润滑状态分为不完全润滑轴承（采用润滑脂、油绳或滴油润滑的一般是滑动轴承、含油轴承、尼龙轴承）和液体润滑轴承（液压摩擦轴承）。

（2）滚动轴承 由外圈、内圈、滚动体和保持器组成，固定在机器的壳体孔内或对开式轴承座内。滚动轴承按载荷方向分为向心轴承、推力轴承和向心推力轴承。

二、滑动轴承装配

滑动轴承装配包括一般滑动轴承、含油轴承、尼龙轴承的装配方法，轴承间隙检查，轴瓦压紧力调整。液体摩擦轴承的装配见轧钢机安装。

（一）装配方法

（1）安装轴承座时，必须先把轴套或轴瓦装入轴承座内，以轴套或轴瓦的中心来找正轴承座。同一传动轴的所有轴承座的中心必须在同一轴线上。

（2）轴套装入轴承座前，其过盈配合表面应清洁并涂以机油。安装时使用导向心轴通过锤击或压力机将轴套嵌入轴承座孔内。轴套装入后，安装止动螺钉以防其在运转时松脱。含油轴套装配时，轴套端部应均匀受力，而不得直接敲打轴套，其表面若需擦洗，擦洗用油宜与轴套所含的润滑油相同。尼龙轴套吸水性较大，装配前要先在水中煮泡一段时间，使轴套充分吸水膨胀，装配时要涂以适量的润滑脂。

（3）轴瓦装入轴承底座和轴承盖时，轴瓦与轴承座（盖）应配合恰当、接触均匀，符合设备技术文件规定的接触面积要求，轴瓦在轴承座内不能有轴向滑动，轴瓦的凸边或直口与轴承座之间不应有轴向间隙。

（4）为了使轴瓦与轴颈有理想的配合面，必须研刮轴瓦，这是滑动轴承装配中的一道重要工序。刮瓦应在设备安装精找后进行，一般先刮下瓦，后刮上瓦。先在轴颈表面上涂一层薄薄的红樟丹，根据静载下手动盘车后的接触痕迹，刮去接触较高的地方，每次刮削应改变一次方向，除达到色斑均匀分布外，还要兼顾轴瓦的水平度，下瓦与轴颈的接触角应符合设备技术文件的要求，而且接触部分与非接触部分的交界处应光滑过渡。上瓦的刮削应在上瓦及轴承盖上紧的情况下进行，以保证上瓦能够很好地与轴颈接触。上瓦的刮削方法与下瓦相同。轴瓦和轴颈之间单位面积上的接触点数要求，应符合规范或设备技术文件的规定。

（二）轴承间隙检查

滑动轴承的间隙包括顶间隙、侧间隙和轴向间隙。顶间隙可以保持液体摩擦，侧间隙有冷却润滑油的作用，轴向间隙是为了在运转中当轴因温度变化而产生胀缩时有伸缩的余地。各间隙值在技术规范和设备技术文件中均有规定。其检查方法是：

（1）整体式轴承座轴套与轴颈的间隙和对开式轴承座轴瓦与轴颈的侧间隙可用塞尺检查。

（2）对开式轴承座轴瓦与轴颈的顶间隙用压铅法检查。压铅用的铅丝直径为顶间隙值的1.2～2倍，铅丝长度按轴承大小适当确定，分别放在轴颈上和轴瓦合缝处接合面上，然后放上轴承盖，对称均匀地拧紧螺栓，用塞尺检查两侧轴瓦接合面的间隙均匀后，打开轴承盖取出铅丝，用千分尺测量被压扁的铅丝厚度，再通过相应公式计算出轴承顶间隙的平均值。

顶间隙不符合要求时，可在轴瓦合缝处接合面间用垫片调整。

（三）轴瓦压紧力调整

为了防止轴瓦在轴承座内转动及轴发生振动，轴瓦必须被轴承盖压紧。测量轴瓦压紧力的方法与测量顶间隙的方法一样，但铅丝是放在上瓦瓦背上及轴承盖与轴承底座的接合面上。测出铅丝压扁后的厚度后，再通过公式计算出轴瓦压紧力。

当轴瓦压紧力不符合要求时，可用增减轴承盖与轴承底座接合面的垫片调整。

三、滚动轴承装配

滚动轴承的装配质量是保证机床运动灵活可靠的前提，因为滚动轴承本身精度的高低，并不能直接说明它在机械上旋转精度的高低。当精密机械的旋转精度要求很高时，除应选用高精度的轴承外，轴承的装配精度将起决定性的作用。

（一）滚动轴承的装配要求

（1）轴承的固定装置必须完好可靠，紧定程度适中，防松止退装置可靠。

（2）油封等密封装置必须严密，对于采用油脂润滑的轴承，装配后一般要加入1/2空腔容积的符合规定的润滑脂。

(3) 在轴承的装配过程中，应严格保持清洁，防止杂物进入轴承内。

(4) 装配后，轴承应运转灵活，无噪声，工作温升一般不超过50℃。

(5) 轴承内圈端面一般应靠紧轴肩，其最大间隙对圆锥滚子轴承和向心推力轴承应不大于0.05mm，其他轴承应不大于0.1mm。

(6) 当采用冷冻或加热装配时冷却温度不低于－80℃，加热温度不超过120℃。

(7) 装配可拆卸的（内外圈可分离的轴承）轴承时，必须按内外圈对位标记安装，不得装反或与其他轴承内外圈混装。

(8) 可调头安装的轴承，在装配时应将有编号的一端向外，以便识别。

(9) 轴承外圈装配后，其定位端的轴承盖与外圈或垫圈的接触应均匀。

(10) 在轴的两端装配径向间隙不可调的向心轴承，并且轴向定位是以两端端盖限定时，只能一端轴承靠紧端盖，另一端必须留有轴向间隙 C，C 值由相应的公式计算可得。

（二）滚动轴承的配合和游隙

(1) 轴承的配合　滚动轴承是专业厂大量生产的标准部件，其内圈与轴的配合，取基孔制；外圈与轴承孔的配合，取基轴制。轴承装入轴颈、壳孔时的过盈量将使轴承的径向间隙减小。滚动轴承配合选择的基本原则为：

① 载荷方向为旋转的套圈与轴或外壳孔，应选择过渡或过盈配合。过盈量的大小以轴承在载荷作用下，其套圈在轴上或外壳孔内的配合表面上不发生“爬行”为原则。

② 载荷方向固定的套圈与轴或外壳孔，应选择过渡或间隙配合。

③ 轴或外壳孔需要进行轴上移动的套圈（游动圈），以及需要经常拆卸的套圈与轴或外壳孔，应选较松的过渡或间隙配合。

④ 载荷越大，通常过盈量应越大。

⑤ 公差等级与轴或外壳孔公差等级及轴承精度有关。

(2) 轴承的游隙　滚动轴承运转中的内部游隙（称作游隙）的大小，对疲劳寿命、振动、噪声、温升等轴承性能影响很大。因此选择轴承内部游隙，对于轴承是十分重要的。

（三）滚动轴承的装配

滚动轴承的装配方法应根据轴承的结构、尺寸大小和轴承与部件的配合性质而定。装配时受力点应该直接加在待配合的套圈端面上，禁止通过滚动体传递压力和打击力，以免破坏轴承的原有精度。

1. 向心球轴承的装配

向心球轴承的装配按内、外环与相关零件的配合性质不同，可分为以下装配方法。

(1) 当轴承内圈与轴为紧配合，外圈与壳体为较松的配合时，可先将轴承装在轴上，压装时在轴承端面垫上铜或其他软材质制作的装配套筒（俗称撞子，以下简称套筒），然后把轴承与轴一起装入壳体中。

(2) 当轴承外圈与壳体为紧配合，内圈与轴为较松配合时，可先将轴承压入壳体中，这时用的装配套筒外径略小于壳体的内径，将压力作用在轴承的外环上。

(3) 当轴承内圈与轴、轴承外圈与壳体均为紧配合时，应将轴承同时压在轴上和压入壳体中。这时装配套筒应将压力同时作用在轴承的内、外圈上。

压入轴承的方法可根据配合的过盈量的大小来确定，当过盈量较小时，可用手锤锤击装配套筒将轴承压入。当过盈量较大时可用压力机或其他专用工具压入。也可以用冷冻（冷却温度不低于－80℃）或加热（加热温度不超过120℃）的方法进行装配。

2. 圆锥滚子轴承的装配

圆锥滚子轴承的装配比较简单，由于它的内、外环是可以分离的，所以装配时可以分别把内圈装在轴上，外圈装在壳体中，然后再通过改变轴承内、外圈的相对轴向位置来调整轴承的间隙。

3. 推力球轴承的装配

推力球轴承装配时应注意区分紧环和松环，紧环与轴取较紧的配合，与轴相对静止。松环内孔比紧环内孔大，与轴为间隙配合。装配后紧环应靠在转动零件的平面上，松环套在静止的平面上。否则会使滚动体丧失作用，同时会加速配合零件间的磨损而使机构失去精度。

（四）滚动轴承的游隙调整和预紧

1. 滚动轴承的游隙调整

滚动轴承的游隙是指轴承的内、外圈之间一个固定，另一个沿径向或轴向的最大移动量，并分别称为径向游隙和轴向游隙。径向游隙可分为三种：原始游隙，是指轴承安装前自由状态下的游隙；配合游隙，是指轴承装到轴和壳体内的游隙，一般小于原始游隙；工作游隙，是指轴承在工作时由于承受载荷，内、外圈之间有温差等状态下的游隙，一般大于配合游隙。由此可见滚动轴承应具有必要的游隙，以弥补制造和装配偏差、受热膨胀，使油膜得以形成，以保证其均匀和灵活地运动，否则会发生阻滞现象。但过大的游隙又会使载荷集中，产生冲击和振动，不但在工作中产生噪声，还将产生严重的摩擦、磨损、发热，甚至造成事故。因此选择适当的游隙是保证轴承正常工作，延长其使用寿命的重要环节之一。对于各种向心推力轴承，因其内外圈可以分离，所以在装配过程中都要控制和调整游隙。其方法是通过使轴承的内、外圈做适当的轴向位移，以得到合适的游隙。根据结构不同通常的调整方法有以下两种。

（1）用调整垫调整　通过改变轴承盖处的调整垫厚度 δ（mm）来调整轴承的轴向游隙。测量游隙常用的有直接测量法和压铅法。直接测量法就是轴承端盖用螺钉均匀压紧后（此时轴承处于无间隙状态）用卡尺或塞尺直接测量出调整量；压铅法就是将 3～4 段铅丝（或铅块）放在轴承盖与轴座或轴承盖与轴承外圈之间用螺钉均匀压紧至轴承无间隙，然后松下螺钉，取出被压扁的铅丝（或铅块）用千分尺测量出平均值，来确定调整量（带调整量的轴承端盖减薄量或应加调整垫的厚度）。

（2）用锁母或调节螺钉调整　通过调整锁母或调节螺钉来调整轴承的轴向游隙，此种结构调整比较方便，先拧紧调整螺钉使轴承处于无间隙状态，然后根据需要的轴向游隙用公式计算出调整螺钉反旋的角度。然后把固定螺母锁紧，以防止运行时调节螺钉松脱。

2. 滚动轴承的预紧

滚动轴承的预紧是指在装配时，使轴承内部滚动体与套圈间保持一定的初始压力和弹性变形，以减少工作载荷下轴承的实际变形，从而改善支承刚度，提高回转精度，并使系统因具有一定的阻尼而提高抗振性能。轴承的预紧分为轴向预紧和径向预紧。径向预紧一般是通过圆锥孔内圈和相配合的锥颈做轴向位移或用增加轴与轴承孔的过盈量来调整；轴向预紧则是用衬垫、隔套、弹簧、螺母或带螺纹的端盖来调整。

（五）轴承的拆卸和检修与保养

轴承的拆卸，是在定期检修，轴承更换时进行的。如要继续使用或检查轴承状态时，其拆卸过程和安装时一样，要仔细进行，注意不要损伤轴承的各部位，特别要根据轴承与配合部位的配合条件，选择合适的拆卸方法。保证拆卸过程的顺利进行。

1. 轴承的拆卸

（1）不可分离型轴承的拆卸　这种轴承一般与轴的配合较紧，与壳体的配合较松。可先将轴承连同轴一起从壳体中取出，然后再从轴上卸下轴承。在两次拆卸过程中，拆卸力分别直接作用在轴承的内、外圈上。壳体上带有轴承拆卸螺孔的，可用螺杆将轴承挤压出壳体，或轻轻敲打进行拆卸，此时作用力一定要在外圈上。从轴上拆卸轴承时，可用压力机或专用的轴承拆卸工具进行（如拉马等），此时作用力一定要在内圈上。有条件的还可以用感应加热，待轴承内圈受热膨胀后，再用拉马拉拔的方法卸下轴承。

（2）分离型轴承的拆卸　这种轴承拆卸时可先将内圈连同轴一起取出，再用压力机或专用的轴承拆卸工具（如拉马等）将内圈卸下，此时作用力一定要在内圈上。有条件的还可以用感应加热，待轴承内圈受热膨胀后，再用拉马拉拔的方法卸下内圈；从壳体中取出外圈，壳体上带有轴承拆卸螺孔的，可用螺杆将轴承外圈挤压出壳体，或轻轻敲打进行拆卸。

2. 轴承的检修与保养

（1）轴承的清洗　为了检查和分析轴承的状态，拆卸下的轴承用汽油或煤油进行清洗。清洗时可分为粗洗和精洗，在容器底部先放上金属网垫底，避免轴承直接接触容器的赃物，粗洗时一般不要旋转轴承以免损伤轴承的滚动面。要用毛刷去除润滑脂以及粘着物，大致干净后可转入精洗。精洗时在干净的汽油或煤油中，边旋转边清洗，并一直保持清洗油的清洁。

（2）轴承的检修与保养　为了保证轴承以较好的性能处于良好的工作状态，需对拆下的轴承进行仔细的检查、保养，防事故于未然，确保运转可靠。一般正常使用的轴承，可以使用至达到轴承的疲劳寿命为止。但使用过程中会有意外的损伤，这种损伤是造成故障和事故的隐患。因此必须对轴承进行仔细的检查。为了判断拆卸下的轴承是否可以再使用，主要检查已清洗干净的轴承滚道面、滚动面、配合面的状态，保持架的磨损情况，轴承游隙的增加以及有无尺寸精度下降的损伤和其他异常。轴承的旋转有无阻滞现象。是否还可以使用，要考虑轴承的损伤程度、力学性能、重要性、运转条件来决定。

第五节　齿轮的装配

在机械设备中，齿轮传动是最主要的传动形式。齿轮装配是设备检修时比较重要、要求较高的工作。装配良好的齿轮，传动噪声小、振动小，使用寿命长，因此，必须严格控制齿轮传动的装配精度。

一、齿轮装配的内容

根据齿轮传动的结构形式不同，装配工作的内容也不同。闭式传动且采用滚动轴承支承的齿轮传动，两轴的中心距和相互位置精度完全由箱体轴承孔的加工精度来决定，装配工作只是通过钳工加工修整传动零件的制造误差。若采用滑动轴承支承齿轮传动，在轴瓦研刮过程中，可以在较小范围内适当调整两轴的中心距和位置误差。对具有单独轴承座的开式传动，在装配时，除了通过钳工加工修整传动零件的制造误差外，还要正确安装齿轮轴。齿轮传动装配步骤通常为：

（1）检查验收齿轮等机件；

（2）将齿轮安装在轴上；

（3）将齿轮轴部件安装入箱体座孔中；

（4）检查传动时齿轮啮合质量并进行必要的调整。

二、齿轮装配的质量检测

齿轮传动工作的耐久性和可靠性与装配质量有很大关系。为保证装配质量，要求齿轮传动的装配应具有一定的齿侧间隙值；轮齿工作表面的接触斑点分布要均匀；齿轮轴线位置应安装正确。

（一）齿侧间隙的检测

1. 齿侧间隙

齿侧间隙是指一对相互啮合齿轮的非工作表面沿法线方向的距离。其作用是补偿齿轮装配或制造的不精确，传递载荷时受温度影响的变形和弹性变形，并可以在其中储存一定的润滑油，以改善轮齿表面的摩擦条件。

齿侧间隙的大小与齿轮模数、精度等级和中心距有关。齿侧间隙大小在齿轮圆周上应当均匀，以保证传动平稳，没有冲击和噪声；在齿的长度上应相等，以保证齿轮间接触良好。

2. 齿侧间隙的检查

齿侧间隙的检查方法有压铅法和千分表法两种。

（1）压铅法　此法简单，测量结果比较准确，应用较多。在两齿轮的齿间放入一段铅丝，其直径根据间隙大小选定，长度以压下三个齿为宜，然后均匀转动齿轮，使铅丝通过啮合而被压扁。厚度小的是工作侧隙，厚度最大的是齿顶间隙，厚度较大的是非工作侧隙。厚度均用千分尺测量。轮齿的工作侧隙和非工作侧隙之和即为齿侧间隙。

（2）千分表法　此法用于较精确的啮合检查。将其中一个齿轮固定，另一个齿轮相对晃动，用千分尺测出此晃动量即为齿侧间隙，可通过变动齿轮轴位置和研刮齿面调整。

（二）接触精度的检验

齿轮接触精度规定是以啮合接触斑点来衡量的。接触斑点是指齿轮啮合传动时，齿面相交滚压留有可见的痕迹。正常啮合的齿轮，接触斑点应在节圆处上下对称均匀分布，并有一定接触面积，具体数值可查阅相关手册。

（三）齿轮轴线位置检测

齿轮装配时，应保证准确的齿轮中心距，齿轮轴线不能生产偏心和歪斜。

1. 中心距偏差测量

用内径千分尺及方水平仪来测量中心距偏差值。

2. 轴线扭斜度和平行度测量

轴线扭斜的测量可用千分表法，也可用涂色法及压铅法。

三、锥齿轮的装配

锥齿轮的装配与圆柱齿轮的装配基本相同。不同的是锥齿轮传动两轴线相交，交角一般为 90°，装配时应注意的主要问题是轴线夹角的偏差、轴线不相交偏差和分度圆锥顶点偏移等。

锥齿轮传动轴线的几何位置一般由箱体加工所决定，装配时使背锥面平齐，以保证两齿轮的正确位置。锥齿轮装配后要测间隙的接触精度。检查方法与圆柱齿轮相同。

四、蜗轮蜗杆的装配

蜗轮蜗杆装配时，首先安装蜗轮，将蜗轮装配到蜗轮员上的过程和检查方法与装配圆柱齿轮相同；再将蜗轮轴部件安装到箱体上；最后安装蜗杆。蜗杆轴线位置由箱体孔确定。

装配时必须控制以下几方面的装配误差：蜗轮、蜗杆轴线的垂直度误差；蜗杆与蜗轮啮合时的中心距偏差；蜗杆轴线与蜗轮中心平面之间的偏移量；蜗杆与蜗轮啮合法向侧隙误差；蜗杆、蜗轮啮合接触面积误差。

第六节　螺纹联接的装配

螺纹联接是一种广泛使用的可拆卸的固定连接，具有结构简单、连接可靠、装拆方便等优点，广泛应用于机械设备上。

一、螺纹联接的预紧与防松

(一)预紧力

预紧力是保证螺纹联接的可靠性和紧密性的主要因素。预紧力不够大，在工作载荷的作用下，螺纹联接将失去紧固性和严密性。但如果预紧力过大，则会使螺栓被扭断或伸长，同样会使螺纹联接失效。

为了达到正确的预紧目的，可用专门的装配工具，如测力扳手、定力矩扳手等来控制预紧力。

(二)防松

螺纹联接件是标准件，在设计中已经考虑到拧紧后的自锁问题，用于静联接的螺纹联接在工作载荷的作用下不会自行松动，但是对于有冲击、振动、变载荷的工作情况下，零件之间的相对位置会发生瞬时变化，使螺纹副之间的摩擦力瞬时消失，内、外螺纹会向松脱的方向发生相对转动，这种转动可能很小，当通过多次反复的积累就可能使螺纹联接松脱，失去连接的作用，使预紧力丧失，使被连接件之间的相对位置关系发生变化，这种连接的失效可能会造成严重的后果，在螺纹联接的设计中应采取必要的措施加以防止。

防止螺纹联接松动的根本措施是防止内外螺纹的相对转动，只要不发生相对转动，就不会松动。

人们在长期的设计实践中积累了大量的螺纹联接防松方法，总结这些方法可分为三大类：

(1) 摩擦防松　这是应用最广的一种防松方式，这种方式在锁紧螺母副之间产生一不随外力变化的正压力，以产生能够阻止锁紧螺母副相对转动的摩擦力。这种正压力可经过轴向或同时两向压紧锁紧螺母副来完成。如采用弹性垫圈、双螺母、自锁螺母和嵌件锁紧螺母等。

① 弹簧垫圈防松　弹簧垫圈材料为弹簧钢，装配后垫圈被压平，其反弹力能使螺纹间保持压紧力和摩擦力，从而实现防松，如图 11-1 所示。

② 自锁螺母防松　螺母一端制成非圆形收口或开缝后径向收口。当螺母拧紧后，收口胀开，利用收口的弹力使旋合螺纹间压紧。这种防松结构简单、防松可靠，可多次拆装而不降低防松性能，如图 11-2 所示。

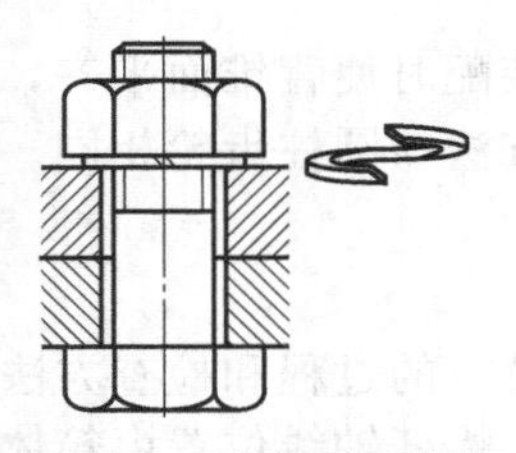

图 11-1　弹簧垫圈防松

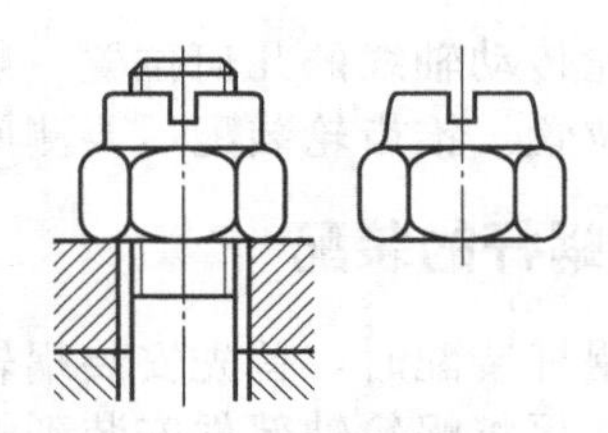

图 11-2　自锁螺母防松

③ 对顶螺母防松　利用螺母对顶作用使螺栓受到附加的拉力和附加的摩擦力，如图 11-3所示。

(2) 机械防松　是用锁紧螺母止动件直接限制锁紧螺母副的相对转动。如采用启齿销，串联钢丝和止动垫圈等。由于锁紧螺母止动件没有预紧力，锁紧螺母松退到止动位置时防松止动件才起作用，因而，锁紧螺母这种方式实际上不防松而是避免脱落。

① 开口销与六角开槽螺母机械防松，如图 11-4 所示。

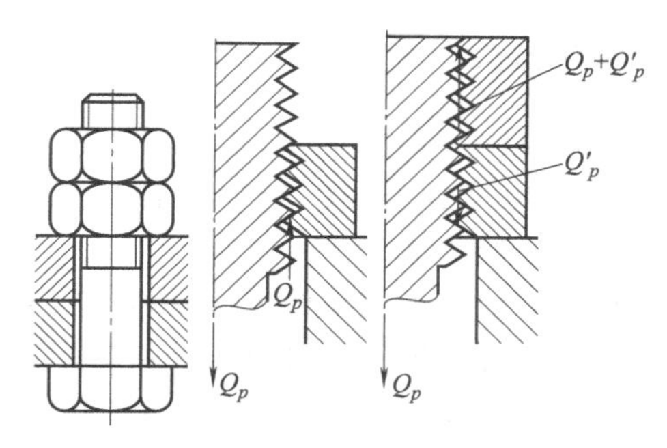

图 11-3 对顶螺母防松

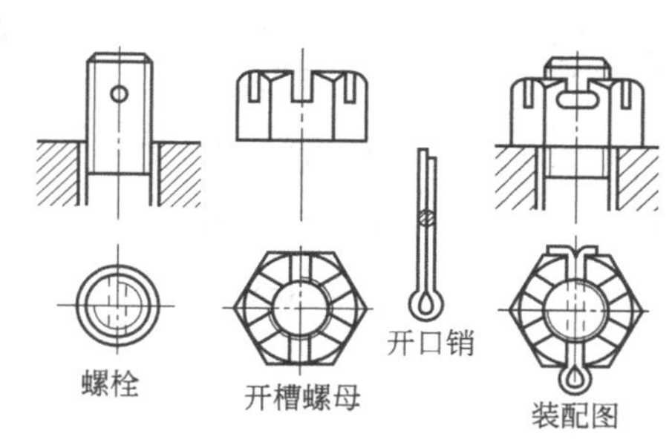

图 11-4 开口销与六角开槽螺母防松

② 止动垫圈机械防松，如图 11-5 所示。

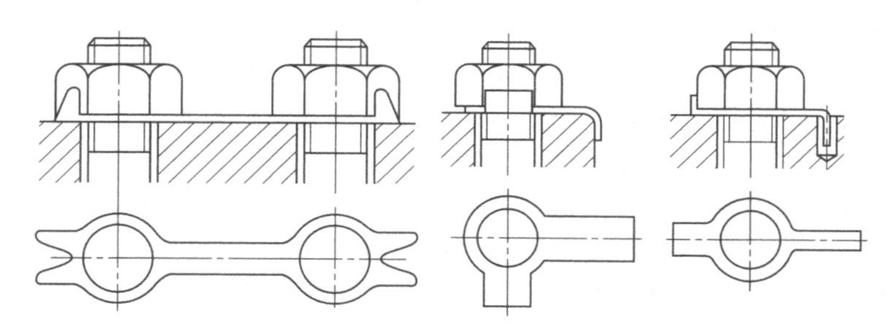

图 11-5 止动垫圈防松

③ 串联钢丝机械防松，如图 11-6 所示。

④ 棘轮防松螺栓 这是我国创新发明的一种新型防松螺栓，其特征是螺母和垫片上开设有棘轮式结构，并在螺杆上开设定位槽，在垫片上设内凸定位齿。由棘轮工作原理可知，螺母在安装时只能按一个方向旋转，而反向旋转将受到棘轮的制约。拆卸时，需要使用该专利提供的专用钥匙，将棘轮齿压平，方能拆卸，如图 11-7 所示。

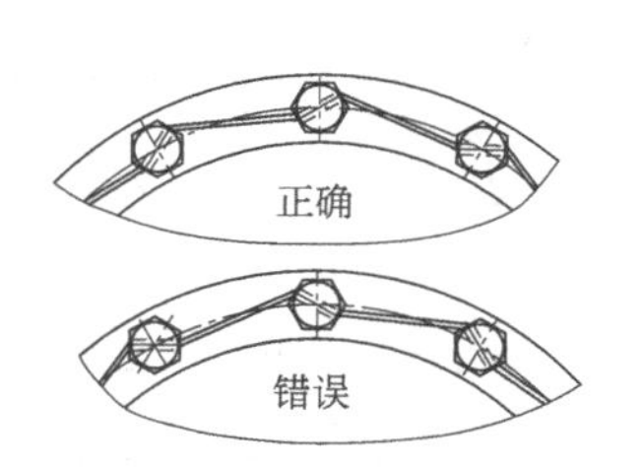

图 11-6 串联钢丝机械防松

(3) 不可拆卸防松 将拧紧后的螺栓和螺母焊死，将拧紧后的螺栓和螺母铆死，这两种方法都破坏了原有的螺纹副形状，使得螺纹不但在振动作用下不能松动，而且正常拆卸也必须通过破坏某些零件来实现，这种防松方法使得螺纹联接演变为不可拆卸连接，如图 11-8 所示。

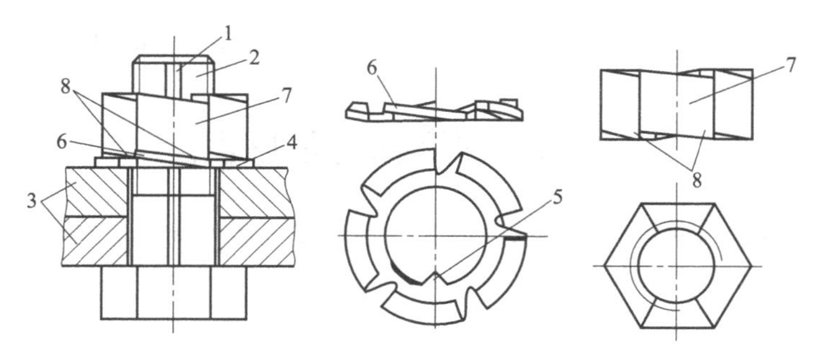

图 11-7 棘轮防松螺栓

1—定位槽；2—螺栓；3—被紧固件；4—棘轮弹簧垫片；5—内凸定位齿；
6—垫片止退齿；7—螺母；8—螺母棘轮止退齿

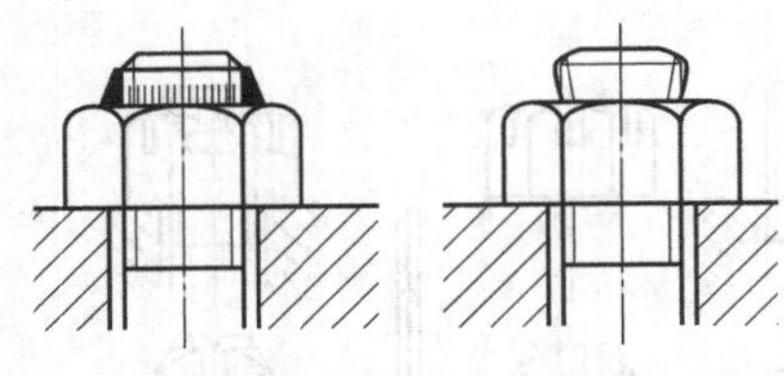

图 11-8 不可拆卸防松

二、螺纹联接装配分类

（一）双头螺栓的装配

（1）为防止螺栓拧入时卡死，便于拆卸和重复安装，可将双头螺栓涂上润滑油。

（2）双头螺柱轴心线必须与机体表面垂直。安装时用角尺检查，若轴心线与机体表面有少量倾斜时，可用丝锥校正螺孔，或用安装的双头螺柱校正；若倾斜较大，不得强力校正，以防止螺栓连接的可靠性受到破坏。

（3）保证螺栓和机体连接足够紧固。

（二）螺母与螺钉的装配

（1）螺母或螺钉与被紧固件贴合表面要光洁、平整，以避免拧紧时产生附加弯矩。

（2）严格控制拧紧力矩，过大的拧紧力矩会使螺栓或螺钉拉长甚至折断，或引起被连接件变形。拧紧力不足时，连接容易松动，影响可靠性。

（3）螺母拧紧后，弹簧垫圈要在整个圆周上同螺母和被连接件表面接触。螺纹露在螺母外面的长度不得少于两个螺扣，但也不应过长，一般为 3～5mm。

（4）拧紧成组螺母时，须按一定顺序进行，逐步分次拧紧，否则会使螺栓和机体受力不均产生变形。拧紧长方形布置的成组螺母时，应从中间开始，逐步向两侧扩展，如图 11-9 所示。拧紧圆形或方形布置的成组螺母时，必须对称拧紧，如图 11-10 所示。

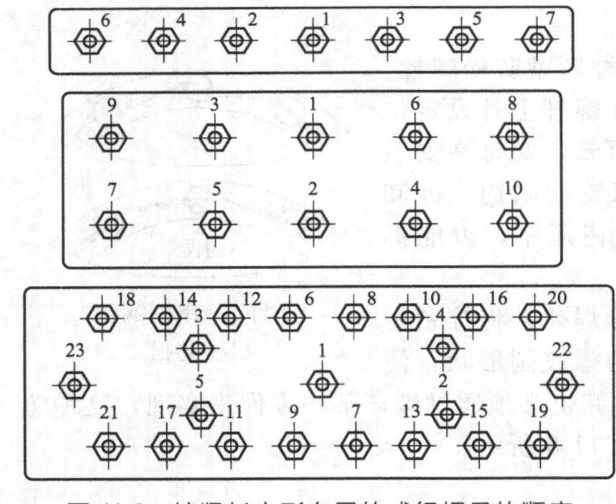

图 11-9 拧紧长方形布置的成组螺母的顺序

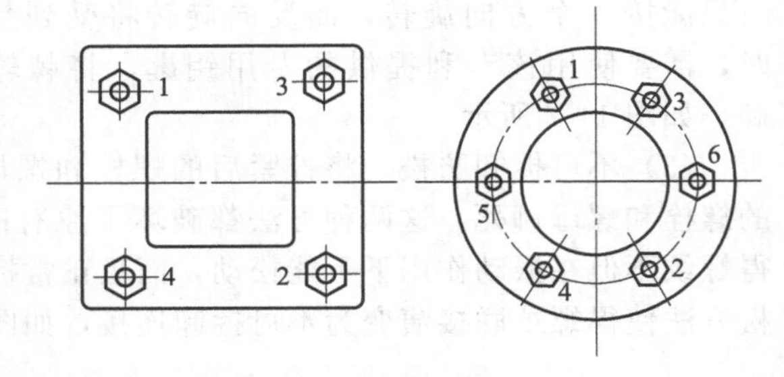

图 11-10 拧紧圆形或方形布置的成组螺母的顺序

第七节 密封装置的装配

为阻止工作流体介质或滑润剂泄漏，防止外部灰尘、水分等杂质侵入部件内部和滑润部位，必须在机械设备上设置密封装置。

一、密封概述

（一）泄漏

泄漏与密封是一对共存的矛盾。凡是存在压力差的隔离物体上都有发生泄漏的可能。

广义的泄漏包括内漏和外漏。内漏是系统内部介质在隔离物体间发生的传质现象，一般是不可见的。如管路系统阀门关闭后存在的泄漏和换热器管程、壳程间发生的介质传递就属于内漏。外漏是系统内部介质与系统外部介质在隔离物体间发生的传质现象。

泄漏可定义为：隔离物体间发生的传质现象。

对流体来说，泄漏又分为正压泄漏和负压泄漏。正压泄漏是指介质由隔离物体的内部向外部传质的现象。生产领域内发生的泄漏绝大多数属于正压泄漏。负压泄漏是指外部空间介质通过隔离物体向受压体内部传质的一种现象，又称真空泄漏。

（二）密封

1. 密封机理

能阻止或切断介质间传质过程的有效方法统称为密封。

密封原理：采用某种特制的机构，以彻底切断泄漏介质通道、堵塞或隔离泄漏介质通道、增加泄漏介质通道中流体流动阻力的方法建立一个有效的封闭体系，达到无泄漏的目的。

2. 密封的分类

密封可分为静态密封和动态密封（带压堵漏）两大类。

（1）静态密封　静态密封是指工业领域经常使用的密封材料、密封元件与相应的密封结构形式相结合，在生产系统处于安装、检修、停产状态下（即在没有工艺介质温度、压力等参数条件下）建立起来的封闭体系。也就是说密封是在静态的条件下实现的，这个封闭体系形成之后才经受被密封介质温度、压力、振动、腐蚀等因素的作用。工厂中常见的密封结构多是这种形式的，主要包括静密封和动密封两种。

① 静密封　静密封是指相对静止的配合面间的密封。静密封主要有垫密封、密封胶密封和配合密封三大类。根据工作压力，静密封又可分为中低压静密封和高压静密封。中低压静密封常用材质较软、宽度较宽的密封垫，高压静密封则用材质较硬、接触宽度很窄的金属垫片。

② 动密封　动密封是指相对运动件之间的密封。动密封可以分为旋转密封和往复密封两种基本类型。按密封件与其作用相对运动的零部件是否接触，可以分为接触式密封和非接触式密封。一般说来，接触式密封的密封性好，但受摩擦磨损限制，适用于密封面线速度较低的场合。非接触式密封的密封性较差，适用于较高速度的场合。

（2）动态密封（带压密封）　动态密封是指原有的密封结构（包括静态密封技术建立起来的所有密封结构）一旦失效或设备出现泄漏缺陷，流体介质正处于外泄的情况下，采用特殊手段所实现的一种密封途径。动态密封技术实现密封的过程中，生产设备中的介质的工艺参数如温度、压力、流量等均不降低，整个密封结构建立过程中始终受到介质温度、压力、振动、腐蚀、冲刷的影响，即是在动态的条件下实现的，最终阻止泄漏，达到重新密封的目的。

二、固定连接密封

固定连接密封也称为静密封，包括垫密封、密封胶密封和配合密封三大类。

（1）垫密封　为保证螺纹联接的紧密性，一般在结合面之间加设较薄的垫片，如纸垫、橡胶垫、石棉垫、软金属垫等，这种密封称为垫密封，如图 11-11 所示。

（2）密封胶密封　密封胶是一种新型高分子材料，是一种具有流动性的黏稠物，能容易地填满两个结合面的空隙，适用于各种连接，如各种平面、法兰连接等。在使用密封胶之前，应将各结合面清理干净，除锈、去油污，最好能露出新的金属基体。涂胶前必须将密封胶搅拌均匀，涂胶厚度视结合面的加工精度、平面度和间隙不同而确定，还要做到涂胶层厚

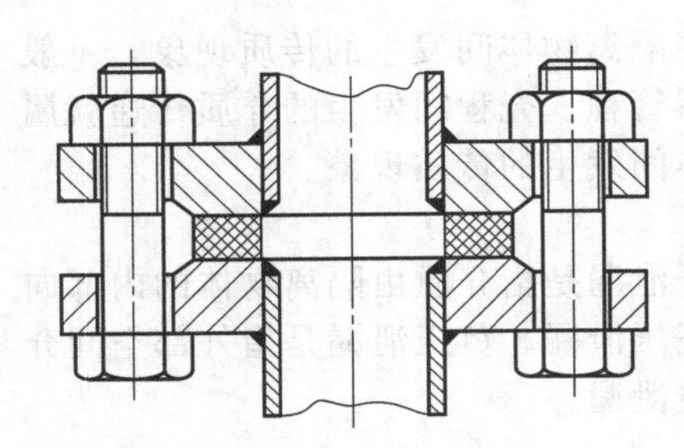

图 11-11 垫密封装置示意图

薄均匀。

（3）配合密封 由于配合的要求，在结合面之间不允许加垫片或密封胶时，常依靠提高机件结合面的加工精度和降低表面粗糙度来实现密封，这种密封称为配合密封。

三、活动连接密封

活动连接密封也称为动密封，包括填料密封、油封密封、密封圈密封和机械密封等。

（一）填料密封

填料密封的结构如图 11-12 所示。其装配工艺要点如下：

（1）软填料可以是一圈圈分开的，各圈在轴上还要强行张开，以免产生局部扭曲或断裂。相邻两圈的切口应错开 180°。软填料也可以成整条，在轴上缠绕成螺旋形。

（2）壳体为整体圆筒时，以专用工具把软填料推入孔内。

（3）软填料由压盖压紧。为了使压力沿轴向分布，尽可能均匀，以保证密封性能和均匀磨损，装配时应将软填料由左到右逐步压紧。

（4）压盖螺钉至少有两个，必须轮流逐步拧紧，以保证圆周力均匀；同时用手转动主轴，检查其接触的松紧程度，要避免压紧后再次松开。填料密封是允许极少量泄漏的。

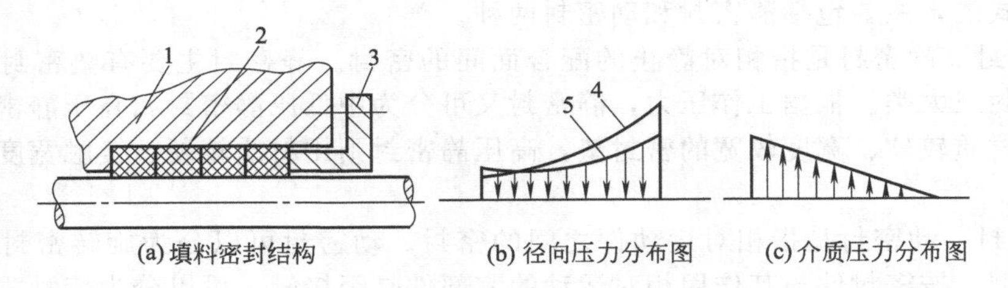

图 11-12 填料密封装置结构示意图

1—填料函；2—填料；3—压盖；4—开车前径向压力曲线；5—开车后径向压力曲线

（二）油封密封

油封是广泛用于旋转轴的一种密封装置。按其结构可分为骨架式和无骨架式两类，如图 11-13 所示。其装配工艺要点如下：

（1）检查油封孔和尺寸、轴的表面粗糙度是否符合要求，密封唇部是否有损伤。在唇部和轴上涂以润滑油脂。

（2）用压入法装配时，要注意使油封与壳体孔对准，不可偏斜。孔边倒角要大一些，在油封圈或壳体孔内涂少量润滑油。

（3）油封的装配方向，应使介质工作压力把密封唇部紧压在轴上，不可反装，如用作防尘时，则应使唇部背向轴承，如要同时防漏和防尘，则应采用双面油封。

（4）当轴端有键槽、螺纹孔、台阶时，为防止油封唇部被划伤，可采用装配导向套，此外，要严防油封弹簧脱落。

（三）密封圈密封

密封圈是最常用的密封件。其截面形状有圆形（O 形）和唇形，其中最普遍、应用最广的是O形密封圈。

（1）O形密封圈如图11-14所示，即可用于动密封，也可用于静密封。

它属于压紧密封，必须保证有一定的预压缩量，一般截面直径压缩量为10%～25%。其装配工艺要点如下：

① 装配前应检查O形圈装入部位尺寸、表面粗糙度和引入角大小连接螺栓孔的深度。

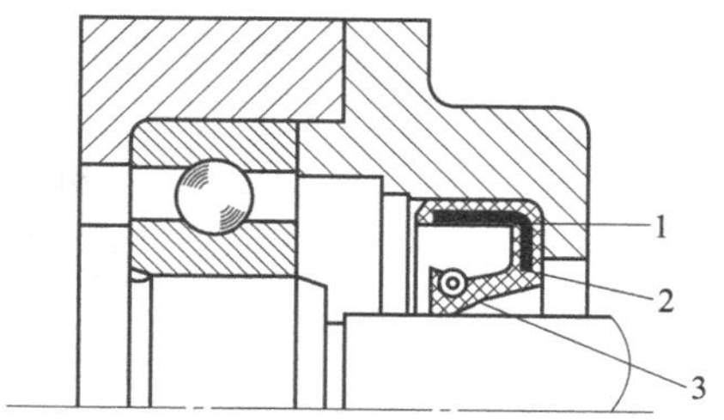

图11-13 油封装置
1—骨架；2—密封体；3—弹簧

② 装配时须在O形圈处涂上润滑油，如果要通过螺纹或键槽时，可借助导向套，然后依靠联接螺栓的预紧力，使O形圈产生变形，达到密封作用。

③ 装配时要有合适的压紧度，否则会引起泄漏或挤坏O形圈。另外，当工作压力较大，需用挡圈时，还要注意挡圈的方向，即在O形圈的受压侧的另一侧装上挡圈。

（2）唇形密封圈　唇形密封圈应用范围很广，既适用于大、中、小直径的活塞和柱塞的密封，也适用于高、低速往复运动和低速旋转运动的密封。它的各类很多，有V形、Y形、U形等。图11-15为V形密封圈密封装置，其装配工艺要点如下：

① 装配前，应检查密封圈的质量、装入部位尺寸、表面粗糙度及引入角大小。

② 装配时密封圈处要涂以润滑脂，并避免过大的拉伸引起塑性变形。

③ 装配后要有合适的压紧度，此外，当受到较大的轴向力时，需加挡圈以防止密封圈从间隙挤出，挡圈均安装在唇形圈的根部一侧。

在使用密封装置时，由于密封圈的根部受高温、高压的影响，常会出现变形、损伤等情况。

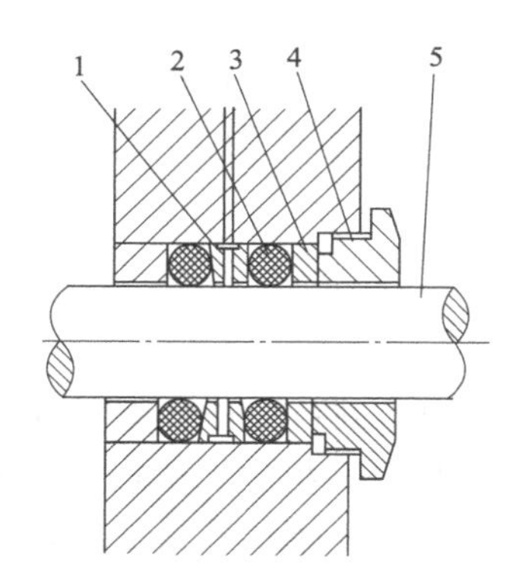

图11-14 O形密封圈
1—压套；2—O形密封圈；3—垫圈；4—螺母；5—传动轴

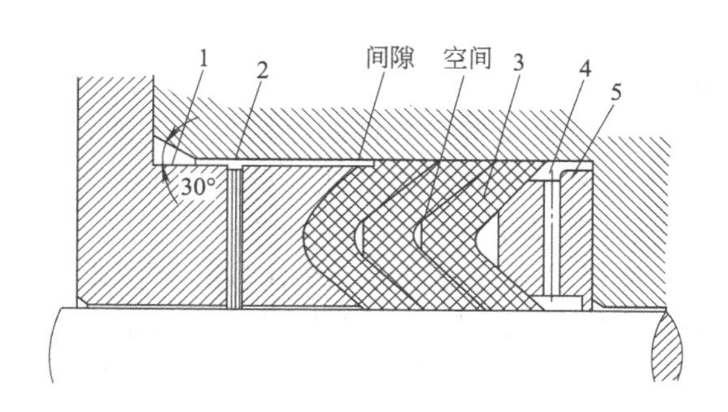

图11-15 V形密封圈
1—压环；2—调节垫；3—密封圈；4—连通孔；5—支承环

（四）机械密封

机械密封是用于旋转轴的密封装置。它是由两个在弹簧力和密封介质静压力作用下互相贴合并相对转动的动静环构成的密封装置，可以在高压、高温、高速、大轴径以及密封气体、液化气体等条件下很好地工作，具有寿命长、磨损量小、泄漏量小、安全、动力消耗小等优点。机械密封装置如图11-16所示。

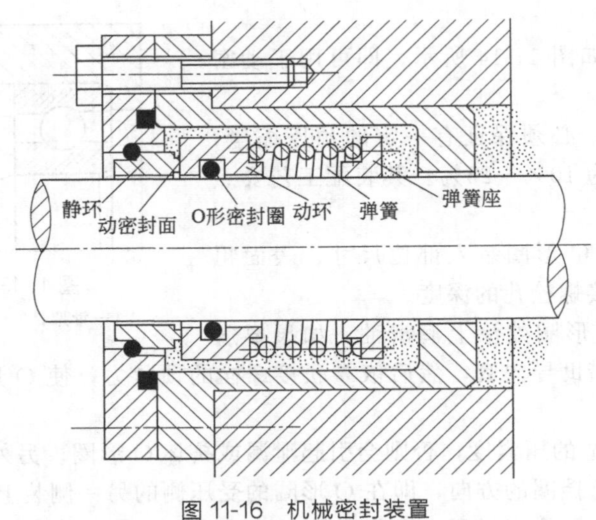

图 11-16 机械密封装置

第八节 设备的磨损及其补偿

设备在使用或闲置过程中会产生磨损。磨损分为有形磨损和无形磨损两种形式。

一、设备的有形磨损

机械设备在力的作用下，零部件产生摩擦、振动、疲劳、生锈等现象，致使设备的实体产生磨损，称为设备的有形磨损，亦称物质磨损或物质损耗，设备的有形磨损有两种形式：第一种有形磨损和第二种有形磨损。

（1）第一种有形磨损　设备在使用过程中，由于外力的作用使零部件发生摩擦、振动和疲劳等现象，导致机器设备的实体发生磨损，这种磨损叫作第一种有形磨损。它通常表现为：

① 机器设备零部件的原始尺寸改变，甚至形状也发生变化；

② 公差配合性质改变，精度降低；

③ 零部件损坏。

有形磨损一般可分三个阶段，如图 11-17 所示。第一阶段是新机器设备磨损较强的初期磨损阶段；第二阶段是磨损量较小的正常磨损阶段；第三阶段是磨损量增长较快的剧烈磨损阶段。例如机器中的齿轮，初期磨损是由于安装不良、人员培训不当等造成的。正常磨损是机器处在正常工作状态下发生的，它与机器开动的时间长短及负荷强度大小有关，当然也与机器设备的牢固程度有关，剧烈磨损则是正常工作条件被破坏或使用时间过长的结果。

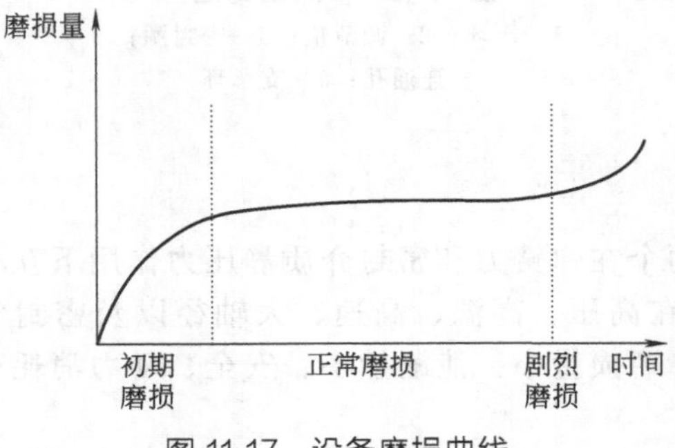

图 11-17 设备磨损曲线

在第一种有形磨损的作用下，以金属切削机床为例，其加工精度、表面粗糙度和劳动生产率都会劣化。磨损到一定程度，整个机器就会出现毛病，功能下降，设备的使用费剧增。有形磨损达到比较严重的程度时，设备便不能继续正常工作甚至会发生事故。

（2）第二种有形磨损　设备在闲置过程中，

由于自然力的作用而使其丧失了工作精度和使用价值，叫作第二种有形磨损。设备闲置或封存也同样产生有形磨损，这是由机器生锈、金属腐蚀、橡胶和塑料老化等原因造成，时间长了会丧失精度和工作能力。

当设备磨损到一定程度时，设备的使用价值降低，使用费用提高。要消除这种磨损，可通过修理来恢复，但修理费应小于新机器的价值。当磨损导致设备丧失工作能力，即使修理也不能达到原有功能时，则需更新设备。

（3）有形磨损的技术经济后果　有形磨损的技术经济后果是：机器设备的价值降低，磨损达到一定程度可使机器完全丧失使用价值；机器设备原始价值的部分降低，甚至完全贬值，为了补偿有形磨损，需支出修理费或更换费。

（4）有形磨损的不均匀性　机器设备使用过程中，由于各组成要素的磨损程度不同，故替换的情况也不同。有些组成要素在使用过程中不能局部替换，只好到平均使用寿命完结后进行全部替换。但对于多数机器设备，由于各组成部分材料和使用条件不同，故其耐用时间也不同。

（5）有形磨损与技术进步　科学技术进步对机器设备的有形磨损是有影响的，如耐用材料的出现、零部件加工精度的提高以及结构可靠性的增加等，都可推迟设备有形磨损的期限。同时，正确的预防维修制度和先进的维护技术，又可减少有形磨损的发生。但是，技术进步又有加速有形磨损的一面，例如，高效率的生产技术使生产强化，自动化又提高了设备的利用程度，自动化管理系统大大减少了设备停歇时间，数控技术则减少了设备辅助时间，从而使机动时间的比重增大。由于专用设备、自动化设备常常在连续、强化、重载条件下工作，必然会加快设备的有形磨损。此外，技术进步常与提高速度、压力、载荷和温度相联系，因而也会增加设备的有形磨损。

二、设备的无形磨损

无形磨损是指由于科技进步而不断出现性能更加完善，生产效率更高的设备，使原有设备价值降低，或者是生产同样结构设备的价值不断降低而使原有设备贬值。很明显，这就是经济磨损。我们买的电脑面临的最大问题就是无形磨损。无形磨损有两种形式：第一种无形磨损和第二种无形磨损。

（1）第一种无形磨损　由于相同结构设备再生产价值的降低而使原有设备价值的贬低，称第一种无形磨损。

第一种无形磨损不改变设备的结构性能，但由于技术的进步、工艺的改善、成本的降低、劳动生产率不断提高，使生产这种设备的劳动耗费相应降低，而使原有设备贬值。但设备的使用价值并未降低，设备的功能并未改变。不存在提前更换设备的问题。

（2）第二种无形磨损　由于不断出现技术上更加完善、经济上更加合理的设备，使原设备显得陈旧落后，因此产生经济磨损，叫作第二种无形磨损。

第二种无形磨损的出现，不仅使原设备的价值相对贬值，而且使用价值也受到严重的冲击，如果继续使用原设备，会相对降低经济效益，这就需要用技术更先进的设备来代替原有设备，但是否更换，取决于是否有更新的设备，及原设备贬值的程度。

（3）无形磨损的技术经济后果　在第一种无形磨损的情况下，虽然有机器设备部分贬值的经济后果，但设备本身的技术和功能不受影响，即使用价值并未因此而变化，故不会产生提前更换设备的问题。

在第二种无形磨损的情况下，不仅产生机器设备价值贬值的经济后果，而且也会造成原设备使用价值局部或全部丧失的技术后果，这是因为应用新技术后，虽然原来机器设备还未达到物质寿命，但它的生产率已大大低于社会平均水平，如果继续使用，产品的个别成本会大大高于社会平均成本。在这种情况下，旧设备虽可使用而且还很“年轻”，但用新设备代替过时的旧设备在经济上却是合算的。

(4) 无形磨损与技术进步　无形磨损引起使用价值降低与技术进步的具体形式有关。

① 技术进步的表现形式为不断出现性能更完善、效率更高的新结构，但加工方法无原则变化，这种无形磨损使原设备的使用价值大大降低。如果这种磨损速度很快，继续使用旧设备可能是不经济的。

② 技术进步的表现形式为广泛用新的劳动对象，特别是合成材料和人造材料的出现和广泛应用，必然使加工旧材料的设备被淘汰。

③ 技术进步的表现形式为改变原有生产工艺，采用新的加工方法，将使原有设备失去使用价值。

三、设备磨损的补偿

不论使用或闲置，设备系统各组成单元的有形磨损是不均匀的，而无形磨损一般都是从整机的价值浮动来考察才有意义。组成单元的有形磨损是不均匀的，有人为因素和非人为因素。人为的因素是，对于可维修的设备系统，在设计过程中有意识地按不相等的可靠性进行分配，结果一些组成单元的可靠性较大，另一些较小，以此来减少修理工作量，并充分利用贵重组成单元的残值。非人为因素是，各组成单元发生磨损和故障的随机性。尽管可靠度相同，但它毕竟只是个概率。预期的事件可能发生，也可能不发生。所以，期望在某个时刻组成设备系统的各单元都有相同的有形磨损是不可能的。至于无形磨损，虽然应从系统的整体来说才有意义，但现代机械制造的分工，使一些设备的子系统（如部件、零件、机构）可以单独作为商品来生产，它们也可以单独考核功能和价值，这时也存在组成单元无形磨损的不均匀性问题。

对设备磨损的补偿是为了恢复或提高设备系统组成单元的功能。如上所述，由于耗损不均匀，必须将各组成单元区别对待。一些有形磨损是可消除的，例如零部件的弹性变形，可以在拆卸后进行校正；在使用中逐渐丧失的硬度，可用热处理的办法恢复；表面光洁度的丧失，可以重新加工，等等。但有些有形磨损则不能消除，例如零件断裂、材料老化等。而对无形磨损的补偿，只有在采取措施改善设备技术性能，提高其生产工艺的先进性等后才能实现。

对于可消除的有形磨损，通过修理来恢复其功能；对于不可消除的有形磨损，修理已无意义，必须更新才能进行补偿。对于第二种无形磨损，因为它是由科学技术进步产生了相同功能的新型设备所致，要全部或部分补偿这种差距，只有对原设备进行技术改造，即现代化改装或技术更新。

修理、更新和现代化改装是设备磨损补偿的三种方式，如图 11-18 所示。这三种方式的选用并非绝对化。通常采用经济评价方法来决定采用何种补偿方式。一个设备系统，一台设备，在确定其磨损的补偿方式时可以有多种，而不必拘泥于形式上的统一。所以，这就出现了设备维修的多样性和复杂性。在技术上和生产组织上，设备维修始终是设备管理中工作量最大，内容最繁杂的工作，以至于人们力图探索一种新的途径，在现代科学技术的基础上实行大规模的标准化生产，尽可能地降低设备及其零部件的成本，使更新的费用低于维修费，这就是无维修设计。

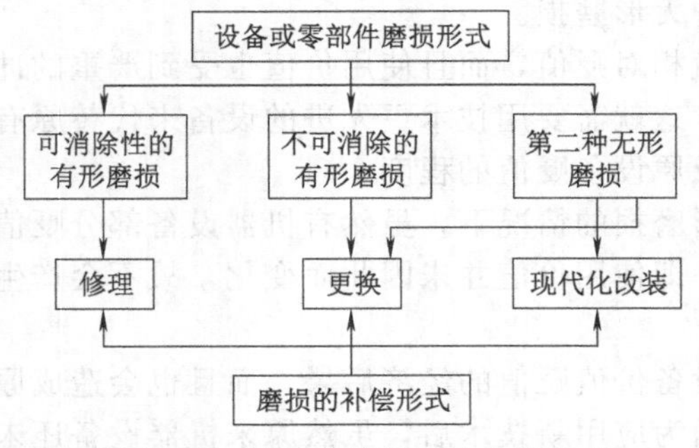

图 11-18　设备磨损的三种补偿方式

可是无维修设计至今只能用于低值易耗的设备或零部件，而对技术密集、资金密集的设备仍不能避免维修环节。生产技术越向大型、复杂、精密的高级形式发展，设备的价值含量也就越大，相应地，维修费占生产总成本的比重越大。

对应于各种补偿方式，在一台设备或一个设备系统进行修理时，可把它的零部件区分为如下四种：

(1) 留用件：未发生磨损或虽发生磨损但仍能实现其功能的零部件。

(2) 修理件：用修理方式进行补偿，全部或局部恢复其功能的零部件。

(3) 更换件：用更换的方式进行补偿，全部恢复其功能的零部件。

(4) 用技术改造方式进行补偿，提高其功能的新制零部件。

第九节 设备的更新改造

一、设备更新的含义

(1) 设备更新 是指对在技术上或经济上不宜继续使用的设备，用新的设备更换或用先进的技术对原有设备进行局部改造。或者说是以结构先进、技术完善、效率高、耗能少的新设备，来代替物质上无法继续使用，或经济上不宜继续使用的陈旧设备。

(2) 设备更换 它是设备更新的重要形式，分为原型更新和技术更新。原型更新即简单更新，用结构相同的新设备更换因严重有形磨损而在技术上不宜继续使用的旧设备。这种更换主要解决设备的损坏问题，不具有技术进步的性质。

(3) 设备更新的一般程序如图 11-19 所示。

设备更换往往受到设备市场供应和制造部门生产能力的限制，使陈旧的需要更新的设备得不到及时更换，被迫在已经遭受严重无形磨损的情况下继续使用。解决这个问题的有效途径是设备现代化改装。设备现代化改装是克服现有设备的技术陈旧落后、补偿无形磨损、更新设备的方法之一。

从经济意义上来说，在用设备不能不修，但也不能多修。设备多修虽然能延长使用寿命，然而，它又产生了无形磨损的客观基础。

随着科学技术的发展，设备更新换代越来越快。在这种情况下，为了减少无形磨损的损失，必须适时地更新设备。

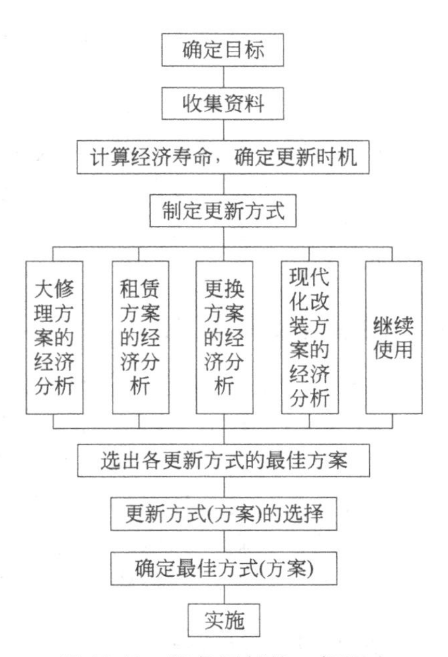

图 11-19 设备更新的一般程序

二、设备更新的意义

设备更新对于企业发展生产，提高经济效益，以至于对整个国家经济的发展，都有着十分重要的作用。

1. 设备更新是企业维持再生产的必要条件

随着设备的有形磨损和无形磨损日益加剧，必然导致设备技术性能劣化、故障率增加、修理费用上升甚至引起生产停顿。因而必须进行设备更新，及时补偿设备的磨损，才能保持企业的生产能力，使再生产得以正常进行。

要处理好修理与更新的关系，设备经过多次修理后，由于技术性能劣化，会使废品、次品增加，能源和原材料增大，维修费用加大。因此，为了恢复和提高设备性能，不仅要进行修理，而且更要注意用设备更新或技术改造的方式来保持和发展企业的生产能力。

2. 设备更新是企业提高经济效益的重要途径

企业为了生产适销对路、物美价廉、具有市场竞争力的产品，必须不断采用新技术、新技术、新工艺，来实现产品的升级换代、优质高产和高效低耗。设备是企业的主要生产手段，是科学技术的物质载体，因此，不同年代制造的设备凝聚着不同水平的技术，只有包含最新科技成果的新型设备来替换技术上陈旧的设备，才能为企业生产经营的持续发展提供可靠的物质技术保证。

3. 设备更新是发展国民经济的物质基础

机器设备的技术水平及其发展速度，对于一个国家的经济发展有直接的、显著的影响。落后的设备必然是工业发展的严重障碍，这一点已被世界工业发展的历史经验所证实。例如，19 世纪 80 年代，如美国和德国，由于利用国外资金和先进技术大量进行本国生产设备的更新，使其工业实力很快超过老牌的资本主义国家英国和法国。20 世纪 50 年代，日本采用先进技术装备大量更新陈旧设备，是日本获得了迅速发展的一个重要因素。因此从宏观上来说，加快更新是使国民经济转入良性循环的一个重要环节；从微观上来说，适时地更新老设备是提高企业经济效益的有效途径。

三、设备役龄和新度系数、更新换代频数

反映一个国家或行业装备更新换代水平的重要标志，是设备役龄、设备新度系数和设备更新换代频数，即技术性无形磨损速度。

一般认为设备的役龄以 10～14 年较为合理，而以 10 年最为先进。如美国的机床工具行业和电子机械工业的设备平均服役年限为 12 年，上限为 14.5 年，下限为 9.5 年。

设备的新旧也可用“新度”来表示，所谓设备新度就是设备固定资产净价值与原值之比。设备新度系数可分别按设备台数、类别、企业或行业的主要设备总数进行统计计算，其平均值可反映企业的装备的新旧程度。从设备更新的意义上看，平均新度系数可在一定程度上反映装备的更新速度，某些行业把设备新度系数作为设备管理的主要考核指标之一。

表示技术进步程度的另一个标志是设备更新换代频数，即使设备役龄很小也不能称设备属先进水平。因此，考虑设备的更新问题时要将平均役龄、平均新度系数和更新换代频数等指标结合起来进行逐一分析才较为全面和客观。

四、设备更新的原则

设备的更新，一般应当遵循以下原则：

(1) 设备更新应当紧密围绕企业的产品开发和技术发展规划，有计划、有重点地进行；

(2) 设备更新应着重采用技术更新的方式，来改善和提高企业技术装备，达到优质高产、高效低耗、安全环保的综合效果；

(3) 设备更新应当认真进行技术经济论证，采用科学的决策方法，选择最优可靠方案，以确保获得良好的设备投资效益。

五、更新对象的选择

企业应当从生产经营的实际出发，对下列设备优先安排更新：

(1) 役龄过长、设备老化、技术性能落后、生产效率低、经济效益差的设备；

(2) 原设计、制造质量不良，技术性能不能满足生产要求，而且难以通过修理、改造得到改善的设备；

(3) 经济预测，继续进行大修理，其技术性能仍不能满足生产工艺要求、保证产品质量

的设备；

（4）严重浪费能源、污染环境、危害人身安全的设备；

（5）按国家有关部门规定，应当淘汰的设备。

六、更新时机的选择

设备更新时机的选择涉及到设备的寿命问题。设备寿命可分为以下四种。

（1）自然寿命（物理寿命） 是指设备从全新状态投入使用开始，到不能再使用而报废为止的全部时间，使用时间的长短与维护保养有关，主要取决于设备有形磨损的速度。

（2）折旧寿命 是指根据规定的折旧原则和方法，将设备的原值通过折旧的形式转入产品成本，直到设备净值接近于零的全部时间，折旧寿命与物理寿命不等，与提取折旧的方法有关。

（3）技术寿命 是指一台设备能在市场上维持其自身价值而不显陈旧落后的全部时间，其寿命的长短与技术进步有关，主要取决于无形磨损的速度。

（4）经济寿命 是指设备从开始使用（或闲置）时起，到由于遭受有形磨损和无形磨损（贬值）再继续使用在经济上已不合理为止的全部时间。

过去，我国企业主要是根据设备的物质寿命来考虑设备更新，或者简单按照国家规定的折旧年限（过去年折旧率一般为4%～5%，即折旧年限为20～25年）来安排设备更新，没有考虑设备的技术寿命和经济寿命，影响了企业经济效益的提高。因此，应当以设备的经济寿命来确定设备的使用年限，即选择设备最佳更新时机的主要依据是经济寿命。

第十节 设备的技术改造

一、设备技术改造的含义

设备的技术改造也叫作设备的现代化改装，是指应用现代科学技术成就和先进经验，改变现有设备的结构，装上或更换新部件、新装置、新附件，以补偿设备的无形磨损和有形磨损。通过技术改造，可以改善原有设备的技术性能，增加设备的功能，使之达到或局部达到新设备的技术水平。

二、设备技术改造的特点

1. 针对性强

企业的设备技术改造，一般是由设备使用单位与设备管理部门协同配合，确定技术方案，进行设计、制造的。这种做法有利于充分发挥他们熟悉生产要求和设备实际情况的长处，使设备技术改造密切结合企业生产的实际需要，所获得的技术性能往往比选用同类新设备具有更强的针对性和适用性。

2. 经济性好

设备技术改造可以充分利用原有设备的基础部件，比采用设备更新的方案节省时间和费用。此外，进行设备技术改造常常可以替代设备进口，节约外汇，取得良好的经济效益。

3. 现实性大

一个国家所拥有的某种设备总量，总是远大于年产这种设备的能力。比如我国拥有的金属切削机床的总量约为400万台，而全国每年机床的产量不过是15万～20万台左右。即使把每年生产的新机床全部用来更换原有的机器，轮完一遍也需要20年。这就是说，不待原有设备全部更换完毕，初期更新的设备又早已陈旧不堪了。可见，单靠设备更新这种方式显然难以满足企业发展生产的要求。因此，采用设备技术改造具有很大的现实性。

由此可知，应用先进的科学技术成果对原有设备进行技术改造，并非一种权宜之计，而是与设备更新同等重要的补偿设备无形磨损并提高装备技术水平的重要途径。

三、设备技术改造的意义

设备技术改造对于我国发展经济、推进现代化建设，有着十分重要的现实意义。

从世界范围来看，第二次世界大战之后，世界经济出现了迅速发展的新局面，其中尤以西欧、北美、亚洲等一些地区的突出进展引人瞩目。他们发展经济的一条成功经验，就是重视依靠科技进步，走内涵为主发展生产的道路。以美国为例，从1948～1969年的21年里，技术进步对国民生产总值增长率的贡献为47.7%，成了促进该国生产发展的首要因素。据统计，1947～1978年期间，美国对于非住宅固定资本投资中，用于更新改造的投资占69%，用于扩大生产规模的投资仅占31%；同一时期，美国对机器设备的投资中，用于更新改造的投资占77%，用于新建扩建的投资仅占23%。这就是说，工业发达国家发展经济的主要途径是大力采用先进技术，提高机器的技术水平，改善原材料的质量，提高劳动者的素质，从而提高各生产要素的使用效率，来取得良好的经济效益。

四、设备技术改造的方向

随着科学技术的飞速发展，特别是微电子技术与计算机技术的发展，为机器设备的技术进步带来了突出的影响。机电一体化是一个具有普遍意义的发展方向。20世纪80年代，我国大力倡导应用新技术改造陈旧设备，取得了明显成绩。实践证明，推广数显、数控、可编程控制器、动静压技术以及节能技术等来改造陈旧设备，可以收到良好的技术经济效益和社会效益。

节能技术可以用来改造工业炉窑，主要包括优化设计、改造炉型结构；采用新型耐火保温材料改造炉衬；采用先进的燃烧技术和燃烧装置改造燃烧系统；应用微机控制炉窑等。实践证明，技术改造对节能降耗、提高企业经济效益的作用十分显著。

此外，还可应用微机对企业的变电站、锅炉房、空压站、水泵房等动力系统实行集中监测或监控，以保证节能降耗和动力设备的正常运行。

第十二章 现代化管理方法在石油化工通用设备管理中的应用及案例

现代化管理是指企业运用现代自然科学和社会科学的研究成果，使管理适应现代科学技术的发展水平。现代化管理符合现代化大生产的要求，主要包括以下几方面内容：

（1）在管理思想和人们的精神状态上也要适应现代的要求，从产品经济观念和自然经济观念向商品经济观念和市场经济观念转变，树立人本思想、民主管理思想、现代经营思想、公开竞争思想等。

（2）在管理技术和方法方面适应大生产发展的需要，采用各种科学的管理方法和管理手段。

（3）在组织机构方面，要适应现代大生产的要求，采用符合生产发展要求的组织形式。

目前网络计划技术、线性规划、价值工程、系统论、信息论、决策论、行为科学、目标管理、技术经济分析、寿命周期费用评价法、ABC管理法、计算机辅助管理、状态监测与故障诊断技术等现代化管理理论和方法在设备管理和维修中都有应用，且已经取得明显的效果。

第一节　网络计划技术

一、网络计划技术概述

网络计划技术是20世纪50年代发展起来的一种计划管理的科学方法。

1. 工程网络计划技术的产生和发展

1957年，美国杜邦化学公司为了改进工业企业的生产计划管理，提出了一种称为关键路线法（简称为CPM）的计划管理新方法。1958年，美国海军特种工程局在制订北极星导弹研制计划时，为了对这项错综复杂的科研试制课题，实现严格有效的科学控制和管理也提出一种新的计划管理方法，称为计划评审技术（简称PERT）。这两种方法主要差异是各项工作的预估持续时间在CPM方法中是肯定的，而在PERT方法中，则为非肯定的。由于这两种方法都是在网络图形基础上从事计划和管理工作的，所以一般称为网络计划技术。

1965年，我国华罗庚教授开始推广和应用这些新的科学管理方法，定名为统筹法，它在我国国民经济各部门得到了广泛应用，并取得了显著的效果。

1982年，在中国建筑学会的支持下成立了建筑统筹法研究会。

1991 年分布了行业标准《工程网络计划技术规程》（JGJ/T 1001—2015）。

1992 年发布了国家标准《网络计划技术　常用术语》(GB/T 13400. 1—1992)、《网络计划技术　网络图画法的一般规定》(GB/T 13400. 2—1992)、《网络计划技术　在项目计划管理中应用的一般程序》（GB/T 13400. 3—1992)。

2015 年建设部重新颁布了《工程网络计划技术规程》（JGJ/T 121—2015）。

2. 网络计划技术的概念

网络计划技术是一种管理方法，它以网络图的形式制订工程项目的计划，找出最优计划方案，并组织和控制生产，去完成计划提出的目标。网络计划技术不仅可以用网络图来表示各工序的先后次序和相互关系，而且可以找出关键工序和关键路线，进行统筹安排，合理使用人力、物力、财力，有效地控制和监督计划的执行，从而高效率、高效益地完成任务。

如某周日上午 9：00 起，夫妇两人要做的几件事情：洗衣服，单独一人 3h；做饭，单独一人 1h；夫妇一起用膳，0.5h；但是 11：30 夫妇必须出门到电影院看电影。因此，所有的事情必须在 9：00～11：30 之间的 2.5h 完成。那么用网络计划技术来实现这一目标过程如图 12-1 所示。

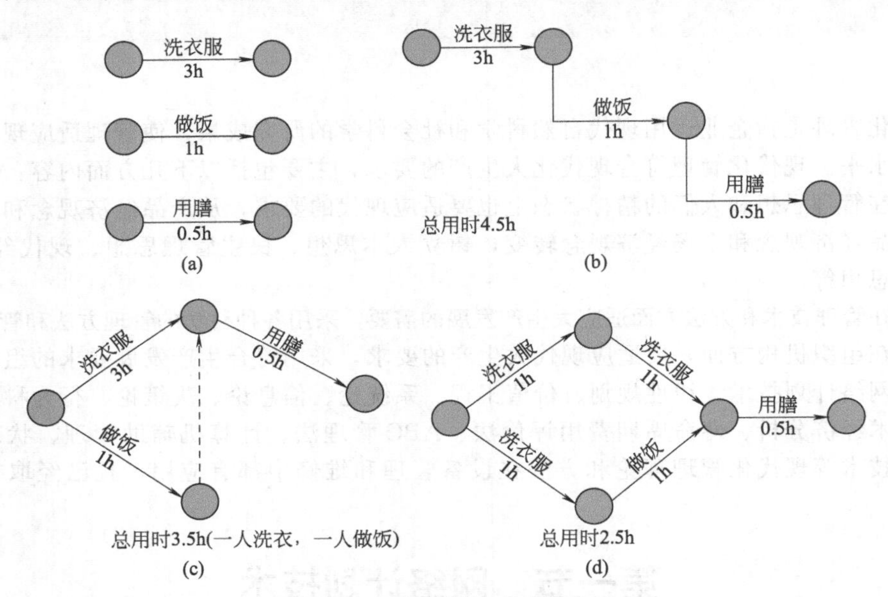

图 12-1　网络计划技术应用实例

二、网络计划技术的基本原理和特点

网络计划技术的基本原理是：利用网络图表达计划任务的进度安排及其中各项工作或工序之间的相互关系；在此基础上进行网络分析，计算网络时间，确定关键工序和关键路线；并利用时差，不断地改善网络计划，求得工期、资源与成本的优化方案。在计划执行过程中，通过信息反馈进行监督和控制，以保证达到预定的计划目标。

长期以来，在生产经济活动的组织和管理上，特别是对生产进度的计划控制，一直使用甘特图及计划进度表来安排计划。这种技术方法简单、直观性强、易于掌握。但它不能反映各个工作之间错综复杂的相互关系，也不能清楚地反映出主要的、关键性的工作。与传统的甘特图相比，网络计划技术具有系统性、动态性和可控性等优点。其特点如下：

(1) 能够全面而明确地反映出各项工作之间的相互依赖、相互制约的关系；

(2) 主次、缓急清楚，便于抓住主要矛盾；

(3) 反映了各项工作机动时间，有利于资源的合理分配；

（4）有利于计算机技术的使用，便于网络计划的调整与控制；

（5）缺点　流水作业的情况很难在计划上反映出来。

三、网络计划技术的应用范围

网络计划技术的应用范围很广，主要应用于工程项目的计划管理，在设备管理中也经常被应用。对于那些任务规模很大，需要多种不同来源的大量资源（人员、机器设备、运载工具、原材料、资金），协调频繁、时间紧迫的工程任务，采用网络计划技术来管理，效果最为理想。具体来说，它可以应用于建筑工程、船舶制造、新产品研制、设备大修、单件小批量生产和一次性的工程项目。

四、网络图的构成

网络图是一种图解模型，形状如同网络，故称为网络图。网络图是由作业、事件和路线三个因素组成的。

1. 作业

作业是指一项工作或一道工序，需要消耗人力、物力和时间的具体活动过程。在网络图中作业用箭线表示，箭尾 i 表示作业开始，箭头 j 表示作业结束。

作业的名称标注在箭线的上面，该作业的持续时间（或工时）T_{ij} 标注在箭线的下面，$\frac{i\ 工序名称\ j}{T_{ij}}$。有些作业或工序不消耗资源也不占用时间，称为虚作业，用虚箭线（⇢）表示。在网络图中设立虚作业主要是表明一项事件与另一项事件之间的相互依存、相互依赖的关系，是属于逻辑性的联系。

2. 事件

事件是指某项作业的开始或结束，它不消耗任何资源和时间，在网络图中用“○”表示，“○”是两条或两条以上箭线的交接点，又称为节点。网络图中第一个事件（即○）称网络的起始事件，表示一项计划或工程的开始；网络图中最后一个事件称网络的终点事件，表示一项计划或工程的完成；介于始点与终点之间的事件叫作中间事件，它既表示前一项作业的完成，又表示后一项作业的开始。为了便于识别、检查和计算，在网络图中往往对事件编号，编号应标在“○”内，由小到大，可用连续或间断数字编号。编号原则是：每一项事件都有固定编号，号码不能重复，箭尾的号码小于箭头号码（即 $i<j$，编号从左到右，从上到下进行）。

3. 路线

路线是指自网络始点开始，顺着箭线的方向，经过一系列连续不断的作业和事件直至网络终点的通道。一条路线上各项作业的时间之和是该路线的总长度（路长）。在一个网络图中有很多条路线，其中总长度最长的路线称为关键路线，关键路线上的各事件为关键事件，关键事件的周期等于整个工程的总工期。有时一个网络图中的关键路线不止一条，即若干条路线长度相等。除关键路线外，其他的路线统称为非关键路线。关键路线并不是一成不变的，在一定的条件下，关键路线与非关键路线可以相互转化。例如，当采取一定的技术组织措施，缩短了关键路线上的作业时间，就有可能使关键路线发生转移，即原来的关键路线变成非关键路线，与此同时，原来的非关键路线却变成关键路线。

五、网络图的绘制

（一）网络图绘制基本规则

（1）网络图中不能出现循环路线，否则将使组成回路的工序永远不能结束，工程永远不能完工。

(2) 进入一个节点的箭线可以有多条，但相邻两个节点之间只能有一条箭线。当需表示多个活动之间的关系时，需增加节点（node）和虚作业来表示，如图 12-2 所示。

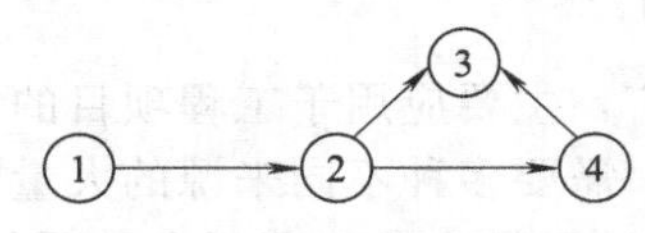

图 12-2 网络图绘制规则

(3) 在网络图中，除网络始点、终点外，其他各节点的前后都有箭线连接，即图中不能有缺口，使自网络始点起经由任何箭线都可以达到网络终点。否则，将使某些作业失去与其紧后（或紧前）作业应有的联系。

(4) 箭线的首尾必须有事件，不允许从一条箭线的中间引出另一条箭线。

(5) 为表示工程的开始和结束，在网络图中只能有一个始点和一个终点。当工程开始时有几个工序平行作业，或在几个工序结束后完工，用一个网络始点、一个网络终点表示。若这些工序不能用一个始点或一个终点表示时，可用虚箭线把它们与始点或终点连接起来。

(6) 网络图绘制力求简单明了，箭线最好画成水平线或具有一段水平线的折线；箭线尽量避免交叉；尽可能将关键路线布置在中心位置。

（二）网络图绘制步骤

1. 项目分解

根据工作分解结构方法和项目管理的需要，将项目分解为网络计划的基本组成单元——工作（或工序），并确定各工作的持续时间。

2. 确定工作间的逻辑关系

根据各项工作的相互依赖和相互制约的关系，确定工作间的逻辑关系，包括确定每项工作的紧前工作或紧后工作，以及与相关工作的搭接关系。

3. 绘制网络图

(1) 采用母线法绘制没有紧前工作的工作箭线，以保证网络图只有一个起始节点。

(2) 再根据紧前工作关系绘制其他工作箭线。注意：绘制某项目工作箭线时，其全部紧前工作必须已经绘制完成。

(3) 绘制其他工作箭线时，注意正确表达工作间的逻辑关系，不要把没有关系的工作拉上关系。

(4) 当所有工作绘制完成后，将没有紧后工作的全部工作束于一点，以保证网络图只有一个终点节点。

(5) 检查各项工作的逻辑关系是否正确，然后根据网络图节点编号规则对网络图节点编号。

4. 网络图绘制实例

如已知某项工作之间的逻辑关系如表 12-1 所示，试绘出网络图。

表 12-1 工作与紧前工作一览表

工作	A	B	C	D
紧前工作	—	—	A、B	B

(1) 绘制工作箭线 A 和工作箭线 B，如图 12-3 (a) 所示。

(2) 绘制工作箭线 C，如图 12-3 (b) 所示。

(3) 绘制工作箭线 D 后，将工作箭线 C 和 D 的箭头节点合并，以保证网络图只有一个终点节点。

（4）当确认给定的逻辑关系表达正确后，再进行节点编号。

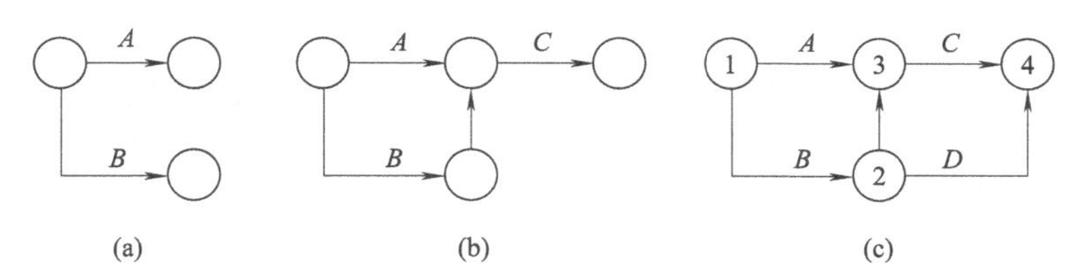

图 12-3 网络图绘制过程

六、时间参数计算

计算时间参数是网络计划技术的重要环节，其目的在于确定整个任务的工期和关键路线，计算时差，为网络计划的检查、调整和优化做准备。时间参数包括工作持续时间、节点最早时间、节点最迟时间、最早开始时间、最迟开始时间、最迟完成时间、时差、工期等。

（一）工作持续时间

工作持续时间是指一项工作规定的从开始到完成的时间，一般符号 D_{i-j} 表示节点编号为 i 和 j 的工作的持续时间。对于一般风格计划的工作持续时间，其主要计算方法有：参照以往实践经验估算；经过实验推算；查有关标准，按定额进行计算。

（二）节点时间参数

1. 节点最早时间

节点最早时间是指该节点后各项工作的最早开始时间，以 ET_i 表示。它的计算是从起点节点开始，在网络图上逐个按照节点编号由小到大自左向右计算，直到最后一个节点（终点节点）为止。起点节点是最早时间等于零，一个完成节点的最早开始时间是由神经质开始节点的最早时间加上工作持续时间来决定的。如果同时有几支箭线与完成节点相连接，则其中开始节点的最早时间与工作持续时间之和的最大值为节点最早时间。其计算公式为：

$$ET_l=0$$

$$ET_j=\max(ET_i+D_{i-j}) \tag{12-1}$$

式中 ET_j——完成节点的最早时间，天；

ET_i——开始节点的最早时间，天；

ET_l——起点节点的最早时间，天；

D_{i-j}——节点编号为 i 和 j 工作的持续时间，天。

2. 节点最迟时间

节点最迟时间是指该节点前各项工作的最迟完成时间，以 LT_i 来表示。终点节点的最迟时间应当等于总完工工期。在网络图上，从终点节点开始，按节点编号由大到小自右向左逐个计算，直到起点节点止。一个开始节点的最迟时间，是由它的完成节点的最迟时间减去工作持续时间来决定的。如果从此开始节点同时引出几条箭线时，则其中完成节点的结束时间与工作持续时间相差值中的最小值为节点最迟时间。其计算公式为：

$$LT_n=ET_n$$

$$LT_j=\min(LT_i+D_{i-j}) \tag{12-2}$$

式中 LT_n——终点节点的最迟时间，天；

ET_n——终点节点的最早时间，天；

LT_i——开始节点的最迟时间，天；

LT_j——完成节点的最迟时间，天；

D_{i-j}——节点编号为 i 和 j 工作的持续时间，天。

（三）工作时间参数

（1）工作最早开始时间的计算　工作的最早开始时间是指其所有紧前工作全部完成后，本工作最早可能的开始时刻。一般以 ES_{i-j} 表示。实际上工作的最早开始时间就是它的箭尾节点（开始节点）的最早时间。其计算公式为：

$$ES_{i-j}=ET_i \tag{12-3}$$

（2）工作最早完成时间的计算　工作最早完成时间等于其最早开始时间与该工作持续时间之和。工作 i 和 j 的最早完成时间以 EF_{i-j} 表示，即：

$$EF_{i-j}=ES_{i-j}+D_{i-j} \tag{12-4}$$

（3）工作最迟完成时间的计算　工作的最迟完成时间是指在不影响工程工期的条件下，该工作必须完成的最迟时间。工作 i 和 j 的最迟完成时间以 LF_{i-j} 表示：

$$LF_{i-j}=LT_j \tag{12-5}$$

（4）工作最迟开始时间的计算　工作最迟开始时间等于其最迟完成时间与该工作历时之差，以 LS_{i-j} 表示，即：

$$LS_{i-j}=LF_{i-j}-D_{i-j} \tag{12-6}$$

（5）工作总时差的计算　工作总时差是在不影响工期的前提下，一项工作所拥有的机动时间的极限值，以 TF_{i-j} 表示。根据含义，工作总时差应按下式计算：

$$TF_{i-j}=LS_{i-j}-ES_{i-j}=LF_{i-j}-EF_{i-j} \tag{12-7}$$

总时差越大，说明挖掘时间的潜力越大，反之则相反。若总时差为零，则说明该项工作无任何宽裕的时间。总时差为零的工作称为关键工作，由关键工作组成的线路称为关键线路。

（6）工作自由时差的计算　工作自由时差是指在不影响其紧后工作最早开始时间的前提下可以机动的时间，以 FF_{i-j} 表示。这时工作活动的时间范围被限制在本身最早开始时间与其紧后工作的最早开始时间之间，从这段时间中扣除本身的工作历时后，所剩余时间的最小值，即为自由时差。根据含义，工作自由时差应按下式计算：

$$FF_{i-j}=ES_{k-l}-EF_{i-j} \tag{12-8}$$

计算时间参数可列出表格，并标注在网络图上。

七、网络计划的调整与优化

在编制一项工程计划时，企图一次达到十分完善的地步，一般说来是不太可能的。初始网络的关键线路往往拖得很长，头号关键线路上的富裕时间很多，网络松散，任务周期长。通常在初步计划方案制订以后，需要根据工程任务的特点，再进行调整与优化，从系统工程的角度对时间、资金和人力等进行命题匹配，使之得到最佳的周期、最低的成本以及对资源最有效的利用结果。

1. 缩短工程进度对网络进行优化

在资源条件允许的条件下，尽量缩短工程进度，使之尽快投入使用，以提高经济效益。其方法有：

（1）改变网络结构以缩短工期；

（2）不改变网络结构，只缩短作业时间。

2. 缩短工程进度的技术和组织措施

（1）检查工作流程，去掉多余环节；

（2）检查各作业工期、改变关键线路上的工作组织；

（3）把串联作业改为平行作业或交叉作业；

（4）调整资源或增加资源（人力、物力、财力）到关键线路上的关键作业中去；

（5）采用技术措施（如采用机械化、改进工艺、采用先进技术）和组织措施（如合理组织流程，实现流程优化）；

（6）利用时差，从非关键作业中抽调部分人力、物力集中于关键作业，缩短关键作业的时间。把关键线路上的作业高潮改为平行或交叉作业，是最常用的有效优化手段。但必须指出，为达此目的往往要想办法采取一些本单位可行的技术和组织措施。因此，能否“想出办法”往往成为能否进一步优化网络的关键。经验证明，一旦想出办法把关键作业改为平行或交叉作业，经济效益是极为显著的。

第二节　线性规划

一、线性规划的概念及作用

线性规划是合理利用、调配资源的一种应用数学方法。它的基本思路就是在满足一定的约束条件下，使预定的目标达到最优。它的研究内容可归纳为两个方面：一是系统的任务已定，如何合理筹划、精细安排，用最少的资源（人力、物力和财力）去实现这个任务；二是资源的数量已定，如何合理利用、调配，使任务完成得最多。前者是求极小，后者是求极大。线性规划是在满足企业内、外部的条件下，实现管理目标和极值（极小值和极大值）问题，就是要以尽少的资源输入来实现更多的社会需要的产品的产出。因此，线性规划是辅助企业“转轨”“变形”的十分有利的工具，它在辅助企业经营决策、计划优化等方面具有重要的作用。

线性规划是运筹学规划论的一个分支。它发展较早，理论上比较成熟，应用较广。20世纪30年代，线性规划从运输问题的研究开始，在第二次世界大战中得到发展。现在已广泛地应用于国民经济的综合平衡、生产力的合理布局、最优计划与合理调度等问题中，并取得了比较显著的经济效益。线性规划的广泛应用，除了它本身具有实用的特点之外，还由于线性规划模型的结构简单，比较容易被一般未具备高深数学基础，但熟悉业务的经营管理人员所掌握。它的解题方法，简单的可用手算，复杂的可借助于电子计算机的专用软件包，输入数据就能算出结果。

线性规划的研究与应用工作，我国开始于20世纪50年代初期，中国科学院数学所筹建了运筹室，最早应用在物资调运方面，在实践中取得了成果，在理论上提出了论证。目前，国内高等学校已将其列为运筹学中必选的课程内容之一，在实际应用方面也已列入重点企业试点和研究项目之一。

二、线性规划模型的结构

企业是一个复杂的系统，要研究它必须将其抽象出来形成模型。如果将系统内部因素的相互关系和它们活动的规律用数学的形式描述出来，就称为数学模型。线性规划的模型决定于它的定义，线性规划的定义是：求一组变量的值，在满足一组约束条件下，求得目标函数的最优解。

根据这个定义，就可以确定线性规划模型的基本结构。

（1）变量　变量又叫未知数，它是实际系统的未知因素，也是决策系统中的可控因素，一般称为决策变量，常引用英文字母加下标来表示，如 X_1、X_2、X_3、X_{mn} 等。

（2）目标函数　将实际系统的目标，用数学形式表现出来，就称为目标函数。线性规划的目标函数是求系统目标的数值，即极大值（如产值极大值、利润极大值）或者极小值（如成本极小值、费用极小值、损耗极小值等）。

（3）约束条件　约束条件是指实现系统目标的限制因素。它涉及企业内部条件和外部环境的各个方面，如原材料供应、设备能力、计划指标、产品质量要求和市场销售状态等，这些因素都对模型的变量起约束作用，故称为约束条件。

约束条件的数学表示形式为三种，即≥、=、≤。线性规划的变量应为正值，因为变量在实际问题中所代表的均为实物，所以不能为负值。在经济管理中，线性规划使用较多的是下述几个方面的问题：

① 投资问题　确定有限投资额的最优分配，使得收益最大或者见效快。

② 计划安排问题　确定生产的品种和数量，使得产值或利润最大，如资源配置问题。

③ 任务分配问题　分配不同的工作给各个对象（劳动力或机床），使产量最多、效率最高，如生产安排问题。

④ 下料问题　如何下料，使得边角料损失最小。

⑤ 运输问题　在物资调运过程中，确定最经济的调运方案。

⑥ 库存问题　如何确定最佳库存量，做到既保证生产又节约资金等。

应用线性规划建立数学模型的三步骤：

（1）明确问题，确定问题，列出约束条件。

（2）收集资料，建立模型。

（3）模型求解（最优解），进行优化后分析。

其中，线性规划最困难的是建立模型，而建立模型的关键是明确问题、确定目标，在建立模型过程中花时间、花精力最大的是收集资料。

三、线性规划的应用实例

1. 应用实例一

某工厂甲、乙两种产品，每件甲产品要耗钢材2kg、煤2kg，产值为120元；每件乙产品要耗钢材3kg、煤1kg，产值为100元。现钢厂有钢材600kg、煤400kg，试确定甲、乙两种产品各生产多少件，才能使该厂的总产值最大？

解　设甲、乙两种产品的产量分别为X_1、X_2，则总产值是X_1、X_2的函数。

$$f(X_1,X_2)=120X_1+100X_2$$

资源的多少是约束条件：由于钢的限制，应满足$2X_1+3X_2\leqslant 600$；由于煤的限制，应满足$2X_1+X_2\leqslant 400$。

综合上述表达式，得数学模型为：

求最大值（目标函数）：$f(X_1,X_2)=120X_1+100X_2$

$$2X_1+3X_2\leqslant 600$$
$$2X_1+X_2\leqslant 400$$
$$X_1\geqslant 0,\ X_2\geqslant 0$$

X_1，X_2为决策变量，解得$X_1\leqslant 150$件，$X_2\leqslant 100$件。

$$f_{\max}=120\times 150+100\times 100(\text{元})=28000(\text{元})$$

故当甲产品生产150件、乙产品生产100件时，产值最大，为28000元。

2. 应用实例二

某工厂在计划期内要安排甲、乙两种产品。这些产品分别需要在A、B、C、D四种不同设备上加工。已知设备在计划期内的有效台时数分别是12、8、16和12（一台设备工作1h称为一台时），该工厂每生产一件甲产品可得利润20元，每生产一件乙产品可得利润30元。问应如何安排生产计划，才能得到最多利润？

解 (1) 建立数学模型：设 X_1、X_2分别表示甲、乙产品的产量，则利润是 $f(X_1, X_2)=20X_1+30X_2$，求最大值。

设备的有效利用台时为约束条件：

A：$2X_1+2X_2\leqslant 12$

B：$X_1+2X_2\leqslant 8$

C：$4X_1\leqslant 16$

D：$4X_2\leqslant 12$

$X_1\geqslant 0$，$X_2\geqslant 0$

(2) 求解未知数：$X_1\leqslant 4$、$X_2\leqslant 3$，得 $X_1\leqslant 4$、$X_2\leqslant 2$，所以取 $X_1\leqslant 4$、$X_2\leqslant 2$ 故：

$$f_{\max}=20\times 4+30\times 2(\text{元})=140(\text{元})$$

(3) 结论：在计划期内，安排生产甲产品 4 件、乙产品 2 件，可得到最多的利润，为 140 元。

第三节 价值工程

一、价值工程的基本概念

价值工程，又称价值分析（value engineering，VE)。它是一门技术与经济相结合的现代化管理科学。它通过对产品的功能分析，研究如何以最低的成本去实现产品的必要功能。因此，应用价值工程，既要研究技术，又要研究经济，即研究在提高功能的同时不增加成本，或在降低成本的同时不影响功能，把提高功能和降低成本统一在最佳方案之中。

价值工程发展历史上的第一件事情是美国通用电器（GE）公司的石棉事件，二战期间，美国市场原材料供应十分紧张，GE 急需石棉板，但该产品的货源不稳定，价格昂贵，时任 GE 工程师的 Miles 开始针对这一问题研究材料代用问题，通过对公司使用石棉板的功能进行分析，发现其用途是铺设在给产品喷漆的车间地板上，以避免涂料沾污地板引起火灾，后来，Miles 在市场上找到一种防火纸，这种纸同样可以起到以上作用，并且成本低，容易买到，取得了很好的经济效益，这是最早的价值工程应用案例。

通过这个案例的改善，Miles 将其推广到企业其他的地方，对产品的功能、费用与价值进行深入的系统研究，提出了功能分析、功能定义、功能评价以及如何区分必要和不必要功能并消除不必要功能的方法，最后形成了以最小成本提供必要功能，获得较大价值的科学方法，1947 年研究成果以“价值分析”发表。

美国通用电气公司工程师迈尔斯在第二次世界大战后首先提出了购买的不是产品本身而是产品功能的概念，实现了同功能的不同材料之间的代用，进而发展成在保证产品功能前提下降低成本的技术经济分析方法。1947 年他发表了《价值分析》一书，标志这门学科的正式诞生。

1954 年，美国海军应用了这一方法，并改称为价值工程。由于它是节约资源、提高效用、降低成本的有效方法，因而引起了世界各国的普遍重视，20 世纪 50 年代日本和德国学习和引进了这一方法。1965 年前后，日本开始广泛应用。中国于 1979 年引进该方法，现已在机械、电气、化工、纺织、建材、冶金、物资等多种行业中应用。目前，价值工程已被公认是一种行之有效的现代管理技术。它不仅可以用于开发新产品、新工艺，也可以用于专用设备的设计制造、设备更新改造和重点设备的修理组织等方面，以提高设备管理工作的经济效果，产生了巨大的经济效益和社会效益。

二、价值工程的定义和基本原理

（一）价值工程的定义

依据GB/T 8223.1—2009《价值工程 第1部分：基本术语》的定义：价值工程是通过各相关领域的协作，对所研究对象的功能与费用进行系统分析，持续创新，旨在提高研究对象价值的一种管理思想和管理技术。

价值工程中的“价值”不同于政治经济学中的商品价值。此处的价值是作为一种“尺度”提出来的，即“评价事物（产品或作业）有效程度”的尺度。相对而言，价值高，说明有益程度高、效益大、好处多；价值低，说明有益程度低、好处不大。

（二）价值工程的基本原理

根据价值工程定义，可以把价值工程的基本原理归纳为以下三个方面：

(1) 价值、功能和成本的关系　价值工程的目的是力图以最低的成本使产品或作业具有适当的价值，即实现其应该具备的必要功能。因此，价值、功能和成本三者之间的关系应该是：

价值＝功能（或效用）/成本（或生产费用）

用数学公式可表示为：$v=F/C$　　(12-9)

上述公式给我们的启示是：一方面客观地反映了用户的心态，都想买到物美价廉的产品或作业，因而必须考虑功能和成本的关系，即价值系数的高低；另一方面，又提示产品的生产者和作业的提供者，可从下列途径提高产品或作业的价值。

① 提高功能，降低成本，大幅度提高价值；

② 功能不变，降低成本，提高价值；

③ 功能有所提高，成本不变，提高价值；

④ 功能略有下降，成本大幅度降低，提高价值；

⑤ 提高功能，适当提高成本，大幅度提高功能，从而提高价值。

因此，价值不是从价值构成的角度来理解的，而是从价值的功能角度出发，表现为功能与成本之比。

(2) 功能是一种产品或作业所担负的职能和所起的作用。这里有一个观念问题，专门用户购置产品或作业，并非购买产品或作业的本身，而是购买它所具有的必要功能。如果功能过全、过高，必然会导致成本费用提高，而超过必要功能的部分用户并不需要，这就会造成功能过剩；反之，又会造成功能不足。

(3) 公式中的成本，也不是一般意义上的成本，而是产品寿命周期的成本。例如：工程项目的寿命周期，应从可行性研究开始到保修期结束，其寿命周期成本也应包括这期间的全部成本。

三、价值工程法的特点

(1) 价值工程是以寻求最低寿命周期成本，实现产品的必要功能为目标。价值工程不是单纯强调功能提高，也不是片面地要求降低成本，而是致力于研究功能与成本之间的关系，找出二者共同提高产品价值的结合点，克服只顾功能而不计成本或只考虑成本而不顾功能的盲目做法。

(2) 价值工程是以功能分析为核心。在价值工程分析中，产品成本计量是比较容易的，可按产品设计方案和使用方案，采用相关方法获取产品寿命周期成本。但产品功能确定比较复杂、困难。因为功能不仅影响因素很多且是不易定量计量的抽象指标，而且由于设计、制造工艺等的不完善，不必要功能的出现，以及人们评价产品功能方法存住差异性等，造成产品功能难以准确界定。所以，产品功能的分析成为价值工程的核心。

(3) 价值工程是一个有组织的活动。价值工程分析过程不仅贯穿于产品整个寿命周期，而且它涉及面广，需要所有参与产品生产的单位、部门及专业人员的相互配合，才能准确地进行产品的成本计量、功能评价，达到提高产品的单位成本功效的目的。所以，价值工程必须是一个有组织的活动。

(4) 价值工程是以信息为基础的创造性活动。价值工程分析是以产品成本、功能指标、市场需求等有关的信息数据资料为基础，寻找产品创新的最佳方案。因此，信息资料是价值工程分析的基础，产品创新才是价值工程的最终目标。

(5) 价值工程能将技术和经济问题有机地结合起来。尽管产品的功能设置或配置是一个技术问题，而产品的成本降低是一个经济问题，但价值工程分析过程通过“价值”(单位成本的功能)这一概念，把技术工作和经济工作有机地结合起来，克服了产品设计制造中，普遍存在的技术工作与经济工作相互脱节的现象。

四、价值工作的原则

迈尔斯在长期实践过程中，总结了一套开展价值工作的原则，用于指导价值工程活动的各步骤的工作。这些原则是：

(1) 分析问题要避免一般化、概念化，要做具体分析。

(2) 收集一切可用的成本资料。

(3) 使用最好、最可靠的情报。

(4) 打破现有框架，进行创新和提高。

(5) 发挥真正的独创性。

(6) 找出障碍，克服障碍。

(7) 充分利用有关专家，扩大专业知识面。

(8) 对于重要的公差，要换算成加工费用来认真考虑。

(9) 尽量采用专业化工厂的现成产品。

(10) 利用和购买专业化工厂的生产技术。

(11) 采用专门生产工艺。

(12) 尽量采用标准。

(13) 以“我是否这样花自己的钱”作为判断标准。

这13条原则中，第(1)条～第(5)条是属于思想方法和精神状态的要求，提出要实事求是，要有创新精神；第(6)条～第(12)条是组织方法和技术方法的要求，提出要重专家、重专业化、重标准化；第(13)条则提出了价值分析的判断标准。

五、价值分析的方法

进行一项价值分析，首先需要选定价值工程的对象。一般说来，价值工程的对象要考虑社会生产经营的需要以及对象价值本身有被提高的潜力。例如，选择占成本比例大的原材料部分，如果能够通过价值分析降低费用提高价值，那么这次价值分析对降低产品总成本的影响也会很大。当我们面临一个紧迫的境地，例如生产经营中的产品功能、原材料成本都需要改进时，研究者一般采取经验分析法、ABC分析法以及百分比分析法。选定分析对象后需要收集对象的相关情报，包括用户需求、销售市场、科学技术进步状况、经济分析以及本企业的实际能力等。价值分析中能够确定的方案的多少以及实施成果的大小与情报的准确程度、及时程度、全面程度紧密相关。有了较为全面的情报之后就可以进入价值工程的核心阶段——功能分析。在这一阶段要进行功能的定义、分类、整理、评价等步骤。经过分析和评价，分析人员可以提出多种方案，从中筛选出最优方案加以实施。在决定实施方案后应该制订具体的实施计划，提出工作的内容、进度、质量、标准、责任等，确保方案的实施质量。为了掌握价值工程实施的成果，还要组织成果评价。成果的鉴定一般以实施的经济效益、社会效益为主。作为一项技术经济的分析方法，价值工程做到了将技术与经济紧密结合。此外，价值工程的独到之处还在于它注重于提高产品的价值、注重研制阶段开展工作，并且将功能分析作为自己独特的分析方法。

六、价值工程实例

某市高新技术开发区有两幢科研楼和一幢综合楼，其设计方案对比项目如下：

A楼方案：结构方案为大柱网框架轻墙体系，采用预应力大跨度叠合楼板，墙体材料采用多孔砖及移动式可拆装式分室隔墙，窗户采用单框双玻璃钢塑窗，面积利用系数为93%，单方造价为1438元/m²。

B楼方案：结构方案同A方案，墙体采用内浇外砌，窗户采用单框双玻璃腹钢塑窗，面积利用系数为87%，单方造价为1108元/m²。

C楼方案：结构方案采用砖混结构体系，采用多孔预应力板，墙体材料采用标准黏土砖，窗户采用单玻璃空腹钢塑窗，面积利用系数为79%，单方造价为1082元/m²。

各方案功能和权重及各方案的功能得分，如表12-2所示。

表12-2　方案功能和权重表

方案功能	功能权重	方案功能得分		
		A	B	C
结构体系	0.25	10	10	8
模板类型	0.05	10	10	9
墙体材料	0.25	8	9	7
面积系数	0.35	9	8	7
窗户类型	0.10	9	7	8

（1）试应用价值工程方法选择最优设计方案。

（2）为控制工程造价和进一步降低费用，针对所选的最优设计方案的土建工程部分，以工程材料费为对象开展价值工程分析。将土建工程划分为四个功能项目，各功能项目评分值及其目前成本，如表12-3所示。按限额设计要求，目标成本额应控制为12170万元。

表12-3　功能项目评分值及其目前成本表

功能项目	功能评分	目前成本/万元
A. 桩基围护工程	10	1520
B. 地下室工程	11	1482
C. 主体结构工程	35	4705
D. 装饰工程	38	5105
合计	94	12812

试分析各功能项目和目标成本及其可能降低的额度，并确定功能改进顺序。分析要点：

问题1：考核运用价值工程进行设计方案评价的方法、过程和原理。

问题2：考核运用价值工程进行设计方案优化和工程造价控制的方法。

价值工程要求方案满足必要功能，清除不必要功能。在运用价值工程对方案的功能进行分析时，各功能和价值指数有以下三种情况：

（1）Ⅵ＝1，说明该功能的重要性与其成本的比重大体相当，是合理的，无须再进行价值工程分析。

（2）VI<1，说明该功能不太重要，而目前成本比重偏高，可能存在过剩功能，应作为重点分析对象，寻找降低成本的途径。

（3）VI>1，出现这种结果的原因较多，其中较常见的是：该功能较重要，而目前成本偏低，可能未能充分实现该重要功能，应适当增加成本，以提高该功能的实现程度。

各功能目标成本的数值为总目标成本与该功能指数的乘积。

分别计算各方案的功能指数、成本指数和价值指数，并根据价值指数选择最优方案。

（1）计算各方案的功能指数，如表 12-4 所示。

表 12-4 方案功能指数表

方案功能	功能权重	方案功能加权得分		
		A	B	C
结构体系	0.25	10×0.25=2.50	10×0.25=2.50	8×0.25=2.00
模板类型	0.05	10×0.05=0.50	10×0.05=0.50	9×0.05=0.45
墙积系数	0.25	8×0.25=2.00	9×0.25=2.25	7×0.25=1.75
面积系数	0.35	9×0.35=3.15	8×0.35=2.80	7×0.35=2.45
窗户类型	0.10	9×0.10=0.90	7×0.10=0.70	8×0.10=0.80
合计		9.05	8.75	7.45
功能指数		9.05/25.25=0.358	8.75/25.25=0.347	7.45/25.25=0.295

注：表中各方案功能加权得分之和为 9.05+8.75+7.45=25.25。

（2）计算各方案的成本指数，如表 12-5 所示。

表 12-5 方案的成本指数表

方案	A	B	C	合计
单方造价/(元/m^2)	1438	1108	1082	3628
成本指数	0.396	0.305	0.298	0.999

（3）计算各方案的价值指数，如表 12-6 所示。

表 12-6 方案价值指数表

方案	A	B	C
功能指数	0.358	0.347	0.295
成本指数	0.396	0.305	0.298
价值指数	0.904	1.138	0.990

由表 12-6 的计算结果可知，B 方案的价值指数最高，为最优方案。

根据表 12-6 所列数据，分别计算桩基围护工程、地下室工程、主体结构工程和装饰工程的功能指数、成本指数和价值指数；再根据给定的总目标成本额，计算各工程内容的目标成本额，从而确定其成本降低额度。具体计算结果汇总于表 12-7 中。

表 12-7 计算结果汇总表

功能项目	功能评分	功能指数	目前成本/万元	成本指数	价值指数	目标成本/万元	成本降低额/万元
桩基围护工程	10	0.1064	1520	0.1186	0.8971	1295	225
地下室工程	11	0.1170	1482	0.1157	1.0112	1424	58
主体结构工程	35	0.3723	4705	0.3672	1.0139	4531	174
装饰工程	38	0.4043	5105	0.3985	1.0146	4920	185
合计	94	1.0000	12812	1.0000		12170	642

由表 12-7 的计算结果可知，桩基围护工程、地下室工程、主体结构工程和装饰工程均应通过适当方式降低成本。根据成本降低额的大小，功能改进顺序依次为：桩基围护工程、装饰工程、主体结构工程、地下室工程。

第四节 设备完整性管理概述

设备完整性管理是指采取技术改进措施和规范设备管理相结合的方式来保证整个装置中关键设备运行状态的完好性。1992 年美国 OSHA 颁布了《过程安全管理办法》，分析了 20000 多台设备，调查世界范围内约 25 家石油化工厂，与政府和检测机构充分交流。过程安全管理办法的中心是："避免灾难性事故的发生"，其中第 8 条款是关于设备完整性的要求。与传统的设备管理、事后维修、定期维修和状态维修相比，设备完整性管理技术更强调安全、效率、效益、环保。企业需要担负更多的 HSE［健康（health）、安全（safety）、环境（environment）］的责任，具有整体性、全过程、动态性特点，需要持续改进。

（1）设备完整性具有整体性　是指一套装置或系统的所有设备的完整性。"设备完整性"一词源自于美国职业安全卫生总署所制定的相关法规内容，是针对处理高危害性物质的设备（压力容器及储罐、管线系统、释放及排放系统、控制系统、紧急停机系统及机泵等）建立的一套维修保养制度，目的是降低因设备故障损坏导致的风险。

（2）单个设备的完整性要求与设备的装置或系统内的重要程度有关，即运用风险分析技术对系统中的设备按风险大小排序，对高风险的设备需要加以特别的照顾。

（3）设备完整性是全过程的，从设计、制造、安装、使用、维护，直至报废。

（4）设备资产完整性管理是采取技术改进和加强管理相结合的方式来保证整个装置中设备运行状态的良好性，其核心是在保证安全的前提下，以整合的观点处理设备的作业，并做到每一作业的落实与品质保证。

（5）设备的完整性状态是动态的，设备完整性需要持续改进。

一、设备完整性管理技术

设备完整性管理技术是指采取技术改进措施和规范设备管理相结合的方式，来保证整个装置中关键设备运行状态的完好，包括设备的设计、制造、安装、使用和维护。

1. 设备完整性管理体系

设备完整性管理是以风险为导向的管理系统，以降低设备系统的风险为目标，在设备完整性管理体系的构架下，通过基于风险技术的应用而达到目的，如图 12-4 所示。

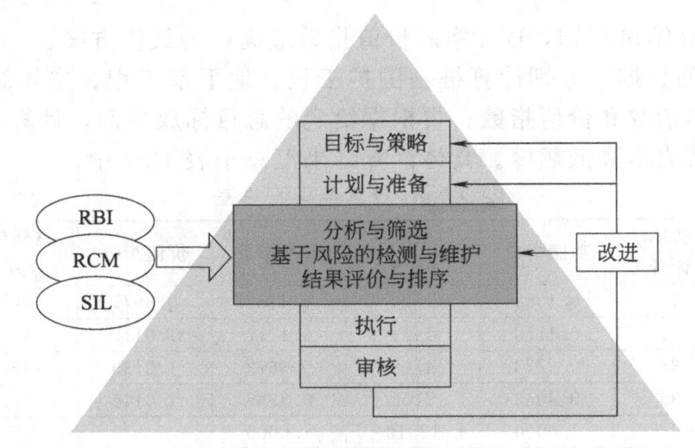

图 12-4　设备完整性管理体系

设备完整性管理包括基于风险的检验计划和维护策略，即基于时间、基于条件、正常运行情况或故障情况下的维护。这些策略与公司和工厂的设备可用性及安全目标有关。其核心是利用风险分析技术识别设备失效的机理，分析失效的可能性与后果，确定其风险的大小；根据风险排序制订有针对性的检维修策略，并考虑将检维修资源从低风险设备向高风险设备转移。以上各环节的实施与维持用体系化的管理加以保证。

因此，设备完整性管理的实施包括管理和技术两个层面，即在管理上建立设备完整性管理体系；在技术上以风险分析技术作支撑，包括针对静设备、管线的 RBI 技术，针对动设备的 RCM 技术和针对安全仪表系统的 SIL 技术等。

2. 基于风险的检验技术（RBI）

RBI（risk-based inspection）技术可用于所有承压设备的检验，这些设备的完整性受到某些现有损伤机理的影响而逐渐恶化。RBI 分析所有可能导致静设备及管线无法承压的损伤机理及失效后果，例如均匀腐蚀或局部腐蚀等。目前工业标准有美国石油学会（API）制订的用于炼油厂和石油化工厂的基于风险的检验（RBI）方法——APIRP580 及 API581。

3. 以可靠性为中心的维修技术（RCM）

RCM（reliability centered maintenance）技术是一种维修的理念、维修的策略、维修的模式。依据可靠性状况，应用逻辑判断方法确定维修大纲，达到优化维修的目的。第一个得到认可的可用于所有工业领域的商用标准是汽车工程师协会（SAE）的 JA1011RCM 工艺评价准则。

4. 安全完整性水平分析技术（SIL）

SIL（safety integrity level）技术是针对工厂中的车间、设备的每一安全系统进行风险分析的基础上评估 SIL，并依据这个准则来确定最低的设计要求和测试间隔。

遵守的通用工业标准为 IEC61508，石化行业的工业标准为 IEC61511。实施基于风险的设备完整性管理可优化企业的设备资产资源，提高设备的安全性、可用性和经济性，延长装置的运转周期，使企业在确保安全生产的前提下，提高成本效益，增强企业的市场竞争力。

5. 保护层分析技术（LOPA）

LOPA（layer of protect analysis）技术是一种半定量风险分析方法，用于分析在用的保护层是否能够有效地减轻过程危险。它是利用已有的过程危险分析技术，去评估潜在危险发生的概率和保护层失效的可能性的一种方法。

LOPA 是一种确保过程风险被有效缓解到一种可接受的水平的工具，能够快速有效地识别出独立保护层（IPL），降低特定危险事件发生的概率和后果的严重度。LOPA 提供专用标准和限制性措施来评估独立保护层，消除定性评估方法中的主观性，同时降低定量风险评估的费用。

二、壳牌（SHELL）的设备完整性管理技术

SHELL 在过程安全管理、设备完整性管理、风险分析和检测等技术方面已形成了自己的管理体系和专有技术，并通过长期的应用被业界所认同。在设备管理上采用基于风险的设备完整性管理技术包括管理体系、风险分析技术和检测技术三个方面。

1. 设备完整性管理体系

整个设备完整性管理包括了装置和设备的运行管理、检维修管理和检测管理，为企业的检维修过程和企业的经营提供了平台。设备完整性与企业生产经营之间的关系见图 12-5。该技术主要是根据维护措施、状态监控和技术保障措施等方面来制订基于风险的决策系统，该技术强调的是对整个设备管理过程的优化，而不是每一个具体的作业活动。

设备完整性管理主要是通过四个方面来进行分析：设备的可靠性和完整性；缺陷的消除；工作量的优化；任务执行效率优化。

对设备检维修的过程而言，可以通过一体化计算机检维修管理系统来进行有效的实施。

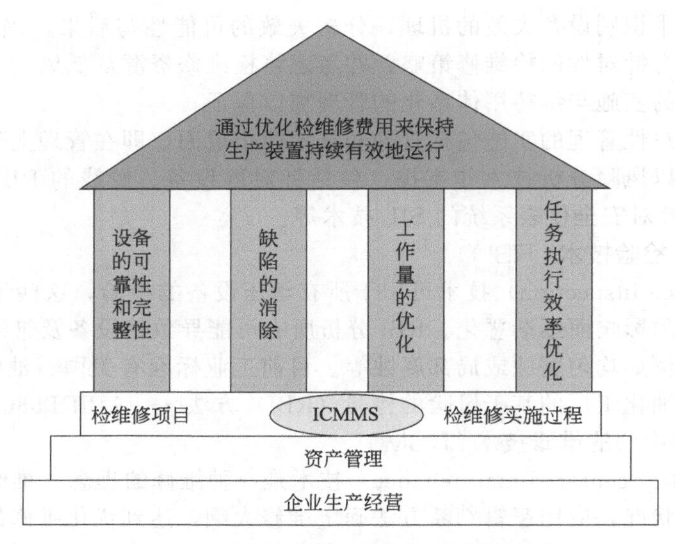

图 12-5　设备完整性与企业生产经营之间的关系

对检维修过程四个方面之间关系的管理和理解是成功实施项目的关键。在确保生产装置可靠性的前提下，为了优化装置的检维修过程，需要对整个检维修过程中的工作量进行系统的审查。同时，还需要对设备的失效可能性、失效后的修复成本和造成的生产损失进行分析。对检维修的工作量进行优化后，需要用最高的效率来完成每一项检维修工作。有效的缺陷管理过程和正确的资产可靠性管理可以减少一些重复性的工作，降低整个检维修过程的工作量。缺陷消除可以通过降低生产装置的停车次数来提高装置的可靠性和技术完整性水平；较高的完整性和技术水平可以使整个检维修工作更加有效，再加上对检维修工作量的优化，可以制订出一个更加有效的检维修方案。

2. 风险分析技术

SHELL 应用于设备完整性管理方面的风险分析技术，包括针对静设备、管线、安全阀的 S-RBI 技术，针对动设备的 S-RCM 技术和针对安全仪表系统的 IPF 技术三个方面，三者构成 SHELL 特有的风险与可靠性管理系统 RRM（risk and reliability management），如图 12-6 所示。

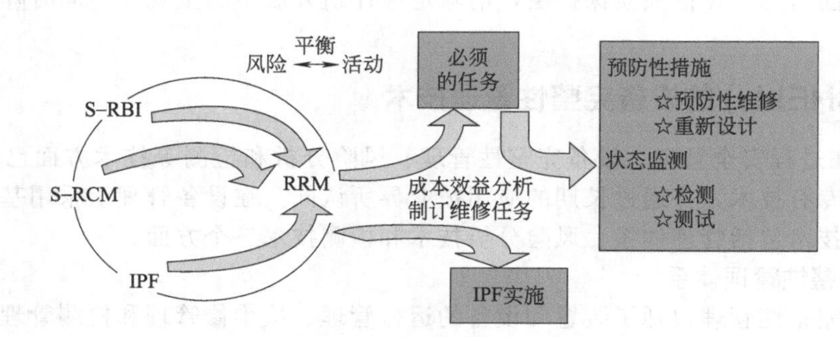

图 12-6　SHELL 风险管理技术

S-RBI 技术是通过对设备或部件的风险分析，确定关键设备和部件的破坏机理和检查技术，优化设备检查计划和备件计划。根据 SHELL 的应用经验，采用 RBI 技术后，一般可减少设备检查和维护费用的 15%～40%。

S-RCM 以可靠性为中心的维修是在元件的可能故障对整个系统可靠性影响评估的基础

上，决定维修计划的一种维修策略。传统的定期大修，把一些没有问题的设备解体，实际上只能增加整体故障率。RCM 的评价方法是以可靠性和风险为依据，制订出设备或装置必要的维修程序。

IPF 仪表保护系统分析是正确的工程设计基础，整个识别过程是利用以前的工程经验和 HAZOP 的分析结果。

仪表保护系统是指导企业对仪表系统进行安全设计、安全保护系统的实施和维护策略。

3. 检测技术

无论是 RBI 技术还是 RCM 技术的实施都要结合一些先进的设备检测技术来进行。在 SHELL 中，这些先进的设备检测技术有：

（1）脉冲涡流检测仪　依靠脉冲发射机发出一个快速变化的电磁场，该磁场可以诱发产生涡流，利用接收元件监控涡流脉冲在金属壁厚中的衰减，通过把一定信号特征的瞬态响应时间和参比值比较来计算出金属的平均厚度。

通过该仪器可以在设备运行状态下不拆除绝缘层（如绝热层、防护层、电绝缘层等）来对设备进行检测。

（2）工艺腐蚀检控技术　可以识别工厂的腐蚀风险，帮助企业制订一个明确的腐蚀控制方案，明确具体的腐蚀部位，识别引起非计划停工的主要失效因素，制订检测策略。

（3）SHELL 无损检测仪　能够指导制订在线的无损检测方案，并提供相应的历史案例和无损检测方案的信息。该仪器还配备了一个无损检测信息的数据库。

（4）炉管检测仪　是便携式的检测设备，能够迅速地评估出乙烯加热炉管由于渗炭引发的劣化水平。该仪器能够帮助预测炉管的剩余寿命，还可以对焊缝进行检测。

（5）原油评价技术　可以对单种原油或混合原油进行全面的评价，评价硫和环烷酸等腐蚀介质在各个组分中的分布，以及加工该种原油对生产装置造成的腐蚀程度，从而决定该装置是否可以加工该种原油。

三、管道完整性管理

管道完整性管理是对所有影响管道完整性的因素进行综合的、一体化的管理，即在管道的可行性研究、设计、施工、运行各个阶段，不断识别和评估面临的各种风险因素，采取相应的措施削减风险，将管道风险水平控制在合理的可接受范围之内。

（一）管道完整性管理概述

管道的完整性管理 PIM（pipeline integrity management）定义为：管道公司通过根据不断变化的管道因素，对天然气管道运营中面临的风险因素进行识别和技术评价，制订相应的风险控制对策，不断改善识别到的不利影响因素，从而将管道运营的风险水平控制在合理的、可接受的范围内，建立以通过监测、检测、检验等各种方式，获取与专业管理相结合的管道完整性的信息，对可能使管道失效的主要威胁因素进行检测、检验，据此对管道的适用性进行评估，最终达到持续改进、减少和预防管道事故发生，经济合理地保证管道安全运行的目的。

一般管道完整性管理主要分为建设期（该阶段是完整性管理数据采集最佳阶段），运行期（该阶段为完整性管理数据更新期）两个阶段。对于完整性管理应该是包括管道的全寿命周期，并借助于目前流行的数字管道工程为平台而得以实现。数字管道的管理包括：数据采集层、数据储存层、数据应用层三个层面。

1. 管道完整性管理内涵

管道完整性管理（PIM），是对所有影响管道完整性的因素进行综合的、一体化的管理，主要包括：

(1) 拟定工作计划、工作流程和工作程序文件。

(2) 进行风险分析和安全评价，了解事故发生的可能性和将导致的后果，指定预防和应急措施。

(3) 定期进行管道完整性检测与评价，了解管道可能发生的事故的原因和部位。

(4) 采取修复或减轻失效威胁的措施。

(5) 培训人员，不断提高人员素质。

2. 管道完整性管理的原则

(1) 在设计、建设和运行新管道系统时，应融入管道完整性管理的理念和做法。

(2) 结合管道的特点，进行动态的完整性管理。

(3) 要建立负责进行管道完整性管理机构，制定管理流程并辅以必要的手段。

(4) 要对所有与管道完整性管理相关的信息进行分析、整合。

(5) 必须持续不断地对管道进行完整性管理。

(6) 应当不断在管道完整性管理过程中采用各种新技术。

管道完整性管理是一个与时俱进的连续过程，管道的失效模式是一种时间依赖的模式。腐蚀、老化、疲劳、自然灾害、机械损伤等能够引起管道失效的多种过程，随着岁月的流逝不断地侵蚀着管道，必须持续不断地对管道进行风险分析、检测、完整性评价、维修等。

（二）管道完整性管理体系

国内管道企业借鉴国外管道完整性管理经验，结合国内管道管理的实际情况与特点，简洁明了地将管道完整性管理分为六个环节：数据收集、高后果区识别、风险评价、完整性评价、维修维护和效能评价。此外为保证 6 个环节的正常实施，还需要系统的支持技术、一套与管理体系结合的体系文件及标准规范和管道完整性管理数据库及基于数据库搭建的系统平台，如图 12-7 所示。

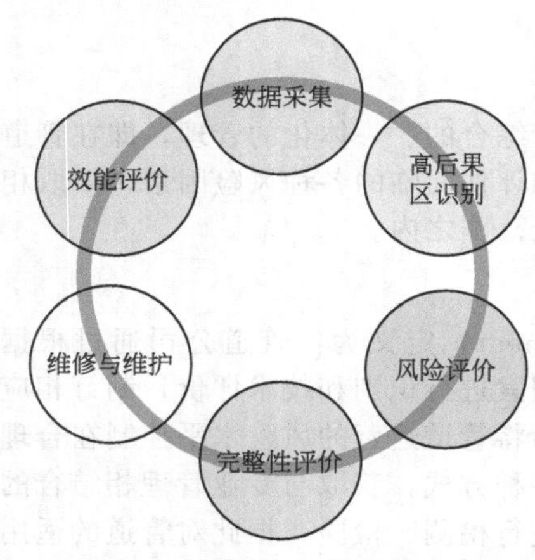

图 12-7 管道完整性管理体系平台

目前国内最大的管道公司编制了系列企业标准 Q/SY 1180《管道完整性管理规范》，是国内首套对管道完整性管理的各个环节进行了详细规定，给出了具体可操作方法的标准，此外将管道完整性管理体系与现有的 HSE 体系进行了结合，建立了管道完整性管理数据库，开发了完整性管理信息平台。

中国石油借助其所属的管道科技研究中心（廊坊）等内部技术力量，从 2004 年起通过 8 年多的研究和应用，已经全面推广实施管道完整性管理，已经掌握了管道完整性管理的核心支持技术，如管道数据管理技术（基于 GIS）、风险评价技术、检测技术、完整性评价技术和各种维抢修技术及专业的团队，建成了管道完整性管理体系和信息化系统，实现了管道数据的集中管理存储和完整性管理业务流程的信息化。中国石化和中海石油也开始推广应用管道完整性管理，开展了管道内检测和管道数字化等工作。

（三）管道完整性管理的进展

管道完整性管理技术起源于 20 世纪 70 年代，当时欧美等工业发达国家在二战以后兴建的大量油气长输管道已进入老龄期，各种事故频繁发生，造成了巨大的经济损失和人员伤亡，大大降低了各管道公司的盈利水平，同时也严重影响和制约了上游油（气）田的正常生产。为此，美国首先开始借鉴经济学和其他工业领域中的风险分析技术来评价油气管道的风险性，以期最大限度地减少油气管道的事故发生率和尽可能地延长重要干线管道的使用寿命，合理地分配有限的管道维护费用。经过几十年的发展和应用，许多国家已经逐步建立起管道安全评价与完整性管理体系和各种有效的评价方法。

世界各国管道公司均形成了本公司的完整性管理体系，大都采用或参考国际标准，如ASME、API、NACE、DIN标准，编制本公司的二级或多级操作规程，细化完整性管理的每个环节，把国际标准作为指导大纲。

美国油气研究所（GRI）决定今后将重点放在管道检测的进一步研究和开发上，认为利用高分辨率的先进检测装置及先进的断裂力学和概率计算方法，一定能获得更精确的管道剩余强度和剩余使用寿命的预测和评估结果。

美国Amoco管道公司（APL）从1987年开始采用专家评分法风险评价技术来管理所属的油气管道和储罐，到1994年为止，已使年泄漏量由原来的工业平均数的2.5倍降到1.5倍，同时使公司每次发生泄漏的支出降低50%。

欧洲管道工业发达国家和管道公司从20世纪80年代开始制定和完善了管道风险评价的标准，建立油气管道风险评价的信息数据库，深入研究各种故障因素的全概率模型，研制开发实用的评价软件程序，使管道的风险评价技术向着定量化、精确化和智能化的方向发展。英国油气管网公司在20世纪90年代初就对油气管道进行了完整性管理，建立了一整套的管理办法和工程框架文件，使管道维护人员了解风险的属性，及时处理突发事件。

加拿大Enbridge公司从20世纪80年代末～90年代中期，开展了管道完整性和风险分析方面的研究，首先制订宏观的完整性管理程序，成立专业的管理组织机构，制订管道完整性管理目标并实施，形成管道完整性管理体系。这个公司管道完整性管理的实施分4个步骤：制订计划、执行计划、实施总结、监控改进。实现这四个步骤的途径包括制定政策、确定目标、管理支持、明确职责、培训人员、编制技术要求和程序说明书等。这个完整性管理系统是一个动态循环过程，确保完整性技术方法在实施过程中不断进步和加强。

我国管道的实施进展：陕京线2001年提出了完整性管理，并首次在国内实施管道完整性管理试点，随后中国石油开始全面推广实施管道完整性管理，已经建成完整性管理体系和信息化系统；西气东输管道公司侧重于地质灾害和第三方破坏风险评价方面。管道公司侧重于老管道的完整性，西部管道侧重于国际评级。此外，中国石化和中海石油也开始推广应用完整性管理。

四、管道完整性管理实例

某油气田公司管道完整性管理探索与实践活动总结如下。

（一）油气田企业管道站场特点

（1）管道、站场数量庞大，系统复杂　截至2013年年底，中国石油所属的16个油气田共有油气水井26万口，各类管道28万千米，站场1.5万座，储罐3000余座。

（2）技术水平差异大　管网随油气勘探开发不断建设，投运时间跨度大，部分达40年以上；建设标准差异大，管材种类多（金属和非金属）；部分管道没有阴极保护或保护不足，大多数管道不具备内检测条件。

（3）管道、站场类型多　管道包括集输油、集输气管道，注水管道、污水管道等，呈网状结构，数量多，单条长度短；站场包括油气井站、集输站、转油站、增压站、脱水站、注水站、污水处理站等，动、静设备种类多。

（4）输送介质差异大　输送油、气、水及多相混合物，含硫化氢、二氧化碳、水，腐蚀性强。

（5）本质安全风险因素多　存在着管材、制管和施工缺陷；内外腐蚀；氢致开裂；管道内部结垢；打孔盗油；地质灾害；部分管道位于人口稠密区和生态敏感区，安全环保压力大等。

(6) 针对性的技术方法和标准尚不完善，如风险评价技术，不具备内检测条件管道的检测评价技术，内腐蚀直接评价技术，站场设备检测维护技术等，需要开展针对性和适应性研究。

(二) 管道完整性管理的主要做法

1. 管道站场概况

建成了覆盖五大气区，形成了采、集、输、净化为一体的地面系统。

规划构建了“三纵、三横、三环、两库”管网格局。

管道：20473km，单条长度平均5.7km。

集输气站：1271座。

增压站：145座。

回注站：109座。

运行时间超过20年的占31.1%，最早投运集气管线在1958年，输气管线在1963年；输送介质硫化氢含量高于$30g/m^3$的有209段共644km，最高硫化氢含量$147g/m^3$。

2. 管道管理历程

1992年，成立“管道检测研究服务中心”。

1996年，开始在役天然气管道的无损检测、防腐层检测、开挖检测等外检测。

1997年，进行了首次管道剩余强度评价，确定了管线最大允许操作压力。

1998～1999年，利用世行贷款项目，进行了首次管道风险评价，初步确定管线改造计划；进行了首次管道几何检测和漏磁检测。

1999，采用了在役天然气管道试压的方法进行了完整性评价。

2000年开始，各项检测评价工作在油气田分公司逐步铺开。

2006年，在股份公司的统一部署下，油气田公司开始系统应用和推广完整性管理的理念和方法。

2008年，将管道完整性管理纳入HSE管理体系，建立分公司完整性管理体系。

2009年，将完整性管理实施范围扩展至所有长输、集输管线。

2010年，完成第一轮管道完整性管理循环，并将完整性管理纳入各单位绩效考核，开始开展场站完整性管理。

2011年以后重在持续改进，并逐步形成和完善配套技术系列。

3. 主要做法

(1) 明确组织机构，建立文件体系和考核机制，保障完整性管理的有效实施。

组织机构：明确管理主管部门，设置专（兼）职岗位，成立安全环保与技术监督研究院作为主要技术支撑单位。

管理文件体系：包括控制程序、标准体系及管理办法、管理手册及审核系统等。

考核机制：纳入各单位绩效合同，每年考核1次。

(2) 推行“分级分类”完整性管理实施模式　根据公司管道系统特点，建立“分级分类”完整性管理差异化实施和精细管理模式，包括2个板块、2个类型共24个组合。

以站场为例：场站按集气、输配气、增压、脱水4种类型，以规模划分级，并进行修正。

针对不同级别的管道和场站，对完整性管理各环节所采用的技术方法、实施周期及实施单位等进行了明确规定。

(3) 研发应用配套技术

① 数据恢复与管理　所有管道、站场测绘及数据采集入库，为完整性管理搭建了数据管理和应用平台。

基于 APDM 模型和 GIS 平台，于 2010 年建立了公司统一的“管道场站管理系统”，将十大类数据纳入系统管理。

② 管道高后果区识别　针对天然气集输管道，建立基于有毒气体泄漏扩散模型的集输管道高后果区识别方法。

高后果区识别每年更新 1 次；高后果区（HCAs）内的管段是完整性管理的重点管段。

③ 管道风险评价　建立适应管道特点的评价方法。

风险评价和地质灾害敏感点识别每年进行一次更新。

针对每一高风险管段，制订具体的风险缓解措施，包括增设监测装置，加强巡护，实施专项检测评价，立项整改等。

④ 管道完整性检测评价　根据管道的风险因素，确定检测评价计划、项目和方法，包括：外检测；内检测；特殊地段管道专项检测；地质灾害识别与评价；缺陷评价；场站完整性检测评价（RBI、RCM、SIL 评价，场站管道检测）。

管道外腐蚀及防护系统检测：包括管道防腐层、阴极保护系统、杂散电流、特殊地段管道的检测技术。

管道内腐蚀检测：针对不具备内检测条件的集输管道，建立管道内腐蚀敏感区域预测方法。

管道内检测：主要采用几何检测和漏磁检测，检测管道的内外腐蚀、变形、焊缝异常、制造缺陷、金属异物等。

具备内检测条件的管道已全部完成内检测，部分管线开展了 2 次以上检测。

特殊地段管道专项检测：包括河流、公路等穿越、跨越管道及站内工艺管道的检测。

地质灾害识别与评价。

缺陷评价：针对裂纹、内外腐蚀、制造缺陷、机械损伤等管道缺陷类型，建立了含缺陷管道的剩余强度三级评价方法，建立了针对漏磁检测结果的缺陷评估方法，建立了管道阴极保护有效性评价体系，开发了杂散电流检测评价方法和工具。

场站完整性检测评价：形成了场站完整性评价技术流程和实施规范；综合多种检测技术用于早期建设的场站数据恢复，建立场站设备台账；制订了适合于场站风险可接受准则，开展定量风险评价；累计开展场站完整性评价 379 座，场站管道全面检验 51 座。

⑤ 维修、维护与预防　根据检测评价结果，制订维修、维护计划和方案，重点采用复合材料、套筒、焊接、换管等方法；历年基于检测结果修复缺陷 106293 处。

应用实例：达卧线达福段历史失效 33 次，根据检测评价结果，换管消除缺陷 93 处，补强修复缺陷 11 处，修复防腐层 252 处，管道工作压力由限压 5.4MPa 恢复到 6.2MPa，同时结合两线脱水工程，管线再未发生失效事件。

缓蚀剂研发与评价：研发出适用于含硫气田地面集输系统的两大类共五个系列的缓蚀剂产品，建立了缓蚀剂筛选评价程序。

缓蚀剂加注工艺：应用了清管器预膜技术，解决了长距离管线缓蚀剂均匀保护和残余药剂回收技术难题。

腐蚀监测：建立了在线腐蚀监测系统，设立监测点 243 处；自主开发建设了气田腐蚀监测数字化系统。

腐蚀评价：通过建立全面腐蚀/最大腐蚀深度预测数据模型，预测腐蚀发展趋势，实现管线和设备可靠性评价。

日常维护监控：针对高后果区、高风险管段、腐蚀和地灾敏感点实施重点维护与监控。

⑥ 完整性管理效能评价　评价完整性管理工作的执行情况和实施效果，查找短板和改

进方向。

建立《油气田分公司管道完整性管理审核系统》，发现差距，持续改进。

每年各单位进行一次内部审核，公司组织对所有单位的审核，同时接受股份公司组织的外部审核。

(4) 持续推进完整性管理循环各项具体工作　2010 年完成了第一轮完整性管理“六步循环”工作，覆盖率 100%。

(5) 持续改进完整性管理短板　短板改进措施有以下方面。

① 风险管理　全面开展风险评价，完善完整性管理方案，逐步实现基于风险的管理。

② 信息记录和数据管理　建立分公司统一的“管道场站数据系统”。

③ 调查与跟踪　建立三级动态分析机制和管道失效数据库，自管道失效、机器故障，逐步扩展到所有资产管理。

④ 具体技术要求　分级分类实施模式推进及完善。

(6) 持续深化管道长效保护机制

① 构建地企联动保护机制。

② 开展管线测绘支撑管道保护工作，集中三年开展了管线周边环境测绘。

③ 开展多种方式的管道保护宣传工作。

④ 强化巡检管理，建立管道 GPS 巡检系统，突出第三方施工监控。

⑤ 严格坚持“后建服从先建”原则。

(三) 管道完整性管理成效

(1) 逐步建成公司管道完整性管理体系

① 建立了管道完整性管理组织机构、管理文件体系和考核机制，保障了完整性管理的有效实施。

② 形成了技术支撑、技术研发和专业检测评价队伍，取得 8 项国家级资质，发展配套完整性管理技术体系。

(2) 完整性管理水平不断提升

① 固化了主动维护制度　由“事后被动维修”转变为“基于检测评价的主动维护”，逐步向“基于风险的完整性管理”发展。

② 固化了常态执行制度　由“项目化推动”转变为“主动应用”，高后果区识别及支线防腐层检测逐步成为基层管道技术人员执行的日常工作。

(3) 拓展了完整性管理实施的应用范围

① 拓展至集输管线，率先对气田内部集输管道开展完整性管理；

② 拓展至场站，编制场站整性管理文件 14 项和风险可接受准则；

③ 采取分级分类的实施策略，从管理政策与技术对策的适应性与可操作性上改进，较好地适应了管道场站类型多、差异大的特点。

(4) 管道本质安全水平持续提升　2005～2013 年，管道失效率（含集气管道）下降 55%；输气干线失效率下降 85%。

(5) 完整性管理技术体系逐步配套、完善

① 开展科技项目 31 项；

② 管道完整性检测评价及保障 7 大系列、43 项关键技术；

③ 国家标准 4 项、行业和企业标准 10 项；

④ 专利 5 项、分公司技术秘密 10 项、评价软件 6 套、检测设备 5 项；

⑤ 为完整性管理方法的全面应用提供技术保障，如图 12-8 所示。

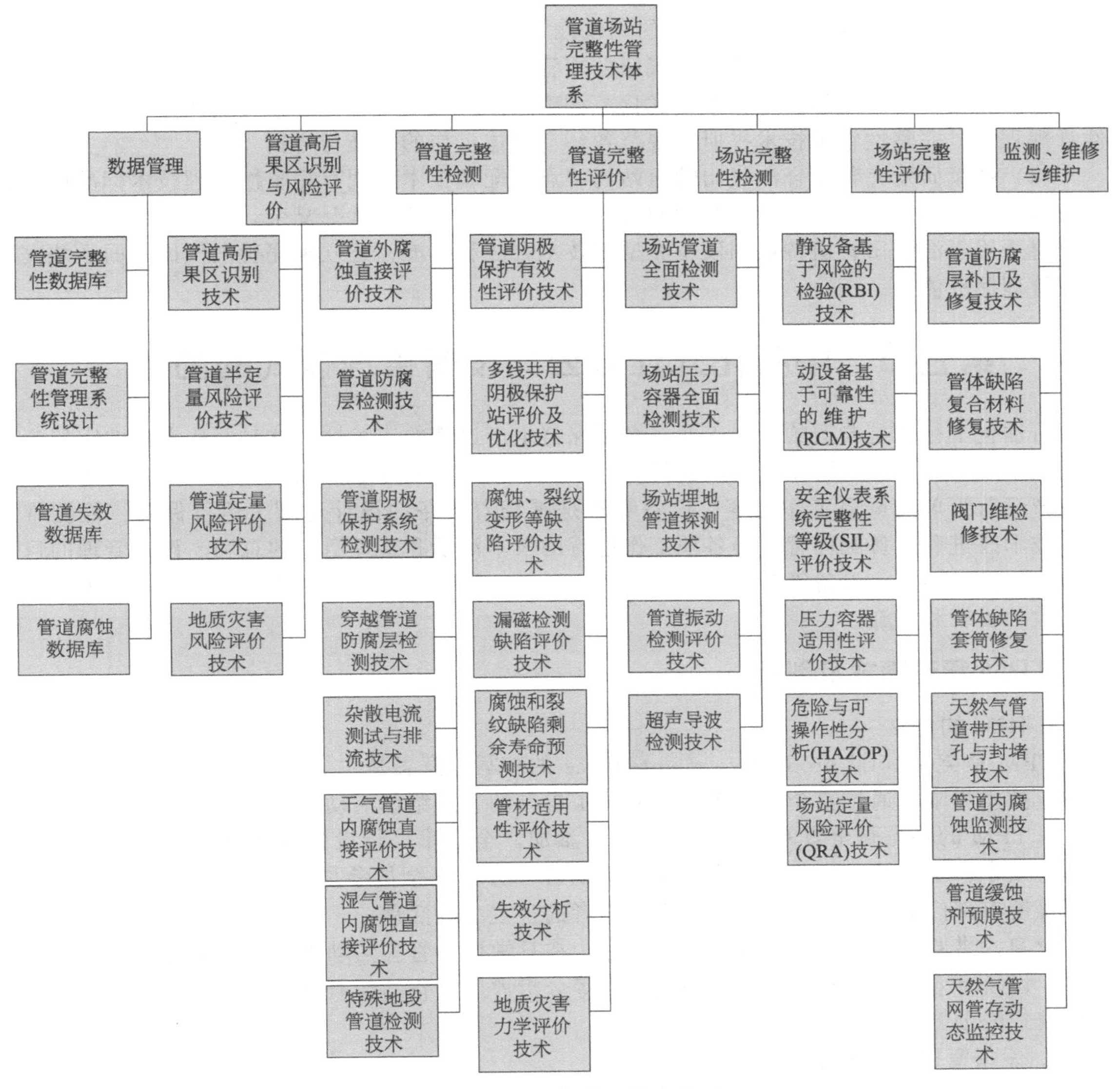

图 12-8 完整性管理技术体系

（四）推行管道完整性管理的认识和体会

（1）总体部署、自上而下推进

① 目前各油气田企业在管道管理上模式多样，需要明确主管部门和职责，分类管理，分级负责；

② 统一部署油气田地面系统完整性管理实施的目标、步骤与要求；

③ 完整性管理以数据为基础，以各项检测评价为依托，尤其在实施初期的数据恢复和检测评价工作量大，政策支持和初期投入力度是后续顺利推进的保障。

（2）结合实际是完整性管理推进的关键

① 建立“分级分类”等适应企业自身实际情况的完整性管理实施模式；

② 具体实施时突出重点，分步实施，强化基础数据恢复，关注主要风险，建立切实可行的实施和推广程序；

③ 从组织机构、技术体系、预算和考核机制上提供保障；

④ 坚持“正向激励、鼓励先进”的完整性管理考核机制。

（3）充分利用已有成果，建立油气田公司管道完整性管理体系。

结合长输管道和场站管理体系，优化、调整建立油气田公司完整性管理体系，包括完整性管理程序、完整性管理技术手册，规范各环节具体工作的实施与考核。

（4）持续研发完善适合油气田管道站场特点的配套技术　现有完整性管理技术标准体系以长输管道和场站为主，油气田企业的管道与设备类型、技术状况复杂，数量庞大，需要补充完善适用于油气田管道特点和设备类型的技术方法和标准；建立和完善油气田地面系统完整性管理标准体系。

第五节　中石化九江分公司设备管理模式的创新

石油化工行业是典型的流程工业，必须保持生产过程的连续性，这对石化设备的完好运行提出了严格的要求。石化企业设备具有数量大、种类多和专业性强等特点，设备管理是企业生产经营管理的重要工作内容。设备管理是围绕着设备的设计选型、运行保养、检测维修、技术改进和设备配件管理等各项工作进行的技术活动和管理活动的总和。设备管理的目的是将人员、制度、设备等各方面形成规范、科学的设备管理运行系统，使设备管理工作得到高效的组织和实施。

一、TPM 管理模式及创新

1. TPM 的含义

TPM 是英文 total productive maintenance 的缩写，意思是“全员生产维修”，指企业打破专业技术界限，通过整个生产系统全体员工参与的生产维修活动，使设备性能达到最优的方式。TPM 的特点是全效率、全系统和全员参加。全效率，指设备寿命周期费用评价和设备综合效率；全系统，指包括生产维修系统的各个方面；全员参加，指设备的计划、使用、维修等所有部门的员工参加，尤其注重操作者的自主小组活动。

学习、借鉴和应用先进的设备管理理念，在日常设备管理活动中应用设备可靠性、可维修性，设备有效利用率和设备寿命周期费用等分析评价设备的新概念，对石油化工企业设备管理模式的创新具有重要意义。

2. 设备管理模式的创新实践

中国石油化工股份有限公司九江分公司是江西省内唯一的炼油、化肥、化工配套生产的国有特大型石油化工联合企业。九江分公司以前一直实行以设备运行时间为基础，以计划预修体制为主要方式的定期预防性维修的传统设备管理模式，按照设备运行周期的不同分别进行大修、中修或小修，虽然可以基本保证装置生产，但缺乏较强的针对性，往往造成设备维修过剩或维修不足，甚至发生损坏性维修的情况，影响企业的安全稳定生产。

为满足石油化工连续性生产的需求，九江分公司在继承传统设备管理模式的基础上，借鉴先进的设备管理理论与经验，总结、提炼和创新设备管理模式，以追求设备寿命周期费用最经济和设备效能最高为目的，以全系统的预防维护系统为载体，以员工的行为规范为过程，以全体人员参与为基础，应用现代科学技术和管理方法，对 TPM 全员生产管理模式进行创新，重点从遏制和降低设备故障停机损失、闲置和空转损失、产品质量损失、降低运行能耗和维修费用、减少事故发生等方面入手，加强规范化管理，进一步提高设备的技术性能和使用寿命，达到了提高设备综合效率和企业经济效益的目的。

九江分公司提出了以“生产组织—安全监控—维护保障—基层落实”流程化管理的全面

生产运行管理理念，从组织结构上实现全公司人力资源和管理资源的整合，强化了团结协作。这种新理念在专业技术上打破工艺、机械维修、电气、仪表、设备、安全等专业之间的传统界限，提高了执行力和保障力。九江分公司通过实施 TPM 全员生产管理模式，使设备一生管理的全过程中各环节的行为规范化、流程闭环化、控制严密化和管理精细化，实现了“生产管理有序、设备运行高效、装置生产稳定、故障处理快捷”的高效、快速、安全生产目标，有力地推动了企业生产经营水平再上新台阶。

二、创新设备管理模式的途径

九江分公司设备管理模式的创新，充分借鉴和应用国外设备管理的先进理念和手段，如计算机辅助管理、全面质量管理、设备故障数据库系统、状态监测、风险评估技术和故障诊断技术等，经过消化吸收、融会贯通，有效地提升了设备管理和维护的现代化水平。

1. 以质量管理体系带动设备管理模式的创新

良好的设备运行质量是控制产品质量的重要因素之一，尤其是精密、大型、单系列等关键设备以及产品质量控制点设备。从设备购置、质量检验、精度检测、预防维修、维护保养、设备完好率、设备管理程序文件，以及设备操作、维修人员技术素质的培养和设备的使用环境等各个环节，进行严格的控制和管理，最大限度地保证设备技术功能的正常发挥。

2. 利用局域网建立设备故障数据库系统

九江分公司利用企业局域网，建立了设备故障数据库管理系统，使生产车间和管理部门均可在局域网上发布设备故障状况或获取设备管理信息。过去，虽然大部分机械、电气和仪器仪表设备都进行过较为完善的故障说明和故障排除记录，由于没有建立统一的设备故障数据库，修理经验和使用效果不能及时在分公司范围内得到交流和推广。维修人员的工作调动，也造成大量维修信息资源的浪费或流失。建立设备故障数据库系统后，避免了上述问题的发生，也使相关人员能够依据数据库系统尽快熟悉和掌握所需设备的运行特性及使用要求，方便地查询相关设备维护保养的记录和方法、设备在技术改造以后的详细资料以及使用效果等。数据库系统完整地保存了资料，非常便于查阅及经验的共享和借鉴。

三、创新突出了石化企业特色

1. 建立了完整的组织机构

在实施 TPM 模式的基础上，针对石化企业设备数量大、种类多、专业性强等特点，九江分公司加强管理力度，建立了完整的组织机构，专门设置了分管设备工作的副总经理和设备副总工程师，成立了分公司级的设备管理部门，各车间和作业部设置分管设备的副主任和设备主管工程师，班组设有专职设备员。分公司每周定期召开设备工作例会，研讨生产中的各种设备管理问题。

为实施规范化管理，九江分公司成立了设备规范化管理委员会，选择典型的机械设备和生产线进行前期试验，通过调查研究、摸索规律和制订试行方案，形成典型设备的规范化管理文件，并按此模式逐步推广到所有生产设备，使每台设备和每个生产环节都有对应的管理规范和内容，实现了全部设备的规范化管理。新员工须经规范化管理内容的培训，考试合格后持证上岗。

2. 适合石化工业生产流程

针对流程工业停机和停产损失大的生产模式，九江分公司以加强设备的故障管理为突破口，创新建立了适合生产流程的设备管理模式。九江分公司设备管理部门每天及时将收集的设备故障信息分类处理，每周对主要生产设备的故障情况进行统计、分析和通报，协调修理部门及时做好故障排除工作。各生产车间建立了较为完善的设备故障管理台账，对重要的生产装置和关键设备建立了重大事故的抢险应急救援预案。进一步加强了对应急救援指挥系统、通信保障系统、物资供应系统人员和抢险人员的日常培训和综合演练等，不断提升整个企业应急救援的综合能力。机、电、仪设备的检修建立了24h的设备维护和应急抢修网络，实行了设备故障排除不过夜，确保了生产装置安全、平稳、高效和经济地运行。

3. 符合石化行业设备特点

结合设备安全、平稳和长周期运行的要求，九江分公司在创新设备管理模式时充分考虑设备特点，将设备维护与实行计划检修和状态检修相结合，按照长周期运行计划安排生产装置的大修间隔和时间，单机设备根据状态监测和故障诊断分析等情况，采取对策性的预防性检修。同时，通过各二级单位，开展精密点检、维护班组日常点检、生产岗位电子巡检等，组成了分公司范围的设备检测和故障诊断网络系统；通过ERP设备管理信息系统，对主要生产设备的运行状态、重要监测点、单台设备的简易定期诊断和监测等实施计算机管理，使点检工作更趋于具体化和数据化。九江分公司还注重把设备点检与状态监测有机结合，对主要生产设备及特种设备实施挂牌式点检。对特种设备及避雷防静电设施等进行定期的安全技术检测，并由专人负责维护和管理，有效遏制了设备故障的发生，确保了生产工艺流程的顺畅。对关键设备、重点设备故障以及修理中的疑难问题，通过采取跟踪监测的方式，掌握和发现设备运行中的故障发生规律、故障隐患部位和劣化趋势等，将其及时消灭在萌芽状态。先进的诊断技术使设备维修工作更具针对性和有效性，最大限度地发挥了设备效能，缩短了设备检修时间，实现了计划维修与状态检修的有机结合。

4. 总结摸索出安全检查的“三检法”

为落实好HSE管理体系和强化设备安全管理工作，九江分公司每季度组织一次设备安全大检查，以便及时发现和消除生产中的安全隐患。在各车间和作业部的基层班组，推广开展了“三检法”（点检、面检、专检）和“专人巡检负责制”。“三检法”是九江分公司多年总结和摸索出来的设备管理模式，采用多层面和相互交叉的拉网式巡检，即班组设备专检员的每日一次点检，车间设备员的每日一次面检和分公司组织的每月一次专项检查。在“三检”基础上，班组做好设备日检、周检和运行设备的润滑保养工作，对关键机组、高压电机等重要设备实行特级维护。“专人巡检负责制”，由责任心强、维修经验丰富和综合素质较高的班组工程师、技师，负责完成每天的设备巡检工作。通过使用点温计、测振仪等先进仪器，监测设备运行时的声音、润滑情况和轴承振动值等是否在允许范围内，及时掌握设备运行状态和关键数据，发现问题及时采取处理措施。通过实施“三检法”，将被动抢修变成了主动维护，使许多设备故障和事故隐患在巡检中被发现或排除。2009年，九江分公司成功地排除了多起可导致生产装置非计划停工的重大安全事故隐患，确保了生产装置安全平稳运行，进一步提高了九江分公司对设备事故发生的预控能力。

四、创新设备管理模式的效果

1. 管理系统规范化

九江分公司通过创新和实施TPM全员生产管理模式，设备故障率大幅降低，呈逐年递减趋势，有效保障了设备正常运转，为炼油、化肥、化工等生产装置安全、稳定、长周期运行夯实了基础。为推进TPM管理模式有效运行，九江分公司制订出台了“机、电、仪、操、管”设备作业管理规范，操作人员严格按照操作规程正确使用设备，做到不超温、不超压和不超负荷运行。维修人员严格按照岗位责任制的要求，运用“看、嗅、听、摸”等手段进行设备巡检，严格执行清洁、润滑、保养、点检、调整、检修和防腐的维护保养工作程序。每台设备都实现了由操作人员和维修人员共同负责的包机制，备用设备技术状态保持完好，对关键设备实施了各工种联合承包的特级维护，逐步形成了规范化的闭环设备管理体系。

2. 能效果明显

九江分公司通过推广电机变频调速等节能技术，对重要生产装置的关键电气设备进行了变频调速系统优化配置和技术完善。九江分公司先后引进的东芝、富士、西门子、三菱、ABB 等厂家生产的变频器，在炼油、化工和化肥等生产装置上进行了广泛应用；对化肥渣油进料泵、液氨输送泵、常减压加热炉鼓风机、催化解析塔进料泵、延迟焦化溶剂泵、原油输送泵、聚丙烯挤压造粒机组等重要机泵驱动电机进行了变频调速节能改造，均取得了明显的节能效果，实现了电机、风机、泵类设备的经济和可靠性运行。2009 年，九江分公司对常减压装置加热炉鼓风机进行了节能改造，采用风机变频调速系统取代低效率、高能耗的风门挡板节流控制，不但降低了设备故障率，也大大降低了生产能耗。按年运行 8760h 计算，以前 1 台鼓风机每年消耗电能 162 万千瓦・时，电费高达 97 万元；实施变频节能改造后，电机运行电流从原来的 220A 降至 90A，完全可以满足常减压装置加热炉的供风量，节电效率达到 60%，每年可节约电费约 60 万元。

据不完全统计，九江分公司已经投入资金 5000 多万元用于风机、水泵变频调速节能技术改造，平均投资回收期约为 2 年。截至 2010 年 3 月，分公司已投入运行的变频调速器有 462 台，总装机容量达到 16000kW。若按每台设备平均节电率 40%计算，则每年至少可节约电能 4200 万千瓦・时，每年仅节约电费一项就达 2500 多万元，节约设备维修费、材料费 100 多万元。

3. 降低了设备故障率

九江分公司主要加工仪征-长岭管输原油，是高硫高酸原油，对管线、机泵、塔器等设备腐蚀较强，虽然机泵经过反复检修和维护，设备故障率仍然较高，影响炼油装置的安全和生产的稳定。为更好地适应加工高硫高酸原油，分公司对一套常减压装置部分机泵、设备进行材质升级改造，泵体升级为耐腐蚀的 A8 材质，机泵润滑应用先进的油雾润滑技术，机泵轴承达到了最佳润滑效果。新机泵运行效果良好，各项运行指标正常，满足了设计及生产工艺要求，有效降低了设备故障率，润滑油用量降低了 80%，机泵轴承使用寿命也延长为以前的 3～6 倍，为生产装置安全稳定运行提供了保障。

分公司还通过开展“创完好变电所”“创完好机泵房”和“创无泄漏装置”等活动，以及根据炼油和化工装置的生产工艺和设备运行特点等，发动操作和维修人员进行了多项技术革新和技术改造活动，不但提高了设备运行可靠性，也使设备故障率和非计划停机次数大幅度降低，设备综合管理水平得到了有效提升。

创新石油化工企业的设备管理模式，不仅是一项繁杂的系统工程，也是一项长期、持续的工作。必须从企业长远发展的战略高度出发，结合企业的生产特点，以保证企业经济效益最大化和安全生产为管理目标，坚持继承和创新相结合，传统管理和现代管理相结合，不断摸索，不断推进设备管理的进步，努力打造具有石油化工特色的设备管理模式，实现国有资产的保值和增值。

第六节　宝钢设备维修模式的创新与实践

近年来，世界范围内钢铁制造业的竞争越来越激烈，为应对挑战，宝钢确定了新一轮战略发展目标。设备管理既是宝钢管理体系中的重要组成部分，又是发挥装备优势、提高产品质量、降低维修成本的关键环节，承载着前所未有的重大使命和变革压力。近几年设备状态预知维修工作的推进，为设备管理水平的提升提供了强大支撑。宝钢在确保设备状态持续稳定的同时实现了维修费用稳步下降，并为设备管理关键指标实绩提升做出了巨大贡献，取得了瞩目成就。

一、宝钢设备管理模式创新背景

投产后较长一段时间，宝钢在引进、消化世界先进设备管理经验的基础上，演变并形成以预防维修为主的设备管理模式，制订并形成一套制度化的、较完善的科学管理方法——点检定修制，保证了设备状态与能力基本满足不断上升的生产规模与生产负荷的要求。同时，宝钢对点检定修制进行持续完善和改进，1997 年开始推行设备状态受控点制度，突出以专业化检测诊断技术手段量化掌握设备状态，深化点检管理内涵，以提高维修效率、降低维修成本。

预防维修不可避免地带来部分设备的过维修和欠维修，从而影响管理效能，主要表现为：长期积累的设备状态数据和判断经验，未能有效指导点检标准优化，造成部分设备点检标准控制状态、维修项目针对性不足，没有状态数据支撑的周期检修项目过多；检测诊断技术手段实施结果对设备检修指导作用不能充分发挥。诊断结果停留在建议层面，采纳与否，全凭点检员判断能力，即使诊断状态正常的设备，点检员因各种因素仍可能按照周期进行更换或检修，管理源头上对检修项目的设置与设备状态异常的溯源性要求不高。同时，也存在点检员未重视技术手段发现的异常，未能及时采取有效维修措施导致故障发生的现象。

为解决上述问题，在设备管理领域内迫切需要进行重大变革和创新，以宝钢股份宝钢分公司为主体的设备管理模式与实践的创新应运而生并持续深化。

二、创新设备状态管理理念，探索维修模式转变策略

近年来，在预防维修基础上，宝钢深入发掘状态受控点管理等工作中长期实践积累的大量经验和知识，具备了实现设备维修模式跨越的基础。设备系统提出并实施从“以周期检修为基础，以预防维修为主线”的维修模式向“以设备状态受控管理为基础，以状态维修为主线”的综合维修模式转变的战略决策，确保宝钢设备管理水平持续提升并保持行业领先地位。

在多年实践基础上，宝钢设备管理部门系统总结和发展设备状态管理体系、理论，提出状态管理是技术应用与管理方式相融合的全新理念，系统阐述设备状态信息、状态管理内涵、状态管理模式、关键支撑技术等概念，形成建设设备状态管理体系的一整套方法。在系统策划状态管理体系过程中，总结多元性、适配性、经济性等原则作为依据，从设备重要程度、故障发生率特点、故障发生种类的可诊断性对设备进行分类，选定状态管理模式，设计管理模型，为设备制订最科学合理的状态管理方案。

通过开展设备可靠性理论和检修模型研究，有机融合检测诊断技术与日常点检维护方法，设备技术管理部门制订科学合理的设备状态管理基准，指导设备状态管理工作的全面实施。全面梳理规范检修项目名称和内容，评估检测诊断手段对制订检修项目的指导能力，以管理制度方式明确以状态结果为依据的检修项目范围，在信息系统中予以固化，提高检修项目生成溯源性。涉及重点设备投入大、难度高的检修项目均纳入状态维修范畴，有效促进检修负荷和备件资材消耗下降。状态维修在设备维修体制中的主导作用逐步凸现。

三、系统策划，稳步推进，完善状态维修管理机制

（一）提升状态把握能力，形成推进状态管理的合力

（1）以受控点管理制度为基石，全面监控关键设备状态。

大力推行设备状态受控点管理制度 10 年来，日渐成熟的检测诊断技术应用给现场设备尤其是关键设备状态把握提供了强大技术支撑。目前有离线设备状态监测诊断受控点设备

5000余台，拥有振动诊断、在线动平衡、油液分析、磨损分析、变压器诊断、红外线成像诊断及电气试验等众多离线诊断方法、手段，开发设备状态信息发布系统，整合若干专业化诊断软件管理的各类检测数据，形成信息共享、形式统一、查询便捷、安全可靠的设备状态信息化发布平台，开辟设备检测诊断与维护人员沟通的直接通道，促进诊断、维护信息共享和互动，设备状态把握和故障诊断的准确率均达到世界先进水平。

（2）规范在线监测诊断系统集成与开发，并成功应用于工艺质量控制及远程监控领域。

以建设覆盖面广，运行经济、合理的设备状态信息统一处理平台为出发点，形成一套在线监测诊断系统构建框架，建立相应技术标准，制订统一数据库格式及通信协议，有效整合设备状态管理信息和资源，形成状态检测、分析诊断、维护维修、信息反馈的良性循环。着力研究解决设备、生产所关心的问题和难点，陆续建成一批具有自主特色、创新成果的在线监测诊断系统。

① 马迹山港设备远程监测与诊断系统　通过有效整合已有离线诊断信息和资源，将监测诊断技术和设备管理有机结合，对马迹山港重大设备和重要安全参数实施各类状态监测，建立监测诊断网络，提高马迹山港口维护管理水平，防止重大事故发生；通过远程通讯，实现对港口工况和设备状态的远程监控，并实时为港口提供远程技术支撑服务。

② 1420冷轧连续退火机组监测诊断系统　通过对大型、复杂的连续生产机组设备状态信息和生产工艺信息的在线采集、集成和监测，全面动态地掌握系统状态和功能情况，并对数据进行有效分析和管理，提炼出对生产和设备有价值的信息，实现对设备状态的分类和预警功能、查询及历史信息数据库的应用管理，为生产和设备管理人员及时提供早期故障信息和维修决策依据。

（3）加大专有技术开发，形成状态监控的技术保障。

① 设备状态劣化趋势的定量分析技术　运用时间序列分析法、趋势变动分析法、非线性预测技术、人工神经网络预测技术等数学处理方法，对有关数据资料进行加工处理，采用定量分析技术建立能够反映有关变量之间规律性联系的各类预测模型方法体系。劣化趋势预测模型将采集数据进行分析处理，按照设备状态变化趋势预测故障、劣化趋势。

② 多参数综合诊断技术　主要侧重对系统积累数据进行研究，探索利用多种参数实现设备故障准确定位的有效方法，寻找故障状态与过程控制信号、振动、温度等状态信息之间的对应关系，提取影响产品质量和影响设备状态的敏感参数，设置相应报警限值，提前做出响应，为捕捉设备存在的故障隐患和调整生产过程工艺参数提供决策指导。

③ 数据挖掘和智能化诊断技术　开展与产品质量有关的数据挖掘技术研究，形成相应预警策略和故障判别规则，有效防止同类故障发生；开展智能诊断技术研究，将现场应用取得较好效果的诊断技术形成相应算法，开发基于知识的智能诊断帮助系统。

（4）通过观念引导和责任分解，提升参与各方的合力。

在责任分解方面，要求检测诊断技术实施部门从被动接受向主动参与转变，树立状态管理责任主体意识，承担部分状态管理责任。相关方特别是生产厂部现场点检员要转变观念，明确预知状态维修主线思路，全面加强业务能力建设，增强综合计划、成本控制、生产工艺响应、设备状态综合掌控和现场业务实施组织等方面能力，全面承担起设备主人职责，与管理部门及技术实施部门合力推进状态管理。

（二）首创状态管理基准，形成系统的标准化运作机制

推进状态维修，充分认识转变观念及行为惯性的难度。全公司设备类型多、运行工况复杂，即使同类设备，在不同区域，各分厂原制订的点检标准差异性也较大。设备技术部门结合精益管理、6σ等工具的应用制订统一的设备状态管理基准，集中规定涉及设备状态管理所有要素的配置要求。

从选择状态管理基础较好的重点设备类别进行策划，在状态管理基准中明确日常点检维护、检测诊断的具体内容及周期，使之成为实施状态管理的纲领性文件，在设备综合管理信息系统中固化保存并作为生成日常状态管理项目的依据，从根本上规范重点设备类别实施状态管理的内容和频度。

（三）梳理状态维修项目，形成指导检修实施细则

从以预防维修为主到以预知状态维修模式为主的过渡转变，其根本标志是检修项目生成依据的变化。梳理和确立状态维修项目，分辨和圈定事后维修及周期性预防维修项目成为设备系统特别是技术支撑部门的重中之重。因此要规范检修项目的名称和所包含的主要内容，根据检测诊断手段对制订检修项目的指导能力，确定检修项目是状态维修项目还是定期维修项目。统一检修项目设置成为推进状态维修的重要基础条件。

（四）规范状态维修项目设置，形成项目溯源和考核机制

状态维修项目的正确设置，体现状态把握的技术水平，同时标志状态管理的综合水准。为提高检修项目设置的合理性，降低检修负荷，公司设备部制订检修项目管理规定，明确状态维修项目的设置必须满足以下条件，即检测诊断实施结果显示存在故障隐患，或点检员在日常点检中发现设备异常现象，杜绝无理由的维修。对维修成本较高的检修项目进行严控，建立审核制度，项目经设备部、技术部审核方可实施。建立生产厂及点检员考核制度，违反规定即追究责任，克服检修项目设置随意性。

（五）跟踪状态维修实绩，形成持续改进的管理闭环

跟踪状态维修实绩，查找过程薄弱环节，不断优化相关流程环节，是持续提升状态管理水平的长效管理机制。在推进实施过程中，设备系统相关人员建立状态管理跟踪记录信息卡。梳理、统计重点设备类别，推行状态维修前的故障、检修项目、物料消耗等实绩，跟踪、统计、分析实施状态维修后检修项目下降情况及相应设备状态稳定情况。对诊断结果显示正常却发生故障的设备，设备部、生产厂、检测诊断实施部门共同分析，找出真实原因，不断完善状态管理基准和状态维修项目的设置规则，杜绝重复故障，使状态管理水平上新台阶。

参考文献

[1] 中华人民共和国特种设备安全法. 北京：法律出版社，2014.

[2] 国家发展与改革委员会. 设备管理条例（征求意见稿）. 2008.

[3] 中华人民共和国国家质量监督检验检疫总局. TSG 21—2016，固定式压力容器安全技术监察规程 [S]. 北京：新华出版社，2016.

[4] 中华人民共和国国家质量监督检验检疫总局. TSG D0001—2009，压力管道安全技术监察规程　工业管道 [S]. 北京：新华出版社，2009.

[5] GB/T 26467—2011 承压设备带压密封技术规范 [S]. 北京：中国标准出版社，2011.

[6] GB/T 26468—2011 承压设备带压密封夹具设计规范 [S]. 北京：中国标准出版社，2011.

[7] GB/T 26556—2011 承压设备带压密封剂技术条件 [S]. 北京：中国标准出版社，2011.

[8] HG/T 20201—2007 带压密封技术规范 [S]. 北京：中国计划出版社，2007.

[9] 人力资源和社会保障部. 带温带压堵漏工 [S]. 北京：中国劳动社会保障出版社，2010.

[10] 胡忆沩，李鑫. 实用管工手册 [M]. 北京：化学工业出版社，2017.

[11] 杨梅，李鑫. 实用铆工册 [M]. 北京：化学工业出版社，2017.

[12] 余国琮. 化工机械工程手册. 北京：化学工业出版社，2003.

[13] 余国琮. 化工容器及设备. 北京：化学工业出版社，1980.

[14] 胡忆沩. 危险化学品应急处置. 北京：化学工业出版社，2009.

[15] 胡忆沩，等. 化工设备与机器. 北京：化学工业出版社，2010.

[16] 胡忆沩，等. 压力容器压力管道带压密封安全技术. 北京：中国劳动社会保障出版社，2012.

[17] 胡忆沩，等. 中高压管道带压堵漏工程. 北京：化学工业出版社，2011.

[18] 胡忆沩，等. 带温带压堵漏工（基础知识）. 北京：中国劳动社会保障出版社，2012.

[19] 胡忆沩，等. 带温带压堵漏工（初级工）. 北京：中国劳动社会保障出版社，2012.

[20] 胡忆沩，等. 带温带压堵漏工（中级工）. 北京：中国劳动社会保障出版社，2012.

[21] 胡忆沩，等. 带温带压堵漏工（高级、技师）. 北京：中国劳动社会保障出版社，2013.

[22] 胡忆沩，等. 设备管理与维修. 北京：化学工业出版社，2014.

[23] 胡忆沩. 注剂阀. ZL 201120452690. 6.

[24] 胡忆沩. 一种局部法兰带压密封夹具. ZL 201220483021. X.

[25] 胡忆沩. 一种隔离式带压密封夹具. ZL 201220482997. 5.

[26] 胡忆沩. 一种永磁开关. ZL 201220636725. 6.

[27] 胡忆沩. 一种永磁开关. ZL 201210491931. 7.

[28] 胡忆沩. 一种磁吸式带压密封装置. ZL 201220636723. 7.

[29] 胡忆沩. 一种磁吸式带压密封装置. ZL 201210491875. 7.

[30] 胡忆沩. 一种板式带压密封装置. ZL 201220641082. 4.

[31] 胡忆沩. 板式带压密封装置. ZL 201230585199. 0.

[32] 胡忆沩. 一种可组合的板式带压密封装置. ZL 201220641083. 9.

[33] 胡忆沩. 可组合的板式带压密封装置. ZL 201230585198. 6.

[34] 胡忆沩. 带压密封装置包装箱. ZL 201230581417. 3.